化 学 电 源

——电池原理及制造技术

（第2版）

郭炳焜　李新海　杨松青　编著

中南大学出版社

内容简介

本书在阐明化学电源基本理论和基本概念的基础上，全面系统地叙述了锌－锰电池、铅酸蓄电池的原理和制造技术，全面地叙述了各类新型化学电源的结构、性能和制造工艺，是一本理论性较强，又密切结合电池生产实践的专著，既适合作高等学校教材，又是一本从事电池研究开发和生产的工程技术人员使用的参考书。

全书共分 14 章，内容包括概论、化学电源的理论基础、一次电池、铅酸蓄电池、镉－镍电池、氢－镍电池、锂电池、锂离子电池、激活电池、固体电解质电池、燃料电池、氧化还原液流电池、电化学电容器、电池检测技术和电池设计。

本书可作为高等学校"电化学工程"专业本科生教材，也可作为化工、有色冶金、应用化学、材料化学专业的参考书。同时，可供从事化学电源的工程技术人员和科研人员参考。

前　言

　　化学电源，是一种将化学能转化为电能的装置。自 1859 年普兰特(R. G. Plante)试制成功铅酸电池、1868 年法国勒克朗谢(G. Leclance)制成锌锰干电池以来，化学电源经历了 100 多年的发展历史，现已形成独立完整的科技与工业体系。全世界已有 1000 多种不同系列和型号规格的电池产品。化学电源已成为人们生活中应用极为广泛的方便能源。今天，人造卫星、宇宙飞船、火车、汽车、潜艇、鱼雷、军用导弹、火箭、飞机，哪一样都离不开电源技术的发展。电源技术的进步，大大加速了现代移动通讯、家用电器乃至儿童玩具的发展速度。随着高新技术的发展和为了保护人类生存的环境，对新型化学电源又提出了更高的要求。可以预言，产量大、价格低、应用范围广的锌－锰电池、铅酸蓄电池仍将占有世界上电池的大部分市场，而性能优越的锂离子电池、金属氢化物－镍电池、可充无汞碱性锌－锰电池、燃料电池将是 21 世纪最受欢迎的绿色电池并挤占电池市场。随着人们生活水平的提高和电池技术的发展，以电池为能源的电动汽车将逐步取代部分燃油汽车，新型化学电源的时代已经到来。

　　本书在阐明化学电源的基本理论和基本概念的基础上，系统地叙述了锌－锰电池、铅酸蓄电池、镉－镍电池、氢－镍电池、锂电池、固体电解质电池、燃料电池的电化学原理和制造技术，反映了新型高能金属氢化物－镍电池、锂离子电池、可充无汞碱性锌－锰电池、燃料电池的最新技术成果。

　　全书共分 12 章，李新海撰写第 6 章和第 12 章，杨松青撰写了第 2 章和第 10 章，其余各章及附录由郭炳焜撰写并负责全书统稿。王志兴参加了第 6 章，彭文杰、郭华军参加了第 12 章的部分撰写工作。

本书是作者在多年的教学和从事新型化学电源的研究开发的基础上写成的。在编写本书过程中，作者参考了国内外有关专著、近 10 年电池刊物的文献和电池生产厂家的技术资料，引用了参考文献中的部分内容、图表和数据，在此特向书刊的作者表示诚挚的谢意。

本书是在中南大学出版社的大力支持和帮助下出版的。作者对他们的关心和辛勤劳动，表示衷心的感谢。

由于作者水平有限，书中难免会出现一些错误和不妥之处，敬请广大读者批评指正。

编著者
2000 年 4 月

第 2 版前言

《化学电源——电池原理及制造技术》第 1 版自 2000 年出版后，深受读者的欢迎和厚爱，已前后四次重印。

从本书第 1 版出版至今的 10 年时间当中，国内外电池行业又经历了一个大发展时期，传统电池的技术不断完善，新型高能环保型电池技术突飞猛进，并开始走向产业化、商品化。

为了满足读者的要求，本书第 2 版及时总结了化学电源的最新理论和技术成果，在第 1 版的基础上，第 6 章氢 – 镍电池增加了新的内容，第 8 章锂离子电池新增了多元复合正极材料 $LiNi_{1/3}Co_{1/3}Mn_{1/3}O_2$（8.3.3 节）和新型正极材料 $LiFePO_4$（8.3.4 节），新增了第 12 章氧化还原液流电池，第 13 章电化学电容器。

本书第 2 版共 14 章，杨松青撰写第 2 章和第 10 章，彭文杰、郭华军撰写第 14 章，王先友撰写了第 6 章的 6.3.9 节，其余各章及附录由郭炳焜撰写并负责全书统稿和加工修改。

本书是作者多年从事化学电源的教学和科研的总结，在编写本书第 2 版过程中，作者参考了 2000 年以来国内外有关文献和专著，书中引用了参考文献中的部分内容、图表和数据，特向书刊的作者表示诚挚的谢意。

本书第 2 版是在中南大学出版社的鼓励和帮助下出版的。在编写本书过程中，得到了许多专家、学者的支持和帮助，陈白珍教授对新增的章、节进行了认真的审阅，陈亚博士协助收集专题资料和参加书稿校对，对他们的关心和付出的辛勤劳动表示衷心的感谢。

由于作者水平有限，特别是对新型电池的生产实践经验不足，书中难免会出现错误和不妥之处，敬请广大读者批评指正。

编著者
2009 年 11 月

目　录

第 1 章　化学电源概论

1.1　化学电源的组成[1]

化学电源由电极、电解质、隔膜、外壳组成。

电极是电池的核心部分,由活性物质和导电骨架组成。活性物质是指正、负极中参加成流反应的物质,是决定化学电源基本特性的重要部分。

对活性物质的要求是电化学活性高,组成电池的电动势高,即自发反应的能力强,质量比容量和体积比容量大,在电解液中的化学稳定性高,电子导电性好。

电解质在电池内部正负极之间担负传递电荷的作用,要求比电导高,溶液欧姆电压降小。对固体电解质,要求具有离子导电性,而不具有电子导电性。电解质必须化学性质稳定,使贮存期间电解质与活性物质界面间的电化学反应速率小,这样电池的自放电容量损失就小。

隔膜的形状有薄膜、板材、棒材等,其作用是防止正负极活性物质直接接触,防止电池内部短路。对隔膜的要求是化学性能稳定,有一定的机械强度,隔膜对电解质离子运动的阻力小,应是电的良好绝缘体,并能阻挡从电极上脱落的活性物质微粒和枝晶的生长。

外壳是电池的容器。化学电源中,只有锌锰干电池是锌电极兼作外壳。外壳要求机械强度高、耐振动、耐冲击、耐腐蚀、耐温差的变化等。

1.1.1　电极类型及结构

电极是电池的核心。一般电极都由三部分组成：一是参加成流反应的活性物质；二是为改善电极性能而加入的导电剂；三是少量的添加剂，如缓蚀剂等。

化学电源常用的电极有片状、粉末多孔状和气体扩散电极几种。

1.1.1.1　片状电极

片状电极由金属片或板直接制成，锌－锰干电池以锌片冲成圆筒作负极，锂电池的负极用锂片。

1.1.1.2　粉末多孔电极

粉末多孔电极应用极广，因为电极多孔，真实表面积大，电化学极化和浓差极化小，不易钝化。电极反应在固液界面上进行，充放电过程中生成枝晶少，可以防止电极间短路。

根据电极的成型方法不同，常用的粉末多孔电极有以下几种：

(1)管(盒)式电极　管(盒)式电极是将配制好的电极粉料加入表面有微孔的管或盒中，如铅酸电池有时正极是将活性物质铅粉装入玻璃丝管或涤纶编织管中，并在管中插入汇流导电体。也有极板盒式的，镉－镍电池则利用盒式电极。此类电极不易掉粉，电池寿命长。

(2)压成式电极　压成式电极是将配制好的电极粉料放入模具中加压而成。电极中间放导电骨架。

(3)涂膏式电极　将电极粉料用电解液调成膏状，涂覆在导电骨架上，如铅酸电池电极、锌－银电池的负极。

(4)烧结式电极　将电极粉料加压成型，并经高温烧结处理，也可以烧结成电极基板，然后，浸渍活性物质，烘干而成。镉－镍电池、锌－银电池用电极常用烧结法制造。烧结式电极强度高，孔隙率高，可以大电流、高倍率放电，电池寿命长，但工艺复杂，成本较高。

（5）发泡式电极　发泡镍电极是将泡末塑料进行化学镀镍，电镀镍处理后，经高温碳化后得到多孔网状镍基体，将活性物质填充在镍网上，经轧制成泡沫电极。泡沫镍电极孔隙率高（90%以上），真实表面积大，电极放电容量大，电极柔软性好，适合作卷绕式电极的圆筒形电池。目前主要用于氢 – 镍和镉 – 镍电池。

（6）粘结式电极　将活性物质加粘结剂混匀，滚压在导电镍网上制成粘结式电极。这种电极制造工艺简单，成本低，但极板强度比烧结式的强度低，寿命不长。

（7）电沉积式电极　电沉积式电极是以冲孔镀镍钢带为阴极，在硫酸盐或氯化物中，将活性物质电沉积到基体上，经辊压，烘干，涂粘结剂，剪切成电极片。电沉积式电极制造工艺简单，生产周期短，活性物质利用率高。目前，用电沉法可以制备镍、镉、钴、铁等高活性电极，其中电沉积式镉电极已在镉 – 镍电池中应用。

（8）纤维式电极　纤维式电极是以纤维镍毡状物作基体，向基体孔隙中填充活性物质，电极基体孔隙率达93% ~99%，具有高比容量和高活性。电极制造工艺简单，成本低，但镍纤维易造成电池正、负极短路，自放大，目前尚未大量应用。

1.1.1.3　气体扩散电极

气体扩散电极是粉末多孔电极在气体电极中的应用。电极的活性物质是气体。气体电极反应在电极微孔内表面形成的气 – 液 – 固三相界面上进行。目前工业上已得到应用的氢电极和氧电极，如燃料电池的正、负极和锌 – 空气电池的正极都是这种气体扩散电极。典型的电极结构有双层多孔电极（又称培根型电极）、防水型电极、隔膜型电极等。

1.1.2　电极粘结剂

电极常用粘结剂一般都是高分子化合物，如聚乙烯醇（PVA）、聚四氟乙烯（PTFE）、羧甲基纤维素（CMC）等。

1.1.2.1　聚乙烯醇（PVA）

PVA 的分子式为 $\pm CH_2CHOH\pm_n$，聚合度 n 一般为 $700 \sim 2000$，PVA 是一种亲水性高聚物白色粉末，密度为 $1.24 \sim 1.34\ g \cdot cm^{-3}$。

PVA 可与其他水溶性高聚物混溶，如与淀粉、CMC、海藻钠等都有较好的混溶性。

1.1.2.2　聚四氟乙烯（PTFE）

PTFE 俗称"塑料王"，是一种白色粉末，密度为 $2.1 \sim 2.3\ g \cdot cm^{-3}$，热分解温度为 415℃。PTFE 电绝缘性能好，耐酸，耐碱，耐氧化。

PTFE 的分子式为 $\pm CF_2—CF_2\pm_n$，是由四氟乙烯聚合而成，即

$$nCF_2 =\!\!= CF_2 \longrightarrow \pm CF_2—CF_2\pm_n$$

常用60%的 PTFE 乳液作电极粘结剂。

1.1.2.3　羧甲基纤维素钠（CMC）

CMC 为白色粉末，易溶于水，并形成透明的溶液，具有良好的分散能力和结合力，并有吸水和保持水分的能力。

1.1.3　化学电源用隔膜[2]

制造隔膜的材料有天然或合成的高分子材料，无机材料等。根据原料特点和加工方法不同，可将隔膜分成有机材料隔膜、编织隔膜、毡状膜、隔膜纸和陶瓷隔膜等。电池用隔膜分类如图 1-1 所示，用于各类电池的常用隔膜如表 1-1 所示。从图 1-1 可见，隔膜可分为半透膜与微孔膜两大类。半透膜的孔径一般为 $5 \sim 100$

nm，微孔膜的孔径在 10 μm 以上，甚至到几百微米。

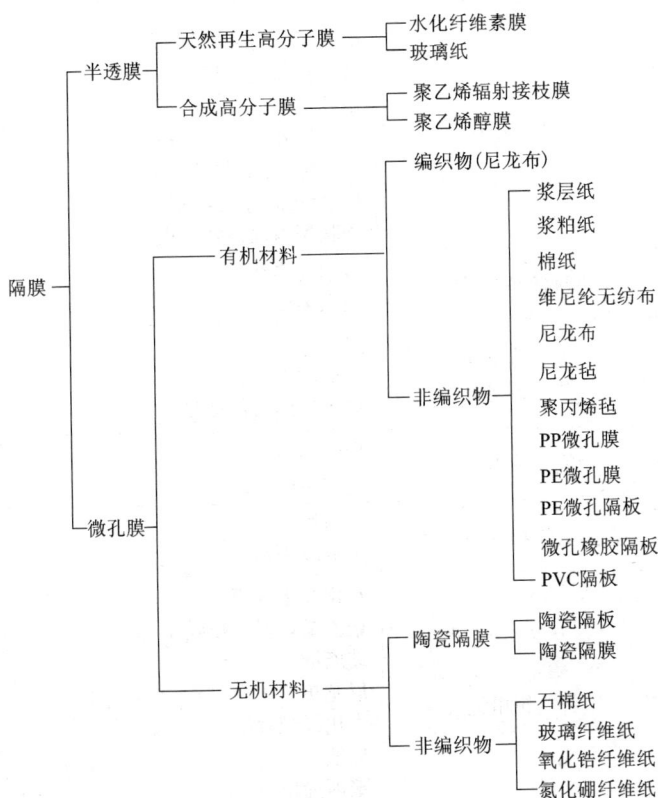

图 1-1　电池用隔膜分类

　　隔膜性能主要指外观、厚度、定量、紧度、电阻、干态及湿态抗拉强度、孔率、孔径、吸液率、吸液速率、保持电解液能力、耐电解液腐蚀能力、胀缩率等。不同种类、不同系列、不同规格的电池对隔膜性能的要求不同。隔膜性能的一般检测方法如下：

表 1-1 各类电池的常用隔膜

电　池　种　类		隔　膜　种　类
酸性电池	铅酸电池	酚醛树脂浸渍纤维素板 微孔聚氯乙烯板 微孔橡胶板 袋状微孔聚乙烯隔板 聚乙烯/二氧化硅隔膜 玻璃纤维/浆粕纸板 袋状聚丙烯毡状隔板
	密封铅酸电池	超细玻璃纤维纸 聚丙烯毡
碱性电池	镉-镍电池 铁-镍电池	尼龙毡 维尼纶无纺布 聚乙烯辐射接枝膜
	氢-镍电池	聚丙烯毡 氧化锆纤维纸
	金属氢化物-镍电池	聚丙烯毡 维尼纶无纺布
	锌-银电池	水化纤维素膜 聚乙烯辐射接枝膜 玻璃纸 尼龙布 水化纤维素纸 棉纸 聚丙烯毡 钛酸钾纸
锂电池		聚丙烯毡 超细玻璃纤维纸 玻璃纤维毡 聚丙烯微孔膜(celgard膜)
热电池		烧结陶瓷隔板 氮化硼纤维纸

续表

电 池 种 类	隔 膜 种 类
钠－硫电池	烧结陶瓷管
燃料电池	聚四氟乙烯粘结陶瓷粉末制成微孔膜 聚四氟乙烯粘结编织物或纸 离子交换树脂膜 石棉膜

（1）紧度　用密度计测量，是衡量隔膜致密程度的指标。

（2）抗拉强度　分干态和湿态抗拉强度。用纸张拉力机检测。

（3）孔径　半透膜用电子显微镜测量。孔径口大于 10 μm 的微孔膜用气泡法测量。

（4）电阻　可用直流法或交流法测定。

（5）吸液率　它是反映隔膜吸收电解液的能力。测试方法是把干试样称重后浸泡在电解液中，直至吸收平衡，再取出湿隔膜称重。吸液率为

$$\eta = \frac{m_2 - m_1}{m_1} \times 100\% \qquad (1-1)$$

式中：η——隔膜吸液率；

　　　m_1——干隔膜质量；

　　　m_2——湿隔膜质量。

（6）隔膜耐电解液腐蚀能力　将电解液加温到 50℃，将隔膜浸入电解液中保持 4~6 h，洗净，烘干，与原干样品比较。

（7）胀缩率　把隔膜浸泡在电解液中 4~6 h，检测尺寸变化，与干态样品尺寸相减，其差值百分数即为胀缩率。

表 1-2 列出了电池用隔膜的主要技术性能。

表 1-2　电池用隔膜的主要技术性能

类别	型号	厚度 mm	定量 g·cm^{-2}	电阻 Ω·cm^{-2}	膨胀率/% 纵向	横向	吸液率 %	抗拉强度/(N·cm^{-2}) 纵向	横向	应用范围
水化纤维素膜	83#	0.030±0.005		≤0.15	<8	<15	355	≥10000	≥8000	
三醋酸纤维素膜		0.040±0.005						≥7350	≥7350	
玻璃纸		0.020±0.005		<0.06			≥280	≥9000	≥6000	MH-Ni 电池
聚乙烯辐射接枝膜 (PE)	CN-1000	0.02±0.005		0.05~0.07	-3~5	-3~5	≥150	≥700	≥700	镉-镍开口电池
	CN-2050(9)	0.03±0.008		0.014~0.24	-3~5	-3~5	≥150	≥700	≥700	锌-银,锌-锰电池
	CN-2020(3)	0.03±0.008		0.07~0.12	-3~5	-3~5	≥150	≥700	≥700	锌-锰,锌-空气电池
	SL-060(1)	0.01±0.003		0.04~0.06	-3~4	-3~4	≥200	≥1000	≥1000	镉-镍,碱性锌-锰电池
	SL-080(1)	0.015±0.005		0.06~0.09	-3~4	-3~4	≥200	≥1000	≥1000	MH-Ni 电池
复合膜*	PPA-L$_1$	0.02±0.0025		0.12~0.16	-3~5	-3~5	≥400	≥500	≥400	锌-锰,碱性锌-锰电池
接枝PP	HNS-G$_1$	0.20±0.03	70	0.09±0.01			>300	>1000	>400	镉-镍,MH-Ni 电池
PP	HNS-S$_1$	0.18±0.025	55	0.09±0.01						密封矩形镉-镍镍电池

续表

类　别	型　号	厚度/mm	定量/g·cm⁻²	电阻/Ω·cm⁻²	膨胀率/% 纵向	膨胀率/% 横向	吸液率/%	抗拉强度/(N·cm⁻²) 纵向	抗拉强度/(N·cm⁻²) 横向	应　用　范　围
接枝聚丙烯毡	PPA-20	0.20±0.002	40	0.08±0.01			>700	≥500	≥220	MH-Ni 电池
	PPA-12	0.12±0.15	24					≥450	≥220	
尼龙布		0.10		0.07			124			锌-银电池
尼龙毡		0.12		0.04			500			镉-镍电池
维尼纶无纺布	C-2(干法)	0.19	68	0.09			345	3000	1920	镉-镍、MH-Ni 电池
	JH-2(湿法)	0.11	37	0.07			419	2390	1600	镉-镍、MH-Ni 电池
聚丙烯毡		0.012		3.15			400			铅酸电池
水化纤维素纸		0.08~0.09	25	0.05			490	420	286	
棉纸		0.035		0.02			400	400		锌-银电池

续表

类别	型号	厚度 mm	定量 g·cm^{-2}	电阻 Ω·cm^{-2}	膨胀率/% 纵向	膨胀率/% 横向	吸液率 %	抗拉强度 /(N·cm^{-2}) 纵向	抗拉强度 /(N·cm^{-2}) 横向	应用范围
石棉纸	820型	0.09	26	0.06			735	260	180	锌-银电池
超细玻璃纤维纸(国产)	CZ-1 CQ DH-1 ARF	0.80 0.77 0.65 0.78	168 145 137 160	0.096 0.110 0.094 0.120						密封铅酸电池
橡胶隔板		51		0.96~1.59						铅酸电池
纤维素隔板		0.43~0.76		0.80~0.96						
PVC微孔隔板		0.31~0.51		0.48~0.96						
PE微孔隔板		0.18~0.76		0.26~1.27						

续表

类别	型号	厚度 /mm	定量 /g·cm⁻²	电阻 /Ω·cm⁻²	膨胀率/% 纵向	膨胀率/% 横向	吸液率 /%	抗拉强度 /(N·cm⁻²) 纵向	抗拉强度 /(N·cm⁻²) 横向	应用范围
玻璃纤维毡		$0.56 \sim 0.66$		0.32						扣式锂电池
聚丙烯隔膜 (PP)	L-10B	0.10 ± 0.0015	16 ± 3					≥ 300	≥ 150	扣式锂电池
	L-15B	0.15 ± 0.002	25 ± 5					≥ 800	≥ 300	
	L-20B	0.20 ± 0.025	35 ± 5					≥ 900	≥ 400	
	L-15T2	0.15 ± 0.025	35 ± 4					≥ 800	≥ 400	
	L-20T	0.20 ± 0.025	35 ± 5					≥ 400	≥ 300	
	L-10T	0.10 ± 0.015	20 ± 3					≥ 300	≥ 150	
Celgard 膜 一层 PP	2400	0.025								Li-MnO$_2$ 电池 锂离子电池
三层 PP/PE/PP	2300	0.025								锂离子电池

注：* PPA-L$_1$，接枝聚丙烯毡，接枝 PE 膜复合。

1.1.4　封口剂

电池封口剂有环氧树脂、沥青、松香等。

1.1.4.1　环氧树脂

环氧树脂主链上有环氧键,反应活性高,链中有羟基,极性大,是金属和非金属材料的良好粘结剂,称之为"万能胶"。

环氧树脂使用时按配方配制,常用的配制方法如下:

(1)先配制稀释剂,再与环氧树脂混合搅匀,现配现用。

苯乙烯稀释剂的配比为(质量比)

$$m(苯乙烯):m(过氧化二苯甲酰)=97.5:2.5$$

环氧树脂胶配比为

$$m[环氧树脂(618)]:m(苯乙烯稀释剂):m(多乙烯胺)$$
$$=82.8:7.2:12$$

多乙烯胺是固化剂。

(2)先配成混合固化剂,再加入到环氧树脂中,搅拌均匀。混合固化剂配比为

$$m(乙二胺):m(无水乙醇)=1:1$$

环氧树脂胶配比为

$$m[环氧树脂(618)]:m(混合固化剂)=1:0.25$$

(3)加填充剂的环氧树脂

配比为

$$m[环氧树脂(618)]:m(乙二胺):m(二氧化钛)=1:0.1:3$$

将各组分搅拌混匀即可。

1.1.4.2　沥青

沥青是一种黑色的高分子碳氢化合物及非金属衍生物(含 N, S, O 等)的混合物,耐酸、耐碱,电绝缘性能和粘结性能好。石油沥青是石油分馏后的残渣,常用作锌-锰电池的封口剂。一般在石油沥青中加入松香、石蜡以增加黏性及硬度。

1.1.4.3   松香

松香能溶于乙醇、乙醚、丙酮、苯、二氧甲烷、石油醚、汽油和松节油等有机溶剂。常用作电池封口剂、导电层的粘结剂及炭条的原料。

1.1.5   电池组

电池作为动力源，当需要较高电压或大电流时，需要将若干个单体电池通过串联、并联或复联组成电池组使用。串联、并联、复联的示意图如图 1-2 所示。

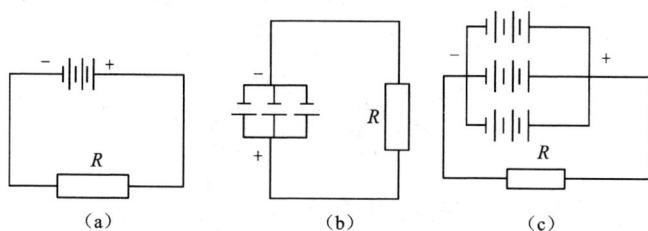

图 1-2   电池组示意图

(a)串联电池组；(b)并联电池组；(c)复联电池组

1.1.5.1   串联电池组

串联电池组中的每个单体电池的开路电压为 U，内阻为 R_i，n 个单体电池串联组成的电池组的电压为 nU，电池组的总内阻为 nR_i，那末，串联电池组的电流 I 为

$$I = \frac{nU}{R + nR_i} = \frac{nU}{R(1 + \frac{nR_i}{R})} \qquad (1-2)$$

式中：R——外电阻。串联的主要目的是增加电压。

1.1.5.2   并联电池组

并联的目的是增加电池容量。如有 n 个单体电池并联，电池

组的电压仍等于单个电池的电压,但并联后的总电阻为$\frac{R_i}{n}$,并联电池组的电流为

$$I = \frac{U}{R + \frac{R_i}{n}} = \frac{U}{R(1 + \frac{R_i}{nR})} \qquad (1-3)$$

由式(1-3)可知,当外阻R不变时,电流随并联电池数n的增加仅有缓慢增加。

1.1.5.3　复联电池组

由n个单体电池串联,然后将m个串联电池组再并联组成复联电池组。整个复联电池组通过的电流I为

$$I = \frac{nU}{R + \frac{nR_i}{m}} = \frac{nU}{R(1 + \frac{nR_i}{mR})} \qquad (1-4)$$

由式(1-4)可知,要获得较大电流,须使$\frac{nR_i}{mR}$值减小。

电池组中对单体电池的性能要求很严,在组合电池时,应注意选同一系列、同一规格、性能一致的单体电池。

1.2　化学电源的分类[3]

化学电源按工作性质和贮存方式分为四类:

(1)一次电池　该种电池又称原电池,如果原电池中电解质不流动,则称为干电池。由于电池反应本身不可逆或可逆反应很难进行,电池放电后不能充电再用。如

锌-锰干电池:$(-)Zn|NH_4Cl + ZnCl_2|MnO_2(c)(+)$;

碱性锌-锰电池:$(-)Zn|KOH|MnO_2(c)(+)$;

锌-汞电池:$(-)Zn|KOH|HgO(+)$;

镉-汞电池:$(-)Cd|KOH|HgO(+)$;

　　锌 – 银电池：$(-)Zn|KOH|Ag_2O(+)$；

　　碱性锌 – 空气电池：$(-)Zn|KOH|O_2(c)(+)$；

　　锂电池；

　　固体电解质电池(银 – 碘电池)。

　　(2)二次电池　习惯上又称蓄电池，即充放电能反复多次循环使用的一类电池。如

　　铅酸电池：$(-)Pb|H_2SO_4|PbO_2(+)$；

　　镉 – 镍电池：$(-)Cd|KOH|NiOOH(+)$；

　　氢 – 镍电池：$(-)H_2|KOH|NiOOH(+)$；

　　金属氢化物 – 镍$(MH-Ni)$电池；

　　固体电解质电池(钠 – 硫电池)；

　　锂离子电池。

　　(3)贮备电池　这种电池又称"激活电池"，这类电池的正、负极活性物质在贮存期不直接接触，使用前临时注入电解液或用其他方法使电池激活。如

　　锌 – 银电池：$(-)Zn|KOH|Ag_2O(+)$；

　　镁 – 银电池：$(-)Mg|MgCl_2|AgCl(+)$；

　　铅 – 高氯酸电池：$(-)Pb|HClO_4|PbO_2(+)$。

　　(4)燃料电池　该类电池又称"连续电池"，即将活性物质连续注入电池，使其连续放电的电池。如

　　氢 – 氧燃料电池：$(-)H_2|KOH|O_2(+)$；

　　肼 – 空气燃料电池：$(-)N_2H_4|KOH|O_2(空气)(+)$。

1.3　化学电源的工作原理

　　化学电源是一种能量转换装置。放电时，化学能转变为电能；充电时，电能转换为化学能贮存起来。一次性电池的反应是不可逆的，二次电池(或蓄电池)的反应是可逆的。

1.3.1　一次电池工作原理

锌－锰电池是一次性电池。

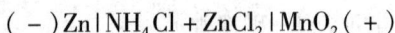

$$(-)Zn | NH_4Cl + ZnCl_2 | MnO_2 (+)$$

电池的活性物质是二氧化锰和锌，在空间是分隔开的，二者都与 NH_4Cl 和 $ZnCl_2$ 的水溶液相接触。电解液含有阳离子、阴离子，是一种离子导体，但并不具有电子导电性。

当锌电极与电解质 $NH_4Cl + ZnCl_2$ 接触时，金属锌将自发地转入溶液中，发生锌的氧化反应。锌电极上的 Zn^{2+} 转入溶液后，将电子留在金属上，结果，锌电极带负电荷。它将吸引溶液中的正电荷，在两相间产生电位差，这个电位差阻滞 Zn^{2+} 继续转入溶液，同时促使 Zn^{2+} 返回锌电极，结果形成了锌电极带负电荷，溶液一侧带正电荷的离子双电层。

二氧化锰电极存在类似情况，只是电极带正电荷，溶液一侧带负电荷。

在外电路接通之前，电极上都存在上述的动态平衡，一旦接通外电路，锌电极上的过剩电子流向二氧化锰电极，在 MnO_2 电极上使 Mn^{4+} 还原为 Mn^{3+}，图 1 – 3 是锌－锰电池的工作原理。

1.3.2　高能电池原理[4, 5]

1.3.2.1　高比能量条件

电池的理论容量为

$$C_0 = 26.8n \frac{m_0}{M} = \frac{1}{q}m_0 \quad (Ah) \quad\quad (1-5)$$

式中：C_0——理论容量；

　　　m_0——活性物质完全反应的质量；

　　　M——活性物质摩尔质量；

　　　n——成流反应得失电子数；

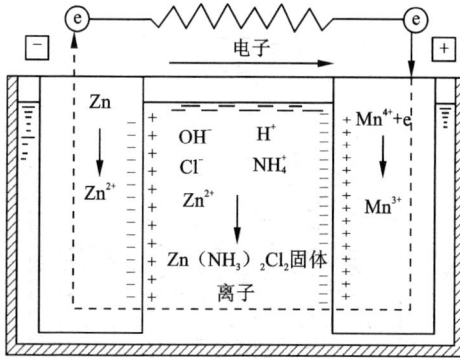

图 1 - 3　锌 - 锰电池工作原理示意图

q——活性物质电化当量。

电池的理论能量为

$$W_0 = C_0 E \tag{1-6}$$

式中：W_0——理论能量；

　　　E——电池电动势。

从式(1-5)可知，电化当量越小的物质，产生的电量越大，而从式(1-6)可知，电量越大，电动势越高的电池，产生的能量越大。

周期表左边的元素电极电位最负，周期表右上角的元素电极电位最正。因此，以电极电位最负的电极作负极，以电极电位最高的电极作正极所构成的电池的比能量高。如锂电池、锌 - 空气电池、钠 - 硫电池等属高能电池。有些比能量大于 100 Wh · kg^{-1}的电池，如锌 - 银、锌 - 汞、碱性锌 - 锰、氢 - 镍电池也可列为高能电池。

表 1 - 3 是周期表上方元素的电动势 $E^{\ominus}$ 及电化当量。表 1 - 4 列出了一些高理论比能量(W_0')的电池。

表 1-3　周期表上方元素的 $E^\ominus$ 及电化当量

周期	ⅠA	ⅡA	ⅢB	ⅣB	ⅢA	ⅣA	ⅤA	ⅥA	ⅦA
1	H_2/H^+ (2.016) $E^\ominus$ 0.00 0.0376 $g\cdot(Ah)^{-1}$								
2	Li/Li^+ (6.94) $E^\ominus$ -3.03 0.259 $g\cdot(Ah)^{-1}$	Be/Be^{2+} (9.013) $E^\ominus$ -1.847 0.618 $g\cdot(Ah)^{-1}$			B/H_3BO_3 (10.82) $E^\ominus$ -0.867 0.135 $g\cdot(Ah)^{-1}$	C/H_2CO_3 (12.00) $E^\ominus$ +0.228 0.112 $g\cdot(Ah)^{-1}$	N_2/NH_4^+ (28.02) $E^\ominus$ +0.275 0.174 $g\cdot(Ah)^{-1}$	O_2/H_2O (32.00) $E^\ominus$ +1.229 0.299 $g\cdot(Ah)^{-1}$	F_2/F^- (38.00) $E^\ominus$ +2.866 0.709 $g\cdot(Ah)^{-1}$
3	Na/Na^+ (22.99) $E^\ominus$ -2.714 0.858 $g\cdot(Ah)^{-1}$	Mg/Mg^{2+} (24.32) $E^\ominus$ -2.363 0.454 $g\cdot(Ah)^{-1}$			Al/Al^{3+} (26.98) $E^\ominus$ -1.663 0.335 $g\cdot(Ah)^{-1}$	Si/H_2SiO_3 (28.09) $E^\ominus$ -0.780 0.262 $g\cdot(Ah)^{-1}$	P/H_3PO_4 (30.98) $E^\ominus$ -0.383 0.231 $g\cdot(Ah)^{-1}$	S/H_2S (32.07) $E^\ominus$ +0.171 0.598 $g\cdot(Ah)^{-1}$	Cl_2/Cl^- (70.91) $E^\ominus$ +1.359 1.323 $g\cdot(Ah)^{-1}$
4	K/K^+ (39.10) $E^\ominus$ -2.924 1.459 $g\cdot(Ah)^{-1}$	Ca/Ca^{2+} (40.08) $E^\ominus$ -2.866 0.748 $g\cdot(Ah)^{-1}$	Se/Se^{3+} (44.96) $E^\ominus$ -2.077 0.560 $g\cdot(Ah)^{-1}$	Ti/Ti^{3+} (47.90) $E^\ominus$ -1.209 0.596 $g\cdot(Ah)^{-1}$ ；Ti/Ti^{2+} (47.90) $E^\ominus$ -1.630 0.894 $g\cdot(Ah)^{-1}$	Ca/Ca^{2+} (69.72) $E^\ominus$ -0.529 0.867 $g\cdot(Ah)^{-1}$	Ge/Ge^{2+} (72.60) $E^\ominus$ 1.355	As/AsO^+ (74.91) $E^\ominus$ +0.254 0.932 $g\cdot(Ah)^{-1}$	Se/H_2Se (78.96) $E^\ominus$ -0.369 1.473 $g\cdot(Ah)^{-1}$	Br_2/Br^- (159.8) $E^\ominus$ +1.066 2.982 $g\cdot(Ah)^{-1}$

表 1-4 一些高理论比能量的电池(酸性或中性溶液)

电池体系	电池反应	$E^{\ominus}/V$	$W'_0/(Wh \cdot kg^{-1})$
$H_2 \mid H_2SO_4 \mid$ 空气	$H_2 + 1/2O_2 \rightarrow H_2O$	1.229	32700
$H_2 \mid H_2SO_4 \mid O_2$	$H_2 + 1/2O_2 \rightarrow H_2O$	1.229	3660
Li-空气[1]	$2Li + 1/2O_2 + H_2O \rightarrow 2LiOH$	3.43[2]	5770
Be-空气[1]	$Be + 1/2O_2 + H_2O \rightarrow Be(OH)_2$	2.248[2]	4460
Na-空气[1]	$2Na + 1/2O_2 + H_2O \rightarrow 2NaOH$	3.115[2]	2610
Zn-空气[1]	$Zn + 1/2O_2 \rightarrow ZnO$	1.646	1350
H_2-F_2	$H_2 + F_2 \rightarrow 2HF$	2.866	3840
$Li-F_2$	$2Li + F_2 \rightarrow 2LiF$	5.896	6090
$Li-Cl_2$	$2Li + Cl_2 \rightarrow 2LiCl$	4.189	2650
$Li-Br_2$	$2Li + Br_2 \rightarrow 2LiBr$	4.096	1260

注: ① 用空气, 所以 O_2 质量不计算在内;
② 采用碱性溶液电池的标准电动势。

从表 1-4 可知, F_2, Cl_2, O_2, S 等元素, 电化当量小, 电极电位正, 适合于作高能电池的正极活性物质。但因 F_2, Cl_2 是气态, 而且有毒, 不宜直接用作正极活性物质, 一般采用氟化物和氯化物。硫电极在常温下活性小, 高温时易挥发, 一般采用硫化物。空气和氧气既无毒又无腐蚀性, 可制成气体扩散电极或制成氧化物后用作正极活性物质。当然, 采用化合物代替 F_2, Cl_2, O_2, S 作为正极活性物质, 理论比能量会下降。

1.3.2.2 影响电池比能量的因素

实际比能量与理论比能量的关系为

$$W' = W'_0 \cdot \eta_u \cdot \eta_r \cdot \eta_m \qquad (1-7)$$

式中: η_u, η_r, η_m 分别表示电压效率、反应效率、质量效率。

1. 电压效率

$$\eta_u = \frac{U_{CC}}{E} = \frac{E - \eta_+ - \eta_- - IR_\Omega}{E} = 1 - \frac{\eta_+ + \eta_- + IR_\Omega}{E} \quad (1-8)$$

式中：U_{CC}——工作电压。

图 1-4 是电压效率示意图，当电池处于开路时，

$$E = \varphi_+ - \varphi_- \quad (1-9)$$

当电池工作时，产生极化过电位 η_- 和 η_+，并产生欧姆电压降 IR_Ω。所以，电池的工作电压总小于电动势，要提高电池的电压效率，必须降低过电位和电解质电阻，这可以通过改进电极结构和添加某些添加剂达到。

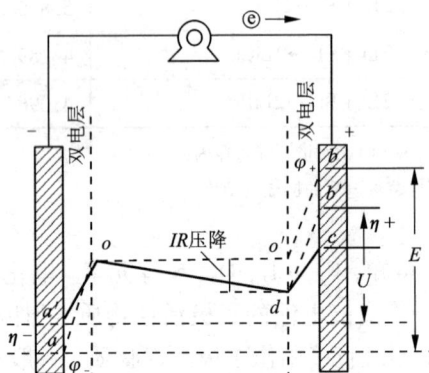

图 1-4　电池电压效率示意图

极化过电位由电化学极化、浓差极化、电阻极化产生的过电位组成。

(1)电化学极化过电位 η　当电流密度小时，有

$$\eta = \omega i \quad (1-10)$$

电流密度大时

$$\eta = a + b\lg i \quad (1-11)$$

式中：ω, a, b 是常数；ω, a 与交换电流密度 i_0 有关。增大真实表面积可以降低真实电流密度，降低过电位。

（2）浓差极化过电位 η　这是由于电极表面浓度变化引起的过电位，其主要影响因素是扩散速率。

$$v = DS\frac{c - c^\circ}{\delta} \tag{1-12}$$

式中：D——扩散系数；

　　　S——扩散截面积；

　　　δ——扩散层厚度；

　　　c——电极附近浓度；

　　　c°——溶液本体浓度。

扩散包括液相扩散、气体透过度和活性物质内部扩散三种。

液相扩散：以 O_2 电极为例，就是 OH^- 的扩散。如对多孔电极而言，电极的孔隙度及孔的分布是影响扩散的主要因素，一般孔隙度控制在 30% ~60% 之间。孔隙度小，扩散速率小。孔的分布也是一个主要因素，小孔有利于增大表面积，大孔有利于扩散。孔的分布和形状影响活性物质利用率。

活性物质的内部扩散：MnO_2 电极、$NiOOH$ 电极都有内部扩散或浓差极化。如 MnO_2 放电时生成的 $MnOOH$ 向粒子内部扩散。实质上是 H^+ 扩散。由于 H^+ 在固体中扩散比在溶液中扩散速率小，所以，固体中的浓差过电位在电池总过电位中所占的比例大，并造成电池放电电压不平稳。因此，增大扩散速率，减小浓差极化，有利于提高电压效率。

（3）欧姆过电位 η_{IR}　电池中的电阻，包括电解液电阻、集流体和隔膜电阻、固体活性物质和固体放电产物电阻、接触电阻和多孔电极内电解质电阻。在比电阻较大的固体活性物质中，一般可掺入导电性强的炭黑、乙炔黑等物质增加电极的导电性，从而降低欧姆过电位。

2.反应效率 η_r

反应效率是指活性物质利用率。由于副反应存在，使活性物质利用率下降。例如水溶液电池中置换析 H_2 反应、负极钝化、正极的逆歧化反应等，都降低活性物质利用率。

(1)水溶液中的置换反应　电极电位比氢更负的金属，就可能发生置换析 H_2 而被腐蚀。例如，在碱性溶液中，Pb，Cd 不会被腐蚀，锌电极电位虽比氢的电极电位更负，但由于锌电极上氢的过电位大，所以锌的自放电小，而 Fe，Al，Li，Na 等电极由于电极电位比氢电极更负，电极上氢的过电位也小，所以，易被腐蚀。

如果在溶液中或负极金属中存在电极电位较正，能被负极金属置换出来的金属如 Ag，Cu，Sb，Pt 等，则会加速负极腐蚀。由于腐蚀反应，使负极的电位向正向移动，从而使电压效率 η_u 降低。

(2)负极钝化　由于电极表面吸附或生成氧化膜，把活性物质与电解质溶液隔开，阻碍电极反应继续进行，引起钝化。增大电极表面积，加入添加剂、膨胀剂，提高电极多孔率等可以消除或延缓负极钝化。

(3)正极的逆歧化反应　例如铅酸电池正极上 PbO_2 和板栅 Pb 的反应消耗活性物质 PbO_2。

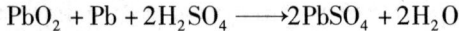

$$PbO_2 + Pb + 2H_2SO_4 \longrightarrow 2PbSO_4 + 2H_2O$$

AgO 电极的副反应，

$$AgO + Ag \longrightarrow Ag_2O$$

虽然活性物质没有损失，但降低了电压，损失了比能量。

3.质量效率 η_m

质量效率与电池中不参加反应的物质有关。

$$\eta_m = \frac{m_0}{m_0 + m_s} = \frac{m_0}{m} \qquad (1-13)$$

式中：m_0——按电池反应式完全反应的活性物质的质量；

m_s——不参加反应的物质质量；

m——电池总质量。

电池不参加反应的物质有：电池外壳、电极的板栅、骨架、不参加电池反应的电解质溶液、过剩的活性物质。在有些电池中，必须有一个电极的活性物质过剩，例如 Cd – Ni，Zn – AgO，Cd – AgO 电池中，为防止过充电时在负极析出 H_2，负极活性物质按质量分数要有 25% ~ 75% 的过剩量，这些过剩活性物质可以和正极上产生的 O_2 反应。

图 1 – 5 是铅酸电池和镉 – 镍电池质量分配图。

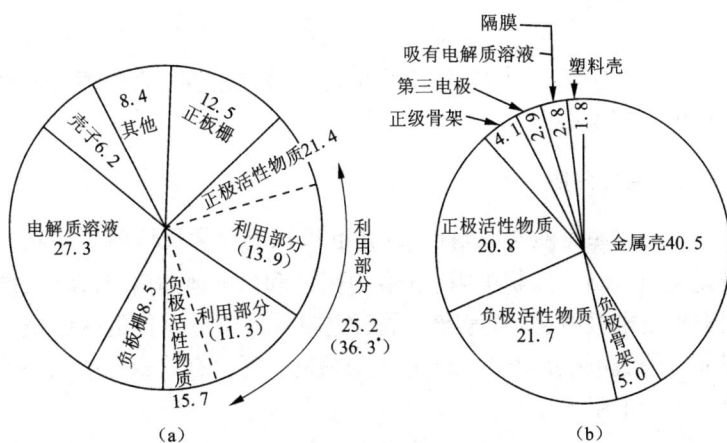

图 1 – 5 电池质量分配图

(a)铅酸汽车起动电池质量分配(比能量 60.0 Wh·kg^{-1})；

*—包括 H_2SO_4 在内的总利用率百分数；

(b)密封镉 – 镍电池质量分配图(比能量 55.0 Wh·kg^{-1})

1.4 化学电源的性能[6,7,8]

1.4.1 原电池电动势

在等温等压条件下,当体系发生变化时,体系吉布斯自由能的减小等于对外所作的最大非膨胀功,如果非膨胀功只有电功,则

$$\Delta G_{T,P} = -nFE \qquad (1-14)$$

式中:n——电极在氧化或还原反应中,电子的计量系数。当电池中的化学能以不可逆方式转变为电能时,两极间的电位差 E' 一定小于可逆电动势 E。

$$\Delta G_{T.P} < -nFE' \qquad (1-15)$$

(1-14)式揭示了化学能转变为电能的最高限度,为改善电池性能提供了理论根据。

1.4.2 电池内阻

电池内阻有欧姆电阻(R_Ω)和电极在电化学反应时所表现的极化电阻(R_f)。欧姆电阻、极化电阻之和为电池的内阻(R_i)。欧姆电阻由电极材料、电解液、隔膜电阻及各部分零件的接触电阻组成。隔膜电阻是当电流流过电解液时,隔膜有效微孔中电解液所产生的电阻 R_M。

$$R_M = \rho_s \cdot J \qquad (1-16)$$

式中:R_M——隔膜电阻;

ρ_s——溶液比电阻;

J——表征隔膜微孔结构的因素。

结构因素包括膜厚、孔率、孔径、孔的弯曲程度。

极化电阻 R_f 是指电化学反应时由于极化引起的电阻,包括电化学极化和浓差极化引起的电阻。为比较相同系列不同型号的

化学电源的内阻，引入比电阻(R'_i)，即单位容量下电池的内阻。

$$R'_i = \frac{R_i}{C} \tag{1-17}$$

式中：C——电池容量，Ah；

　　　R_i——电池内阻，Ω。

1.4.3　开路电压和工作电压

开路电压是外电路没有电流流过时电极之间的电位差（U_{CC}），一般开路电压小于电池电动势。工作电压（U_{CC}）又称放电电压或负荷电压，是指有电流通过外电路时，电池两极间的电位差。工作电压总是低于开路电压，因为电流流过电池内部时，必须克服极化电阻和欧姆内阻所造成的阻力。

工作电压：$U_{CC} = E - IR_i = E - I(R_\Omega + R_f)$

或　　　　$U_{CC} = E - \eta_+ - \eta_- - IR_\Omega = \varphi_+ - \varphi_- - IR_\Omega \tag{1-18}$

式中：η_+——正极极化过电位；

　　　φ_+——正极电位；

　　　η_-——负极极化过电位；

　　　φ_-——负极电位；

　　　I——工作电流。

图1-6表示式（1-18）中的关系。图中曲线 a 表示电池电压随放电电流变化的关系曲线。曲线 b，c 分别表示正、负极的极化曲线，直线 d 为欧姆内阻造成的欧姆压降随放电电流的变化。图1-6表示，放电电流增大，电极极化增加，欧姆压降增大，使电池工作电压下降。

电池的工作电压受放电制度影响，即放电时间、放电电流、环境温度、终止电压等都影响电池的工作电压。

（1）放电方法　放电方法分恒流放电和恒阻放电两种，图1-7(a)表示恒流放电曲线，图1-7(b)表示恒阻放电曲线。

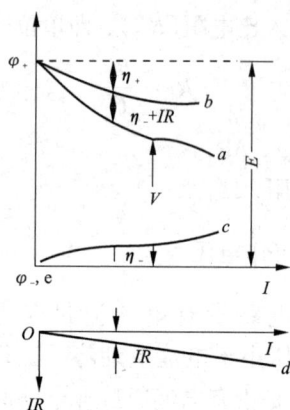

**图1-6 原电池的电压-电流特性
和电极极化曲线,欧姆电压降曲线**

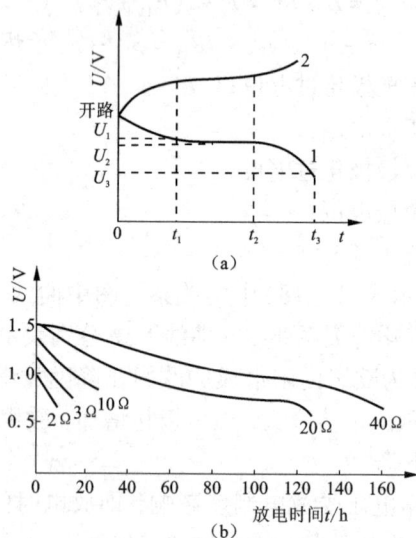

（a）

（b）

图1-7 电池的放电曲线

（a）恒流 $U-t$ 曲线；（b）恒阻 $U-t$ 曲线

此外，还有连续放电与间隙放电。连续放电是在规定放电条件下，连续放电至终止电压。间隙放电是电池在规定的放电条件下，放电间断进行，直到所规定的终止电压为止。

（2）终止电压　电池放电时，电压下降到不宜再继续放电的最低工作电压称为终止电压。一般在低温或大电流放电时，终止电压低些。因为这种情况下，电极极化大，活性物质不能得到充分利用，电池电压下降较快。小电流放电时，终止电压规定高些。因小电流放电，电极极化小，活性物质能得到充分利用。例如镉－镍蓄电池，当以1小时率放电时，终止电压为1.10 V。表1-5列出了几种电池放电终止电压。

表1-5　常用电池放电的终止电压（常温）

终止电压/V　放电制度　电池名称	10小时率 ($\frac{C}{10}$)	5小时率 ($\frac{C}{5}$)	3小时率 ($\frac{C}{3}$)	1小时率 1C
镉－镍	1.10	1.10	1.00	1.00
铅酸蓄电池	1.75	1.75	1.80	1.80
碱性锌－锰	1.20	—	—	—
锌－银	1.20~1.30	1.20~1.30	0.90~1.00	0.90~1.00

（3）放电电流　在谈到电池容量或能量时，必须指出放电电流大小或放电条件，通常用放电率表示。

放电率指放电时的速率，常用"时率"和"倍率"表示。时率是指以放电时间(h)表示的放电速率，或是以一定的放电电流放完额定容量所需的小时数。例如，电池的额定容量为30 Ah，以2 A电流放电，则时率为30 Ah/2 A=15 h，称电池以15小时率放电。

"倍率"指电池在规定时间内放出其额定容量时所输出的电

流值,数值上等于额定容量的倍数。例如 2"倍率"的放电,表示放电电流数值的 2 倍,若电池容量为 3 Ah,那么放电电流应为 $2 \times 3 = 6$ A,也就是 2"倍率"放电。换算成小时率则是 3 Ah/6 A $=1/2$ 小时率。

电池放电电流(I)、电池容量(C)、放电时间(t)的关系为

$$I = C/t \tag{1-19}$$

1.4.4 电池的容量与比容量

电池容量是指在一定的放电条件下可以从电池获得的电量,分理论容量、实际容量和额定容量。

1.4.4.1 理论容量(C_0)

活性物质的理论容量(C_0)由式(1-5)表示。

例如,锌-银电池和铅酸电池,负极活性物质分别为锌和铅,如果均取 50 g 的质量,理论容量为

$$C_{0,Zn} = \frac{50}{1.22} = 41 \text{ Ah}$$

$$C_{0,Pb} = \frac{50}{3.97} = 12.6 \text{ Ah}$$

1.4.4.2 实际容量(C)

实际容量(C)是指在一定的放电条件下,电池实际放出的电量,恒电流放电时为

$$C = I \cdot t \tag{1-20}$$

恒电阻放电时为

$$C = \int_0^t I dt = \frac{1}{R} \int_0^t U dt \tag{1-21}$$

近似计算为

$$C = \frac{1}{R} U_{av} t \tag{1-22}$$

式中：R——放电电阻；

　　　t——放电至终止电压时的时间；

　　　U_{av}——电池平均放电电压。

1.4.4.3　额定容量(C_r)

　　额定容量(C_r)是指在设计和制造电池时，规定电池在一定放电条件下应该放出的最低限度的电量。实际容量总是低于理论容量，所以，活性物质的利用率为

$$\eta = \frac{m_1}{m} \times 100\% \quad \text{或} \quad \eta = \frac{C}{C_0} \times 100\% \qquad (1-23)$$

式中：m——活性物质的实际质量；

　　　m_1——给出实际容量时应消耗的活性物质的质量。

　　图 1-8 表示电池容量与放电率的关系曲线。

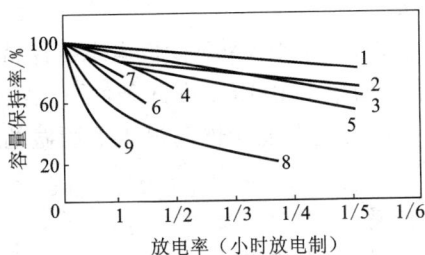

图 1-8　电池容量与放电率的关系

1—烧结式镉-镍电池；2—密封烧结式镉-镍电池；3—锌-银电池；
4—镉-银电池；5—极板盒式镉-镍电池；6—密封极板盒式镉-镍电池；
7—铁-镍电池；8—涂膏式铅酸电池；9—管式铅酸电池

　　为了对不同的电池进行比较，引入比容量概念。比容量是指单位质量或单位体积电池所给出的容量，称质量比容量 C_m' 或体积比容量 C_v'。

$$C'_m = \frac{C}{m} \qquad (\text{Ah} \cdot \text{kg}^{-1}) \qquad (1-24)$$

$$C'_v = \frac{C}{V} \qquad (\text{Ah} \cdot \text{L}^{-1}) \qquad (1-25)$$

式中：m——电池质量；

　　　V——电池体积。

电池容量是指其中正极（或负极）的容量。因电池工作时，通过正极和负极的电量总是相等。实际工作中常用正极容量控制整个电池的容量，而负极容量过剩。

1.4.5 电池的能量和比能量

电池在一定的条件下对外作功所能输出的电能叫电池的能量，单位一般用 Wh 表示。

1.4.5.1 理论能量

电池的放电过程处于平衡状态，放电电压保持电动势（E）数值，且活性物质利用率为 100%，在此条件下电池的输出能量为理论能量（W_0），即可逆电池在恒温恒压下所做的最大功（$W_0 = C_0 E$）。

1.4.5.2 实际能量

电池放电时实际输出的能量。

$$W = C \cdot U_{av} \qquad (1-26)$$

式中：W——实际能量；

　　　U_{av}——电池平均工作电压。

1.4.5.3 比能量

单位质量或单位体积的电池所给出的能量，称质量比能量或体积比能量，也称能量密度。比能量也分理论比能量 W'_0 和实际比能量 W'。

理论质量比能量根据正、负两极活性物质的理论质量比容量和电池的电动势计算。

$$W_0' = \frac{1000}{q_+ + q_-} \times E = \frac{1000}{\sum q_i} \times E \qquad (\mathrm{Wh \cdot kg^{-1}}) \quad (1-27)$$

式中：q_+，q_-——正、负极活性物质的电化当量，$\mathrm{g \cdot (Ah)^{-1}}$；

$\quad\quad\quad\ \sum q_i$——正极、负极及参加电池成流反应的电解质的电化
当量之和。

以铅酸蓄电池为例，电池反应：

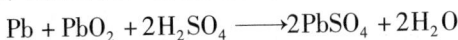

$$Pb + PbO_2 + 2H_2SO_4 \longrightarrow 2PbSO_4 + 2H_2O$$

电化当量：$q_{Pb} = 3.866\ \mathrm{g \cdot (Ah)^{-1}}$；$q_{PbO_2} = 4.463\ \mathrm{g \cdot (Ah)^{-1}}$；

$q_{H_2SO_4} = 3.671\ \mathrm{g \cdot (Ah)^{-1}}$

$E^{\ominus} = 2.044\ \mathrm{V}$，所以，理论比能量为

$$W_0' = \frac{1000}{3.866 + 4.463 + 3.671} \times 2.044 = 170.5\ \mathrm{Wh/kg}$$

表 1-6 列出了常见电池的比能量。

实际比能量是电池实际输出的能量与电池质量（或体积）
之比，

$$W' = \frac{C \cdot U_{av}}{m} \text{或 } W' = \frac{C \cdot U_{av}}{V} \qquad (1-28)$$

式中：m——电池质量，kg；

$\quad\quad V$——电池体积，L。

1.4.6　电池的功率和比功率

电池的功率是在一定放电制度下，单位时间内电池输出的能
量（W 或 kW）。比功率是单位质量或单位体积为电池输出的功率
（$\mathrm{W \cdot kg^{-1}}$ 或 $\mathrm{W \cdot L^{-1}}$）。

比功率的大小，表示电池承受工作电流的大小。

表1-6　电池的比能量

电池体系	电池反应	电动势 $E_f^{\ominus}$/V	理论比能量 W_0'/(Wh·kg⁻¹)	实际比能量 W'/(Wh·kg⁻¹)	$\dfrac{W_0'}{W'}$
铅酸	$Pb + PbO_2 + 2H_2SO_4 \longrightarrow 2PbSO_4 + 2H_2O$	$2.044(E_f^{\ominus})$	170.5	10~50	3.4~17.0
镉-镍	$Cd + 2NiOOH + 2H_2O \longrightarrow 2Ni(OH)_2 + Cd(OH)_2$	$1.326(E_f^{\ominus})$	214.3	15~40	5.4~14.3
铁-镍	$Fe + 2NiOOH + 2H_2O \longrightarrow 2Ni(OH)_2 + Fe(OH)_2$	$1.399(E_f^{\ominus})$	272.5	10~25	
锌-镍	$Zn + 2NiOOH + 2H_2O \longrightarrow ZnO + 2Ni(OH)_2$	$1.765(E_f^{\ominus})$	354.6		10.9~27.3
锌-银	第一阶段 $2AgO + Zn \longrightarrow Ag_2O + ZnO$	$1.852(E_f^{\ominus})$			
	第二阶段 $Ag_2O + Zn \longrightarrow 2Ag + ZnO$	$1.590(E_f^{\ominus})$	487.5	60~160	3.1~8.2
	$AgO + Zn \longrightarrow Ag + ZnO$	平均 1.721			
镉-银	第一阶段 $2AgO + Cd + H_2O \longrightarrow Ag_2O + Cd(OH)_2$	$1.413(E_f^{\ominus})$			
	第二阶段 $Ag_2O + Cd + H_2O \longrightarrow 2Ag + Cd(OH)_2$	$1.151(E_f^{\ominus})$	270.2	40~100	2.7~6.8
	$AgO + Cd + H_2O \longrightarrow Ag + Cd(OH)_2$	平均 1.282			
锌-汞	$Zn + HgO \longrightarrow ZnO + Hg$	1.343	255.4	30~100	2.6~8.5
锌-锰(碱性)	$Zn + 2MnO_2 + H_2O \longrightarrow ZnO + 2MnOOH$	*1.52	274.0	30~100	2.7~9.1
锌-锰(干电池)	$Zn + 2MnO_2 + 2NH_4Cl \longrightarrow 2MnOOH + Zn(NH_3)_2Cl_2$	*1.623	251.3	10~50	5.0~25.1
	$Zn + 2MnO_2 \longrightarrow ZnO \cdot Mn_2O_3$	*1.623	363.7		
锌-空气	$Zn + \dfrac{1}{2}O_2 \longrightarrow ZnO(O_2 \text{ 不计算在内})$	$1.646(E_f^{\ominus})$	1350	100~250	5.4~13.5
锌-氧	$Zn + \dfrac{1}{2}O_2 \longrightarrow ZnO(O_2 \text{ 计算在内})$	$1.646(E_f^{\ominus})$	1084		
锂-二氧化硫	$Li + 2SO_2 \longrightarrow LiS_2O_4$	2.95	1114	330	3.38
锂-亚硫酰氯	$4Li + 2SOCl_2 \longrightarrow 4LiCl + S + SO_2$	3.65	1460	550	2.66
锂-二氧化锰	$MnO_2 + Li \longrightarrow MnOOLi$	3.50	1005	400	2.51

注：* 开路电压。

电池理论功率 P_0 为

$$P_0 = \frac{W_0}{t} = \frac{C_0 E}{t} = \frac{ItE}{t} = IE \qquad (1-29)$$

实际功率 P 为

$$P = IU = I(E - IR_i) = IE - I^2 R_i$$

$(1-30)$ 将式 $(1-30)$ 对 I 微分,并令 $\mathrm{d}P/\mathrm{d}I = 0$

$$\mathrm{d}P/\mathrm{d}I = E - 2IR_i = 0 \qquad (1-31)$$

因为 $\qquad\qquad\qquad E = I(R_i + R_e)$

所以 $\qquad\qquad\qquad IR_i + IR_e - 2IR_i = 0$

$R_i = R_e$ (R_e 为外电阻),而且,$\mathrm{d}^2 P/\mathrm{d}I^2 < 0$,所以,当 $R_i = R_e$ 时,电池输出的功率最大。

1.4.7　贮存性能和自放电

一次电池在开路时,在一定条件下(温度、湿度等)贮存时容量下降。容量下降的原因主要是由负极腐蚀和正极自放电引起的。

负极腐蚀:由于负极多为活泼金属,其标准电极电位比氢电极负,特别是有正电性金属杂质存在时,杂质与负极形成腐蚀微电池。

正极自放电:正极上发生副反应时,消耗正极活性物质,使电池容量下降。例如,铅酸蓄电池正极 PbO_2 和板栅铅的反应,消耗部分活性 PbO_2。

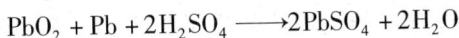

$$PbO_2 + Pb + 2H_2SO_4 \longrightarrow 2PbSO_4 + 2H_2O$$

同时,正极物质如果从电极上溶解,就会在负极还原引起自放电,还有杂质的氧化还原反应也消耗正、负极活性物质,引起自放电。

降低电池自放电的措施,一般是采用纯度高的原材料,在负极中加入氢过电位较高的金属,如 Cd,Hg,Pb 等;也可以在电极或电解液中加入缓蚀剂，抑制氢的析出，减少自放电反应发生。

自放电速率是单位时间内容量降低的百分数。

1.4.8 电池寿命

一次电池的寿命是表征给出额定容量的工作时间（与放电倍率大小有关）。二次电池的寿命分充、放电循环使用寿命和湿搁置使用寿命。

蓄电池经历一次充放电，称一个周期。在一定的放电制度下，电池容量降至规定值之前，电池所经受的循环次数，称使用周期。

影响蓄电池循环使用寿命的主要因素有：在充放电过程中，电极活性表面积减小，使工作电流密度上升，极化增大；电极上活性物质脱落或转移；电极材料发生腐蚀；电池内部短路；隔膜损坏和活性物质晶型改变，活性降低。

1.5 化学电源的应用[9]

化学电源具有能量转化效率高、方便、安全可靠等优点，广泛地用于工业、军事及日常生活中。各类电池的主要应用范围如图1-9所示。

一次电池常用于低功率和中等功率放电，这种电池外形多为圆柱形、扣式、扁形，常以单体或电池组形式用于各种便携式电器和电子设备，圆柱形电池广泛用于照明、信号、报警装置和半导体收音机、收录机、计算器、剃须刀、吸尘器等家庭生活用品上。扣式电池用于手表，薄形电池用作CMOS电路记忆贮存电源。一次电池还广泛用于军事便携通讯、雷达、气象和导航仪器等。

二次电池及电池组常用于较大功率放电、汽车起动、照明和

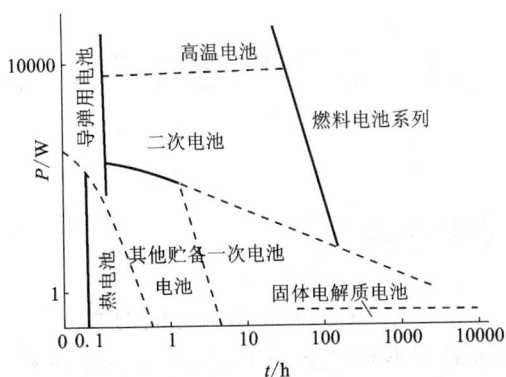

图1-9 各种类型电池主要应用范围

点火、应急电源以及人造卫星、宇宙飞船,在电动车辆方面也显示出广阔的应用前景。

贮备电池可用作导弹电源、心脏起搏器电源。

燃料电池适合于长时间连续工作的场合,已成功地应用于"阿波罗"飞船的登月飞行和载人航天器中。

第 2 章　化学电源的理论基础

2.1　电池电动势[10, 11]

　　电池电动势是电池断路时正负极之间的电位差。在 1800 年前后伏打(Volta)用不同的金属、其他导体，甚至用不同的液体组合均可得到电位差。例如将铜片与锌片放到稀硫酸中或盐水中，如图 2 – 1 所示，可以测得电位差并获得工作电流。但是如果两个相同的铜片插到同一溶液中则没有电位差产生。用一个单位正电荷在图 2 – 1 的回路中移动所作的功来分析电动势的产生。设导线为 Cu，电阻可以

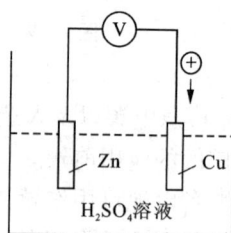

图 2 – 1　电池示意图

忽略不计，则在导线与 Cu 片上没有电位差产生。但在 Cu 片与溶液之间有可能产生电位差，用 φ_{Cu/l_1} 表示。该正电荷在溶液中移动时，该溶液成分并不均匀，在铜片附近有 $CuSO_4$，而在 Zn 片附近 $ZnSO_4$ 较浓，因此也可能有电位差，记为 φ_{l_1/l_2}。然后，继续运动的正电荷会遇到以 $ZnSO_4$ 为主的溶液，l_2 与锌片形成的电位差，记为 $\varphi_{l_2/Zn}$；从锌片出来的正电荷进入铜导线，两种不同的金属间也有电位差，以 $\varphi_{Zn/Cu}$ 表示。所以总的电位差，即电池电动势 E 可以表示为：

$$E = \varphi_{Cu/l_1} + \varphi_{l_1/l_2} + \varphi_{l_2/Zn} + \varphi_{Zn/Cu} \qquad (2 – 1)$$

　　因此整个电池电动势由 Cu/$CuSO_4$(l_1)电极部分，两溶液部

分(l_1 与 l_2 之间)，$Zn/ZnSO_4(l_2)$ 电极部分及两个金属 Zn/Cu 部分的电位差之和组成。伏打发现用不同的金属作电极片电位差不同，例如用银代替铜时电位差更大。用锡代替锌时，电位差变小。所以，有部分科学家把电池电动势的产生归结为金属接触时的电位差所致，这种电位称为接触电位。它们是由于不同的金属具有不同的电子逸出功所致。至于不同的液体接触也产生电位差，被称为液体接界电位。不管是接触电位也好，液体接界电位也好，都是由于介质组成不均匀所致。均一组成的介质称为一个相，所以不同相接触时就必定有相界面所形成的电位差。这种电位差又称为界面电位差。进一步讨论这种电位差的形成机理时，认为是带电粒子(电子、离子)或是极性分子在界面上的吸附造成了界面上电荷分布的不均匀，其中一面正电荷多一些，另一面会负电荷多一些，这就是所谓的双电层。双电层的形成就是电位差产生的原因。但是有电位差不一定能够产生电流。化学电源工作时必须能提供源源不断的电流，这靠的是电极上源源不断地进行着放出电子的阳极反应及吸收电子的阴极反应。能斯特(Nernst)在 1891 年阐明了电极反应的吉布斯(Gibbs)自由能变化(ΔG)与电池电动势 E 之间的热力学关系：

$$\Delta G = -nFE \qquad (2-2)$$

式中：n 为反应中产生电子的摩尔数，F 为法拉第常数。

2.2 可逆电池和可逆电极[12]

2.2.1 可逆电池

能斯特阐明了化学反应在恒温恒压下进行时，如果让这种变化在电池中进行，则所做的电功与反应的吉布斯自由能变化 ΔG 的关系，在可逆的条件下，符合(2-1)式。这里所说的可逆条件有两重意义：一是指电池反应是可逆的，二是指反应以可逆的方式，即在速率无限小的情况下进行。这里说速率无限小就是电流无限小。无限小虽然是一个动态的概念，不能指定说小到何种程序，但在电化学中还是有一个相对的范围，即小于交换电流（见2.4）时，反应可以说是在可逆的条件下进行。

电池反应是可逆的，即该电池的反应可以按原电池反应进行，化学反应产生电能；也可以由外界提供电能使反应按电解的方式进行，获得化学物质。锌片和铜片插到稀硫酸中的电池可以写成下列形式：

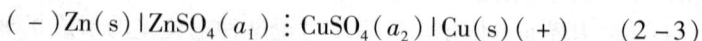

$$(-)Zn(s)\,|\,ZnSO_4(a_1)\,\vdots\,CuSO_4(a_2)\,|\,Cu(s)(+)\qquad(2-3)$$

一般将负极写在左边，标上"−"号；将正极写在右边，并标以"+"号，短竖线表示相界面，括号中表明相的状态(s 表示 solid，固体)及活度(a 表示 activity，活度)，如果是气体要表明分压，以 p 表示。虚线表示有液体接界；如果以盐桥联结，则以平行竖线表示。如

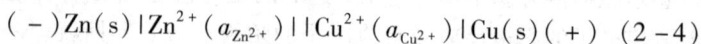

$$(-)Zn(s)\,|\,Zn^{2+}(a_{Zn^{2+}})\,||\,Cu^{2+}(a_{Cu^{2+}})\,|\,Cu(s)(+)\qquad(2-4)$$

式中还强调了离子表示形式及其活度，这种情况下的电池反应为

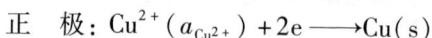

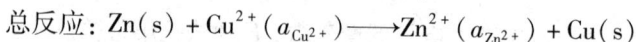

负　极：$Zn(s) \longrightarrow Zn^{2+}(a_{Zn^{2+}}) + 2e$

正　极：$Cu^{2+}(a_{Cu^{2+}}) + 2e \longrightarrow Cu(s)$

总反应：$Zn(s) + Cu^{2+}(a_{Cu^{2+}}) \longrightarrow Zn^{2+}(a_{Zn^{2+}}) + Cu(s)$

$$(2-5)$$

这种装置的电池如果进行电解反应，则在外加电压下，锌电极上进行还原反应，即阴极反应为

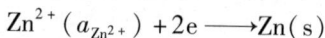

$$Zn^{2+}(a_{Zn^{2+}}) + 2e \longrightarrow Zn(s)$$

铜电极上进行氧化反应即阳极反应为

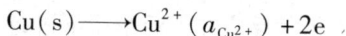

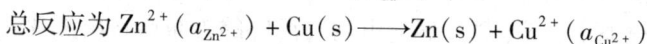

$$Cu(s) \longrightarrow Cu^{2+}(a_{Cu^{2+}}) + 2e$$

总反应为 $Zn^{2+}(a_{Zn^{2+}}) + Cu(s) \longrightarrow Zn(s) + Cu^{2+}(a_{Cu^{2+}})$

$$(2-6)$$

可以看出(2 - 6)式是(2 - 5)式的逆反应,因此(2 - 3)式及(2 - 4)式所表示的电池的电极反应是可逆的。但它们并非严格的热力学上可逆的电池装置。热力学上设计的可逆过程必须是每一步都是可逆的。上述电池装置中(2 - 3)有液接界,这种界面上的扩散过程是不可逆的,并有扩散电位差存在。(2 - 4)式虽采用了盐桥,但还不是完全可逆的,这在理论研究上是必须注意的。

2.2.2 可逆电极

可逆原电池的一个必要条件是电极反应必须可逆,因此可逆原电池的电极也必须是可逆的。

电极体系通常由电子导电相及离子导电相所组成,在此相界面上有电荷转移的反应,例如锌(电子导电相)与 H_2SO_4,溶液或 $ZnSO_4$ 溶液(均为离子导电相)组成的电极体系。Cu(电子导电相)在 H_2SO_4 溶液或 $CuSO_4$ 溶液(均为离子导电相)也组成电极体系。但铜电极在无氧化的条件下,在 H_2SO_4 溶液中进行还原反应时是氢离子的还原,铜仅起电子传导作用,本身并不参与电极反应。

根据界面上反应的特点,把电极体系分为三类:

第一类,金属或气体与它们相应的离子溶液组成的电极,如铜在 $CuSO_4$ 溶液中组成的电极。气体电极常见的有氢电极,电极构成用下列符号表示:

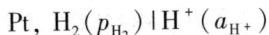

$$Pt, H_2(p_{H_2}) \mid H^+(a_{H^+})$$

也有对阴离子可逆的气体电极,如

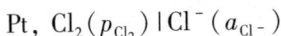

$$Pt, Cl_2(p_{Cl_2}) \mid Cl^-(a_{Cl^-})$$

其电极反应为

$$\frac{1}{2}Cl_2(p_{Cl_2}) + e \longrightarrow Cl^-(a_{Cl^-})$$

在水溶液中不易实现这里所示的氯电极,因为在含 Cl^- 离子的水溶液中通氯气时,会有生成次氯酸根等反应。但在研究熔盐反应时,氯电极体系是常用的参比电极之一。熔盐中相对氯电极的电极电位如表 2 – 1 所示。第二类是含有难溶盐的电极，如银 – 氯化银电极，汞 – 甘汞电极，通常是由在金属表面上覆盖一层该金属的难溶盐所组成。锑 – 氧化锑电极也是一种常用的第二类电极。由于甘汞电极容易制备，价格相对低廉，电极稳定，重复性好，所以使用更广泛。甘汞电极制备是在汞上面放置一层氯化亚汞糊（由汞、甘汞及数滴氯化钾溶液在玛瑙研钵中研磨而成），注入氯化钾溶液即成。这类电极可表示为

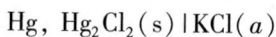

$$\text{Hg, Hg}_2\text{Cl}_2(\text{s}) \mid \text{KCl}(a)$$

表 2 – 1   低共熔点熔盐中相对氯参比电极的电极电位

参比电极	φ/V	
	KCl – NaCl, 450℃	KCl – LiCl, 450℃
Mn^{2+}/Mn	2.135	2.065
Cd^{2+}/Cd	1.535	1.532
Te^+/Te	–	1.586
Co^{2+}/Co	1.277	1.207
Pb^{2+}/Pb	1.352	1.317
Cu^+/Cu	1.145	1.067

表 2 – 2   常用第二类电极的标准电极电位

电极	$\varphi^{\ominus}/V$
$HgO, OH^-/Hg$	0.0975
$AgCl, Cl^-/Ag$	0.22216
$Hg_2Cl_2, Cl^-/Hg$	0.26791
$Hg_2SO_4, SO_4^{2-}/Hg$	0.6123

为了减少浓差的影响，参比电极中的溶液最好与所研究的溶液组成相近，例如，研究氯化物溶液通常使用氯化物甘汞电极，研究硫酸盐时可使用硫酸盐甘汞电极，即由汞 – 硫酸亚汞 – 硫酸（或硫酸盐）溶液组成的参比电极。制备方法与氯化物甘汞电极相同。如硫酸亚汞难以获得时，也可以用阳极氧化的方法制备，即在汞上放入所需的稀硫酸溶液（浓度与研究对象接近），然后，将汞极接上电源的正极，通以极小的电流（电流密度大时会形成高价汞盐），汞上面逐渐形成一层 Hg_2SO_4 晶体即可。然后断电放置到电极电位稳定即可使用。如果研究溶液是碱性溶液，最好使用含有稀碱溶液的 HgO/Hg 电极。常用第二类电极的标准电极电位如表 2 – 2 所示。

第三类是由惰性导电体（常为铂）插入氧化 – 还原离子对的溶液中构成的电极，又称氧化 – 还原电极。例如，铂电极插入 Fe^{2+}/Fe^{3+} 离子对的溶液中，其电极反应为

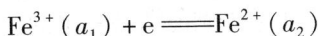

$$Fe^{3+}(a_1) + e \Longrightarrow Fe^{2+}(a_2)$$

另外实验室中还常用一种氢醌 – 醌电极，是由铂金片插入氢醌 – 醌溶液中所组成，反应为

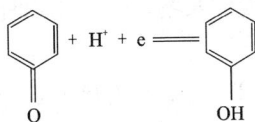

它实际上是对氢离子可逆的电极，可用于测定溶液的 pH，pH < 10 时可获得准确的结果。

2.2.3 可逆电池热力学[13]

对于恒温恒压过程系统，吉布斯自由能的减少（$-\Delta G_{T.p}$）等于该系统对外作的最大有效功（W'最大），对于电池，此最大有效功即为电功。如果反应进行时，1 mol 物质产生的电荷以 zF 表

示，而产生的电动势为 E，则所作的功为电荷数与电动势的乘积，即 zFE，因此

$$\Delta G = -zFE \qquad (2-7)$$

其中 F 为法拉第常数，实际上是 1 mol 电子所带的电量，常以 96500C 表示。z 为电极反应中的计算系数，可以视为 1 mol 物质变化时产生电子的摩尔数。由于原子在氧化还原反应中得失电子状态的不同，所以虽然都是 1 mol 物质的变化，产生电子的摩尔数是不同的，因此计算时不同的表达式会有不同的结果。例如反应

$$Cu + 2Ag^+ = Cu^{2+} + 2Ag$$

中 1 mol Cu 的氧化有 2 mol 电子产生，$z = 2$，计算吉布斯自由能的变化时，$\Delta G = -2FE$。若表达式写为 $\frac{1}{2}Cu + Ag^+ = \frac{1}{2}Cu^{2+} + Ag$ 时，$z = 1$，该式的 $\Delta G = -1FE = -FE$。它是以 1 mol Ag 的变化来表达的。注意前面 2.1 节谈到能斯特总结的公式为 $\Delta G = -nFE$，该式中并没有指明物质的变化为 1 mol。而吉布斯自由能的变化为广度性质，是因物质量不同而变化的，因此一般以 n 表示。而本节已指明以参加反应的某物质为 1 mol 时所引起的自由能的变化，所以用 z 表示。

有了基本表达式(2-7)，可由热力学公式得出电池反应的熵变(ΔS)和过程热效应 ΔH 的表达式。$\left(\dfrac{\partial \Delta G}{\partial T}\right) = \Delta S$，将(2-7)式代入得

$$\Delta S = zF\left(\frac{\partial E}{\partial T}\right) \qquad (2-8)$$

式中($\partial E/\partial T$)表示电池电动势随温度的变化率，即在恒压条件下，于不同温度下测出原电池电动势的值，然后算出电动势随温度的变化率，即可求出电池反应的 ΔS。

由 $\Delta H - T\Delta S = \Delta G$ 可以导出电池反应的热效应为

$$\Delta H = -zFE + zFT\left(\frac{\partial E}{\partial T}\right)_p \qquad (2-9)$$

对下列反应: $a\mathrm{A}(a_\mathrm{A}) + d\mathrm{D}(a_\mathrm{D}) = x\mathrm{X}(a_\mathrm{X}) + y\mathrm{Y}(a_\mathrm{Y})$

$$\Delta G = \Delta G^\ominus + RT\ln(a_\mathrm{X}^x a_\mathrm{Y}^y)/(a_\mathrm{A}^a a_\mathrm{D}^d)$$

$$= -RT\ln K^\ominus + RT\ln(a_\mathrm{X}^x a_\mathrm{Y}^y)/(a_\mathrm{A}^a a_\mathrm{D}^d)$$

然后, 将(2-7)式代入上式并移项可得

$$E = E^\ominus - \frac{RT}{zF}\ln(a_\mathrm{X}^x a_\mathrm{Y}^y)/(a_\mathrm{A}^a a_\mathrm{D}^d) \qquad (2-10)$$

$$E^\ominus = -\frac{RT}{zF}\ln K^\ominus \qquad (2-11)$$

E 为电池的电动势, $E^\ominus$ 为标准状态下的电池电动势, $K^\ominus$ 为电池反应的平衡常数。欲求某一反应的吉布斯自由能变化或平衡常数, 可以通过设计电池反应求其电动势, 并且也常常利用电池或电极反应是否符合(2-10)式来判断电极或电池反应的可逆性。

2.3　浓差电池

电动势是由电池中存在浓度差而产生的电池称为浓差电池。浓差电池又分两类: 电解质浓度不同形成的浓差电池, 称为离子浓差电池; 另一类是电极浓差电池, 电极材料相同但其浓度不同。

2.3.1　离子浓差电池

这种浓差电池的两极的电极材料是一样的, 只是电解质(即离子导体)的浓度不同。例如:

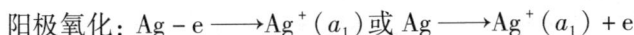

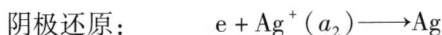

$$(-)\mathrm{Ag}(\mathrm{s})\mid \mathrm{AgNO_3}(a_1)\parallel \mathrm{Ag(NO_3)}(a_2)\mid \mathrm{Ag}(\mathrm{s})(+)$$

阳极氧化: $\mathrm{Ag} - \mathrm{e}\longrightarrow \mathrm{Ag^+}(a_1)$ 或 $\mathrm{Ag}\longrightarrow \mathrm{Ag^+}(a_1) + \mathrm{e}$

阴极还原: $\qquad\qquad \mathrm{e} + \mathrm{Ag^+}(a_2)\longrightarrow \mathrm{Ag}$

总反应：

$$Ag^+(a_2) \longrightarrow Ag^+(a_1) \qquad (2-12)$$

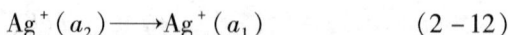

总反应式表明由于电解质浓度的差别产生了扩散迁移现象，因而有时又称所产生的电位差为扩散电位，其电极电位表达式相加或相减可得浓差电池电动势的表达式。

$$E = \varphi_2 - \varphi_1 = \left(\varphi^{\ominus}_{Ag^+/Ag} - \frac{RT}{F}\ln\frac{1}{a_2}\right) - \left(\varphi^{\ominus}_{Ag^+/Ag} - \frac{RT}{F}\ln\frac{1}{a_1}\right)$$

$$= \frac{RT}{F}\ln\frac{a_1}{a_2} = \frac{RT}{F}\ln\frac{a_2}{a_1} \qquad (2-13)$$

当 $a_2 > a_1$ 时 E 为正值，为自动过程，即 Ag^+ 由活度高的 a_2 向活度低的 a_1 方向转移。上式中 φ_2 和 φ_1 分别为电池表达式右边(+)和左边(-)两电极的电极电位。

2.3.2　电极浓差电池[13]

电极浓差电池是指电极材料相同，而其中要研究的某一物质的浓度(严格地说，应是活度)不同。常见的电极浓差电池是汞齐电极。合金电极的原理也不同，以汞齐电池为例：

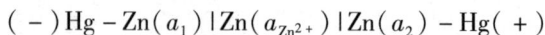

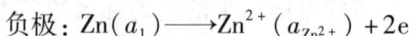

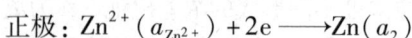

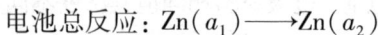

$$(-)Hg - Zn(a_1) \mid Zn(a_{Zn^{2+}}) \mid Zn(a_2) - Hg(+)$$

负极：$Zn(a_1) \longrightarrow Zn^{2+}(a_{Zn^{2+}}) + 2e$

正极：$Zn^{2+}(a_{Zn^{2+}}) + 2e \longrightarrow Zn(a_2)$

电池总反应：$Zn(a_1) \longrightarrow Zn(a_2)$

$$E = \varphi_{Zn^{2+}/Zn(a_2)} - \varphi_{Zn^{2+}/Zn(a_1)} = \varphi_+ - \varphi_-$$

$$= \left(\varphi^{\ominus}_{Zn^{2+}/Zn} - \frac{RT}{2F}\ln\frac{a_2}{a_{Zn^{2+}}}\right) - \left(\varphi^{\ominus}_{Zn^{2+}/Zn} - \frac{RT}{2F}\ln\frac{a_1}{a_{Zn^{2+}}}\right)$$

$$= \frac{RT}{2F}\ln\frac{a_1}{a_2} \qquad (2-14)$$

上式中 Zn 在 Zn - Hg 齐中活度不同而产生了电动势，这种电动势的数值都不大，例如上述电池中活度相差10倍，常温下的电动势约 30 mV，因此很少用浓差电池作电源使用。由电动势的测量值可以推断电解质或电极中某一组分的活度。

2.4　电极过程[14, 15]

电能与化学能的重要转变装置是原电池与电解池。前者是通过化学反应获得电能，后者是通过电能制取化学物质。两者一般都包含下列电极反应步骤：

(1)电极作用物质自溶液本体向电极表面迁移，即液相传质步骤；

(2)在电极表面吸附，脱出溶剂壳，配合物解体等电极放电反应前的步骤，又称前置表面转化步骤，简称 CE 步骤；

(3)在电极表面放电步骤，又称电化学步骤；

(4)放电后在电极附近的表面转化步骤，又称随后转化步骤，简称 EC 步骤；

(5)产物生成新相，例如生成气泡离开电极或形成固态结晶的步骤，也包括形成汞齐类型产物时向溶体内的扩散步骤。

研究电极过程的目的就是为了确定上述步骤中哪一步是最慢的(即控制步骤)，然后获得整个电极反应的数学表达式，定量地描述浓度(活度)与时间的关系。电极动力学或电化学动力学是用单位时间内电极上起反应的物质的量(n)的变化来表示反应进度，即以 dn/dt 表示。该物质放电的时候必然产生电流，通过电流的变化就可观察到反应速率的变化，电流以 I 表示，电荷为 z 的物质放电，它引起的电流变化，即 $zFdn/dt$。为了比较电极反应的能力，应该比较单位电极面积上的变化，即以电流密度 i 作比较，则 $i = \left(zF\dfrac{dn}{dt}\right)\dfrac{1}{S}$，式中 S 为电极表面面积，电流是有方向的，因此往往加上箭头表示电流密度的方向，如 $\vec{i}$ 或 $\overleftarrow{i}$，有时也以文字说明规定电流或电流密度的方向，如规定阴极还原电流为正。

2.4.1 极化作用

通常把对平衡现象的偏离称为极化现象或极化作用。热力学平衡过程与可逆现象紧密相连。可逆过程或平衡过程的变化率是很小的，但实际过程必须有一定的速率，有时还要求有很高的速率。例如现代对电动汽车的要求之一是必须有大电流放电，即要求反应速率很大，这样必然产生偏离平衡值的现象，即极化现象。如电阻极化就是由于电池或电解池有电阻，因而使电位出现偏离平衡值的现象。电池或电解池的电阻有电解质的电阻、电极材料的电阻，甚至还有由于反应产物的附着(如氢氧化物沉淀在电极上)造成的电阻等。浓差极化是电化学反应进行时作用物浓度的变化造成电极电位对平衡值的偏差。例如 Zn 的电沉积，电极附近 Zn^{2+} 的浓度显然低于平衡时的浓度，由于扩散与迁移较缓慢，必然低于溶液本体的浓度，这也会反映到电极电位的变化，称为浓差极化。电荷的积累也可能是由于放电步骤本身迟缓造成的，莆鲁姆金称为迟缓放电。后期的研究又表明，紧挨着放电步骤的(除扩散步骤以外)前置步骤(如配合物离解)及后续步骤(如放电以后形成的金属原子进入晶格)也可能很慢。这些缓慢步骤造成电极电位对平衡现象的偏差，往往称为电化学极化。

2.4.2 过电位

上述极化现象的结果往往是造成电极电位或电池电动势与平衡值的偏离，即与可逆电位的偏离。某一电流密度下电极电位与可逆电极电位的差值称为过电位或超电势。习惯上总是把过电位表示为正值。所以当实际电位比可逆电位更负时，计算过电位时应该是可逆电位值减去实际电位值。当实际电位值比可逆电位更正时，则过电位的值是实际电位值减去可逆电位值，塔菲尔

(Tafel)发现过电位 η 与电流密度 i 的对数之间呈线性关系,即

$$\eta = a + b\lg i \qquad (2-15)$$

这是一个经验公式,后来的研究证实很多电化学极化现象造成的过电位与电流密度都有这种关系,因此是否符合该公式成为判断电化学极化的方法之一。

上式中当 i 为 1 时,即为单位电流密度时,对数项为零,$\eta = a$,所以 a 的意义是单位电流密度下电极的过电位。它与电极材料、溶液组成及温度有关。当溶液组成与温度一定时,a 值就反映出材料本性与过电位的关系。b 值是斜率,反映出过电位随电流密度的对数的变化率。它与材料的关系不大,常常反映出电极过程的机理。

确定过电位 η 时要确定实际电位 φ_{ac} 与平衡电极电位 φ_e(即可逆电极电位)。φ_e 要在不通电时测定,但这不是确定 φ_e 的充分条件。不通电时的电极电位又称开路电位 φ_{op}。φ_{op} 是外电路电流为零时的值,其值稳定时也称稳定电位 φ_s。但 φ_s 往往是两对以上的反应所形成的,对于金属电极还往往有腐蚀过程发生,因此外电流为零而腐蚀电流(又称内电流)并不为零。此 φ_s 值并非 φ_e。φ_e 值的确定往往要经过计算,以是否符合能斯特公式作为判断的标准。

2.4.3　电化学步骤的基本动力学方程式[16]

电极过程动力学着重考虑电极单位面积上的速率,以 v 表示,它与表面浓度 c',活化能 W 及温度 T 的关系可用式(2-16)表示。式中因子 z 及活化能在一定温度下对一定的反应是一个常数,故除 c' 外可以用 K 表示,即

$$v = zc'\exp\left(-\frac{W}{RT}\right) = Kc' \qquad (2-16)$$

在电化学反应中,比速率与电流密度 i 成正比。设电极反应通式为〔O〕 $+ ne \rightleftharpoons$ 〔R〕,则(2-16)式分别为

$$i_a = nFz_a c'_{[R]} \exp\left(-\frac{W_a}{RT}\right) = nFK_a c'_{[R]}$$

$$(2-17)$$

$$i_c = nFz_c c'_{[O]} \exp\left(-\frac{W_c}{RT}\right) = nFK_c c'_{[O]}$$

如阳极为纯金属溶解，则浓度 $c_{[R]}$ 或活度为1。

由于活化能是一个未知值，故在电化学反应中，必须找到它与电位差 $\Delta\varphi$ 的关系。现用图 2-2 来讨论它们之间的关系。图中1，2，3 分别表示金属离子从电极上转移到溶液中及其逆过程的位能变化。纵坐标表示位能值，横坐标代表与电极表面的距离。S，S' 代表电极表面。l，l' 代表溶剂化离子的中心位置，δ_H 为紧密双电层厚度。

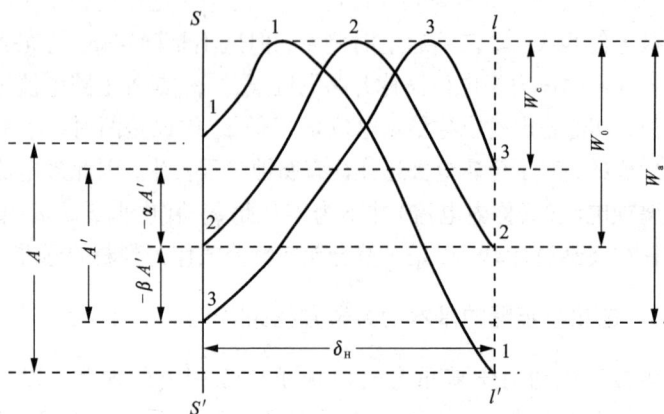

图 2-2　阴极极化时金属离子位能变化图

曲线 1 为电极刚插入溶液时的状态，这时双电层还未形成。曲线 2 表示达到了平衡状态，双电层及其间的电位差已建立。为了简化起见，把 1 和 2 曲线绘成平行，这与实际情况是有差别的，但并不妨碍下面的讨论。

1 mol 离子从溶液中向金属 M 转移时，所需的功在图上用 A 表示。曲线 3 表示，当电极发生阴极极化时，金属电极与溶液中金属阳离子的能价差，以 $-A'$ 表示，即

$$A' = nF\varphi_H \qquad (2-18)$$

式中 A' 为电功；φ_H 为紧密双电层电位。因此，从图上可以找出 W_c 和 W_a 与电功的关系：

$$W_c = W_0 - (-\alpha A') = W_0 + \alpha A' = W_0 + \alpha nF\varphi_H$$
$$W_a = W_0 + (-\beta A') = W_0 - \beta A' = W_0 - \beta nF\varphi_H \qquad (2-19)$$

式中 α 和 β 是电功 A' 的分数，也叫做电子传递系数。

$$\alpha + \beta = 1$$

（2-19）式表明，电极反应的活化能由两部分组成：其一是平衡时的活化能 W_0，为一恒定值；其二为取决于紧密双电层电位降的部分。已知双电层电位差为紧密双电层电位 φ_H 与分散双电层电位 φ_1 之和，即

$$\varphi_\alpha = \varphi_H + \varphi_1$$

因此　　　　　　　　　$$\varphi_H = \varphi_\alpha - \varphi_1 \qquad (2-20)$$

将（2-20）式代入（2-19）式得

$$W_c = W_0 + \alpha(\varphi_\alpha - \varphi_1)nF$$
$$W_a = W_0 - \beta(\varphi_\alpha - \varphi_1)nF \qquad (2-21)$$

目前，单独的电极-溶液界面上的电位差 φ_α 既无法测量，也不能从理论上计算出来。事实上，在实际应用时，只需知道其相对值即可。以 φ 表示该 M 电极的电位相对于氢标电位的电位差，根据本书 2.1 节的讨论，则 φ 与 φ_α 有如下关系：

$$\varphi = \varphi_\alpha - \varphi_{Pt/l_1} - \varphi_{l_1/l_2} - \varphi_{M/Pt} = \varphi_\alpha - B$$

或　　　　　　　　　$$\varphi_\alpha = \varphi + B \qquad (2-22)$$

式中 B 为常数。

将 $\varphi - \varphi_e = \Delta\varphi$ 代入（2-22）式得

$$\varphi_\alpha = \varphi_e + \Delta\varphi + B \qquad (2-23)$$

将(2-22)式、(2-23)式代入(2-21)式，分别得

$$W_c = W_0 + \alpha(\varphi - \psi_1)nF + \alpha nFB$$
$$W_a = W_0 - \beta(\varphi - \psi_1)nF + \beta nFB \qquad (2-24)$$

或
$$W_c = W_0 + \alpha(\varphi_e + \Delta\varphi - \psi_1)nF + \alpha nFB$$
$$W_a = W_0 - \beta(\varphi_e + \Delta\varphi - \psi_1)nF + \beta nFB \qquad (2-25)$$

(2-25)式表明了活化能和电位差的关系，下面可以导出一个便于应用的电化学步骤的动力学方程式。将(2-24)式或(2-25)式分别代入(2-17)式，得

$$i_c = nFK'_c c'_{[O]} \exp\left[-\frac{\alpha(\varphi - \psi_1)nF}{RT} \right]$$
$$i_a = nFK'_a c_{[R]} \exp\left[+\frac{\beta(\varphi - \psi_1)nF}{RT} \right] \qquad (2-26)$$

或
$$i_c = nFK'_c c'_{[O]} \exp\left[-\frac{\alpha(\varphi_e + \Delta\varphi - \psi_1)nF}{RT} \right]$$
$$i_a = nFK'_a c_{[R]} \exp\left[+\frac{\beta(\varphi_e + \Delta\varphi - \psi_1)nF}{RT} \right] \qquad (2-27)$$

上式中，φ_e 是一个常数，可以和前面的常数项合并，故

$$i_c = nFK''_c c'_{[O]} \exp\left[-\frac{\alpha(\Delta\varphi - \psi_1)nF}{RT} \right]$$
$$i_a = nFK''_a c_{[R]} \exp\left[+\frac{\beta(\Delta\varphi - \psi_1)nF}{RT} \right] \qquad (2-28)$$

(2-26)、(2-27)和(2-28)式都是电化学步骤动力学方程不同的表示形式，叫做巴特勒-伏尔默(Butler-Volmer)方程式。

2.4.3.1　能斯特(Nernst)方程的推导

平衡条件下 $\Delta\varphi = 0$，表面浓度 $c'_{[O]}$ 和溶液内部浓度 $c_{[O]}$ 的关系可根据波耳兹曼分布定律求得

$$c'_{[O]} = c_{[O]} \exp\left(-\frac{\psi_1 nF}{RT} \right)$$

将上式代入(2-26)式，因 $\varphi = \varphi_e$，得

$$i_c = i_a = nFK_c' c_{[O]} \exp\left(-\frac{\psi_1 nF}{RT}\right) \exp\left[-\frac{\alpha(\varphi_e - \psi_1)nF}{RT}\right]$$

$$= nFK_a' c_{[R]} \exp\left(\frac{\beta(\varphi_e - \psi_1)nF}{RT}\right) \qquad (2-29)$$

上式取对数，并解出 φ_e 得

$$(\alpha + \beta)\varphi_e = \frac{RT}{nF}\ln K_c'/K_a' + (\alpha + \beta)\psi_1 - \psi_1 + \frac{RT}{nF}\ln\frac{c_{[O]}}{c_{[R]}} \quad (2-30)$$

已知 $\alpha + \beta = 1$，正反应速率常数和逆反应速率常数之比等于平衡常数 K_e，上式可写成：

$$\varphi_e = \frac{RT}{nF}\ln K_e + \frac{RT}{nF}\ln\frac{c_{[O]}}{c_{[R]}} = \varphi_e^{\ominus} + \frac{RT}{nF}\ln\frac{c_{[O]}}{c_{[R]}} \qquad (2-31)$$

这就导出了大家熟知的能斯特方程。

2.4.3.2　交换电流密度及电化学动力学参数

应该指出，在平衡电位处体系并不是静止不动，而是电极上氧化和还原反应速率相等，这时，$i_c = i_a = i_0$，式中 i_0 称为交换电流密度。它与速率常数、传递系数 α 和 β，都是表征电极过程动力学的重要参数。从(2-29)式，并考虑到采用金属电极时，$c_{[R]} = 1$，可以计算出 i_0 值：

$$i_c = i_0 = nFK_c' c_{[O]}' \exp\left[-\frac{\alpha(\varphi_e - \psi_1)nF}{RT}\right]$$

$$i_a = i_0 = nFK_a' c_{[R]}' \exp\left[+\frac{\beta(\varphi_e - \psi_1)nF}{RT}\right]$$

$$= nFK_a' \exp\left[+\frac{\beta(\varphi_e - \psi_1)nF}{RT}\right] \qquad (2-32)$$

在一般条件下，阴极净速率(i_K)和阳极的净速率(i_A)可以分别表示如下：

$$i_K = i_c - i_a$$

$$i_A = i_a - i_c$$

把(2-27)式代入上式，并考虑到(2-32)式，则可以找到 i_K 或 i_A 与 i_0 的关系：

$$i_K = i_0 \left[\exp\left(\frac{-\alpha\Delta\varphi nF}{RT} \right) - \exp\left(\frac{\beta\Delta\varphi nF}{RT} \right) \right] \qquad [2-33(a)]$$

$$i_A = i_0 \left[\exp\left(\frac{\beta\Delta\varphi nF}{RT} \right) - \exp\left(\frac{-\alpha\Delta\varphi nF}{RT} \right) \right] \qquad [2-33(b)]$$

(2-33)式也是电化学动力学普遍方程式的表达形式之一。这个方程式在许多方面得到应用，下面讨论两种极限情况。

1. $i_K(i_A) \gg i_0$ 时的情况

$i_K \gg i_0$ 时，极化很大，逆过程 i_a 可以忽略不计，因此 [2-33(a)]式方括弧中第二项可以略去，于是：

$$i_K = i_0 \exp\left(-\frac{\alpha nF}{RT}\Delta\varphi \right) = i_0 \exp\left(\frac{\alpha nF}{RT}\eta_c \right) \qquad [2-34(a)]$$

或 　　　$$\eta_c = -\Delta\varphi = -\frac{2.3RT}{\alpha nF}\lg i_0 + \frac{2.3RT}{\alpha nF}\lg i_K \qquad [2-34(b)]$$

同理对于 $i_A \gg i_0$ 时可以导出：

$$\eta_a = \Delta\varphi = -\frac{2.3RT}{\beta nF}\lg i_0 + \frac{2.3RT}{\beta nF}\lg i_A \qquad [2-34(c)]$$

则导出了与塔菲尔公式相同形式的[2-34(b)]和[2-34(c)]式。阴极过程的塔菲尔常数 a 和 b 分别为

$$\left. a = -\frac{2.3RT}{\alpha nF}\lg i_0 \qquad b = \frac{2.3RT}{\alpha nF} \right\} \qquad [2-35(a)]$$

或 　　　　　　　$$a = -b\lg i_0$$

对于阳极过程的塔菲尔常数 a' 和 b' 分别为

$$\left. a' = -\frac{2.3RT}{\beta nF}\lg i_0 \qquad b' = \frac{2.3RT}{\beta nF} \right\} \qquad [2-35(b)]$$

或 　　　　　　　$$a' = -b'\lg i_0$$

显然，知道塔菲尔常数 a 和 b，就可以由[2-35(a)]式计算交换

电流密度 i_0，而且由直线的斜率 b 就可以确定传递系数 αn 和 βn。

2. $i_K(i_A) \ll i_0$ 时

电极反应在电流密度很低的条件下进行，例如 10^{-6} A·cm^{-2}，电位很小，$\Delta\varphi \to 0$，所以将(2-33)式方括弧中的项目展开为级数后，仅取前两项不会引起很大的误差，这时可得

$$i_K = i_0\left(1 - \frac{\alpha\Delta\varphi nF}{RT} - 1 - \frac{\beta\Delta\varphi nF}{RT}\right) = i_0\left[-(\alpha+\beta)\right]\frac{\Delta\varphi nF}{RT}$$

$$i_A = i_0\left(1 - \frac{\beta\Delta\varphi nF}{RT} - 1 + \frac{\alpha\Delta\varphi nF}{RT}\right) = i_0(\alpha+\beta)\frac{\Delta\varphi nF}{RT} \quad (2-36)$$

已经指出，$\alpha+\beta=1$，因而(2-36)式便可写成

$$\left. \begin{array}{cc} i_K = i_0\dfrac{-\Delta\varphi nF}{RT} & i_A = i_0\dfrac{\Delta\varphi nF}{RT} \\[3mm] \eta_c = -\Delta\varphi = \dfrac{i_K RT}{i_0 nF} & \eta_a = \Delta\varphi = \dfrac{i_A RT}{i_0 nF} \end{array} \right\} \quad (2-37)$$

或

从(2-37)式可以看到，i_0，R，T 和 F 皆为常数。因此，在电流密度很低的情况下，η 与 i 成正比，即

$$\eta = P \cdot i$$

其中比例常数 P 的物理意义为

$$P = \frac{RT}{i_0 nF}$$

通过测定 η 与 i 的关系，求出 P 后，由此式也可计算交换电流密度 i_0 值。

交换电流密度概念在实际应用中有很大的意义。$i_0 \to 0$ 时的电极是理想的极化电极，而 $i_0 \to \infty$ 时是理想的非极化电极。介乎这两者之间，即当 i_0 接近较小值一侧时，这时电极易极化，极化曲线呈半对数关系；而当 i_0 值较大时，极化曲线一般为直线关系。由方程式(2-34)可知，如果知道反应的交换电流及传递系数(α 或 β)，就可以求出任意电流密度下的电极电位(或过电位)。相反，如果知道电极电位，就可以求出反应的电流密度(i_K 或 i_A)。这样也就

可计算出在给定条件下电极反应速率的限度，从而可对电极反应的快慢进行比较，有利于改进和强化生产过程。因此，交换电流和传递系数是电化学步骤最基本的动力学参数。但 i_0 与体系反应物的浓度有关，而且实际电化学体系的浓度是可变的，因此，还需选用另一个重要的动力学参数，称之为电化学反应交换速率常数 K，其定义以及和 i_0 的关系可由下列讨论得出。

为了使电极反应动力学参数具有普遍意义，而选定电极体系的标准平衡电位作为电位坐标的零点。当体系处在标准状态时，$(2-17)$式可写为

$$\left.\begin{array}{l} i_0^{\ominus} = i_c = nFK_c c'_{[O]} \\ i_0^{\ominus} = i_a = nFK_a c_{[R]} \end{array}\right\} \qquad (2-38)$$

式中 $i_0^{\ominus}$ 代表在标准平衡电位条件下的交换电流，当 $c_{[O]} = c_{[R]}$ 时，上式 $K_c = K_a$，可用一共同符号表示：

$$\overline{K} = K_c = K_a \qquad (2-39)$$

$\overline{K}$ 称为电化学反应的交换常数，它代表标准平衡电位下电极发生还原或氧化的反应速率。

2.5　气体电极过程

在电极反应中，有的是气体在电极上发生氧化或还原反应，最常见的是氢电极过程和氧电极过程。如在金属 - 空气电池、燃料电池中，氢、氧电极反应是主反应。而在其他有水溶液的电池中，氢、氧电极反应是不可避免的副反应。

2.5.1　氢电极过程

2.5.1.1　氢电极的阴极过程

1. 氢离子还原过程

氢电极过程是氢离子在阴极上还原析出的过程，即析氢反

应。氢电极的阴极过程步骤是:

(1)水溶液中的 H_3O^+ 靠对流扩散或电迁移等传质作用输送到电极表面, H_3O^+(溶液本体)——→H_3O^+(电极表面附近液层)

(2)电化学反应生成吸附氢原子

$$H_3O^+ + e \longrightarrow MH + H_2O \qquad (2-40)$$

(3)随后转化步骤

在电极表面生成的吸附氢原子,可能以两种不同方式生成氢分子,并从电极表面脱附。一般认为有下列不同的脱附方式。

①复合脱附,属化学转化反应

$$MH + MH \longrightarrow H_2 \qquad (2-41)$$

②电化学脱附

$$MH + H_3O^+ + e \longrightarrow H_2 + H_2O \qquad (2-42)$$

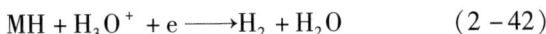

(4)新相生成步骤

电极表面上脱附下来的氢分子聚集生成气相,并以气泡形式从溶液中逸出。

$$nH_2 \longrightarrow nH_2(气泡) \uparrow \qquad (2-43)$$

2. 氢过电位及影响因素

(1)析氢过电位

析氢过电位是在某一电流密度下,氢实际析出的电位与氢的平衡电位的差值 η,称在该电流密度下的析氢过电位。

$$\eta = \varphi_e - \varphi_A \qquad (2-44)$$

析氢过电位与电流密度的关系服从塔菲尔关系式:

$$\eta = a + b\lg i \qquad (2-45)$$

式(2-45)中, a 值是单位电流密度下(例如 $i = 1$ A·cm^{-2})的析氢过电位, a 值的大小表示电极不可逆过程的程度。 a 值越大,电极过程越不可逆。 a 值的大小与金属材料的性质、金属表面状态、电解液组成和温度等因素有关。常数 b 值则一般与电极反应的机理关系密切,常温下在一般金属电极上 $b = 0.1 \sim 0.14$ V,表明电极电位对析氢反应的活化作用大致相同。

根据式(2-45)中 a 值大小，可将电极材料分作如下三类：

高过电位金属：$a=1.0\sim1.5$ V，如 Pb，Hg，Ti，Zn，Ga，Bi，Sn 等。

中过电位金属：$a=0.5\sim0.7$ V，如 Fe，Co，Ni，Cu，W，Au 等。

低过电位金属：$a=0.1\sim0.3$ V，如铂族金属等。

表 2-3 列出氢在不同金属上析出时的常数 a 和 b 值。

表 2-3　氢在不同金属上析出的常数 a 和 b 值　（单位：V）

金属	酸性溶液		碱性溶液	
	a	b	a	b
Pb	1.56	0.11	1.36	0.25
Ti	1.55	0.14	—	—
Hg	1.41	0.114	1.54	0.11
Cd	1.4	0.12	1.05	0.16
Zn	1.24	0.12	1.20	0.12
Sn	1.2	0.13	1.28	0.23
Sb	1.0	0.11	—	—
Be	1.03	0.12	—	—
Bi	0.84	0.12	—	—
Al	1.0	0.10	0.64	0.14
Fe	0.70	0.12	0.76	0.11
Ni	0.63	0.11	0.65	0.10
Co	0.62	0.14	0.60	0.14
Cu	0.87	0.12	0.96	0.12
Ti	0.82	0.14	0.83	0.14

续表

金属	酸性溶液		碱性溶液	
	a	b	a	b
W	0.43	0.10	—	—
Nb	0.80	0.10	—	—
Mo	0.66	0.08	0.67	0.14
Mn	0.80	0.10	0.90	0.12
Ge	0.97	0.12	—	—
Ag	0.95	0.10	0.73	0.12
Au	0.40	0.12	—	—
Pd	0.24	0.03	0.53	0.13
Pt	0.10	0.03	0.31	0.10

（2）温度对析氢过电位的影响

溶液温度升高，反应活化能降低，析氢过电位降低。

3. 氢析出电极过程机理

氢离子在阴极还原过程中，2.5.1.1 中所述几种步骤都可能成为控制步骤，但电化学反应、复合脱附或电化学脱附步骤，已证明是常出现的控制步骤，并由此得出析氢过程的几种机理。

（1）缓慢放电机理　　缓慢放电机理认为，式（2-40）的电化学反应步骤是整个析氢反应的控制步骤。因此，应用电化学极化的方程式来描述，当 $i_K \gg i^\ominus$ 时

$$\eta = -\frac{RT}{\alpha F}\ln i^\ominus + \frac{RT}{\alpha F}\ln i_K \qquad (2-46)$$

取 $\alpha = 0.5$，得

$$\eta = \frac{-2 \times 2.303RT}{F}\lg i^\circ + \frac{2 \times 2.303RT}{F}\lg i_K \qquad (2-47)$$

令 $a = -\dfrac{2 \times 2.303RT}{F}$ $b = \dfrac{2 \times 2.303RT}{F}$

则式(2 - 47)为

$$\eta = a + b\lg i_K \qquad\qquad (2-48)$$

式(2 - 48)与塔菲尔方程式相同,当温度为 25℃ 时,$b \approx$ 0.118 V,与表 2 - 3 中的实验值相符,表明氢析出反应受电化学反应步骤控制。

氢在汞电极上的过电位随 pH 的变化如图 2 - 3 所示。当电极过程受电化学反应步骤控制时,动力学公式为

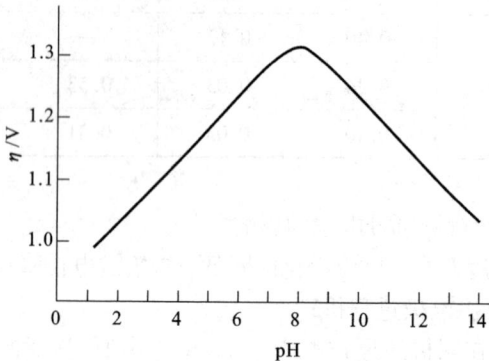

图 2 - 3　氢在汞电极上的过电位与 pH 的关系

i 为 10^{-4} A·cm^{-2};

电解质总浓度:0.3 mol·L^{-1}

$$-\varphi = -\frac{-RT}{\alpha F}\ln Fc_o k_c + \frac{RT}{\alpha F}\ln i_K + \frac{z_o - \alpha}{\alpha}\varphi_1 \qquad (2-49)$$

式中:z_o——氧化态物质的价数;

　　φ_1——分散层电位;

　　k_c——速率常数。

在酸性溶液中，当 pH < 7 时，$c_o = c_{H^+}$，$z_o = 1$，式(2-49)变为

$$-\varphi = -\frac{RT}{\alpha F}\ln Fk_c - \frac{RT}{\alpha F}\ln c_{H^+} + \frac{1-\alpha}{\alpha}\psi_1 + \frac{RT}{\alpha F}\ln i_K \quad (2-50)$$

因氢的平衡电位

$$\varphi_e = \frac{RT}{F}\ln c_{H^+} \quad (2-51)$$

将式(2-50)与式(2-51)相减得

$$\eta = -\frac{RT}{\alpha F}\ln Fk_c - \frac{1-\alpha}{\alpha}\frac{RT}{F}\ln c_{H^+} + \frac{1-\alpha}{\alpha}\psi_1 + \frac{RT}{\alpha F}\ln i_K$$

$$= A - \frac{1-\alpha}{\alpha}\frac{RT}{F}\ln c_{H^+} + \frac{1-\alpha}{\alpha}\psi_1 + \frac{RT}{\alpha F}\ln i_K \quad (2-52)$$

式中：$A = -\frac{RT}{\alpha F}\ln Fk_c$（为常数）。

从式(2-52)中可知，i_K 不变时，η 随 ψ_1 与 c_{H^+} 变化。在酸性溶液中，无表面活性物质存在时，若电解质总浓度不变，则 ψ_1 基本恒定。析氢过电位 η 的变化仅与 c_{H^+} 的变化有关。

取 $\alpha = 0.5$，25℃时，用 pH $= -\lg c_{H^+}$ 代入式(2-52)得

$$\eta = A + 0.059\text{pH} + \psi_1 + 0.118\lg i_K \quad (2-53)$$

由式(2-53)可计算出，pH 每增加一个单位，析氢过电位 η 增加 0.059 V，计算结果与实验结果一致。

在碱性溶液中，pH > 7 时，电极上的还原反应为

$$2H_2O + 2e \Longrightarrow H_2 + 2OH^- \quad (2-54)$$

将式(2-50)中的 c_{H^+} 改为 c_{H_2O}，低浓度时，可认为 $c_{H_2O} = $ 常数，又因 H_2O 是中性分子，$z_o = 0$。所以，式(2-50)变为

$$-\varphi = 常数 - \psi_1 + \frac{RT}{\alpha F}\ln i_K \quad (2-55)$$

氢的平衡电位为

$$\varphi_e = 常数 - \frac{RT}{F}\ln c_{OH^-} \quad (2-56)$$

将式(2-55)与式(2-56)相减得

$$\eta = 常数 - \frac{RT}{F}\ln c_{OH^-} - \psi_1 + \frac{RT}{\alpha F}\ln i_K \qquad (2-57)$$

25℃时，取 $\alpha = 0.5$，c_{OH^-} 通过水的离子积换算成 pH，得

$$\eta = 常数 - 0.059pH - \psi_1 + \frac{RT}{\alpha F}\ln i_K \qquad (2-58)$$

若认为 ψ_1 不变，25℃时，pH 增加一个单位，则析氢过电位减小 0.059 V。计算结果也与实验值一致。

当表面有活性阴离子(如 Cl^-，Br^-，I^-)吸附在电极上时，ψ_1 电位向负的方向变化，使析氢过电位降低，这与图2-4中的实验曲线相符。

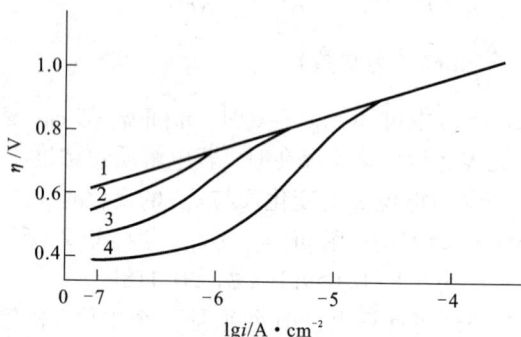

图2-4　Cl^-，Br^-，I^- 对汞电极析氢过电位的影响

1—0.05 mol·$L^{-1}H_2SO_4$ + 0.5 mol·$L^{-1}Na_2SO_4$；

2—0.1 mol·$L^{-1}HCl$ + 1 mol·$L^{-1}KCl$；

3—0.1 mol·$L^{-1}HCl$ + 1 mol·$L^{-1}KBr$；

4—0.1 mol·$L^{-1}HCl$ + 1 mol·$L^{-1}KI$

当电极表面有活性阳离子吸附时，ψ_1 电位向正方向变化，使析氢速率降低。

表面活性物质对析氢过电位的影响更加明显。例如，在溶液中加入有机酸和有机醇，可使析氢过电位升高 0.1~0.2 V，大大

降低了氢的析出速率。

　　表面活性阴离子 Cl^-，Br^-，I^- 对析氢过电位影响与电流密度有关。如在酸性溶液中加入 Cl^-，Br^-，I^- 时，在低电流密度时，析氢过电位显著。阴离子吸附能力越强，析氢过电位下降越大（吸附能力 $I^- > Br^- > Cl^-$）。当电流密度升高，使电位到达阴离子的脱附电位时，阴离子对析氢过电位的影响消失。

　　表面活性阳离子会使析氢过电位升高，但阳离子只在负电荷的表面吸附，当极化电位比零电荷电位更正时，阳离子就会脱附。

　　当电流密度很低时，析氢过电位不服从塔菲尔关系式，而是呈现直线关系：

$$\eta = P \cdot i \qquad\qquad (2-59)$$

式中：P——实验常数，P 值大小与电极材料种类、表面状态、溶液组成及温度等因素有关。

　　（2）析氢过电位的影响因素

　　①金属本性　金属不同，析氢过电位不同，这是因为金属对析氢反应的催化能力不同。另外，不同金属对氢的吸附能力也不同。易吸附氢的金属，如铂、钯等，析氢过电位低。吸附氢的能力小，析氢过电位高，如铅、汞、镉、锌、锡等。

　　②金属表面状态　一般，光滑表面比粗糙表面的析氢过电位高。因为表面粗糙时，表面活性大，使电极反应的活化能降低，析氧反应变得容易，同时，表面粗糙时，真实表面积增大，相当于降低了电流密度，析氢过电位必然下降，有利于析氢反应进行。

　　③溶液组成　溶液的组成、pH、添加剂等，都会对析氢过电位有明显的影响。

　　在电解液中加入某些金属离子时，可以改变析氢过电位，如在铅酸蓄电池的电解液中添加 Pt^{2+} 或 As^{3+} 时，由于 Pt 或 As 沉积在铅电极上,使析氢过电位降低,导致电池自放电,降低了电池性能。但是,在溶液中加入析氢电位高的元素时,又可减少腐蚀作用,如金属在酸性溶液中发生氢去极化腐蚀时,可以添加 $Bi_2(SO_4)_3$ 和 $SbCl_3$ 作缓蚀剂。由于在电极上析出铋和锑,提高了析氢过电位,因而析氢减少,使析氢腐蚀过电位升高,这与实验结果一致。

实验证明缓慢放电机理是正确的,这一机理适用汞电极上的析氢反应和吸附氢原子表面覆盖度很小的 Pb,Tl,Cd,Zn 等高过电位的金属。

(3)复合脱附机理 如果氢离子放电成为原子吸附在电极表面,通过化学复合成氢分子析出的过程成为控制步骤,则称为随后转化步骤。

随后转化步骤发生在氢离子放电反应之后,其反应速率常数不依赖于电极电位,但对电极极化有明显影响。对氢析出反应,

$$H^+ + e = MH$$

$$\varphi = \varphi^{\ominus} + \frac{RT}{F}\ln\frac{a_{H^+}}{a_{MH}} \qquad (2-60)$$

式中:MH——吸附氢原子;

a_{MH}——电极表面吸附氢原子的活度,一般用平衡条件下氢原子的覆盖度 $[\theta_H^{\circ}]$ 表示。

$$\varphi = \varphi^{\ominus} + \frac{RT}{F}\ln\frac{a_{H^+}}{[\theta_H^{\ominus}]} \qquad (2-61)$$

当有电流通过时,因为电化学反应快,不会破坏平衡,则

$$\varphi_e = \varphi^{\ominus} + \frac{RT}{F}\ln\frac{a_{H^+}}{[\theta_H]} \qquad (2-62)$$

过电位为

$$\eta = \varphi_e - \varphi = \frac{RT}{F}\ln\frac{\theta_H}{[\theta_H^{\ominus}]} \qquad (2-63)$$

得出电流通过时吸附氢的覆盖度

$$[\theta_H] = [\theta_H^\ominus] \exp\left(\frac{F}{RT}\eta\right) \qquad (2-64)$$

假定式(2-41)是速率控制步骤,则电极反应速率为

$$i_K = 2Fk[\theta_H]^2 = 2Fk[\theta_H^\ominus]^2 \exp\left(\frac{2F}{RT}\eta\right) \qquad (2-65)$$

或写成

$$\eta = 常数 + \frac{2.303RT}{2F}\lg i_K \qquad (2-66)$$

25℃时,可求得塔菲尔常数 $b = 0.0295$ V。说明塔菲尔斜率与低过电位的铂、钯电极上析氢的实验测定值 b 一致。表明复合脱附适用于对氢原子有较强吸附能力的低过电位金属。"氢脆"现象就可用复合脱附机理解释。"氢脆"是在某些金属上进行较长时间的析氢反应后,金属变脆,机械强度大幅度下降现象。因为电极表面吸附的大量氢原子复合成氢分子的速率缓慢,而使氢原子扩散到金属内部,形成很高的气压,导致金属机械性能降低。

　　(4)电化学脱附机理　如果氢离子放电后的随后步骤是电化学脱附,并成为控制步骤,根据式(2-42)和式(2-64),可得出

$$i_K = 2Fk'a_{H^+}[\theta_H] \exp\left(\frac{\alpha F}{RT}\eta\right) \qquad (2-67)$$

或写成

$$\eta = 常数 + \frac{2.303RT}{(1+\alpha)F}\lg i_K \qquad (2-68)$$

25℃时,取 $\alpha = 0.5$,可算出 $b = 0.039$ V。

2.5.1.2　氢电极的阳极过程

　　氢是燃料电池中的负极活性物质,当电池放电时,发生氢的阳极氧化。氢在酸性溶液中的阳极氧化反应为

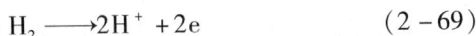

$$H_2 \longrightarrow 2H^+ + 2e \qquad (2-69)$$

在碱性溶液的阳极氧化反应为

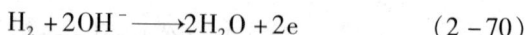

$$H_2 + 2OH^- \longrightarrow 2H_2O + 2e \qquad (2-70)$$

氢的阳极氧化是氢的阴极还原的逆过程，但反应机理不能归结为简单的逆过程，氢在电极上的反应可以分为以下几个步骤：

（1）氢分子溶解进入溶液并扩散到电极表面

（2）电极的活性表面吸附氢分子并且离解为氢原子

首先，溶解的氢在电极上化学离解吸附。

$$H_2 + 2M \rightleftharpoons 2MH \qquad (2-71)$$

或电化学离解吸附：

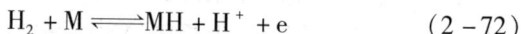

$$H_2 + M \rightleftharpoons MH + H^+ + e \qquad (2-72)$$

（3）吸附氢发生电化学氧化

在酸性溶液中：

$$MH = H^+ + M + e \qquad (2-73)$$

在碱性溶液中：$MH + OH^- = H_2O + M + e \qquad (2-74)$

（4）反应产物离开电极表面

实验已证明氢的溶解与扩散到电极表面是常出现的控制步骤，或称传质控制。因此改善传质步骤，如使用搅拌手段是加速反应的有力措施。在燃料电池中由于不宜采用这一措施，而采用扩大接触面积、缩短传质路径的措施，即特殊的多孔电极结构。表面反应也可成为控制步骤，此时改善电极表面性质，即催化性能成为重要的任务。

燃料电池的氢电极很容易被一氧化碳或硫毒化，降低氢的阳极氧化速率。已知碳化物、锡和铑的磷化物可提高电催化剂的耐一氧化碳"毒化"的能力，但这些物质不能降低过电位。

在碱性溶液中，可用瑞尼镍（Raney Ni）作氢阳极氧化的电催化剂。如果在瑞尼镍中添加一些钛，可提高电催化活性和稳定性。

氢在不同金属上析出的过电位相差很大，说明不同金属对

H⁺离子还原的催化活性差别大。

2.5.2　氧电极过程

在氢－氧和氢－空气燃料电池中氧的还原，电解水制取氢气和氧气，铝、镁、钴的阳极氧化，金属腐蚀及其防护等领域，都会遇到氧的氧化和氧的还原过程，然而，由于氧的氧化或还原反应有四个电子参加，可能存在各种中间产物，反应历程相当复杂。因此，对氧电极过程的认识有待进一步深入研究。

2.5.2.1　氧的阴极还原过程

氧还原的中间产物可能为 H_2O_2 或 HO_2^-，也可能是吸附氧或表面氧化物。

（1）中间产物为 H_2O_2 或 HO_2^-　在酸性及中性溶液中，反应历程为

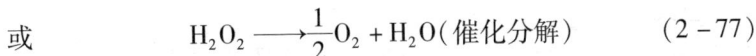

$$O_2 + 2H^+ + 2e \longrightarrow H_2O_2 \qquad (2-75)$$

$$H_2O_2 + 2H^+ + 2e \longrightarrow 2H_2O(电化学还原) \qquad (2-76)$$

或
$$H_2O_2 \longrightarrow \frac{1}{2}O_2 + H_2O(催化分解) \qquad (2-77)$$

在碱性溶液中，反应历程为

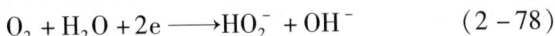

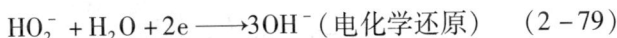

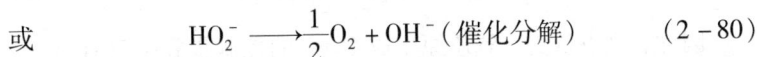

$$O_2 + H_2O + 2e \longrightarrow HO_2^- + OH^- \qquad (2-78)$$

$$HO_2^- + H_2O + 2e \longrightarrow 3OH^-（电化学还原） \qquad (2-79)$$

或
$$HO_2^- \longrightarrow \frac{1}{2}O_2 + OH^-（催化分解） \qquad (2-80)$$

例如，氧在汞电极上还原时，汞表面不存在氧化物或吸附氧。实验测得在含氧的 KCl 中性溶液中氧在汞上的极谱曲线如图 2-5 所示。曲线上有两个高度大致相等的还原波，表明氧的还原分两阶段进行。从曲线上求得两个波的半波电位值，分别与式（2-75）、式（2-76）相对应，说明氧在汞上的析出反应是按生成中间产物 H_2O_2 或 HO_2^- 的历程进行的。

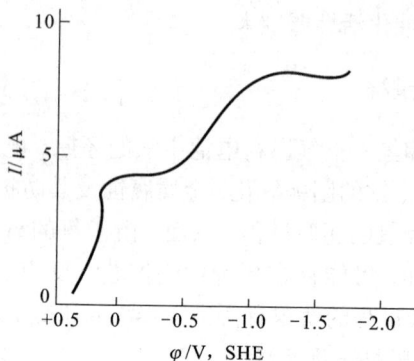

图 2－5　含氧 KCl 溶液中，氧在汞上的极谱曲线

氧在中性溶液的溶解度小，所以，在对应反应式(2－75)的曲线上很快出现受溶解扩散的极限电流 I_d。在 $I \ll I_d$ 范围中，还原电流密度与电极电位之间呈现半对数关系，实验证明，电极电位与溶解氧的浓度的对数成正比，而与氢离子浓度无关，即符合下述公式。

$$\varphi = 常数 + \frac{2RT}{F}\ln c_{O_2} - \frac{2RT}{F}\ln i \qquad (2-81)$$

或写成

$$i = Kc_{O_2}\exp\left(-\frac{F\varphi}{2RT}\right) \qquad (2-82)$$

因此，可以认为，氧还原生成 H_2O_2 的控制步骤是只有 O_2 参加而无 H^+ 参加的电子转移步骤。

$$O_2 + e \longrightarrow O_2^-$$

生成的 O_2^- 具有很强的反应能力。随后进行的一系列反应处于准平衡状态。

$$O_2^- + H^+ \Longrightarrow HO_2$$

$$HO_2 + e \Longrightarrow HO_2^-$$

$$HO_2^- + H^+ \rightleftharpoons H_2O_2$$

若过电位较大，可略去逆反应，并考虑 φ_1 效应，式(2-82)可改写为

$$i = Kc_{O_2}\exp\left[-\frac{\alpha F(\varphi - \psi_1)}{RT}\right] \qquad (2-83)$$

或写成

$$\varphi = 常数 + \frac{RT}{\alpha F}\ln c_{O_2} + \psi_1 - \frac{RT}{\alpha F}\ln i \qquad (2-84)$$

式(2-84)表示 ψ_1 电位对电极电位发生影响。例如，当溶液中含有的 Cl^- 和 Br^- 被汞电极吸附时，ψ_1 变负，而使氧的还原电位向负方向移动。

H_2O_2 进一步还原为 H_2O 的反应式(2-76)、式(2-77)，经实验证明，汞对 H_2O_2 分解没有催化能力。因此，只能是电化学还原。H_2O_2 在汞上还原的过电位很大。根据实验，在 pH=1~13 范围，测量结果得出 H_2O_2 电化学还原的动力学方程式为

$$\varphi = 常数 + \frac{4RT}{F}\ln c_{H_2O_2} - \frac{4RT}{F}\ln i \qquad (2-85)$$

或写成

$$i = Kc_{H_2O_2}\exp\left(-\frac{\alpha F\varphi}{RT}\right) \qquad (2-86)$$

因此，可以认为 H_2O_2 还原过程的控制步骤为

$$H_2O_2 + e \rightleftharpoons OH + OH^- \qquad (2-87)$$

随后的系列步骤处于准平衡状态

$$OH + e \rightleftharpoons OH^- \qquad (2-88)$$

$$2OH^- + 2H^+ \rightleftharpoons 2H_2O \qquad (2-89)$$

(2)中间产物为吸附氧或表面氧化　当以吸附氧为氧还原的中间产物时，基本反应历程为

$$O_2 + 2M \rightleftharpoons 2MO(吸) \qquad (2-90)$$

$$MO(吸) + 2H^+ + 2e \longrightarrow H_2O + M (酸性溶液中) \quad (2-91)$$
$$MO(吸) + H_2O + 2e \longrightarrow 2OH^- + M (碱性溶液中) \quad (2-92)$$

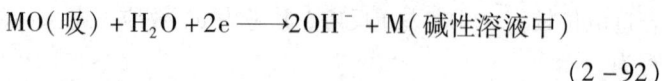

氧还原以表面氧化物(或氢氧化物)为中间产物时,基本反应方程为

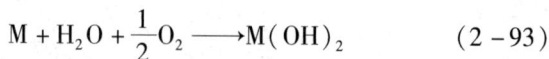

$$M + H_2O + \frac{1}{2}O_2 \longrightarrow M(OH)_2 \quad (2-93)$$
$$M(OH)_2 + 2e \longrightarrow M + 2OH^- \quad (2-94)$$

例如,氧在铱电极上还原时,先形成吸附氧 MO(吸),然后再分步还原为 H_2O。

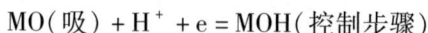

$$MO(吸) + H^+ + e = MOH(控制步骤)$$
$$MOH + H^+ + e = H_2O + M$$

氧在各种金属上的过电位,按下列顺序增大:

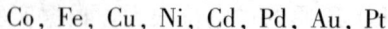

$$Co, Fe, Cu, Ni, Cd, Pd, Au, Pt$$

在碱性电解液中,活性炭具有良好的电催化性能,而掺入银-汞齐(w_{Hg} 为 11.5%)的铋、镍、钛是一种性能优良的电催化剂。

2.5.3 电催化作用

电催化是在电化学反应体系中,通过加入催化剂而使电极反应加速的一种现象,这种能加速电极反应,而本身又不被消耗的物质称作电催化剂。

电极材料对电极反应速率和反应的选择性有明显的影响,例如氢在铂上析出的速率比在汞上析出的速率快 10^9 倍;氧在锡电极上还原的速率是金电极上的 10^7 倍,丙烯腈能在汞、铅等电极上进行氢化二聚反应生成己二腈,而在铂和锡电极还原时却分别生成丙腈和 $Sn(C_2H_4CN)$。

不同电极对给定反应的催化活性的影响大小,常用实验测得的交换电流密度 i_0 值进行比较。i_0 越大,催化活性越大。但以 i_0

作为比较标准必须是不同电极上的反应机理相同，才是正确的。另外，也可用指定电流密度下过电位的大小来评价催化剂的活性。过电位越小，电催化性能越好。

常见的电催化剂有金属、合金、半导体和大环配合物，一般都是过渡元素及其化合物。这是因为它们的未成对 d 电子和未充满 d 轨道能与吸附物形成吸附键。

影响电催化剂性能的主要因素有几何因素和能量因素。几何因素指电催化剂的表面状态和比表面积，它与电极的制备方法有关；能量因素与电极材料的成分和性质有关。组成和性质不同的气体电极，可使氢和氧的电极反应速率发生很大的变化。表 2 - 4 列出了部分金属上氢、氧电极反应的交换电流密度（i_0）。另外，使用不同的电极电解同一物质，会得到不同的电解产物，例如：乙烯在铂、铑、铱电极上可以氧化为碳的氧化物，而在钯或金电极上则是部分氧化而生成醛，表明电极材料的成分和性质对电极反应有显著的影响。

表 2 - 4   部分金属上氢、氧电极反应的交换电流密度（25℃）

金属	氧电极反应的交换电流密度 $i_0/(A \cdot m^{-2})$		氢电极反应的交换电流密度 $i_0/(A \cdot m^{-2})$				
	$c(HClO_4)$ /(mol·L^{-1})	$c(NaOH)$ /(mol·L^{-1})	$c(H_2SO_4)$/(mol·L^{-1})				
	0.1	0.1	0.1	0.25	0.50	1.0	2.0
Pt	1×10^{-6}	1×10^{-6}	10				
Pd	4×10^{-7}	1×10^{-7}				10	
Rh	2×10^{-8}	3×10^{-9}		6			
Ir	4×10^{-9}	3×10^{-10}			2		
Au	2×10^{-8}	4×10^{-11}					4×10^{-2}
Ag		4×10^{-6}					

续表

金属	氧电极反应的交换电流密度 $i_0/(A \cdot m^{-2})$		氢电极反应的交换电流密度 $i_0/(A \cdot m^{-2})$				
	$c(HClO_4)$ /(mol·L⁻¹)	$c(NaOH)$ /(mol·L⁻¹)	$c(H_2SO_4)/(mol \cdot L^{-1})$				
	0.1	0.1	0.1	0.25	0.50	1.0	2.0
Ni	5×10^{-6}				6×10^{-2}		
Fe	6×10^{-7}						
Nb					4×10^{-3}		
W				3×10^{-3}			
Ti						6×10^{-5}	
Cd				2×10^{-7}			
Cu	1×10^{-4}						
Mn			1×10^{-7}				
Re	4×10^{-6}						
Pb					5×10^{-3}		
Hg				8×10^{-9}			
Ru	1×10^{-4}						

电催化剂在一定的条件下会发生中毒现象。

例如,铂是最好的电催化剂,但铂在150℃左右时,如有一氧化碳存在,铂的表面会被毒化。在铂催化剂中掺入少量铑或铱,可抑制一氧化碳的毒化作用。镍是氢电极反应的电催化剂,但在150℃的温度下,应把镍制成具有高比表面积的粉状物质,如瑞尼镍(Raney Ni)才具有催化活性。室温时可用硼化镍代替镍作催化剂。氧电极的电催化剂主要有带少量金或银的铂–钯混合物。

为了使氧还原反应极化减小,一般使用三相多孔气体扩散电极,以提高氧的液相传质速率,另一方面可选用化学性能稳定、导电能力强且催化活性大的电极,以降低氧还原时的电化学极化。高效的氧电极催化剂,既能催化 O_2 还原为 H_2O_2 的反应,又能催化 H_2O_2 的分解反应。为满足这两个反应的要求,常使用混合催化剂,例如在碱性溶液中的汞电极上 O_2 还原为 H_2O_2 的速率比较快。当加入另一种对 H_2O_2 分解催化能力强的催化剂(如银)时,则可大大降低整个反应的极化。

2.5.4 气体扩散电极

气体扩散电极是一种有一定孔率和具有很高的比表面,并能形成稳定的气 – 液 – 固三相界面系统的电极。

2.5.4.1 气体扩散电极的薄液膜理论

氧电极的氧还原过程是气相的氧溶解到电解液中,而氧在常温常压下,在水溶液中的溶解度仅为 10^{-4} mol·L^{-1},且氧在水溶液中扩散速率很小。因此,简单的全浸式多孔电极不能满足实际应用的要求。威尔(Will)曾做过提高传质速率的实验。实验是将长 1.2 cm,外表面积为 2.4 cm^2 的圆筒状铂黑电极(内表面绝缘)浸在氢饱和的 4 mol·L^{-1} H_2SO_4 中,控制电极电位 0.4 V,此时 H_2 被氧化为 H^+ 的阳极电流仅为 0.1 mA。如将铂黑电极从溶液中缓慢提升到高出液面 3 mm 时,阳极电流剧增并达到最大值,继续提高电极,电流不再增加,如图 2 – 6 所示,表明半浸没电极只有高出液面 2~3 mm 那一段气体电极反应速率最大,通过显微镜可观察到这一段电极表面存在"薄液膜"。可以用图 2 – 7 解释这一实验现象。图 2 – 7 表明,气相中的氢经过液相扩散到电极表面并发生氧化反应,且氢经过薄液膜扩散的路程最短。因此,半浸没电极的薄液膜层反应效率最高。

根据扩散动力学公式,

$$i = \frac{nFDC^{\ominus}}{\delta} \tag{2-95}$$

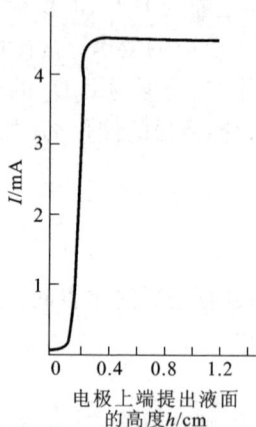

图 2-6　铂电极从 4 mol·L^{-1}H$_2$SO$_4$　　图 2-7　半浸没电极上的薄膜
溶液中提出时电流的变化

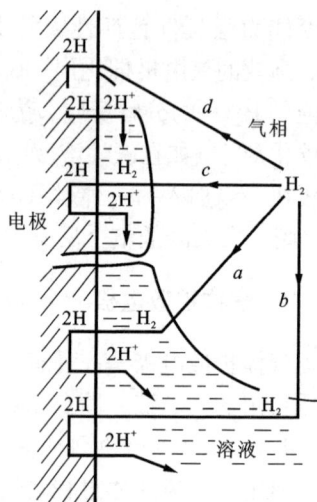

　　扩散层厚度 δ 越小，电流密度越大。因此，半浸没电极的电流密度比全浸没电极的电流密度大得多。

2.5.4.2　气体扩散电极结构

　　已在工业上应用的气体扩散电极有防水型电极（憎水型）、培根型（双层多孔型）和隔膜型等几种。

　　（1）防水型电极（憎水型）　为了使气体扩散电极具有大量的液膜层，即电极具有较多的三相界面，比较有效的办法是采用憎水型气体扩散电极。

　　憎水型气体扩散电极为双层结构。由防水透气层、导电网、催化层组成（图 2-8），催化层被电解液部分润湿，形成大量的气-液-固三相界面区，建立了电极反应区。防水层能透过气体而又阻止电解液外漏，可将电极反应区限制在催化层中，又起到电池外壳(或气室壁)的作用。

防水透气层由憎水性很强的多孔 PTFE 或 PE 组成，此层只允许空气通过，而不让电解液通过。

多孔催化层靠近电解液一侧，由亲水的催化剂、碳和 PTFE 组成。由于 PTFE 的憎水性，在催化层中形成大量电解液薄膜，因而在催化层中形成大量的高效反应界面。

在催化层中，存在由憎水性 PTFE 及气孔组成的"干区"和由电解液及被润湿的催化剂组成的"湿区"，这两种结构交错形成连续的网路。憎水型气体电极结构如图 2-9 所示，图中表明，在靠近电解液侧的催化层中，由于催化剂表面的亲水性，在其表面形成薄液膜，氧的还原反应则在薄液膜的微孔壁进行。

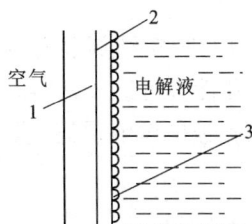

图 2-8　防水型气体扩散电极示意图

1—憎水组分；2—催化剂；3—导电网

图 2-9　防水型气体电极结构

1—防水透气层；2—催化层

常用于气体扩散电极的憎水剂为聚四氟乙烯(PTFE)或聚乙烯(PE)，其中 PTFE 作为防水透气层，具有透气不透液的功能。而催化层中由于加入 PTFE，有利于形成大量液膜，加速氧的还原反应。

防水气体电极是在催化层中加入了能加速电极反应的电催化剂铂、钯、金、银、镍等。电极制造方法是将乙炔黑加到 PTFE 乳液中，调成膏状，碾压成透气膜，另将催化剂也加到 PTFE 乳液中，也调成膏状，碾压成透气膜。然后将两种膜与导电网一起加压成型，在保护气氛中烧结成电极。

（2）培根型电极（双层多孔型）　培根型电极由金属镍粉或羰基镍粉、催化剂与发孔剂（如（NH$_4$）$_2$CO$_3$，NH$_4$HCO$_3$ 等）混合后，在模具中加压成型，再经高温烧结而成。这是一种不同孔径的双层电极，粗孔层孔径平均为 30 μm 左右，细孔径平均为 15 μm 左右。粗孔层比细孔层厚得多。电极工作时，细孔层一侧面向电解液，气体由粗孔层一侧输入。为使细孔层让电解液淹没，粗孔层充满气体，在粗、细孔层交界处的孔壁上形成薄液膜，应控制气体的工作压力，气体压力满足如下条件：

$$p_1 + \frac{2\sigma \cdot \cos\theta}{r_1} < p_g < \frac{2\sigma \cdot \cos\theta}{r_2} + p_1 \qquad (2-96)$$

式中：r_1，r_2 分别表示粗孔和细孔的半径；p_1 为液体静压力；p_g 为气体压力。

（3）隔膜型电极　电极由催化剂与 PTFE 粘结剂混合调成膏状物，经碾压成极片。将这种电极与多孔性膜可组成燃料电池单体。在隔膜两侧的电极中，一部分毛细孔被电解液浸润，形成气–液–固三相反应区。

2.6　半导体电化学[17]

半导体电化学研究具有半导体性质的电极所发生的电化学反应，特别是在半导体电极/溶液界面上所发生的电化学反应。具有半导体性质的材料很广泛，有金属、氧化物、硫化物和许多有机化合物。半导体的导电性介于金属导体与绝缘之间。金属导体的电导率为 $10^6 \sim 10^4$ s·cm^{-1}，半导体的电导率约为 $10^2 \sim 10^{-22}$ s·cm^{-1}，而绝缘体的电导率在 $10^{-10} \sim 10^{-22}$ s·cm^{-1} 之间。物质电导率的不同又是由于它们所含的能够传导电流的粒子（称为载流子）的浓度不同所致。表2–5列出了几种不同材料的载流子浓度。

表 2 – 5　不同类型材料的载流子浓度

材料品种	载流子浓度$/cm^{-3}$
半导体	$10^{14} \sim 10^{20}$
金属	$\sim 10^{22}$
纯水	10^{14}
稀溶液($10^{-4}\ mol \cdot L^{-1}$)	10^{17}
浓溶液($1\ mol \cdot L^{-1}$)	10^{21}

　　从表中的数据可见，就载流子浓度而言，纯水与稀溶液也可算作半导体，但其载流子种类和一般半导体是不同的，纯水是最普通的溶剂，许多物质可以溶解于其中而形成溶液。这些溶液中的导电粒子是无机离子或是有一定离解度的极性分子所产生的有机离子。半导体的载流子主要是电子与空穴（又称正孔，即失去电子所形成的正电子空穴）。以电子为主要载流子的半导体称 n 型半导体，而以空穴为主要载流子的半导体称 p 型半导体。在电场的作用下，p 型半导体的空穴，即正电中心是沿着电场方向运动的。但实际上真正运动的是半导体中的电子，它的运动与电场的方向相反，它遇上空穴时，正负电结合，使空穴湮灭，它离开之处又产生了新的空穴。所以，半导体虽分为两大类载流子，但实际上是电子导体。这与金属导体相同。所以半导体和溶液组成的界面实际上是电子与离子组成的界面，又称 e/i 结。由于载流子浓度的不同，所以，金属/溶液界面上的结构也与半导体/溶液界面上的结构不同。由于金属的导电性好，自由电子浓度高，可以在金属/溶液界面上聚集起很高的场强。而半导体/溶液界面上只能形成分散层式的空间电荷层，界面场强很弱，不足以影响电极反应的活化能垒。其次是界面上的交换电流也很小。第三种表现是，由于交换电流小，所以电极电位不易稳定。至于半导体/

溶液界面上反应的类型及反应模型仍然与金属/溶液界面上的相同或相似。应该强调的是，由于半导体具有两类载流子(电子与空穴)，而且总是其中一种占多数(称为多子)，一种占少数(称为少子)，可以利用在光照条件下多子与少子行为的不同形成一种利用光能转化为化学能或者用来催化电极反应的装置。

2.6.1　半导体–溶液界面反应

半导体/溶液界面反应可以按外加电位或极化的大小分为平衡条件下的反应与非平衡条件下的反应，也可根据电极材料是否在溶液中稳定，分为可溶性的与不溶性的电极，其原理与金属/溶液界面上反应相类似。不过由于半导体电极的载流子浓度较低，而且又分为电子与空穴两种载流子，其中一种占多数，另一种占少数，因此半导体/溶液界面上的反应与金属/溶液界面上的反应仍有所不同。

在半导体电极本身不直接参与反应即类似于"惰性"金属的情况下，半导体电极只起提供电子或吸收电子的作用。在平衡的条件下，也存在交换电流，即阴、阳极两个方向的电流相等，$i_c = i_a = i_0$。但与金属电极相比，半导体的载流子浓度低，交换电流比金属电极上的小很多。由于交换电流小，易受干扰因素的影响，难以建立与某一反应相应的势力学电位，而测得的往往是混合电位或材料的腐蚀电位。半导体/溶液界面上交换电流的另一个特点是可分为多子交换电流与少子交换电流。因为半导体有两类载流子，电子 e 与正孔 h^+，设某一反应的氧化态为 O，还原态为 R，则该氧化还原反应可写为

$$O + e \Longleftrightarrow R \qquad\qquad (a)$$

$$O \Longleftrightarrow R + h^+ \qquad\qquad (b)$$

反应(a)的电子是来自于导带，而反应(b)中的空穴来自于价带。对 n 型半导体 e 是多子，h^+ 是少子。p 型半导体中则正好相反。

总的交换电流是导带交换电流 $i_{0(c)}$ 与价带交换电流 $i_{0(v)}$ 之和，即 $i_0 = i_{0(c)} + i_{0(v)}$。视 O/R 这一氧化 – 还原体系的能量与半导体的导带和价带相匹配的情况而出现以 $i_{0(c)}$ 为主或 $i_{0(v)}$ 为主。只有价带与导带之间带隙相差很小的半导体，即带隙很窄，例于 Si 的带隙只有 1 电子伏特左右，才会出现 $i_{0(c)}$ 与 $i_{0(v)}$ 相差不大的情况。

在非平衡的情况下，即电极受到外加电位的影响时，阴、阳极两个方向的电流不再平衡，某一个方向的电流会大于交换电流而出现外电流。此外电流仍然是导带引起的外电流(I_c)与价带引起的外电流(I_v)之和。当过电位 η 不太大时，I_v 和 I_c 与 η 之间往往符合塔菲尔(Tafel)关系，如 $I_c = i_0 c \exp\left(\dfrac{Fn}{RT}\right)$，与金属电极的阴极极化时的阴极电流公式 $I = i_0 \exp\left(\dfrac{\alpha Fn}{RT}\right)$ 相比较，可以认为导带反应的传递系数 α 为 1，而金属电极的单电子过程的传递系数 α 介于 0 与 1 之间，常接近 0.5。但过电位加大时，半导体电极出现比金属电极更复杂的情况。半导体电极的空间电荷层可能因外加电位而出现多子的积累。因而可出现高电流，并且反应的表观传递系数也向金属电极常出现的值 $\dfrac{1}{2}$ 接近。外加电位也可以使空间电荷层的多子消耗掉，出现所谓耗尽层的情况，甚至使耗尽层击穿，这样电极性质就更接近金属电极的情况。半导体材料虽然通常纯度很高，但是由于周期性的晶体排列在表面中断，使表面势场不同于晶体内部。此外表面缺陷与吸附也使得表面层与本体不一样。这种表面状态的变化不但可以影响空间电荷层，而且还可以影响表面上的电荷分布，即对半导体电极/溶液的界面的电荷与电位有影响。当表面态密度非常高(超过 10^{13} cm^{-2} 时，即相当 1% 以上的表面覆盖度时)以至双电层的赫姆霍兹层的电位变化大于空间电荷层时，半导体表面性质也会接近金属电极的性质。某些电极禁带很宽，按能带理论很难进行的反应，可能通过表面态产生的局部电子能级得以进行。

半导体/溶液界面反应的另一个特点是可以出现由少子扩散控制的扩散极限电流。通常情况下少子对总电流的贡献不大，但电极极化到多子耗尽而电极反应靠少子的扩散得以进行时，则少子的产生与扩散决定着反应电流的大小，这种由少子扩散控制的极限电流与溶液中传质步骤缓慢所产生的极限电流很容易用光效应加以区别。光照对溶液中的浓度极化无影响，而可以使少子传递的电流成倍增长。

2.6.2　半导体空间电荷层

半导体电极与溶液接触后，由于电子在两相的化学位不同，在界面上会发生电子的转移，因而形成双电层。与金属电极比较，半导体的载流子浓度低，与稀溶液差不多。因此半导体电极这一侧的电荷分布也是类似于稀溶液一侧中的离子分布，都是分散的，这种分散层的厚度大约为 10^{-8} 到 10^{-6} m。半导体在界面这一逐渐变化的电荷层称为空间电荷层。半导体/溶液界面的电位分布大致可分为三个部分：半导体一边的空间电荷层（$\varphi_B - \varphi_S$）、溶液一边的赫姆霍兹双电层（φ_H）和液相中的分散层（ψ_1）。如图 2-10 中 φ_B 表示半导体的本体的电位，φ_S 表示半导体电极的表面电位，φ_H 是溶液中靠近电极的一层比较紧密的离子层的电位，φ_0 是溶液深处的电位。$\varphi_B - \varphi_S$ 和 $\varphi_H - \varphi_0$ 的电位分布都呈指数变化。但 ψ_1 的这一变化层厚度，又称德拜长度，比较大。值得注意的是，电位的变化主要发生在空间电荷层，而且空间电荷层中载流子浓度的变化也比金属电极复杂些。以 n 型半导体为例，当电极在正电场影响下有利于电子在表面的积累时，形成多子的积累层；电位的变化也可将表面层的电子赶走，当导带电子浓度很小造成多子几乎耗尽的情况，称为耗尽层。这时空间电荷层内主要由施主正电荷(少子)组成,因此少子密度会比体内高。如果电位进一步提高,造成表面层的少子密度超过多子密度,形成所谓反型层。

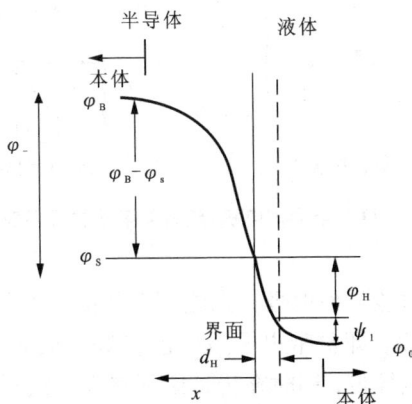

图 2 - 10　半导体 - 溶液界面的电极电位示意图

2.6.3　光电化学电池

光电化学电池与半导体电化学密切相关。光电化学电池将太阳能转变为电能或化学能。

光电化学电池的基本原理可以用前面的概念加以说明。以 n 型半导体为例,导带的电子主要来自掺杂的原子。其电子的化学位以费米能级 E_F 表示。E_C 为导带底,E_V 为价带顶,E_g 为禁带宽度。半导体与电解质溶液接触前,处于平带的情况,即电极没有极化,能带不弯曲。溶液的氧化还原电位 E_{Redox} 与半导体的 E_F 并不一致,如图 2 - 11(a)所示。两者接触以后达到平衡时,E_F 与 E_{Redox} 一致。半导体电极的能带发生弯曲,空间电荷层(SCR)的电位以 U_{SC} 表示。E_C 与 E_H 间的直线表示的是电解质接近电极的赫姆霍兹层的电位变化。它的电位与溶液成分有关。对于许多金属氧化物半导体电极,它也符合 Nernst 方程。

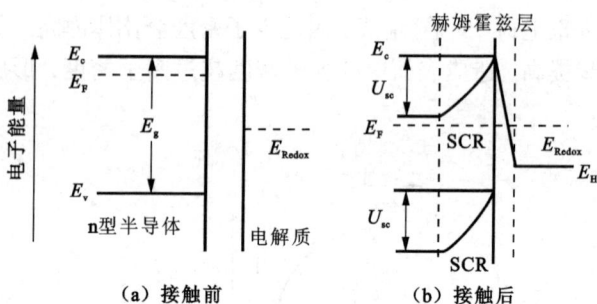

图 2 - 11   半导体电极/电解质溶液界面示意图

半导体材料能强烈地吸收光能，其吸收形式有数种，但最重要的是本征吸收，即价带电子吸收能量等于或大于禁带宽度 E_g 的光子而跃迁至导带，同时在价带留下空穴。跃至导带的电子可以经过外电路到对极发生还原反应。而空穴具有强烈的氧化能力，可使溶液中的适当组分发生氧化反应。这一过程示意于图 2 - 12。例如 n 型硫化镉电池：

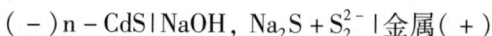

$$(-)n - CdS \mid NaOH, Na_2S + S_2^{2-} \mid 金属(+)$$

n - CdS 经光照后产生电子空穴对。电子经外电路流向金属正极，这也就是光电流。

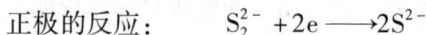

正极的反应： $S_2^{2-} + 2e \longrightarrow 2S^{2-}$

负极的反应： $2S^{2-} + 2h^+ \longrightarrow S_2^{2-}$

另一种重要的光电池是溶液中的粒子吸收光能而激发，如硫堇(TH^+)和铁离子的体系。无光照时 TH^+ 与 Fe^{2+} 并无反应。光照后产生 TH_3^+，有电极活性。

$$TH^+ + 2Fe^{2+} + 2H^+ \xrightarrow{\ h\nu\ } {}^*TH_3^+ + 2Fe^{3+}$$

$${}^*TH_3^+ \longrightarrow TH^+ + 2H^+ + 2e$$

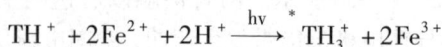

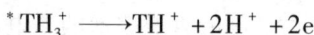

电子经外电路到对极发生反应：

$$Fe^{3+} + e \longrightarrow Fe^{2+}$$

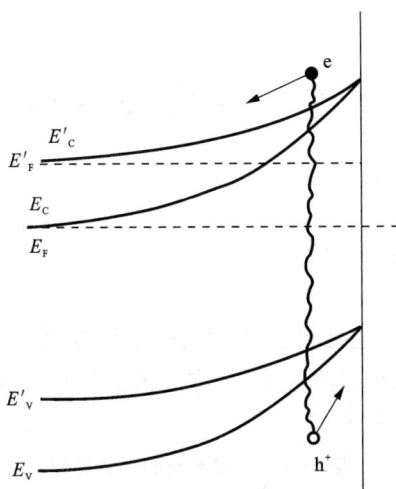

图 2 – 12　光照前后能带变化及光照产生电子 – 空穴示意图

(E'_F, E'_C, E'_V 为光照下的能带位置)

这种电池是首先发生溶液中的光化学反应，然后才发生电化学反应。

以上的反应如果不分开在电极上进行，就是普通的光化学反应。例如光能使 TiO_2 粉末产生电子 – 空穴对，由于 TiO_2 禁带宽度较大，空穴的氧化能力很强，不仅能使水氧化，还能使许多有机物氧化为简单的无机物，如 CO_2 与水。1971 年日本学者又利用 TiO_2 电极装成电池，实现了水的电解，获得氢气。

光化学电池一般装置比较简单，只要把适当的半导体电极插入相应的电解质溶液就可以，因而成本较低。而 p – n 结的太阳能光电池的材料制造技术较难。当前光化学电池尚未投入实际工业应用，主要是转换效率较低，电极材料腐蚀严重，必须进一步研究以克服这些缺点。

第3章　一次化学电源

3.1　概　述[18, 19, 20]

　　一次电池(原电池)生产历史最久,产量最大,应用最广。这种电池不能用简单方法再生,不能充电,用后废弃。常见一次电池的主要类型见表3-1。

表3-1　一次电池的主要类型

电池类型	正极	负极	电解质	$E^{\ominus}/V$	W' /($Wh \cdot kg^{-1}$)
勒克朗谢型	MnO_2	Zn	$NH_4Cl/ZnCl_2$	1.5	10~50
碱性锌-锰电池	MnO_2	Zn	KOH	1.5	30~100
水激活电池	AgCl	Mg	NaCl,海水	1.7	100~150
	PbO_2	Mg	NaCl	2.4	
	Cu_2Cl_2	Mg	NaCl	1.6	50~80
	$PbCl_2$	Mg	NaCl	1.2	50~80
热激活电池	$CaCrO_4$	Ca	LiCl/KCl	0.8	
	V_2O_5	Mg	LiCl/KCl	0.8	
	$PbSO_4$	Ca	LiCl/KCl		
锌-汞电池	HgO	Zn	KOH	1.3	30~100
锌-空气电池	Zn	空气	KOH	1.646	100~250
锌-银电池	AgO /Ag_2O	Zn	KOH	1.72	60~160
锂电池	MnO_2	Li	PC/DME + $LiClO_4$	3.5	400
	SO_2	Li	AN + SO_2 + LiBr	2.9	400
	$SOCl_2$	Li	$LiAlCl_4$ + $SOCl_2$	3.6	460
固体电解质电池	Ag	RbI_3	$RbAg_4I_5$	0.66	5.3

　　为了实现电池型号、规格的标准化，20 世纪 60 年代建立了
国际电工委员会（Internatinal Electrotechnical Commision，简称
IEC），该委员会的第 35 技术委员会提出了干电池国际标准化建
议，规定一次电池符号和意义如表 3 - 2 所示。字母后面紧接着
的数字代表单体电池的大小；在单体电池前加上数字表示串联的
组合电池中的单体电池数目。例如：MR 表示钮扣式锌 - 汞电池；
SR 表示钮扣式锌 - 银电池；R6P 表示五号圆筒式 $ZnCl_2$ 型电池；
LR6 表示五号碱性锌 - 锰电池；3R14 表示串联 3 只圆筒式二号
电池组，6F22 表示 6 片 F22 扁平叠层式电池，4F100 - 4 表示 4 片
F100 扁平电池串联成一条叠层式电池，并把 4 条并联成电池组。

表 3 - 2　电池符号和意义

符号	R	S	F	P	C	L
外形	圆筒形	糊式 方柱式	扁平式	$ZnCl_2$ 型	纸板型	碱性

　　常用锌 - 锰电池型号和规格如表 3 - 3 所示。

表 3 - 3　锌 - 锰干电池型号和规格标准

IEC	中国	日本	美国	德国	d /mm	h /mm	V /cm^3	m /g	U_r^* /V
R40	一号 甲电		NO.6	R40 (EMT)	64	166	485	1000	1.5
R20	一号电	UM - 1	D	R25 (JaT)	32	91	70	160	1.5
R14	二号电	UM - 2	C	R14 (ET)	24	49	20	45	1.5

续表

IEC	中国	日本	美国	德国	d /mm	h /mm	V /cm^3	m /g	U_r^* /V
R10	四号电		（BR）	R10 （CT）	20	37	11	20	1.5
R6	五号电	UM－3	AA	R6 （AaT）	13.5	50	7	15	1.5
R03	七号电	UM－4	AAA	R03	10	44	3.4	8	1.5
30R20	一号 乙电		B						45
3R12	扁电池		3B						4.5
6F 100－2	叠层式 乙电池								9.0
600 F40	叠层式 乙电池								90

注：* U_r——额定电压。

3.2　锌-锰电池

3.2.1　锌-锰电池的分类

　　锌-锰电池由于使用方便，价格低廉，至今仍是一次电池中使用最广，产值、产量最大的一种电池。锌-锰电池按电解液性质，可分为中性、微酸性和碱性两大类。如按外形，中性锌-锰电池可分为筒式、迭层式、薄形(纸)三种；碱性锌-锰电池有筒式、扣式、扁平式几种。下面主要介绍筒式。

　　筒式锌-锰电池可分为四类。

(1)传统的勒克朗谢电池

$$(-)Zn | NH_4Cl, ZnCl_2 | MnO_2, C(+)$$

正极活性物质是天然 MnO_2(MnO_2 质量分数为 70% ~75%),或电解 MnO_2(MnO_2 质量分数为 91% ~93%)。隔膜是淀粉浆糊隔离层,负极是锌筒,此类电池称"糊式锌 – 锰电池",也称干电池,性能较差。

电池的电极反应为

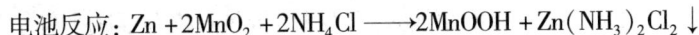

负极:$Zn + 2NH_4Cl - 2e \longrightarrow Zn(NH_3)_2Cl_2 \downarrow + 2H^+$

正极:$2MnO_2 + 2H^+ + 2e \longrightarrow 2MnOOH$

电池反应:$Zn + 2MnO_2 + 2NH_4Cl \longrightarrow 2MnOOH + Zn(NH_3)_2Cl_2 \downarrow$

(2)纸板电池

纸板电池是用纸板浆层隔膜代替纸板糊层隔膜,电解质有氯化铵型和氯化锌型。这类电池容量比糊式锌锰电池高。

高氯化锌纸板电池 1970 年开始生产,电解液以 $ZnCl_2$ 为主,加少量 NH_4Cl(质量分数 4% ~6%),隔膜用浆层纸,高氯化锌型电池可大电流放电,放电时间长。

电池的表达式为

$$(-)Zn | ZnCl_2 | MnO_2(+)$$

电极反应为

负极:$\qquad 4Zn - 8e \longrightarrow 4Zn^{2+}$

正极:$8MnO_2 + 8H_2O + 8e \longrightarrow 8MnOOH + 8OH^-$

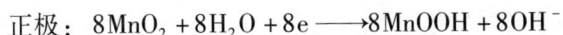

电解液中反应为

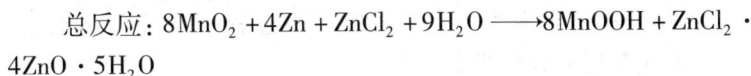

$4Zn^{2+} + H_2O + 8OH^- + ZnCl_2 \longrightarrow ZnCl_2 \cdot 4ZnO \cdot 5H_2O$

总反应:$8MnO_2 + 4Zn + ZnCl_2 + 9H_2O \longrightarrow 8MnOOH + ZnCl_2 \cdot 4ZnO \cdot 5H_2O$

(3)碱性锌 – 锰电池

碱性 – 锌 – 锰电池是 1882 年由德国 G. Leuchs 发表专利,1965 年开始生产的,电池表达式为

$$(-)Zn \mid KOH \mid MnO_2 (+)$$

电极反应为

负极: $Zn + 2OH^- - 2e \longrightarrow ZnO + H_2O$

正极: $2MnO_2 + 2H_2O + 2e \longrightarrow 2MnOOH + 2OH^-$

总反应: $Zn + 2MnO_2 + H_2O \longrightarrow 2MnOOH + ZnO$

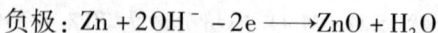

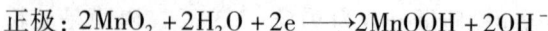

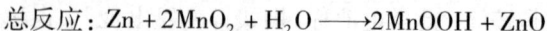

此类电池不同的是负极是汞齐化锌粉,电解液是 KOH 溶液,电池反应机理和电池结构与上述两类电池不同。电池性能优于前二类电池,放电时间是同类糊式电池的 5 ~ 7 倍。

(4)无汞锌 - 锰电池

在锌 - 锰电池中添加汞可以提高析氢过电位,减少锌负极腐蚀。一般在碱性锌 - 锰电池中按质量分数含汞量为锌粉的 6% ~ 10%。但是,汞对人类和环境有害,世界各国已逐步禁止在电池中加汞。1992 年,日本、美国、西欧已实现锌 - 锰电池无汞化。我国要求从 2001 年起停止按质量分数生产含汞量 0.025% 的低汞电池,从 2005 年起实现锌 - 锰电池无汞化,电池中汞含量按质量分数不超过 0.0001%。

目前,我国生产的无汞碱 - 锰电池约占全国干电池产量的 3%,计划到 2000 年达到 10% ~ 15%。

3.2.2　锌 - 锰电池的工作原理[21, 22]

3.2.2.1　二氧化锰电极

(1) MnO_2 阴极还原过程

MnO_2 是锌 - 锰电池的正极,电池放电时被还原。由于 MnO_2 是一种半导体,导电性不良,阴极还原过程不同于金属电极。MnO_2 电化学还原分为两步。

第一步反应: MnO_2 还原为 $MnOOH$。

MnO_2 电极的反应机理尚未完全清楚,但大多数学者倾向于电子 - 质子理论。

从电子－质子机理出发可认为 MnO_2 还原分为初级过程和次级过程。

①初级过程　MnO_2 是粉状电极,电极反应在 MnO_2 颗粒表面进行。首先是四价锰还原为低价氧化物,称初级反应。电子－质子理论认为 MnO_2 晶格是由 Mn^{4+} 与 O^{2-} 交错排列而成。反应过程是液相中的质子(H^+)通过两相界面进入 MnO_2 晶格与 O^{2-} 结合为 OH^-,电子也进入锰原子外围。原来 O^{2-} 晶格点阵被 OH^- 取代,Mn^{4+} 被 Mn^{3+} 取代,形成 $MnOOH$(水锰石)。$MnO_2 + H_2O +$ $e \longrightarrow MnOOH + OH^-$,在中性和碱性溶液中,或有 MH_4Cl 存在时,反应也可写成:

$$MnO_2 + NH_4Cl \longrightarrow MnOOH + NH_3 \uparrow + Cl^-$$

经物相检测,MnO_2 中确实存在 $MnOOH$。

②次级过程　MnO_2 还原生成的水锰石与电解液进一步发生化学反应或以其他方式离开电极表面的过程,称次级反应。次级反应使水锰石发生转移。水锰石转移有两种方式,即歧化反应和固相质子扩散。

歧化反应:pH 较低时,水锰石的转移按下式进行。

$$2MnOOH + 2H^+ \longrightarrow MnO_2 + Mn^{2+} + 2H_2O$$

固相质子扩散:MnO_2 属半导体,自由电子很少,大部分电子束缚在正离子的吸引范围内,称作束缚电子。MnO_2 还原时,从外线路来的自由电子进入 MnO_2 晶格后变为束缚电子,它们能在正离子之间跳跃,依次跳到邻近 OH^- 的 Mn^{4+},使 Mn^{4+} 还原为 Mn^{3+}。质子(H^+)也能从一个 O^{2-} 位置跳到邻近另一个 O^{2-} 的位置上,称作固相质子扩散。扩散的推动力是质子浓度差。

首先在电极上发生的电化学反应是:

$$Mn^{4+} + e \longrightarrow Mn^{3+}$$

生成 $MnOOH$ 分子,故电极表面质子浓度很高,O^{2-} 浓度不断降低,而晶格深处仍有大量 O^{2-},相当于质子浓度很低。即表面

层中 H^+ 浓度大于内层 H^+ 浓度，或表面层中 O^{2-} 浓度小于内层 O^{2-} 浓度，引起电极表面层与电极内部 H^+ 和 O^{2-} 的浓度梯度，从而引起表面层中质子不断向内层扩散，并与内层 O^{2-} 结合成 OH^-。由于 H^+ 和电子不断向 MnO_2 电极内部转移，从而可使 MnO_2 表面上的水锰石不断向固相深处转移，MnO_2 表面不断更新。实际上，歧化反应和固相质子扩散是同时进行的。

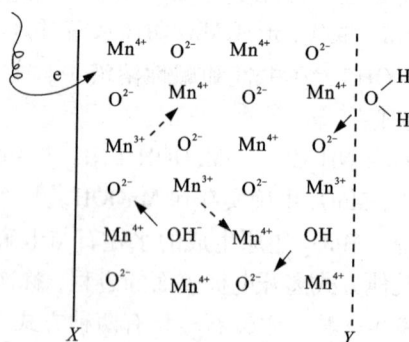

图 3-1　MnO_2 初级放电过程(电化学还原过程)

虚线表示电子运动方向；实线表示质子运动方向

X 为 MnO_2 - 石墨界面；Y 为 MnO_2 - KOH 界面

MnO_2 的初级放电过程(电化学还原)如图 3-1 所示。第二步反应：$MnOOH$ 还原为 $Mn(OH)_2$，由三个连串的步骤构成。

①Mn^{3+} 自 $MnOOH$ 中以 $Mn(OH)_4^-$ 配离子形式溶解于电解液中。

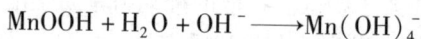

$$MnOOH + H_2O + OH^- \longrightarrow Mn(OH)_4^-$$

②$Mn(OH)_4^-$ 在碳表面还原为 $Mn(OH)_4^{2-}$

$$Mn(OH)_4^- + e \longrightarrow Mn(OH)_4^{2-}$$

③从 $Mn(OH)_4^{2-}$ 的饱和溶液中沉淀出 $Mn(OH)_2$

$$Mn(OH)_4^{2-} \longrightarrow Mn(OH)_2 \downarrow + 2OH^-$$

第一步反应是一个固相均相过程。反应由 MnO_2 固态结构转化为另一种固态结构 $MnOOH$，反应过程只有电子和质子进入晶格，但不改变晶体结构，即晶格中 Mn^{3+} 与 OH^- 浓度增加，仍保持均相，使 MnO_2 转变为 $MnOOH$。

第二步反应是一个多相反应，由固相 $MnOOH$ 转变为另一固相 $Mn(OH)_2$，电化学反应是通过溶解了的离子进行的。

碱性锌–锰电池及中性锌–锰电池主要是利用第一步反应放电。

(2) 二氧化锰阴极还原的控制步骤 MnO_2 阴极还原反应中，电化学反应速率比较快，电极表面 $MnOOH$ 转移的次级过程比较慢，是控制步骤。研究结果指出，在酸性溶液中，歧化反应 $2MnOOH + 2H^+ = MnO_2 + Mn^{2+} + 2H_2O$ 是速率控制步骤；而在碱性溶液中，固相内 H^+ 扩散过程是速率控制步骤；在中性电解液中，两个过程同时起作用。

3.2.2.2 锌电极

锌–锰电池的电解液是 NH_4Cl 和 $ZnCl_2$，锌阳极放电反应为

$$Zn - 2e \longrightarrow Zn^{2+}$$

生成的 Zn^{2+} 在中性溶液中发生水解：

$$Zn^{2+} + 2H_2O \rightleftharpoons Zn(OH)_2 + 2H^+$$

$$Zn(OH)_2 \rightleftharpoons ZnO + H_2O$$

$$ZnO + 2NH_4Cl \longrightarrow Zn(NH_3)_2Cl_2 + H_2O$$

反应产物 $Zn(NH_3)_2Cl_2$（二氨基氯化锌）难溶于水，覆盖在负极表面，增加欧姆内阻，当 pH 为 $8\sim9$ 时，转化为 $Zn(NH_3)_4Cl_2$（四氨基氯化锌）而溶解。

$$Zn(NH_3)_2Cl_2 + 2NH_3 \longrightarrow Zn(NH_3)_4Cl_2$$

副反应还有

$$Zn(OH)_2 + ZnCl_2 \longrightarrow 2Zn(OH)Cl \downarrow$$

锌在 $NH_4Cl/ZnCl_2$ 中的电位 – pH 关系如图 3 – 2 所示,从图 3 – 2 中可以看出,pH 在 5.1 ~ 5.8 时,锌以 Zn^{2+} 存在;pH 在 5.8 ~ 7.85 时,锌表面生成 $ZnCl_2 \cdot 2NH_3$ 晶体;pH 大于 7.85 时,$ZnCl_2 \cdot 2NH_3$ 溶解生成 $Zn(NH_3)_4^{2+}$。

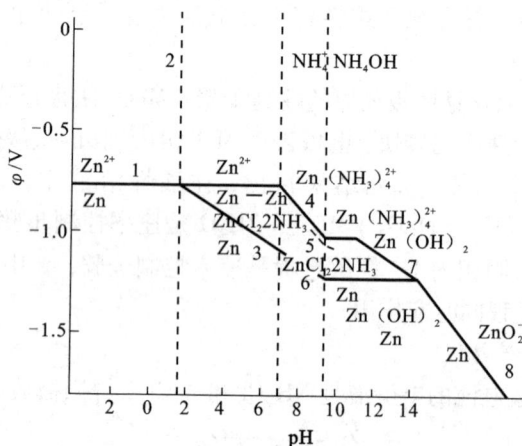

图 3 – 2　锌在 $NH_4Cl/ZnCl_2$ 电解液中的电位 – pH 图

锌 – 锰干电池在放电和贮存时,由于氢质子还原,电解质的 pH 不断升高。

在中性锌 – 锰电池中,由于锌的交换电流大,电化学反应速率快,阳极电化学极化小,只是由于电解质是糊状物,使 Zn^{2+} 扩散受阻,浓差极化较大。因此,由于反应产物是不溶性 $Zn(NH_3)_2Cl_2$,沉积在锌电极表面,增加电池内阻,减少电极的活性表面积。

3.2.2.3　碱性锌－锰电池的工作原理

（1）碱性锌－锰电池的电化学表达式为

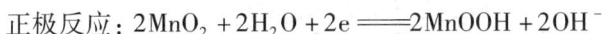

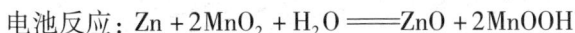

$$(-)Zn|KOH(饱和\ ZnO)|MnO_2(+)$$

负极反应：$Zn + 2OH^- \Longrightarrow ZnO + H_2O + 2e$

正极反应：$2MnO_2 + 2H_2O + 2e \Longrightarrow 2MnOOH + 2OH^-$

电池反应：$Zn + 2MnO_2 + H_2O \Longrightarrow ZnO + 2MnOOH$

电池电动势为

$$E = E^\ominus + \frac{RT}{nF}\ln\frac{a_{MnO_2}^2 \cdot a_{Zn} \cdot a_{H_2O}}{a_{MnOOH}^2 \cdot a_{ZnO}} \qquad (3-1)$$

通过热力学计算，可以绘制出 $Zn - MnO_2 - H_2O$ 系的电位 $\varphi - pH$ 图，如图 3-3 所示，从该电位 $\varphi - pH$ 图中，可以了解 Zn，Mn 在水溶液中的存在形态与 pH 的关系，分析锌－锰电池自放电的原因等。

如在锌－锰电池中，锌的腐蚀是由于电池的自放电引起的。锌负极自溶解的条件是体系中存在一对共轭反应。在 $Zn - MnO_2 - H_2O$ 系中，共轭反应是由析氢反应和锌的阳极氧化构成的。如在 pH 高时，

负极反应：$Zn + 4OH^- \Longrightarrow ZnO_2^{2-} + 2H_2O + 2e$

正极反应：$2H_2O + 2e \Longrightarrow H_2\uparrow + 2OH^-$

腐蚀电池反应：$Zn + 2OH^- \Longrightarrow ZnO_2^{2-} + H_2\uparrow$

锌的自放电白白消耗了活性物质，缩短锌－锰电池的使用寿命。

（2）碱性溶液中的 MnO_2 电极

碱性溶液中 MnO_2 电极的放电机理已在 3.2.2.1 中讨论过。MnO_2 的放电曲线如图 3-4 所示。在低电流密度下（曲线 1 和 2），MnO_2 的电化学还原分为两步，在高电流密度下（曲线 3），第二步不明显。第一步反应是 MnO_2 还原为 MnOOH，电位连续下降，形成 S 形曲线。第二步反应是 MnOOH 还原为 $Mn(OH)_2$，曲线平坦。碱性锌－锰电池的有效容量主要在放电的第一步。

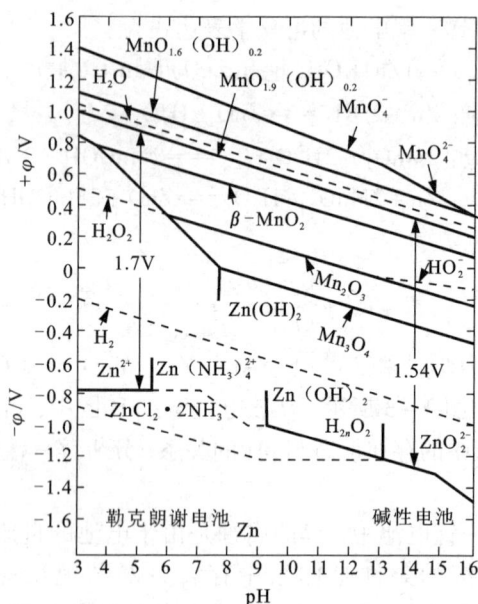

图 3 – 3　Zn – MnO$_2$ 电池的电极电位随 pH 变化的 Pourbaix 图(25℃)

（3）碱性溶液的锌负极

在碱性溶液中，锌的阳极溶解反应为

$$Zn + 4OH^- \longrightarrow ZnO_2^{2-} + 2H_2O + 2e$$

生成的 ZnO_2^{2-} 在碱中的溶解度为 $1 \sim 2 \ mol \cdot L^{-1}$，达到饱和后沉淀出 $Zn(OH)_2$，将阻止电极反应继续进行。因此，高电流密度下，锌电极的容量决定于碱溶液的体积。

在低电流密度下，锌电极在饱和锌酸根溶液中能继续放电生成 $Zn(OH)_2$ 沉淀或 ZnO。

$$Zn + 2OH^- \longrightarrow Zn(OH)_2 \downarrow + 2e$$

或　　　　　$$Zn + 2OH^- \longrightarrow ZnO + H_2O + 2e$$

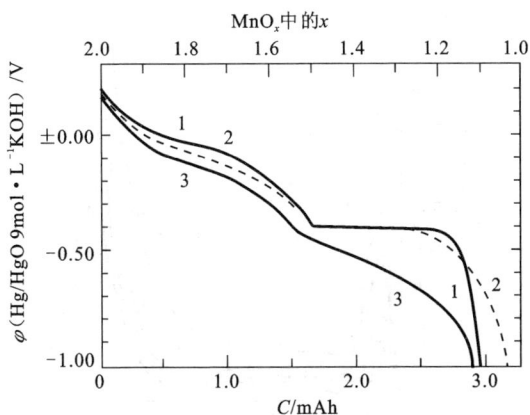

图 3 - 4　MnO₂ 电极在碱性溶液中的放电曲线

KOH 浓度：90 mol·L⁻¹；

1—0.11 mA；2—0.33 mA；3—3.0 mA；每一电极有 MnO₂10.6 mg

锌粉电极的真实表面积大，可使电流密度降低，适合于小电流密度放电，放电产物为 ZnO 或 Zn(OH)₂。

在碱性溶液中，锌酸根(ZnO_2^{2-})浓度越大，锌电极越纯，锌的腐蚀速率越小。因此采用汞齐锌粉，电解液 KOH 用 ZnO 饱和能减少锌的腐蚀。但是如果锌粉中存有像铁这一类杂质，即使量很少也会大大加大腐蚀速率。

在高电流密度下，锌电极会产生钝化。图 3 - 5 是锌在 KOH 溶液中的阳极极化曲线。从图中可知，锌阳极极化过程存在一个临界电流密度 i_e，如果电流密度超过 i_e，锌发生钝化，电池电压和放电电流急剧降低，但在 i_e 以下，钝化不会发生，曲线 ab 段为活化阶段，b 点为临界电流密度，c 点已完全钝化，cd 段处于钝化状态，d 点开始析氧。

随着锌负极的溶解，锌酸盐浓度逐渐增大，并趋向过饱和，

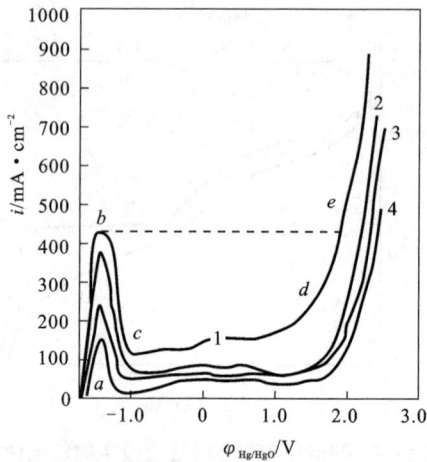

图 3 - 5　锌在 6 mol · L^{-1}KOH 中的阳极极化曲线
1—搅拌；2—不搅拌；3—饱和 ZnO，搅拌；4—饱和 ZnO，不搅拌

电极表面开始生成 ZnO 或 Zn(OH)$_2$ 的松散氧化膜，从而减小锌电极的真实表面积，使电流密度增加，电极极化加剧，直至进入钝化状态。

防止锌电极钝化的措施是控制电流密度和改善物质的传递条件，如采用多孔电极是比较好的办法之一。

3.2.2.4　可充碱性锌-锰电池[23, 24]

锌电极在碱性溶液中有良好的可逆性。影响电池可充电性能的关键是 MnO$_2$ 电极的性能和结构。

在碱性电解液中，如果锌-锰电池放电深度不太深，例如只放出 MnO$_2$ 电极单电子放电容量的三分之一，则电池可进行 40~50 次充放电循环。即如果放电控制在第一步 MnO$_2$ 还原到 MnOOH，则 MnO$_2$ 电极具有可充性。

(1)可充碱性锌 – 锰电池的 MnO_2 电极

图 3 – 6 是 MnO_2 电极在 KOH 溶液中的放电曲线。根据 MnO_2 还原的第一步反应：$MnO_2 + H_2O + e \longrightarrow MnOOH + OH^-$，其电极电位为

$$\varphi = \varphi^{\ominus} + \frac{RT}{F}\ln\frac{a_{MnO_2(s)}}{a_{MnOOH(s)}} + \frac{RT}{F}\ln\frac{a_{H_2O}}{a_{OH^-}} \qquad (3-2)$$

由于碱的浓度高，a_{H_2O}，a_{OH^-} 变化不大，放电时，固相中 MnO_2 浓度降低，MnOOH 浓度升高，因而使 MnO_2 电极电位降低，图 3 – 6 中 AQ 段呈 S 形，这一阶段的最大限度是 MnO_2 全转变为 MnOOH。如果放电终止电压能控制在这一段范围内，MnO_2 电极可以充放循环 100 次以上。但如果放电进入第二步反应阶段，则充放几个循环就会失效。

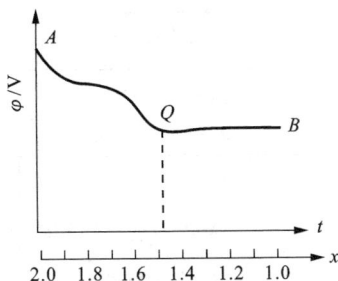

图 3 – 6 MnO_2 在 KOH
溶液中的放电曲线
x 指 MnO_x 中的 x 值

MnO_2 第一步放电充电过程可用图 3 – 7 表示。

放电过程，如图 3 –7(a)所示，放电开始时，MnO_2 晶格表面的 O^{2-} 接受溶液的 H_2O 给出的 H^+ 变成 OH^-，邻近的 Mn^{4+} 接受一个电子还原成 Mn^{3+}。因此，MnO_2 晶格表面生成 MnOOH。

质子 H^+ 可以从一个 O^{2-} 位置跳跃到另一个 O^{2-} 的位置，跳跃方向是从 OH^- 浓度大的区域到 OH^- 浓度小的区域。电子在电场力作用下从一个 Mn^{4+} 离子的吸引范围跳到邻近的 Mn^{4+} 离子的吸引范围，即相当于 MnOOH 由界面向晶格深处扩散。第一步反应的电化学反应速率大，MnOOH 转移的次级过程慢，是反应的控制步骤。

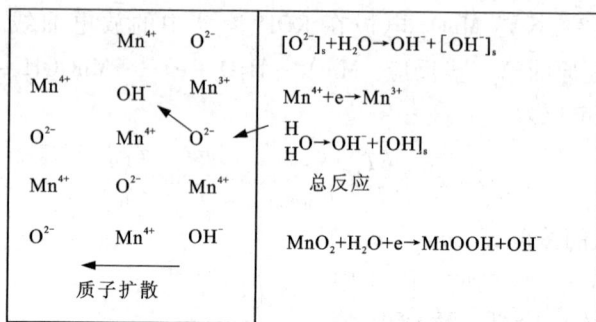

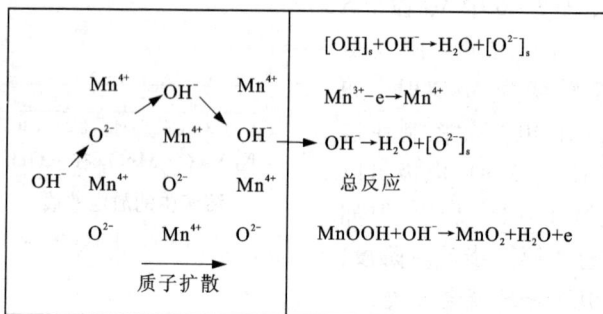

图 3 - 7   MnO$_2$ 放电、充电过程

(a)放电过程;(b)充电过程

充电过程,如图 3 - 7(b)所示,MnO$_2$ 电极表面的 OH$^-$ 把质子 H$^+$ 给予吸附在固相表面的 OH$^-$ 离子生成 H$_2$O,附近的 Mn^{3+} 失去电子氧化成 Mn^{4+}。因而表面的 MnOOH 变成 MnO$_2$。在浓差作用下,H$^+$ 由本体向界面扩散。在电场力作用下,Mn^{3+} 失去电子氧化成 Mn^{4+}。

MnO_2 还原的第二步反应为

$$MnOOH + H_2O + e \longrightarrow Mn(OH)_2 + OH^-$$

这一反应是溶解沉淀过程的非均相反应，生成新的固相 $Mn(OH)_2$，放电曲线是一个平台，相当于图 3-6 中的 QB 线段。

图 3-8 表示 MnO_2 电极放电深度与循环寿命的关系。图中表明，放电浓度越深，循环寿命越少，当放出容量小于 25% 时，每一次循环造成的终止电压值下降是很小的。但当放电深度大于 30% 时，随着循环次数增加，电压下降很快。对 MnO_2 电极完全放电后进行 X 射线分析，发现 γ - MnO_2 晶格膨胀，晶格的稳定性随放电深度增加而减弱，最终由 γ - MnO_2 转变为另一种更稳定的结构。

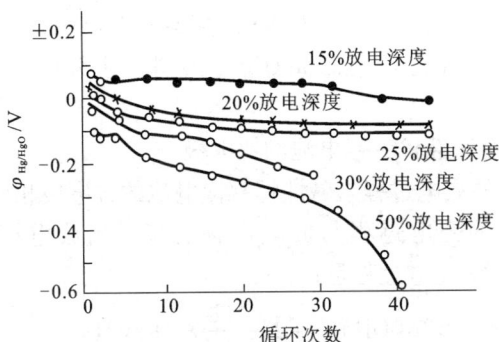

图 3-8 MnO_2 电极放电深度与循环寿命的关系

MnO_2：1.36 g；放电电流：30 mA；

每次放电后，以 15 mA 电流充电到放出容量的 140%。KOH：浓度 7 $mol \cdot L^{-1}$

MnO_2 电极可充性的影响因素有 MnO_2 晶型、掺杂情况、电解液 KOH 浓度、充放电制度、MnO_2 电极成形压力等。

γ - MnO_2 具有较好的可充电性。H. S. Worblowa 等提出在具

有层状结构的钠水锰石晶型的 MnO_2 中掺杂 Pb^{2+} 和 Bi^{3+}，能使 MnO_2 具有"敞开式"结构，有利于质子和电子在晶格中移动，并能阻止晶格变化，可使 MnO_2 电极能大电流充放电。

严格执行充放电制度有利于提高电池循环寿命。因为过充电时，正极析出氧，会生成可溶性 MnO_4^-，会腐蚀锌电极，造成严重的自放电。所以，碱性锌-锰电池充电电压应低于 1.75 V。

碱性锌-锰电池的放电电流也不宜过大，如以 15 mA·g^{-1} 电流放电时，放电终止电压应大于 0.9 V(Vs. Zn)。

电解液 KOH 的浓度对 MnO_2 电极的可充电性也有明显的影响。在 1 mol·L^{-1} KOH 溶液中，Mn^{3+} 的溶解度很小，$\gamma-MnO_2$ 只还原到 MnOOH。MnOOH 与 $\gamma-MnO_2$ 具有同样的点阵排列，很容易用电化学方法重新氧化成原来的 MnO_2。但在高浓度 KOH 溶液中(如 10 mol·L^{-1})，MnOOH 会形成 $Mn(OH)_4^{2-}$。一旦生成 $Mn(OH)_2$ 后，要再氧化成 MnOOH，并进一步氧化成 MnO_2 是很困难的。

(2)可充碱性锌-锰电池的锌电极

锌电极的放电过程与碱性锌-锰电池的锌电极相同。

锌电极的充电过程与放电产物有关。当放电产物是可溶 $Zn(OH)_4^{2-}$ 时，充电过程是：

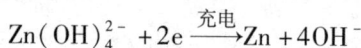

$$Zn(OH)_4^{2-}+2e \xrightarrow{充电} Zn+4OH^-$$

如果放电产物是 $Zn(OH)_2$ 或 ZnO，则充电过程是固相反应。

$$Zn(OH)_2+2e \xrightarrow{充电} Zn+2OH^-$$

或 $$ZnO+H_2O+2e \xrightarrow{充电} Zn+2OH^-$$

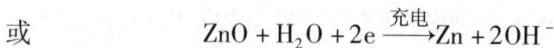

锌电极过充电或充电电流密度过大时，可能生成枝晶，穿透隔膜，造成正负极短路。因此，可充碱性锌-锰电流应严格控制充放电制度。

碱性锌-锰电池的开路电压为 1.52 V，工作电压为 1.25 V，终止电压为0.9 V。电池贮存寿命长,室温下贮存一年,容量损失仅5%~10%,室温下贮存三年或在45℃贮存3个月,容量损失也仅为10%~25%。

3.2.2.5 无汞锌-锰电池[25, 26]

(1)实现锌-锰电池无汞化的措施

汞是析氢过电位最高的金属。为减少锌负极的腐蚀,在锌负极中加入汞作缓蚀剂。因此,要实现锌-锰电池无汞化,可以选用析氢过电位较高,且又不污染环境的金属元素代替汞,根据塔菲尔公式:

$$\eta = a + b\lg i \qquad (3-3)$$

可知,在一定的电流密度下,塔菲尔常数a值大者,即过电位也高。表2-3已列出在部分金属上氢析出时塔菲尔公式中的常数a和b值。

从表2-3可知,析氢过电位高的金属($a\approx1.0\sim1.5$ V)是Pb、Cd、Hg、Tl、Zn、Bi、Ga、In、Sn等,析氢过电位较低的金属是Fe、Co、Ni、Cu、W等。铂族金属是析氢过电位最低的金属。因此,为了减少锌的腐蚀,可在锌粉中加入In、Bi、Sn、Al、Tl等。Pb、Cd虽然具有同样的缓蚀作用,但对环境污染,一般不宜添加到锌粉中去。Fe、Co、Ni、Cu等金属的塔菲尔常数a值小,易引起析氢腐蚀,是有害元素,在锌合金粉中必须严格控制含量。

锌极汞齐化除了有摄制锌腐蚀的作用外,由于形成的汞齐化膜均匀覆盖在锌粒表面,能使电池反应的生成物ZnO不易停留在锌的表面,使放电连续进行。同时,汞齐化锌接触电阻小,可以提高导电性,改善放电性能,提高电池的耐冲击性能。

不同添加元素的作用如下:

铟:抑制氢气产生,降低锌粒表面接触电阻。

铋:铋的加入量必须适当,因未放电时,锌粉的析气量随铋量增加而减小。但过放电时,锌粉的析气量随铋量的增加而增大。一般锌粉中按质量分数含铋量为 0.020% ~ 0.030%。

铅:铅对抑制析氢效果十分显著,只加铅也可达到抑制氢析出的作用。

铝:铝虽然析氢过电位较低,但加铝的锌合金粉粒子表面平滑,可降低锌粉活性。因此,铝与其他析氢过电位高的金属(In, Bi, Pb, Sn 等)配合使用,可增强缓蚀效果。

铁:铁是锌合金粉中最有害的元素之一。因为铁在 KOH 溶液中与锌形成腐蚀微电池,增加析氢,加速锌的腐蚀。锌合金粉中铁含量对析氢量的影响如表 3 - 4 所示。

表 3 - 4　锌合金粉中含铁量对析氢量的影响

锌粉来源	比利时	日本	德国	国产蒸馏锌	国产电解锌
$w(Fe)$ /($10^{-4}\%$)	1.1	1.2	1.5	1.5	7.0
$^{*}V_{H_2}$ /($mL \cdot g^{-1} \cdot d^{-1}$)	0.16	0.15	0.25	0.26	0.45

注:*试验条件为60℃,120 h。V_{H_2}——析氢量。

锌合金粉的粒度及其分布也直接影响无汞锌 - 锰电池的性能。粒度粗大,电池深度放电后 ZnO 扩散困难,易引起锌负极钝化;锌合金粉粒度过细,比表面积大,锌粉活性过大,使锌粉析氢量增大,电池自放电大,影响电池的贮存性能并导致爬碱。一般应选择粒度范围为 75 ~ 500 μm 的锌粉。

(2)无汞碱性锌 - 锰电池　无汞碱性锌 - 锰电池的工作原理和电池结构与碱性锌 - 锰电池基本相同。其主要区别是在锌负极中用无汞锌合金粉代替含汞锌合金粉,即选用无汞缓蚀剂代替汞，一般在电池用锌粉中添加具有缓蚀作用的无机元素 In，Bi，Al，Pb，Ca 等，或添加有机缓蚀剂。

常用的有机缓蚀剂有：8 - 硝基喹啉、8 - 氯基喹啉、含有乙醇胺基团的饱和或不饱和一元羧酸、4 - 联苯羧酸、苄基特丁醇、4 - 联苯、N - N - 二乙基碳苯酰胺、P - 双环乙基苯、三苯基氯甲烷等。这些缓蚀剂对锌和锌粉都有缓蚀作用，并能提高锌电极的析氢过电位，但又不影响电池性能。

无汞碱性锌 - 锰电池用正极活性物质纯度要高，电池用 MnO_2 按质量分数含铁量应小于 0.01%，钼和铜应小于 5×10^{-4}%，石墨按质量分数含铁量应小于 3×10^{-3}%。因为铁、钼会造成电池爬碱。铜与 MnO_2 生成氧化铜，会刺破隔膜造成电池短路。

电解液 KOH 中铁的质量分数应达到 5×10^{-5}%。表 3 - 5 列出了 KOH 中铁含量与析氢量的关系。

表 3 - 5　KOH 含铁量与析氢量的关系

$w(KOH 中含 Fe 量)/\%$	5×10^{-3}	10^{-2}
$V_{H_2}/(mL \cdot g^{-1} \cdot d^{-1})$	0.19	0.25

在配锌膏的电解液中加入 ZnO，可以减少析氢，因为锌在碱中会发生析氢反应：

$$Zn + 2KOH =\!=\!= K_2ZnO_2 + H_2 \uparrow$$

当加入 ZnO 后，

$$ZnO + 2KOH =\!=\!= K_2ZnO_2 + H_2O$$

生成的 K_2ZnO_2 能抑制锌与碱反应，减少锌极自溶。一般让 ZnO 在 KOH 中形成饱和溶液。

（3）无汞氯化锌型锌-锰电池

无汞高功率电池用电解液是以 $ZnCl_2$ 为主，掺入少量 NH_4Cl，甚至不加 NH_4Cl（NH_4Cl 质量分数为 4%~6%）。隔膜采用浆层纸。浆层纸由基纸、聚丙烯酰胺、变性淀粉、表面活性剂、聚乙烯醇、聚丙烯酸等组成。

浆层纸是无汞电池的关键材料，应具有良好的吸水性、保液性和化学稳定性。一般基纸选用 K08 电缆纸和浆层纸专用基纸。聚丙烯酰胺具有很好的保液性，涂在浆层纸上，能吸附电解液。表面活性剂可代替汞的作用，是锌负极缓蚀剂。常用的缓蚀剂有 Tx-10，辛烷酚聚氧乙烯醚，其分子结构通式为：R—O—$(CH_2CH_2O)_n$—H，聚乙烯基是亲水基，R 是辛烷基。

Tx-10 对锌负极的缓蚀作用，是因为它提高析氢过电位，抑制腐蚀速率，阻滞锌的阳极过程。

聚乙烯醇有很好的成膜性，在浆层纸中形成阻止膜，可以阻挡 MnO_2，乙炔黑等微粒穿透浆层纸。

聚丙烯酸和聚丙烯酸钠在酸性和碱性介质中都呈离子型化合物，具有黏性和保液性。

淀粉在水中加湿后或在氯化锌溶液中会溶胀糊化，吸收大量电解液，在电池内部提供离子通道。

把糊料、胶料和表面活性剂，分别溶于水或制成悬浊液，混合均匀，涂布在基纸上，经烘干得所需浆层纸。

3.2.3　锌-锰电池材料

3.2.3.1　电池用二氧化锰

制备电池用 MnO_2 的原料主要有：硬锰矿（$\alpha-MnO_2$）、软锰矿（$\beta-MnO_2$）、斜方锰矿（$\gamma-MnO_2$）、水锰矿（$\gamma-MnOOH$）、菱锰矿（$MnCO_3$）。

电池用 MnO_2 有天然，MnO_2（NMD）、化学 MnO_2（CMD）和电解

$MnO_2(EMD)$。天然 MnO_2 分软锰矿和硬锰矿。软锰矿中主要是含 $\beta - MnO_2$(MnO_2 质量分数为 70% ~ 75%),活性较差。硬锰矿中含 K^+,Ba^{2+},Pb^{2+},Na^+,NH_4^+ 等阳离子,晶型属 $\alpha - MnO_2$。因此,天然 MnO_2 一般只用于糊式锌 - 锰电池。

化学 MnO_2 分活性 MnO_2(AMD)和化学活化 MnO_2。

活性二氧化锰制备技术分两个阶段,即活化二氧化锰(Activated Mainganese Dioxide)和活性二氧化锰(Activating Manganese Dioxide)阶段。活化二氧化锰的生产工艺路线是:MnO_2 矿石→还原焙烧→歧化活化→过滤→水洗中和→干燥→活化二氧化锰。

还原焙烧反应是:

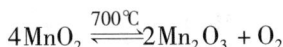

$$4MnO_2 \underset{}{\overset{700℃}{\rightleftharpoons}} 2Mn_2O_3 + O_2$$

活化歧化反应是:

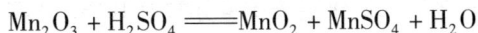

$$Mn_2O_3 + H_2SO_4 =\!=\!= MnO_2 + MnSO_4 + H_2O$$

活化二氧化锰视密度小,MnO_2 质量分数一般低于 70%,不是理想的电池用二氧化锰。

活性二氧化锰是在活化二氧化锰的基础上进行重质化氧化,即在歧化活化后,用氧化剂(氯酸盐等)进行化学氧化。

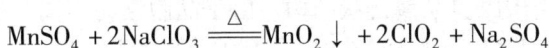

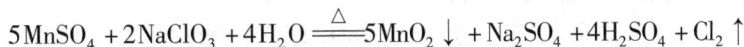

$$MnSO_4 + 2NaClO_3 \overset{\triangle}{=\!=\!=} MnO_2 \downarrow + 2ClO_2 + Na_2SO_4$$

$$5MnSO_4 + 2NaClO_3 + 4H_2O \overset{\triangle}{=\!=\!=} 5MnO_2 \downarrow + Na_2SO_4 + 4H_2SO_4 + Cl_2 \uparrow$$

所得活性二氧化锰 $w_{MnO_2} > 75\%$,振实密度 $\geqslant 1.8 \ g \cdot cm^{-3}$,相当于电解二氧化锰一级品标准。

化学活化二氧化锰是用硫酸溶解锰矿,再用氧化剂(空气、高锰酸钾等)氧化成二氧化锰。化学二氧化锰多为 $\gamma - MnO_2$。

电解二氧化锰的原料是菱锰矿($MnCO_3$)或含锰高($w_{MnO_2} > 75\%$)的天然二氧化锰。

电解二氧化锰的制备是用硫酸溶解菱锰矿

$$MnCO_3 + H_2SO_4 =\!=\!= MnSO_4 + H_2CO_3$$

或将天然 MnO_2 在 1000℃ 左右还原为可溶性的 MnO，再用硫酸溶解得 $MnSO_4$，然后用硫化法除去重金属杂质，用中和水解法除去铁等。所得纯 $MnSO_4$ 溶液用电解法在阳极电沉积出 MnO_2。电解条件：阳极为钛板，阴极为碳电极，阳极电池密度 $i_A = 50 \sim 100 \ A \cdot m^{-2}$，电解液组成为 $MnSO_4 110 \sim 140 \ g \cdot L^{-1}$，$H_2SO_4 28 \sim 42 \ g \cdot L^{-1}$，温度 85～95℃，槽电压 2～3 V。

电解反应为

阳极反应：$Mn^{2+} + 2H_2O \!=\!=\!= MnO_2 + 4H^+ + 2e$

阴极反应：$2H^+ + 2e \!=\!=\!= H_2 \uparrow$

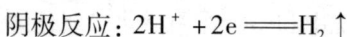

将阳极沉积的 MnO_2 用振动法剥离，研磨成 $10 \sim 20 \ \mu m$。电解二氧化锰基本上是 $\gamma - MnO_2$。

3.2.3.2　二氧化锰的化学物理性质

用于干电池的二氧化锰按质量分数有 10%～30% 的杂质，主要有 SiO_2，Fe_2O_3，CaO 等。电解二氧化锰 $w_{MnO_2} > 90\%$，主要杂质有 MnO，MgO，SO_3 等，并含有一定的水分。

二氧化锰是比较复杂的氧化物，分子式为 $MnO_x (x \leqslant 2)$。其晶体结构有 α，β，γ 型，还有 δ，ε，ρ 型。ε，ρ 型与 γ 型接近。δ 型属层状结构，其余属链状结构。由于晶胞结构不同，各种晶型的电化学活性差别很大，其中 $\gamma - MnO_2$ 活性最高。

$\beta - MnO_2$ 是单链结构，$\gamma - MnO_2$ 是双链和单链互生结构。MnO_2 还原时，电子和 H^+ 扩散到结晶中与 O^{2-} 结合成 OH^- 基，形成 MnOOH。由于 $\beta - MnO_2$ 是单链结构，截面积较小，H^+ 扩散比较困难，因而过电位较大，活性小。$\gamma - MnO_2$ 中因含双链结构，截面积较大，H^+ 扩散容易，过电位较小，活性高。$\alpha - MnO_2$ 虽是双链结构，隧道截面积较大，隧道中有大分子堵塞，H^+ 扩散受到阻碍，活性也不高。表 3 - 6 列出了 α，β，γ，ε 几种 MnO_2 变体的结晶数据。

表 3 – 6　MnO₂ 晶体特征

晶体名称	通　　式	晶　　系	晶格常数/10⁻¹⁰ m		
			a	b	c
α – MnO$_2$	$R_2Mn_8O_{16} \cdot xH_2O$	四方晶系	9.82		2.86
β – MnO$_2$	$MnO_n (n \leqslant 1.98)$	四方晶系（金红石型）	4.42		2.87
γ – MnO$_2$	$MnO_{1.9 \sim 1.96} \cdot xH_2O$	斜方晶系	9.27	4.52	2.86
ε – MnO$_2$		六方晶系	2.79		4.41

MnO_2 结构中含羟基越多,氧化性能越活泼,按质量分数 α – MnO$_2$ 中含水大于 6% , γ – MnO$_2$ 中含水 4% ,有离子交换的可能,但 α – MnO$_2$ 中含有金属杂质,降低了 MnO_2 的实际氧化能力。β – MnO$_2$ 不含水分,氧化性差,因此,制造电池都宜用 γ – MnO$_2$ 。

各类二氧化锰的物理性能列于表 3 – 7 中。

表 3 – 7　各类二氧化锰的物理性能

MnO$_2$ 类别	$\sigma/(m^2 \cdot g^{-1})$	$\rho/(g \cdot cm^{-3})$	$\rho'/(g \cdot cm^{-3})$
天然锰矿	7 ~ 22	4.2 ~ 4.7	1.3 ~ 1.8
电解 MnO$_2$	28 ~ 43	4.3	1.7 ~ 1.8
化学 MnO$_2$	30 ~ 90	2.8 ~ 3.2	0.8 ~ 1.3

注: σ——比表面积; ρ——密度; ρ'——视密度。

MnO_2 比表面积越大,活性越高;视密度越大,填充性越好。图 3 – 9 列出三种类型的 MnO_2 典型的极化值和开路电压(每 100 mg MnO$_2$ 用 1 mA 放电,相当于 R20 型电池用 259 mA 放电)。图中表明,电解 MnO_2 具有较高的开路电压和比较低的极化。

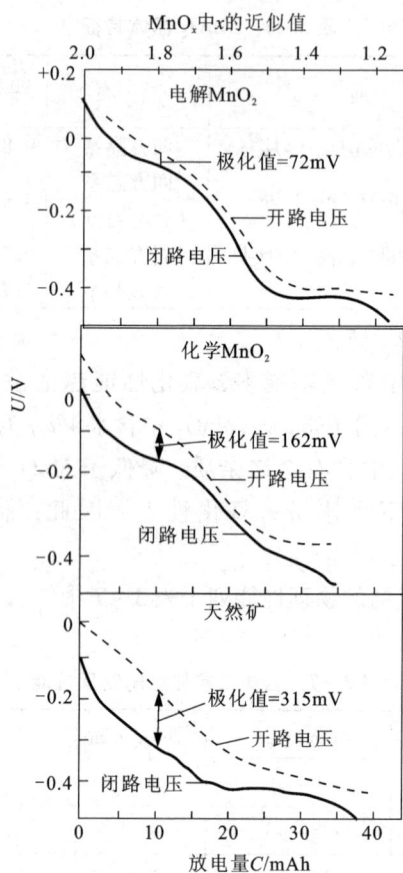

图3-9　三种类型的 MnO_2 在 KOH(9 mol·L^{-1})
中的开始电压及闭路电压

3.2.3.3　锌电极材料

锌电极有锌筒、片状锌和锌合金粉。锌合金粉有汞锌粉的无汞合金粉。

电池中添加汞有两种方法:一是生产锌粉时加入,如锌汞合金雾化法;二是在制锌膏时加入汞。锌-锰干电池的电解液中升汞($HgCl_2$)的质量分数为 0.3%,碱性锌-锰电池中汞质量分数为锌粉的 6%~10%。无汞电池采用针状锌粉,要求锌粉粒度控制在 75~500 μm。

锌粉的制备有喷雾法、化学置换法和电解法等。电解法和化学置换法尚未工业化,喷雾法已实现大规模工业化生产。喷雾法的生产工艺是将纯锌熔融后加入合金元素 In, Bi, Al, Ca, Pb 等,在喷雾装置中雾化后进行筛分得无汞锌合金粉。喷雾法生产的无汞锌合金粉的化学成分如表 3-8。

表 3-8 无汞锌合金粉化学成分

锌粉类别 \ 含量/% \ 成分	In	Bi	Al	Pb	Ca	ZnO	杂质
无汞含铅锌粉	0~0.05	0.005~0.05	0~0.04	0.05		<0.5	<0.0018
无汞无铅锌粉	0~0.05	0.005~0.01	0~0.04		0~0.02	<0.5	<0.0048

电解法制备锌合金粉的工艺是以铝片作阴极,锌板作阳极。电解液成分为:$ZnCl_2$ 120~160 $g \cdot L^{-1}$,H_3BO_3 25~30 $g \cdot L^{-1}$,配位体 150~200 $g \cdot L^{-1}$,添加元素 Pb^{2+},Cd^{2+},In^{3+} 各为 0.05~0.08 $g \cdot L^{-1}$。控制 pH=4.5~5.0,阴极电流密度 i_K=20~30 $A \cdot dm^{-2}$。阴极与阳极面积比为 1:2~3。电解所得锌合金粉定期从阴极刮下,洗涤后风干研碎得无汞锌合金粉。

3.2.3.4 电解质

电极电位比锌负的金属盐都可作为锌-锰电池的电解质,一般电解质中主要成分是 NH_4Cl 和 $ZnCl_2$，NH_4Cl 的作用是提供 H^+，降低 MnO_2 放电过电位，提高导电能力。NH_4Cl 的缺点是冰点高，影响电池低温性能，并且 NH_4Cl 水溶液沿锌筒上爬，导致电池漏液。$ZnCl_2$ 的作用是间接参加正极反应，与正极反应生成的 NH_3 生成配合物 $Zn(NH_3)_4Cl_2$。同时，$ZnCl_2$ 可降低冰点，具有良好的吸湿性，保持电解液的水分，还可加速淀粉糊化，防止 NH_4Cl 沿锌筒上爬。

在电解液中加入 $HgCl_2$，Hg^{2+} 被锌置换，在锌皮表面生成一薄层锌汞齐，由于汞可以提高氢的过电位，因而可以抑制锌皮腐蚀。$HgCl_2$ 还能防止电糊发霉。

在碱性电池中，电解液都用 KOH。NaOH 虽然价格比 KOH 低，但性能不如 KOH，因此在现代碱性电池中很少用 NaOH。

3.2.3.5 隔膜

糊式锌-锰电池的隔膜是电糊，锌型、铵型纸板电池隔膜是浆层纸，碱性锌-锰电池用复合膜作隔膜。电糊的成分包括电解质（NH_4Cl，$ZnCl_2$，H_2O）、稠化剂（面粉、淀粉）、缓蚀剂（$HgCl_2$，OP 乳化剂）。一般每升电解液加入面粉和淀粉 $300 \sim 360$ g，配比是面粉与淀粉的质量比为 $1:1 \sim 1:4$。淀粉用土豆淀粉或玉米淀粉，缓蚀剂 $HgCl_2$ 的质量分数为电糊的 $0.05\% \sim 0.5\%$。为提高电糊强度和提高电池的抗水解能力，加入约 0.5% 的硫酸铬（质量分数）。

制造浆层纸的工序有浆料配制、涂覆和烘干。

选用聚乙烯醇（PVA）、甲基纤维素（MC）、羧甲基纤维素钠（CMC）、改性淀粉等，并加入适量的水配制成浆料，用喷涂、刮涂或滚涂等方式把浆料均匀地涂覆在基体材料电缆纸或牛皮纸上，然后控制一定的温度烘干。

复合膜由主隔膜和辅助隔膜组成。主隔膜起隔离和防氧化作用，一般采用聚乙烯辐射接枝丙烯酸膜、聚乙烯辐射接枝甲基丙烯酸膜、聚四氧乙烯辐射接枝丙烯酸膜等。辅助隔膜起吸收电解液和保液作用，一般采用尼龙毡、维尼纶无纺布、过氯乙烯无纺布等。使用复合膜时，主隔膜面向 MnO_2，辅助隔膜面向锌负极。

3.2.3.6 其他电池材料

其他电池材料有石墨粉、乙炔黑、淀粉、密封剂等。

石墨粉和乙炔黑可增加活性物质导电性，是组成正极的重要原料、乙炔黑由乙炔气热分解制得。乙炔黑吸附能力强，能使电解液与二氧化锰接触良好，提高二氧化锰利用率，还能吸收电池放电过程产生的氢气。

淀粉是一种高聚合碳水化合物，通式为 $(C_6H_{10}O_5)_n$，式中 n 可由几百到百万以上。淀粉是具有支链的链状高分子化合物，糊化后淀粉团解体，分子交织形成立体网状结构，把电解液包在其中，降低电解液的流动性，起到隔膜作用。

密封剂是在沥青中加入少量石蜡和树脂混合物。沥青需进行氧化处理，可将沥青在熔融状态下吹入空气或氧气，以脱去一部分碳氢化合物中的氢。这样可提高沥青的软化点和硬度。用于密封剂的石蜡，要求凝固点为 70℃ ~ 80℃。在密封剂中加入树脂，可增加美观，并具有光泽，提高硬度。

3.2.4 锌 – 锰电池制造工艺[27, 28]

锌 – 锰电池经历了糊式干电池、纸板电池、氯化锌型电池、碱性锌 – 锰电池、无汞锌 – 锰电池的发展阶段。各类电池的制造工艺都包括二氧化锰电极、锌电极制备，电解液配制，电池组装及其他辅助工序等。

3.2.4.1 糊式锌 – 锰干电池结构和制造工艺

糊式锌 – 锰干电池的结构如图 3 – 10 所示。电池制造的主要工序包括炭棒、正极电芯、负极锌筒的制造，电解液及电糊配制，电池装配等。电池制造工艺流程如图 3 – 11。

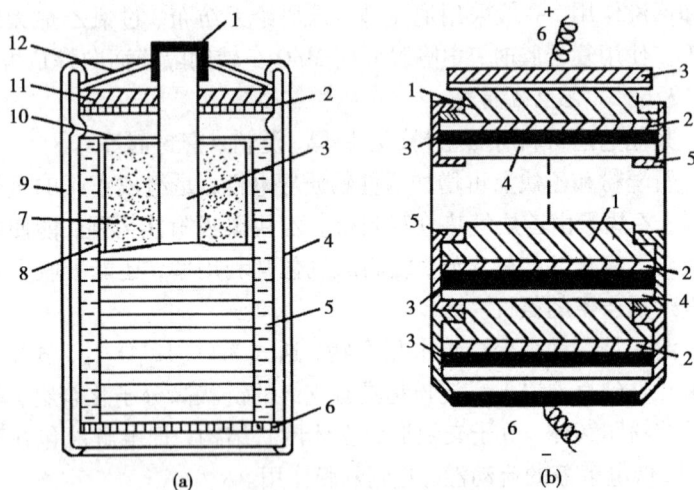

图 3 - 10　糊式锌 - 锰干电池结构

　　(a)锌 - 锰干电池　　　　　　　(b)叠层式锌 - 锰干电池

1—铜帽；2—垫圈；3—炭棒；4—锌筒；　　　1—炭饼；2—浆层纸；3—锌片；

5—电解液 + 淀粉；6—垫片；7—正极炭包　　4—导电膜；5—塑料套；6—导线

8—棉纸；9—硬纸壳；10—空气室；

11—封口剂；12—胶纸盖

3.2.4.2　氯化锌型电池结构和制造工艺

　　氯化锌型电池结构与氯化铵型纸板电池基本相同，只是电解液组成不同。氯化锌型电池结构如图 3 - 12 所示。有的在锌筒外再加个铁壳。

　　图 3 - 13 是制造氯化锌型电池的工艺流程：配制电芯用 $\gamma - MnO_2$，MnO_2 与乙炔黑质量比一般为$(80 \sim 84) : (20 \sim 16)$。添加剂的作用是防止电池气胀，调节电池内部的 pH。常用的添加剂有 ZnO 或 MgO；ZnO 加入量为电芯粉总质量的 0.4% 左右。如

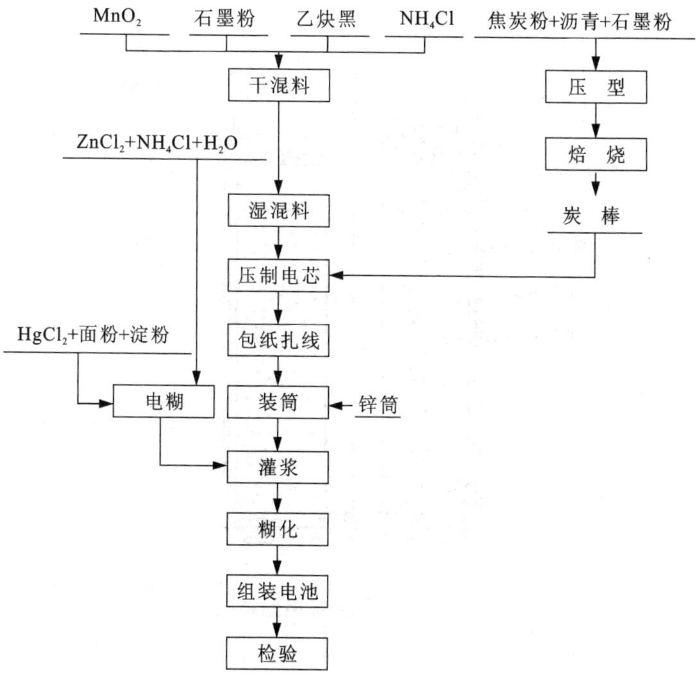

图3-11　糊式锌-锰干电池制造工艺

果添加 MgO，则加入量为电芯粉总质量的0.2%～0.4%。

电解液 $ZnCl_2$ 和 $MgCl_2$ 的加入量按电芯所需水分计算。MnO_2 与乙炔黑的质量比为80∶20时，控制水分在29%～31%（质量分数）；MnO_2 与乙炔黑的质量比为84∶16时，控制水分在27%～28%（质量分数）。对于一定浓度的电解液，可以推算出含水量。因此，控制电解液的加入量就控制了电芯粉的含水量。

3.2.4.3　碱性锌-锰电池结构和制造工艺

圆筒形碱性锌-锰电池有锰环-锌膏结构和薄片卷绕式结构两种。其结构如图3-14所示。

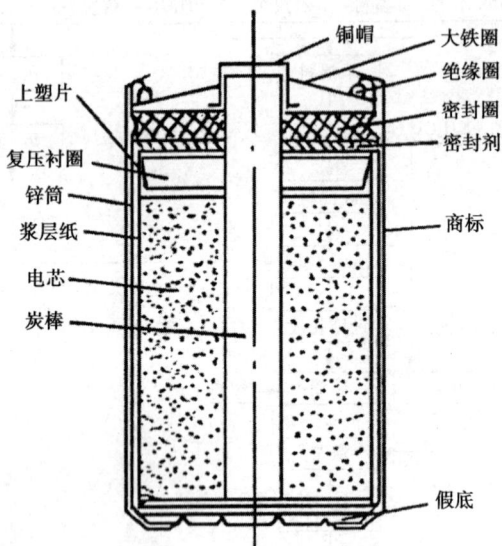

图 3-12 氯化锌电池结构

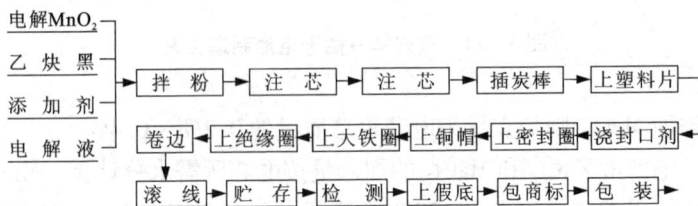

图 3-13 氯化锌型电池生产工艺流程

(1)锰环-锌膏式结构锌-锰电池

锰环-锌膏式电池制造工艺如图 3-15。正极粉料配方如表 3-9所示。

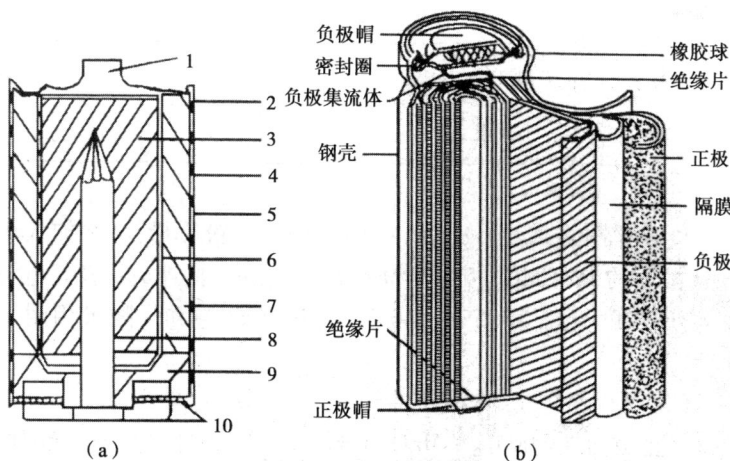

图 3 – 14　碱性锌 – 锰电池结构

(a)锰环 – 锌膏式；(b)卷绕式

1—金属顶帽；2—塑料套筒；3—锌膏；4—钢壳；5—金属外套；6—隔离层；

7—MnO_2 环；8—锌极集流柱；9—塑料底；10—金属底盖绝缘垫圈

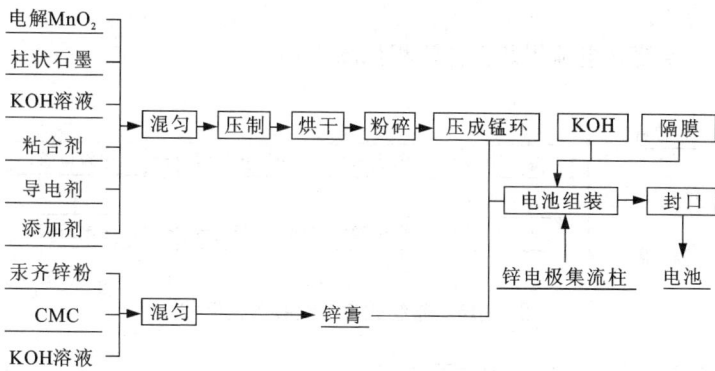

图 3 – 15　锰环 – 锌膏式结构碱性锌 – 锰电池制造工艺

表3-9　正极粉料组成

成分	电解 MnO_2	片状石墨	KOH ($7 \sim 9$ mol·L^{-1})	粘合剂
w(质量)/%	$80 \sim 85$	$8 \sim 15$	$10 \sim 15$	$0.3 \sim 0.4$

负极锌粉中加入 $HgO1\% \sim 4\%$(相对锌粉质量),并加入用 KOH 溶解的 1% CMC(相对锌粉质量)粘结剂,搅拌成锌膏。电解液 KOH 浓度 w_{KOH} 为 $35\% \sim 40\%$,并以 ZnO 饱和。隔膜用耐碱棉纸。

(2)薄片卷绕式结构电池制造工艺

将正极活性物质电解 MnO_2,导电剂、添加剂、粘结剂等配成膏,用拉浆法填充到泡沫镍集流体中,经干燥、压实,再按电池型号裁剪成正极片。

锌负极片制造采用压成式。将活性锌粉、氧化锌($m_{Zn}:m_{ZnO} = 100:10$)、粘结剂 CMC,糊化剂 PTFE,PVA 等混合均匀,在模具内以铜网为骨架,加入混合料,以 $9.8 \sim 19.6$ MPa 压力压成锌负极薄片。

卷绕式电池组装工艺流程如图3-16。

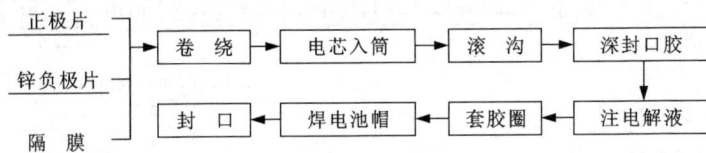

图3-16　卷绕式电池组装工艺流程

3.2.5　锌-锰电池的主要性能

锌-锰电池的电性能主要包括电动势、开路电压、工作电压、电池内阻、放电容量和贮存性能等。

3.2.5.1　电动势

根据热力学计算，在 9 mol·L^{-1}KOH 溶液中，以 β - MnO$_2$ 为正极的锌 - 锰电池的电动势为 1.47 V；如以 γ - MnO$_2$ 为正极，锌 - 锰电池的电动势为 1.59 V。

3.2.5.2　开路电压和工作电压

电池的开路电压是锌 - 锰电池两电极的稳定电位(φ_s)之差。

$$U_{oc} = \varphi_{MnO_2(s)} - \varphi_{Zn(s)} \qquad (3-4)$$

由于 MnO$_2$ 晶型及制造方法不同，MnO$_2$ 电极的稳定电位是波动的，一般为 0.7 ~ 1.0 V。锌电极的稳定电位约 -0.8 V。因此，锌 - 锰干电池的开路电压为 1.7 ~ 1.8 V，碱性锌 - 锰电池的开路电压约为 1.52 V。

锌 - 锰电池的工作电压为

$$U_{cc} = \varphi_+ - \varphi_- - IR_i \qquad (3-5)$$

式中：φ_+——MnO$_2$ 正极的极化电位；

　　　φ_-——锌负极的极化电位；

　　　I——放电电流；

　　　R_i——电池的欧姆内阻。

锌 - 锰干电池的工作电压为 1.5 V，碱性锌 - 锰电池的工作电压为 1.25 V。

3.2.5.3　锌 - 锰电池的放电性能

锌 - 锰干电池、碱性锌 - 锰电池、可充碱性锌 - 锰电池的放电曲线如图 3 - 17 所示。

锌 - 锰干电池放电一般可分为三个阶段：第一阶段，溶液中的 NH$_4$Cl 被消耗生成 Zn(NH$_3$)$_2$Cl$_2$。消耗量由固体 NH$_4$Cl 溶解补充。第二阶段，溶液中 NH$_4$Cl 浓度降低，pH 稍有上升，锌电极电位因氯离子浓度下降向正方向移动，正极电位因 MnOOH 积累

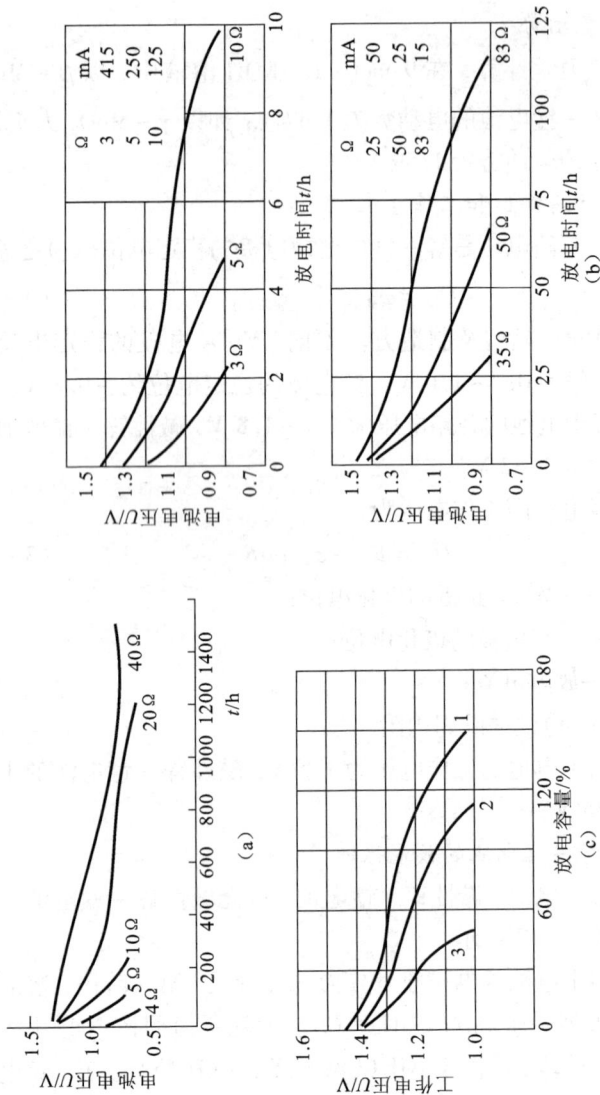

图3-17 锌-锰电池的放电曲线

(a)锌-锰干电池; (b)碱性锌-锰电池, LR6型; (c)可充碱性锌-锰电池, LR6型
放电电流: 1—100 mA; 2—500 mA; 3—1500 mA

而下降,这一阶段延续到 NH_4Cl 质量分数降到 7% ~ 10% 以下,$ZnCl_2 \cdot 4Zn(OH)_2$ 开始形成为止。第三阶段,电池消耗 $ZnCl_2$ 和水,产生 $ZnCl_2$ 及 $Zn(OH)_2$ 结晶。这一阶段直到 MnO_2 还原为 $MnO_{1.5}$ 为止。MnO_2 表面已布满 $MnOOH$,按反应 $MnOOH + H_2O \longrightarrow Mn^{2+} + 3OH^- + e$ 可知,pH 迅速增加,电池电压迅速下降,放电终止。

锌 - 锰干电池间隙放电曲线如图 3 - 18。锌 - 锰电池间隙放电,电压可以恢复是锌 - 锰电池特有的一种性能,这是因为 MnO_2 电极本身具有恢复特性。当电池停止放电时,电极表面生成的 $MnOOH$ 由于歧化反应,

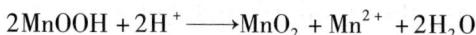

$$2MnOOH + 2H^+ \longrightarrow MnO_2 + Mn^{2+} + 2H_2O$$

和固相质子扩散,并向 MnO_2 内部转移,电极表面重新成为 MnO_2,恢复到放电前的电极表面状态,故电压得到恢复。

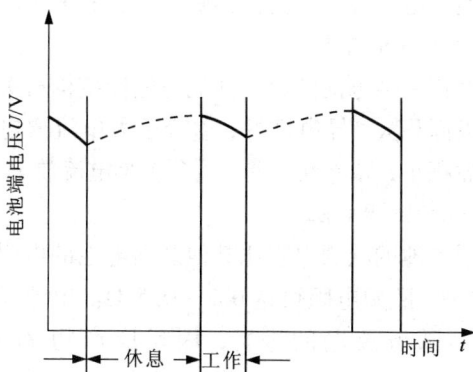

图 3 - 18　锌 - 锰电池间隙放电曲线示意图

锌 - 锰干电池的理论比能量为

$$W_0' = \frac{1000}{\sum q_i} E = \frac{1000}{q_{Zn^{2+}} + q_{Mn} + q_{NH_4Cl}} \times 1.5$$

$$= \frac{1000 \times 1.5}{1.22 + 3.24 + 1.09} = \frac{1000}{6.45} \times 1.5$$

$$= 232 \ \mathrm{Wh \cdot kg^{-1}}$$

但实际比能量(W')只能达到 55 $\mathrm{Wh \cdot kg^{-1}}$，仅为理论比能量的 1/4 ~ 1/5。主要原因是活性物质利用率低。一般正极活性物质利用率为 15% ~ 40%，负极活性物质利用率为 10% ~ 15%。

影响电池放电容量的因素主要是放电制度和锰粉质量。

放电制度主要指放电电流、放电方式。放电电流过大，电化学极化增大，工作电压迅速下降，电池输出容量减小。但放电电流过小，由于放电时间太长，自放电造成容量损失加大。因此锌－锰干电池适用于中、小电流密度放电。

放电方式分连续和间隙放电两种。由于锌－锰干电池特有的间隙放电恢复特性，所以间隙放电容量比连续放电容量高。

锰粉晶型对电池容量有直接影响，一般都采用高活性的 γ - MnO_2，粒度为 20 μm 左右。

可充碱性锌－锰电池的放电性能与电极结构有关，卷绕式结构的电池电极面积大，导电性好，适合于大电流放电；锰环式结构电池电极面积小，导电性较差，适合于小电流放电。

3.2.5.4　电池的欧姆电阻

锌－锰干电池的欧姆电阻比其他系列电池的电阻大得多，未放电的 R_{20} 电池，欧姆电阻可达 0.2 ~ 0.5 Ω。电池尺寸越小，欧姆电阻越大。随着放电的进行，因反应产物 $Zn(NH_3)_2Cl_2$，$Zn(OH)Cl$，ZnO，Mn_2O_3 等，覆盖电极表面，欧姆电阻会逐渐增大。

3.2.5.5　贮存性能

锌－锰干电池在贮存过程中，由于电池本身的自放电，电池容量会不断下降。

锌－锰干电池正、负极都有自放电现象，但正极自放电小，主要是锌负极自放电，引起锌负极自放电的原因主要是在电池内形成腐蚀微电池。

在酸性溶液中，形成的腐蚀微电池为

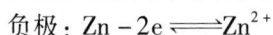

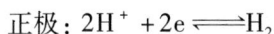

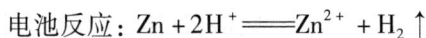

负极：$Zn - 2e \Longrightarrow Zn^{2+}$

正极：$2H^+ + 2e \Longrightarrow H_2$

电池反应：$Zn + 2H^+ \Longrightarrow Zn^{2+} + H_2 \uparrow$

在碱性溶液中，

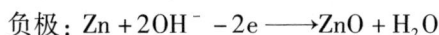

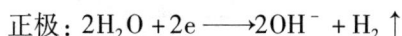

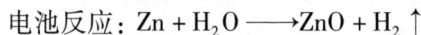

负极：$Zn + 2OH^- - 2e \longrightarrow ZnO + H_2O$

正极：$2H_2O + 2e \longrightarrow 2OH^- + H_2 \uparrow$

电池反应：$Zn + H_2O \longrightarrow ZnO + H_2 \uparrow$

当电解液中溶有氧时，除了析氢腐蚀外，还存在析氧腐蚀。

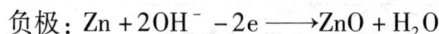

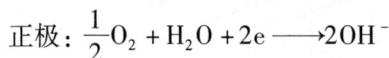

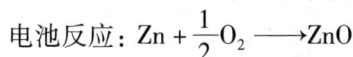

负极：$Zn + 2OH^- - 2e \longrightarrow ZnO + H_2O$

正极：$\frac{1}{2}O_2 + H_2O + 2e \longrightarrow 2OH^-$

电池反应：$Zn + \frac{1}{2}O_2 \longrightarrow ZnO$

MnO_2 正极也会有少量自放电。

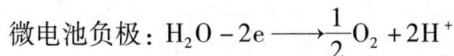

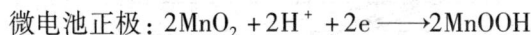

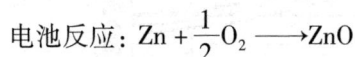

微电池负极：$H_2O - 2e \longrightarrow \frac{1}{2}O_2 + 2H^+$

微电池正极：$2MnO_2 + 2H^+ + 2e \longrightarrow 2MnOOH$

电池反应：$Zn + \frac{1}{2}O_2 \longrightarrow ZnO$

正极自放电产生的氧气会加速锌负极腐蚀，并使电池发生气胀。

减少锌负极自放电可以采取以下措施：

(1)在锌负极添加析氢过电位高的金属，如 Hg，Pb，Cd 等。通常在电解液中加入升汞($HgCl_2$)，质量分数为 $0.05\% \sim 0.5\%$，使其在锌表面形成锌汞齐。

(2)在电解液中加入缓蚀剂，可以部分代替汞的作用，一般是缓蚀剂与氯化汞联合作用。如氯化汞与 $T_x - 10$ 或氯化汞与 DT 联合使用,缓蚀效果明显。

(3)电池严格密封,防止电池内水分蒸发造成电解液干涸,也防止氧进入电池而引起自放电。

3.2.5.6　可充碱性锌 – 锰电池循环寿命

可充碱性锌 – 锰电池大电流循环寿命特性曲线如图 3 – 19 所示,小电流循环特性如图 3 – 20 所示。

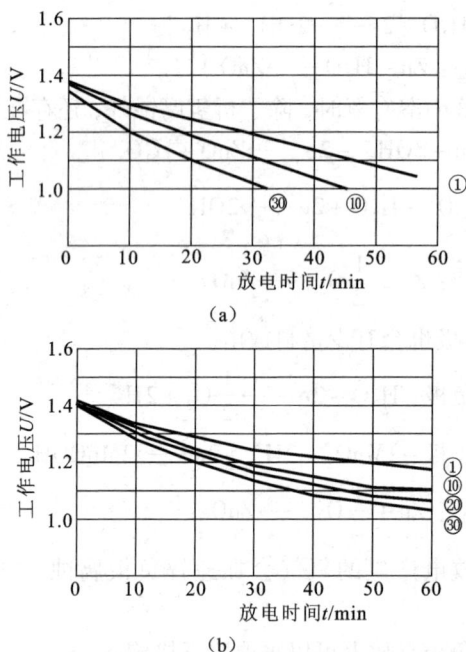

(a)

(b)

图 3 – 19　可充碱性锌 – 锰电池(LR6)大电流循环特性

(a)锰环式;(b)卷绕式

充电:恒压 1.75 V,8 h;放电 500 mA(圆圈内数字表示循环周次)

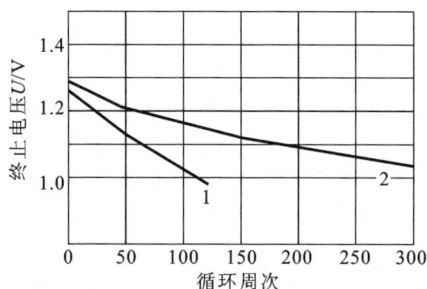

图 3 - 20　可充碱性锌 - 锰电池（LR6）小电流循环特性

充电：恒压 1.75 V, 5 h；放电：125 mA, 2 h 20 min；1—锰环式；2—卷绕式

从图 3 - 19 中可知，大电流放电时锰环结构电池经过 30 周循环，容量衰减到原来的 50% 左右，卷绕式电池的容量衰减慢得多。从图 3 - 20 可知，小电流放电时，锰环结构循环寿命 120 周左右，卷绕式结构的循环寿命达 300 周以上。

3.2.6　可充碱性锌 - 锰电池的充电制度

为了更好地发挥可充碱性锌 - 锰电池循环特性，必须配备专用充电器。简易的充电线路见图 3 - 21。开始充电，宜用较大电流，此时 MnO_2 电极接受电荷能力较强，充电后期，MnO_2 电极的极化大，H^+ 由表面向本体扩散是控制步骤，只有用小电流充电。因此，宜用恒压充电。充电电压上限控制在 1.70 ~ 1.75 V 之间，用可调电阻调节充电电流，限制起始电流不宜过大。充电电流 - 电压曲线如图 3 - 22 所示。

恒压充电不必担心过充电，不必计算充电时间，对用户十分方便。

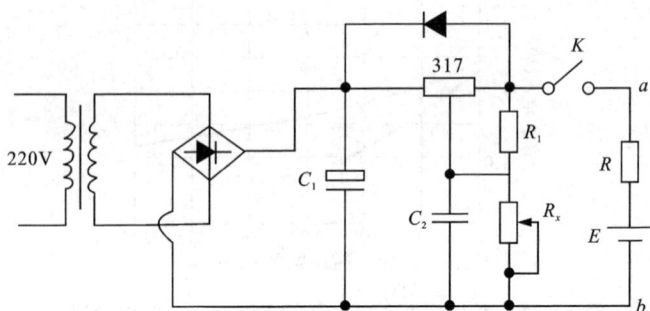

图 3 – 21　恒压充电线路

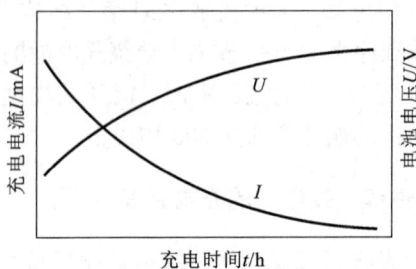

图 3 – 22　恒压充电电流 – 电压曲线

3.3　锌 – 氧化汞电池

锌 – 氧化汞电池体积比能量高，贮存性能优良，是常用电池中放电电压最平衡的电源之一。主要为小型医疗仪器、助听器、电子手表、袖珍计算器等提供直流电源。缺点是使用汞不利于环境保护。

3.3.1　锌 – 氧化汞电池的工作原理

锌 – 氧化汞电池以汞齐化锌粉为负极，石墨粉和氧化汞为正

极，电解液 KOH 质量分数为 35% ~ 40%，电池电化学表达式为

$$(-)Zn|KOH|HgO(C)(+)$$

电池放电反应为

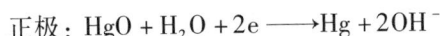

负极：$Zn + 2OH^- \longrightarrow Zn(OH)_2 + 2e$

正极：$HgO + H_2O + 2e \longrightarrow Hg + 2OH^-$

电池反应：$Zn + HgO \longrightarrow Hg + ZnO$

电池电动势为

$$E^\ominus = \varphi^\ominus_{HgO/Hg} - \varphi^\ominus_{Zn^{2+}/Zn} = 0.98 - (- 1.245) = 1.34 \ V$$

3.3.2 锌－氧化汞电池结构和制造工艺

锌－氧化汞电池通常制成扣式结构，如图 3 - 23 所示。正极按质量分数由 85% ~ 95% 红色氧化汞和 5% ~ 15% 石墨粉组成。负极按质量分数是含汞约 10% 的汞齐化锌粉。隔膜采用吸湿性强的耐碱纸板及可透过离子的牛皮纸，防止 HgO 进入负极区。

图 3 - 23 扣式锌－氧化汞
电池结构图
1—正极；2—隔膜；
3—负极；4—电池盖(负极)；
5—绝缘圈；6—外壳(正极)

锌负极制造：锌负极有锌膏式、压结式和锌箔式等，用作锌负极的锌必须严格限制杂质铁、镍、铜的含量。铁含量应小于 0.001%(质量分数)。

压结式是由汞齐锌粉压制而成；锌箔式由锌箔和隔膜纸卷成螺旋式电极。

锌膏式电极是按配比 $m(ZnO):m(KOH):m(H_2O) = 100:16:100$ 配成碱液，另按配比 $m(碱液):m(CMC) = 100:3.3$ 制成糊化液，在糊化液中加入汞齐化锌粉混匀得锌膏，将锌膏涂

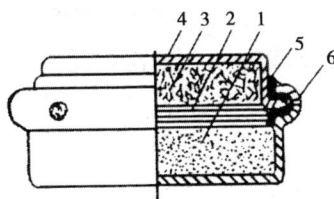

在导电网上得锌负极。

制备锌膏的关键是汞齐锌粉制备,最常用的方法是化学置换法,其制造工序为:汞齐化→盐酸浸泡→洗涤烘干。

(1)汞齐化　将锌粉加入到 $HgCl_2$ 溶液中时,会生成锌汞齐。

$$Zn + HgCl_2 \Longrightarrow ZnCl_2 + Hg$$

$$Zn + Hg \Longrightarrow Zn(Hg)$$

检验汞齐化反应是否完全可加入 KOH,

$$Hg^{2+} + 2OH^- \longrightarrow HgO\downarrow(黄色) + H_2O$$

(2)盐酸浸泡　将已汞齐化锌粉用 1:1 盐酸浸泡,除去锌粉表面的 ZnO。

$$ZnO + 2HCl \longrightarrow ZnCl_2 + H_2O$$

(3)洗涤　用水洗去浸泡后锌粉中的 Cl^-,可用 $AgNO_3$ 检验是否洗涤完全。

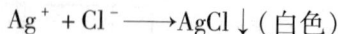

$$Ag^+ + Cl^- \longrightarrow AgCl\downarrow(白色)$$

洗涤后的锌粉迅速抽滤,水分抽干后加少许酒精继续抽滤,再真空干燥。

汞齐化锌粉控制含汞量 12% ~ 15%(质量分数),视密度 $1.6\ g \cdot cm^{-3} \sim 2.0\ g \cdot cm^{-3}$。

正极制造:正极配比按 $m(氧化汞):m(石墨) = 18:1$ 混匀,在 196.27 MPa 压力下成型。

3.3.3　锌 – 氧化汞电池的性能

锌 – 氧化汞电池电压非常稳定,受温度影响小,贮存时间长,在 20℃ 下存放 3 ~ 5 年容量损失仅 10% ~ 15%,活性物质利用率接近 100%。

电池放电曲线平坦,如图 3 – 24 所示,从图中可以看出,当电池放到终止电压 0.9 ~ 1.1 V 时,电压急剧下降,表明此时,活性物质已消耗完。

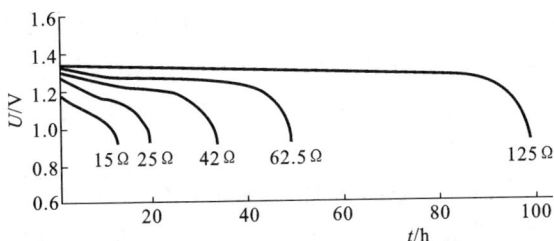

图 3 - 24　锌 - 氧化汞电池放电曲线(MR20 型, 20℃)

3.4　锌 - 银电池

3.4.1　概述

　　锌 - 银电池(即锌 - 氧化银电池)放电电压十分平衡,自放电较小,是一种高比能量和高比功率的电池,现已广泛用于通讯、航天、导弹以及小型计算器和电子手表等日常生活领域。

　　锌 - 银电池按工作方式分有一次电池和二次电池两种。从外形分有扣式和矩形电池。

3.4.2　锌 - 银电池的工作原理

3.4.2.1　电池反应

　　锌 - 银电池正极是氧化银(AgO 和 Ag_2O),负极是锌(Zn),电解液是 KOH,电化学表达式为

$$(-)Zn | KOH | Ag_2O(AgO)(+)$$

　　负极:$Zn + 2OH^- - 2e \longrightarrow \varepsilon - Zn(OH)_2$, $\varphi^\ominus = -1.249$ V

　　或 $Zn + 2OH^- - 2e \longrightarrow ZnO + H_2O$, $\varphi^\ominus = -1.26$ V

　　负极产物可能有无定形 $Zn(OH)_2$, $\varepsilon - Zn(OH)_2$, 和"惰性"

ZnO。无定形 $Zn(OH)_2$ 易溶解，最不稳定；而 $\varepsilon - Zn(OH)_2$ 是最稳定，不易溶解的氢氧化物；惰性氧化锌(ZnO)也比较稳定。

正极反应：$2AgO + H_2O + 2e \longrightarrow Ag_2O + 2OH^-$，$\varphi^\ominus = 0.607$ V

$$Ag_2O + H_2O + 2e \longrightarrow 2Ag + 2OH^-，\varphi^\ominus = 0.345 \text{ V}$$

电池放电反应：

$$Zn + 2AgO + H_2O \longrightarrow Zn(OH)_2 + Ag_2O$$
$$E_1^\ominus = \varphi_+^\ominus - \varphi_-^\ominus = 0.607 - (-1.249) = 1.856 \text{ V}$$
$$Zn + Ag_2O + H_2O \longrightarrow Zn(OH)_2 + 2Ag$$
$$E_2^\ominus = 0.345 - (-1.249) = 1.594 \text{ V}$$

或

$$Zn + 2AgO \longrightarrow ZnO + Ag_2O$$
$$E_3^\ominus = 0.607 - (-1.260) = 1.867 \text{ V}$$
$$Zn + Ag_2O \longrightarrow ZnO + 2Ag$$
$$E_4^\ominus = 0.345 - (-1.260) = 1.605 \text{ V}$$

对于锌－银二次电池，充电时是上述放电反应的逆过程。所以，锌－银电池可制成充电式蓄电池，也可制成贮备式一次电池。

由上述电池反应可见，锌－银电池中，锌电极与银电极的电极电位与溶液中的 OH^- 活度有关，但 OH^- 不参加电池总反应。因此，锌－银电池的开路电压(或电动势)，仅取决于正、负极的标准电极电位。

$$E^\ominus = \varphi_+^\ominus - \varphi_-^\ominus$$

3.4.2.2 氧化银正极

锌－银电池的正极活性物质是银的氧化物(Ag_2O，AgO，Ag_2O_3)。氧化银电极的充放电电极反应为

$$2Ag + 2OH^- - 2e \underset{放电}{\overset{充电}{\rightleftharpoons}} Ag_2O + H_2O$$

$$Ag_2O + 2OH^- - 2e \underset{放电}{\overset{充电}{\rightleftharpoons}} 2AgO + H_2O$$

充、放电过程都有中间产物 Ag_2O 生成,图 3-25 为氧化银电极的充、放电曲线。图中,充电曲线第一个电位坪阶相当于金属银氧化至 Ag_2O(AB 段)。电极表面逐渐被导电性比银差的 Ag_2O 覆盖,使充电过程内阻增加,实际充电电流密度变大,发生钝化现象,电极电位向正方

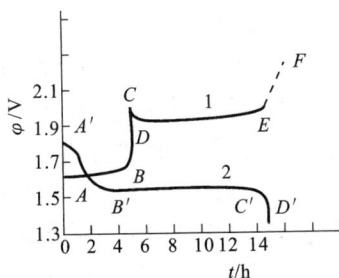

图 3-25　氧化银电极的充、放电曲线

1—充电曲线; 2—放电曲线

向急剧上升(BC 段)。当达到 AgO 生成电位(C 点)时,开始生成 AgO。AgO 也可以由金属银直接氧化成 AgO:

$$Ag + 2OH^- - 2e \longrightarrow AgO + H_2O$$

AgO 的导电性比 Ag_2O 好,所以,生成 AgO 后,电位稍有下降。曲线 1 的 CD 段主要是形成 AgO,随着充电继续进行,形成第二个坪阶(DE 段),当达 E 点时,反应变得困难,电极电位不断向正方向移动,直至达到氧的析出电位(F 点),开始析出氧气。

$$4OH^- - 4e \longrightarrow 2H_2O + O_2 \uparrow$$

充电完成后,电极上有 AgO 和 Ag_2O,还有未被氧化的金属银。整个氧化银电极的总容量,相当于银被氧化为 AgO 所需电量的 60% ~ 65%,或相当于银被氧化为 Ag_2O 所需电量的 120% ~ 130%。

放电曲线上第一个坪阶($A'B'$)是 AgO 还原为 Ag_2O 的电极过程。随着放电运行,电极表面逐渐被 Ag_2O 覆盖,反应变得困难,电极电位向负方向移动。当达到生成金属银的电位时(B' 点),Ag_2O 开始还原为金属银($B'C'$ 段)。也可能 AgO 直接还原为金属银。

$$AgO + H_2O + 2e \longrightarrow Ag + 2OH^-$$

当电极上活性物质消耗时，电位急剧下降($C'D'$段)。

第二坪阶($B'C'$段)的放电容量占总容量的 70%。

氧化银电极放电时，出现两个电位坪阶，相当于锌－银电池的"高阶电压段"和"平衡电压段"。当高倍率放电时，由于极化原因，高阶电压不明显，但在小电流长时间放电时，高阶电压段约占总放电容量的 15%~30%，对于电压精度要求很高的场合（如卫星、导弹用电源等），高阶电压的存在是一个突出的问题。因此，必须采取措施消除高电压的影响。常用的方法有热分解法，使电极表面的氧化银部分分解；或预放电法，使用前放电至平稳电压段，都可以消除高阶电压，但会损失一部分能量。曾提出用不对称交流电充电，但这种方法比较复杂，而且放电电流密度小于 5 mA·cm^{-2}时，仍出现高阶电压。目前比较广泛应用的是在电解液中加入卤素离子（Cl$^-$或 Br$^-$）。一般在 40% KOH 溶液中加入 40 g·L^{-1}氯，既可消除高阶电压，又可增加电池容量。

对于 Cl$^-$抑制高阶电压的机理尚不清楚。有人认为是 Cl$^-$在充电时氧化生成 ClO$_3^-$，吸附在 AgO 上。也有人认为 Cl$^-$在充电后与 AgO 形成高阻抗的表面配合物，对氧化银放电时的高阶电压起了抑制作用。

低坪阶时，氧化银电极放电电位十分平稳，电流效率接近100%。这是因为金属银和它的氧化物的比电阻相差很大（Ag 1.59×10^{-6} Ω·cm，Ag$_2$O 10^8 Ω·cm，AgO 10~15 Ω·cm），即当 Ag$_2$O 还原为 Ag 时，由于生成金属银，电极的导电性大大改善，欧姆极化减小。此外，Ag，Ag$_2$O 和 AgO 的密度也有差异（Ag 10.9 g·cm^{-3}，Ag$_2$O 7.15，AgO 7.44 g·cm^{-3}）。当 Ag$_2$O 还原生成 Ag 时，活性物质真实体积收缩，电极表面孔隙增大，改善了多孔电极性能，不仅放电电压平稳，而且活性物质利用十分完全。

从图 3-25 中氧化银电极的充、放电曲线可以看出，放电时的高坪阶电压段($A'B'$段)，明显比充电时的高坪阶电压段(DE段)短得多。其原因是：①充电曲线的高坪阶段，除 Ag_2O 氧化为 AgO 外，还有 Ag 直接氧化为 AgO 的反应，这时，每个银原子有两个电子参加反应。而在放电曲线的高坪阶段，进行 AgO 还原为 Ag_2O 的反应，每个银原子只有一个电子参加反应。所以，放电时，高坪阶段给出的电量比充电时小一倍。②高坪阶段放电产物 Ag_2O 电阻率大，参加反应的 AgO 量比实际含量少；电池在充电状态搁置时，由于自放电反应，电极组成发生变化，

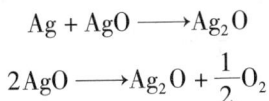

$$Ag + AgO \longrightarrow Ag_2O$$

$$2AgO \longrightarrow Ag_2O + \frac{1}{2}O_2$$

因而 AgO 量减少。

氧化银电极可以大电流放电，但必须低充电率充电。因为 Ag 氧化为 Ag_2O，电极表面生成一层绝缘的致密钝化膜，使 Ag^+ 或 O^{2-} 通过的阻力大。因此，采用低充电率才能使充电完全。放电时，是 AgO 生成 Ag_2O，两者密度相差小，不致生成致密钝化膜，因而可以大电流放电。

氧化银电极自放电是由于电极的化学溶解和自分解引起的。

Ag_2O，AgO 在碱(KOH)中都有相当大的溶解度。充电时，溶液中发现有黄色胶体状 $Ag(OH)_4^-$ 存在，其溶解度远大于 Ag_2O。如在 $c_{KOH} = 12\ mol \cdot L^{-1}$ 的 KOH 溶液中，$Ag(OH)_4^-$ 的溶解度为 $3.2 \times 10^{-3}\ mol \cdot L^{-1}$，相当于银含量 $0.35\ g \cdot L^{-1}$，而 Ag_2O 的溶解度仅为 $4 \times 10^{-4}\ mol \cdot L^{-1}$。胶体银 $Ag(OH)_4^-$ 向负极迁移，并在隔膜上沉积还原为银颗粒，随着充、放电循环，隔膜自正极到负极逐层被氧化破坏，最终导致电池内部短路而失效。所以，锌–银电池最好是在低温下以低放电状态搁置。

Ag_2O 很容易受热分解，干燥的 AgO 在室温下需 5～10 年才能完全分解，但在 100℃ 大约只需 1 h 就能完全分解。

氧化银电极会发生固相和液相分解反应。

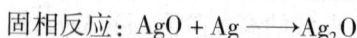

固相反应：$AgO + Ag \longrightarrow Ag_2O$

液相反应：$2AgO \longrightarrow Ag_2O + 1/2O_2 \uparrow$

但由于 O_2 在 AgO 上析出过电位很高，在室温下，自放电的比率是很小的。

3.4.2.3　锌负极

锌电极在碱性溶液中的钝化机理以及锌电极的电化学行为已在锌－锰电池中讨论过。

3.4.3　锌－银电池制造工艺

锌－银电池制造工艺主要包括银电极、锌电极制备、隔膜处理和电池装配等。

3.4.3.1　银电极制造

银电极制造方法有烧结式、氧化银粉压成式、涂膏式及烧结树脂粘结式。

（1）烧结式银电极　将活性银粉压制在导电骨架上，然后烧结成型。

活性银粉一般用氧化银热分解法制备。

将制银粉一般用氧化银热分解法制备。

将制得的活性银粉铺于模具内，以银网为导电骨架，在压力为 49.07～58.88 MPa 压力下加压成型。在 400℃～500℃高温炉内烧结 15～20 min，取出冷却后用于装配蓄电池。如果用于一次电池或干荷电池，则需化成。

银电极化成：以镍网作辅助电极，电解液为 15% KOH 溶液，一般采用低充电率 $\left(\dfrac{1}{8}C\right)$ 充电 16～48 h，可使金属银充分转变为 AgO。化成好的极片，经洗涤，干燥，用于装配电池。

（2）氧化银粉末压成式银电极　该法用化学法制备 AgO 粉

末，在银拉网骨架上加压成型。化学法制备 AgO 反应如下：

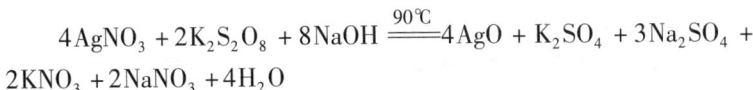

$$4AgNO_3 + 2K_2S_2O_8 + 8NaOH \xrightarrow{90℃} 4AgO + K_2SO_4 + 3Na_2SO_4 +$$
$$2KNO_3 + 2NaNO_3 + 4H_2O$$

为便于成型，可以加入少量粘结剂（聚乙烯醇、羧甲基纤维素等）。

化学法制备的氧化银电极的特点是，即使在低放电率时，也不出现高坪阶电位。

(3) 涂膏式银电极　将化学法制得的氧化银粉末与蒸馏水按质量比 8∶2 至 7∶3 混合成膏状，借助涂片模涂于导电骨架银网的两面，干燥后放入 400℃ 的高温炉中热分解成金属银，并使其部分烧结。

将烧结过的极片，用模具压制，然后将极片放在 5% KOH 电解液中，用低充电率 $\left(\dfrac{1}{8} \sim \dfrac{1}{10}C \right)$ 化成，使金属银充分地转化为 AgO。

(4) 烧结树脂粘结式银电极　将一定量的聚乙烯粉末送入温度为 120℃ 的滚压机中，以增塑聚乙烯，然后加入一定量银粉（聚乙烯与银粉质量比为 1∶2 至 1∶10），继续滚压混匀，然后转入另一台温度为 110℃ 的滚压机中滚压。

将这样的两层电极带之间夹一导电架（银网），一并送入具有加热装置的油压机（温度 120℃）进行加热加压。然后，把这种电极送入燃烧炉中，将聚乙烯烧掉，再经过滚压机压平，送入高温炉（555℃）烧结，再送到油压机上压成所需的厚度。再经化成，洗涤，干燥，即可用于装配电池。

这是一种比较新的工艺，其特点是生产连续化、自动化，适合于大规模生产。

3.4.3.2　锌电极制造

锌电极有涂膏式、粉末压成式和电沉积式电极。

（1）涂膏式锌电极 电极主要原料有氧化锌粉、金属锌粉、氧化汞、粘结剂（聚乙烯醇水溶液）。

制作工艺是按配比将氧化锌粉（质量分数 65% ~ 75%）、锌粉（质量分数 25% ~ 35%）、氧化汞（质量分数 1% ~ 4%）混合均匀，加入粘合剂聚乙烯醇调成膏状（100 g 负极物质加 35 ~ 40 mL 3% 聚乙烯醇溶液）。在模具内，以银网为导电骨架，根据电极容量和活性物质利用率，称取一定量锌膏进行涂片，在室温下晾干或在 40℃ ~ 50℃ 烘干，在 39.25 MPa 左右压力下加压后，在 50℃ ~ 60℃ 烘干。

锌粉可以提高混合锌粉的导电性，减小充电时氧化锌转变为电化学活性锌的阻力；加入红色氧化汞可提高氢在锌负极上析出的过电位，减少锌的自放电。

（2）粉末压成式锌电极 用于氧化锌等混合物粉末（混合物中添加粘结剂，如聚四氟乙烯或聚乙烯醇粉末），模压成型，也可将电解锌粉直接压制，烧结而成。

称取所需锌粉、铺料，在模具内以银网为骨架，加压成型，压力为 10 ~ 15 MPa，以极片要求厚度为准。压好的极片在高温炉中缓慢升温烧结，从室温至 340℃ ~ 380℃，3 h。然后在 340℃ ~ 380℃ 保温为 0.5 h，停止加热后自然降温。制成的极片需化成。化成在质量分数为 15% KOH 溶液中，以镍板为辅助电极，多孔聚乙烯为隔膜，负极片外包经过皂化的三醋酸纤维素膜，以 15 mA · cm^{-2} 的电流密度进行充电化成。但用于蓄电池时，不用化成。

电解锌粉烧结式锌电极，电化学活性大，工艺简单，不用化成，强度高，适用于高速率放电。

（3）电沉积式锌电极 这是一种活性很高的锌电极，适用于短时间大电流密度放电的电池。在极限电流密度下电沉积得到海绵状锌。由于锌阳极在高电流密度下有钝化倾向，采用不溶性阳极（铂网或镍网）。电沉积条件是：电流密度 150 mA · cm^{-2}，槽电压 3.8 V,槽温 20℃~35℃。阴极电流效率约 60%。

电沉积后的海绵状锌粉附着于银基底上,经洗涤后在模具中加压,再在真空中干燥(80℃)后,密封备用。

为降低锌粉自放电,在电解液中加入少量铅化合物(如醋酸铅 1 g·L^{-1},使 Zn-Pb 共沉积)。

3.4.3.3 隔膜

锌-银电池是目前蓄电池中对隔膜要求最高的一种电池。一般采用复合隔膜。正极常用惰性尼龙布、尼龙纸、尼龙毡和石棉膜作隔膜(称辅助膜)。这种多孔隔膜吸贮电解液性能好,而且致密,它将正极与中间隔膜隔开,防止中间隔膜氧化。锌电极表面用耐碱棉纸包覆,吸贮电解液,并保证负极在电解液中有一定的强度。中间隔膜多采用水化纤维素隔膜。在电解液中可膨胀 2~3 倍。它对电解液中 Ag(OH)$_2^-$ 或银的胶体颗粒透过阻力较大,有足够的离子导电性,对锌枝晶有一定阻力,起到阻止银和锌枝晶的作用。

水化纤维素膜以高聚合度的三醋酸纤维素为原料,经"皂化"和银镁盐处理而成。放入含有 120 g·L^{-1}KOH 的乙醇溶液(乙醇与水体积比为 1:1)中,控制温度 30℃~35℃,皂化 45 min。皂化液用量按 100 g 膜用皂液 1 L。皂化反应为

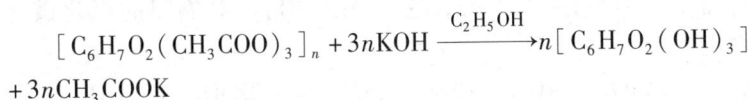

$$[C_6H_7O_2(CH_3COO)_3]_n + 3nKOH \xrightarrow{C_2H_5OH} n[C_6H_7O_2(OH)_3] + 3nCH_3COOK$$

经皂化后的膜用热水(30℃~65℃)洗至中性后,干燥成"皂化膜"(白膜)。

银镁盐处理:将"皂化膜"浸入银镁盐中 1 h 取出,银镁盐组成为 $m(AgNO_3):m(Mg(NO_3)_2):m(水) = 1:2:100$,再进行碱处理(KOH 溶液,密度为 1.4 g·cm^{-3})15 min,取出水洗至中性,烘干即成"银镁盐膜"(黄膜)。

3.4.3.4 电解液

一般选用质量分数为 40% KOH 溶液作电解液，并加入少量添加剂：ZnO，K_2CrO_4，Cl^-，$Li(OH)$。电解液组成如表 3 - 10 所示。

表 3 - 10 锌 - 银二次电池的电解液组成

适用范围	KOH	ZnO	K_2CrO_4	$LiOH \cdot H_2O$	K_2CO_3	Fe	$\rho/$
	$c/g \cdot L^{-1}$						$(g \cdot cm^{-3})$
短寿命电池	470 ~500	70 ~90	—	—	≤20	≤0.0015	1.40 ~1.41
高、中倍率电池	540 ~570	80 ~100			≤20	≤0.0015	1.45 ~1.47
低倍率电池	540 ~570	80 ~100	4 ~5	9 ~11	≤20	≤0.0015	1.05 ~1.47

添加剂的作用是提高电池寿命。如电解液首先用 ZnO 饱和，可以降低锌负极在碱溶液中的放电速率。添加 K_2CrO_4，可以将充电时被锌还原生成的 CrO_2^- 迁移到正极区，使 $Ag(OH)_2^-$ 在未迁移到隔膜之前被还原为 Ag，减少 $Ag(OH)_2^-$ 对隔膜的氧化破坏作用。

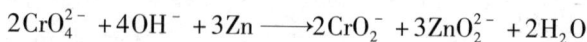

$$2CrO_4^{2-} + 4OH^- + 3Zn \longrightarrow 2CrO_2^- + 3ZnO_2^{2-} + 2H_2O$$

$$3Ag(OH)_2^- + CrO_2^- \longrightarrow 3Ag + CrO_4^{2-} + 2H_2O + 2OH^-$$

添加 Cl^- 可以消除或减少放电时的高坪阶电压。添加 LiOH 能延长锌电极的钝化时间。LiOH 吸附在 $Zn(OH)_2$ 胶粒周围，增强了胶粒自身的稳定性，减缓锌电极性能衰减速率。

为了降低电池自放电速率和延长电池寿命，必须严格控制电解液中杂质铁和碳酸盐含量。

电解液的实际用量通过实验确定,一般为 $3 \sim 4 \ mL \cdot (A \cdot h)^{-1}$。

3.4.3.5 极片化成

极片化成的作用是除去电极中的有害杂质,如硝酸根离子。通过充电或充、放电过程,增大电极真实表面积,增加电池的电化学活性。化成可以在电池装配前进行,也可在电池装配后进行。

化成方式分双化成和单化成两种。

(1)双化成

将银正极片和锌负极片配对合装在化成槽中,以电池形式进行充电或充、放电。锌负极片用玻璃纸为隔膜,卷包成“U”形。将银正极片插在锌负极片之间,一片正,一片负,逐一叠在一起。然后,将银正极片、锌负极片分别并联。化成槽松紧度控制在 65% 左右。加入质量分数为 20% 的含饱和 ZnO 的 KOH 溶液为化成液。化成方式可为一充制,二充一放制(充电—放电—充电)和三充二放制(充电—放电—充电—放电—充电)等。化成充电终止电压为 $2.08 \sim 2.10 \ V$,环境温度 20℃ ~30℃。化成结束后,取出极片,水洗至中性。正极片在 50℃ 烘箱中烘干。负极片夹在衬有过滤纸的锌极板中,在 210℃ 烘箱中快速烘干。烘干后的正、负极片存放在真空干燥箱中。

(2)单化成

单体电池装配时,用双化成方法会有多余的正极片,为了利用多余的正极片,把锌负极片单独化成,称单化成方法。单化成时,辅助电极(正电极)用 0.5 mm 不锈钢板,化成液仍用 ZnO 饱和的质量分数为 20% 的 KOH 溶液。单化成结束后,锌负极片的清洗、烘干和贮存方法与双化成相同。

3.4.3.6　单体电池装配

单体电池结构如图 3 − 26
所示。单体电池装配程序为电
极组包装，封壳体，气密性
检查。

将正极片包一层尼龙布
（辅助隔膜），负极片包银镁盐
膜（主隔膜）。电极组包装有两
种方式，即插片式和折叠式。
插片式将两片负极片用再生水
化纤维膜包装，将烫好辅助隔
膜的正极片插入负极片之间，
再在负极片外侧放一片正极
片。将正、负极片相互交错组
成电极组。电极组的两侧均为
负极片。折叠式是将包有主隔
膜的正、负极片间隔包装。

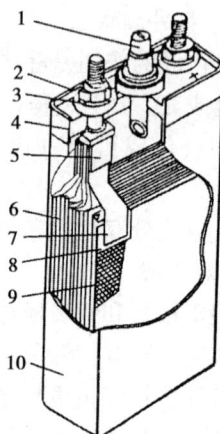

图 3 − 26　锌 − 银单体电池结构

1—气塞；2—螺母；3—垫圈；4—单体盖；
5—极柱；6—隔膜；7—负极片；
8—正极片；9—集流网；10—单体壳体

装配好的电池出厂时不加电解液，电极为干荷电状态（也有
的是放电状态）。因此，电池使用前须先注入电解液，浸泡半小
时后使用。对于放电状态的电池，使用前注入电解液后必须预先
充、放电 3 ~ 4 次后再使用。

3.4.4　锌 − 银扣式电池的制造

扣式电池结构如图 3 − 27 所示。

扣式电池正极片是将 Ag_2O 粉末与胶体石墨按一定配比
（Ag_2O 与石墨质量比为 95∶5）混合，压制成荷电式正极片。

负极片由汞齐化的锌粉制成。有三种制备方法：①锌粉式负
极片。将汞齐化锌粉，加入粘合剂（CMC 或羧甲基纤维素），混

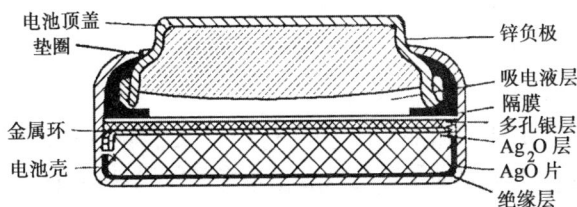

图 3-27 锌-银扣式电池剖视图

合,干燥,过筛后,加入装配密封圈的电池盖中,滴入电解液,经渗碱即可。②压片式。将加入粘合剂的汞齐化锌粉模压成型。③涂膏式。将汞齐化锌粉加入电解液,调成锌膏,挤入已装好密封圈的电池盖中即可。

隔膜采用聚乙烯接枝膜、水化纤维素膜(黄膜)和玻璃纸多层复合膜,靠负极加一层尼龙毡。

电解液 KOH 用量为 $0.15 \sim 0.20 \ g \cdot mA^{-1} \cdot h^{-1}$。

电池壳体常用钢带引申制成,然后镀镍,或镍钢复合带引申而成。电池盖用铜、不锈钢、镍三层复合带由机械方法引申制成。

扣式电池装配:将 Ag_2O 正极片装在电池壳体中,与壳体紧密接触,在正极片中加入所需电解液。正极片上方装隔膜,隔膜上方是锌负极片。电池盖与锌负极片紧密接触。壳体与盖之间用塑料密封圈隔开,既起密封作用,又起正负极间的绝缘作用。密封圈和壳体与盖之间的封口部位涂密封油,在油压机上用专用封口模具进行"收口"和"封口"。扣式电池出厂就可使用。

3.4.5 锌-银电池的性能

锌-银电池可做成一次电池,也可做成二次电池。锌-银电池的充放电曲线如图 3-25 所示。

图 3-25 中的充放电曲线反映了银的两种氧化物(AgO 和

Ag_2O)对电池充、放电电压的影响。

　　锌 – 银电池在室温下存放 3 个月，仍可放出额定容量的 85% 。

　　低倍率电池的循环寿命 100 周左右，是蓄电池中寿命最短的一种电池。主要原因是锌负极容量损失和隔膜破损造成短路。

3.5　锌 – 空气电池

3.5.1　概述

　　锌 – 空气电池，是以空气中的氧气作为正极活性物质，锌为负极活性物质的电池。如以纯氧为正极活性物质，称锌 – 氧电池。

　　锌 – 空气电池具有比能量高（理论比能量 1350 $Wh \cdot kg^{-1}$），实际已达 $220 \sim 300\ Wh \cdot kg^{-1}$，工作电压平稳、安全性好等优点。因此，已在便携式通讯机、雷达以及江河航标灯上用作电源。小型高性能扣式电池适合于作小功率电源。

3.5.2　锌 – 空气电池的工作原理

　　电池的电化学式为

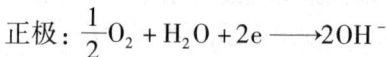

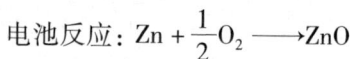

$$(-)Zn|KOH|O_2(C)(+)$$

负极：$Zn + 2OH^- \longrightarrow ZnO + H_2O + 2e$

正极：$\frac{1}{2}O_2 + H_2O + 2e \longrightarrow 2OH^-$

电池反应：$Zn + \frac{1}{2}O_2 \longrightarrow ZnO$

电池电动势为

$$E = \varphi^{\ominus}_{O_2/OH^-} - \varphi^{\ominus}_{ZnO/Zn} + \frac{2.303RT}{nF}\lg p^{1/2}_{O_2}$$

$$= 0.401 - (1.245) + \frac{0.059}{2} \lg p_{O_2}^{1/2}$$

$$= 1.646 + \frac{0.059}{2} \lg p_{O_2}^{1/2}$$

当正极活性物质为纯氧时，$p_{O_2} = p_{O_2}^{\ominus}$，$E = 0.401 + 1.245 = 1.646$ V。当正极活性物质为空气时，由于氧的分压为大气压的 21%，所以

$$E = 1.646 + \frac{0.059}{2} \lg p_{O_2}^{1/2}$$

$$= 1.646 + 0.0295 \lg (0.21)^{1/2} = 1.636 \text{ V}$$

锌–空气电池正极是利用空气中的氧气为活性物质，它是通过载体活性炭做成的电极进行反应的。

在碱性介质中，氧的电化学还原总反应为

$$O_2 + 2H_2O + 4e \longrightarrow 4OH^-$$

在有银的活性炭等电极上，氧的还原过程分为两步：

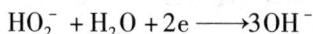

$$O_2 + H_2O + 2e \longrightarrow HO_2^- + OH^-$$

$$HO_2^- + H_2O + 2e \longrightarrow 3OH^-$$

HO_2^- 也可能在电极表面氧化分解，

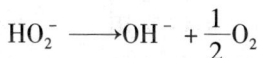

$$HO_2^- \longrightarrow OH^- + \frac{1}{2}O_2$$

HO_2^- 的存在，使氧的电极电位达不到 0.401 V，故锌–空气电池的开路电压一般在 1.4～1.5 V。

HO_2^- 的存在有危害，如果形成的 HO_2^- 未分解，会在空气电极周围积累，使空气电极电位负移。HO_2^- 在电解液中向负极移动，使锌电极直接氧化造成容量损失和热量增加。

在碱性溶液中加入催化剂可以加速 HO_2^- 的分解。因为在碱性溶液中，氧的还原电位为 0.401 V。在此电位下，大多数金属会被溶解或被钝化，因此铂、银、镍、活性炭和 Al_2O_3 等都可作为

氧电极的催化剂。

　　为了在碳电极上获得较大的电流密度，必须加速氧的输送速率，气体扩散电极具有加速输氧的功能。因此，锌－空气电池的氧电极都采用憎水型气体扩散电极。

3.5.3　锌－空气电池的结构及制造工艺

3.5.3.1　锌－空气电池结构

　　常用的锌－空气电池有矩形和扣式。矩形电池结构如图3－28所示，电池正极为聚四氟乙烯型空气电极，负极由汞齐化锌粉压制而成。锌负极外包隔膜材料数层，隔膜材料可选用维尼龙纸、石棉纸或水化纤维素膜、电池顶部设气室，顶盖上留透气孔，防止内压过大。

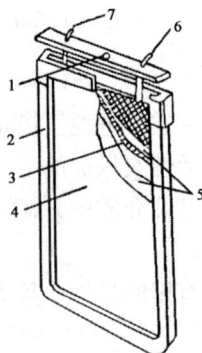

图3－28　锌－空气电池结构简图

1—注液口（透气孔）；2—外壳；

3—负极；4—正极；5—隔膜；

6—正极导线；7—负极导线

3.5.3.2　锌－空气电池制造工艺

　　（1）气体扩散电极

　　气体扩散电极由防水透气层、催化层和导电网组成。根据所用憎水剂不同，有聚四氟乙烯型电极和聚乙烯型电极。

　　聚四氟乙烯型电极制造工艺流程如图3－29所示。

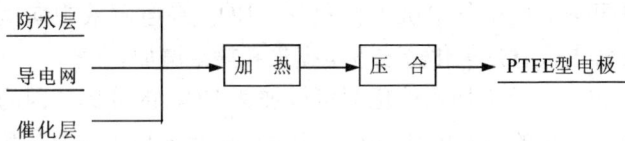

图3－29　聚四氟乙烯型电极制造工艺

此类电极一般采用滚压式制造,先分别制成防水层、催化层和导电骨架,再压合而成。

防水层的制造工艺如图 3 - 30 所示。

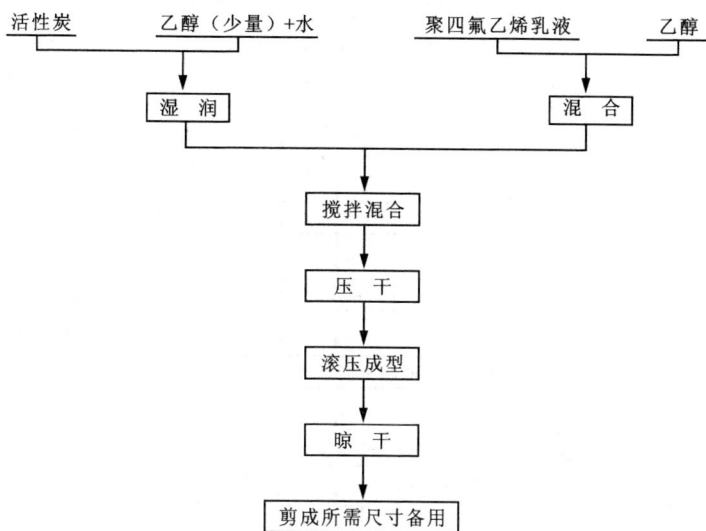

图 3 - 30　聚四氟乙烯型电极防水层制造工艺流程图

催化层工艺流程如图 3 - 31 所示。催化层配方为活性炭与聚四氟乙烯,质量比为 3∶1。导电网制造的工艺流程如图 3 - 32 所示。

导电骨架制造工艺过程是:在氢气炉中将 0.1 mm 厚的铜箔退火后冲网。在点焊机上将 0.2 mm 厚的银箔焊在铜网上,在冲床上压平,然后电镀银。

气体扩散电极制造工艺过程是在压片模内放入无甘油玻璃纸,依次放入防水膜、导电骨架、防水膜、催化膜,然后将玻璃纸覆盖在催化膜上。合上膜盖,在 50℃ ~60℃ 加热,加压(8 ~10

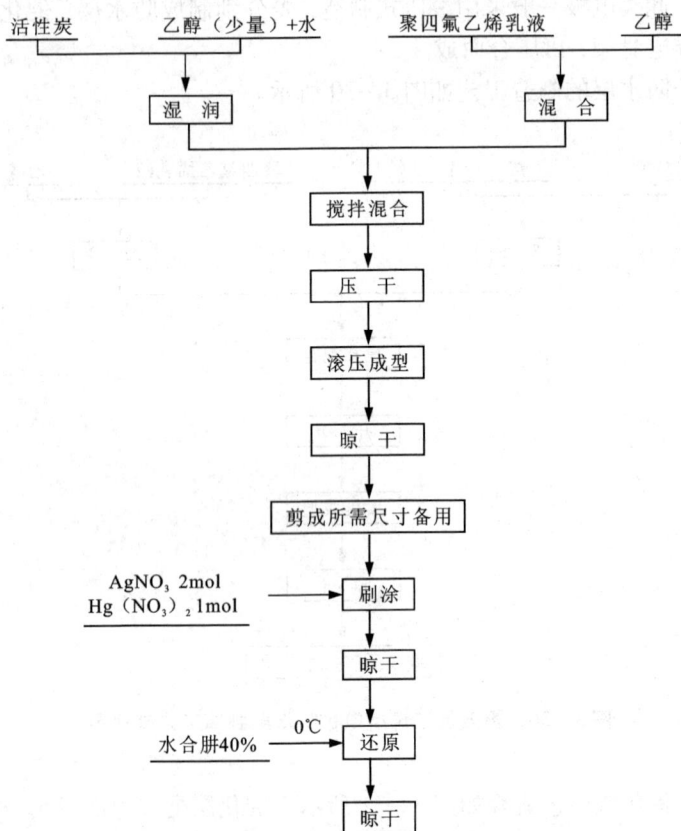

图 3 - 31 催化层制造工艺流程图

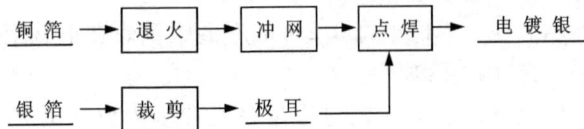

图 3 - 32 导电网制造工艺流程

MPa)成型。

聚乙烯型电极制造工艺如图3-33所示。

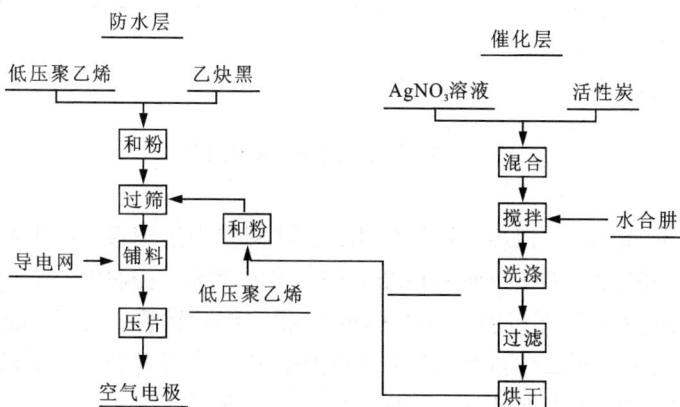

图3-33 聚乙烯型电极制造工艺流程图

（2）锌负极制造

锌负极制造有压成法、化成法、涂膏法、烧结法、电沉积法等。

压成法：在汞齐化锌粉中按质量分数加入2%植物纤维素及0.5%~1%的PTFE乳液，混匀，放入模具，中间夹导电网。粉料外包一层耐碱棉纸，加压至20 MPa，即成锌电极。

化成法：化成法工艺流程如图3-34所示。

和粉配比为：$m(ZnO 粉):m(Zn 粉):m(红色 HgO)=(85\%~95\%):(5\%~15\%):(1\%~4\%)$。

涂膏法：将锌粉，添加剂和粘结剂调成膏状，涂在导电网上制成锌电极。

烧结法：将海绵状电解锌粉压制成型，在还原性气氛中烧结而成。

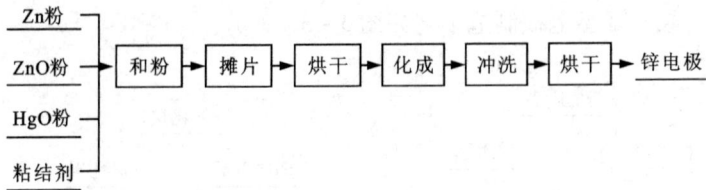

图 3 - 34　化成法锌电极制造工艺

　　电沉积法：以高纯锌片作阴极，镍网作不溶阳极，在质量分数为45%的 KOH 中加 ZnO 35 g·L^{-1}作电解液，控制电流密度在极限电流密度下(约0.15 A·cm^{-2})得海绵状锌粉。为了降低锌粉自放电，可加少量 Pb(Ac)$_2$ 到电解液中。所得锌粉连同阴极基板放入模具中压成电极，清洗。经真空干燥而成。

3.5.4　锌 - 空气电池的性能

3.5.4.1　放电性能

　　锌 - 空气电池的开路电压为 1.45 V，工作电压为 0.9 ~ 1.30 V，自放电每月 0.2% ~ 1.0%，可在 -20℃ ~ 40℃ 的温度范围内使用。实际比能量是目前已应用电池中最高的一种，放电曲线平稳。

　　扣式锌 - 空气电池的放电曲线如图 3 - 35 所示，由于放电过程气体电极化学性质不变，电压平稳，在相同负载下，锌 - 空气电池放电时间是锌 - 汞和锌 - 银电池的两倍。

3.5.4.2　电池使用寿命

　　高倍率电池适合于大电流放电，但使用寿命短，常用作助听器电源。低倍率电池适合于小电池放电，使用寿命长，适合于电子手表应用。

　　表 3 - 11 是扣式锌 - 空气电池的物理性质和电气特性。

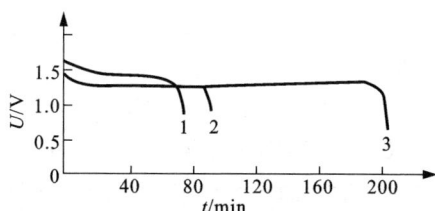

图 3 - 35　一次扣式电池放电曲线 (20℃, 620 Ω)

1—11.6 × 5.4 mm 锌 - 银电池；2—11.6 × 5.4 mm 锌 - 汞电池；

3—11.6 × 5.4 mm 锌 - 空气电池

表 3 - 11　扣式锌 - 空气电池性能

电池型号	倍率	$d/$ mm	$h/$ mm	$C_r/$ mAh	极限电流 I_L /mA	最大输出功率 $P = I_L \times 1.1\ V$ /mW	寿命 /月
A675HP	高倍率	11.6	5.4	400	12.0 mA	13.2	≤2
A13H	高倍率	7.9	5.4	170	3.8	4.2	
A675L	低倍率	11.6	5.4	400	20.0μA	22.0μW	≤5a
A13L	低倍率	7.9	5.4	170	7.0μA	7.7μW	≤5a

锌 - 空气电池贮存寿命低的原因是锌负极自放电

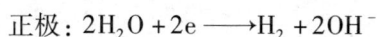

负极：$Zn + 2OH^- \longrightarrow ZnO + H_2O + 2e$

正极：$2H_2O + 2e \longrightarrow H_2 + 2OH^-$

电池反应：$Zn + H_2O \longrightarrow ZnO + H_2 \uparrow$

通过透气膜溶解在电解液中的氧也会加速锌的腐蚀。

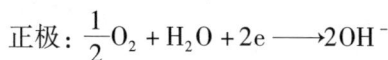

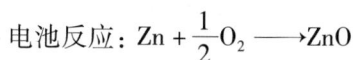

负极：$Zn + 2OH^- \longrightarrow ZnO + H_2O + 2e$

正极：$\dfrac{1}{2}O_2 + H_2O + 2e \longrightarrow 2OH^-$

电池反应：$Zn + \dfrac{1}{2}O_2 \longrightarrow ZnO$

　　大气中的 CO_2 通过透气膜与电解液 KOH 作用，生成碳酸钾或碳酸氢钾，在温度较低时，K_2CO_3 在透气层与催化层间结晶析出，破坏电极结构，缩短电池寿命。

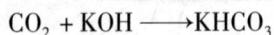

$$CO_2 + KOH \longrightarrow KHCO_3$$
$$CO_2 + 2KOH \longrightarrow K_2CO_3 + H_2O$$

　　空气湿度也对电池寿命产生影响。气候干燥时，空气相对湿度较低。当相对湿度低于 60% 时，电池将会损失水分，因而电解液浓度增大，造成电解液不足，使电池失效。当相对温度大于 60% 时，电解液变稀，导电率降低，并可能淹没气体电极的催化层，降低电极的电化学活性，导致电池失效。

第4章　铅酸蓄电池

4.1　概　述[29]

铅酸蓄电池是1859年由普兰特(Plante)发明的二次电池。由于具有价格低廉,原料易得,使用可靠,又可大电流放电等优点,因此,一直是化学电源中产量大应用范围广的产品。

4.1.1　铅酸蓄电池分类及型号

铅锌蓄电池习惯上有三种分类法。

4.1.1.1　按用途分类

我国铅酸蓄电池产品就是按用途分类的。表4-1列出了我国常用铅酸蓄电池的类别和性能。

表4-1　我国常用铅酸蓄电池产品型号及特性

产品系列	型号	特性及用途
起动用	3-Q6-0,3-Q-180 6-Q-60,6-Q-180	供汽车、拖拉机、柴油机、船舶起动和照明。要求大电流放电,低温起动,电池内阻小,用途膏式极板
蓄电池车用	DG-200,DG-400 6-DG-50	供蓄电池车作为牵引及照明电源,极板厚,容量较大
轿车用 摩托车用	6-QA-60 6V4-12Ah	同起动用蓄电池,供摩托车起动和照明,要坚固耐磨,不漏电解液
航空用, 潜艇用	12-HK-28	供飞机起动和照明、通讯,用作潜艇水下航行动力源、照明、容量大,大电流放电,充电快

4.1.1.2　按极板结构分类

(1)涂膏式　将铅氧化物用硫酸溶液调成糊状铅膏,涂在用铅合金铸成的板栅上,经干燥、化成形成活性物质,称涂膏式极板。

(2)管式　用铅合金制成形式不同于涂膏式板栅的骨架,在骨架外套以编制的纤维管,管中装入活性物质。这种结构称铠甲式极板。这种管式极板都做正极,负极配普通涂膏式极板。

(3)形成式　极板由纯铅铸成,活性物质是铅本身在化成液中经反复充、放电形成一薄层。这种极板用做正极,配涂膏式或箱式负极板。

4.1.1.3　按电解液和充电维护情况分类

(1)干放电蓄电池。极板是干燥的,处于放电状态,无电解液贮存,用户开始使用时灌入电解液,并进行长时间的初充电后使用。

(2)干荷电蓄电池。极板处于干燥的已充电状态,无电解液贮存,用户使用时灌注电解液即可使用。

(3)带液充电蓄电池。用户即可使用。

(4)免维护、少维护蓄电池。

(5)湿荷电蓄电池。贮存少量电解液,极板处于充电状态,不需充电即可使用。

铅酸蓄电池的产品型号,我国已有国家标准,表4-2列出了我国蓄电池产品汉语拼音的意义。

产品型号以起动用蓄电池为例,6-QA-75型,是表示:串联单体电池数6只,用途Q表示启动用,A表示干荷电涂膏式极板,75表示额定容量为75 Ah的电池组。

又如TG-450,T表示铁路用,G表示管式正极板,450表示450 Ah客车用单体铅酸蓄电池。

表 4 – 2 铅酸蓄电池产品汉语拼音字母的意义

汉语拼音字母	表示电池用途						表示正极板结构					
	Q	G	D	N	T	HK	G	T	A	H	B	F
含义	起动	固定	蓄电池车	内燃机车	铁路客车	航空	管式	涂膏	干荷电	化成式	半化成式	防酸防爆

4.1.2 铅酸蓄电池的结构

单体铅酸蓄电池主要由正极板、负极板、硫酸、隔板、槽、盖组成。正负极分别焊成极群，见图 4 – 1。

正负极板都浸在一定浓度的硫酸溶液中，隔板将正、负极隔开，要求隔板是电绝缘体（如橡胶、塑料、玻璃、纤维等），耐硫酸腐蚀，耐氧化，还要有足够的孔率（60%）和孔径。槽体也应是电绝缘体，耐酸、耐温范围宽（ – 50℃ ~

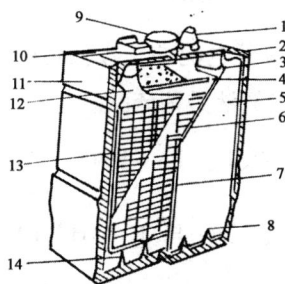

图 4 – 1 单体铅酸蓄电池的结构

1—负极柱；2—蓄电池盖；3—汇流排；
4—保护片；5—中间隔；6—负极板；
7—隔板；8—鞍子；9—注液盖（工作栓）；
10—连接条；11—蓄电池槽；12—汇流排；
13—正极板；14—沉淀槽

70℃），机械强度高，一般用硬橡胶或塑料作槽体。

根据需要，通常把单体电池串联组成电池组。

4.2 铅酸蓄电池的化学原理[30, 31]

铅酸蓄电池的电化学表达式为

$$(-)Pb|H_2SO_4|PbO_2(+)$$

铅酸蓄电池是典型的二次电池,能满足二次电池的如下条件:

(1)电极反应可逆,是一个可逆的电池体系。

(2)只采用一种电解质溶液,避免因采用不同的电解质而造成电解质之间的不可逆扩散。

(3)放电生成难溶于电解液的固体产物。可避免充电时过早生成枝晶和两极产物的相互转移。

4.2.1 电池反应

铅酸蓄电池的正极活性物质是 PbO_2,负极物质是海绵状金属铅,电解液是稀硫酸。

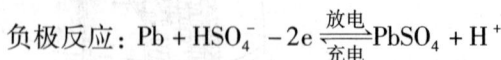

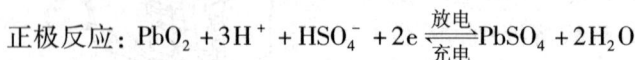

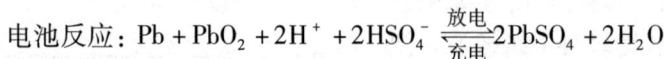

负极反应:$Pb + HSO_4^- - 2e \underset{充电}{\overset{放电}{\rightleftharpoons}} PbSO_4 + H^+$

正极反应:$PbO_2 + 3H^+ + HSO_4^- + 2e \underset{充电}{\overset{放电}{\rightleftharpoons}} PbSO_4 + 2H_2O$

电池反应:$Pb + PbO_2 + 2H^+ + 2HSO_4^- \underset{充电}{\overset{放电}{\rightleftharpoons}} 2PbSO_4 + 2H_2O$

图 4 - 2 是铅酸蓄电池充放电时正、负极板发生氧化还原反应和成流过程示意图。

电池放电后两极活性物质都转化为硫酸铅,称"双硫酸盐化"理论。硫酸起传导电流作用,并参加电池反应。但参加反应的是 HSO_4^-,不是 SO_4^{2-}。因为 H_2SO_4 的二级离解常数相差很大。

$$H_2SO_4 \overset{K_1}{\rightleftharpoons} H^+ + HSO_4^-,\ K_1 = 10^3$$

$$HSO_4^- \overset{K_2}{\rightleftharpoons} H^+ + SO_4^{2-},\ K_2 = 1.02 \times 10^{-2}$$

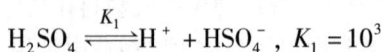

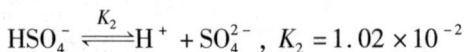

根据电池反应,铅蓄电池电动势为

$$E = E^{\ominus} - \frac{RT}{nF}\ln \frac{a_{PbSO_4}^2 \cdot a_{H_2O}^2}{a_{Pb} \cdot a_{PbO_2} \cdot a_{H^+}^2 \cdot a_{HSO_4^-}^2}$$

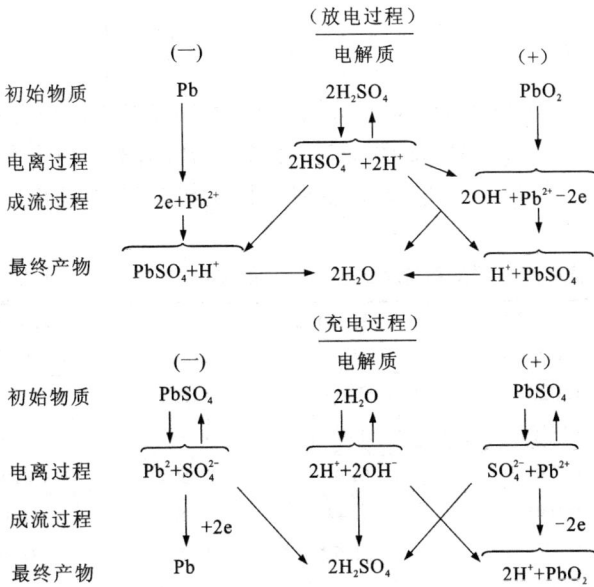

（放电过程）

	（一）	电解质	（+）
初始物质	Pb	$2H_2SO_4$	PbO_2
电离过程		$2HSO_4^- + 2H^+$	
成流过程	$2e + Pb^{2+}$		$2OH^- + Pb^{2+} - 2e$
最终产物	$PbSO_4 + H^+$	$2H_2O$	$H^+ + PbSO_4$

（充电过程）

	（一）	电解质	（+）
初始物质	$PbSO_4$	$2H_2O$	$PbSO_4$
电离过程	$Pb^{2+} + SO_4^{2-}$	$2H^+ + 2OH^-$	$SO_4^{2-} + Pb^{2+}$
成流过程	$+2e$		$-2e$
最终产物	Pb	$2H_2SO_4$	$2H^+ + PbO_2$

图 4 - 2　铅酸蓄电池充、放电过程示意图

$$= E^{\ominus} - \frac{RT}{nF}\ln \frac{a_{H_2O}^2}{a_{H^+}^2 \cdot a_{HSO_4^-}^2} = E^{\ominus} - \frac{RT}{nF}\ln \frac{a_{H_2O}}{a_{H_2SO_4}} \qquad (4-1)$$

铅酸蓄电池电动势也可由电极电位计算：

$$E = \varphi_e^+ - \varphi_e^- \qquad (4-2)$$

式中：φ_e^+——正极平衡电极电位；

φ_e^-——负极平衡电极电位。

$$\varphi_e^{\ominus} = \varphi_+^{\ominus} + \frac{RT}{2F}\ln \frac{a_{H^+}^3 \cdot a_{HSO_4^-}}{a_{H_2O}^2} \qquad (4-3)$$

$$\varphi_e^- = \varphi_-^{\ominus} + \frac{RT}{2F}\ln \frac{a_{H^+}}{a_{HSO_4^-}} \qquad (4-4)$$

$$E = \varphi_+^\ominus - \varphi_-^\ominus + \frac{RT}{F}\ln\frac{a_{H_2SO_4}}{a_{H_2O}} = \varphi_+^\ominus - \varphi_-^\ominus - \frac{RT}{F}\ln\frac{a_{H_2O}}{a_{H_2SO_4}} \quad (4-5)$$

由式(4-5)可以看出，$\varphi_+^\ominus$，$\varphi_-^\ominus$，$a_{H_2SO_4}$ 及温度是影响电池电动势的主要因素。H_2SO_4 活度（常用浓度表示）升高，电动势增加。表4-3列出了不同 H_2SO_4 浓度时，电动势实测值和温度系数值。

表4-3　铅酸蓄电池的电动势及温度系数($\partial E/\partial T$)实测值

$\dfrac{\rho(H_2SO_4,25℃)}{(g\cdot cm^{-3})}$	$\dfrac{w(H_2SO_4)}{\%}$	$\dfrac{E}{V}$	$\dfrac{\partial E/\partial T}{(mV\cdot ℃^{-1})}$
1.020	3.05	1.855	0.06
1.030	4.55	1.877	+0.02
1.040	6.04	1.892	+0.05
1.050	7.44	1.905	+0.11
1.100	14.72	1.962	+0.30
1.50	21.38	2.005	+0.33
1.200	27.68	2.050	+0.30
1.250	33.80	2.095	+0.24
1.280	37.40	2.125	+0.20
1.300	39.70	2.144	+0.18

电池电动势与电池反应的热焓变化 ΔH 关系为

$$E = -\frac{\Delta H}{nF} + T\left(\frac{\partial E}{\partial T}\right)_p \quad (4-6)$$

式中：$\left(\dfrac{\partial E}{\partial T}\right)_p$——电池电动势的温度系数。

电池反应的熵变与电池电动势的温度系数的关系为

$$\Delta S = nF\left(\frac{\partial E}{\partial T}\right)_p \quad (4-7)$$

ΔS 与可逆过程的热量 Q_r 关系为

$$Q_r = T \cdot \Delta S = T \cdot nF(\partial E/\partial T)_p \qquad (4-8)$$

若 $Q_r > 0$，则 $(\partial E/\partial T)_p$ 必为正值，表示电池放电是吸热反应；若 $Q_r < 0$，则 $(\partial E/\partial T)_p$ 必为负值，表示电池放电为放热反应。

4.2.2　Pb – H$_2$SO$_4$ – H$_2$O 系电位 φ – pH 图

Pb – H$_2$SO$_4$ – H$_2$O 系电位 φ – pH 图如图 4 – 3 所示。

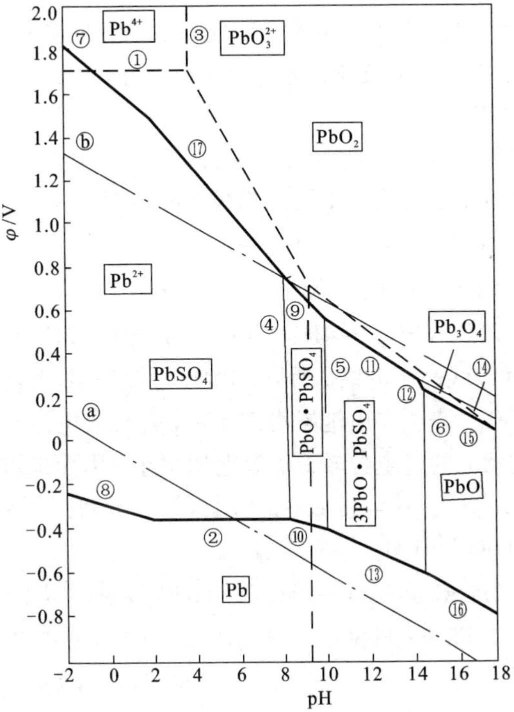

图 4 – 3　Pb – H$_2$SO$_4$ – H$_2$O 系电位 φ – pH 图

$(25℃, a_{HSO_4^-} + a_{SO_4^{2-}} = 1)$

利用 φ – pH 图，可以分析铅酸蓄电池自放电的可能性。负极铅的自溶过程是由于体系中存在铅的阳极氧化和氢还原组成一对共轭反应，即ⓐ线和②线或⑧线构成铅自放电的共轭反应：

②线：$Pb + SO_4^{2-} \longrightarrow PbSO_4 + 2e$

⑧线：$Pb + HSO_4^- \longrightarrow PbSO_4 + H^+ + 2e$

ⓐ线：$2H^+ + 2e \longrightarrow H_2$

pH < 5.8 时，②、⑧线反应的电位比ⓐ线电位更负，故铅溶解，析出 H_2，造成铅负极自放电，使蓄电池容量损失，但由于 H_2 在铅上的还原过电位较高，纯铅的可逆性好，因此，可用实验测定铅的平衡电极电位。

正极 PbO_2 在贮存时也可发生自放电，从电位 φ – pH 图上看，pH < 7.9 时，ⓑ线和⑦线或⑰线构成共轭反应。

ⓑ线：$2H_2O \longrightarrow 4H^+ + O_2 + 4e$

⑦线：$PbO_2 + HSO_4^- + 3H^+ + 2e \longrightarrow PbSO_4 + 2H_2O$

⑰线：$PbO_2 + SO_4^{2-} + 4H^+ + 4e \longrightarrow PbSO_4 + 2H_2O$

⑦线和⑰线高于ⓑ线，所以，PbO_2 可以使 H_2O 氧化成 O_2 并还原成 $PbSO_4$，表明在电池贮存时 PbO_2 有自放电的可能。但 O_2 在 PbO_2 电极上的过电位较高，放电速率小，因而也可测定 PbO_2 的平衡电极电位。从电位 φ – pH 图可知，与 PbO 平衡的硫酸盐是 $3PbO \cdot PbO_4 \cdot H_2O$。

④线：$2PbSO_4 + H_2O \longrightarrow PbO \cdot PbSO_4 + SO_4^{2-} + 2H^+$

⑤线：$2(PbO \cdot PbSO_4) + 2H_2O \longrightarrow 3PbO \cdot PbSO_4 \cdot H_2O + SO_4^{2-} + 2H^+$

当 pH 增大时，平衡向右移动，直至生成稳定的三盐基硫酸铅（$3PbO \cdot PbSO_4 \cdot H_2O$）。

铅酸蓄电池的极板由铅粉、水、稀硫酸混合成膏后，涂在铅合金的板栅上，经浸酸、干燥和化成。铅粉由氧化铅和游离铅组成，因此在其中首先生成 $PbSO_4$ 再转化成 $3PbO \cdot PbSO_4 \cdot H_2O$。同时，和膏时还发生铅的氧化，⑯线与ⓑ线的共轭反应为

$2 \times$⑯线：$2Pb + 2H_2O - 4e \longrightarrow 2PbO + 4H^+$

ⓑ线：$O_2 + 4H^+ + 4e \longrightarrow 2H_2O$

$2 \times$⑯线 + ⓑ线：$O_2 + 2Pb \longrightarrow 2PbO$

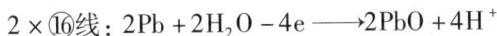

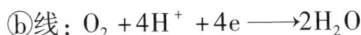

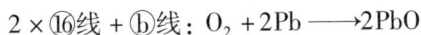

干燥好的极板进行化成。化成是将极板浸入稀硫酸中，通直流电形成活性物质，此时发生相反过程，由碱式硫酸铅又转化为 $PbSO_4$。

$$3PbO \cdot PbSO_4 \cdot H_2O \longrightarrow PbO \cdot PbSO_4 \longrightarrow PbSO_4$$

正极进行以下电化学反应：

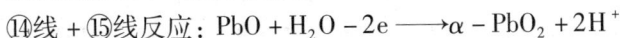

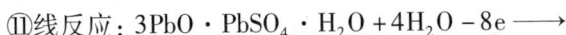

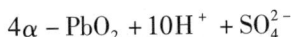

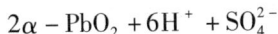

⑭线 + ⑮线反应：$PbO + H_2O - 2e \longrightarrow \alpha - PbO_2 + 2H^+$

⑪线反应：$3PbO \cdot PbSO_4 \cdot H_2O + 4H_2O - 8e \longrightarrow$
$$4\alpha - PbO_2 + 10H^+ + SO_4^{2-}$$

⑨线反应：$PbO \cdot PbSO_4 + 3H_2O - 4e \longrightarrow$
$$2\alpha - PbO_2 + 6H^+ + SO_4^{2-}$$

铅膏是碱性的，从 $\varphi - pH$ 图可知，上述进行的各反应物的氧化比硫酸铅氧化优先进行，而且是在碱性、中性介质中生成 PbO_2。因此，主要是 $\alpha - PbO_2$。而在化成后期，pH 下降，会生成 $\beta - PbO_2$，并在正极析出氧。

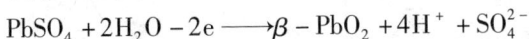

$$PbSO_4 + 2H_2O - 2e \longrightarrow \beta - PbO_2 + 4H^+ + SO_4^{2-}$$

负极板化成时，发生如下反应：

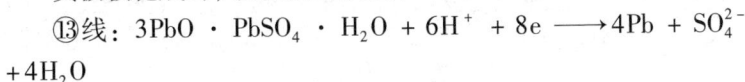

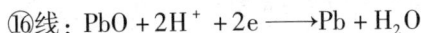

⑬线：$3PbO \cdot PbSO_4 \cdot H_2O + 6H^+ + 8e \longrightarrow 4Pb + SO_4^{2-}$
$+ 4H_2O$

⑯线：$PbO + 2H^+ + 2e \longrightarrow Pb + H_2O$

化成后期发生（2）线反应：

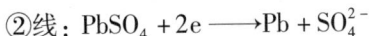

②线：$PbSO_4 + 2e \longrightarrow Pb + SO_4^{2-}$

随着反应继续进行，$PbSO_4$ 量不断下降，极化增大，负极电位进一步下降，直至发生析氢反应。

ⓐ线：$2H^+ + 2e \longrightarrow H_2$

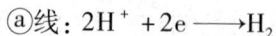

4.3 二氧化铅电极

4.3.1 PbO_2 的物理化学性质

4.3.1.1 PbO_2 的晶型

PbO_2 晶型有 $\alpha-PbO_2$ 和 $\beta-PbO_2$。晶型结构如图 4-4 所示。$\alpha-PbO_2$ 为斜方晶系（铌铁矿型），铅离子被固定在八面体中心，每个八面体中，铅离子周围环绕着 6 个氧离子。铅离子半径为 0.084 nm，氧离子半径为 0.132 nm。

$\beta-PbO_2$ 属正方晶系（金红石型）。

$\alpha-PbO_2$，$\beta-PbO_2$ 的晶格参数如表 4-4 所示。

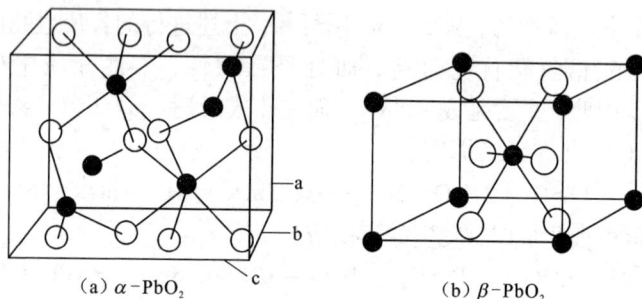

（a）$\alpha-PbO_2$ 　　　　　（b）$\beta-PbO_2$

图 4-4　PbO_2 晶型

● —表示铅原子；○—表示氧原子

表 4－4　α－PbO_2，β－PbO_2 晶格参数

晶型	晶胞尺寸/nm		
	a	b	c
α－PbO_2	0.4938	0.5939	0.5486
β－PbO_2	0.4945	0.4945	0.3378
$PbSO_4$	0.8516	0.5389	0.6989

　　α－PbO_2 和 β－PbO_2 可在一定条件下相互转化。在研磨或高压（8000 MPa 或 1100 MPa）条件下，β－PbO_2 可转化为 α－PbO_2。在 296℃ 和 301℃ 条件下，α－PbO_2 转化为 β－PbO_2。

4.3.1.2　PbO_2 的半导体性质

　　PbO_2 的电阻率介于导体和绝缘体之间，具有半导体性质。α－PbO_2 的电阻率约为 10^{-3} $\Omega \cdot cm$，β－PbO_2 约为 10^{-4} $\Omega \cdot cm$。因为 PbO_x 晶体内 $x<2$，如 $x=1.95$ 或 $x=1.87$ 等，一般 x 大小与 PbO_x 制备方法和晶体结构有关。因此，在 PbO_2 晶体中会出现 O^{2-} 的空格，且晶体内存在自由电子，O^{2-} 空格和自由电子可使 PbO_2 晶体中某些 O^{2-} 变成 O_2。

$$[2O^{2-}]_{晶格中} \rightleftharpoons [2\square + 4e] + O_2 \uparrow$$

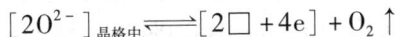

　　式中，$\square$ 表示 O^{2-} 空格。在电场作用下，电子在晶体内流动，使晶体导电。另外，位于一个 O^{2-} 空格旁边的 O^{2-} 可在电场作用下跳入该空格中，使它原来的位置又产生新的空格，也使 PbO_2 晶体具有导电性。

　　PbO_2 晶体中含有微量 OH^-，在产生 OH^- 的同时也产生自由电子，使晶体导电性增加。

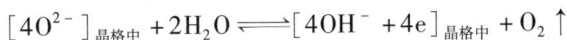

$$[4O^{2-}]_{晶格中} + 2H_2O \rightleftharpoons [4OH^- + 4e]_{晶格中} + O_2 \uparrow$$

在电场作用下,自由电子在晶格内的流动速度比 O^{2-} 离子迁移快,且晶体内自由电子浓度比 O^{2-} 空格浓度高得多,因此,PbO_2 晶体主要靠自由电子导电,是一种 n 型半导体。

PbO_2 晶体的导电性与晶体中自由电子和 O^{2-} 空格的浓度总和(即载流子浓度)有关,也与载流子在晶体中迁移时所受到的阻力有关,$\alpha - PbO_2$ 中载流子浓度较高,但迁移时阻力很大,所以,$\alpha - PbO_2$ 的导电性比 $\beta - PbO_2$ 的导电性差。

4.3.2　正极充放电反应机理

4.3.2.1　PbO_2 的放电过程

在 H_2SO_4 溶液中,PbO_2 电极反应为

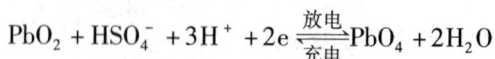

$$PbO_2 + HSO_4^- + 3H^+ + 2e \underset{充电}{\overset{放电}{\rightleftharpoons}} PbO_4 + 2H_2O$$

$\alpha - PbO_2$,$\beta - PbO_2$ 的恒电流放电曲线如图 4 - 5 所示。从图 4 - 5 可知,$\beta - PbO_2$ 的放电时间比 $\alpha - PbO_2$ 的放电时间高 2.5 倍。$\alpha - PbO_2$,$\beta - PbO_2$ 的比容量与电流密度的关系如图 4 - 6 所示,比容量与 H_2SO_4 密度的关系如图 4 - 7 所示。图中表明,$\beta - PbO_2$ 的放电容量总是大于 $\alpha - PbO_2$ 的放电容量,一般 $\beta - PbO_2$ 的放电容量为 $\alpha - PbO_2$ 的 1.5 ~ 3 倍。

$\beta - PbO_2$ 比 $\alpha - PbO_2$ 的电化学活性高,是因为 $\alpha - PbO_2$ 结晶粗,晶体尺寸约 1×10^{-6} m,$\beta - PbO_2$ 结晶细,晶体尺寸约为 $\alpha - PbO_2$ 的一半,即 $\beta - PbO_2$ 的真实表面积比 $\alpha - PbO_2$ 大。

$\alpha - PbO_2$ 与 $PbSO_4$ 同为斜方晶型,$\alpha - PbO_2$ 放电时可做 $PbSO_4$ 晶种,沿着 $\alpha - PbO_2$ 生成硫酸盐层覆盖在 $\alpha - PbO_2$ 表面,阻碍 H_2SO_4 向 $\alpha - PbO_2$ 深处扩散,降低活性物质利用率,因而容量较小。

$\beta - PbO_2$ 属正方晶系,与 $PbSO_4$ 的晶格常数差别大,放电产物 $PbSO_4$ 不能沿 $\beta - PbO_2$ 晶格生长,而是分散在 $\beta - PbO_2$ 表面形

（a）α-PbO$_2$

（b）β-PbO$_2$

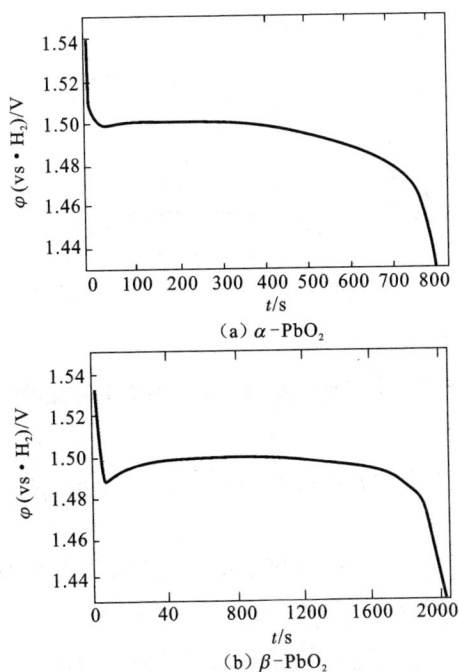

图 4 - 5 PbO$_2$ 电极恒电流放电曲线

（30℃；H$_2$SO$_4$：1.0 mol·L^{-1}；i = 1 mA·cm^{-2}）

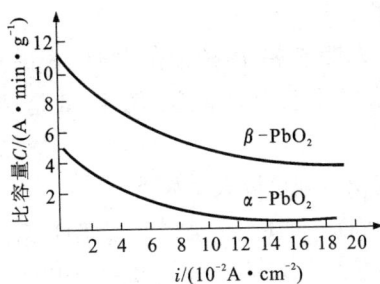

图 4 - 6 α - PbO$_2$，β - PbO$_2$ 比容量随电流密度的变化

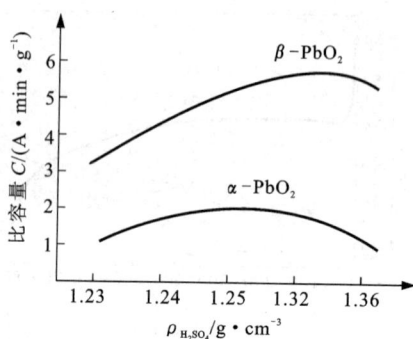

图 4-7　α-PbO$_2$,β-PbO$_2$ 随 H$_2$SO$_4$ 密度的变化

成疏松结晶,不影响 β-PbO$_2$ 继续放电。因此,β-PbO$_2$ 有较高的放电容量。

在充放电过程中,α-PbO$_2$ 和 β-PbO$_2$ 互相转化,一般主要发生 α-PbO$_2$ 转化为 β-PbO$_2$。

$$\alpha-PbO_2 \xrightleftharpoons[\text{充电}]{\text{放电}} PbSO_4 \xrightleftharpoons[\text{放电}]{\text{充电}} \beta-PbO_2$$

关于 PbO$_2$ 电极的放电反应机理,可以分为溶解沉积机理和固态机理。

(1)溶解沉积机理

一种看法认为四价铅溶解后在 PbO$_2$ 表面被还原为 Pb^{2+},Pb^{2+} 与 SO$_4^{2-}$ 反应形成 PbSO$_4$ 沉淀,图 4-8 是 PbO$_2$ 电极溶解沉积机理示意图。

PbO$_2$ 溶解沉积机理可以表示如下:

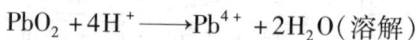

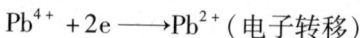

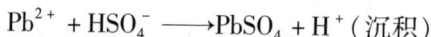

$$PbO_2 + 4H^+ \longrightarrow Pb^{4+} + 2H_2O(\text{溶解})$$
$$Pb^{4+} + 2e \longrightarrow Pb^{2+}(\text{电子转移})$$
$$Pb^{2+} + HSO_4^- \longrightarrow PbSO_4 + H^+(\text{沉积})$$

总反应:$PbO_2 + HSO_4^- + 3H^+ + 2e \longrightarrow PbSO_4 + 2H_2O$

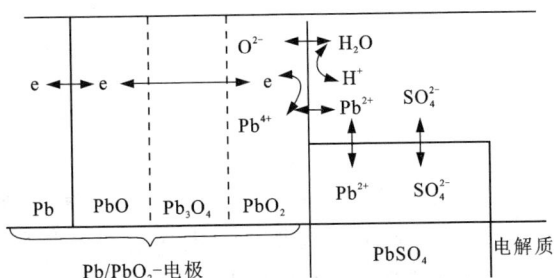

图4-8　PbO_2电极溶解沉积机理示意图

第二种看法是PbO_2溶解分两步：

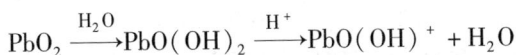

$$PbO_2 \xrightarrow{H_2O} PbO(OH)_2 \xrightarrow{H^+} PbO(OH)^+ + H_2O$$

$PbO(OH)^+$在PbO_2表面还原为Pb^{2+}，并沉淀为$PbSO_4$。

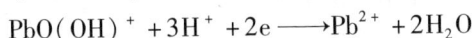

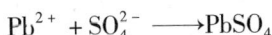

$$PbO(OH)^+ + 3H^+ + 2e \longrightarrow Pb^{2+} + 2H_2O$$

$$Pb^{2+} + SO_4^{2-} \longrightarrow PbSO_4$$

第三种看法是认为还原过程中Pb^{2+}转入溶液。

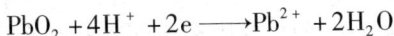

$$PbO_2 + 4H^+ + 2e \longrightarrow Pb^{2+} + 2H_2O$$

然后Pb^{2+}与SO_4^{2-}生成$PbSO_4$沉淀。

（2）固态机理

固态机理认为PbO_2首先通过固相过程还原为PbO_x（$1.3 < x < 1.6$），然后，这一中间化合物与H_2SO_4反应生成$PbSO_4$。

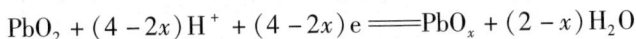

$$PbO_2 + (4-2x)H^+ + (4-2x)e \Longrightarrow PbO_x + (2-x)H_2O$$

$$2PbO_x + 4H^+ + SO_4^{2-} \longrightarrow PbO_{2-x} + PbSO_4 + 2H_2O$$

此时的电极电位取决于PbO_2与PbO_x的摩尔数之比。

4.3.2.2　正极充电过程

充电过程是正极放电形成的$PbSO_4$被重新氧化为PbO_2。

$$PbSO_4 + 2H_2O \Longrightarrow PbO_2 + SO_4^{2-} + 4H^+ + 2e$$

正极充电过程有两种反应机理，即固态机理和溶解沉积机理。

（1）固态机理

固态机理认为，正极活性物质放电结束后总会残存一些不能放电的 PbO_2，这些 PbO_2 被 $PbSO_4$ 包裹，与极板绝缘。充电时，残存的 PbO_2 有可能成为 PbO_2 的生长中心，也有新的 PbO_2 生长中心形成。充电过程初期主要形成具有电化学活性的 PbO_2 表面，以后的充电过程则局限于靠近 $PbSO_4$ 晶体表面区域。整个充电过程离子性铅并不离开电极，是一个固态反应过程。

（2）溶解沉积机理

溶解沉积机理认为，$PbSO_4$ 先溶解形成 Pb^{2+}，然后由 Pb^{2+} 转化形成 PbO_2，充电过程由以下五个步骤组成：

①$PbSO_4$ 溶解。$PbSO_4$ 溶解时，在 $PbSO_4$ 晶体表面及其周围的微孔中保持一定浓度的 Pb^{2+}。

②Pb^{2+} 离子扩散。Pb^{2+} 离子通过扩散输送到最邻近的 PbO_2 颗粒表面，这些颗粒与活性物质的 PbO_2 骨架相连。

③电化学反应。部分 $PbSO_4$ 溶解消失，PbO_2 固相出现并逐渐增长。在 $PbSO_4$ 和 PbO_2 两固相之间存在一个反应层，反应层发生电化学反应。

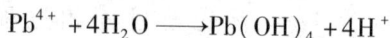

$$Pb^{2+} \longrightarrow Pb^{4+} + 2e$$
$$Pb^{4+} + 4H_2O \longrightarrow Pb(OH)_4 + 4H^+$$

④电中性化过程。在充电过程中会产生 H^+ 离子和 SO_4^{2-} 离子。

$$PbSO_4 \Longleftrightarrow Pb^{2+} + SO_4^{2-}$$

为了保持反应层溶液的电中性，H^+ 和 SO_4^{2-} 将在反应层和溶液之间流动。

⑤PbO_2 微粒形成。PbO_2 微粒形成过程是

$$x[Pb(OH)_4] \longrightarrow [PbO(OH)_2]_x + xH_2O$$
$$[PbO(OH)_2]_x \longrightarrow [PbO_2]_x + xH_2O$$

在这一过程中，一些 $Pb(OH)_4$ 分子相互靠拢，形成一些脱水微粒，随后在这些微粒表面形成新的 PbO_2 颗粒，并进一步长大，逐步形成 PbO_2 颗粒聚集物。

4.3.2.3　正电极自放电

电极自放电导致活性物质容量损失，并引起不可逆 $PbSO_4$ 析出，最终导致电极损坏。

自放电的主要原因是电化学腐蚀。已知 PbO_2 的电极电位 $\varphi = 1.685\ V$，因此，标准电极电位小于 $1.685\ V$ 的电极都可与 PbO_2 发生共轭反应，如：

（1）析氧腐蚀

正极：$PbO_2 + H_2SO_4 + 2H^+ + 2e \rightleftharpoons PbSO_4 + 2H_2O$

负极：$H_2O - 2e \rightleftharpoons \dfrac{1}{2}O_2 + 2H^+$

电池反应：$PbO_2 + SO_4^{2-} + 2H^+ \rightleftharpoons PbSO_4 + H_2O + \dfrac{1}{2}O_2$

上述反应消耗活性物质 PbO_2，损失了电池容量。

（2）PbO_2 与极板合金中铅、锑、银等的接触腐蚀

$$PbO_2 + Pb + 2H_2SO_4 \longrightarrow 2PbSO_4 + 2H_2O$$
$$5PbO_2 + 2Sb + 6H_2SO_4 \longrightarrow (SbO_2)_2SO_4 + 5PbSO_4 + 6H_2O$$
$$PbO_2 + 2Ag + 2H_2SO_4 \longrightarrow PbSO_4 + Ag_2SO_4 + 2H_2O$$

（3）PbO_2 与 H_2 作用

负极析出的 H_2 扩散到正极，与 PbO_2 反应，

$$PbO_2 + H_2 + H_2SO_4 \rightleftharpoons PbSO_4 + 2H_2O$$

（4）PbO_2 与杂质反应

引起自放电的主要杂质有铁、锰和硝酸根。由于这些杂质的电极电位都低于 PbO_2 的电极电位，都会引起 PbO_2 自放电。自放电产物 Fe^{3+}，MnO_4^-，NO_3^- 等溶于硫酸溶液中，它们在正负极之间来回扩散，反复反应引起自放电。因此，电解液必须净化，特

别是不能含铁。

4.4　负极活性物质

4.4.1　铅负极的充放电机理

4.4.1.1　溶解沉淀和固相反应机理

铅电极的充放电反应为

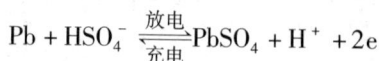

$$Pb + HSO_4^- \underset{充电}{\overset{放电}{\rightleftharpoons}} PbSO_4 + H^+ + 2e$$

溶解过程：$Pb - 2e \longrightarrow Pb^{2+}$

沉淀过程：$Pb^{2+} + HSO_4^- \longrightarrow PbSO_4 + H^+$

当铅酸蓄电池放电时，铅电极发生阳极氧化，铅以 Pb^{2+} 离子溶于溶液中，扩散离开电极表面，当 Pb^{2+} 的浓度与 SO_4^{2-} 浓度乘积超过 $PbSO_4$ 溶度积时，在铅电极附近产生 $PbSO_4$ 沉淀。因此，铅的阳极氧化是一个伴随化学沉淀的随后反应过程。当铅电极电位正向移动，其值超过固相成核的过电位时，发生固相反应，SO_4^{2-} 离子直接与铅表面碰撞形成固态 $PbSO_4$，这一过程不经过溶解成离子的过程。

充电过程 Pb^{2+} 被还原，并伴随有 $PbSO_4$ 溶解的前置反应过程。

4.4.1.2　铅负极钝化

铅在硫酸溶液中溶解，会在一定的条件下发生钝化，导致容量降低。钝化的原因是铅在硫酸溶液中生成不导电的 $PbSO_4$ 晶体覆盖在铅负极表面，将铅负极与电解液隔开，使铅负极发生钝化。图 4-9 是用恒电位法测得的铅在 H_2SO_4 溶液中的阳极钝化曲线。

图 4-9 中 AB 段是铅氧化。$Pb + SO_4^{2-} \longrightarrow PbSO_4 + 2e$，阳极

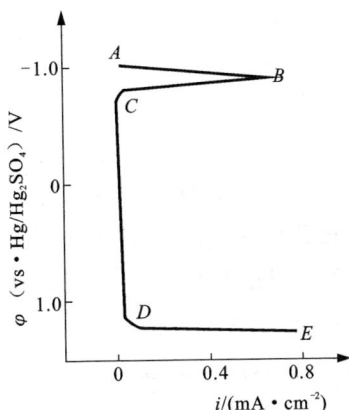

图 4 - 9　铅在 H_2SO_4 中的恒电位钝化曲线

（H_2SO_4 浓度为 0.5 mol · L^{-1}, 30℃, 2 mV · min^{-1}）

电流随电位正移而增加。到 B 点时电流急剧下降，CD 段电流很小。当电位到 D 点后，电流又一次增加，这是 $PbSO_4$ 氧化为 PbO_2。

$$PbSO_4 + 2H_2O \longrightarrow PbO_2 + 4H^+ + SO_4^{2-} + 2e$$

当电位过 D 点后，电流又急剧增大，此时电极上发生析氧反应：

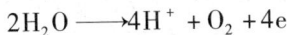

$$2H_2O \longrightarrow 4H^+ + O_2 + 4e$$

恒电位钝化曲线上的 AB 段为活化区，铅正常溶解，B 点为钝化临界点，BC 段为钝化过渡区，CD 段为完全钝化区，DE 段是新的电极反应，即氧析出反应发生。

铅电极钝化是因为它表面形成 $PbSO_4$ 钝化层，钝化层厚度取决于 $PbSO_4$ 在铅表面的结晶条件。由于 $PbSO_4$ 晶体的电阻率高达 10^{10} Ω · cm，因而阻碍铅负极继续溶解，发生铅电极钝化。

当铅在 H_2SO_4 溶液中大电流放电时，铅表面有大量 Pb^{2+} 进入溶液，使电极附近溶液中 $PbSO_4$ 的过饱和度大大增大，$PbSO_4$ 晶种生成多，沉积出的 $PbSO_4$ 晶体细小、致密，晶粒间空隙小，导致极化急剧增大，产生铅阳极钝化。

如果阳极电流小，铅电极表面溶液中 $PbSO_4$ 的过饱和度低，析出 $PbSO_4$ 晶种少，沉积的 $PbSO_4$ 晶粒粗大，晶粒间空隙较大，因而放电时，电解液仍可通过空隙到达铅电极表面，使铅电极进一步放电。因此，为了阻止铅电极钝化，生产上采用真实表面积大的海绵铅为负极。

4.4.2　铅负极添加剂及其作用机理

为了提高电池寿命和输出功率，通常在铅膏中加入膨胀剂。为了抑制铅电极在化成后的干燥工序中氧化，并抑制析氢反应，常在铅膏中加入缓蚀剂。

4.4.2.1　膨胀剂作用机理

常用的膨胀剂有无机膨胀剂和有机膨胀剂。无机膨胀剂有硫酸钡、硫酸锶、炭黑等。有机膨胀剂有腐殖酸、木质素、木素磺酸盐、合成鞣料等。

表4-5列出硫酸钡与硫酸铅的晶格参数，从表4-5中可知，$PbSO_4$ 与 $BaSO_4$ 的晶格参数相近。因此，在铅膏中加入 $BaSO_4$，铅负极放电时，$BaSO_4$ 可以作为 $PbSO_4$ 的结晶中心。这样 $PbSO_4$ 可在 $BaSO_4$ 上结晶析出，而无需生成 $PbSO_4$ 的结晶中心，因而不会产生形成晶粒所必需的过饱和度。过饱和度降低，引起浓差过电位也降低，使放电时形成的 $PbSO_4$ 结晶疏松，晶粒粗大，有利于电解液硫酸扩散，有利于铅电极深度放电。另外，在有 $BaSO_4$ 存在时，放电生成的 $PbSO_4$ 不是在金属铅上析出，而是在 $BaSO_4$ 上析出，因而较难形成覆盖金属铅表面的致密钝化层，可推迟钝化作用。

表 4 – 5　几种硫酸盐的结晶数据

硫酸盐	晶胞尺寸/nm			晶型
	a	b	c	
$BaSO_4$	0.8898	0.5448	0.7170	斜方晶系
$PbSO_4$	0.8450	0.5380	0.6930	斜方晶系
$SrSO_4$	0.8360	0.5360	0.6840	斜方晶系

　　电池充电时，$BaSO_4$ 可防止铅电极比表面积收缩。因为充电时，$PbSO_4$ 溶解的 Pb^{2+} 还原可能生成枝晶引起短路，也可能生成致密的金属铅层，引起铅电极比表面积收缩。当有 $BaSO_4$ 存在时，由于 $BaSO_4$ 不发生氧化 – 还原反应，而是高度分散在负极活性物质中，把铅和硫酸铅分开，从而阻止电极比表面积收缩。

　　有机膨胀剂的作用是防止铅负极表面积收缩。因为负极活性物质海绵铅比表面积大，孔隙率高，因此海绵铅具有很高的表面能量。表面能量等于真实表面积与表面张力的乘积。从热力学可知，高能量体系有向能量降低的方向自发变化的趋势。当金属、溶液体系不变时，表面张力是一定的，只能是颗粒合并以降低表面积使体系能量降低。当在负极活性物质中加入膨胀剂后，它们可以吸附在电极表面，降低表面张力，这样既可使体系能量降低，又可阻止真实表面收缩。

4.4.2.2　阻化剂的作用

　　阻化剂是一种抗氧化物质，因为铅负极板的起始物质组成为氧化铅、碱式硫酸铅和少量铅及膨胀剂的混合物，这种组成没有电化学活性，必须经过化成、洗涤、干燥等工序，再组装成电池。刚化成的铅负极电化学活性高，且电极上有一层薄的稀硫酸液膜，极利于氧扩散，因此会加速铅的氧化，降低电池容量。铅氧化，氧还原的共轭反应为

$$Pb + HSO_4^- \longrightarrow PbSO_4 + H^+ + 2e$$

$$\frac{1}{2}O_2 + 2H^+ + 2e \longrightarrow H_2O$$

总反应：$Pb + 1/2O_2 + H_2SO_4 =\!=\!= PbSO_4 + H_2O$

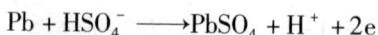

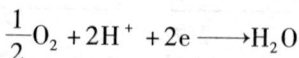

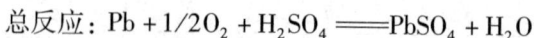

目前，常用的抗氧化的阻化剂有 α – 羟基 β – 萘甲酸、甘油、木糖醇、抗坏血酸、松香等。这些阻化剂的结构大多数都含有—OH基团。某些学者认为，—OH 基团起还原剂作用。它在和铅膏时被氧化，化成时被还原。在电极化成后的干燥工序中，被氧化的铅又被阻化剂还原。因此，阻化剂起抑制铅氧化的作用。

加入铅负极中的膨胀腐殖酸、木素磺酸盐等，能提高析氢过电位，起抑制析氢的阻化作用。

在铅负极中添加膨胀剂和阻化剂，能改善电池性能。但有些膨胀剂会使铅负极充电变得困难，阻碍硫酸铅的还原过程。因此，必须合理选择膨胀剂和阻化剂的种类和用量，才能达到理想效果。

4.4.3　铅负极的不可逆硫酸盐化及消除方法

铅蓄电池在使用和维护不当时，如经常充电不足或过放电时，负极上会形成一种粗大坚硬的硫酸铅结晶。这种硫酸铅很难充电。这种现象称不可逆硫酸盐化。

极板硫酸盐化的电池有以下特征：

(1)充电时电压上升快，放电时电压下降迅速；

(2)充电时气泡产生过早；

(3)电解液 H_2SO_4 密度低于正常值；

(4)极板表面生成白色粒状斑点；

(5)电池容量明显下降。

负极板硫酸盐化的原因是硫酸铅重结晶，导致粗大结晶形成，降低 $PbSO_4$ 的溶解度。

蓄电池在正常放电时，生成微细的 $PbSO_4$ 晶体，充电时微细的 $PbSO_4$ 晶体易还原成铅。但是这种微细得多的晶体系有降低表面自由能的倾向。从结晶规律可知，小晶体的溶解度大于大晶体的溶解度。因此，一些 $PbSO_4$ 晶体依靠附近更小的晶体溶解而沉积在较大的 $PbSO_4$ 结晶体上，导致不可逆硫酸盐化。

由于生成粗大 $PbSO_4$ 晶体，消耗了一部分硫酸，造成 H_2SO_4 密度低于正常值，而且减少了活性物质的量。另外，粗 $PbSO_4$ 晶体会覆盖部分反应面积，增大电池内阻，导致电池容量急剧下降，甚至使电池失效。

消除极板硫酸盐化的方法是用蒸馏水代替电解液硫酸，以小电流充电，待大量气体逸出，且电解液硫酸的密度增加到 $1.1\ g\cdot cm^{-3}$ 后停止充电，再用蒸馏水代替形成的硫酸，用同样的电流再充电。重复数次这种操作，直至电解液硫酸密度在充电过程不再增加后，调整电解液硫酸至所需的浓度。

如果极板硫酸盐化不大严重，可采用过充电或小电流密度充电来消除硫酸盐化。

4.4.4 铅负极自放电

铅负极自放电主要表现为铅负极上析氢，铅与空气中的氧和正极析出的氧反应。

4.4.4.1 铅负极析氢反应

铅在 H_2SO_4 溶液中的平衡电极电位比氢的平衡电位负，因此，存在以下共轭反应。

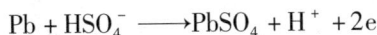

$$Pb + HSO_4^- \longrightarrow PbSO_4 + H^+ + 2e$$

$$2H^+ + 2e \longrightarrow H_2 \uparrow$$

总反应：　　　$$Pb + H_2SO_4 =\!=\!= PbSO_4 + H_2 \uparrow$$

铅的析氢过电位高，如果铅的纯度高、杂质少，产生的氢气就少，自放电小。但如果铅表面存在氢过电位低的杂质元素时

（如铜、镍等），析氢速率就会大为增加。

图 4 - 10 是金属在 H_2SO_4 溶液中的氢过电位曲线。从图 4 - 10 中可知，在 H_2SO_4 溶液中，锑、铜、铁、钴、镍的氢过电位都比铅低。

氢过电位由小到大的顺序是：Pt，Au，Ni，Co，Fe，Cu，Sb，Ag，Bi，Sn。因此，铅负极中应严格限制这些元素的含量。

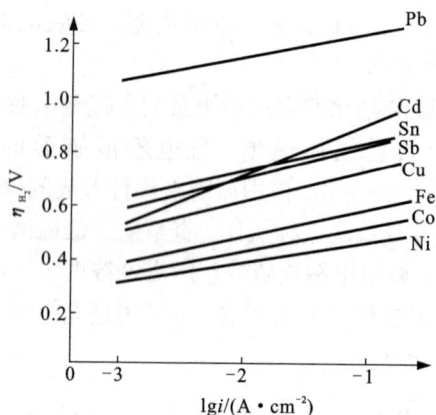

图 4 - 10   金属在 H_2SO_4 溶液中的氢过电位曲线

（25℃，H_2SO_4：1 mol·L^{-1}）

4.4.4.2   铅与氧的作用

铅与溶解于 H_2SO_4 中的氧作用也会引起铅自溶，其共轭反应为

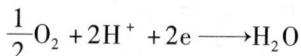

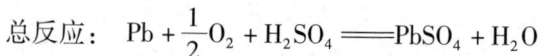

$$Pb + HSO_4^- \longrightarrow PbSO_4 + H^+ + 2e$$

$$\frac{1}{2}O_2 + 2H^+ + 2e \longrightarrow H_2O$$

总反应：$$Pb + \frac{1}{2}O_2 + H_2SO_4 =\!=\!= PbSO_4 + H_2O$$

因为氧在 H_2SO_4 中的溶解度小,又有隔板阻碍氧的扩散。因此,自放电主要是析氢反应。

J. R. Pierson 等人曾用收集电池中气体量的方法来评价 24 种元素对电池自放电性能的影响。收集的气体包括氢气和氧气。24 种元素的最大含量为 5000 $\mu g \cdot g^{-1}$ 或达饱和含量。试验是收集过充电 4 h 的气体总量,与不含杂质的纯 H_2SO_4 组装的电池为标准进行比较,所得结果见表 4 - 6。

表 4 - 6 各种杂质元素对蓄电池析气的影响

杂质	析气量 V $\times 10^{-3} L$	杂质	析气量 V $\times 10^{-3} L$	杂质	析气量 V $\times 10^{-3} L$
Al	306.4	Cl	266.4	Mo	941.6
Sb	2557.3	Cr	571.8	Ni	1076.4
As	626.2	Co	5500.8	PO_4^{3-}	171.4
Ba	193.0	Cu	530.4	Ag	285.8
Bi	916.0	Fe	309.7	Fe	1498.4
Cd	243.7	Li	258.4	Sn	179.2
Ca	172.5	Mn	936.2	V	635.6
Ce	286.4	Hg	194.2	Zn	218.4

注:标准电池析气量为 0.230L。

从表 4 - 6 可知,有 9 种元素(Sn, Ca, PO_4^{3-}, Cd, Hg, Zn, Li, Ba, Cl)在最大离子浓度(5000 $\mu g \cdot g^{-1}$ 或饱和时)时,没有加速气体析出。

4.5　板栅合金

4.5.1　板栅的作用及性能

板栅是电极的集电骨架,起传导、汇集电流并使电流分布均匀的作用,同时对活性物质起支撑作用,是活性物质的载体。

正极活性物质 PbO_2 导电性差,电阻率为 $2.5 \times 10^{-1} \Omega \cdot cm$。而含 Sb5% ~12% 的铅锑合金,电阻率仅为 $2.46 \sim 2.89 \times 10^{-5} \Omega \cdot cm$。即 PbO_2 的导电能力比 Pb – Sb 合金小 10^4 倍。而负极中的惰性 $PbSO_4$的电阻率更大,因此,将活性物质涂填在板栅上,可大大降低电池内阻。

铅酸蓄电池在充放电时,活性物质密度发生变化。充电结束时,正极 PbO_2 的密度是 $9.3759 \ g \cdot cm^{-3}$,负极海绵铅的密度是 $11.3 \ g \cdot cm^{-3}$。正负极放电产物 $PbSO_4$ 的密度是 $6.2 \ g \cdot cm^{-3}$。即放电时活性物质由 PbO_2 及海绵铅转化为 $PbSO_4$,摩尔体积将明显增加,发生极板"膨胀"或变形,而充电时,活性物质体积减小,即发生极板"收缩",因此,板栅的支撑,可以防止极板因"膨胀"和"收缩"引起活性物质脱落。

用作电池板栅的铅合金应具有一定的机械性能(如硬度、抗拉强度、延伸率等)、耐腐蚀性能、导电性、优良的铸造性能和可焊性能。

4.5.2　板栅腐蚀

蓄电池充电时,特别是在过充电时,正极板栅逐渐被氧化成 PbO_2 而遭到腐蚀。因此,为补偿腐蚀量,正极板栅应比负极板栅厚。

4.5.2.1 正极板栅腐蚀的原因

PbO_2 电极的充放电反应为

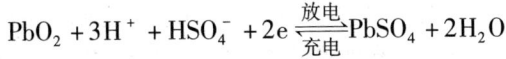

$$PbO_2 + 3H^+ + HSO_4^- + 2e \underset{充电}{\overset{放电}{\rightleftharpoons}} PbSO_4 + 2H_2O$$

$$\varphi_e^+ = 1.655 + \frac{RT}{2F} \ln \frac{a_{H^+}^3 \cdot a_{HSO_4^-}}{a_{H_2O}^2} \qquad (4-9)$$

铅在 H_2SO_4 中按下式保持平衡。

$$Pb + HSO_4^- - 2e \underset{充电}{\overset{放电}{\rightleftharpoons}} PbSO_4 + H^+$$

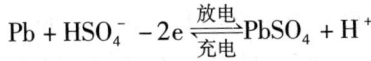

$$\varphi_e^- = -0.30 + \frac{RT}{2F} \ln \frac{a_{H^+}}{a_{HSO_4^-}} \qquad (4-10)$$

当电位低于 -0.3 V 时,式(4-10)反应向左进行,铅处于稳定状态。电位大于 -0.3 V 时,铅被氧化成 $PbSO_4$。在电位高于 1.655 V 时,式(4-9)向左进行,$PbSO_4$ 进一步氧化成 PbO_2。

铅的阳极氧化按产物可分成四个电位区(vs. Hg/Hg_2SO_4 电极),如图 4-11 所示。

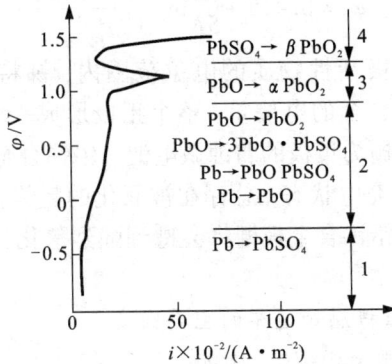

图 4-11 不同电位下的稳态腐蚀

(H_2SO_4 : 4.5 mol · L^{-1})

(1)第一电位区　　电位低于 -0.2V，腐蚀电流随电位增大无明显变化，腐蚀产物按溶解 - 沉淀机理形成 $PbSO_4$。

(2)第二电位区　　电位在 -0.2~0.7 V 之间，腐蚀电流随电位增加而明显增大，腐蚀产物有 PbO，$PbO \cdot PbSO_4$，$3PbO \cdot PbSO_4$ 及 $\alpha - PbO_2$。随后出现因 $PbSO_4$ 保护层形成微弱钝化。

(3)第三电位区　　电位在 0.7~1.1 V 之间，由 Pb 和 PbO 生成的导电性 $\alpha - PbO$ 膜使腐蚀电流明显增大。

(4)第四电位区　　电位大于 1.1 V，由 $PbSO_4$ 和 $PbO \cdot PbSO_4$ 氧化生成 $\beta - PbO_2$，达到过钝化，析出氧，腐蚀电流随电位增加明显增大。

正极板栅中锑以两种价态存在于 H_2SO_4 溶液中：

$$Sb + H_2O - 3e \rightleftharpoons SbO^+ + 2H^+$$

$$\varphi_e = 0.212 + \frac{RT}{3F}\ln\frac{a_{H^+}^2 \cdot a_{SbO^+}}{a_{H_2O}} \qquad (4-11)$$

$$Sb + 2H_2O - 5e \rightleftharpoons SbO_2^+ + 4H^+$$

$$\varphi_e = 0.415 + \frac{RT}{5F}\ln\frac{a_{H^+}^4 \cdot a_{SbO_2^+}}{a_{H_2O}^2} \qquad (4-12)$$

因此，在正极活性物质的电位范围内，锑将被氧化。由于 PbO_2 与 Pb - Sb 合金的电位差，整个正极形成一个以 PbO_2 为正极，铅锑合金板栅为负极的腐蚀微电池。铅锑合金板栅无论是搁置状态还是处于充电状态，总存在被氧化的趋势，当充电时，尤其是过充电时，铅锑合金板栅将会遭到强烈氧化，所以正极板栅的腐蚀是必然的。

4.5.2.2　影响板栅腐蚀速率的主要因素

(1)正极板栅金相结构的影响

当 Pb - Sb 合金是亚共晶体时，合金由 α 固溶体和 β 固溶体组成混合物。高锑相 β 固溶体分布在铅枝晶之间，形成晶间夹层。在铅和铅锑合金阳极极化时，腐蚀沿晶界进行。晶间夹层中粒子无一定规则排列，活性最大，优先被腐蚀。锑以离子形态溶于电解液中，腐蚀产物不具有保护性。

铸造条件对金相结构的影响也与板栅腐蚀有关。如铸造冷却速度快，则板栅晶粒小，而组织致密，晶粒之间的夹层薄，腐蚀产物可覆盖晶间夹层，若腐蚀膜完整致密，可使腐蚀速率降低。反之，腐蚀速率加快。

添加成核剂可以增加合金结构的分散度，保证晶间夹层形成致密的耐腐蚀惰性相，抑制板栅腐蚀速率。常用的成核剂有 As，Fe，Ca，Ti，S 等。

(2)正极板栅腐蚀性能的影响

正极板栅腐蚀膜如果是小孔致密的，就能减缓板栅腐蚀，形成的 PbO_2 膜的晶粒尺寸越小则膜越致密。板栅表面形成 $\alpha - PbO_2$ 和 $\beta - PbO_2$ 膜，$\alpha - PbO_2$ 膜多孔，卢 $\beta - PbO_2$ 比较致密。因此 $\beta - PbO_2$ 膜有减轻板栅腐蚀的作用。在 Pb-Sb 合金中加入少量银，有利于形成 $\beta - PbO_2$ 膜，从而减轻板栅腐蚀。

(3)硫酸浓度和温度的影响

Lander 发现在各种 H_2SO_4 浓度下，都存在一个活化腐蚀电位区，该电位区随 H_2SO_4 浓度增大而向电位增大的方向移动。在活化腐蚀区内，Pb-Sb 合金的腐蚀随 H_2SO_4 浓度减小而加速。

Bullok 等的研究结果在电位小于 1.0V 时与 Lander 的看法基本一致。而 H_2SO_4 浓度对 Pb-Sb 合金的腐蚀与电位有关，当电位大于 1.0V 时，Pb-Sb 合金的腐蚀有可能随 H_2SO_4 浓度增加而变大，如图 4-12 所示。

温度对铅合金腐蚀速率的影响符合以下关系式：

$$\lg i_c = -\frac{W}{RT}$$

式中：i_c——腐蚀电流；

　　　W——活化能。

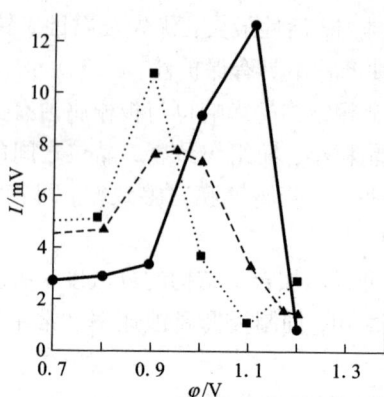

图 4 - 12　H_2SO_4 浓度对铅合金腐蚀速率的影响

H_2SO_4 浓度：●—5.1 mol·L^{-1}

▲—2.7 mol·L^{-1}；■—0.8 mol·L^{-1}

4.5.3　板栅合金分类及特性

　　板栅的主成分是铅，但纯铅太软，铸造加工不便，加入合金元素后可改善机械性能和使用性能，使用最广的是含锑合金，其次是 Pb - Ca 合金。按组成分为以下几类。

　　高锑合金：含锑量为 4% ~ 12%（质量比），添加元素有 As，Sn，Se，Ag 等；

　　低锑合金：含锑量为 0.75% ~ 3.0%（质量比），添加元素为 As，Sn，Se，Cu，Fe，S 等；

　　Pb - Ca 系列合金如 Pb - Ca，Pb - Ca - Sn，Pb - Sr，Pb - Sr - Sn 等，添加元素有 Al，Bi，Ce 等。

4.5.3.1　铅锑系列板栅合金

　　（1）Pb - Sb 合金

　　Pb - Sb 合金的组成为 Pb + （质量分数 4% ~ 12%）Sb，加锑

后铅的物理性能变化如表 4 - 7 所示。

表 4 - 7　铅锑合金的物理性能

w_{Sb} %	凝固点 ℃	ρ kg·L^{-1}	抗拉强度 9.8×10^6 Pa	伸长率 %	布氏硬度 HB	膨胀系数 ℃$^{-1} \times 10^{-7}$	20℃电阻率ρ (Ω·m)$\times 10^{-4}$
0	327	11.33	1.2521	—	3.0	292	21.2
1	320	11.26	—	—	4.2	288	22.0
2	313	11.18	—	—	4.8	284	22.7
3	306	11.10	3.3046	15	5.3	281	23.4
4	206	11.03	3.9795	22	5.7	278	24.0
5	292	10.95	4.4717	29	6.2	275	24.6
6	285	10.88	4.8092	24	6.5	272	25.3
7	273	10.81	5.0482	21	6.8	270	25.9
8	271	10.56	5.2170	19	7.0	267	26.5
9	265	10.66	5.3294	17	7.2	264	27.1
10	261	10.59	5.3927	15	7.3	261	27.7
11	256	10.52	5.3576	13	7.4	258	28.3
12	252	10.45	5.2591	12	7.4	256	28.9
13	247	10.38	5.1178	10	—	253	29.3
14	—	10.30	4.9210	9	—	251	29.3
15	—	10.23	4.7804	8	—	248	29.2

　　从表 4 - 7 看，随合金中锑含量增加，合金凝固点、密度、膨胀系数下降，硬度、抗拉强度增加。因此，锑含量增加，有利于板栅的机加工和改善板栅性能。锑质量分数大于 5% 以后，随锑含量继续增加，合金伸长率下降，这一特性可以减少板栅在充放电过程中发生变形。因为充电时，正极板栅可同活性物质一起氧化成 PbO_2，使板栅体积增大，而伸长率降低则可减少板栅变形。

　　从 Pb - Sb 合金相图（图 4 - 13）可知，在锑质量分数为

11.1%时，存在最低共熔点，共熔点温度 252 ± 0.5℃，在此温度
下，锑在固溶体中的最大溶解度为 3.45%，到室温时降到 0.1%。
电池用 Pb – Sb 合金中锑质量分数一般为 1% ~ 11%。当液态的
Pb – Sb 合金冷却时，首先析出固溶体枝晶，液体中锑含量增加，
直至达到最低共晶点组成。

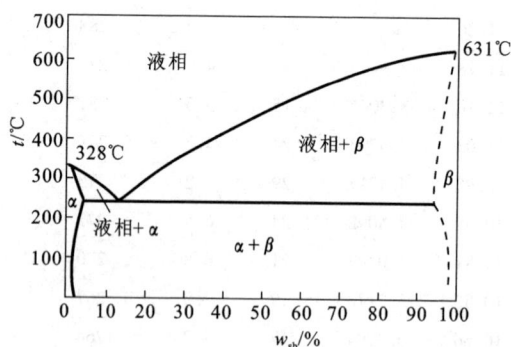

图 4 – 13　Pb – Sb 二元合金体系的平衡相图

　　Pb – Sb 合金属部分互溶的固溶体，在最低共熔点所得的低
共熔物，是由固溶体 α 相和 β 相组成的混合物。共晶体呈针状结
构，其周围被铅固溶体包围。

　　蓄电池用 Pb – Sb 合金最常用的锑质量分数为 5% ~ 7%，正
处于低共晶体的组成内，是 α 和 β 两种固溶体的混合物。α 固溶
体是铅中溶解有锑，且锑在铅中的溶解量为 0.4% ~ 2.5%，当锑
含量 5% ~ 12% 时，析出 α 固溶体中的锑含量为 1% ~ 2.5%。但
是，在温度为 0℃ ~ 5℃ 时，α 固溶体的稳定成分 Sb 的质量分数
为 0.4% ~ 0.6%。因此，在 252℃ 以前凝固析出的 α 固溶体是不
稳定的，并有向稳定成分变化的趋势。即要从锑质量分数为 1%
~ 2.5% 的 α 相固溶体中分解出多余的锑，以达到稳定的成分。

在有铅存在时，分解出的是含铅的锑合金，即 β 型固体。β 型固溶体通常在晶粒边缘析出，形成所谓"晶间夹层"，从而改变晶体和合金的性质，如使合金变脆，耐磨特性下降等。

Pb – Sb 合金用作铅蓄电池的板栅，是因为 Pb – Sb 合金抗拉强度、延展性和铸造性能优于纯铅。

Pb – Sb 合金能改善板栅与活性物质之间的结合能力，增强板栅与活性物质之间的"裹附力"，有利于延长铅蓄电池的循环寿命。

Pb – Sb 合金也存在一些缺点，如电阻比纯铅大；耐腐蚀性不如纯铅；正极板栅中的锑在充电时可以转移到负极表面，降低析氢过电位，加速负极的自放电。

Pb – Sb 合金中的锑也降低正极析氧过电位，增加电池的正极自放电。因此，以 Pb – Sb 合金作为板栅的铅蓄电池，因自放电引起大量析气消耗水，使用中必须加水维护，不能制成密封式电池。

为了减少电池自放电和提高电池循环寿命，必须提高 Pb – Sb 合金的析氢及析氧过电位和提高 Pb – Sb 合金的耐蚀性，如使用性能更为优良的铅锑多元合金代替二元铅锑合金。

（2）Pb – Sb – As 合金

Pb – Sb – As 合金国外已普遍采用。合金的一般组成为（质量分数）

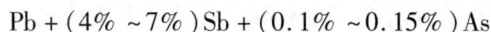

$$Pb + (4\% \sim 7\%)Sb + (0.1\% \sim 0.15\%)As$$

Pb – Sb – As 合金的主要优点是提高板栅耐蚀性，因砷的加入能使 Pb – Sb 合金晶粒变细，晶间夹层变薄。同时，加入砷能提高合金硬度和抗拉强度。缺点是砷有毒，且 Pb – Sb – As 合金的脆性会稍有增大。

（3）Pb – Sb – As – Sn 合金　合金的组成为（质量分数）

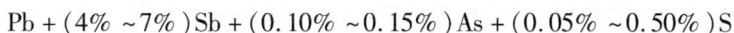

$$Pb + (4\% \sim 7\%)Sb + (0.10\% \sim 0.15\%)As + (0.05\% \sim 0.50\%)S$$

将少量锡加到 Pb – Sb – As 合金中，既保持了原有合金的优良性能，又明显改善熔融铅合金的流动性和可铸性，降低因加入锑和砷引起的脆性。

(4) Pb – Sb – Ag 合金　合金的组成为(质量分数)

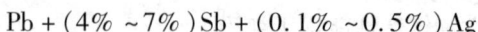

Pb + (4% ~7%) Sb + (0.1% ~0.5%) Ag

Pb – Sb – Ag 合金的优点是具有优良的耐蚀性能，促进活性物质中 β – PbO_2 的形成。

(5) Pb – Sb – Cu 合金　合金组成为(质量分数)

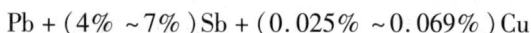

Pb + (4% ~7%) Sb + (0.025% ~0.069%) Cu

Pb – Sb – Cu 合金的优点是降低铸造时的氧化损失，提高合金的可铸性和抗拉强度。

(6) Pb – Sb – As – Cu 合金　合金组成为(质量分数)

Pb + (4% ~6%) Sb + 0.2% As + 0.09% Cu

合金中的砷与铜作用生成砷化铜(Cu_3As)，成为一种性能优良的成核剂，有助于提高合金的耐蚀性能。

4.5.3.2　低锑系列板栅合金

(1) 低锑合金的特点

正、负极板栅采用低锑合金，或正极用低锑合金，负极用无锑合金可以减少电极析气，有利于电池的维护。

当铅锑合金中的锑含量过低时，板栅铸造时会产生裂隙，当合金中锑的质量分数低于 3%，裂隙更为严重。

为了防止低锑合金产生裂隙，可以采用成核剂。常用的成核剂有 S，Se 和 Cu。成核剂的作用是提供 Pb – Sb 合金凝固时适宜的晶格点。用作成核剂的条件是应比铅优先凝固的物质，成核剂应在 Pb – Sb 合金中有一定溶解性，不易氧化，浓度降低时溶解度急剧降低。成核剂应不会降低析氢过电位。

硫和硒能与铅反应生成 PbS 和 PbSe 晶粒，是性能优异的成核剂。铜和砷能生成 Cu_3As，也可成为成核剂。当合金熔体温度下降时,加到合金中的成核剂首先凝固,使熔体形成有细小固体颗核的悬浮液。因此,合金凝固从液体中悬浮的微小颗粒开始。有理想的成核条件下,晶粒呈圆形,晶粒体积变小,当凝固接近终止时,也不致于出现裂隙。

成核剂在锑合金中的含量对低锑合金的性能有很大的影响。表4-8列出了成核剂在铅液中的溶解度。从表4-8中可以找出成核剂含量与温度的对应关系。从而确定为保证成核剂添加量所应保持的熔铅锅的温度。

表4-8 成核剂在铅液中的溶解度

$t/℃$	含 量/%		
	S	Se	Cu(呈 Cu_3As)
361	0.0005	0.0048	0.035
388	0.0008	0.0068	0.041
416	0.0016	0.0112	0.052
444	0.0027	0.0196	0.072
472	0.0048	0.0300	0.100
500	0.0078	0.0500	0.150

(2)含 Cu,Se,S 成核剂的 Pb-Sb-As-Sn 合金 合金组成为(质量分数)

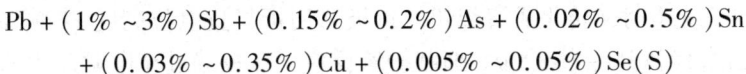

Pb + (1%~3%)Sb + (0.15%~0.2%)As + (0.02%~0.5%)Sn + (0.03%~0.35%)Cu + (0.005%~0.05%)Se(S)

合金中的 Cu,Sc,S 是成核剂,Sn 增加合金的流动性。这种合金的耐蚀性提高。缺点是配制合金操作复杂。

(3)含 Co,Sn 的 Pb-Sb-Ag 合金 合金组成为(质量分数)

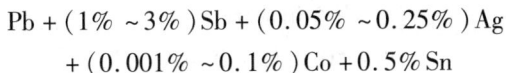

Pb + (1%~3%)Sb + (0.05%~0.25%)Ag + (0.001%~0.1%)Co + 0.5%Sn

钴是正极板栅防腐添加剂，充电时，钴分别沉积在正负极板栅上，抑制锑在正极溶出及向负极转移。添加钴可使电极上形成结构紧密的氧化膜，阻止电解液对金属－氧化物界面的自由扩散，减少铅的进一步腐蚀。

(4) Pb－Sb－Cd 合金　合金组成为(质量分数)

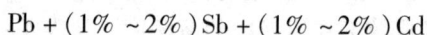

$$Pb + (1\% \sim 2\%) Sb + (1\% \sim 2\%) Cd$$

Pb－Sb 合金中加入镉，由于镉的氢过电位较高，可显著减少析氢反应。含镉合金板栅呈现均匀腐蚀，结晶细致，可提高电池循环寿命。

4.5.3.3　铅钙系列板栅合金

(1) 全密封免维护电池的特点

采用铅锑合金的铅蓄电池，无论锑含量降到多低，在充电时，锑总会从正极板栅溶解到溶液中，通过隔板转移并沉淀到负极表面，降低析氢过电位，产生自放电，必须加水维护。

1935 年，Haring 和 Thomas 证实，按质量分数 Pb + 0.1% Ca 和 Pb + 0.1% Ca + 0.5% Sn 的铅钙系列合金显示出优良的机械性能和较高的氢过电位。20 世纪 70 年代，美国研制成"气体再复合式"密封铅酸蓄电池。全密封免维护铅酸蓄电池的关键是减少贮存时电池自放电和充电时水的损失。电池充电时，正极上产生的氧气能顺利扩散到负极与海绵铅化合形成氧化铅。该反应生成的水又回到电池室，保持电解液的平衡。生成的氧化铅或硫酸铅，充电时又转化成海绵铅。负极采用析氢过电位高的 Pb－Ca 合金代替 Pb－Sb 合金，抑制析氢反应。在极端过充电时产生的少量氢气，也可部分地被正极 PbO_2 再化合。这样，使电池在整个充电过程中基本无气体析出和水的过多损失。实现电池的全密封和免维护，关键是采用具有高析氢过电位的无锑板栅合金。

(2) Pb－Ca 合金　合金组成为

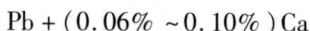

$$Pb + (0.06\% \sim 0.10\%) Ca$$

图 4 – 14 是 Pb – Ca 合金相图，相图表明，在 328℃时，钙在铅中的最大溶解度为 0.1%，而在室温下，溶解度仅为 0.01%。由于固相的重结晶，形成 Pb_3Ca 金属间化合物的细晶粒沉淀，使合金的机械性能得到改善。当钙质量分数低于 0.07% 时，冷凝时形成一种粗糙表面相，Pb_3Ca 从固体溶液中分离并在粗粒中形成一种网络状

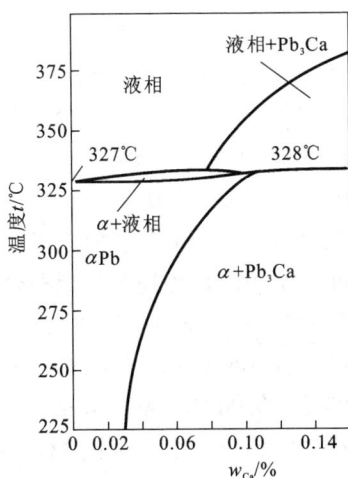

图 4 – 14 Pb – Ca 合金相图

枝晶。当钙质量分数大于 0.07% 时，合金凝固时主要形成 Pb_3Ca 晶体，并作为成核中心，结晶组成均一，且晶粒中形成针状结晶。

质量分数具有 0.1% 钙的合金结晶颗粒良好，Pb_3Ca 均匀分布于铅基质之中，因此，这种合金比铅锑合金变形慢。但如钙含量高时，颗粒变大，并有非均相结构存在，有可能加速腐蚀。

Pb – Ca 合金为沉淀硬化型合金。合金的主要优点是：析氢过电位比 Pb – Sb 合金提高 200 mV，有效地抑制电池自放电，减少充电时负极的析氢量。Pb – Ca 合金的导电能力优于 Pb – Sb 合金，合金中不存在锑，不存在向负极转移问题，过充电流小，水损失小，有利于电池密封。Pb – Ca 合金的缺点是钙易氧化，且不适于做深度放电循环的正极板栅材料。

（3）Pb – Ca – Sn 合金　　合金组成为（质量分数）

Pb + (0.06% ~ 0.10%) Ca + (0.3% ~ 0.5%) Sn

Pb – Ca – Sn 合金可改善铸造性能，提高电池深度放电能力。添加锡可改善合金浇铸时的流动性，锡与钙形成 Sn_3Ca 的化合

物,与 Pb_3Ca 具有同类晶形,有利于时效硬化。Pb – Ca – Sn 合金的耐蚀性能优于 Pb – Ca 合金。

(4)Pb – Ca – Sn – Al 合金　合金组成为(质量分数)

Pb + (0.06% ~0.10%)Ca + (0.05% ~0.5%)Sn + (0.003% ~0.02%)Al

在 Pb – Ca – Sn 中添加铝可以减少板栅铸造时的氧化损失,是目前最常用的最为稳定的板栅合金。

(5)Pb – Ca – Sn – Al – Bi 合金　合金组成为(质量分数)

Pb + (0.06% ~0.10%)Ca – F(0.05% ~0.5%)Sn + (0.003% ~0.002%)Al + Bi 适量。

添加铋到合金中,可增加合金强度和耐蠕变能力。铋可适当减少电池充电时气体析出。

(6)Pb – Ca – Sn – Al – Cd 合金　合金组成为(质量分数)

Pb + (0.06% ~0.10%)Ca + (0.05% ~0.5%)Sn + (0.003% ~0.02%)Al + Cd 适量。

镉的氢过电位高,可降低合金的析氢反应。同时,镉可以改善板栅与活性物质之间 $PbSO_4/PbO_2$ 的转化活性,提高电池的过充深放能力,是目前大容量,耐深放电循环的性能优良的板栅材料之一。

4.6　隔　板

目前,工业上已应用的隔板有微孔硬橡胶隔板、微孔塑料板、玻璃纤维隔板等。

4.6.1　微孔硬橡胶隔板

微孔硬橡胶隔板是以天然橡胶为主要原料制成的,隔板成分如表 4 – 9 所示。

表4-9 橡胶隔板配比

组　成	天然橡胶	丁苯橡胶	硫粉	沥青	凡士林
配　比	70	30	40	10	5

将上表中的成分按配比混合调成胶料后，在胶料中加入70%～74%含水分的硅酸粉，压延成型，切开，硫化制得隔板，然后经浸酸、漂洗、烘干，即得微孔橡胶隔板。

4.6.2　聚氯乙烯(PVC)塑料隔板

PVC塑料隔板有两种:烧结式PVC微孔塑料隔板是以PVC树脂为原料，铺在钢带上烧结成型，冷却而成。PVC软质塑料隔板。其制法是将1份PVC、5份DMF(二甲基甲酰胺)和11份NaCl(平均粒径31 μm)在60℃以下混合，并涂敷到不锈钢带上，再浸入30℃水中，使物料凝固并除去填料，再用60℃水清洗，把凝固带从钢带上剥下，洗涤，在60℃下干燥，所得隔板性能为:平均孔径7.2 μm，最大孔径11 μm，开口孔率91%。

4.6.3　聚烯烃树脂微孔隔板

聚烯烃树脂如聚乙烯、聚丙烯适合于免维护电池使用。其中聚丙烯超细纤维微孔隔板是将聚丙烯树脂溶喷成超细纤维，制成毡状，加入一些填充剂，润滑剂和老化剂，经热轧成型制成微孔隔板。

4.6.4　玻璃棉纸浆复合隔板

隔板以酚醛树脂为主要原料，经浸泡，烘干，再加上一层防止活性物质脱落的玻璃纤维覆盖于纸板上形成复合隔板。

4.6.5　玻璃丝隔板及套管

玻璃纤维具有耐热、耐腐蚀、绝缘性能好等优点，是一种理想的蓄电池隔板原料。一般取直径 $7 \sim 12~\mu m$ 的玻璃纤维铺成毡片，用胶、酚醛树脂或聚苯乙烯进行固化而成。

玻璃丝套管用玻璃丝编织成套管，然后用酚醛等固化剂固化。

超细玻璃纤维(AGM)具有电阻小、孔率高、孔径小的特点。并具有吸酸、富有弹性、可压缩、允许氧气通过等功能，是阀控式密封蓄电池的理想隔板。

4.7　电解液

铅酸蓄电池电解液用纯硫酸加纯水配制。不同用途的铅酸蓄电池的电解液密度如表 4 - 10 所示。

表 4 - 10　各类铅酸蓄电池用硫酸电解液密度

铅蓄电池类型	汽车起动型	固定型	火车用	牵引用	携带用
硫酸溶液密度 $\rho/kg \cdot L^{-1}$	$1.220 \sim 1.240$	$1.200 \sim 1.225$	$1.210 \sim 1.250$	$1.230 \sim 1.280$	$1.235 \sim 1.245$

4.8　铅酸蓄电池的制造工艺

涂膏式铅酸蓄电池制造工艺流程如图 4 - 15 所示，基本工序有：板栅制造，正、负极铅膏制造，极板固化，极板化成，电池装配等。

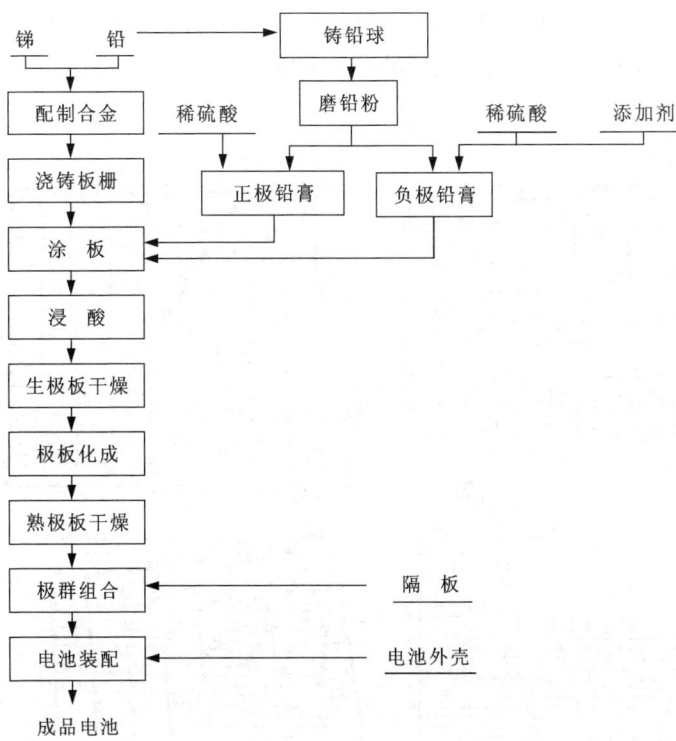

图 4 - 15　铅酸蓄电池制造工艺流程图

4.8.1　板栅制造

板栅由铅锑合金浇铸而成。一般由截面积和形状不同的横竖筋条组成栅栏体。

板栅的作用是支撑活性物质，使电流分布均匀，提高活性物质的利用率。

4.8.1.1　板栅构型

国内外常用的板栅有垂直筋条方格型、斜筋条改进型、辐射型、半辐射型等四种，板栅的结构如图 4 – 16 所示。

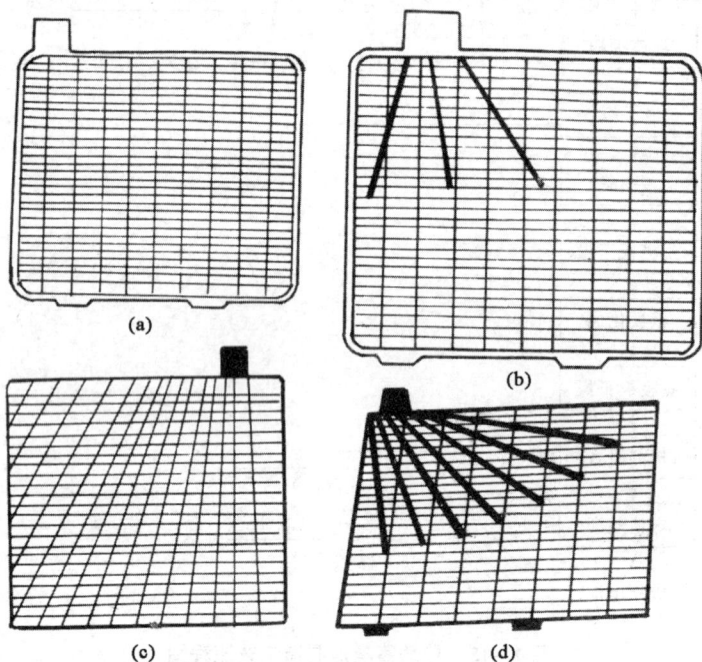

图 4 – 16　板栅结构示意图

(a)垂直筋条方格型;(b)斜筋条改进型;(c)辐射型;(d)半辐射型

4.8.1.2　板栅合金配制

工业上常用的板栅合金有 Pb – Sb 合金，低锑多元合金 Pb – Sb – As和 Pb – Ca 系列合金等，合金组成如表 4 – 11 所示。

表 4 – 11　板栅合金成分

牌号	w(质量分数)/%									
	Sb	Ca	As	Sn	Al	Ag	Cd	Cu	S	Pb
JY – QH – 851	4.5	—	0.26	0.26	—	—	—	0.045	0.004	余量
	2.5 ~2.8	—	0.3 ~0.48	0.20 ~0.36	—	0.001 ~0.005	—	0.005 ~0.015	—	余量
JY – QH – 853	1.3 ~1.6	—	0.3 ~0.48	0.20 ~0.36	—	0.001 ~0.005	—	0.005 ~0.15	—	余量
Pb – Ca 合金	—	0.09	—	0.30	0.02	—	0.02	—	—	余量
Pb – Ca 合金	—	1.20	—	3.0	0.2	—	—	—	—	余量

（1）Pb – Sb 合金配制

制备 Pb – Sb 合金的工艺流程如图 4 – 17 所示。

图 4 – 17　Pb – Sb 合金配制流程图

配制方法有两种：一种是直接配成所需含锑量的合金，另一种是先配制锑质量分数为 20% 的高锑合金，再添加纯铅稀释到所需的含锑量。

（2）低锑多元合金配制

低锑合金中常添加少量 As，Cu，Sn，S，Se 等元素以改善合金性能。配制程序与 Pb – Sb 合金基本相同。加入方式可采用直接加入法，也可预先配成高含量合金加入。

（3）Pb – Sb – As 合金配制

先将配方中约 50% 的铅和全部锑加到铁锅内，大火加热，当温度升至 600℃ 时，未熔化的锑浮于表面，搅拌使其全部熔化，然后将剩余的5%铅加入锅内，继续搅拌至全部熔化为止。

砷因密度小，会浮在合金液表面。可用多孔的铁漏勺装上砷沉入锅底，搅拌直到砷完全熔化，此时合金温度在530℃左右，停止加温，再搅拌8～10 min即成。

（4）Pb–Ca合金配制

由于钙易氧化烧损，Pb–Ca合金常在惰性气氛保护设备或其他覆盖剂的保护下熔化，因Pb–Ca合金流动性较差，铸造模具要预热。另外，合金中不能混入杂质，特别是锑，应控制在0.001%以下，因锑与钙生成Ca_3Sb浮渣。有的加入0.02%左右质量分数的铝防止钙氧化烧损。

工业上先配成含钙量质量分数为1.5%～3.0%的富钙中间合金，制造Pb–Ca合金时再按配方加入所需的铅。也可以将纯钙直接加入熔融的铅熔体中得Pb–Ca合金。

4.8.1.3　板栅浇铸

板栅浇铸是将液态合金浇入板栅模具而得到板栅铸件的过程。

模具材料选择铸铁比铸钢好，模具中应留有出气口或气孔，以利于空气排出。模具表面必须涂沫或覆盖脱模剂。

常用的脱模剂配方如表4–12所示。生产上一般都采用软木粉悬浮液。这类脱模剂保温性能好，喷涂在模具上使用时间长，涂层厚度易调整，喷涂操作简单、方便。

表4–12　脱模剂配方

配方	软木粉 m/kg	硅酸钠 V/mL	磷酸铝 V/mL	膨润土 m/kg	鞣酸 m/kg	水 m/kg
(1)	0.5～1.0 (75 μm)	300～500 ($\rho=1.35$ g·cm^{-3})				10～18
(2)	1.0 (75 μm)	450 ($\rho=1.35$ g·cm^{-3})	23(含Al, 36.4%)			15
(3)	0.15	100		0.25	0.01	8

脱模剂的配制方法是将水玻璃溶于水中，加热煮沸后，将软木粉边加边搅拌，煮沸 1 h 后冷却待用。

（1）Pb–Sb 合金板栅浇铸

先将铅合金加热到 450℃～500℃，铸模预热到 150℃左右，将脱模剂喷涂到模具表面，将铅合金液注入模内，冷却，取出板栅。

（2）Pb–Ca 合金板栅浇铸

Pb–Ca 合金浇铸步骤与 Pb–Sb 合金相似。为防止铸造时钙氧化烧损，可在熔体表面覆盖一层石灰粉或石墨粉、炭粉等，也可用 $CaCl_2$ 与 NaCl 质量比为 1:1 的混合物或铝薄膜作覆盖层。

为提高 Pb–Ca 合金的板栅强度和其他性能，要对板栅作陈化处理，即"时效"作用。可将板栅置于 100℃烘箱中保温 18～72 h 后冷却。

4.8.2　生极板制造

极板由铅粉、硫酸、水混合制成铅膏涂填在板栅上，经化成制得。未经化成的极板称生极板。

4.8.2.1　铅粉制造

铅酸蓄电池用铅粉按质量分数含 PbO 65%～85%，Pb 15%～40%，铅粉制造有球磨法和气相氧化法。

（1）球磨法

将铅锭铸成铅球或铅块，装入球磨机内鼓风研磨氧化成铅粉。这种方法称之为哈丁式、风选式或筛选式研磨法。

在球磨过程中，由于铅球的撞击，摩擦放热且铅在鼓入空气的作用下发生放热反应。

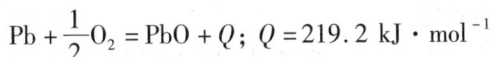

$$Pb + \frac{1}{2}O_2 = PbO + Q; \quad Q = 219.2 \text{ kJ} \cdot \text{mol}^{-1}$$

工业上常用的风选式铅粉机如图 4–18 所示，鼓入的空气不仅起氧化作用,还担负铅粉输送作用。

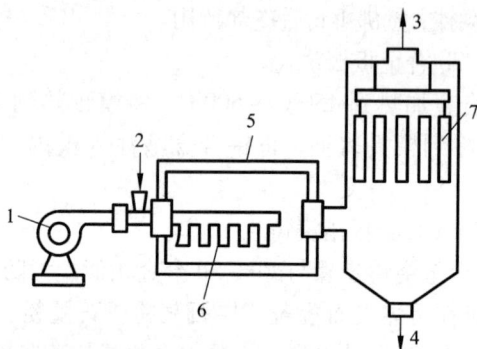

图 4 – 18   风选式铅粉机示意图

1—空气入口;2—铅球入口;3—空气出口;
4—铅粉出口;5—转筒;6—风管;7—布袋

要得到性能优良的铅粉,必须控制铅球量、球磨筒体温度、湿度和风量。一般控制筒体外壁温度为 160℃ ~180℃,空气气流温度 15℃ ~25℃,相对湿度 70% ~80%。

铅粉性能主要包括氧化度、视密度、吸水率、分散度等,生产上控制的铅粉质量指标如表 4 – 13 所示。

表 4 – 13   铅粉性能指标

性能	氧化度 %	视密度 g·cm^{-3}	吸水率 ml·kg^{-1}	粒度分布/%		
				– 50 μm	– 165 μm	+ 350 μm
指标	65 ~85	1.5 ~1.8	90 ~100	>55	>93	<3

(2)气相氧化法

气相氧化法生产铅粉的原理如图 4 – 19 所示。该法又称巴顿法,是在大型熔铅锅内将铅熔化,在气相氧化室内将熔融铅液搅拌与空气接触氧化成氧化铅粉末。同时,用稳定气流将氧化铅粉吹入沉降室分离。分离出来的粗粉送回氧化室,合格铅粉用于和铅膏。

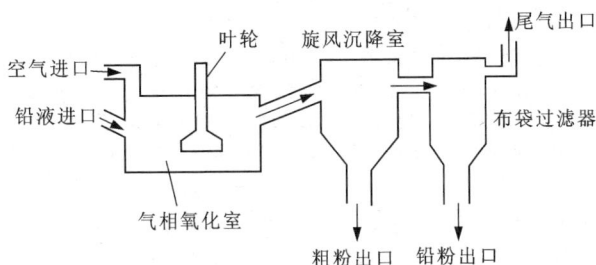

图 4 – 19　气相氧化法生产铅粉原理示意图

　　气相氧化法制备铅粉的主要影响因素是:熔铅温度和氧化室温度、空气流量和反应时间。一般控制氧化室温度低于 488℃。因为超过 488℃ 时会形成菱形氧化铅,488℃ 以下形成性能优良的四面体晶形氧化铅。

4.8.2.2　和膏和涂板

　　把铅粉加稀 H_2SO_4 混合成膏状称和膏。为提高极板强度和改善电极的充放电性能,一般在铅膏中加入添加剂。如在负极膏中加入硫酸钡、腐殖酸、炭黑等膨胀剂;在正负极膏中加入涤纶(或丙纶)短纤维,增强极板与活性物质的粘结力。

　　铅膏有粘型和砂型两种。粘型铅膏所用 H_2SO_4 浓度较低,一般为密度 $1.17 \sim 1.25$ kg·L^{-1}。每公斤铅粉含酸量 $20 \sim 30$ g。这种铅膏适用于普通型涂板机和手工操作涂板。砂型铅膏所用 H_2SO_4 浓度较高,一般为密度 $1.30 \sim 1.40$ kg·L^{-1},每公斤铅粉含酸量在 $35 \sim 55$ g,常用的铅膏配方如表 4 – 14 所示。

表4-14　正、负极铅膏配方

铅膏类型		负极配方			正极配方	
		粘型		砂型	粘型	砂型
		起动摩托车用	干荷电	蓄电池车用		
铅粉		250 kg	250 kg	250 kg	270 kg	250 kg	270 kg
硫酸水		37 L(密度1.07 kg·L⁻¹)	30 L(密度1.1 kg·L⁻¹)	37 L(密度1.1 kg·L⁻¹)	22 L(密度1.4 kg·L⁻¹)	30 L(密度1.1 kg·L⁻¹)	26 L(密度1.4 kg·L⁻¹)
					27L	适量	适量
添加剂	硫酸钡	1.5 kg	1.5 kg	0.75 kg	0.82 kg		
	腐殖酸	2.5 kg	1.75 kg		0.55 kg		
	炭黑				0.55 kg		
	木素			1.25 kg			
	α-羟基β-苯酸		0.75 kg				

一般正极铅膏密度控制在 $3.97 \sim 4.03$ g·cm^{-3}，负极铅膏密度 $4.27 \sim 4.39$ g·cm^{-3}。如果铅膏密度过大，极板孔隙率低，会妨碍硫酸扩散，使活性物质利用率降低，并会使极板坚硬，极板变形。若铅膏密度过低，活性物质利用率高，但极板松软，活性物质容易脱落。

在铅蓄电池中，硫酸参加成流反应。因此，要求铅膏孔隙度高，渗透性好。

把铅膏涂在板栅上叫涂板或涂填，通常在涂板机上进行或手工式涂板。对于管式极板，则把铅膏挤到套管中。涂板后，适当压实，使铅膏与板栅紧密接触。卧式涂板机示意图如图4-20所示。

淋酸。淋酸是使生极板表面生成一薄层硫酸铅，防止干燥时产生裂纹。采用淋酸的硫酸密度为 $1.10 \sim 1.20$ g·cm^{-3}，淋酸时

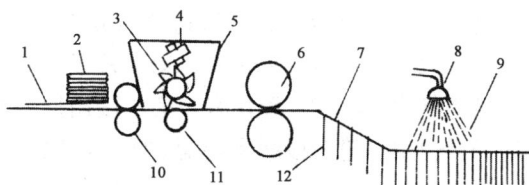

图 4 - 20　卧式涂板机示意图

1—推进板；2—板栅；3—涂膏磙；4—Z 式搅拌轴；5—铅膏斗；
6—压板磙(2 个)；7—斜滑导；8—淋酸装置；9—丝杠(2 根)；
10—送板磙(2 个)；11—高速磙；12—生极板

间为 5 ~ 15 s。

生极板干燥。干燥过程可视为胶体的凝结过程，凝结铅膏形成网状结构，水分分布在孔隙中，经加湿或自然蒸发逸出。因此，干燥不是简单的水分蒸发过程。

干燥的作用是为了增加极板硬度及机械强度，防止产生裂纹，同时，使生极板中的铅继续氧化为 PbO，使正极板中金属铅质量分数降到 2.5% 以下，负生极板中金属铅质量分数降至 5% 以下，因为铅含量过高的生极板在化成或充放循环中，活性物质会开裂，松散至脱落。

极板的固化是形成碱式硫酸铅的过程。正极板固化希望生成细小的 $3PbO \cdot PbSO_4 \cdot H_2O$，干燥温度不宜过高。

干燥固化条件主要是控制温度和湿度，干燥方式有室温干燥、高温蒸汽固化、分段干燥等。

高温蒸汽固化是把极板置于高温高湿的密闭罐中，通以 0.5 ~ 0.6 MPa 的蒸汽，使极板上的粉料固化并发生以下反应：

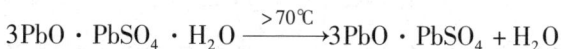

$$3PbO \cdot PbSO_4 \cdot H_2O \xrightarrow{>70℃} 3PbO \cdot PbSO_4 + H_2O$$

$3PbO \cdot PbSO_4$ 是具有针状结晶的网状结构物，使极板强度增加。

分段干燥分为隧道式和烘房式。隧道室内分三个温区，90℃
~100℃，100℃~120℃，120℃~90℃。第一段是高温区，时间
较长，有利于铅膏氧化，避免铅膏开裂。第二段用抽风方法降低
湿度，并提高干燥速率。第三段缓慢降温，防止出室时温度突然
降低出现裂纹。

烘房式分段干燥是把极板按先后顺序放在具有不同温度的烘
房内，实现干燥固化的目的。三种干燥方式的干燥速率与时间的
关系如图4－21所示。各种干燥方式都应保持较长时间的恒速干
燥，才能保证极板质量。

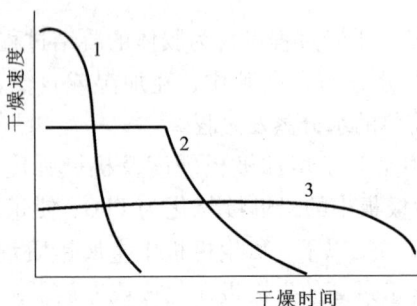

图4－21   生极板干燥速率与时间的关系示意图
1—快速干燥(如蒸汽固化)；2—中速干燥(如分段干燥)；
3—低速干燥(如室温缓慢干燥)

4.8.3   极板化成

用直流电电解法形成铅酸蓄电池活性物质的过程，称极板
化成。

极板化成时，正极板上的活性物质发生阳极氧化，生成

PbO_2；负极板上发生阴极还原，生成海绵状铅。

在化成前期，主要是生成 $\alpha-PbO_2$。化成后期，主要是硫酸铅在酸性介质氧化，生成 $\beta-PbO_2$。通电后正极电化学氧化的反应物主要是硫酸铅。

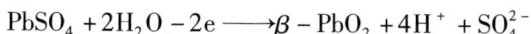

$$PbSO_4+2H_2O-2e \longrightarrow \beta-PbO_2+4H^++SO_4^{2-}$$

在活性物质转化的同时，正极板上还进行析氧反应：

$$H_2O-2e \Longrightarrow 1/2O_2+2H^+$$

负极进行的电化学反应：

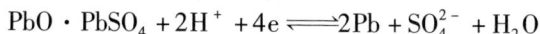

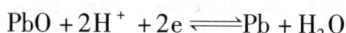

$$3PbO\cdot PbSO_4\cdot H_2O+6H^++8e \Longrightarrow 4Pb+SO_4^{2-}+4H_2O$$

$$PbO\cdot PbSO_4+2H^++4e \Longrightarrow 2Pb+SO_4^{2-}+H_2O$$

$$PbO+2H^++2e \Longrightarrow Pb+H_2O$$

随着碱式硫酸铅及氧化铅还原反应进行，反应物不断减少，使得 $PbSO_4$ 开始还原。

$$PbSO_4+2e \Longrightarrow Pb+SO_4^{2-}$$

通电以后负极上进行电化学还原反应物主要是硫酸铅。随着通电时间的延续，硫酸铅量下降，极化增大，负极电位进一步变负，在负极上析出氢。

$$2H^++2e \Longrightarrow H_2\uparrow$$

到化成后期，极板上的硫酸铅并未完全转换成活性物质，大部分电量都消耗在水的分解，使化成效率降低。

从两极电化学反应看，两极上活性物质形成的同时，生成硫酸和消耗水，使化成电解液浓度增加。化成开始，铅膏和硫酸发生化学反应，消耗 H_2SO_4 并生成水，使 H_2SO_4 浓度降低。通电后，电化学反应生成 H_2SO_4，但同时进行的化学反应消耗 H_2SO_4。所以，化成开始阶段 H_2SO_4 浓度降低。经 7~8 h 后，化学反应趋于全部完成，H_2SO_4 浓度随化成时间增加而增加，到化成终了，H_2SO_4 浓度高于化成前的初始浓度，如图 4-22 所示。

化成时，生极板的物料组成不断变化。化成前期 $PbSO_4$ 生成

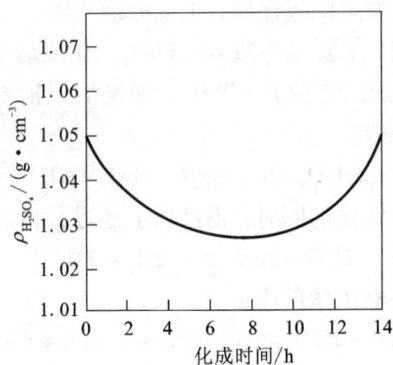

图 4 - 22　化成时电解液密度变化

量大于消耗量,化成后期 PbSO$_4$ 消耗量大于生成量,正、负极板化成时各组分含量变化如图 4 - 23 所示。

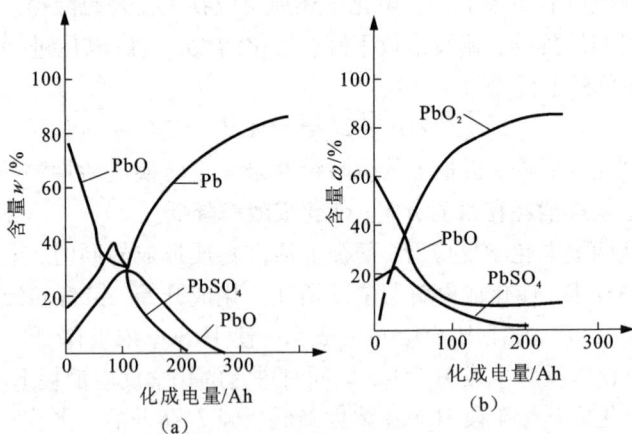

图 4 - 23　化成时生极板中各组分含量的变化

(a)负极板;(b)正极板

因为 $\alpha - PbO_2$ 在碱性介质中稳定，$\beta - PbO_2$ 在酸性介质中稳定，所以，在化成初期，紧靠板栅的铅膏似呈碱性，主要生成 $\alpha - PbO_2$。而在化成后期，由于硫酸已扩散到紧靠板栅的铅膏，主要生成 $\beta - PbO_2$。一般在电池充放电过程中，按 $\alpha - PbO_2 \rightarrow PbSO_4 \rightarrow \beta - PbO_2$ 顺序转变为 $\beta - PbO_2$。

4.8.3.3 化成时槽电压和电极电位的变化

化成槽电压为

$$U = \varphi_+ - \varphi_- + IR \qquad (4-14)$$

化成过程槽电压和电极电位的变化曲线如图 4-24 所示。

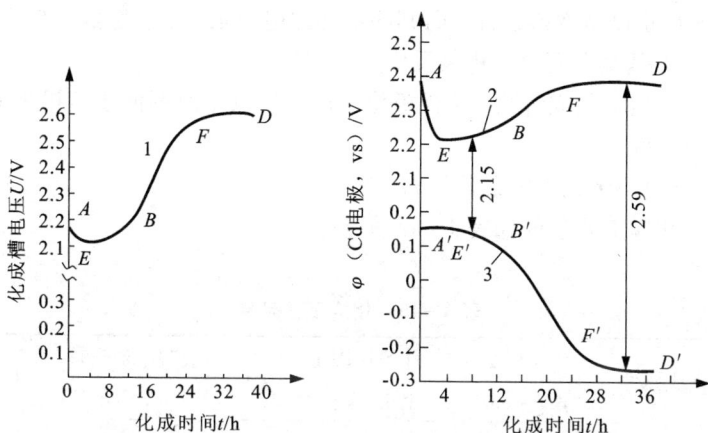

图 4-24 化成槽电压，正负极电极电位随时间变化

1—化成槽电压；2—正极电位；3—负极电极电位

图中三条曲线都可分为化成前期的 AB 段和中、后期的 BD 段。AB 段表示化成前期槽电压变化与正极电极电位变化相同。从 BD 段看，在化成中、后期，槽电压变化与负极电位变化相同。

槽电压和电极电位变化的原因：在化成初期，板栅上铅膏的电阻大，两极极化大，特别是正极，PbO_2 的形成需要一定的过饱和度和成核时间，正极的电极电位较正，化成槽端电压较高，可达 2.3 ~ 2.5 V。随着化成进行，铅膏逐渐转化为导电良好的二氧化铅，极化下降形成 AE 段，槽电压下降至 1.9 ~ 2.0 V。此后随化成进行，正极电极电位上升，槽电压上升。负极化成也是从板栅筋处开始，在铅锑合金上生成海绵铅，过电位小，因此极化小，$E'B'$ 段变化平稳。化成后期，BF 段变化大，是因为正极上的 $3PbO \cdot PbSO_4 \cdot H_2O$，$Pb$，$PbO$，$PbO \cdot PbSO_4$ 依次转化为 PbO_2，而 $PbSO_4$ 氧化的电位最正，槽电压必须很高才能使 $PbSO_4$ 氧化成 PbO_2，并引起析氧。在负极，PbO，$3PbO \cdot PbSO_4 \cdot H_2O$，$PbO \cdot PbSO_4$ 也已依次被还原，而 $PbSO_4$ 还原电位最负，引起氢气析出，到 F 点基本上完全为析氢反应。

在整个化成阶段，正极板化成过程的电流效率低于负极板的电流效率。

4.8.3.4　化成工艺条件控制

化成工艺条件如表 4 – 15 所示。

表 4 – 15　化成工艺条件

化成条件	H_2SO_4 密度 $\rho/g \cdot cm^{-3}$	H_2SO_4 用量 $V/L \cdot kg^{-1}$	$t/℃$	表观电流密度 $i/mA \cdot cm^{-2}$	t/h
数值	<1.1 （化成终了时）	2 ~ 3	10 ~ 15	2 ~ 10	20 ~ 40

4.8.3.5　化成后处理

在化成末期进行 10 ~ 30 min 的短时间放电，称保护性放电，目的是使极板表面形成一薄层硫酸铅，增强正极活性物质的强度，减少负极活性物质与空气接触时的氧化。化成后的极板从槽中取出，洗去 H_2SO_4，再进行干燥，干燥时正极板与负极板分开。

负极板由于含水在空气中易氧化,宜在干燥窑内用冷风吹干。

化成干燥好的极板称熟极板。正极板中 PbO_2 质量分数在 85% 以上,其余为 $PbSO_4$。负极板约含质量分数为 90% 海绵状铅。

4.8.4　电池化成

电池化成是将生极板装配成电池后灌满电解液,再通直流电化成。电池直接化成省去生极板化成工艺,很适合于密封式免维护电池的化成。

4.8.4.1　电池化成方法

电池化成方法有 5 种:

(1)电池化成后用离心法把大部分电解液排掉。

(2)在电解液中加入无机盐 Na_2SO_4,电池化成后,倒空电解液,再用含添加剂的电解液灌满,经高倍率放电试验后,再倒出第二次加入的电解液。

(3)双阶段化成。第一阶段用低浓度(H_2SO_4 密度 $1.05 \sim 1.10 \ g \cdot cm^{-3}$)硫酸,化成一定时间后倒出电解液。第二阶段加入浓度较大的电解液(H_2SO_4 密度 $1.30 \sim 1.32 \ g \cdot cm^{-3}$),化成终点时硫酸密度应在 $1.27 \sim 1.28 \ g \cdot cm^{-3}$ 之间。

(4)在电池中加入密度为 $1.24 \ g \cdot cm^{-3}$ 的 H_2SO_4,一步化成。化成终点时 H_2SO_4 密度可上升到 $1.26 \sim 1.27 \ g \cdot cm^{-3}$。

(5)加入 H_2SO_4 溶液密度比使用时硫酸密度低 $0.02 \sim 0.04$ $g \cdot cm^{-3}$,化成后不倒出电解液,这一方法在密封免维护电池应用广泛。

4.8.4.2　电池化成工艺条件

电池化成有恒电流充电和恒电位充电两种。

(1)恒电流充电法

恒电流充电效率与化成充电量、电流密度、电解液浓度、化成时间和温度有关。充电量小，活性物质转化率低，PbO_2 和铅含量低，充电量太高，PbO_2 含量过高，有可能影响电池寿命。一般控制充电电量约为蓄电池额定容量的 5 ~ 7 倍为宜。硫酸密度在一定范围内稍低，化成后 PbO_2 含量高，放电量多。充电电流密度低，充电时间长，而充电效率高，充电电量可以低些。

（2）恒电位充电法

恒电位充电法可以严格控制充电电压，可提高充电效率。如果采用恒电位限流方式充电，效果会更好。一般密封式铅蓄电池充电电压不超过 2.4 V。

4.8.5　铅酸蓄电池装配

按电池设计要求，将正、负极板、隔板及零部件装入电池槽中并封口，组装成电池。

硬橡胶电池槽的电池组装工艺是：焊极组→插隔板→装槽→装电池盖→浇封口剂→焊连接条→焊接线柱。

塑料电池槽的电池组装工艺是：配组→焊极组→装槽→穿壁→焊接→热封火盖→焊接线柱。

焊极组时，负极组的负极片比正极组极板多一片，便于正极活性物质在放电时尽量发挥作用。在正、负极板中间插入隔板时，隔板的筋条移向正极板，以保证正极板放电必需的硫酸用量。

电池封口。对硬橡胶电池槽采用专门配制的封口剂，塑料电池槽用热封。

封口剂由沥青、机油、再生胶配制。一般配比是：m（沥青）：m（机油）：m（再生胶）= 55:15:30。要求封口剂在 65℃电池倾斜 45°角时，封口剂不溢流，在 -40℃时封口剂不产生裂纹。

4.9　铅酸蓄电池的性能

4.9.1　电性能

电池性能包括电池内阻、充放电特性、容量等。

4.9.1.1　电池内阻

内阻包括电池的欧姆内阻和极化电阻。硫酸电解液的欧姆电阻与电解液的组成、浓度和温度有关。要求选择电解液的比电导高。实际使用的硫酸浓度质量分数为 36% ~ 40%，终止硫酸浓度质量分数应 > 10%。隔膜常用微孔塑料隔板、玻璃纤维隔板和微孔橡胶隔板，宜选择电阻低的"PVC"微孔隔板。

铅酸蓄电池，由于活性物质为粉状，比表面积大，极化小，因此极化电阻（R_f）小。所以铅酸蓄电池的内阻，实际上指欧姆内阻。

4.9.2　充放电特性

图 4 - 25 是铅酸蓄电池充、放电过程的电压 - 时间曲线。图中充、放电曲线形状复杂。其原因是充、放电过程活性物质组成变化；活性物质表面硫酸浓度发生变化引起浓差极化；电池内阻也发生变化。铅酸蓄电池放电工作电压比较平稳，如图 4 - 26 所示。

根据电池类型和放电条件的不同，对电池容量、寿命要求不同，电池终止电压的规定也不同。一般大电流或低温条件放电，终止电压低些，因为在此条件下生成的硫酸铅量较少，不会使电池受到损害。小电流放电时，终止电压不可过低。因为放电时间长，放电的电量较多，生成的硫酸铅也多，体积膨胀引起内应力，造成活性物质脱落。

铅酸蓄电池充电方法有恒流、恒压和脉冲充电。

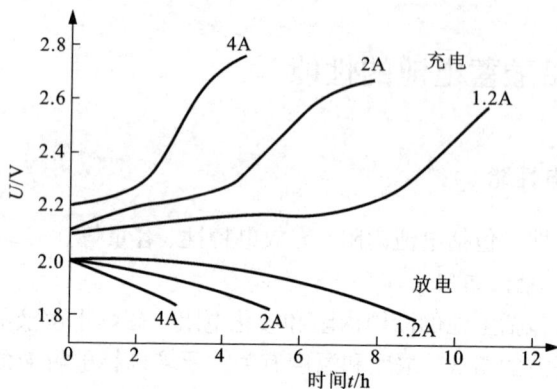

图 4 – 25　铅酸蓄电池充、放电过程电压 – 时间曲线

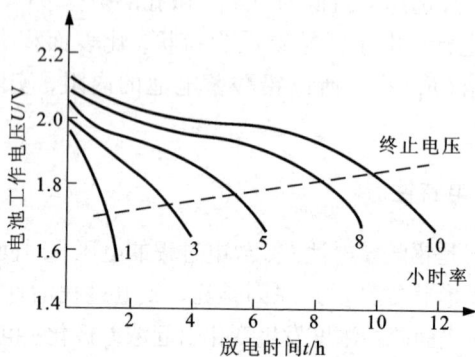

图 4 – 26　铅酸蓄电池放电曲线

4.9.3　电池容量

　　电池的实际容量与放电制度(放电率、温度、终止电压)和电池结构有关。放电率低,放电电压下降缓慢,放出的实际容量高。放电率与容量的关系如表 4 – 16 所示。

表 4-16　起动型电池放电率与容量关系

放电率/小时率	20	10	5	1	$\frac{1}{2}$
实际放电容量为额定容量的百分数/%	100	92	81	55	47
12 V 电池工作电压 U/V	11.85	11.75	11.55	11.40	10.85
单体电池平均电压 U/V	1.98	1.96	1.93	1.90	1.87

温度对放电容量也有显著影响,温度高,放电容量大,如 3Q~84 型起动蓄电池,以 10 小时率放电,40℃ 时是 114 Ah,-20℃ 时只有 59.8 Ah。

铅酸蓄电池的理论比能量为 170 Wh·kg^{-1}。因此,为了提高电池的实际输出能量,必须提高活性物质利用率,减少电池质量和体积。

4.9.4　电池贮存性能

电池贮存性能是指电池开路时,在一定条件下贮存后容量下降率大小。容量下降主要是由于电极活性物质在电解液中不稳定,造成正、负极自放电。

(1)铅负极自放电是由于铅溶解和氢析出组成一对共轭反应的微电池,电池反应为

$$Pb + H_2SO_4 \longrightarrow PbSO_4 + H_2$$

铅的自溶解速率受析氢过程控制。

此外,电解液中溶解的氧还原也和铅溶解组成一对微电池:

$$Pb + 1/2O_2 + H_2SO_4 \longrightarrow PbSO_4 + H_2O$$

但电解液中氧的溶解量少,铅溶解主要是析氢引起的自放电。因此为减少铅负极自放电,必须提高氢的过电位,避免引入析氢过电位低的金属杂质。

（2）二氧化铅自放电

二氧化铅正极自放电反应为

$$PbO_2 + 2H^+ + SO_4^{2-} \longrightarrow PbSO_4 + H_2O + 1/2O_2$$

表明析氧过电位大小直接影响 PbO_2 的溶解速率。由于 $\alpha - PbO_2$ 的析氧过电位比 $\beta - PbO_2$ 小，因此，$\alpha - PbO_2$ 的自放电速率高于 $\beta - PbO_2$。PbO_2 自放电速率取决于电极用板栅合金的组成，板栅中的锑和银都有降低析氧过电位的作用，从而加速 PbO_2 的自放电速率。

此外，还有可能引起 PbO_2 自放电的局部电池反应是：

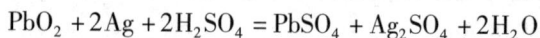

$$5PbO_2 + 2Sb + 6H_2SO_4 = (SbO_2)_2SO_4 + 5PbSO_4 + 6H_2O$$

$$PbO_2 + 2Ag + 2H_2SO_4 = PbSO_4 + Ag_2SO_4 + 2H_2O$$

$$PbO_2 + Pb(板栅) + 2H_2SO_4 = 2PbSO_4 + 2H_2O$$

（3）当电解液中含有可变价的盐，如铁、铬、锰盐等，它们的低价在正极被氧化，高价在负极被还原，与此相应的是正极 PbO_2 被还原，负极铅被氧化，造成正负极连续自放电。以铁盐为例：

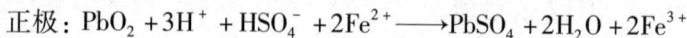

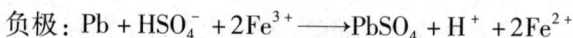

正极：$PbO_2 + 3H^+ + HSO_4^- + 2Fe^{2+} \longrightarrow PbSO_4 + 2H_2O + 2Fe^{3+}$

负极：$Pb + HSO_4^- + 2Fe^{3+} \longrightarrow PbSO_4 + H^+ + 2Fe^{2+}$

为减少自放电，应采用纯度高的材料，在负极中加入析氢过电位高的金属，在电解液中加入缓蚀剂，以抑制氢析出。

近年来已在工业上应用的密闭式免维护铅酸蓄电池，不漏气，不漏液，电池可以任意位置放置。它使用无锑的铅钙合金或超低锑合金板栅，自放电减少，在使用过程中不需加水维护，已显示出广阔的应用前景。

4.10　铅酸蓄电池的使用与维护

铅酸蓄电池一般不带电解液出厂。因此，在使用前应按设计要求配制电解液并对电池进行初充电。

4.10.1　初充电

充电直流电源的最高电压为串联电池数乘以 3 V 计算。初充电电量为电池额定容量的 3~5 倍。

初充电方法有二段充电法和恒流充电法等。二段充电法是先以一定电流充电至一定时间，如当单体电池的充电电压升到 2.40 V 时，再将充电电流减小到一半，继续充电至充足为止。

恒流充电法是以恒定电流充足为止。

充电过程中注意电解液温度变化，当温度升到 40℃ 时，就开始降温，或减小充电电流。充电过程电解液最高温度应低于 45℃。

初充电达到充足标志是：电解液已剧烈冒细密气泡；充电量已接近规定值；电压与电解液密度上升到一定数值并保持 3 h 以上不变。

4.10.2　电池在使用过程的充电方法

铅蓄电池在使用过程中，应根据电池类型和使用要求，选择不同的充电方法进行充电。

4.10.2.1　正常充电法

经初充电的电池在使用过程中的充电称正常充电。

正常充电方法与初充电基本相同，但充电电流比初充电大一些，充入的电量约为上次放出电量的 1.2 倍。

4.10.2.2　均衡充电

均衡充电可防止单体电池之间的密度、电容量、电压等不均匀现象。均衡充电方法是将使用过的电池按正常充电方法进行充电后，停止 1 h，再用比正常充电电流小的电流进行充电。当电池剧烈冒气泡时停充 1 h，再充 1 h，如此反复进行，直到每个电池一经充电即剧烈冒气泡，且电池电压、电解液密度保持不变为止。

4.10.2.3　快速充电

快速充电电流为正常充电电流的两倍,当单体电池电压升到 2.40 V 左右时,应改为正常充电的电流充足为止。

4.10.2.4　恒压充电法

充电过程保持电源电压恒定,一般控制单体电池电压 2.5 V。恒压充电可避免过充电,减少氢氧气体产生,操作简单。

4.10.3　铅酸蓄电池维护

为保持电池容量和延长电池寿命,应合理使用和正确维护,一般应做到如下几点:

(1)电池应经常处于充足电状态。充电不足的电池应充足电后再使用。使用过程应避免大电流充电,过充电和过放电。

(2)电池全放电后,应在 24 h 内进行充电。

(3)电池极板必须保持在电解液中,绝不能露出电解液液面。

4.11　密封式免维护铅酸蓄电池

普通的铅酸蓄电池在充电后期或搁置期间,由于正极析氧、负极析氢导致电解液中水分损失,需经常对电池加水维护。

密封式免维护电池是 20 世纪 70 年代出现的新型铅酸蓄电池,这种电池不漏气,不漏液,可任何位置放置。这种电池的板栅是采用铅钙系列合金或低锑合金,自放电极少,常温下贮存一年自放电损失小于 40%,在使用过程中不需加水维护。

我国 1985 年开始开发密封铅酸蓄电池。这种电池实际上是一种阀控式电池(VRLA)。

4.11.1 密封式免维护铅酸蓄电池工作原理

密封铅酸蓄电池是在密封镉 – 镍电池发展成熟后才逐步完善的, 工作原理与密封镉 – 镍电池基本相同。

密封铅酸蓄电池在设计上限制正极容量, 而负极活性物质容量过剩, 以保证充电时正极上优选析出氧气, 而负极上不产生氢气。

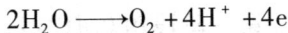

$$2H_2O \longrightarrow O_2 + 4H^+ + 4e$$

析出的氧气穿过隔膜扩散到负极, 与海绵铅反应:

$$Pb + 1/2O_2 + H_2SO_4 \longrightarrow PbSO_4 + H_2O$$

同时, 氧气在负极上还可能发生电化学还原反应:

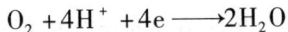

$$O_2 + 4H^+ + 4e \longrightarrow 2H_2O$$

这样, 不会在电池内积累氧气, 负极一直处于充电不足状态, 不会析出氢气。

为了减少电池负极自放电析出氢气, 负极板栅采用析氢过电位较高的无锑 Pb – Ca – Sn – Al 合金, 正极板栅也可采用 Pb – Ca – Sn – Al 合金或低锑 Pb – Sb(质量分数 1.85%) – Al 合金、Pb – Sb(质量分数 2.5%) – Se 合金、Pb – Sb(质量分数 2.5%) – Ca – S 合金等。

密封铅酸蓄电池隔膜必须具有吸酸性能力强, 可压缩, 有利于氧气扩散等功能, 生产上选用超细玻璃纤维毡作隔膜材料, 并严格控制电解液用量, 使隔膜只被电解液充满到 85% ~ 90%, 剩下一定的空隙作为气体通道。

从安全考虑, 密封铅酸蓄电池仍需安装安全阀。安全阀用耐酸耐老化橡胶制造, 一般开启压力控制在 0.02 ~ 0.1 MPa 之间。

4.11.2 密封铅酸蓄电池制造工艺特点

密封铅酸蓄电池的制造工艺和电池结构与普通铅酸蓄电池基

本相同,不同的是设计负极活性物质容量过剩,板栅采用铅钙系列合金或低锑系列铅锑合金抑制充电时析出氢气,隔板采用吸附式超细玻璃纤维毡。电解液要求选用分析纯 H_2SO_4 和电阻率大于 3 $M\Omega \cdot cm$ 的纯水配制。

密封铅酸蓄电池多采用电池化成,操作简便,提高化成效率。

电池化成方法是在电池中注入密度为 1.27 $kg \cdot L^{-1}$ 的稀 H_2SO_4,即开始通电。第一阶段用 $0.1C_{20}A$,待电压升到 2.5 V 时,改用 $0.05C_{20}A$ 充电,待电压又达到 2.5 V 时,改用 $0.025C_{20}$ A 充电,再达到 2.5 V 时,充电停止。然后以 $0.1C_{20}A$ 放电至 1.75 V,再充足再放,再充足。一般化成时间为 140 h 左右。

国外有的电池厂的化成方法是将生极板组装成电池后,注入过量的密度为 1.24 $kg \cdot L^{-3}$ 的稀 H_2SO_4,即将电池放入冷却水槽中开始通电化成,第一段用 $0.1C_{20}A$ 充电到 2.5 V 后,改用 $0.05C_{20}$ 直至通入电量为理论量的 200% 为止。

化成结束,吸出过量稀 H_2SO_4,进行调整充电,以建立电池内部的"氧循环"。

调整充电采用恒压限流方式,控制电压 2.55 V,限流为 $0.3C_{20}A$,直至充电电流 3 h 不变为止。

4.11.3 密封铅酸蓄电池装配

密封铅酸蓄电池的装配程序是:

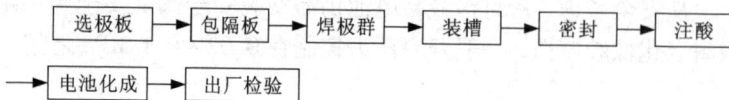

选极板 → 包隔板 → 焊极群 → 装槽 → 密封 → 注酸 → 电池化成 → 出厂检验

隔板一般包在正极板两边,负极一般不包。注酸有真空注酸和自然注酸两种，真空注酸示意图如图 4 – 27 所示。自然注酸是把定量 H_2SO_4 加入容器并缓慢滴入每单体电池中。

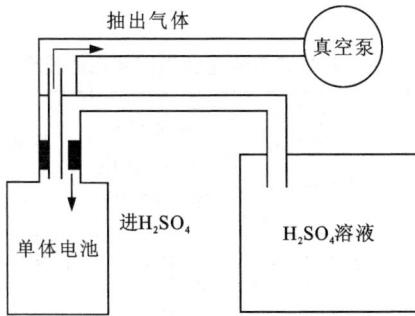

图 4 – 27　真空注酸原理图

4.11.4　密封铅酸蓄电池性能

密封铅酸蓄电池除具有免维护、不漏气、不漏液的优点外，其高低倍率放电性能也比普通铅酸蓄电池好。低倍率放电时，密封式的普通型铅酸蓄电池性能如表 4 – 17 所示。

表 4 – 17　汽车用密封式与普通型铅酸蓄电池性能

电池类型	20 小时率容量/Ah	质量 m/kg	体积 V/L	IEC60$_s$* /A	25 A 放电至 1.75 V 所需时间 t/min
密封式	35	11.5	6.5	325	56
普通型	40	12.5	6.7	195	55

注：* -18℃，60 s，放电至 8.4 V(1.4 V/只)

从表 4 – 17 可知，低倍率放电时，密封式铅酸蓄电池比普型电池容量小 10% ~ 12.5%，但低温放电性能优于普通型电池。

高倍率放电时，密封铅酸蓄电池与普通型电池放电性能如表 4 – 18 所示。

表 4 – 18　密封式与普通型铅酸蓄电池放电性能

电池类型	10 h 率容量/Ah（放电至 1.85V）	电流 I/A（5 min 放电至 1.62 V）	体积 V/L	能量密度（5 min 放电）/(A·min·L^{-1})
密封式	300	916	9.3	493
普通型	300	606	14.8	205

从表 4 – 18 可知，高倍率放电时，由于密封式电池内的气体复合，密封铅酸蓄电池的内阻比普通型电池内阻低，因此，密封式铅酸蓄电池的放电性能优于普通型电池。

第 5 章　镉 – 镍电池

5.1　概　述[32]

镉 – 镍电池是 1899 年瑞典尤格尔(W. Jungnev)发明的,至今已经历三个发展阶段。在 20 世纪 50 年代以前,电极结构是极板盒式(或袋式),主要用作起动、照明、牵引及信号灯的电源;50年代至 60 年代初期,主要发展了大电流放电的烧结式电池,用于飞机、坦克、火车等各种引擎的启动;60 年代以后,着重发展了密封式电池,可满足大功率放电的要求,用于导弹、火箭及人造卫星的能源系统,在空间应用中常与太阳能电池匹配。

我国自 20 世纪 50 年代后期开始研制镉 – 镍电池,60 年代初开始工业化生产。镉 – 镍电池的最大特点是循环寿命长,可达2000 ~ 4000 次。电池结构紧凑、牢固、耐冲击、耐振动、自放电较小、性能稳定可靠、可大电流放电、使用温度范围宽(− 40℃ ~+ 40℃)。缺点是电流效率、能量效率、活性物质利用率较低,价格较贵。

工业上生产的大容量电池,仍以极板盒式电池为主。中、小容量电池多为半烧结式或烧结式、密封箔式。

5.1.1　镉 – 镍电池分类

镉 – 镍电池的规格、品种多,分类方法也不同。

5.1.1.1　按电池结构分

(1)有极板盒式　包括袋式、管式等,电极是将正、负极活性物质填充在穿孔镀镍钢带做成的袋式或管式壳子里。

（2）无极板盒式　包括压成式、涂膏式、半烧结式和烧结式等。压成式电极是将活性物质直接用干粉法压制而成的。涂膏式电极是将活性物质和粘结剂溶液配成膏状制成。烧结式电极是先将镍粉制成多孔性镍基板，然后将活性物质填充入多孔性基板的孔中。半烧结式是正极为烧结式，负极为压成式或涂膏式。

（3）双极性电极叠层式　基体金属的一边为正极，另一边为负极，中间用浸有电解质的隔膜隔开，再叠积起来。

5.1.1.2　按电池封口结构分

①开口式，电池盖上有出气孔。

②密封式，电池盖上带压力阀。

③全密封式，采用玻璃－金属密封、陶瓷－金属密封或陶瓷－金属－玻璃三层密封结构。

5.1.1.3　按输出功率分

①超高倍率（C），放电倍率 $7.0C_5A \sim 15C_5A$。

②高倍率（G），放电倍率 $3.5C_5A \sim 7.0C_5A$。

③中倍率（Z），放电倍率 $0.5C_5A \sim 3.5C_5A$。

④低倍率（D），放电倍率 $\leqslant 0.5C_5A$。

5.1.1.4　按电池外形分

①方形（F）。

②圆柱形（Y）。

③扣式（B）。

5.1.2　镉－镍电池型号和标志

5.1.2.1　国标 GB7169－87 标准

电池型号命名采用汉语拼音字母与阿拉伯数字相结合的表示方法。单体电池型号，以系列代号和额定容量的数字相结合，并可附加电池形状、放电倍率的代号。

电池系列代号为 GN。G 为负极镉的汉语拼音 Ge 的第 1 个大写字母，N 为正极镍的汉语拼音 Nie 的第一个大写字母。

电池形状代号，开口电池不标注形状代号；密封电池形状代号，用汉语拼音第 1 个大写字母表示，Y 表示圆形，B 表示扁形，F 表示方形，全密封电用 Y_1，B_1 和 F_1 分别表示圆形、扁形和方形。

电池放电倍率代号，用放电倍率汉语拼音第 1 个大写字母表示。D，Z，G，C 分别表示低、中、高、超高倍率放电。

常见镉 – 镍电池、电池组型号及名称如表 5 – 1 表示。

表 5 – 1　常见镉 – 镍电池型号及名称

型　号	名　称　及　意　义
GNY4	圆柱型密封镉 – 镍电池，容量为 4Ah
18GNY500m	圆柱型密封镉 – 镍电池组，由 18 只容量 500 mAh 单体电池组成
GN20	方型开口镉 – 镍电池，容量 20 Ah
20GN17	方型开口镉 – 镍电池组，由 20 只容量 17 Ah 单体电池组成
GNF20	方型全密封镉 – 镍电池，容量 20 Ah
36GNF30	方型全密封镉 – 镍电池组，由 36 只容量 30 Ah 的单体电池组成

5.1.2.2　国标 GB/T 11013 – 1996，idt IEC 285：1993

为有利于开展国际贸易，方便国际技术合作和经济交流，从 1997 年 7 月 1 日起，实施 GB/T 11013 – 1996 国家标准。该标准根据 IEC285：标准，对国标 GB 11013 – 89 标准作了修订。

圆柱密封镉 – 镍电池型号为字母"KR"，后一个字母接 L，M，H，X，分别表示低、中、高、超高倍率放电，再后接两组数字用一斜线分开。斜线左边两数字表示电池最大直径(mm)，斜线右边两数字表示电池最大高度(mm)。例如 KRL33/62。KR——圆柱密封电池；L——低倍率放电；33——直径；62——高度。

5.2　镉－镍电池的工作原理

电池负极为海绵状金属镉，正极为氧化镍(NiOOH)，电解液为 KOH 或 NaOH 水溶液，电池电化学式为

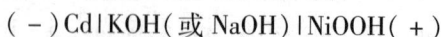

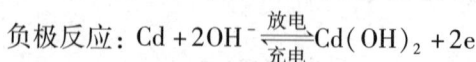

$$(-)Cd|KOH(或 NaOH)|NiOOH(+)$$

负极反应：$Cd + 2OH^- \underset{充电}{\overset{放电}{\rightleftharpoons}} Cd(OH)_2 + 2e$

负极平衡电极电位为

$$\varphi_{Cd(OH)_2/Cd} = \varphi^{\ominus}_{Cd(OH)_2/Cd} - \frac{RT}{2F}\ln a^2_{OH^-} \qquad (5-1)$$

正极反应：$2NiOOH + 2H_2O + 2e \underset{充电}{\overset{放电}{\rightleftharpoons}} 2Ni(OH)_2 + 2OH^-$

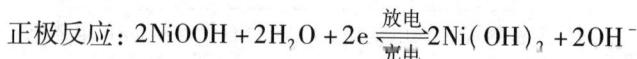

正极平衡电极电位为

$$\varphi_{NiOOH/Ni(OH)_2} = \varphi^{\ominus}_{NiOOH/Ni(OH)_2} + \frac{RT}{2F}\ln\frac{a^2_{H_2O}}{a^2_{OH^-}} \qquad (5-2)$$

电池反应

$$Cd + 2NiOOH + 2H_2O \underset{充电}{\overset{放电}{\rightleftharpoons}} 2Ni(OH)_2 + Cd(OH)_2$$

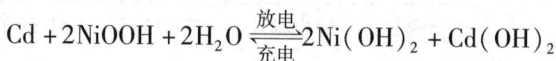

电池电动势为

$$E = \varphi_{NiOOH/Ni(OH)_2} - \varphi_{Cd(OH)_2/Cd}$$

$$= \varphi^{\ominus}_{NiOOH/Ni(OH)_2} - \varphi^{\ominus}_{Cd(OH)_2/Cd} + \frac{RT}{2F}\ln\frac{a^2_{H_2O}}{a_{OH^-}} + \frac{RT}{2F}\ln a^2_{OH^-}$$

$$= 0.49 - (-0.809) + \frac{RT}{2F}\ln a^2_{H_2O}$$

$$= 1.299 + \frac{RT}{F}\ln a_{H_2O} \qquad (5-3)$$

式中：$\varphi^{\ominus}_{\text{NiOOH/Ni(OH)}_2} = 0.49$ V

$\qquad \varphi^{\ominus}_{\text{Cd(OH)}_2/\text{Cd}} = -0.809$ V

镉 – 镍电池的温度系数为

$$\left(\frac{\partial E}{\partial T}\right)_p = -0.5 \text{ mV/℃}$$

上式表示电池电动势随温度升高而降低。即温度每增加1℃，电动势降低 0.5 mV。

镉 – 镍电池成流反应示意图如图 5 – 1 所示。

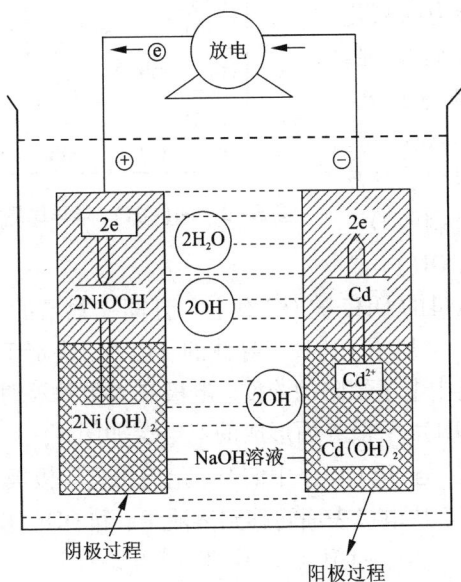

图 5 – 1　镉 – 镍电池成流反应示意图

电池放电时，负极镉被氧化，生成氢氧化镉；正极上氧化镍接受由负极经外线路流来的电子，被还原为 Ni(OH)$_2$，充电时变化正好相反，由电池反应式(5 – 3)知，电池放电过程消耗水，充电过程生成水。

5.2.1　氧化镍电极工作原理

　　氧化镍电极与金属电极完全不同，它是一种 p 型氧化物半导体电极，电池正极是 β – NiOOH，是六方晶系的层次结构，放电产物是 Ni(OH)$_2$。电池放电时，在电极/溶液界面上，氧化还原过程是通过半导体晶格中的电子缺陷和质子缺陷的转移来实现的。

　　纯 Ni(OH)$_2$ 不导电，氧化后具有半导体性质，导电能力随氧化程度的增加而增强。Ni(OH)$_2$ 在制造和充、放电过程中，总有一些未被还原的 Ni^{3+}，以及按化学计量过剩的 O^{2-} 存在。即 Ni(OH)$_2$ 晶

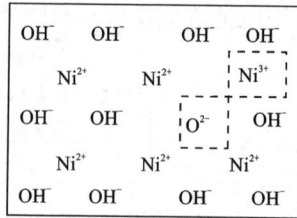

图 5 – 2　Ni(OH)$_2$ 半导体晶格示意图

格中某一些数量的 OH$^-$ 被 O^{2-} 代替，且同一数量的 Ni^{2+} 被 Ni^{3+} 代替。如图 5 – 2 所示，这种半导体的导电性，决定于电子缺陷的运动性和晶格中电子缺陷的浓度。电极浸入电解液时，界面形成双电层，Ni(OH)$_2$ 溶液界面形成的双电层如图 5 – 3(a) 所示，处于溶液中的 H$^+$ 与 Ni(OH)$_2$ 中的 O^{2-} 定向排列阳极极化时，H$^+$ 通过双电层电场，从电极表面转移到溶液中，和 OH$^-$ 作用生成水。

$$H_{(S)}^+ + OH_{(1)}^- \longrightarrow H_2O + \square_{H^+} + \square_e$$

式中：s 表示固相；l 表示液相；$\square_{H^+}$ 表示质子缺陷，代表 Ni(OH)$_2$ 晶格中的 O^{2-}；$\square_e$ 表示电子缺陷，代表 Ni(OH)$_2$ 晶格中的 Ni^{3+}。

　　上式表示在固相中产生一个质子缺陷 $\square_{H^+}$(O^{2-}) 和电子缺陷 $\square_e$(Ni^{3+})，如图 5 – 4 所示。反应式中的阳极极化同 Ni(OH)$_2$ 电极的充电反应是一致的。

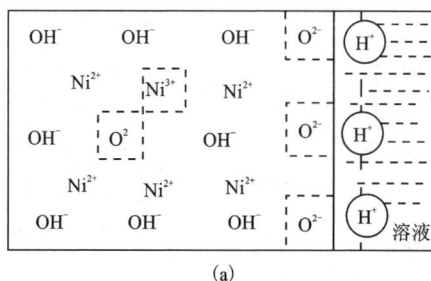

(a)

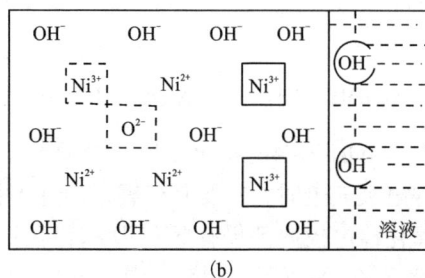

(b)

图 5 – 3　正极/溶液界面双电层

(a) Ni(OH)$_2$/溶液界面；

(b) NiOOH/溶液界面

由于阳极氧化，反应在电极表面双层区进行，首先产生局部空间电荷内电场，界面上氧化物表面一侧产生了新的电子缺陷 $\square_e$(Ni^{3+}) 和质子缺陷 $\square_{H^+}$(O^{2-})，使表面层中质子(H$^+$)浓度降低，与氧化物内部质子形成浓度梯度。因而，氧化物内部质子向电极表面扩散。但由于固相扩散困难，质子扩散速率小于反应速率，造成表面层中 H$^+$ 浓度不断下降，空间正电荷量不断减少。若要维持反应速率不变，必须提高电极电位。因此，在充电过程中，氧化镍电极的电位不断升高，在极限情况下，表面层中的 NiOOH

几乎全部变成 NiO_2，此时的电极电位足以使 OH^- 氧化析出 O_2。

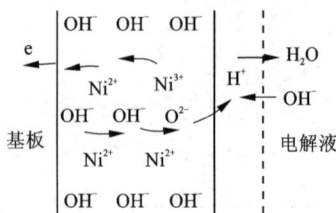

图 5-4　氧化镍电极的阳极过程　　图 5-5　氧化镍电极的阴极过程
（充电）　　　　　　　　　　　　　　（放电）

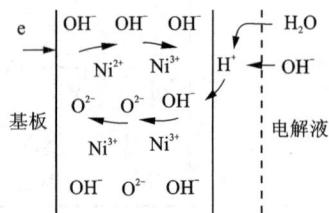

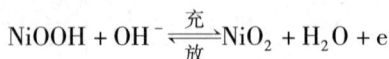

$$NiOOH + OH^- \underset{放}{\overset{充}{\rightleftharpoons}} NiO_2 + H_2O + e$$

$$4OH^- + 4e \longrightarrow O_2 \uparrow + 2H_2O$$

所以，当氧化镍电极充电时，电极上有氧析出并不说明充电已经完全。这时在氧化镍电极内部仍有 $Ni(OH)_2$ 存在，并且在充电时形成的 NiO_2 掺杂在 $NiOOH$ 晶格之中。可以把 NiO_2 看成是 $NiOOH$ 的吸附化合物。

对于氧化镍电极析氧，有人认为是 NiO_2 分解。

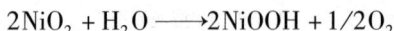

$$2NiO_2 + H_2O \longrightarrow 2NiOOH + 1/2O_2$$

充电充足时，$NiOOH/$溶液界面形成的双电层如图 5-3(b) 所示。氧化镍电极放电时进行阴极极化，外线路来的自由电子与固相中的 Ni^{3+} 结合成 Ni^{2+}，而质子 H^+ 从溶液越过双电层，占据质子缺陷。

$$H_2O + \square_{H^+} + \square_e \longrightarrow H^+_{(s)} + OH^-_{(l)}$$

这个阴极过程与 $NiOOH$ 电极的放电反应一致，

$$NiOOH + H_2O + e \longrightarrow Ni(OH)_2 + OH^-$$

$NiOOH$ 电极的阴极过程在电极固相表面层生成 H^+，并向固相内部扩散与 O^{2-} 结合。晶格中的 Ni^{3+} 与外电路传导来的电子结合为

Ni^{2+}。在碱性溶液中，质子（H^+）来源于水。

阴极过程使固相表面层中 O^{2-} 浓度降低，即 NiOOH 不断减少，$Ni(OH)_2$ 不断增加。如果进入氧化物固相中的 H^+ 扩散速率与反应速率相等，则电极表面层的 O^{2-} 浓度保持不变，此时阴极反应速率 i_c 将为恒定值。实际上，固相中的 H^+ 扩散比液相中困难得多，而 O^{2-} 在电极表面层中的浓度下降很快，如要保持反应速率 i_c 不变，则需阴极极化电位向负方向移动。因而，当电池放电时，正极固相内部的 NiOOH 在未完全被还原为 $Ni(OH)_2$ 时，电池电压已到达终止电压。因此，氧化镍电极活性物质利用率受放电电流（极化）的影响，并与质子在固相氧化物中扩散速率有关。

关于氧化镍电极的充、放电反应机理，一般认为充、放电反应是：

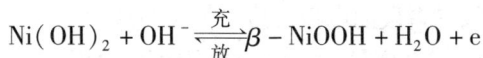

$$Ni(OH)_2 + OH^- \underset{放}{\overset{充}{\rightleftharpoons}} \beta\text{-}NiOOH + H_2O + e$$

当 β-NiOOH 在浓度较大的 KOH 或 NaOH 溶液中进行长时间过充电后，可以形成 γ-NiOOH 和 NiO_2，使电活性下降。

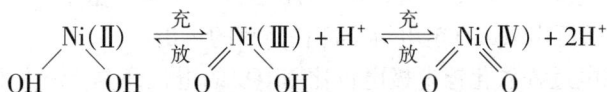

$$\underset{OH\ \ \ OH}{Ni(II)} \underset{放}{\overset{充}{\rightleftharpoons}} \underset{O\ \ \ OH}{Ni(III)} + H^+ \underset{放}{\overset{充}{\rightleftharpoons}} \underset{O\ \ \ O}{Ni(IV)} + 2H^+$$

氧化镍电极的充、放电机理是固相质子扩散，且这种扩散起控制电极行为的作用。在充、放电过程中，水分子可以进入和离开氧化镍晶格而不改变半导体的结构。

图 5-6 是氧化镍电极的充、放电特性曲线。在充足电的情况下，电极电位为 0.6 V（2.8 mol·L^{-1} KOH 中）。如将充电后的电池放置一段时间，电位会自动降低，如图中曲线 2 的虚线。放电曲线平稳段的电位为 0.49~0.47 V，相当于 Ni_2O_3/NiO 的平衡电位。

初始的高电位是因存在高价 NiO_2，但 NiO_2 不稳定，随 NiO_2 浓度减小，电位下降，同时有 O_2 析出。

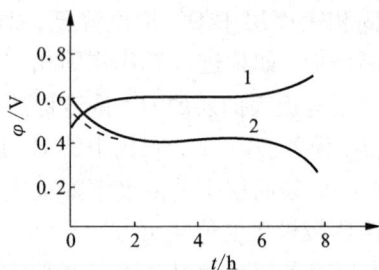

图 5-6 氧化镍电极的充、放电曲线
1—充电曲线；2—放电曲线

$$2NiO_2 + H_2O \longrightarrow 2NiOOH + 1/2O_2$$

放电曲线平台段的电极反应可简单写成

$$Ni(OH)_3 + e \longrightarrow Ni(OH)_2 + OH^-$$

或　　　　　　$NiOOH + H_2O + e \longrightarrow Ni(OII)_2 + OII^-$

氧化镍电极充电时，开始电位急剧上升，然后平稳于 0.65 V 左右，随后析出氧，直至电流全部耗于氧的析出。

充电过程氧化镍电极电位比 Ni_2O_3 的电位还高，一方面是由于极化，另一方面是 NiO 转变为 Ni_2O_3 需经过高电位的 NiO_2，电极过程是 OH^- 在电极上放电。

$$2OH^- \longrightarrow H_2O + O + 2e$$

生成的原子态氧(O)将 NiO 氧化为 NiO_2。

$$NiO + O \longrightarrow NiO_2$$

NiO_2 对 NiO 作用，得

$$NiO_2 + NiO \longrightarrow Ni_2O_3$$

总反应为　　　$2NiO + 2OH^- \longrightarrow Ni_2O_3 + H_2O + 2e$

氧化镍电极中有 NiO，NiO_2，Ni_2O_3 共存。充电初期，电位由 $NiO \rightarrow NiO_2$ 反应决定，充电后期，电位由 $Ni_2O_3 \rightarrow NiO_2$ 反应决定。

充足电的氧化镍电极，存在大量不稳定的 NiO_2，如不立即放电，NiO_2 会自然分解，损失部分能量。

放电过程实际上起作用的是 Ni_2O_3 这部分活性物质。

5.2.2 镉电极的反应机理

镉电极反应为

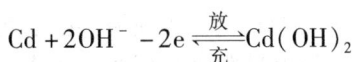

$$Cd + 2OH^- - 2e \underset{充}{\overset{放}{\rightleftharpoons}} Cd(OH)_2$$

镉电极的反应机理是溶解沉积机理。认为镉电极反应最终产物是氢氧化镉。放电时 Cd 阳极氧化并生成 $Cd(OH)_3^-$，转入溶液中，然后再形成 $Cd(OH)_2$ 沉积在电极上。

$$Cd + 3OH^- \longrightarrow Cd(OH)_3^- + 2e$$

$$Cd(OH)_3^- \longrightarrow Cd(OH)_2 + OH^-$$

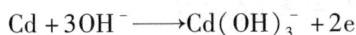

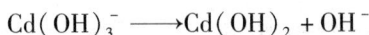

放电产物 $Cd(OH)_2$ 疏松多孔，不影响 OH^- 的液相迁移，可使电极内部继续氧化。所以，镉电极活性物质利用率较高。

镉电极放电过程中，过电位逐渐增大，放电电位变正，这是由于中间生成物积累引起的，即由 Cd^{2+} 迁移阻力引起的。

镉电极发电（阳极极化）时，如果电流密度过大，温度过低，或电解液浓度过低，都易引起镉电极钝化。钝化原因是电极表面 $Cd(OH)_2$ 脱水形成的 CdO 层覆盖电极表面所致。

防止镉电极钝化的措施是在制造活性物质时加入表面活性剂或其他添加剂，起分解、阻聚作用。阻碍镉电极在充、放电过程中趋向聚合形成大晶体，改变镉电极的结晶组织结构。在生产中，通常加入苏拉油或 25 号变压器油。其他添加剂有 Fe，Co，Ni，In 等。Fe，Co，Ni 可提高电极的放电电流密度；Fe，Ni 可降低放电过程的过电位；In 可提高电子导电性。在开口电池中，一般加入铁或铁的氧化物，在密封电池中，一般加入镍或镍的氢氧化物。对镉电极有害的杂质是 Al，Tl，Ca。

镉作为负极活性物质比其他负极材料如锌、铁、铅等更具有优越性。因为镉电极不易钝化，充电效率比较高。与氢、铁相比，镉电极的标准电极电位比氢、铁正。

$$Cd(OH)_2 + 2e \longrightarrow Cd + 2OH^- \qquad \varphi^\ominus = -0.809 \text{ V}$$

$$2H_2O + 2e \longrightarrow H_2\uparrow + 2OH^- \qquad \varphi^\ominus = -0.828 \text{ V}$$

$$Fe(OH)_2 + 2e \longrightarrow Fe + 2OH^- \qquad \varphi^\ominus = -0.877 \text{ V}$$

因此，只要严格控制镉电极的阴极还原（充电）电流密度，就可以抑制氢析出。此外，镉电极阴极还原时极化小，镉在碱性溶液中不发生自溶解，自放电小，并且氢在镉电极表面具有较大的析出过电位。因此，镉电极具有较好的电性能。

5.2.3　密封镉–镍电池工作原理

5.2.3.1　密封镉–镍电池

密封镉–镍蓄电池可防止电解液外溢，使用过程不必补加电解液和水，工作时没有气体析出，电池无需维护。电池密封必须解决如何消除在正常充电时析出的气体。解决的办法是：负极未充电的活性物质要过量；电池内有气室，便于氧气迁移；采用气体易于通过的隔膜，保障氧气迅速向负极扩散。除此以外，应考虑偶然反极现象发生造成的危险，设计电池时必须添加防止正极析氢的反极物质。

镉–镍蓄电池是最早的密封电池，这是因为镉电极具有以下优点：电池在开路搁置或充电时，负极不产生氢气；负极是分散性较好的海绵状镉，它与氧有很强的化合能力。因此，正极在充电或自放电时析出的氧迁移至负极容易与镉反应，即氧被镉吸收。

镉–镍蓄电池密封的目的是防止充电或过放电时氢气析出，其措施有如下几种：

①使负极容量超过正极容量，即使负极有过量未充电的活性

物质(称充电贮备物质)。当正极发生过充电时，负极上还有过量的 $Cd(OH)_2$ 仍可进行还原，这样，不会发生析氢反应，同时，建立镉氧循环。当电池充足电或过充电时，正极产生的氧气可扩散到负极表面，被负极海绵镉吸收。

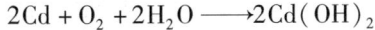

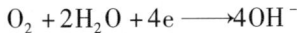

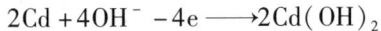

$$2Cd + O_2 + 2H_2O \longrightarrow 2Cd(OH)_2$$

$$O_2 + 2H_2O + 4e \longrightarrow 4OH^-$$

$$2Cd + 4OH^- - 4e \longrightarrow 2Cd(OH)_2$$

$Cd(OH)_2$ 又成为充电贮备物质，图 5-7 为镉氧循环示意图。

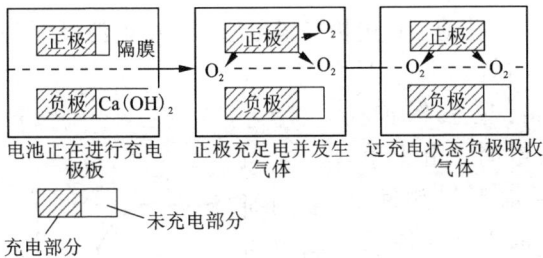

电池正在进行充电
极板

正极充足电并发生
气体

过充电状态负极吸收
气体

未充电部分

充电部分

图 5-7 镉-氧循环过程示意图

因此，负极活性物质量应控制过量，要求负极容量/正极容量 $=1.3 \sim 2.0$。

②限制电解液量，保证电池气室有足够容量，有利于氧气通过隔膜从正极向负极扩散，有利于氧与镉进行化合反应。

③采用透气性强的微孔隔膜。要求隔膜内阻小，便于气体扩散；孔径小，对电解液吸贮能力强，化学性能稳定，有一定强度。常用隔膜如表 5-2 所示。

表5-2　密封烧结式镉-镍电池隔膜

类　型	名　　　称	湿厚度(单层)/mm	总湿厚度/mm	用于电池类型
单层	尼龙毡	0.27	0.27	圆柱式
	纤维素毡	0.20	0.20	圆柱式
双层	尼龙编织物	0.15	0.26	矩形
	纤维素毡	0.11		
三层	聚乙烯-丙烯腈共聚毡	0.06	0.22	扣式
	纤维素毡	0.10		
	氯乙烯-丙烯腈共聚物毡	0.06		

④采用多孔薄型镍电极与镉电极,减小电池极距,有利于氧气向负极扩散。

⑤实行反极保护。电池组放电时,由于单体电池容量不尽相同,其中容量最小的单体电池决定了该电池组的容量。当容量最小的电池已放出全部容量后,整个电池组仍继续放电。这只最小容量的电池成为接受充电的"用电器",

图5-8　Cd-Ni电池过放电曲线

而且处于反极充电状态(称过放电),如图5-8所示,图中,曲线的第一段为正常放电,至 a 点,正极容量已放完,负极因容量过剩,仍有未放完电的活性物质。第二段电池电压急剧降至 -0.4 V,负极继续进行氧化反应,而正极则发生氢离子还原。

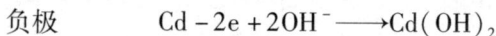

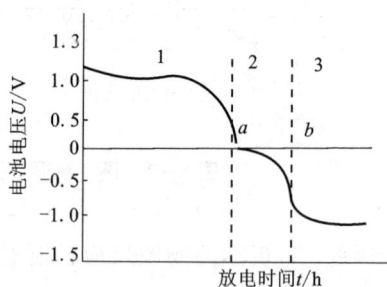

负极　　　　　$Cd - 2e + 2OH^- \longrightarrow Cd(OH)_2$

正极　　　　　　　　　$2H^+ + 2e \longrightarrow H_2 \uparrow$

当放电到 b 点时，负极容量也已放完，负极电位急剧变正，电池电压降至 -1.52 V，此时，负极发生 OH^- 的氧化反应：

$$4OH^- - 4e \longrightarrow O_2 \uparrow + 2H_2O$$

单体电池在过充电时，正极析氢，负极析氢。但呈现反极充电时，正极析氢，负极析氧，称"反极充电"。电池发生反极充电是非常危险的，会引起电池内压急剧上升，使电池爆裂，且氢和氧同时产生易引起爆炸。因此，必须进行反极保护。措施是在正极中加入反极物质 $Cd(OH)_2$，或在电池中增加辅助电极，使氢和氧进行再化合反应。

正常放电时，反极物质不参加反应，只是作为非活性物质存在，一旦电池过放电，正极容量降至零时，正极中的 $Cd(OH)_2$（反极物质）就进行阴极还原。

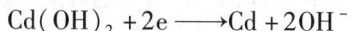

$$Cd(OH)_2 + 2e \longrightarrow Cd + 2OH^-$$

因此，防止了正极析氢。若负极也过放电析出氧，可被正极中反极物质生成的镉吸收，构成镉氧循环。图 5-9 为充电贮备物质和反极物质示意图。

⑥结构上采用密封安全阀。

⑦正确使用与维护。主要是严格控制充、放电制度。

5.2.3.2　密封镉-镍电池的电性能

（1）内阻　密封镉-镍电池内阻比开口式（有极板盒式）小。电池内阻

图 5-9　充电贮备物质和反极活性物质示意图

与电池体积、电极尺寸、形状和温度等有关。一般电池内阻与电池体积成反比关系，放电温度高，内阻小；温度低，内阻大。

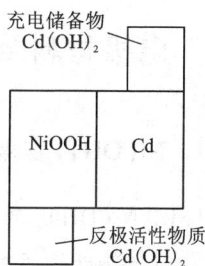

（2）充、放电特性　密封镉－镍电池充电过程中充电电压、电池温度和电池内部压力的变化如图5－10所示。

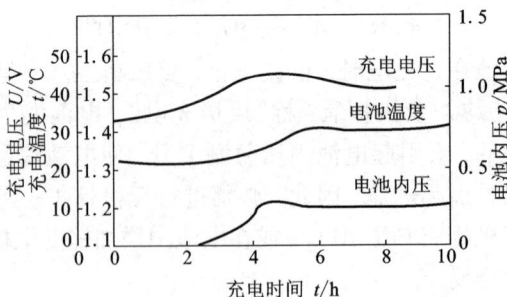

图5－10　密封 Cd－Ni 电池充电过程的电压、温度和内压变化

密封 Cd－Ni 的放电性能好，在－20℃下以0.2C 电流放电，仍可放出额定容量的80%。

5.3　电极材料及电极的制造

5.3.1　Ni(OH)₂ 正极材料[33]

5.3.1.1　Ni(OH)₂ 的晶型结构

镍正极活性物质 Ni(OH)$_2$ 和 NiOOH 中 NiOOH 不稳定，通常都采用 Ni(OH)$_2$ 为电池的正极活性物质。

Ni(OH)$_2$ 有 α－NiOOH 和 β－Ni(OH)$_2$ 晶型，NiOOH 有 β－NiOOH 和 γ－NiOOH 晶。目前生产 MH－Ni 电池的正极材料都为 β 晶型。β－Ni(OH)$_2$ 由层状结构的六方单元晶胞组成，图5－11是 β－Ni(OH)$_2$ 的晶胞结构，每个晶胞中有一个 Ni 原子，两个 O 原子和两个 H 原子。两个 Ni 原子之间的距离

$a_0 = 0.312$ nm，两个 NiO_2 层之间的距离 $c_0 = 0.4605$ nm。NiO_2 层中 Ni^{2+} 与占据的八面体间隙可能成为空穴，也可能被其他金属离子如 Co 和 Zn 等填充而形成 Ni^{2+} 的晶格缺陷。NiO_2 层间的八面体间隙可能填充有 H_2O，CO_3^{2-}，SO_4^{2-}，K^+ 和 Na^+ 等。

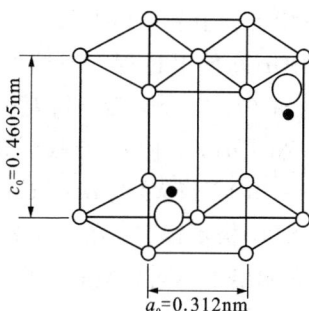

图 5 - 11　β - Ni(OH)$_2$ 单元晶胞

○—镍；◯—氧；●—氢

在充放电过程中，各晶型的 Ni(OH)$_2$ 和 NiOOH 存在一定的对应转变关系，如图 5 - 12 所示。在正常充放电制度下，β - Ni(OH)$_2$ 转变为 β - NiOOH，相变过程中质子 H^+ 转移，NiO_2 层间距 c_0 从 0.4605 nm 膨胀至 0.484 nm，Ni - Ni 间距 a_0 从

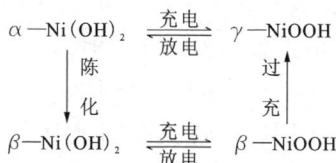

图 5 - 12　晶型转变关系

0.3126 nm 收缩至 0.281 nm。由于 a_0 收缩导致 β – Ni(OH)$_2$ 转变为 β – NiOOH 后体积缩小 15%。但在过充电条件下，β – NiOOH 将转变为 γ – NiOOH。此时 Ni 的价态从 2.90 升至 3.67，c_0 膨胀至 0.69 nm，a_0 膨胀至 0.282 nm。由于 c_0 和 a_0 增加，导致 β – NiOOH 转变为 γ – NiOOH 后体积膨胀 44%，生成 γ – NiOOH 时的体积膨胀会引起电极开裂，掉粉，降低电池容量和循环寿命。γ – NiOOH 在放电过程中不能逆变为 β – Ni(OH)$_2$，致使电极中活性物质减少，电极容量下降甚至失效。γ – NiOOH 放电后将转变成 α – Ni(OH)$_2$，使 c_0 膨胀至 0.76 ~ 0.85 nm，a_0 膨胀至 0.302 nm。γ – NiOOH 转变为 α – Ni(OH)$_2$ 后，体积膨胀 39%。由于 α – Ni(OH)$_2$ 极不稳定，在碱性溶液中很快就转变为 β – Ni(OH)$_2$。表 5 – 3 列出了不同晶型的晶胞参数和密度。

表 5 – 3　不同晶型 Ni(OH)$_2$ 的晶胞参数和密度

晶型	Ni 的平均氧化态	密度/(g·mL^{-1})	a_0/nm	c_0/nm
α – Ni(OH)$_2$	+2.25	2.82	0.302	0.76 – 0.85
β – Ni(OH)$_2$	+2.25	3.97	0.3126	0.4605
β – NiOOH	+2.90	4.68	0.281	0.486
γ – NiOOH	+3.67	3.79	0.282	0.69

在强碱性电解液中，α – Ni(OH)$_2$ 的阳极氧化起始于 Ni/α – Ni(OH)$_2$ 固相界面，β – Ni(OH)$_2$ 的阳极氧化起始于 β – Ni(OH)$_2$ 溶液界面，由于氧化机理不同，β – Ni(OH)$_2$ 的电化学活性比 α – Ni(OH)$_2$ 高。目前 MH – Ni 电池都采用 β – Ni(OH)$_2$，并已批量生产。

工业上已应用的 Ni(OH)$_2$ 有普通型 Ni(OH)$_2$ 和球形 Ni(OH)$_2$ 两种。普通型 Ni(OH)$_2$ 用传统的沉淀法生产，制备时由于成核速率远大于晶体生长速度,因此,振实密度低,比表面积大,使镍电极的填充密度变低,影响镍电极的性能和使用寿命。

球形 $Ni(OH)_2$ 主要通过结晶生长方式,对 $Ni(OH)_2$ 的形貌和粒度实现有效控制,可以制备高密度、高容量的球形 $Ni(OH)_2$。一般认为 $Ni(OH)_2$ 的松装密度 > 1.5 g·mL^{-1},振实密度 > 2 g·mL^{-1} 时为高密度球形 $Ni(OH)_2$。

球形 $Ni(OH)_2$ 由于密度高,从而大大提高电极的填充密度,增大电极的比容量。球形 $Ni(OH)_2$ 的理论放电容量为 289 mAh·g^{-1}。

$\alpha - Ni(OH)_2$ 也有许多优点:$\alpha - Ni(OH)_2/\gamma - NiOOH$ 电对的充放电循环不会发生电极膨胀,电极反应没有中间的相生成,可逆性好;$\alpha - Ni(OH)/\gamma NiOOH$ 电对反应中的理论电子转移数为 1.67,即 $\alpha - Ni(OH)_2$ 的理论比容量高于 $\beta - Ni(OH)_2$。但是,$\alpha - Ni(OH)_2/\gamma - NiOOH$ 循环能否稳定存在以及稳定性的影响因素尚处于研究阶段,目前,$\alpha - Ni(OH)_2$ 尚未工业应用。

工业上得到应用的正极活性物质 $Ni(OH)_2$ 有两种,即普通 $Ni(OH)_2$ 和球形 $Ni(OH)_2$。

5.3.1.2　普通型 $Ni(OH)_2$ 的制备

一般采用沉淀法,沉淀反应为

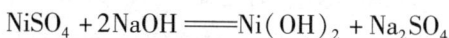

$$NiSO_4 + 2NaOH =\!=\!= Ni(OH)_2 + Na_2SO_4$$

工艺流程如图 5 - 13 所示。将一定浓度为 $NiSO_4$(密度 1.28 ~ 1.29 g·cm^{-3} 和 NaOH(密度 1.16 ~ 1.17 g·cm^{-3})加入到反应釜中,控制反应温度、pH,并严格控制 Fe,Mg,Si 含量,经过滤,洗涤,烘干,研磨,筛分,即成电极材料。

各工序的控制技术条件是:

沉淀反应:温度 50℃,控制碱过量 6 ~ 9 g·L^{-1}。

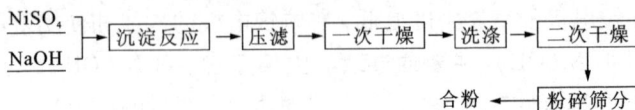

$$\frac{NiSO_4}{NaOH} \rightarrow \boxed{沉淀反应} \rightarrow \boxed{压滤} \rightarrow \boxed{一次干燥} \rightarrow \boxed{洗涤} \rightarrow \boxed{二次干燥}$$

$$\boxed{合粉} \leftarrow \boxed{粉碎筛分}$$

图 5 – 13　液相沉淀法制备 $Ni(OH)_2$ 工艺流程

压滤：用板框压滤机，压滤时间 10 ~ 12 h，滤饼含水 48% ~ 58%。

一次干燥：温度110℃ ~ 140℃，蒸汽压力 54 ~ 64 kPa，干燥 7 h，干燥后含水 <8%。

洗涤：将一次干燥后的 $Ni(OH)_2$ 沉淀 20 cm，搅拌洗涤6 h，洗至 $w(SO_4^{2-}) < 1\%$。

二次干燥：温度80℃ ~ 120℃，干燥后含水 <6.5%。

粉碎筛分：二次干燥后的 $Ni(OH)_2$ 粉碎，过 420 μm 筛，送合粉工序。

合粉：按质量比 $m(Ni(OH)_2):m(石墨粉):m(Ba(OH)_2$ 溶液(加碱液2L)$) = 100:23:3$，将计量好的 $Ni(OH)_2$，$Ba(OH)_2$，石墨粉和 KOH(或 NaOH)溶液混合，即为正极活性物质。

5.3.1.3　球形 $\beta - Ni(OH)_2$ 的制备

球形 $Ni(OH)_2$ 具有密度高、放电容量大的特征，是具有适度晶格缺陷的 $\beta - Ni(OH)_2$，很适合于用作镉 – 镍、氢 – 镍电池的正板材料。

制备 $\beta - Ni(OH)_2$ 的方法有化学沉淀法、电解法、高压合成法等。

(1)化学沉淀法

化学沉淀法是镍盐或镍的配合物与苛性碱反应生成沉淀，通过控制温度、pH、加料速度、反应时间、搅拌强度等，可得到高结晶型的球形 Ni(OH)$_2$。所用的配位剂有氨、铵等，苛性碱为 NaOH，KOH。镍盐可以是 NiSO$_4$，NiCl$_2$，Ni(NO$_3$)$_2$ 等。

制备 Ni(OH)$_2$ 的基本工艺过程是：分别配制镍盐、苛性碱和配位剂溶液，加料、沉淀反应、沉淀分离、洗涤、烘干、筛分等。

加料方式有加入法，即将镍盐溶液喷淋到搅拌的碱溶液中；反加入法，即将碱溶液喷淋到搅拌的镍溶液中；并流加入法，即将镍盐溶液、碱溶液，配位剂溶液并流连续加入到反应器中。

化学沉淀法中的氨催化液相沉淀法具有工艺流程短、设备简单、操作方便、过滤性能好、产品质量高等优点。

氨催化液相沉淀法是在一定温度下，将一定浓度的 NiSO$_4$，NaOH 和氨水并流后连续加入反应釜中，调节 pH 使其维持在一定值，不断搅拌，待反应达到预定时间后，过滤，洗涤，干燥，即可得 Ni(OH)$_2$ 粉末，工艺流程图如图 5 – 14 所示。

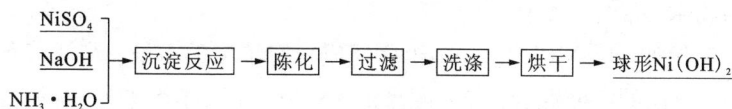

图 5 – 14　氨催化液相沉淀法工艺流程

氨存在时，镍盐与碱的反应有两种途径：

一是 Ni^{2+} 与 OH$^-$ 直接反应：

$$Ni^{2+} + 2OH^- \longrightarrow Ni(OH)_2 \downarrow$$

二是 Ni^{2+} 与 NH$_3$ 先形成 [Ni(NH$_3$)$_4$(H$_2$O)$_2$]$^{2+}$，再与 OH$^-$ 反应：

$$Ni^{2+} + 4NH_3 + 2H_2O \longrightarrow [Ni(NH_3)_4(H_2O)_2]^{2+}$$
$$[Ni(NH_3)_4(H_2O)_2]^{2+} + 2OH^- \longrightarrow Ni(OH)_2 \downarrow + 4NH_3 + 2H_2O$$

Ni(OH)$_2$ 的成核过程主要是由热力学条件决定的。根据 Ni(OH)$_2$ 的溶度积，

$$K_{sp} = [Ni^{2+}][OH^-]^2 = 2 \times 10^{-15}$$

当 $[Ni^{2+}] = 0.01$ mol·L^{-1}时，$[OH^-] = 4.47 \times 10^{-7}$ mol·L^{-1}，相当于 pH = 7.65；$[Ni^{2+}] = 0.001$ mol·L^{-1}时，$[OH^-] = 1.41 \times 10^{-6}$ mol·L^{-1}；相当于 pH = 8.15，实际生产中控制的 pH 更高。

影响球形 $Ni(OH)_2$ 工艺过程的主要因素是 pH、镍盐和碱浓度、温度、反应时间、加料方式、搅拌强度等。工业生产控制的技术条件是：pH10.8 ± 0.1，温度 50 ± 2℃，将浓度为：$NiSO_4$ 1.4 ~ 1.6 mol·L^{-1}，NaOH 4 ~ 8 mol·L^{-1}，NH_3·H_2O 10 ~ 13 mol·L^{-1} 的溶液按 $n(NiSO_4):n(NaOH):n(NH_3·H_2O) = 1.0:1.9 ~ 2.1:0.2 ~ 0.5$ 并流连续加入到反应釜中，反应生成的 $Ni(OH)_2$ 在反应釜中滞留时间一般在 0.5 ~ 5.0 h。

化学沉淀转化法是通过改变沉淀转化剂的浓变、转化温度，借助表面活性剂控制颗粒生长，防止颗粒团聚获得分散性好的超微粉末。[34]

例如，以 $Ni(NO_3)_2$·$6H_2O$ 配成一定浓度的溶液，与沉淀剂 $Na_2C_2O_4$ 的溶液混合，加入阻聚剂 T–80，在搅拌条件下，控制温度和反应时间，可得 NiC_2O_4·$2H_2O$ 沉淀，将此沉淀在 70℃下陈化 30 min，然后加入沉淀转化剂 NaOH 溶液，控制 pH 为 12，转化 1 h，然后经离心分离，依次用水、无水乙醇洗涤数次，于 100℃下真空干燥 10 h，可得球形 $Ni(OH)_2$ 粉末（粒径 200 nm）。沉淀转化的反应式如下：

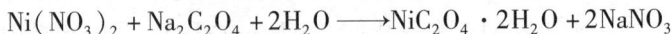

$$Ni(NO_3)_2 + Na_2C_2O_4 + 2H_2O \longrightarrow NiC_2O_4·2H_2O + 2NaNO_3$$

$$NiC_2O_4·2H_2O + 2OH^- \longrightarrow Ni(OH)_2 + 2H_2O + C_2O_4^{2-}$$

（2）电解法

在外电流作用下，金属镍阳极氧化成 Ni^{2+}，水分子在阴极还原析氢产生 OH^-，两者反应生成 $Ni(OH)_2$，电极反应为：

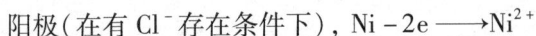

阳极（在有 Cl^- 存在条件下），$Ni - 2e \longrightarrow Ni^{2+}$

阴极　$2H_2O + 2e \longrightarrow 2OH^- + H_2 \uparrow$

若电解液有 NO_3^- 存在, 还可能发生阴极还原反应:

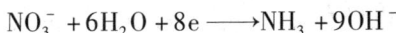

$$NO_3^- + 6H_2O + 8e \longrightarrow NH_3 + 9OH^-$$

例如, 以 $2.0 \sim 4.0$ mol $\cdot$ L^{-1} 的 LiCl、NaCl、KCl 水溶液或混合物为电解液主成分, 辅助成分为 $0.05 \sim 0.1$ mol $\cdot$ L^{-1} NH$_4$Cl 或 NH$_4$NO$_3$ 溶液, 以相应的碱 LiOH、NaOH、KOH 调节电解液的初始 pH $= 8.0 \sim 10.0$, 阳极、阴极均为镍板, 以 3A 电流在搅拌条件下电解 1h 后, 加入浓氨水 ($n(NH_3) : n(Ni) = 3.0 \sim 4.0$ (摩尔比)), 可得 $\beta - Ni(OH)_2$。[35]

5.3.1.4　球形 Ni(OH)$_2$ 性能的影响因素[36]

影响球形 Ni(OH)$_2$ 电化学性能的主要因素有化学组成、添加剂种类、杂质种类和含量, 粒径大小及分布, 密度、晶型、表面状态和形貌、组织结构等。

(1) 化学组成的影响

镍含量, 添加剂和杂质含量对 Ni(OH)$_2$ 的电化学性能均有一定的影响。纯 Ni(OH)$_2$ 的镍含量为 63.3%。因含有水, 添加剂和杂质, 实际镍含量只有 50% $\sim$ 62%。通常 Ni(OH)$_2$ 的放电容量随镍含量增加而增高。为了提高电极活性物质的利用率, 提高放电容量和充放电性能, 在制备 Ni(OH)$_2$ 过程中, 通常采用共沉淀法添加一定量的 Co, Zn 和 Cd 等添加剂。

Ni(OH)$_2$ 中的主要有害杂质是 Ca, Mg, Fe, SO_4^{2-}, CO_3^{2-} 等, 在制备 Ni(OH)$_2$ 过程中, 必须控制杂质在一定的范围。

a. 钴、镉的作用

在 Ni(OH)$_2$ 中添加 Co 可提高 Ni(OH)$_2$ 的利用率, 改善传质和导电性能。添加的 Co 在 Ni(OH)$_2$ 中会形成 Ni$_{1-x}$Co$_x$(OH)$_2$ 固溶体, 钴取代镍的位置后在 Ni(OH)$_2$ 和 NiOOH 晶格中形成阳离子型杂质缺陷, 可增加充放电过程 H$^+$ 的进出自由度, 提高

Ni^{3+}/Ni^{2+} 反应的可逆性。加入钴还可提高析氧电位和充电效率，抑制 $\gamma - NiOOH$ 的形成；减少杂质铁对镍电极的毒化效应，降低电池内压，延长电极寿命。一般控制 Co 添加量低于 2%，钴含量过高会增加电池的自放电率。

如果将 CoO 与 $\beta - Ni(OH)_2$ 混合，在碱性介质 KOH 溶液中，CoO 会以 $\beta - Co(OH)_2$ 沉积在 $\beta - Ni(OH)_2$ 颗粒表面，然后在充电过程中转变为导电性好的 $\beta - CoOOH$

$$CoO + nOH^- \longrightarrow Co(II)_{复合物}$$

$$Co(II)_{复合物} + H_2O \longrightarrow \beta - Co(OH)_2 + nOH^-$$

充电时，$\beta - Co(OH)_2$ 氧化形成电子导电性好的 $\beta - CoOOH$，放电时，$\beta - CoOOH$ 不能可逆转变为 $\beta - Co(OH)_2$。因此，加入 Co 可以提高活性物质利用率和提高放电电位。

镍电极在过充电时会形成 $\gamma - NiOOH$，由于 $\gamma - NiOOH$ 的密度（$3.79\ g \cdot cm^{-3}$）比 $\beta - Ni(OH)_2$ 的密度（$3.97\ g \cdot cm^{-3}$）低，从而导致镍电极膨胀。研究发现，添加镉可以抑制电极膨胀，阻滞 $\gamma - Ni(OH)_2$ 产生，提高氧析出过电位，使充电电位平台升高。因此，同时添加钴、镉效果更好。一般电极中镍、钴、镉最佳摩尔数比为 90:5:5，但由于镉是对人和环境有害的物质，在 MH - Ni 电池中已不再使用。添加锌可以替代镉的作用。

b. 锌的作用

Zn 的主要作用是提高析氧电位，细化微晶晶粒，抑制过充电时产生 $\gamma - NiOOH$，减少电极膨胀，提高镍电极工作电压平台比率。添加 Co，Zn 采用沉淀法制备 $Ni(OH)_2$ 时会生成 $Ni_{1-x-y}Co_xZn_y(OH)_2$ 固溶体，形成无序化的 $\beta - Ni(OH)_2$ 和 NiOOH 晶格，降低结晶度，可使 $\beta - Ni(OH)_2$ 和 $\beta - NiOOH$ 在充放电过程相互转化更加容易，并抑制 $\gamma - NiOOH$ 产生。

c. 锂的作用

锂主要以 LiOH 添加到电解液中。在 $Ni(OH)_2$ 电极活化时

Li^+逐渐插入到活性物质的晶格中。锂的存在可以提高活性物质利用率，防止电极膨胀、变形和老化。在加有锌的$Ni(OH)_2$电极中，锂的存在可提高电极的充电效率和容量。在加有钴的$Ni(OH)_2$电极中，锂的存在可以减少γ – $NiOOH$生成，防止$CoOOH$或$Co(OH)_2$的晶相分离。

添加元素的加入方式一般有四种：①化学共沉淀法，即在用化学沉淀法制备$Ni(OH)_2$时，在溶液中按一定比例加入添加元素钴、镉或锌的活性物质；②电化学共沉淀法，即在电解液中加入钴盐、镉或锌盐，通过电解沉积得到活性物质；③包覆法，在已制备好的$Ni(OH)_2$或$Ni(OH)_2$电极表面包覆一层钴的氢氧化物或氧化物；④机械混合法，直接在$Ni(OH)_2$粉末中掺入钴盐、镉或锌的化合物。

d. 杂质的影响

对$Ni(OH)_2$性能影响较大的主要杂质是：Ca，Mg，Fe，Co_3^{2-}，SO_4^{2-}等。

Ca，Mg在$Ni(OH)_2$中主要以氢氧化物或碳酸盐的形式存在，当Ca，Mg含量较高（$> 0.02\%$）时，会降低$Ni(OH)_2$的活性，阻止$Ni(OH)_2$中质子传递，妨碍Ni^{3+}/Ni^{2+}之间的相互转变，加速容量衰减，降低电压平台，影响电池寿命。

杂质Fe，Pb会降低析氧过电位，增加电池的自放电，影响电池的正常使用。

$Ni(OH)_2$中的硫酸盐主要来自原料镍盐（$NiSO_4 \cdot 6H_2O$），主要是以$Ni_2SO_4(OH)_2$碱式硫酸镍或其他镍盐的配合物方式存在，这是因沉淀反应不完全引起的。

碳酸盐主要来自碱原料，一般以$NiCO_3$形式存在于$Ni(OH)_2$颗粒的核心中。当$Ni(OH)_2$中的硫酸盐、碳酸盐含量较高时，$Ni(OH)_2$的晶体结构会发生变化，电极极化增大，放电容量下降，表 5 – 4 为$Ni(OH)_2$中杂质含量的控制范围。

表 5 - 4   Ni(OH)₂ 产品主要杂质含量的控制范围

杂质	Ca	Mg	Fe	SO_4^{2-}	CO_3^{2-}
质量含量/%	<0.015	<0.015	<0.005	<0.35	<1.0

(2)粒径及粒径分布的影响

粒径大小及粒径分布主要影响 Ni(OH)₂ 的活性,比表面积、密度。粒径小,比表面积大,活性就高。但粒径过小,会降低 Ni(OH)₂ 密度。由化学沉淀晶体生长法制备的球形 Ni(OH)₂ 的粒径一般在 1~50 μm 之间,平均粒径在 5~12 μm 较为适用。

(3)表面状态的影响

表面光滑,球形度好的 Ni(OH)₂ 振实密度高,流动性好,但活性较低;表面粗糙,球形度低,孔隙发达的 Ni(OH)₂,振实密度相对较低,流动性差,但活性较高。Ni(OH)₂ 的表面状态不同,比表面积会差别较人,影响电化学性能,表 5 - 5 列出 Ni(OH)₂ 的比表面与放电容量的关系。

表 5 - 5   Ni(OH)₂ 的比表面积与放电容量

比表面积/($m^2 \cdot g^{-1}$)	2.6	4.1	7.8	10.9	14.0	17.5	21.0	25.3
放电比容量/($mAh \cdot g^{-1}$)	261	264	283	284	286	285	265	263

从表 5 - 5 可以看出,当 Ni(OH)₂ 的比表面积控制在 7.80~17.5 $m^2 \cdot g^{-1}$ 之间时,可获得较高的放电比容量。

(4)微晶晶粒尺寸及缺陷的影响

化学组成和粒径分布相同的 Ni(OH)₂ 的电化学性能有时也存在很大差别,其原因是 Ni(OH)₂ 晶体内部微晶晶粒尺寸和缺陷不同。在制备 Ni(OH)₂ 过程中,由于制备工艺,反应产物的后处理方法不同，添加剂的的种类和添加量不同，都会对 Ni(OH)$_2$ 晶体的微晶粒大小和排列状态产生影响，从而引起 Ni(OH)$_2$ 晶体的内部缺陷、孔隙和表面形貌等的差异，导致同一组成和粒度分布相同的 Ni(OH)$_2$ 的电化学性能就不相同。表 5 – 6 列出 Ni(OH)$_2$ 的结晶度、层错率与电性能的关系。从表 5 – 6 可以看出，结晶度差，层错率高，微晶晶粒小，微晶排列无序的 Ni(OH)$_2$，活化速率快，放电容量高，循环寿命长。

表 5 – 6   Ni(OH)$_2$ 的结晶度、层错率与电性能关系[36]

{001} 晶面		{101} 晶面		层错率 /%	放电容量 /(mAh·g^{-1})	IC 循环 寿命/次
半高宽 /°	晶粒大小 /nm	半高宽 /°	晶粒大小 /nm			
0.451	17.9	0.425	19.6	3.0	245	233
0.687	11.7	0.785	10.7	9.4	261	280
0.697	11.5	0.932	9.0	11.8	284	>500

目前，因内外生产的 Ni(OH)$_2$ 的性能如表 5 – 7 所示。

表 5 – 7   氢氧化镍产品技术指标

技术指标	普通镍	球形镍 – 1	球形镍 – 2	球形镍 – 3
$w(Ni)/\%$	>61.5	>61.5	>58	>58
$w(Co)/\%$	0.5 ~ 0.6	0.8 ~ 1.0	0.9 ~ 1.2	0.9 ~ 1.2
$w(Zn)/\%$	<0.005	0.005	2 ~ 5	<0.005
$w(Cd)/\%$	<0.01%	<0.01	<0.01	1 ~ 3
$w(Fe)/\%$	<0.005	<0.005	<0.005	<0.005
$w(SO_4^{2-})/\%$	<0.1	<0.2	<0.2	<0.2

续表

技术指标	普通镍	球形镍 - 1	球形镍 - 2	球形镍 - 3
$w(NO_3^-)/\%$	<0.005	<0.005	<0.005	<0.005
视密度 $\rho/(g \cdot cm^{-3})$	>1.1	>1.7	>1.5	>1.5
振实密度 $\rho/(g \cdot cm^{-3})$	>1.7	>2.1	>2.1	>2.1
比表面积 $S/(m^2 \cdot g^{-1})$	>60	15～25	15～25	15～25
粒　径 $r/\mu m$	<75	5～30	5～30	5～30
比容量/(mAh $\cdot$ g^{-1})	>250			

5.3.1.5　球形 Ni(OH)$_2$ 的改性

目前，MH - Ni 电池正极材料用的微米级 β - Ni(OH)$_2$，活性和密度高，但要进一步提高其电化学性能，增大放电容量，必须对球形 Ni(OH)$_2$ 进行改性。常用的改性方法有物理混合法、化学镀、表面包覆法等。

（1）物理混合法

β - Ni(OH)$_2$ 是 p 型半导体，导电性差，为了提高其导电性，通常方法是向 Ni(OH)$_2$ 加入导电剂，使 Ni(OH)$_2$ 表面形成一层导电膜。其中最简单的方法是物理混合法，即将导电剂如 Ni 粉，Co 粉，CoO，Co(OH)$_2$，ZnO 等与 Ni(OH)$_2$ 机械混合。该法的缺点是成分不均匀，外加的 Co，Ni 等导电剂在电化学过程或碱处理过程会发生溶解，再沉积，导致电化学性能下降。

（2）化学镀

化学镀是在 Ni(OH)$_2$ 表面上镀上一层 Ni 或 Co 膜，有利于 H$^+$ 在 Ni(OH)$_2$ 电极中扩散，加快反应速率，提高导电性，抑制 γ - NiOOH 生成。该法的缺点是条件要求苛刻，需要贵金属盐 PdCl$_2$ 作活化剂。

（3）化学包覆法

化学包覆法是利用化学沉积的方法在 $Ni(OH)_2$ 表面包覆一层 Co, Zn, Al, Yb, Y 等金属的氢氧化物，该方法克服了机械混合法不均匀的缺点，并可以有效地抑制 $\gamma-NiOOH$ 的生成。

化学包覆的实例：

例 1　包覆 $Co(OH)_2$ 和 $CoOOH^{[37]}$

MH－Ni 电池在初充电时，CoO 发生转化

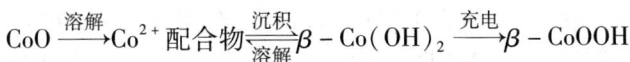

$$CoO \xrightarrow{溶解} Co^{2+} 配合物 \underset{溶解}{\overset{沉积}{\rightleftharpoons}} \beta-Co(OH)_2 \xrightarrow{充电} \beta-CoOOH$$

在初充电过程中，$\beta-Co(OH)_2$ 被氧化并以 $\beta-CoOOH$ 的形式包覆在 $Ni(OH)_2$ 颗粒周围以及 $Ni(OH)_2$ 颗粒与泡沫镍基体之间，形成一个导电性网络，从而提高 $Ni(OH)_2$ 的利用率。在 $Ni(OH)_2$ 表面包覆 $Co(OH)_2$ 和 CoOOH 分为沉积和氧化两步骤。

沉积：用氨水调节 $CoSO_4$ 溶液至 pH 9 左右，在搅拌条件下加入球形 $Ni(OH)_2$，再滴加 NaOH 溶液控制 pH 在 10~11，使钴以 $Co(OH)_2$ 形式沉积在 $Ni(OH)_2$ 表面。

氧化：沉积完成后，过滤并洗至中性，然后在沉淀物中加入 30% 的 NaOH 溶液并加入氧化剂 NaClO，控制温度 50℃，将 $Co(OH)_2$ 氧化成 CoOOH。包覆 $Co(OH)_2$ 和 CoOOH 的 $Ni(OH)_2$ 的性能如表 5-8，从表 5-8 可以看出，包覆 $Co(OH)_2$ 的 $Ni(OH)_2$，振实密度下降，放电容量增大；包覆 CoOOH 的 $Ni(OH)_2$，振实密度与未包覆的 $Ni(OH)_2$ 的大小相当，放电容量明显提高。一般控制包覆量约为 3%。

表 5-8　包覆钴前后球形 $Ni(OH)_2$ 性能

样品	振实密度/$g \cdot cm^{-3}$	放电容量/$mAh \cdot g^{-1}$（6 周期）
未包覆的 $Ni(OH)_2$	2.10	177.6
包覆 $Co(OH)_2$	1.80	225.3
包覆 CoOOH	2.08	228.7

例2　包覆 Y(OH)$_2$[38]

在有搅拌的反应器中，先加入 β – Ni(OH)$_2$(粒径约 8 μm)和水，然后缓慢加入 0.02 mol·L^{-1} 的 YCl$_3$，控制温度 50℃，用浓度 0.5% 的 NH$_3$·H$_2$O 调节 pH 为 7.8～8.5。反应结束后，陈化 8h，洗涤至中性，在 65℃下干燥，得包覆 Y(OH)$_3$ 的 Ni(OH)$_2$ 样品，从样品的循环伏安曲线表明，在球形 Ni(OH)$_2$ 的氧化过程中，存在 Ni(Ⅲ)和 Ni(Ⅳ)的两步氧化反应，且产生的 Ni(Ⅳ不稳定)，能分解为 NiOOH 和氧气。Y(OH)$_3$ 包覆层对 Ni(OH)$_2$ 氧化过程后期的副反应 Ni(Ⅲ)→Ni(Ⅳ)有抑制作用。包覆 Y(OH)$_3$ 的 Ni(OH)$_2$ 有较好的高温性能。当 Y 的摩尔分数为 1.61% 时，在 60℃时的容量保持率可达到 25℃时的 92.7%。

例3　包覆 Yb(OH)$_3$[39]

在有搅拌的反应器中，将球形 Ni(OH)$_2$600 g 加 800 mL 水的料浆，与浓度比为 YbCl$_3$:NaOH = 1:3 的溶液，以相同的流量并流加入反应器中，控制 pH 为 8～11，温度为 40℃～60℃，反应结束后陈化 6 h，过滤，洗涤至中性，在 80℃下干燥，所得样品经检测，在球形 Ni(OH)$_2$ 表面包覆了一层均匀的 Yb(OH)$_3$。经包覆的 Ni(OH)$_2$ 的放电容量为 264 mAh·g^{-1}，略低于包覆前的 270 mAh·g^{-1}。包覆量为 2% Yb(OH)$_3$ 的球形 Ni(OH)$_2$ 的高温性能较好，在 60℃，1C 的放电条件下，其容量保持率为 20℃时 1C 充放电容量的 92%。

例4　二层包覆法[40]

为了进一步提高球形 Ni(OH)$_2$ 的性能可采用二层包覆法。

(1)在球形 Ni(OH)$_2$ 表面包覆一层含 Co, Zn 的 Ni(OH)$_2$，其方法是在含有球形 Ni(OH)$_2$ 母体的料浆中，加入一定浓度的含 Co, Zn 的 NiSO$_4$ 溶液、NH$_3$·H$_2$O 和 NaOH 溶液，在特定温度、pH、时间的条件下反应，料浆经陈化、洗涤过滤、干燥，得到包覆层的组成与母体相同的具有细微晶结构，紧密光滑的

$Ni(OH)_2$ 产品。

包覆的工艺过程是：母体料浆为球形 $Ni(OH)_2(100\ g \cdot L^{-1})$。包覆物用 $NiSO_4 \cdot 6H_2O$（配成 $2\ mol \cdot L^{-1}$），$CoSO_4 \cdot 7H_2O$，$ZnSO_4 \cdot 7H_2O$ 按 $Ni : Co : Zn = 100 : 2.7 : 4.9$（摩尔比）配成混合溶液。以 $NH_3 \cdot nH_2O(12mol \cdot L^{-1})$ 为配位剂，用 $NaOH(5mol \cdot L^{-1})$ 调节 pH。

在加有 $Ni(OH)_2$ 料浆的反应器中，连续并流加入含 Ni，Co，Zn 的混合溶液，氨水和 NaOH 溶液，以 800 r/min 转速搅拌，反应过程控制恒温 $50 \pm 1℃$，pH $= 11.5 \pm 0.02$，反应 1.6 h 后停止进料，陈化 2.4 h 后，将沉淀用水洗至中性，滤干，在 120℃ 干燥 4 h，所得产品为包覆 Co，Zn，Ni 的 $Ni(OH)_2$，包覆层的质量为母体 $Ni(OH)_2$ 的 9%。

（2）在球形 $Ni(OH)_2$ 粉末表面包覆一层其他金属的氢氧化物。其特征是加入的反应物为金属配合物溶液和 $Na(OH)_2$ 溶液。常用作包覆的金属有 Al，Co，Zn，Y，Mg，Ca，Cr，Ba，Mn，Ti 和稀土金属 Yb 等。配位剂可以是氨水、铵盐、醋酸、柠檬酸（或其盐）、EDTA（或其盐）、酒石酸盐等。

包覆 Co，Y 的氢氧化物的工艺是：

母体料浆仍为球形 $Ni(OH)_2(100g \cdot L^{-1})$，包覆物用 $CoSO_4 \cdot 7H_2O(0.68\ mol \cdot L^{-1})Y(NO_3)_3 \cdot 7H_2O(0.31\ mol \cdot L^{-1})$ 配成混合溶液，用柠檬酸（$0.4\ mol \cdot L^{-1}$）作为配位剂，NaOH（$5\ mol \cdot L^{-1}$）为 pH 调节剂。

在加有球形 $Ni(OH)_2$ 料浆的反应器中，连续并流加入 Co，Y 混合溶液，柠檬酸溶液和 NaOH 溶液，控制温度 $50 \pm 1℃$，pH $= 11.2 \pm 0.02$，以 600 r/min 转速搅拌，反应 4 h 停止加料，陈化 3 h，将沉淀物用水洗至中性，滤干，在 120℃ 干燥 4 h，所得产品为包覆 Co，Y 的 $Ni(OH)_2$，包覆层的质量为母体 $Ni(OH)_2$ 的 3%

（$Co(OH)_2$）和 2.2%（$Y(OH)_3$）。

（3）二层包覆法，第一层包覆物仍是含 CO, Zn 的 $Ni(OH)_2$，第二层为其他金属的氢氧化物。

第 1 层包覆过程与（1）相同，仅反应时间为 0.8 h，第 1 层包覆层的质量为母体 $Ni(OH)_2$ 的 3%。

第 2 层包覆过程与（2）相同，包覆层的质量为母体 $Ni(OH)_2$ 的 3.2%（$Co(OH)_2$）和 1.8% CY（OH）$_3$ 三种。包覆方式所得包覆产品 $Ni(OH)_2$ 的性能如表 5-9。从表 5-9 可以看出，包覆后的球形 $Ni(OH)_2$ 的放电容量，50℃时的容量保持率都比未包覆的球形 $Ni(OH)_2$ 高。其中经二次包覆的综合性能最好，表明二次包覆对提高球形 $Ni(OH)_2$ 的放电容量，提高活性物质利用率，改善球形 $Ni(OH)_2$ 的高温性能都有明显效果。

5.3.1.6　非球形 $\beta - Ni(OH)_2$ 的制备[41]

球形 $Ni(OH)_2$ 堆积密度高，但活性偏低，化学沉淀法制备的非球形 $Ni(OH)_2$ 比表面积大，电化学性能好，但振实密度低，比容量低，如果在用化学沉淀法制得的胶体中加入聚丙烯酰胺聚凝剂，使胶体快速聚沉，可制备出密度高活性好的非球形 $\beta - Ni(OH)_2$。

制备非球形 $\beta - Ni(OH)_2$ 的方法是：将 1 $mol \cdot L^{-1}$ 的 $NiSO_4$ 溶液通过恒流泵以 1 滴 $\cdot s^{-1}$ 的速度滴入 4 $mol \cdot L^{-1}$ 的 NaOH 溶液中，实验过程保持水浴 50℃ 且搅拌。滴加完成后继续搅拌 10 min，然后将聚丙烯酰胺加入 $Ni(OH)_2$ 胶体中，快速搅拌，抽滤，在液压机压力 20MPa 下压片，120℃第 1 次干燥，控制失水率 40%，再经 120℃第 2 次干燥，所得产物经研磨过筛，得 $Ni(OH)_2$ 粉末，经测定，所得样品为 $\beta - Ni(OH)_2$，振实密度为 2.3 $g \cdot cm^{-3}$，放电比容量可达 218 $mAh \cdot g^{-1}$。

表 5 - 9　包覆产品 Ni(OH)₂ 的性能

包覆形式	表面复合层	表层化合物量/%	放电容量/(mAh·g⁻¹)		容量保持率/%	振实密度/(g·cm⁻³)
			25℃,0.2C	50℃,0.2C		
包覆 Ni	Ni(OH)₂ 细微晶	9	280	250	89.3	2.22
包覆 Co,Y	Co(OH)₂ Y(OH)₃	3.2 2.2	290	273	94.1	1.98
二层包覆	Ni(OH)₂ Co(OH)₂ Y(OH)₃	3 3.2 1.8	282	270	95.7	2.16
纯球形 Ni(OH)₂	-	-	270	236	87.4	2.15

5.3.1.7　Ni(OH)₂ 正极材料的研究进展[42]

随着移动通讯、笔记本电脑和电动交通工具的发展,对电池的性能提出了更高的要求,期望开发具有高能量、高功率、长寿命、低成本的电池,同时还应具有良好的高温性能和高倍率放电性能。其中,MH - Ni 电池有望成为未来应用最广的电池之一。

MH - Ni 电池的性能主要决定于正极材料 Ni(OH)₂,目前应用最广的球形 β - Ni(OH)₂ 的生产技术已日趋成熟,其放电容量已接近其理论容量,进一步提高性能的潜力有限,但纳米 Ni(OH)₂ 和掺杂 α - Ni(OH)₂ 的开发前景广阔。

1. α - Ni(OH)₂[43]

在镍电极的正常充放电过程中, β - Ni(OH)₂ $\Longleftrightarrow$ β - NiOOH,当过充时, β - NiOOH $\longrightarrow$ γ - NiOOH,由于 γ - NiOOH 密度小造成电极膨胀。

α - Ni(OH)₂ 在充电放电过程中,发生 α - Ni(OH)₂ $\Longleftrightarrow$ γ - NiOOH,转化,但不会产生机械形变,同时,由于 γ - NiOOH

中的 Ni 的价态大于 3，与 $\alpha - Ni(OH)_2$ 之间理论转移的电子数为 1.67，因此，理论比容量(480 mAh · g^{-1})大于 $\beta - Ni(OH)_2$ 的理论比容量(289 mAh · g^{-1})。

$\alpha - Ni(OH)_2$ 通常并不稳定，在碱性溶液中陈化容易转变成 $\beta - Ni(OH)_2$，为了制备在碱性条件下稳定的 $\alpha - Ni(OH)_2$，可通过引入 +3 价或 +2 价的金属离子如 Al、Co、Mn 等元素掺入到 $Ni(OH)_2$ 的晶格中，生成一种具有 α 相结构，具有水滑石型的双氢氧化物(LDH, Layer Double Hydro Xide)。LDH 具有 $\alpha - Ni(OH)_2$ 的结构特性，在碱液中稳定，可用作镍电极材料。

制备稳定的 $\alpha - Ni(OH)_2$ 的方法有化学共沉淀法 Chimise douce 技术、电化学沉积法等。

(1)化学共沉淀法

将化学计量比的镍和取代离子的硝酸盐配成混合溶液，缓慢滴入到 KOH(含一定量的 Na_2CO_3)溶液中，在搅拌条件下得到胶状沉淀，经陈化、洗涤、过滤、干燥，即可得稳定的 $\alpha - Ni(OH)_2$。这是一种无序化层状产品，结晶不完整，晶粒尺寸小，电化学活性高。其中稳定剂用 Co 取代的 $\alpha - Ni(OH)_2$ 放电比容量高，放电平台低。Al 代的 $\alpha - Ni(OH)_2$ 具有高的放电比容量，高的放电中点电位，但大电流放电性能和活化性能比 $\beta - Ni(OH)_2$ 稍差。

日本 S. AKiKo 等[44]将 $Ni(NO_3)_2$、$Al(NO_3)_3$、NaOH 或 LiOH 在常温下混合，100℃ ~ 150℃ 陈化 16 h，经过滤、洗涤，在 50℃ 空气中干燥。制备过程中通过调节碱与金属之比控制 pH > 11，所得产品 $\alpha - Ni(OH)_2$ 含 Al 4.9%，Ni 43.49%，Li 0.0074%，比容量达 381 mAh · g^{-1}，化学稳定性好。

美国的 F·马丁和 A·查凯等[45]加入 2 种以上阳离子混合掺杂，有利于产品的化学稳定：第 1 组阳离子为 Al，Cu，Mn，Mg，La 等，第 2 组阳离子为 Zn，Y，Ce 等。

周勤俭等[43]将镍盐溶液、掺杂阳离子金属盐溶液、NaOH 溶

液、掺杂阴离子溶液、相稳定剂并流加入反应器中，控制温度为
30℃ ~ 90℃，pH 为 8 ~ 13，停留时间 12 ~ 36 h，在 40℃ ~ 100℃
下烘干 2 ~ 10 h。制备的 α – Ni(OH)$_2$ 的堆积密度达 1.75 g ·
cm^{-3}，比容量达 350 mAh · g^{-1}。

　　Al 代氢氧化镍具有 α – Ni(OH)$_2$ 相似的晶体结构，具有较大
的层间距，有利于质子转移，球形 Al 代 Ni(OH)$_2$ 的比容量已
达330 mAh · g^{-1}。

　　采用化学沉淀法制备 Al 代 Ni(OH)$_2$ 时，当 Al 含量增加，
α – Ni(OH)$_2$ 增多，β 相成分减少，当 Al 含量为 15.2% 时，为单
一的 α 相，这种 α 相结构在强碱中能稳定存在、不会转化成
β – Ni(OH)$_2$ 相。采用球形 Al 代 Ni(OH)$_2$ 制备的电极充电电压
低，放电平台电压高，具有大电流充放电能力，有望成为动力电
池的镍正极活性材料。[46]

　　(2)电化学沉积法

　　用镍与取代离子的硝酸盐混合溶液作电解液，阳极室加入
KNO$_3$ 作导电电解质，以铂片用阴极，铂丝作阳极，控制溶液的
pH，在室温下控制电流密度进行阴极还原。将阴极区的溶液过
滤、洗涤、干燥，可得 α – Ni(OH)$_2$。

　　(3)控制结晶法[50]

　　将加有配位剂的 NiSO$_4$ 溶液和 NaOH 溶液加到反应器中，控
制温度和 pH，进行强烈搅拌，反应完成后进行离心过滤、洗涤，
滤饼用无水乙醇多次洗涤，再加入正丁醇共沸蒸馏，制得
Ni(OH)$_2$ 粉末(样品 A)。也可在滤饼中添加适量纳米级Co(OH)$_2$
胶体，纳米碳溶胶、超细 Ni 粉混匀球磨 48 h 后进行喷雾造粒，所
得样品在 50℃ 下烘干 24 h(样品 B)。

　　经 SEM 检测，样品 A 为球形，粒度 20 nm，比表面积
209 m^2 · g^{-1}，振实密度为 1.2 g · cm^{-3}。

2. 纳米 Ni(OH)$_2$ 的研究开发

纳米 Ni(OH)$_2$ 的研制始于 20 世纪 90 年代，美国 Nanocorp Inc 公司采用湿法化学合成的纳米 Ni(OH)$_2$。其比容量增加 20%。

纳米 Ni(OH)$_2$ 与球形 Ni(OH)$_2$ 相比，纯纳米 Ni(OH)$_2$ 放电时间短，放电性能并不好，但如果以 8% 质量比掺入到球形 Ni(OH)$_2$ 时，放电容量提高，可逆性提高，放电电位高，充电电位低。

纳米 Ni(OH)$_2$ 的制备，常用的方法有沉淀转化法、配位沉淀法，此外还有低温固相法、控制结晶法、水热法、球磨法、离子交换树脂法等。

(1)沉淀转化法

以 2% 聚乙烯醇为分散剂，将 0.1 mol·L^{-1} 的 NiSO$_4$ 和 0.1 mol·L^{-1} 的 (NH$_4$)$_2$CO$_3$ 同时加入到反应器中，控制 60℃温度并强力搅拌 2 h 后，缓慢滴加 0.1 mol·L^{-1} NaOH，调节 pH 至 10.0，将所得的悬浊液离心沉淀，于 80℃ 下干燥，所得的 Ni(OH)$_2$ 粉末粒径为 30~50 nm。按配比纳米 Ni(OH)$_2$:Ni 粉:CO 粉:PTFE = 25:11:9:5，以乙醇作分散剂混合，按常规方法制成 Ni(OH)$_2$ 电极，经测定，纳米 Ni(OH)$_2$ 放电容量提高 20% 以上。[47]

郭建忠等[48]将 Ni(OH)$_2$·6H$_2$O 和 Na$_2$C$_2$O$_4$ 混合制成混合溶液，加入表面活性剂吐温 - 80(15 mL·L^{-1}) 搅拌 10 min，得 NiC$_2$O$_4$·2H$_2$O 沉淀，将沉淀在 70℃ 水浴中陈化 30 min，至完全沉淀，然后加入 NaOH 溶液，控制 pH 12 左右，转化 1 h，趁热离心分离，所得沉淀用热水和无水乙醇先后洗涤数次，于 100℃，真空干燥 10 h 以上，所得样品经检测为球形 Ni(OH)$_2$，粒径约为 200 nm。

(2)低温固相反应法

将乙酸镍草酸混合研磨后，用蒸馏水洗涤 2 次，再用乙醇洗涤，抽滤后真空干燥（0.1 MPa，70℃）4 h，得前驱体 $NiC_2O_4 \cdot 2H_2O$。

将前驱体 $NiC_2O_4 \cdot 2H_2O$ 和 NaOH 按 NiC_2O_4：NaOH = 1：2（按物质的量）混合，研磨 1 h，得到的固相产物用蒸馏水洗涤 2 次，再用乙醇洗涤，抽滤后控制 80℃ 烘干，6 h，得纳米 $Ni(OH)_2$ 粉末，经 α 射线和扫描电镜检测得到的 $Ni(OH)_2$ 为球形和针状，平均粒径 8 nm。

将制备的纳米 $Ni(OH)_2$ 以 8% 的比例与球形 $Ni(OH)_2$ 混匀。并按常规方法制成电极，经充放电试验结果表明，活性物质利用率提高约 10%。[49]

（3）微乳液法

微乳液法制备的纳米 $Ni(OH)_2$ 颗粒小，分散性好，粒经可控。缺点是反应产物结晶度不好，表面容易残留杂质，采用水热微乳液法可以改善产物的结晶，除去残留杂质。

采用的微乳体系为 TX - 100/正己醇/正庚烷/水。按体积比：TX - 100：正己醇：正庚烷：$Ni(NO_3)_2$（0.5 mol·L^{-1}）= 18：12：20：5 混合后，在 35℃ 下搅拌 30 min。另外配制相同体积的 NaOH（1.0 mol·L^{-1}）溶液，将两种溶液混合，反应 2 h 后，进行离心分离，依次用水、乙醇洗涤多次，再转入反应釜中，控制温度 140℃，水热处理 1 h，最后用水、无水乙醇分别离心洗涤 3 次，在 60℃ 下真空干燥 3 h，得纳米 $Ni(OH)_2$。经检测，纳米 $Ni(OH)_2$ 的比容量为 263mAh·g^{-1}，容量保持率为 89.8%。[52]

（4）水热法制备纳米 $\beta - Ni(OH)_2$

水热法以高压反应釜为反应器，以水溶液为反常介质在一定的温度和高压下，晶体生长在密闭系统中进行，可以控制氧化或还原条件，产品尺寸均匀，分散性好，工艺条件容易控制。

将 0.6 mol·L^{-1} 的 $NiSO_4$ 水溶液与 NaOH 溶液混合得到的沉淀物，再用 $NiSO_4 \cdot 6H_2O$ 或 NaOH 调节 pH 至 9~10，然后将反应

产物加到高压釜反应釜中,于200℃下压煮4 h,冷至室温,过滤,用水和乙醇分别洗涤,于80℃下干燥2 h得到的样品经检测为 $\beta - Ni(OH)_2$ 粒经为50~80 nm,比表面积为123.0 $m^2 \cdot g^{-1}$,放电比容量为191 mAh $\cdot g^{-1}$,循环性能好。[51]

5.3.2　负极活性物质的制造

负极活性物质主要指 CdO,海绵镉,$Cd(OH)_2$,Fe_3O_4 等。

CdO 制备:CdO 采用直接氧化法,将金属镉在 900℃ ~ 1000℃升华,升华的镉蒸气喷入氧化室(串联三个氧化室)氧化,使氧化镉颜色由黄橙色向深红色变化。

$Cd(OH)_2$ 制备:将 $CdSO_4$(密度1.15~1.23 $g \cdot cm^{-3}$)、NaOH(密度1.05~1.20 $g \cdot cm^{-3}$)按并流方式加入反应釜中,搅拌,所得沉淀在80℃~110℃下一次烘干,使含水量<30%,然后洗去 SO_4^{2-} 和 Na^+,在110℃~140℃下二次烘干。

FeO_4 制备:将 $FeSO_4$(1.23~1.24 $g \cdot cm^{-3}$)、NaOH(1.18~1.20 $g \cdot cm^{-3}$)加入反应釜中,在90℃~95℃下用空气氧化进行化学沉淀,经压滤,洗涤 SO_4^{2-},干燥,用乙炔黑作还原剂得 Fe_3O_4 粉末。

负极物质配方按质量比 $m(CdO):m(Fe_3O_4):m(25^{\#}$变压器油) =45.3:51.7:3混合,过1000 μm 筛备用。加入 Fe_3O_4 和变压器油是防止电池循环过程镉的聚结,增加电化学活性,也可以在负极活性物质中加 Fe_3O_4 和 Fe_2O_3 混合物,或加海绵铁粉,控制铁含量在15%左右。我国生产的活性铁粉电容量在200 mAh $\cdot g^{-1}$以上。

5.3.3　电极制造技术[53]

镉-镍电池的电极根据制造工艺和对电池性能的要求的不同,可分为:①有极板盒电极(袋式电极);②烧结式电极,其中包括板式烧结电极和箔式烧结电极;③粘结式电极;④泡沫式电极;⑤电沉积式电极;⑥纤维式电极。

5.3.3.1　袋式电极

袋式电极结构牢固,耐振动,寿命长,自放电小,制造成本低,但比能量低,电极制造工艺如图 5 - 15 所示。

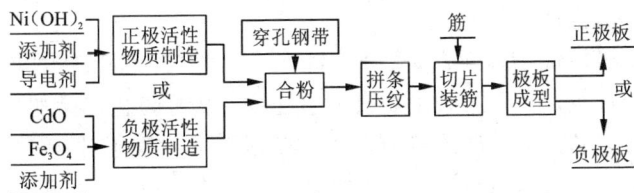

图 5 - 15　袋式电极制造工艺流程

1. 穿孔钢带

袋式电极用穿孔钢带基体厚度为 $0.08 \sim 0.1$ mm,一般用淬火钢针或穿孔轮穿孔,孔率一般在 $15\% \sim 30\%$。孔率越大,电池放电倍率越高。

2. 正极活性物质

正极活性物质由 $Ni(OH)_2$,导电剂、添加剂按一定配比混匀。常用的正极活性物质配方如表 5 - 10 所示。

表 5 - 10　正极活性物质配方

配方	$Ni(OH)_2$ /kg	$Co(OH)_2$ /kg	$Ba(OH)_2$	石墨粉 /kg	活性炭 /kg	乙炔黑 /kg	其他
1	80	2				18	
2	100		3kg 加碱液 2L	23			

添加剂可以改善电极性能，常用的添加剂有 $Ba(OH)_2$，Co，Hg 等。$Ba(OH)_2$ 可使 $Ni(OH)_2$ 保持分散状态，提高析氧过电位。钴可以增加镍电极放电深度，提高放电容量。锂和钡的作用相似，一般加入到电解液中。汞能提高镍利用率，延长使用寿命。

对镍电极的有害元素是铁、镁、钙、硅等。铁降低充电效率，铁的氧化物增加电阻。镁会降低容量，硅和钙也降低电极容量。

3. 负极活性物质

负极活性物质配方如表 5 – 11 所示。为提高镉电极性能，常加入添加剂铁、镍的氧化物或氢氧化物，铁可防止镉结块，保持镉的分散状态。但铁的自放电大，在密封镉 – 镍电池中不加铁，而是加镍，其作用与铁一样。加变压器油或苏拉油，也能使镉保持分散状态。

表 5 – 11　负极活性物质配方

配方	$Cd(OH)_2$ /kg	CdO /kg	海绵镉 /kg	$Ni(OH)_2$ /kg	Fe_3O_4 /kg	Fe /kg	活性炭 /kg	25# 变压器 油/kg
1		45			52			3
2	78			4		15	3	
3		52	40	5				3

对镉电极有害的杂质是铊、钙和铝。铊使镉结晶变大，减少比表面积，降低活性。钙影响镉电极的还原性能。

负极活性物质可按配方直接混合，也可用电沉积法先制备成海绵镉铁沉积物，再加少量的蜡和石墨混合。电沉积制备镉铁沉积物的方法是以含镉铁的硫酸盐为电解液，阳极为镉板和铁板，镉、铁阳极面积比为 2∶1，阴极为穿孔钢带，所得沉积物经过滤，水洗，压滤，在 60℃ ~80℃烘干，研磨，过筛，然后加入少量的蜡和石墨粉混匀备用。

4. 包粉

将穿孔钢带(正极需用镀镍穿孔钢带)在包粉机中制成电极板盒并充填活性物质。

5. 拼条压纹

将已包粉的极板盒小条,在压纹机上辊压,并在极板表面压成纹状以提高极板的机械强度。

6. 切片装筋

将拼条压纹的极板条剪切,为防止活性物质从切口处脱落,在两切口处分别装入"U"字形有金属筋的连筋板。

7. 极板成型

使模压极板同起汇流作用的筋紧密机械接触,并进行极板整形。

5.3.3.2　烧结式电极

烧结式电极根据极板厚度一般分为板式烧结电极和箔式烧结电极。板式正极厚度为 2 ~ 3 mm, 板式负极厚度为 1.3 ~ 1.8 mm。板式电极寿命长, 自放电小, 制造成本低。但比表面小, 充放电速率受一定影响。箔式电极极板厚度为 0.5 ~ 1.0 mm, 微孔细小, 比表面大, 组装成的电池内阻小, 适合大电流放电, 快速充电性能好, 耐过充电性能好, 但自放电大于板式电极。

1. 板式烧结电极的制造

板式烧结电极的制造工艺如图 5 – 16 所示。

(1)基板制造　正极基板用电解镍粉的视密度为 0.6 ~ 0.8 $g \cdot cm^{-3}$, 平均粒度为 3 ~ 5 μm, 比表面 > 0.5 $m^2 \cdot g^{-1}$。按质量比将 m(电解镍粉) : $m(NH_4HCO_3)$ = 6 : 4 混合。混合后的粉按每片正极片需要量倒入模具中, 放入镀镍切拉网骨架, 在 10 ~ 15 kPa 压力下压制, 送烧结炉中在 800℃ ~ 1000℃ 下烧结 15 ~ 30 min, 烧结时用氨分解的氮氢混合物气体保护, 得到的基板孔率在 72% ~ 75%。

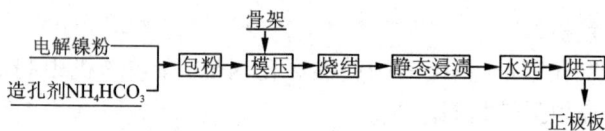

图 5 - 16　板式烧结电极的制造工艺流程

　　板式基板制造，有的用羰基镍粉，PVB(聚乙烯醇缩丁醛)作造孔剂。绕结时用纯氢气保护。

　　(2)极板静态浸渍。浸渍反应为

$$Ni(NO_3)_2 + 2NaOH === Ni(OH)_2 + 2NaNO_3$$

先用 $Ni(OH)_2$ 溶液浸渍，浸渍溶液密度为 $1.6 \sim 1.7\ g \cdot cm^{-3}$，控制 $pH = 3 \sim 4$，温度 $80℃ \sim 95℃$，时间 $4 \sim 8\ h$。浸渍后取出淋干，再转入碱液中浸 4 h。碱液密度为 $1.9 \sim 1.21\ g \cdot cm^{-3}$，温度 $50℃ \sim 70℃$。浸渍过的正极板用去离子水洗至无碱，于 $80℃ \cdot 100℃$ 烘干 1 h。

　　按上述步骤循环浸渍数次，直至活性物质装填量达到要求。一般要求密度达 $1.2 \sim 1.6\ g \cdot cm^{-3}$。用于密封电池的正极板中填入少量镉作为反极物质。镉同时也可防止正极板膨胀。板式电极亦可采用减压浸渍。

　　烧结式镉负极制造工艺与正极相似。静态浸渍用镉盐代替镍盐，在镉盐中加入 5% 的 $Ni(NO_3)_2$。浸渍镉盐前，将基板在 $HNO_3(1.06 \sim 1.07\ g \cdot cm^{-3})$ 中浸 $20 \sim 30\ s$，然后晾干，增加基板孔率。

　　烧结镉负极浸渍后需化成，化成后浸苯 - 苏拉油(9% ~ 11%)，或浸苯 -25 号变压器油，然后晾干。

　　2. 箔式烧结电极制造

　　箔式烧结电极制造工艺流程如图 5 - 17。

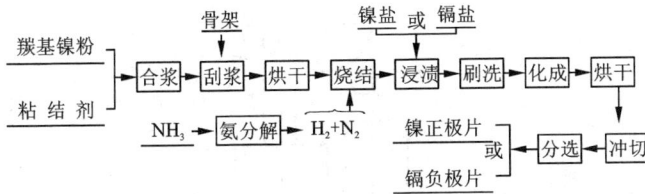

图 5 – 17 箔式烧结电极制造工艺流程

（1）基板制造

基板用羰基镍粉，其视密度 $0.5 \sim 0.62$ g·cm^{-3}，平均粒度为 $2.2 \sim 2.8$ μm。粘结剂为 CMC 或 MC，基板骨架用冲孔镀镍钢带或镍带，孔率为 31% ~ 40%，镀镍层厚度为 5 μm。

合浆是将粘结剂 CMC 或 MC、消泡剂多元醇和水制成胶液，加入镍粉搅拌均匀，静置 24 h。料浆温度控制在 15℃ ~ 25℃。镍浆配比一般有两种，即按质量比 m（羰基镍粉）：m（CMC）= 1∶1，或 m（镍粉 + PVB（5%））：m（CMC（2.5%））= 1.1∶1，采用湿式连续刮浆法使镍浆厚度均匀。

日本三洋公司采用镍纤维、苯乙烯泡状物、CMC 和水配制镍浆，在钢带上刮浆后，经低温减压烧结，制得的基板孔率高达 94%，用比基板制得的 AA 型镉 – 镍电池容量达 1000 mAh。

在传统的镍浆中加入少量镍纤维可大大提高活性物质利用率。在镍浆中加入发孔剂可提高烧结基板孔率。

烘干和烧结一般在立式炉上进行，如图 5 – 18 所示。干燥部分采用远红外辐射加热。干燥炉加热可分为三段：上段 180℃ 左右，中间 220℃ 左右，下段 140℃ 左右。烘干速度为 $0.6 \sim 0.7$ mm·s^{-1}，烘干后镍板应保持 10% 左右的水分。

烘干后的基板进入烧结炉，在还原性气氛氮氢混合气体中烧结。氮氢混合气是氨分解的产物，烧结温度控制在 950℃ ~

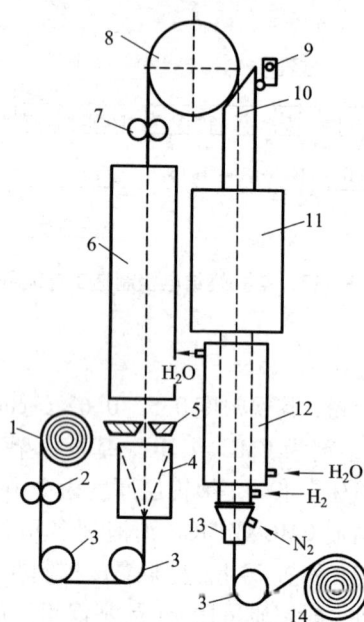

图 5-18 箔式镍基板制造工艺原理图

1—冲孔镍骨架；2—平整骨架碾压机；3—导向轮；
4—镍浆斗；5—刮刀；6—干燥炉；7—上碾压机；
8—导向轮；9—点火管；10—防爆炉盖；11—烧结
段；12—冷却段；13—密封炉尾；14—卷绕轮

1050℃，时间约 10 min，烧结炉内温度分布曲线如图 5-19 所示。

烘干和烧结设备也可采用立式干燥卧式烧结炉，如图 5-20 所示。卧式烧结炉的特点是进料口

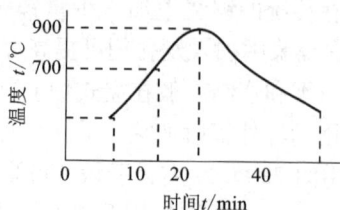

图 5-19 烧结炉温度分布曲线

是保护气体出口，受热的 H_2 分布在上层，冷空气分布在下层，可通过控制还原气体流量控制氧化段与还原段的长度比，实现烧结过程"先氧化后还原"。采用这种设备可显著提高基板强度和孔率。

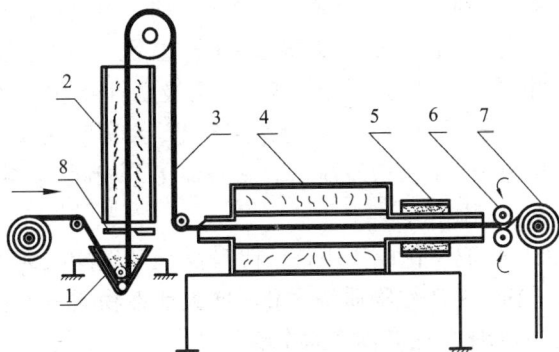

图5－20　湿式拉浆法卧式烧结工艺原理示意图
1—镍浆；2—烘道；3—干燥的基带片；4—高温烧结炉；
5—冷却室；6—同步输出辊轮；7—烧结成品带；8—刮刀

（2）极板制造　极板制造分浸渍和化成工序。浸渍是向烧结基板填充活性物质的过程。浸渍方法有电解浸渍和负压浸渍。

①电解浸渍法　正极电解浸渍以镍基板作阴极，电解液为微酸性 $Ni(NO_3)_2$，在镍基板上沉积出活性 $Ni(OH)_2$。

正极电解浸渍的电化学反应为

$$NO_3^- + 10H^+ + 8e \longrightarrow NH_4^+ + 3H_2O \qquad \varphi^\ominus = 0.88 \text{ V}$$

反应过程消耗 H^+，pH 会升高，直至生成 $Ni(OH)_2$ 沉淀。

$$Ni^{2+} + 2OH^- \longrightarrow Ni(OH)_2$$

$$K_{sp} = 2 \times 10^{-15}$$

镍阴极上还可能发生析氢和 Ni^{2+} 还原。镍在基板上沉积会使基板发黑。为防止镍析出，可采用间隙电解浸渍，脉冲电流浸渍或定电位电解浸渍等方法。

负极电解浸渍方法与正极相同，以镍基板作阴极，以微酸性 $Cd(NO_3)_2$ 为电解液，在镍基板上沉积出活性物质 $Cd(OH)_2$。

②负压浸渍　将烧结基板卷成卷状，层间保持一定间隔，将基极放入装有浸渍液硝酸盐的浸渍罐中，抽气至负压，使浸渍液进入基板微孔中，浸硝酸盐后接着浸碱，水洗，烘干。过程与静态浸渍法相同，只是时间大为缩短。正极活性物质量为 $1.3 \sim 1.6 \ g \cdot cm^{-3}$，浸渍循环 $4 \sim 7$ 次可达到要求，浸渍时加入一定量的钴和镉作添加剂。镉负极浸渍与静态浸渍工艺相同。经浸渍后的电极带用钢丝刷刷洗，烘干。

（3）极板化成　化成作用是清除硝酸根和碳酸根离子，消除电极表面浮粉，使活性物质细微化，增大活性物质表面积，使电解浸渍的 $Ni(OH)_2$ 在碱性介质中活化。

化成方法有连续式和间隙式。连续式如图 5-21 所示，化成电解液为 KOH 或 NaOH，密度为 $1.19 \sim 1.21 \ g \cdot cm^{-3}$。

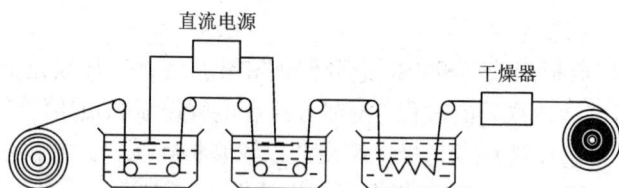

图 5-21　连续式电极化成示意图

将正或负极板带在化成槽中连续充放电，电流经导电辊传至电极带，化成后极板经热水刷洗后，在 60℃下干燥。

卷式双极静态化成。将正负极（或辅助极）卷在一起放入化成槽充放电。

5.3.3.3　粘结式电极

(1)粘结式镍电极　粘结式镍电极制造工艺简单,耗镍量少,成本最低。

粘结式镍电极依粘结剂不同主要有成膜法、热挤压法、刮浆法几种,其工艺流程如图 5 - 22 所示。

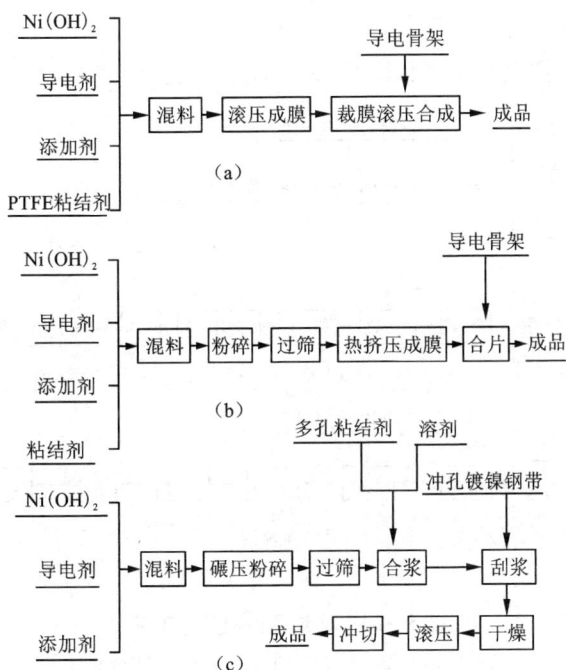

图 5 - 22　粘结镍电极制造工艺
(a)成膜法　(b)热挤压法　(c)刮浆法

粘结式镍电极的原料主要有高活性 $Ni(OH)_2$,导电剂镍粉、鳞片石墨或胶体石墨、乙炔黑等。一般在胶体石墨中加入乙炔黑,质量比为 3:1。常用的添加剂有钴、镉、锌、锂、钡、汞等。添加剂的作用是提高 $Ni(OH)_2$ 电极活性和活性物质利用率,提高充电效率。常用的粘结剂有 PTFE,PE,PVA,CMC,MC,107 胶等。PTFE 与 CMC 联用效果最好,加入量为 2% 的 CMC(3%) 和 6.86% 的 PTFE(60%),$Ni(OH)_2$ 在干态电极中含量为75% ~80%。

(2)粘结式镉电极 粘结式镉负极活性高,$Cd(OH)_2$ 比容量为 257 $mAh·g^{-1}$。

粘结镉电极工艺如图 5 - 23 所示。

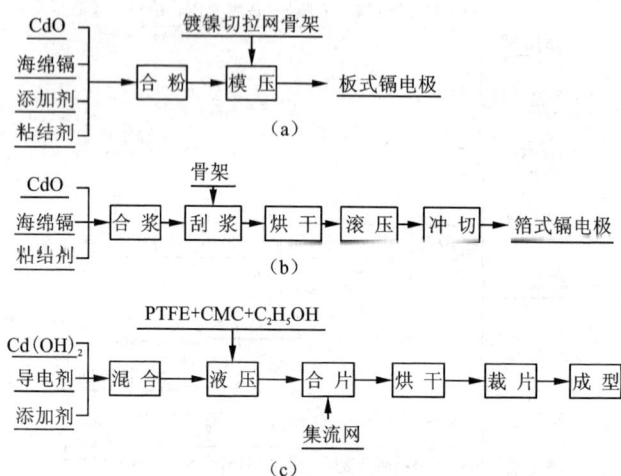

图 5 - 23 粘结镉电极制造工艺
(a)干式模压法 (b)湿式拉浆法 (c)塑料粘结式

干式模压法:按表 5 - 5 的配方 3 将 CdO,海绵镉、$Ni(OH)_2$,变压器油混匀。再按质量比 $m($混合粉$):m($CMC(3% 水溶液$))=19:1$ 拌匀,放入模具中,再放入镀镍切拉网骨架,压平,加压成型,成型压力为 35 ~40 MPa,然后干燥处理得镉电极片。

湿式拉浆法:先按质量比 $m($CdO$):m($Cd 粉$)=4:1$ 混匀成

粉, 粘结剂为 3% CMC 水溶液, 添加剂有维尼纶纤维(切成 2 mm)、Na_2HPO_4, 7% 聚乙烯醇水溶液、25 号变压器油。配镉浆方法是将聚乙烯醇(7%)8.5 kg, 维尼纶纤维素 15 ~ 20 g, Na_2HPO_4 (30.6%)720 g, 25 号变压器油 400 mL 混合后, 加入配好的氧化镉和海绵镉混合物粉 15 kg, 调成镉浆, 用拉浆法使冲孔镀镍钢带粘满浆液, 刮平, 送入电加热烘干道烘干。烘干道有三段温度区间: 下段 55 ± 5 ℃, 中段 120 ± 5 ℃, 上段 150 ± 5 ℃。

塑料粘结式: 按质量配比 $m(Cd(OH)_2):m(导电剂):m(添加剂):m(粘结剂)=80:10:4:10$ 混合, 以 830 μm 冲孔镀镍铁网为集流网, 液压成镉电极, 导电剂为炭黑、活性炭, 粘结剂为 PTFE, CMC, C_2H_5OH。

5.3.3.4 泡沫镍电极

泡沫镍电极是 20 世纪 80 年代发展起来的新型电极, 其特点是容量密度高达 500 mAh·cm^{-3}, 电极活性物质利用率高达 90% 以上, 制造工艺简单、设备投资少、快速充电性能好。但目前生产手工操作多, 电极性能不大稳定。

泡沫镍电极制造工艺分基板制造和电极制造两部分。

(1)泡沫镍基板制造 泡沫镍基板制造工艺流程如图 5 - 24 所示。

图 5 - 24 泡沫镍基板制造工艺

泡沫塑料发泡体选用多孔性树脂材料, 如聚氨酯泡沫塑料, 孔率为 96% 左右, 孔径为 300 ~ 600 μm。先将泡沫塑料进行碱性除油, 表面粗化, 再进行导电化处理。常用的导电化处理方法有化学镀镍, 涂复碳基导电涂料, 真空气相沉积。经导电处理过的

泡沫塑料用瓦特镀液或氨基磺酸镍镀液电沉积镍。一般沉积量为
$0.26\ g\cdot cm^{-3}$ 以上，然后将已镀镍的塑料基体烧去，并在 $800\sim$
$1100℃$ 下的还原气氛中烧制成发泡镍材。为了适应现代化二次电
池生产线的要求，开发了连续泡沫镍生产工艺。

碱性化学除油工艺配方如下：

化学组成	NaOH	Na_2CO_3	Na_3PO_4
浓度/$g\cdot L^{-1}$	$30\sim40$	$15\sim20$	$30\sim40$

除油过程温度 $60\sim80℃$，时间 $10\sim30\ min$。

粗化作用是使泡沫塑料孔壁表面呈现微观粗糙，提高镀层与
基体的结合力。同时，使塑料孔壁表面的聚合分子断链，由疏水
性变为亲水性。粗化液配方如下：

	I	II
CrO_3	$270\ g\cdot L^{-1}$	$150\sim200\ g\cdot L^{-1}$
H_2SO_4	$200\ g\cdot L^{-1}$	$1000\ mL$(加水 $450\ mL$)
温度	$20℃$	$40℃\sim50℃$
时间	$5\ min$	$1\sim2\ h$

敏化：敏化是在塑料孔壁表面吸附一层易氧化的物质，使活
化时易氧化，在表面形成氧化膜。敏化液配方如下：

	I	II
$SnCl_2$	$15\ g\cdot L^{-1}$	$29\ g\cdot L^{-1}$
HCl	$20\ ml\cdot L^{-1}$	$10\ mL$(加水至 $1\ L$)
锡条	适量	
温度	$40℃$	$25℃$
时间	$3\sim5\ min$	$3min$

活化：活化是在泡沫塑料孔壁表面产生一层催化金属层，作
为化学镀镍时的催化剂，一般采用胶体钯活化液或盐基胶体钯活
化液。活化液配方及工艺条件如下：

	Ⅰ	Ⅱ
PdCl$_2$	0.4 g·L^{-1}	0.2 g·L^{-1}
HCl	5 ml·L^{-1}	2 ml(加水至 1 L)
温度	25℃ ~ 40℃	25℃
时间	2 ~ 5 min	3 min

解胶：解胶是将泡沫塑料孔壁表面吸附的钯粒周围的亚锡离子水解胶体去掉。常用酸性液解胶或碱性液解胶。酸性解胶是用浓 HCl(100 mL·L^{-1})洗一下。碱性解胶是用 NaOH(50 g·L^{-1})溶液浸 1 min。

化学镀镍：化学镀镍配方及工艺条件如表 5 – 12 所示。

表 5 – 12　化学镀镍配方及工艺条件

组成　浓度/%　　配方	1	2	3	4
NiSO$_4$·7H$_2$O	20	20	46	25
NaH$_2$PO$_4$·H$_2$O	30	20	20	20
Na$_3$C$_6$H$_5$O$_7$·2H$_2$O（柠檬酸钠）	10	20	46	
苹果酸				20
乙酸钠				10
Pb(NO$_3$)$_2$				0.5
NH$_4$Cl	30		50	
pH(用氨水调节)	8.5 ~ 9.5	8.5 ~ 9.5	7 ~ 8	3.5 ~ 5.5
温度/℃	35 ~ 45	40 ~ 45	65 ~ 85	60 ~ 70
时间/min	3 ~ 5			

电镀镍：电镀镍配方及工艺条件如表 5 – 13 所示。

表 5 – 13　电镀镍配方

组成	$NiSO_4 \cdot 7H_2O$	$MgSO_4 \cdot 7H_2O$	NaCl	Na_2SO_4	H_3BO_3
浓度/$g \cdot L^{-1}$	250	30	10	40	35

pH 5 ~ 5.5，温度 20℃ ~ 35℃，电流密度 0.8 ~ 1.5 $A \cdot dm^{-2}$。

（2）泡沫镍电极制造。

泡沫镍电极制造工艺简单，只需将活性物质 $Ni(OH)_2$ 填充至泡沫基体孔隙中，经轧制成型即可。作为电极基板的泡沫要满足以下性能：

孔隙率 95% ~ 97%，孔径分布 50 ~ 500 μm，孔的线性密度 40 ~ 100 孔/25 mm，导电性能好，强度≥1.0 $N \cdot mm^{-2}$，延伸性和柔软性好，比表面积约 0.1 $m^2 \cdot g^{-1}$。国内外泡沫镍基板的物理性能如表 5 – 14 所示。

表 5 – 14　国内外泡沫镍基板的物理性能

厂家	厚度/mm	面密度/($g \cdot m^{-2}$)	孔隙率/%	孔大小/μm	电阻/Ω	强度/($N \cdot mm^{-2}$)	比表面/($m^2 \cdot g^{-1}$)	延伸率/%
住友（日本）			96 ~ 97	35 ~ 75	7.5×10^{-6}	1.1 ~ 1.2	0.1	
TLTECH（美）	1.6 ~ 1.7	500	96.1	4330/m				
SORAPEC（法）G45			97.42	440	1.29×10^{-5}		0.095	
ZLD（中国）	2.0	540	97.8	700 ~ 800	7.08×10^{-6}	1.8		>8.8

泡沫镍正、负极板工艺流程如图 5 – 25 所示。

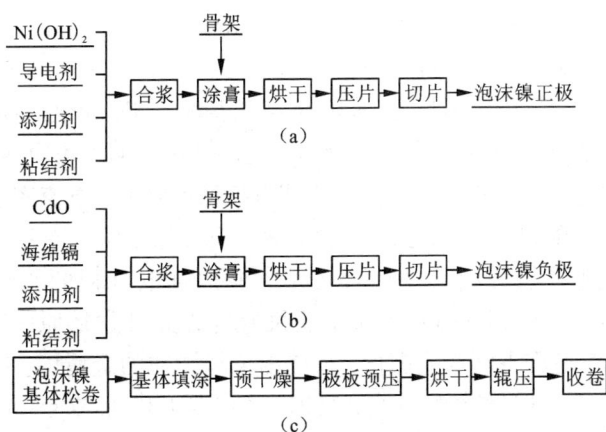

图 5-25 泡沫镍极制造工艺流程

(a)正极板制造,(b)负极板制造;(c)连续涂覆工艺

  泡沫镍正极活性物质选用高密度球形 $Ni(OH)_2$,粘结剂 PTFE用量为正极物质的4%左右,添加剂为钴粉、氧化钴、氧化亚钴、氧化锌等。钴有加入[按质量 $m(CO):m(Ni)=3:100$]可提高电极容量,提高 $Ni(OH)_2$ 利用率,抑制电极膨胀,同时添加 CoO,ZnO 可延长电极寿命。导电剂一般用镍粉、石墨粉、乙炔黑等,用量为正极物质的 8%~9%。

5.3.3.5 电沉积式电极

  电沉积电极制造工艺简单,生产周期短,活性物质利用率高,电极比容量高。目前,用电沉积法可以制备 Ni,Cd,Co,Fe 高活性电极,一般在氯化物中电沉积制备的电极活性高,也可在硫酸盐或混合的金属盐中电沉积。电沉积电极制备是采用网状基底,在金属氯化物中通入氧气,进行恒电流电沉积。

  1. 电沉积镉电极

  影响镉电极性能的主要因素是:氧气流量、基底结构、电极距离、电解液种类和浓度、pH、电流密度等。氧气流量大、电极距离小，则电极活性高。

电解液可采用 $CdSO_4$，$Cd(Ac)_2$ 或 $CdCl_2$，以 $CdCl_2$ 溶液电沉积的镉电极活性高，$Cd(Ac)_2$ 次之，当用 $CdCl_2$ 溶液电沉积镉时，Cd^{2+} 浓度增加，pH 小于 2，都会使电极活性降低。电流密度低也有利于提高电极活性，因为小电流密度和低浓度溶液有利于电沉积出较细微粒的金属。通入氧气可能把刚电沉积的镉氧化为 $Cd(OH)_2$，而 $Cd(OH)_2$ 又被电还原为金属镉，即"还原—氧化—再还原"过程不断重复进行，最终形成微颗粒的金属层。在氯化物溶液中，电沉积镉活性高，是因为 Cl^- 与 Cd^{2+} 形成 $CdCl_4^{2-}$，阳极生成 Cl_2，有利于生成各种价态的具有氧化性的氯酸根离子，这些都有利于增大镉电极的比表面。

硫酸盐体系中电沉积镉技术已在工业上应用。图 5 - 26 是硫酸镉溶液电沉积镉电极工艺流程图。

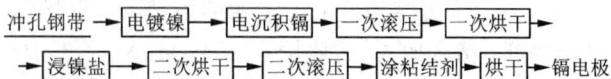

图 5 - 26　硫酸镉溶液中电沉积镉电极工艺流程

氨基磺酸盐电镀镍工艺如图 5 - 27 所示。电镀镍各工序技术条件如表 5 - 15。

图 5 - 27　冲孔钢带电镀镍工艺流程

表 5 – 15　　电镀镍各工序技术条件

成分$(g \cdot L^{-1})$及工艺条件 \ 工序	活化	阴极电解除油	阳极电解除油	电镀镍	钝化	烘干
NaOH		25	25			
Na_2CO_3		50	50			
Na_3PO_4		50	50			
$NiCl_2 \cdot 6H_2O$				25 ~ 35		
H_3BO_3				35 ~ 40		
氨基磺酸镍				350 ~ 420		
$Na_2Cr_2O_7$					5 ~ 10	
HCl	50 ~ 100					
pH				3.0 ~ 4.0		
电流密度 $/A \cdot cm^{-2}$		2 ~ 5	2 ~ 5			
温度/℃	常温	>80	常温	40 ~ 50	常温	160

2. 电沉积镉电极技术

电沉积镉是在特定的电沉积槽中，采用连续电沉积技术。以冲孔镀镍钢带为阴极，主阳极是在钛篮中放入镉球，辅助阳极用铅，其作用是析出氧气，以提高电沉积镉的活性。电解液的主要成分是 $CdSO_4$，添加少量 $NiSO_4$ 和导电盐。电沉积镉的主要工艺技术条件如表 5 – 16 所示。

表 5-16　电沉积镉主要技术条件

电解液成分 /(mol·L^{-1})			阴极电流密度 /(A·cm^{-2})	阳极电流比 (镉阳极：铅阳极)	电解液温度 /℃
H$_2$SO$_4$	Cd^{2+}	Ni^{2+}			
0.45～0.50	0.13～0.16	0.01	0.53～0.57	4:1～5:1	23℃±2℃

电沉积阴极为冲孔镀镍钢带按一定速度连续移动,移动速度根据所需镀层厚度而定。钢带依次经电沉积海绵镉→一次滚压→一次烘干→浸渍镍盐→二次烘干→二次滚压→涂粘结剂→三次烘干→剪切。

烘干温度制度为:一次烘干 75℃,5 min;二次烘干 80℃,8 min;第三次烘干有两段区间,高温段用红外炉 140℃烘 1 min,中温段 80℃烘约 6 min。二次滚压压力为 0.48 MPa。

浸渍用镍盐为 0.42 mol·L^{-1}NiSO$_4$溶液,浸渍 20 min。

粘结剂用 1.25% CMC 水溶液,粘度为 300 mPa·s。

电沉积镉电极的技术关键是电解液成分、温度、主阳极电流密度和电沉积槽结构。Cd^{2+}浓度低,极化作用强,沉积颗粒细;温度过高,沉积物粗大疏松,温度过低,电沉积速率低;主阳极电流密度高,发热量大,温度升高快,引起沉积物疏松,结晶粗大,降低电流效率。为了解决好电沉积物的均匀性,要解决好阴阳极结构、形状、相互位置和钢带骨架导入的“S”管的形状与结构。

5.3.3.6　纤维式电极

纤维镍电极是以纤维镍毡状物作基体,向基体孔隙填充活性物质。此类电极强度好,可绕性强,导电性能较好,基体孔率高达 93%～99%,具有高比容量和高活性,电极制造工艺简单,成本低,可大规模连续生产。缺点是镍纤维易造成电池正、负极微短路,导致自放电大。纤维镍基带制造工艺如图 5-28 所示,纤维镍正、负极制造工艺如图 5 – 29。

图 5 – 28　纤维镍基带制造工艺

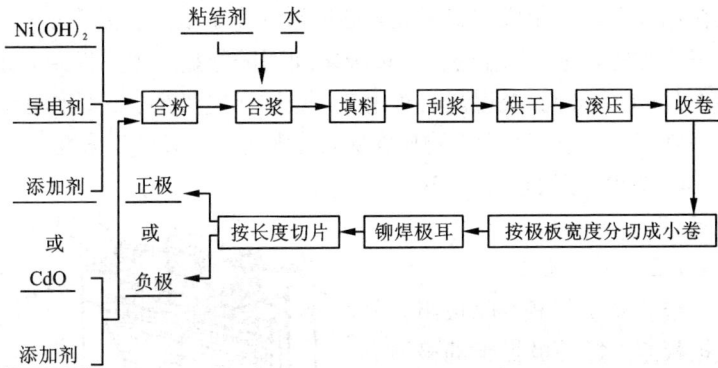

图 5 – 29　纤维镍正、负极制造工艺流程

正极物质组成按质量分数 $Ni(OH)_2$ 为 75% ~ 85%，导电剂为 8% ~ 10%，粘结剂为 3% ~ 5%。负极物质组成为：CdO（海绵镉）85% ~ 90%；添加剂 3% ~ 5%；粘结剂 3% ~ 5%。

装填物质有手工装填、双辊轧膜机装填、连续挤压法三种。

5.4　镉 – 镍电池的结构和制造

根据电池结构和制造工艺的特点，常见的镉 – 镍电池分为有极板盒式（袋式）电池、烧结式电池、密封式电池、发泡式电池、镍纤维式电池、塑料粘结式电池等。

5.4.1 有极板盒式镉－镍电池

有极板盒式电池一般为开口电池，极板强度好，结构牢固，成本低，寿命长达 2000～4000 周期，适应于低倍率放电。

5.4.1.1 电池结构

电池的正、负极结构相同，都是把活性物质（粉状或片状）装填在用冲孔钢带制成的扁平或长圆筒形的盒子里。正极填充氢氧化镍，负极填充氢氧化镉。正负极之间用隔板栅隔开，极距一般为 1.0～1.5 mm。极板盒的作用：一是作导电骨架；二是作极板成型骨架；三是减少活性物质在循环中膨胀，延长电池寿命。

电池结构如图 5－30 所示。

5.4.1.2 电池装配

袋式正负极板、隔板组成极板组，每一极板组的极板数量由电池容量大小确定。正、负极板交替穿插，负极板比正极板多一片，各极板之间用绝缘隔离物隔开，然后装入铁壳或塑料外壳，封盖，极柱从盖的极柱孔中引出。

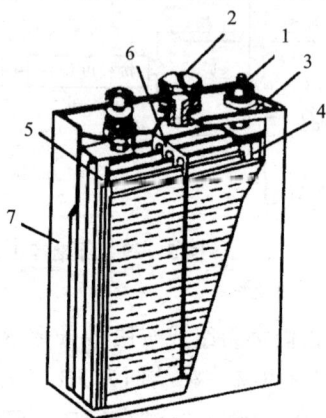

图 5－30 有极板盒式电池结构

1—极柱；2—气塞；3—盖；4—正极板；5—负极板；6—绝缘棍；7—外壳

5.4.1.3 化成

化成是为清除硫酸盐和碳酸盐，除去电极表面浮灰，使活性物质活化。化成方法是在电池中灌注电解液，在每升电解液中加入 15 g $LiOH \cdot H_2O$，进行循环充放电。化成制度如表 5－17 所示。

表 5 – 17　有极板盒式电池化成制度

化成次数	KOH 密度 /(kg·m⁻³)	充　电		放　电		
		电流	t/h	电流	t/h	终止电压/V
第一次	1.18 ~ 1.20	0.2C	15	0.1C	5	
第二次	1.20 ~ 1.23	0.2C	12	0.1C	5	
第三次	1.20 ~ 1.23	0.2C	12	0.2C		1.0

在充放电循环过程中，需更换 2 ~ 3 次电解液，电池经过 4 次循环后，若达到额定容量，可停止化成。若仍低于额定容量，应继续化成至容量合格为止。

经化成后合格的单体电池，可根据需要组装成电池组，电池组的单体电池数根据电池组的输出电压值确定。

$$n = \frac{U}{1.2} \qquad (5-24)$$

式中：n 为电池组中串联单体电池数；1.2 为单体电池标称电压；U 为电池组输出总标称电压。

5.4.2　烧结式镉 – 镍电池

1928 年德国首先发表烧结式镉 – 镍电池专利，20 世纪 40 年代开始工业化生产。烧结式镉 – 镍电池内阻小，适合于高倍率放电。全烧结式镉 – 镍电池放电倍率高达 45C 以上。

烧结式镉 – 镍电池的极板组由正极板、负极板和隔膜层叠而成。正、负极板都用烧结式极板的称为全烧结式镉 – 镍电池。正极板用烧结式，负极板用非烧结式，如粘结式、电沉积式等，称半烧结式镉 – 镍电池。

5.4.2.1　全烧结式镉 – 镍电池

全烧结式镉 – 镍电池结构如图 5 – 31 所示。

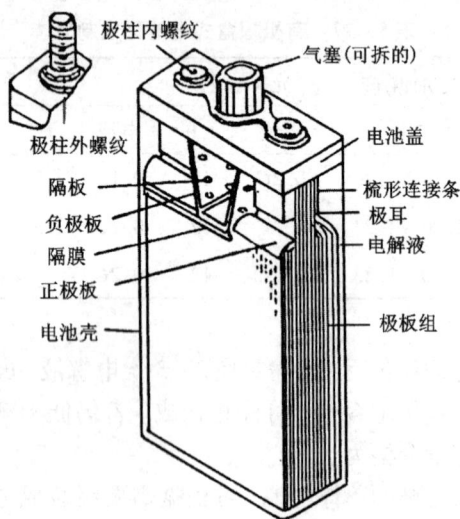

图 5-31　全烧结镉-镍电池结构

　　将经烧结和浸渍过的正极或负极包封隔膜，以交错方式装配成电极组，装在塑料电池壳内，灌入电解液 KOH，进行开口化成，使正极活性物质 $Ni(OH)_2$ 和负极活性物质 $Cd(OH)_2$ 转变为活性物质。也可将正、负极片分别配以辅助电极单独化成。化成制度如表 5-18 所示，达到化成目的后，倒去化成电解液，灌注纯电解液即为成品电池。

表 5-18　全烧结镉-镍电池化制度

化成次数	充　电		放　电	
	电流	t/h	电流	终止电压/V
1	$C/7.5$	30	$C/5$	1.0
2	$C/7.5$	15	$C/5$	1.0
3	$C/5$	7	$C/5$	1.0

5.4.2.2　半烧结式镉 – 镍电池

半烧结式电池结构与全烧结式基本相似，只是负极片是非烧结式的，隔膜包封在负极上，电池中负极片比正极片多一片。正极板用烧结式，负极板用压制式或湿式拉浆电极。

电解液 KOH 的密度为 1.23 ~ 1.25 kg·L^{-1}，并加入 LiOH 15 ~ 20 g·L^{-1}。

化成分开口化成和封口化成两步。化成前用电解液浸泡 8 h 以上，KR – SC 型电池开口化成条件是：0.25 C$_5$A 充电 12 h，中间停 10 min，0.33 C$_5$A 放电 3 h。封口化成条件是：每只电池 400 mA 充电 5 h，中间停 10 min，500 mA 放电至终止电压 1.0 V。

5.4.3　密封式镉 – 镍电池

密封式镉 – 镍电池分为密封镉 – 镍电池和全密封镉 – 镍电池。密封镉 – 镍电池配有安全装置，当电池内压超过规定时，允许气体从安全阀逸出。全密封镉 – 镍电池没有压力释放装置，通常称为气密封电池。

5.4.3.1　密封镉 – 镍电池结构

密封镉 – 镍电池有圆柱形、扁形或扣式、长方形和椭圆形等。扣式电池容量为 0.02 ~ 0.50 Ah，圆柱形电池容量为 0.07 ~ 10 Ah。

圆柱形密封镉 – 镍电池结构如图 5 – 32 所示。电池的电极可分为板式电极和卷式电极（或带式电极），一般低倍率和中倍率电池采用板式电极，高倍率电池均采用带状卷式电极。

圆柱形密封电池正极采用烧结式极板，负极可采用烧结式，也可用非烧结式极板。如采用涂膏法或压制法将 Cd(OH)$_2$ 涂在多孔性的负极基板上。

板式电极组成极板组的方法与烧结开口电池相似。采用带状卷式电极时，将带状正负极连同隔膜一起卷绕成电极芯，装入镀

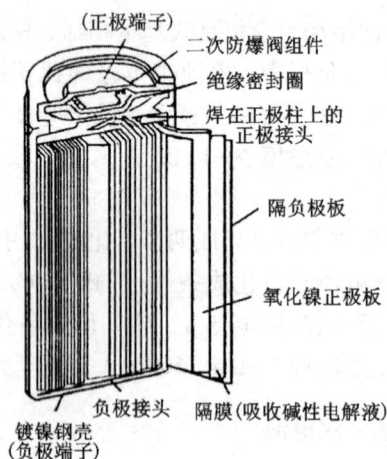

（正极端子）
二次防爆阀组件
绝缘密封圈
焊在正极柱上的
正极接头
隔负极板
氧化镍正极板
负极接头
隔膜（吸收碱性电解液）
镀镍钢壳
（负极端子）

图 5 - 32　圆柱形密封镉 - 镍电池结构

镍钢壳内，连接正、负极引线，正极焊在顶盖上，负极焊在壳上，灌入电解液，装上安全阀，防止电池过充或过放产生超压而发生危险。安全阀一般装在电池盖上。

扣式电池由压成式极板组成，将正负极物质分别在模具中压制成圆形或板状，装配成夹层状结构电池，如图 5 - 33 所示。扣式电池没有安全装置，但结构上允许电池膨胀，以缓解在异常情况下引起的超压。

（1）密封镉 - 镍电池开口化成

开口化成需要进行 4 次或 4 次以上的充放电循环，直至电池合格。化成循环制度一般用 5 小时率充电 10 h，再用同样大小的电流放电至 1.0 V。也可以用 $3C_5A$ 充电 5 h，用 $2C_5A$ 充电 1.0 V。在循环充放电过程中需更换电解液。化成使用电解液密度为 1.25 ~ 1.26 kg·L^{-1}，含 15% LiOH 的 KOH 溶液。新电池注入

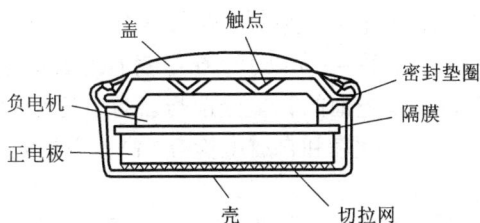

图 5-33 扣式电池结构

电解液需浸泡 8 h 才可开始化成。

烧结式正负极组成的电池,由于极板已经过化成,可取消电池封口前的开口化成工序,但为了改善电池性能,一般都进行电池开口化成。

(2)电池封口

将化成合格电池,除去多余电解液,垫上绝缘片,装上密封圈,将正极引线点焊在带有安全阀的防爆盖上,压盖后在专用封口机上进行封口。

(3)容量分选

在由多只电池串联组成的电池组中,如果存在一只相对容量小的电池,当这只容量小的电池已放完全部容量,而其余电池容量还未放完,整个电池组继续放电,此容量最小的电池被强制过放电,造成反极充电状态,缩短电池寿命,甚至可能产生危险。因此,为了保证电池组中单体电池的容量均一性,必须进行容量分选,而将单体电池容量相同或相近的电池组成电池组。

5.4.3.2 全密封镉-镍电池

全密封镉-镍电池与密封镉-镍电池的工作原理相同,只是密封结构不同。电池使用时,既无气体释放,也不泄漏电解液,称气密封电池。全密封镉-镍电池对电池壳体材料有特殊要求,一般用不锈钢或优质镀镍钢作电池壳体。全密封镉－镍电池封口是用金属陶瓷封接，可用电子束焊、弧焊和激光焊的封焊方法。电池封焊后，将电池倒置48 h以上，在焊缝上用酚酞溶液进行漏液检验。全密封镉－镍电池的容量分选与密封电池相同，但必须外加内阻测量、充放电效率和自放电检查、高真空检漏等。

5.5 镉－镍电池的性能

镉－镍电池性能通常是指物理性能和电性能。物理性能包括：①电池外形尺寸、体积和质量；②电池内阻；③热性能。电性能包括：①充、放电性能；②荷电保持能力；③循环寿命；④活性物质利用率；⑤自放电特性。

镉－镍电池的标准电动势为1.33 V，充足电时的开路电压可达1.4 V以上。当电池放置一段时间后，开路电压降至1.35 V左右。

电池开路电压高于电动势是由于充电终期在氧化镍电极上产生大量高价氧化镍，放置后开路电压下降，是由于高价镍不稳定而分解所致。

常见各种型号镉－镍电池的外形尺寸、质量、充电制度、额定容量等特征如表5－19所示，电池的充、放电曲线、循环寿命、温度特性和贮藏特性如图5－34所示。

5.5.1 镉－镍电池的充、放电特性

从充电曲线可知，充电过程电压上升，当电压超过1.55 V时，电解液中的水将被电解，电极上析出气体，致使充电效率降低。

表5－9 常见各种型号镉－镍电池规格

电池型号	型号	额定电压/V	额定容量/(mA·h)	标准充电 电流/mA	标准充电 时间/h	快速充电 电流/mA	快速充电 时间/h	外形尺寸 直径/mm	外形尺寸 高度/mm	质量/g	USA	IEC285
标准型	J－50AA	1.2	500	50	15	150	5	14.0±0.5	50.0±0.5	27.5±0.5	AA	KR15/51
	J－80AA	1.2	600	60	15	150	6	14.0±0.5	50.0±0.5	27.5±0.5	AA	KR15/51
	J－70AA	1.2	700	60	15	180	5	14.0±0.5	50.0±0.5	28.0±0.5	AA	KR15/51
	J－80AA	1.2	800	70	15	180	6	14.0±0.5	50.0±0.5	28.0±0.5	AA	KR15/51
	J－12AA	1.2	120	80	3	150	1	14.0±0.5	17.0±0.5	7.0±0.5	1/3AA	KR15/18
	J－120SC	1.2	1200	120	15	300	6	22.5±0.5	42.5±0.5	44.0±0.5	SC	KR23/43
	J－70SC	1.2	700	60	15	180	5	22.5±0.5	26.0±0.5	22.0±0.5	2/3SC	KR23/27
	J－220C	1.2	2200	220	15	500	6	25.3±0.5	49.3±0.7	72.0±1.0	C	KR26/50
	J－240C	1.2	2400	240	15	500	7	25.3±0.5	49.3±0.7	74.0±1.0	C	KR26/50
	J－400D	1.2	4000	400	15	800	7	32.3±0.7	59.9±1.0	130±2.0	D	KR35/62
	J－500D	1.2	5000	500	15	1000	7	32.3±0.7	59.9±1.0	135±2.0	D	KR35/62
	J－700DF	1.2	7000	700	15	1500	7	32.3±0.7	91.5±1.0	172.0±1.0	4/3D	KR35/92
快速充电型	J－30AA	1.2	300	50	8	300	1.5	14.0±0.5	29.0±0.4	15.5±0.5	2/3AA	KR15/29

续表

电池型号	型　号	额定电压/V	额定容量/(mA·h)	标准充电 电流/mA	标准充电 时间/h	快速充电 电流/mA	快速充电 时间/h	外形尺寸 直径/mm	外形尺寸 高度/mm	质量/g	USA	IEC285
快速充电型	J—70AA	1.2	700	120	8	700	1.5	14.0±0.5	50.0±0.5	28.0±0.5	AA	KR15/51
	J—80A	1.2	800	140	8	800	1.5	17.0±0.5	50.0±0.5	35.5±0.5	A	KR18/51
	J—120SC	1.2	1200	200	8	1100	1.5	22.5±0.5	42.5±0.5	44.0±0.5	SC	KR23/43
	J—140SC	1.2	1400	250	8	1200	1.5	22.5±0.5	42.5±0.5	46.0±0.5	SC	KR23/43
	J—280C	1.2	2800	450	8	2000	1.5	25.3±0.5	50.0±0.5	72.0±2.0	C	KR26/50
快速充电大电流放电型	J—120SC	1.2	1200			1100	1.5	22.5±0.5	42.5±0.5	44.5±0.5	SC	KR23/43
	J—140SC	1.2	1400			1400	1.5	22.5±0.5	42.5±0.5	44.0±0.5	SC	KR23/43
	J—60SC	1.2	600			500	1.5	22.5±0.5	26.5±0.5	30.0±1.0	2/3SC	KR23/27
高容量型	J—90AA	1.2	900	80	15	210	5	14.0±0.5	50.0±0.5	30.0±0.5	AA	KR15/51
	J—120A	1.2	1200	100	15	300	5	17.0±0.5	50.0±0.5	35.0±1.0	A	KR18/51
	J—150SC	1.2	1500	140	15	420	5	22.5±0.5	42.5±0.5	46.0±1.0	SC	KR23/43
	J—600D	1.2	6000	560	15	1700	5	32.3±0.7	59.9±1.0	140±1.0	D	KR35/62
	J—65KF	1.2	650	60	15	180	5	8.0±0.2×16.5±0.2×47.5±0.5		47.5±0.5	-	-
	J—100KF	1.2	1000	90	15	280	5	10.5±0.2×16.5±0.2×66.5±0.5		66.5±0.5	-	-

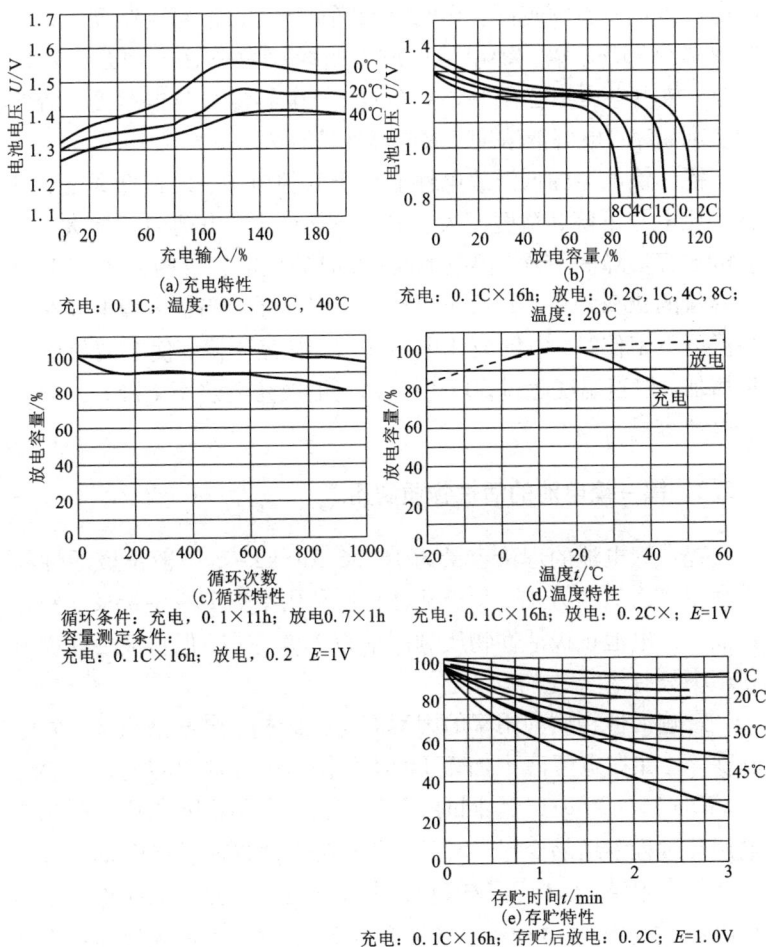

图 5-34 镉-镍电池的特性曲线

(a)充电特性；(b)放电特性；(c)循环特性；(d)温度特性；(e)贮存特性

镉－镍电池的充电电压与充电制度有关。充电电流越大，充电电压越高；温度越高，充电电压降低。在正常充电制度下，充电效率约85%。镉－镍电池的放电曲线较为平稳，一般以0.2C放电，放电电压稳定在1.2 V左右。放电容量与放电制度、活性物质利用率、电解液浓度、放电温度等有关。

镉－镍电池的低温放电性能优于其他电池，但在低温下，电解液比电导下降，粘度变大，浓度极化增大，电池内阻增大，会使电池容量降低。镉－镍电池在0℃时的放电容量约为25℃时放电容量的90%，在－20℃仍可放出70%左右。当镉－镍电池在较高温度下工作时，电解液比电导增大，粘度下降，使电池放电容量增加。但当温度超过50℃时，会使正极充电效率下降，也会影响电池容量。

5.5.2　镉－镍电池的活性物质利用率

镉－镍电池的理论容量为161.6 $Ah \cdot kg^{-1}$，一般正极活性物质利用率为70%左右，负极活性物质利用率为75% ~85%，密封式镉－镍电池正极活性物质利用率为90%左右，但负极活性物质利用率只有50%左右。

影响活性物质利用率的因素有电极结构、电解液组成、放电制度等。如在电解液中加入LiOH可提高电池放电容量，一般可加LiOH 15 ~30 $g \cdot L^{-1}$。同时，LiOH还可以抑制$Ni(OH)_2$在充放电循环过程中结晶变粗。因Li^+吸附在活性物质颗粒表面，阻止晶体长大聚结，保持$Ni(OH)_2$颗粒的分散性，提高氧在正极上的析出过电位。但是LiOH不能加入过多，因Li^+可进入活性物质晶格中，形成$LiNiO_2$，使电化学反应变得困难。

大气中的CO_2会在负极表面生成一层导电性差的$CdCO_3$沉积物，降低活性物质利用率。因此，对开口式镉－镍电池，应控制电解液中碳酸盐含量低于20%，一般可用更换电解液的方法或在电解液面上加注一层液体石蜡的方法来减少 $CdCO_3$ 沉积物。

　　电解液中含 Li，Ba，Co 对氧化镍电极起活化作用，而 Mn，Fe，SiO_2 等对氧化镍电极起毒化作用。Tl，Ca 对镉电极起毒化作用，而镍的氧化物及变压器油对镉电极有活化作用。

5.5.3　自放电特性

　　对充足电的氧化镍电极，氧化电位处于电位－pH 图的水稳定区以外，正极中的高价氧化镍及吸附氧不稳定，会产生如下反应：

$$2NiO_2 + H_2O =\!=\!= 2NiOOH + 1/2O_2$$

及　　　　　　$$2NiOOH + H_2O =\!=\!= 2Ni(OH)_2 + 1/2O_2$$

负极镉在电解液中非常稳定，因此，镉－镍电池自放电小。但高速率放电的电池，由于电极比表面积大，自放电也较大。

5.5.4　电池寿命

　　镉－镍电池在各种蓄电池中是寿命最长的电池系列。

　　蓄电池寿命是指在规定条件下，蓄电池的有效寿命期限，包括循环次数和使用年限。IEC 标准与 Q/VC 标准规定的镉－镍电池寿命如表 5－20。

表 5－20　IEC 标准与 Q/VC 标准镉－镍电池寿命

电池类型	循环寿命		使用寿命	
	IEC 标准	企业标准	IEC 标准	企业标准
袋式电池	>500 次	>900 次	无	15～25 年
烧结式开口电池	>500 次	>800 次	无	>5 年
圆柱形密封电池	>400 次	>800 次	无	>5 年

5.5.5　耐过充、过放能力

镉-镍电池耐过充、过放能力优于各种系列蓄电池。

镉-镍电池充电电流范围广，可按标准 $0.2C_5A$ 充电，也可按 $0.5C_5A$ 或 $0.05C_5A$ 恒流充电。IEC 标准耐过充电要求是：在 (20 ± 5)℃ 的环境温度下，以 $0.1C_5A$ 恒流充电持续时间应为 14 ~ 16 h。然后紧接着在 (20 ± 5)℃ 环境温度下，以 $0.03C_5A$ 恒流充电 28 d。

5.5.6　电池内阻

电池内阻由欧姆和极化电阻组成。极化电阻是电流通过电池内部时产生的，具有可变性。因此，电池内阻主要是指电池内部的欧姆内阻。

电池内部的欧姆电阻主要由电极电阻、电解液申阻和隔膜电阻组成。镉-镍电池的欧姆内阻一般较小，如充电态的袋式电池 100 Ah 的高倍率、中部率和低倍率电池的直流欧姆电阻分别为 0.4 mΩ，1 mΩ 和 2 mΩ。电池寿命结束时，在正常情况下内阻增大。电池内阻与额定容量的乘积近似为定值，不同镉-镍电池内阻与额定容量乘积的近似定值如表 5 - 21 所示。

表 5 - 21　镉-镍电池内阻与额定容量乘积近似值

电池类型	袋式中倍率电池	袋式低倍率电池	烧结式开口电池	烧结式圆柱密封电池
欧姆内阻与额定容量乘积	$0.1\Omega\cdot Ah$	$0.15\Omega\cdot Ah$ ~ $0.20\Omega\cdot Ah$	$0.03\Omega\cdot Ah$ ~ $0.06\Omega\cdot Ah$	$0.03\Omega\cdot Ah$ ~ $0.04\Omega\cdot Ah$

电池内阻测量采用直流法或交流法。内阻测量前，电池应在 20 ± 5℃下，以 $0.2C_5A$ 放电至终止电压 $1.0\,V$，然后以 $0.1C_5A$ 恒流充电 $16\,h$，充电后搁置 $1\sim4\,h$。

1. 交流内阻测量

交流内阻为

$$R_e = \frac{U_a}{I_a} \qquad\qquad (5-5)$$

式中：U_a——交流电压；

　　I_a——对电池施加频率为 $(1.0 \pm 0.1)\,kHz$ 的交流电流；

　　R_e——交流内阻，Ω。

2. 直流内阻测量

直流内阻为

$$R_{dc} = \frac{U_1 - U_2}{I_2 - I_1} \qquad\qquad (5-6)$$

式中：R_{dc}——直流内阻，Ω。

　　U_1, U_2——负载条件下所测的相应电压值；

　　I_2, I_1——恒流放电电流。

用于测量内阻的恒流放电电流的规定如表 5 – 22。

表 5 – 22　测量内阻的恒流放电电流规定

电　流	电　池　型　号		
	KRL	KRM·KRH	KPX
I_1	$0.2C_5A$	$0.5C_5A$	$1C_5A$
I_2	$2C_5A$	$5C_5A$	$10C_5A$

按表 5 – 22 规定，以恒流 I_1 放电 $10\,s$，记下放电第 $10\,s$ 时在负载下的放电电压 U_1。然后将放电电流表按表 5 – 16 增加到 I_2，

记下在负载下的放电电压 U_2，再记下放电 3 s 末的值。

5.5.7　温度特性

镉－镍电池可在 $-40℃ \sim +45℃$ 环境中使用，是高、低温性能最好的电池系列。一般使用的最佳温度是 $+15℃ \sim +35℃$。在 $-20℃$ 以正常电流放电能放出额定容量的 75% 以上。在 $-40℃$ 能放出额定容量的 20% 左右。在电池放电时，电池内部的温度高于环境温度，特别是高倍率放电时，电池内部产生的热量可使电池内部温度升高。

5.5.8　电池记忆效应

电池记忆效应是指电池可逆失效，即电池失效后可重新恢复性能。记忆效应是指电池长时间经受特定的工作循环后，自动保持这一特定的倾向。袋式电池不存在记忆效应，烧结式电池有记忆效应。如电池经过长时间浅放电循坏后，再进行深放电时，表现出明显的容量损失或电压下降。

记忆效应的排除方法是以正常充电方法使电池达到完全充电状态，通常用过充电方法来完成。电池完全充电后以大电流放电至终止电压，再转入小电流放电至完全放电状态，然后以 $0.1C_5A$ 恒流充电 20 h 以上，以保证电池正、负极都达到完全充电要求，然后按常规放电至完全放电状态。通过多次充放电循环，便可消除记忆效应。

5.6　镉－镍电池的使用和维护

镉－镍电池均以放电态出厂，使用前必须充电，开口电池通常以干荷态出厂，充电前需灌注足量的电解液，才能充电和使用。电池使过程中应遵守正常的充放电制度。

开口电池应在 (20 ± 5)℃ 下，以 $0.2C_5A$ 恒流充电 $7 \sim 8$ h。充电后期开启气塞，充电结束后 10 min 将气塞拧紧。在使用过程中，电解液中的碳酸盐含量超过 50 g·L^{-1} 时，需要换新电解液，或在 100 次全充放循环后更换一次电解液。

密封电池严防倒置充电和过放电。充电应在 (20 ± 5)℃ 下 $0.1C_5A$ 恒流充电 16 h 左右，急用时也可以 $0.2C_5A$ 充电 6 h，充电电压应低于 1.6 V。

5.6.1　电池的充放电制度

镉 – 镍电池的充电制度如表 5 – 23 所示，放电制度如表 5 – 20所示。

5.6.2　电池活化

电池活化是使电池的电化学活性"复活"，使电池性能恢复的措施。

（1）开口镉 – 镍电池活化

以 0.1C 率电流充电 $8 \sim 14$ h，停置 1 h，以 0.2C 率放电至 1.0℃。如此经 $1 \sim 2$ 次充放电循环，计算电池容量，若与额定容量接近，表示电池性能已得到恢复。

（2）密封镉 – 镍电池活化

密封镉 – 镍电池活化分浅充放活化和深充放活化。

浅充放活化：以 0.2C 率电流放电至 1.0 V，再以 0.1C 率电流充电 $12 \sim 14$ h。停 0.5 h 后，以 0.2C 率放电至 1.0 V。

深充放活化：以 0.2C 率电流放电至电压接近零，然后以 0.1C 率电流充电 $12 \sim 14$ h。停 0.5 h 后，以 0.2C 率电流放电至电压接近零。如此进行 $1 \sim 3$ 次循环，直至电池容量接近额定容量。

表 5-23　常见各种型号镉-镍电池规格

电池类型	开口全烧结电池			开口半烧结电池			开口有极板盒电池（中倍率）			密封圆柱电池		
充电参数	充电电流/A	充电电压/V	充电时间/h	充电电流/A	充电电压/V	充电时间/h	充电电流/A	充电电压/V	充电时间/h	充电电流/A	充电电压/V	充电时间/h
正常充电	0.2C		7	0.2C		7	0.2C		7~8	0.2C		7
补充电	0.1C		10	0.1C		10	0.1C		10	0.1C		10
过充电	0.2C		10	0.2C		10	0.2C		12	0.2C		10
快速充电	0.5C/0.2C		2/5	0.5C/0.2C		2/5	0.4/0.2		2/3	0.33C		4
浮充电	2~5 mA/A·h	1.37~1.39	不定	3~5 mA/A·h	1.38~1.40	不定	1~3 mA/A·h	1.42~1.45	不定	0.05C	1.40	不定
均衡充电		1.46~1.48	4~8		1.46~1.50			1.52~1.55	4~8		1.44~1.46	6~10

表 5 – 24　镉 – 镍电池放电制度

电池类型	开口全烧结电池		开口半烧结电池		开口有极板盒电池（中倍率）		密封圆柱电池	
放电倍率	放电终压/V	放电时间/min	放电终压/V	放电时间/min	放电终压/V	放电时间/min	放电终压/V	放电时间/min
0.2C	1.0	300	1.0	300	1.0	285	1.0	285
1C	1.0	54	1.0	54	1.0	54	1.0	54
5C	1.0	8	0.9	6			0.8	6
7C	1.0	7	0.9	4				
10C	1.0	1	0.8	2			0.6	2
12C	0.9	2						
15C	0.9	1						

（3）全密封镉 – 镍电池活化

先以 $0.05 \sim 0.02C$ 率电流充电 $14 \sim 16\ h$，稍停，再以 $0.2C$ 率电流放电至 $1.0\ V$。用 $1\ \Omega$ 电阻短路 $12\ h$ 以上，在室温下搁置 $8\ h$ 以上，再用 $0.1C$ 率充电 $14 \sim 16\ h$，$0.2C$ 率放电至 $1.0\ V$。如此反复 $2 \sim 3$ 次，直至电池容量接近额定容量。

5.6.3　电解液更换

对开口电池，当电解液中 K_2CO_3 含量大于 $50\ g \cdot L^{-1}$ 时，需要换电解液。更换电解液，应在充电态进行。电解液的成分控制如表 5 – 25 所示。

表 5 – 25　电解液组成和密度

名称	规格	烧结式电池		有极板盒中倍率电池
		常温用	低温用	
KOH	优级纯(82%)	1000 g	1000 g	1000 g
LiOH	分析纯	30 g	27 g	100 g
蒸馏水	≥200 kΩ	2000 g	1700 g	3000 g
电解液密度 /(g·cm⁻³)		1.25 ±0.01	1.29 ±0.01	1.20 ±0.02

5.7　镉－镍电池技术进展

自 20 世纪 80 年代以来,国内外在开发高容量镉－镍电池、快充式镉－镍电池方面已取得重大进展并已实现产业化,主要是开发成功泡沫式电池、镍纤维式镍电极镉－镍电池、塑料粘结式电池、快充式镉－镍电池等。

5.7.1　发泡式镉－镍电池

发泡式镉－镍电池是日本松下电池公司于 20 世纪 70 年代末研制成功的。该公司采用日本住友电气公司生产的发泡镍基板,其孔率约为 97%,孔径为 400 ~ 500 μm,孔隙中直接充填由 $Ni(OH)_2$、导电剂镍粉和添加剂钴粉等组成的活性物质浆料,浸渍 PTFE 树脂后压成电极,其容量密度达 500 mAh·cm⁻³,比一般烧结式镉－镍电池提高 30%,可用 IC 快速充电,循环寿命在 500 次以上。在此基础上,该公司又研制出高密度球形 $Ni(OH)_2$,开发出薄形隔膜和薄壁电池壳体,使电池(SM60)容量比烧结式电池提高 60%,而 SM120 型电池容量比烧结式电池提高 120%。其主要技术改进是:采用表面修饰技术处理 $Ni(OH)_2$,代替以往机械混入钴或钴化合物的方法，即将 $Ni(OH)_2$ 分散在 $CoSO_4$ 溶液中，再滴入 KOH 溶液，然后用水洗去生成的硫酸盐；开发负极免化成方法。在正极中增加钴化合物的添加量，利用钴化合物的氧化还原的不可逆性在电池同化成。在负极中增加高活性镉粉，适当降低负极容量。

我国于 20 世纪 80 年代末制成发泡或镉 - 镍电池，制得的 AA 型镉 - 镍电池额定容量为 700 mAh，比烧结式电池提高 40%。

制造高容量发泡式镉 - 镍电池，主要是制成高容量发泡镍正极，要求发泡镍基板电阻 $\leqslant 10 \dfrac{L}{\rho}(m\Omega)$（$L$ 为发泡镍基板长度；ρ 为发泡镍基板密度）；面密度 $500 \sim 600\ \mathrm{g \cdot m^{-2}}$；延伸率 7%，采用 $\beta - Ni(OH)_2$ 的视密度为 $1.6 \sim 1.8\ \mathrm{g \cdot cm^{-3}}$，容量 $\geqslant 240\ \mathrm{mAh \cdot g^{-1}}$。添加剂可选择 Co、CoO、$Co(OH)_2$、CoOH、ZnO、BaO 等，粘结剂为 PTFE 乳液，导电剂为镍粉、石墨、乙炔黑等。

发泡镉 - 镍电池的结构与密封圆柱形镉 - 镍电池类似，只是电极换成泡沫式电极，电解液仍为 $6\ \mathrm{mol \cdot L^{-1}}$ KOH $+ 15\ \mathrm{g \cdot L^{-1}}$ LiOH，隔膜为厚度 $0.12 \sim 0.16\ mm$ 的尼龙无纺布，正负极容量比控制在 1:1.5 以上。

发泡式镉 - 镍电池装配和化成等工艺过程也与圆柱形密封卷绕式电极电池类似。

采用发泡镍电极制造的镉 - 镍电池，具有容量高、可快速充电、制造工艺简单等优点，缺点是高倍率放电性能比烧结镉 - 镍电池差。

5.7.2　镍纤维式镍电极镉 - 镍电池

镍纤维毡式镍电极是将 $Ni(OH)_2$ 为主的活性物质浆料充填到镍纤维毡基板的孔隙中，经辊压制成电极。

镍纤维毡基板的制造方法有以下几种：

(1)将镍粉或氧化镍粉加粘结剂调浆,从微孔喷丝头挤出成纤维,在高温下除去粘结剂后,在还原性气氛中烧结成镍纤维毡;

(2)将高频切削得到的镍纤维均匀分布成毡片,在还原气氛中绕结;

(3)将镍丙烯纤维毡浸渍导电胶或经化学预处理后化学镀镍,然后电镀镍,得到以聚丙烯纤维为芯材的镍多孔体,孔率约为86%;

(4)将线径 4～5 μm 的短纤维混合制成纤维毡,电镀后在还原性气氛中退火,得到孔率为93%的镍纤维基板;

(5)在有机纤维表面真空镀镍,或在沥表碳纤维表面电镀镍,再制造镍纤维毡。

镍纤维式电极的镉-镍电池的正极为镍纤维式电极,负极为粘结式镉电极。镍纤维式正极一般是以孔率的95%的镍纤维毡为基板,在其孔隙中填充高容量 $Ni(OH)_2$ 粉和导电剂、添加剂等组成活性物质,其容量密度达 550 $mAh \cdot cm^{-3}$。AA 型电池容量为 800 mAh,SC 型电池为 1800 mAh,C 型电池为 3000 mAh。比通常烧结式镉-镍是池容量提高50%以上。此类电池制造工艺与密封圆柱形电池类似。

镍纤维式镍电极的镉-镍电池的优点是容量高,缺点是镍纤维易造成电池正、负极短路,导致自放电大。

5.7.3　粘结式镉-镍电池

粘结式镉-镍电池是 20 世纪 70 年代 Chearkeg 等人首先制成的。由于其工艺简单、成本低廉,受到人们的关注。20 世纪 80 年代制成 AA 型电池,但只适合于低、中倍率放电。高倍率放电的粘结式镉-镍电池正在研究之中。电池制造工艺包括电极制备和电池装配如下。

镍电极制备:将活性 $Ni(OH)_2$ 与鳞状石墨、粘结剂 PTFE、添加剂按一定配比混匀后，涂在镀镍穿孔钢带或镀镍纺织网上，碾压成型，烘干，制成极板。AA 型电池极板外形尺寸为 600 mm ×40 mm ×0.75 mm。

镉电极制备：选用 CdO 和海绵镉为活性物质，加入添加剂、集流体、粘合剂。制备工艺与镍电极相同。AA 型镉电极外形尺寸为 78 mm ×40 mm ×0.4 mm。

电解液为含 15 g·L^{-1}LiOH 的 KOH 溶液。隔膜是维尼龙无纺布。

电池装配：将正负极、隔膜卷绕成电池极组，插入 AA 型电池壳内，经滚槽、浸电解液、化成、封口、检验即为成品。

AA 型高倍率电池的放电倍率达 7C$_5$，比能量为 33 Wh·kg^{-1}，循环寿命大于 500 次。

5.7.4　快充式镉 – 镍电池

镉 – 镍电池实现快充电的关键是提高镉负极吸氧能力。提高镉 – 镍电池快速充电能力的措施是对镉负极进行疏水性与导电性表面处理。一般可在镉负极表面涂布由炭素粉与粘结剂组成的导电涂料，或将镉负极 NiSO$_4$ 溶液中浸渍，使极板表面与内部一部分金属镉置换为金属镍。

日本松下电池公司通过对镉负极表面进行导电性处理，提高吸氧能力，使其电池内阻比烧结式电极降低 56%，生产出可用 4C 率充电的超快速充电的密封镉 – 镍电池。P – 120SP 电池性能如表 5 – 26 所示。

表 5 – 26　超快速电池性能

型号	公称电压 /V	额定电量 /mAh	充电			外形尺寸		质量 /g	内阻 /mΩ
			标准 /mA	快速 /A	超快速 /A	直径 /mm	高度 /mm		
P – 120SP	1.2	1200	120	1.2	4.8	22.5 ±0.5	42.5 ±0.5	47	4.0

第 6 章　氢 – 镍电池

6.1　概　述[55]

　　氢–镍二次碱性电池可分为高压氢–镍电池和低压氢–镍电池两类。

　　高压氢–镍电池是 20 世纪 70 年代初由美国 M. Klein 和 J. F. Stockel 等首先研制的,具有较高的比能量、寿命长、耐过充过放、反极以及可以通过氢压来指示电池荷电状态等优点。单体电池采用氢电极为负极,镍电极为正极,在氢电极和镍电极间夹有一层吸饱 KOH 电解质溶液(20℃密度为 $1.30\ \mathrm{g \cdot cm^{-3}}$)的石棉膜。氢电极是用活性炭作载体,聚四氟乙烯(PTFE)粘结式多孔气体扩散电极,它由含铂催化剂的催化层、拉伸镍网导电层、多孔聚四氟乙烯防水层组成。镍电极可以用压制的 $Ni(OH)_2$ 电极,也可用烧结的 $Ni(OH)_2$ 电极。高压氢–镍电池也有其缺点:①容器需要耐高氢压,一般充电后氢压达 $3 \sim 5\ \mathrm{MPa}$,这就需要用较重耐压容器,降低了电池的体积比能量及质量比能量。②自放电较大。③不能漏气,否则电池容量减小,并且容易发生爆炸事故。④成本高。⑤体积比能量低。因此,目前研制的高压氢–镍电池主要是应用于空间技术。

　　低压氢–镍电池分为两种:一种是在氢–镍电池中放入具有可逆吸放氢的贮氢合金,以降低氢压,如 M. W. Earl 和 J. Dumlop 发现,在 $1.55\ \mathrm{Ah}$ 的氢–镍电池中,放入 $5.29\ \mathrm{g}\ LaNi_5$,经充电后,电池的氢压只有 $6 \times 10^5\ \mathrm{Pa}$;另一种低压氢–镍电池以贮氢合金为负极，$Ni(OH)_2$ 为正极，KOH 溶液为电解质。这种金属氢化物－镍(MH－Ni)电池(亦简称氢－镍电池)与镉－镍电池比较，二者的结构相同，只是所使用的负极不同，镉－镍电池使用海绵状的镉为负极，而 MH－Ni 电池使用贮氢合金为负极材料。MH－Ni 电池有许多独特的优点：

①比能量是 Cd－Ni 电池的 1.5～2 倍；

②电池电压 1.2～1.3 V，与 Cd－Ni 电池相当；

③可快速充放电，低温性能好；

④可密封，耐过充放电力强；

⑤无毒，无环境污染，不使用贵金属；

⑥无记忆效应。

表 6－1 是几种二次电池的比能量。

表 6－1 二次电池的比能量

电池系列	质量比能量 /(Wh · kg^{-1})		体积比能量 /(Wh · L^{-1})	
	理论值	实际值	理论值	实际值
Cd－Ni	214	30～40	751	60～90
H$_2$－Ni	378	45～70	273	30～40
MH－Ni(LaNi$_5$H$_6$)	275	35～45	1134	90～120

MH－Ni 电池被称为环保绿色电池。1985 年荷兰菲利浦公司首先制成 MH－Ni 电池，1990 年以后日本、欧美各国 MH－Ni 电池已实现产业化，我国 MH－Ni 电池的生产能力也已超过几亿只。

6.2　高压氢 – 镍电池

氢 – 镍电池是镉 – 镍电池技术和燃料电池技术相结合的产物，正极就是镉 – 镍电池用的氧化镍电极，负极是燃料电池用的氢电极，负极活性物质是氢气，气体电极和固体电极共存是氢 – 镍电池的新特点。氢气压力变化在 0.3～4 MPa 之间。因此，密封二次氢 – 镍电池常被称为高压氢 – 镍电池。

密封氢 – 镍电池在世界上第一次应用是 1977 年用作美国海军技术卫星 Ⅱ 号（NTS – 2）的贮能电源。该卫星连续飞行 10 多年。1983 年发射的国际通信卫星 Ⅴ 号也使用了氢 – 镍电池。因此，航天领域有可能用氢 – 镍电池取代镉 – 镍电池。

6.2.1　高压氢 – 镍电池的化学原理

氢 – 镍电池的化学式为

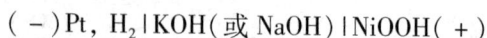

$$(-)Pt, H_2 | KOH(或 NaOH) | NiOOH(+)$$

电池负极为 H_2，正极为氧化镍（$NiOOH$），电解液为 KOH 或 NaOH 水溶液。

负极反应：$\frac{1}{2}H_2 + OH^- \underset{充}{\overset{放}{\rightleftharpoons}} H_2O + e$

$$\varphi^{\ominus} = -0.829V \qquad (6-1)$$

正极反应：$NiOOH + H_2O + e \underset{充}{\overset{放}{\rightleftharpoons}} Ni(OH)_2 + OH^-$

$$\varphi^{\ominus} = +0.49V \qquad (6-2)$$

电池反应：$\frac{1}{2}H_2 + NiOOH \underset{充}{\overset{放}{\rightleftharpoons}} Ni(OH)_2$

$$E^{\ominus} = 1.319V \qquad (6-3)$$

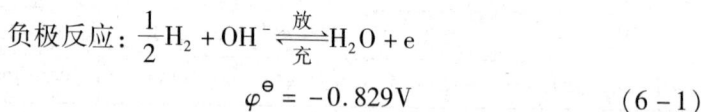

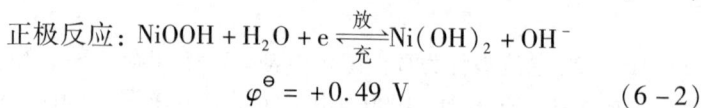

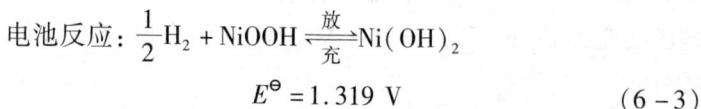

（1）过充电　当电池充电进行到正极的氢氧化镍向氧化镍转化完成时，正极的阳极过程发生水的电解，正极析出氧气，负极

析出氢气，电池进入过充电状态，发生以下反应。

镍电极：

$$2OH^- \longrightarrow \frac{1}{2}O_2 + H_2O + 2e, \quad \varphi^\ominus = 0.401\ V \qquad (6-4)$$

氢电极：

$$2H_2O + 2e \longrightarrow 2OH^- + H_2, \quad \varphi^\ominus = -0.829\ V \qquad (6-5)$$

电池反应：$H_2O \longrightarrow H_2 + 1/2O_2$，$E^\ominus = 1.23\ V$

气体化学复合：

$$1/2O_2 + H_2 \longrightarrow H_2O \qquad (6-6)$$

负极本身为铂黑催化电极，因此正极界面析出的氧气能与负极上析出的氢气化学复合生成水。复合反应速率非常快，电池内部氧气分压很低。从电极反应看，连续过充电并不发生水的总量和 KOH 浓度的变化表明氢－镍电池具有耐过充电能力。

（2）过放电　当放电进行到正极的氧化镍还原成氢氧化镍的过程结束，氢气将在正极界面析出，电池进入过放电状态，过放电的电极反应为

镍电极：　　$H_2O + e \longrightarrow OH^- + 1/2H_2$

$$\varphi^\ominus = -0.829\ V \qquad (6-7)$$

氢电极：　　$1/2H_2 + OH^- \longrightarrow H_2O + e$

$$\varphi^\ominus = -0.829\ V \qquad (6-8)$$

电池进入过放电状态。在过放电状态下，仍然进行氢气催化氧化生成水的过程。电池内部不会因氢气积累造成内部压力升高，电池电压也基本上保持不变，在 1.2 V 左右。过放电反应不会造成 KOH 溶液浓度和水量变化，同样表明氢－镍电池具有耐过放电能力。

（3）自放电　电池搁置期间会发生自放电过程，因为负极活性物质氢气与正极活性物质氧化镍直接接触。自放电反应是以电化学方式进行氢气还原氧化镍的反应，自放电速率低。

6.2.2　高压氢–镍电池制造工艺分析

6.2.2.1　单体电池的结构和制造

　　氢–镍电池的负极为氢催化电极。负极活性物质氢气密封贮存在整个单体电池的壳体中。壳体要能有效地贮存气体，又要承受相当大的气压。因此，壳体选择为两端呈现半球状的圆柱筒体。氢–镍单体电池剖面结构如图6–1所示。单体电池基本组成为压力容器、镍电极、氢电极、隔膜、电解液等。

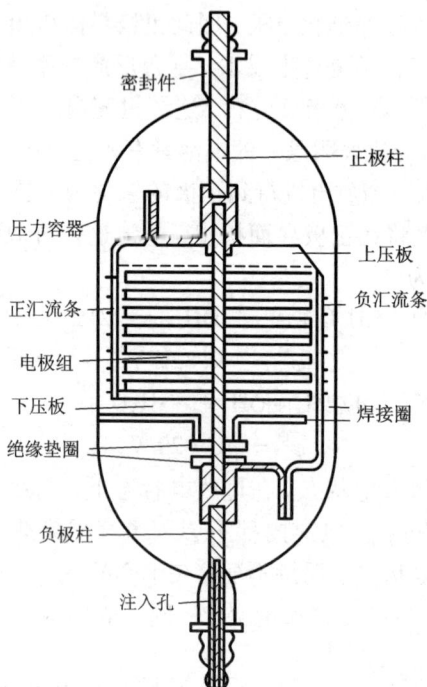

图6–1　氢–镍单体电池剖面结构示意图

（1）压力容器　压力容器是两端为半球形的圆柱筒体，壳体壁厚 0.5 mm，材料为 Inconel718（相当于我国的 GH169 高温合金钢），是一种高强度的镍基合金，强度大，抗氢脆和抗应力腐蚀能力强，能承受压力变化，密封壳体在经过 30000 周次疲劳试验后，爆破压力超过 16 MPa。我国采用 GH169 板材经旋压成型的壳体，其爆破压力超过 23 MPa。

（2）镍电极　镍电极和镉 – 镍电池中的一样，所不同的是，氢 – 镍电池的镍电极采用电化学浸渍。$Ni(OH)_2$ 浸渍量控制在 1.6 g·cm^{-3}。电化学浸渍使活性物质在多孔基板的孔壁表面分布均匀，降低活性物质与基板间的电阻，使基板抗腐蚀能力增高，提高活性物质利用率和电池循环寿命。镍电极形状有两种，如图 6 – 2 所示。

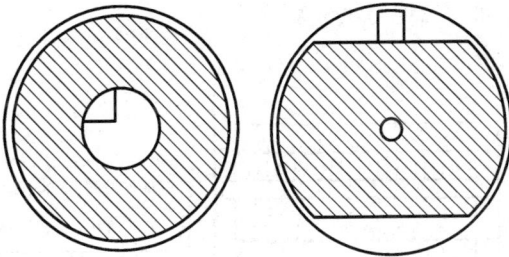

图 6 – 2　镍电极形状

（3）氢电极　氢电极与燃料电池的氢电极结构基本相同，是多层结构，催化层由聚四氟乙烯乳液和含铂催化剂的活性炭混合而成。背层是防水层，由一层聚四氟乙烯薄膜组成。中间层是一片镍网，既是电极骨架，又是集流网。

（4）隔膜　用于氢 – 镍电池的隔膜有石棉膜和氧化锆布。石棉膜不透气，因此，在充电和过充电时镍电极上析出的氧气要绕道先进入电极组和压力容器之间的空间,再通过负极的气体扩散网区进入负极的多孔背面与氢气复合生成水。

氧化锆布的化学、物理性能稳定,具有贮存电解液的作用,能够透过气体,称双功能隔膜。

(5)电解液　电解液为密度 $1.3\ g\cdot cm^{-3}$ 的 KOH 水溶液,有时添加一定量的 LiOH。

(6)电极组　电极组由正极、负极、隔膜和气体扩散网以一定形式堆叠而成,称作电极对。电极对有两种组成形式:背对背式和重复循环式,如图 6-3 所示。背对背式的特点是:隔膜采用石棉膜时,电池在充电和过充电阶段,在镍电极上析出的氧气被迫从两片镍电极之间的缝隙赶出,绕过隔膜进入氢气气室与其复合。重复循环式的特点是一个电极对中的镍电极直接面对下一个电极对中的氢电极,镍电极中析出的氧气直接通过气体扩散网,在氢电极表面均匀地与氢气复合。

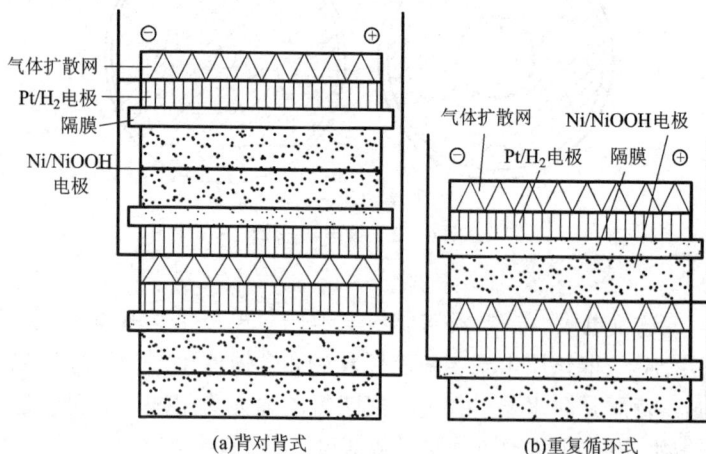

(a)背对背式　　(b)重复循环式

图 6-3　电极对排列形式

一定数量的电极对通过中心连杆、上压板、下压板等紧固件组装成电极组整体,再通过焊接圈牢固地安装固定在壳体中。

6.2.3　高压氢 – 镍电池的性能

6.2.3.1　氢 – 镍电池的充、放电特性

氢 – 镍电池的标准电动势为 1.319 V。充、放电过程中,由于极化,工作电压偏离标准电动势。充、放电曲线分别如图 6 – 4 和图 6 – 5 所示。

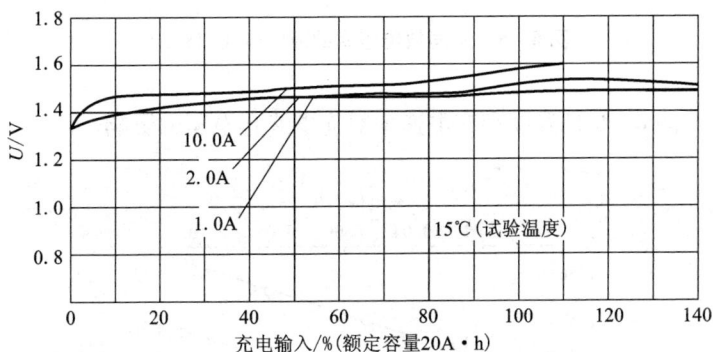

图 6 – 4　不同充电速率的充电曲线(15℃)

图 6 – 4 和图 6 – 5 表明,充电工作电压范围在 1.40 ~ 1.50 V,放电电压范围在 1.20 ~ 1.30 V,电压平稳,与镉 – 镍电池工作电压相近。

氢 – 镍电池充电和放电的电压值随速率和温度的变化而改变,从图 6 – 4 可知,在 $\frac{C}{10}$、$\frac{C}{2}$ 和 C 三种速率下,放电电压是平稳的,放电电压随速率增加稍有下降。充电电压随充电速率增加而有所增加。

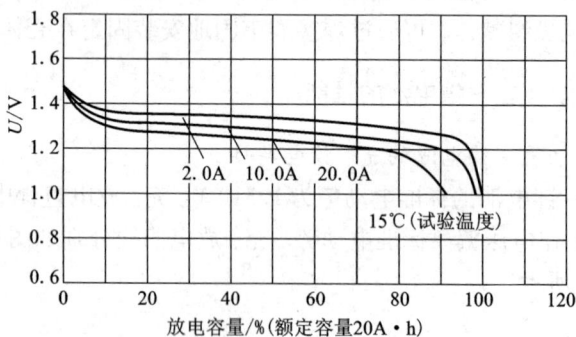

图6-5　不同放电速率的放电曲线(15℃)

图6-6是温度和充电速率对充电终止电压的影响。

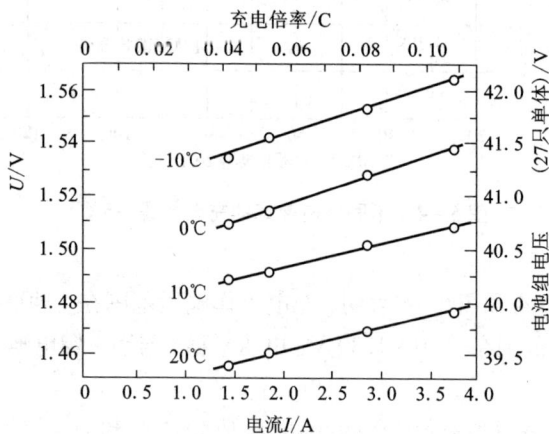

图6-6　温度和充电速率对充电终止电压的影响

从图6-6可知，温度越低，充电终止电压越高；充电速率越大，充电终止电压越高。

　　氢-镍电池在放电过程中放热，充电过程中吸热，过充电时又变为放热。

6.2.3.2　电池容量

　　电池容量与放电速率及工作温度有关，一般放电速率增加，容量减小。图6-7表示电化学浸渍镍电极容量与温度的关系，温度升高，放电容量降低，即温度升高使充电效率降低。

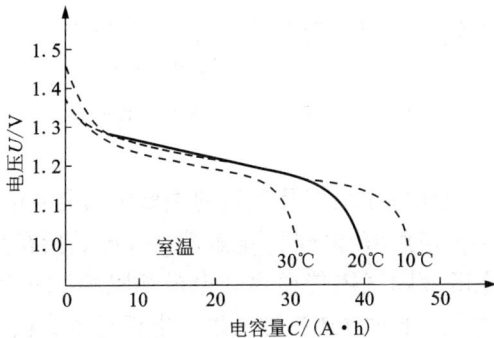

图6-7　放电容量与环境温度的关系

6.2.3.3　自放电特性

　　图6-8是氢-镍电池在不同温度下的自放电曲线。从图6-8可知，20℃时的自放电速率比0℃时大一倍。

　　自放电速率可以从测定电池在开始搁置后的容量得出，也可以从测定电池开始搁置中氢气压的减小得出。氢压是电池容量的直接指示，自放电速率正比于氢气压力。

6.2.3.4　电池工作寿命

　　氢-镍电池工作寿命长达10年以上。单体电池工作寿命结束的标志是放电工作电压下降到1 V以下。

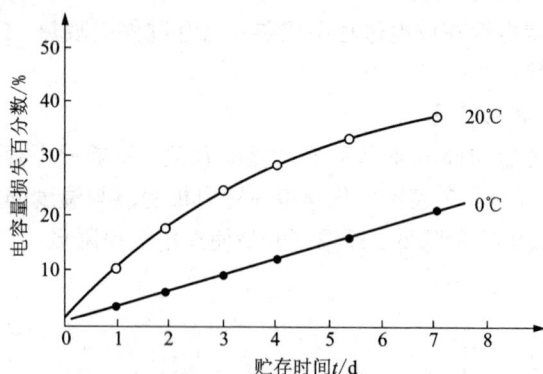

图6-8 氢-镍电池自放电曲线

　　导致电池工作寿命结束及失效的主要因素是：正电极膨胀，密封壳体泄漏和电解液再分配。电解液再分配是指在充电和过充电时，导致电解液随气体传递离开电极和隔膜。因为，充电时，负极产生的氢气，通过气体扩散网进入电极组的自由空间，同时带走一部分电解液。过充电时，正极产生氧气，也带走部分电解液，因而造成电解液再分配，影响电池寿命。

6.3　金属氢化物-镍(MH-Ni)电池

　　金属氢化物-镍(MH-Ni)电池是 Markin 等采用 LaNi$_5$ 电极代替高压氢-镍电池中的氢电极的一种新型低压氢-镍电池。

　　1984 年开始，荷兰、日本、美国都致力于研究开发贮氢合金电极。1988 年，美国 Ovonic 公司，1989 年，日本松下、东芝、三洋等电池公司先后开发成功 MH-Ni 电池。

　　我国于 20 世纪 80 年代末研制成功电池用贮氢合金，1990 年研制成 AA 型 MH – Ni 电池,容量在 900 ~ 1000 mAh。现在已有数十个厂家能批量生产 MH – Ni 电池。

6.3.1　MH – Ni 电池的工作原理

6.3.1.1　MH – Ni 电池的电极反应

MH – Ni 电池以金属氢化物为负极,氧化镍电极为正极,氢氧化钾溶液为电解液。电池的正极反应原理与 Cd – Ni 电池相同。MH – Ni 电池的电极反应如表 6 – 2 所示。

表 6 – 2　MH – Ni 电池电极反应

正　　　极	负　　　极
充　电　$Ni(OH_2) + OH^- \rightarrow NiOOH + H_2O + e$	$M + H_2O + e \rightarrow MH + OH^-$
过充电　$4OH^- \rightarrow 2H_2O + O_2 + 4e$	$2H_2O + O_2 + 4e \rightarrow 4OH^-$
放　电　$NiOOH + H_2O + e \rightarrow Ni(OH)_2 + OH^-$	$MH + OH^- \rightarrow M + H_2O + e$
过放电　$2H_2O + 2e \rightarrow H_2 + 2OH^-$	$H_2 + 2OH^- \rightarrow 2H_2O + 2e$

总电池反应:

$$MH + NiOOH \underset{充}{\overset{放}{\rightleftharpoons}} M + Ni(OH)_2 \qquad (6-9)$$

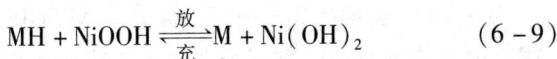

充电时,正极上的 $Ni(OH)_2$ 转变为 NiOOH,水分子在贮氢合金负极 M 上放电,分解出氢原子吸附在电极表面上形成吸附态的 MH_{ad},再扩散到贮氢合金内部而被吸收形成氢化物 MH_{ab}。氢在合金中的扩散较慢,扩散系数一般都在 10^{-7} ~ 10^{-8} cm·s^{-1}。扩散成为充电过程的控制步骤。这个过程可以表示如下:

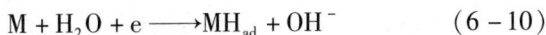

$$M + H_2O + e \longrightarrow MH_{ad} + OH^- \qquad (6-10)$$

$$MH_{ad} \longrightarrow \alpha - MH_{ab} \qquad (6-11)$$

$$\alpha - MH_{ab} \longrightarrow \beta - MH \qquad (6-12)$$

$$MH_{ad} + MH_{ab} \longrightarrow 2M + H_2 \qquad (6-13)$$

或
$$MH_{ad} + H_2O + e \longrightarrow M + H_2 + OH^- \qquad (6-14)$$

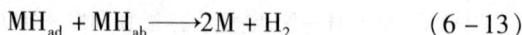

　　在电极充电初期，电极表面的水分子在金属镍的催化作用下被还原成氢原子，氢原子吸附在合金的表面上，形成吸附态氢原子 MH_{ad}，如(6-10)式所示。吸附在合金表面上的氢原子扩散进入合金相中，与合金相形成固溶体 $\alpha - MH_{ab}$，用(6-11)式表示。

　　当溶解于合金相中的氢原子越来越多，氢原子将与合金发生(6-12)所示的反应，形成金属氢化物 $\beta - MH$。当氢原子浓度进一步提高时，将发生氢原子的复合脱附(6-13)或电化学脱附(6-14)。

　　过充电时，由于阳极上可以氧化的 $Ni(OH)_2$ 都变成了 $NiOOH$(除了活性物质内部被隔离的 $Ni(OH)_2$ 之外)，这时 OH^- 失去电子形成 O_2，O_2 扩散到负极，在贮氢合金的催化作用下得到电子形成 OH^-，也可能与负极产生的氢气复合成水，放出热量，使电池温度升高，同时也降低了电池的内压。负极上由于贮氢合金已吸饱了氢不能再吸氢，这时，水分子在负极上放电形成 H_2，H_2 再在贮氢合金的催化作用下与正极渗透过来的氧气复合成水。

　　放电时，$NiOOH$ 得到电子转变为 $Ni(OH)_2$，金属氢化物(MH)内部的氢原子扩散到表面而形成吸附态的氢原子，再发生电化学反应生成贮氢合金和水。氢原子的扩散步骤仍然成为负极放电过程的控制步骤。

　　过放电时，正极上可被还原的 $NiOOH$ 已经消耗完了(氢-镍电池一般设计为负极容量过量)，这时 H_2O 便在镍电极上还原。

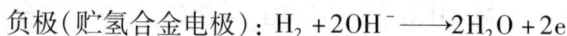

　　正极(镍电极)：$2H_2O + 2e \longrightarrow H_2 + 2OH^-$

　　负极(贮氢合金电极)：$H_2 + 2OH^- \longrightarrow 2H_2O + 2e$

　　这样氢气在镍电极上生成，又在贮氢合金电极上消耗掉。这时电池的电压变成"负"的，即镍电极电位反而比氢电极电位更负，所以也称为反极。

在电池反应中，贮氢合金担负着贮氢和电化学反应的双重任务。

从上面的过程可以看出，在过充和过放过程中，由于贮氢合金的催化作用，可以消除产生的 O_2 和 H_2，从而使电池具有耐过充过放电能力。但随着充放电循环的进行，贮氢合金逐渐失去催化能力，电池内压便升高了。

为了保证氧的复合反应，消除氧气压力，设计电池时，负极容量过量，电池容量由正极限制。实现电池密封时，才能保证电池的安全。

6.3.1.2　MH - Ni 电池过充电时内部气体与物质的循环

MH - Ni 电池过充电时，电池内部气体复合可保持电池内压平衡。因为，过充电时，电池正极将发生析氧反应。

$$4OH^- \longrightarrow 2H_2O + O_2 + 4e$$

析出的氧通过多孔隔膜到达负极表面。由于负极的设计容量过剩，在充电过程中不会因负极不能吸收氢而使氢原子复合成氢气析出，而是到达负极表面的氧气与金属氢化物发生氧化 - 还原反应。

$$4MH + O_2 \longrightarrow 4M + 2H_2O$$

镍是上述反应的良好催化剂。MH - Ni 电池活化后，贮氢合金表面层中金属镍的浓度大大提高。当电池过充电时，吸附在金属镍表面的氢原子增多，有利于反应。因此，不会因析出氧而导致电池内压升高。

过充电时的总反应为

$$4M + 2H_2O \longrightarrow O_2 + 4MH$$

过充电时，电池内部的物质并未因正极析氧而减少，而是通过氧的产生与消耗达到物质平衡。

在上面的分析中，假设电池过充电时负极是不析出氢气的。

但对于电池化成不好而使得金属氢化物电极表面催化性能差的贮氢合金电极,其充电效率与充电容量将受到很大影响。当充电量达到一定程度后,过电位太大会导致负极产生氢气,而氢气在正极上消耗或被负极再次吸收的速率是缓慢的,因此当电池过充电时,由于伴随较多的氢气析出,而氧气又不能有效地被负极消耗,造成内压迅速增长,最终使电池漏气。所以,对于理想的MH - Ni电池,必须具有良好的金属氢化物电极以降低电池的内压,增强负极复合氧气的能力。

6.3.2　金属氢化物(MH)

金属氢化物(MH)又称贮氢合金(MH)。贮氢合金是 1968 年由 Reilly 发明的。当时发明的是 Mg_2Ni 合金,后来 Phlips 发现 $LaNi_5$ 能吸收和释放氢气,才真正开始了贮氢合金粉的应用研究。

6.3.2.1　金属氢化物的贮氢原理

当氢与合金表面接触时,氢分子吸附到合金表面,氢 - 氢键解离为原子态氢。这种氢原子活性大,进入金属的原子之间,形成固溶性氢化物。常见的金属氢化物晶体结构有面心立方(f.c.c)、体心立方(b.c.c)和紧密立方晶格(h.c.p)。

图 6 - 9 表示氢原子在六配位四面体晶格间隙位置(O 位置)和四配位四面体晶格间隙位置(T 位置)。氢原子在晶格中的实际位置与金属原子半径有关。若金属原子半径小,如 Pb,Ti 等,氢原子在八面体位置,若金属原子半径大,如稀土金属和铌等,氢原子进入四面体位置。由于氢原子进入晶格间隙,引起晶格膨胀。

贮氢用金属氢化物 $LaNi_5$ 为具有 $CaCu_5$ 型晶体结构的金属间化合物。$LaNi_5$ 的晶体结构如图 6 - 10 所示。$LaNi_5$ 吸氢后在 $z = 0$,$z = 1$ 面上,由 4 个 La 原子和 2 个 Ni 原子构成一层。在 $z = 1/2$ 的面上,由 5 个 Ni 原子构成一层。氢原子位于 2 个 La 原子和 2

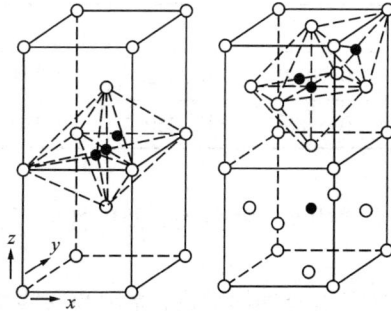

图 6 – 9　b.c.c 和 f.c.c 晶格中八面体

晶格中的位置(O)和四面体晶格间位置(T)

○—金属原子；●—氢原子

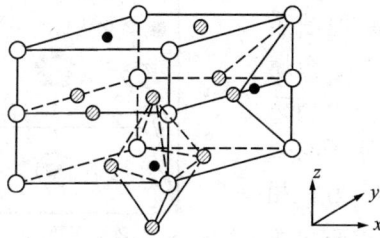

图 6 – 10　LaNi₅ 合金的晶格结构

○—La；●—Ni；●—氢

个 Ni 原子构成的四面体晶格间(T 位置)；另一氢原子位于 4 个
Ni 原子和 2 个 La 原子构成的八面体晶格间(O 位置)。也就是
说，在 $z=0$ 和 $z=1/2$ 的面上，各进入 3 个氢原子，作为 $LaNi_5H_6$。
由于氢原子进入 $LaNi_5$ 的晶格，导致晶格膨胀约23%。表6－3列
出 $LaNi_5$ 在吸氢前后的晶胞常数。

表 6 – 3   LaNi₅ 在吸氢前后的晶胞常数/nm

晶胞常数	a_0	c_0	c_0/a_0	V/nm^3
LaNi₅	0.5017	0.3982	0.794	0.089
LaNi₅H₆	0.5388	0.4250	0.789	0.107

氢原子进入金属中有三种状态,即中性原子、分子氢、质子 H^+ 或 H^-。

某些金属或贮氢合金能够贮氢,是因为这些材料在适当的温度与氢气压力下,与氢发生如下反应,形成金属氢化物。

$$M(s) + x/2H_2(g) \rightleftharpoons MH_x(s) + \Delta H \qquad (6-15)$$

上述反应的全过程可用图 6 – 11 所示的气相中氢的吸收/释放原理图表示。在图 6 – 11 中,金属与氢形成两相,一个相称为 α 相,这是氢原子与金属形成的固溶体,另一相称为 β 相,它是金属与氢形成金属氢化物。在金属吸氢的初始阶段形成 α 相,随着体系中氢分压的

图 6 – 11   贮氢金属或合金吸收/释放氢原理图

增加,α 相吸收的氢浓度不断提高。处于 α 相的氢原子浓度可用 Sievert 定律表示

$$[H]_\alpha = K \cdot p^{1/2} \qquad (6-16)$$

其中:K——比例常数;

p——氢气的分压。

α 相氢原子浓度超过一定数值后,开始产生的第二物相,即

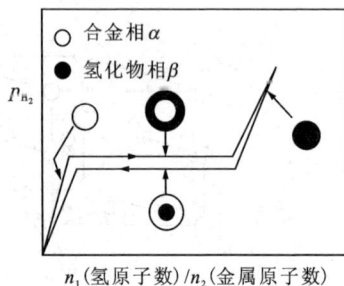

β 相。β 相从金属外围开始形成，并不断向内部推移。在这一区域中，α 相与 β 相共存，并且对于一个理想体系，具有一个不变化的氢气分压，也就是所谓的平台氢压。当 β 相完全形成后，如果外界氢气压力继续增大，将有更多的氢原子进入到氢化物相，吸收在金属氢化物中形成另一种固溶体。但此时的固溶体不同于上面所提到的 α 相，因为基体已经变成了金属氢化物。

金属氢化物释放氢原子的过程与吸收氢原子过程恰恰相反，反应也是起始于金属氢化物的表面。在分解过程中，氢的分压是不变的。随着氢原子浓度的降低，氢原子从金属氢化物相转化到 α 相，并在以后分解过程中氢原子浓度随着氢分压的降低而降低。对于一个理想过程，氢的吸收与释放过程中的滞后是几乎不存在的，即在吸收氢时产生的平台氢压与金属氢化物分解的平台氢压是相等的。但事实上，不同的金属或贮氢合金有着不同程度的滞后现象发生。一般认为，这与合金氢化过程中金属晶格膨胀引起的晶格间应力有关。$MmNi_5$ 和 $TiFe$ 贮氢合金氢化物的滞后程度较大。可以采用添加某些过渡金属元素或添加少量过渡金属产生非化学计量组成来大幅度降低金属氢化物的滞后现象。

金属氢化物的平台压力对其应用是很重要的。在 MHNi 电池中，必须考虑合金在吸氢时不能在太大的氢分压下进行，否则会造成安全性问题。另外，氢分压过大会引起严重的自放电。但是，氢分压也不能过低，否则，吸收氢后，金属氢化物难于分解，影响电池的高倍率放电性能。热效应对金属氢化物的应用也很重要。一些利用贮氢金属或合金吸/放氢时放热与吸热的特点制造的热泵，对金属氢化物的热效应有严格的要求。

6.3.2.2　金属氢化物的贮氢密度

一般地，钢瓶中的氢气体积可压缩为 $\frac{1}{50}$，液体氢可缩小到 $\frac{1}{800}$，而贮氢合金可将氢缩小到 $\frac{1}{1000}$。因此，与高压气体氢或液态氢相比,贮氢金属或合金通过与氢形成金属氢化物的方式贮存氢,不仅具有贮氢密度高的优越性,而且在使用、运输及储存过程中安全、可靠。因此以金属氢化物贮存氢的形式作为新的储能手段得到了人们的重视。表 6-4 列出了一些金属氢化物与纯氢的性质。

表 6-4　贮氢合金与纯氢的性质

介质	氢含量 /%	氢密度 /(10^{22} 氢原子·cm^{-3})	分解压 /Pa	反应热 /($J·mol^{-1}H_2$)
高压氢(15 MPa)	100	0.5		
液体氢(20 K)	100	4.2		
固体氢(4.2 K)	100	5.3		
MgH_2	7	6.6		
Mg_2NiH_4	3.16	5.9	1.01×10^5	64.4×10^3
VH_2	3.81	10.5		
$TiFeH_{1.95}$	1.75	5.7	1.01×10^5	23.0×10^3
$LaNi_5H_6$	1.37	6.2	4.04×10^5	30.1×10^3
$ZrMn_2H_{3.6}$	1.75	6.0		

6.3.2.3　金属氢化物电极的电化学容量

金属氢化物电极充电时,贮氢材料 M 每吸收一个氢原子,相当于得到一个电子,因此,金属氢化物电极的电化学容量取决于金属氢化物 MH_x 中含氢量 $x(x = H/M$ 原子比)。根据法拉第定律,其理论容量为

$$C = \frac{xF}{3.6M_{AB_n}}(\text{mAh} \cdot \text{g}^{-1}) \qquad (6-17)$$

式中：F——法拉第常数；

　　M_{AB_n}——贮氢材料的摩尔质量。

对 $LaNi_5$ 贮氢合金，最大吸氢量为 $x=6$。因此，$LaNi_5$ 贮氢合金的理论容量为

$$C = \frac{6F}{3.6M_{LaNi_5}} = 372 \ \text{mAh} \cdot \text{g}^{-1} \qquad (6-18)$$

金属氢化物的实际容量是指放电时测定的容量值。它与贮氢材料的可逆贮氢特性，热力学稳定性，电池的工作条件，如温度、压力及放电速率等因素有关。

6.3.2.4　金属氢化物的分类

除了惰性气体以外，氢几乎可与周期表中所有元素反应生成氢化物或氢化合物。各种氢化物的性质差异，可用元素的电负性解释。元素的电负性为一常数，它表示该元素构成分子时，其原子在分子范围内把电子吸向自己方向力量的大小。氢的电负性为2.1。当与氢构成氢化物的元素的电负性比氢大时，氢失去电子变为 H^+；相反，当元素的电负性比氢小时，氢得到电子而变成 H^-。

周期表中，各种氢化物的分类如表 6-5，一般分为离子型（盐型）氢化物、金属型氢化物、边界氢化物和共价型氢化物。

（1）离子型（盐型）氢化物

氢原子夺得一个电子，形成 He 原子的 $1s^2$ 结构，变成 H^-，氢与电负性小的、化学活性大的 I A、Ⅱ A 族等元素反应生成 LiH，CaH_2 型氢化物，碱金属和碱土金属的氢化物具有离子键，称作离子型氢化物，其结构和性质与盐类（如卤化物）相似，因此，也称作盐型氢化物。如 LiH，NaH，KH，RbH，CsH 和 CaH_2，SrH_2，BaH_2 等。

镧系和锕系元素的氢化物也有离子型氢化物的结构和性质。

表 6-5　元素周期表中氢化合物的分类[67]

|离子型|←——金属型氢化物——→|←——边界氢化物——→|←——共价型氢化物——→|

IA	IIA	IIIB IVB VB VIBVIIB　　VIIIB	IB IIB	IIIA IVA VA VIA VIIA VIIIA

（表格内容）

IA	IIA	IIIB	IVB VB VIBVIIB	VIIIB		IB IIB	IIIA IVA VA VIA VIIA VIIIA

原表：

IA IIA IIIB IVB VB VIBVIIB　　VIIIB　　IB IIB IIIA IVA VA VIA VIIA VIIIA
Li Be　　　　　　　　　　　　　　　　　　B C N O F
Na Mg　　　　　　　　　　　　　　　　Al Si P S Cl
K Ca　Sc Ti V Cr Mn Fe Co Ni　Cu Zn Ga Ge As Se Br
Rb Sr　Y　Zr Nb Mo Tc Ru Rh Pd　Ag Cd In Sn Sb Te I
Cs Ba La系 Hf Ta W Re Os Ir Pt　Au Hg Tl Pb Bi Po At
Fr Ra Ac系

La Ce Pr Nd Pm Sm Eu Gd Tb Dy Ho Er Tu Yb Lu

Ac Th Pa U Np Ru Am

（2）金属型氢化物

IIIB~VB 族过渡金属与氢反应生成氢化物时，氢的特性介于 H^- 和 H^+ 之间，氢原子进入母体金属晶格内，形成间隙型氢化物。如 Sc~Ac 族，这些元素在 300℃ 时与氢反应生成 MH_x（$x<3$）的氢化物。反应时大量吸氢并放热（$\Delta H<0$），故称作放热型金属，也可称作过渡型氢化物。

VIB~VIIIB 族过渡金属与氢反应，一般以 H^+ 形成固溶体，氢原子进入基体金属晶格中生成间隙性化合物，氢的含量随温度升高而增加，且伴有吸热反应（$\Delta H>0$），称为吸热型金属。

金属氢化物具有金属性质，其导电率与金属大致相同、性脆、粉碎后呈黑色。

稀土金属氢化物，在低压时生成 MH_2 相，高氢压时，生成 MH_3 相，在标准大气压下，MH_2 的分解温度为 1100℃~1300℃。

Ti、Zr 与氢反应，放热后吸氢，形成 $TiH_{1.2}$ 和 $ZrH_{1.3}$ 非化学计量化合物，V、Nb、Ta 族也与氢生成非化学计量氢化物。这些元素的吸氢量与温度、压力有关。当氢原子进入间隙位置时，金属晶格膨胀，生成氢化物的密度比金属的密度小。吸收的氢在加热或减压时，氢气放出。

(3)分子型或共价型氢化物

氢与ⅢA～ⅦA族元素反应生成分子型氢化物，也称共价型氢化物。其中ⅦA族元素与氢反应生成的为非金属氢化物。

周期表中的ⅦA族硼及附近的元素与氢形成类似 B_2H_6 的氢化物。如 $(ZnH_2)_n$，$(AlH_3)_n$，$(BeH_2)_n$ 等。一般称此类氢化物为共价键高聚合型氢化物。

共价氢化物由高负电性元素生成。ⅢA～ⅦA族元素同氢共用电子生成共价键。形成的氢化物具有分子型晶格，熔点、沸点低，挥发性大，不导电。

ⅣA族元素都能生成共价型氢化物，其中碳生成 C_nH_{2n+2}，C_nH_{2n}，C_nH_{2n+2} 和芳香族化合物。硅可生成 SiH_{2n+2} 硅烷，锗的氢化物类似硅。锡可生成 SnH_4，Sn_2H_6。但铅烷不稳定。

ⅤA族元素生成 MH_3 挥发生性大的氢化物，如 NH_3，其生成氢化物的稳定性从 NH_3 向 BiH_3 减弱。

ⅥA族元素与氢生成 H_2O，H_2S，H_2Se，H_2Te，H_2Po。这些氢化物的稳定性从 H_2O 到 H_2Te 降低。

ⅦA族元素与氢反应生成卤化氢 HF，HCl，HBr，HI。

ⅡA族的 Be，Mg 也与氢生成共价型氢化物 MgH_2，BeH_2。其中 MgH_2 的贮氢量大，但 Mg 与 H_2 反应速度慢，放氢又必须高温。

(4)边界氢化物

周期表中ⅠB、ⅡB族和部分ⅢA族(In，Tl)的氢化物 CuH_2，InH_3 等不是稳定的氢化物，称为边界氢化物。

上述的盐型氢化物和金属型氢化物具有贮氢功能,其中碱金属氢化物为 NaCl 型结构。碱土金属氢化物的金属离子形成六方密堆积晶格,H^- 占在间隙内,形成非化学计量化合物。在间隙型氢化物中,H 原子变成质子后进入金属晶格间隙内,一般盐型氢化物的密度比纯金属大,间隙型金属氢化物的密度比纯金属小,因为金属晶格吸氢后膨胀。

6.3.2.5　金属氢化物的合成方法

合成金属氢化物有以下 4 种方法。

(1)金属与氢直接反应

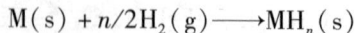

$$M(s) + n/2H_2(g) \longrightarrow MH_n(s)$$

一般在常温、常压下,氢与金属不发生反应,但在升高温度时,当在氢气氛中时,氢会被金属吸收,如果要求氢化物为海绵钛状,吸收氢的温度控制在 400℃ 以下,如果要求氢化物为板状,可控制温度为 500℃ ~600℃。

例如,氢与锂可在 300℃ ~500℃ 反应,当反应温度高于锂的熔点(688℃)时,反应完全。

碱土金属中的钙、锶、钡与氢反应时,添加 0.5% ~1% 的碘作为催化剂,可使反应顺利进行。

金属型氢化物,由于氢化使体积增加,氢化反应比碱金属和碱土金属容易。

Ti, Zr 与氢反应制得 Ti(Zr)H_2,反应需在 350℃ ~550℃ 下进行,高于 600℃ 时,吸氢量明显减少。Ti(Zr)H_2 在室温下稳定,加热至 600℃ 以上时,释放出氢。因此,Ti, Zr 的氢化物可用作贮氢材料。

Nb, Ta 在低温时(如 Nb 523 K 以下、Ta 在 673 K 以下)不与氢反应,但经过活化后,在低温下也与氢反应。

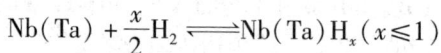

$$Nb(Ta) + \frac{x}{2}H_2 \Longleftrightarrow Nb(Ta)H_x \ (x \leqslant 1)$$

反应过程放出热量，反应速度随压力增加而增加。

Ti, Zr, Nb, Ta 生成的氢化物的密度比原金属小，体积膨胀。

稀土金属氢化物（MH）是制造氢镍电池（Ni/MH）的负极材料。一般可用稀土金属与氢直接反应制取。

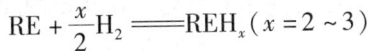

$$RE + \frac{x}{2}H_2 \Longrightarrow REH_x(x = 2 \sim 3)$$

反应温度一般为 300℃ ~ 400℃，氢压应大于 10^5 Pa。表 6 - 6 列出了稀土金属氢化物的制备条件及氢化物的形态。

表 6 - 6　稀土金属氢化物制备工艺条件和氢化物状态

稀土金属氢化物 /REH$_{2\sim3}$	氢化时间 /min	氢化温度 /℃	氢化物状态及颜色
La	120	300 ~ 350	片状、灰色
Ce	30	250 ~ 400	质松脆、片状、褐色
Pr	30 ~ 60	300 ~ 400	质松脆、蓝绿色
Nd	30 ~ 60	300 ~ 350	暗灰色粉末

金属钒与氢直接反应生成 VH_x。

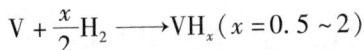

$$V + \frac{x}{2}H_2 \longrightarrow VH_x(x = 0.5 \sim 2)$$

钒与氢反应可在室温下进行。氢在钒中的溶解度随温度升高而减小。

钒吸氢后可能生成 V_2H，V_3H_2，VH，VH_2 等氢化物。其中 VH_2 很不稳定，13℃ 时离解压达 1.01×10^5 Pa。金属钒吸氢后晶格膨胀，密度减小。氢化钒加热到 600℃ ~ 700℃，钒的氢化物分解，含氢量减小到 0.001% ~ 0.002%。因此，钒与其他金属组成的合金可制取高含氢的贮氢材料。

共价型氢化物 MgH_2 稳定性差，287℃时的离解压力为 0.1 MPa。因此，Mg 与氢的反应需在 300℃～400℃，压力为 40 MPa 的条件下才能进行。

（2）氯化物还原法

用金属 Na 和 H_2 共同还原金属氯化物可制取氢化物

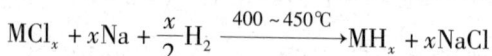

$$MCl_x + xNa + \frac{x}{2}H_2 \xrightarrow{400～450℃} MH_x + xNaCl$$

式中，M = Li，Na，Ca，Sr，Ba，La，Cr 等，$x = 1～3$。

（3）氧化物还原法

通过金属或其他金属氢化物对氧化物还原可制取盐型氢化物和金属型氢化物

$$CaO + Mg + H_2 \longrightarrow CaH_2 + MgO$$

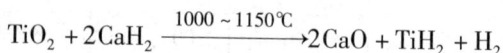

$$TiO_2 + 2CaH_2 \xrightarrow{1000～1150℃} 2CaO + TiH_2 + H_2$$

（4）电解法

以被氢化金属作阴极，在酸性金属盐的水溶液中电解，可制取金属型氢化物。例如，钯、镍、铬的氢化物可用此方法制取。

（5）有机化合物分解法

该方法适合于制取共价键型氢化物，如：

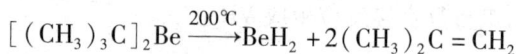

$$[(CH_3)_3C]_2Be \xrightarrow{200℃} BeH_2 + 2(CH_3)_2C = CH_2$$

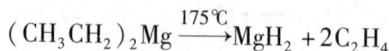

$$(CH_3CH_2)_2Mg \xrightarrow{175℃} MgH_2 + 2C_2H_4$$

6.3.2.6　金属氢化物的物理化学性质

（1）金属－氢系相平衡

氢固溶于金属时，当固溶的氢浓度低时，固溶解度 $[H]_M$ 和其固溶体平衡氢压 p_{H_2} 的平方根成正比。

$$p_{H_2}^{1/2} \propto [H]_M$$

根据吉布斯（Gibbs）相律，在一定的氢压 p_{H_2}（平台压力）下 MH_x 固溶相与 MH_y 氢化物相（$y \gg x$）反应：

$$\frac{2}{y-x}\mathrm{MH}_x + \mathrm{H}_2 \Longleftrightarrow \frac{2}{y-x}\mathrm{MH}_y + Q \qquad (6-19)$$

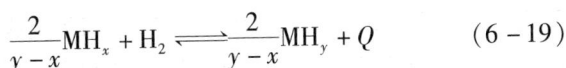

式中：x——固溶相中的氢平衡浓度；

　　　y——氢化物相中氢的浓度。

图 6－12 是金属氢化物的分解压与组成间的等温线图，即 $p-C-T$ 曲线图，从 $p-C-T$ 曲线上可以看出金属氢化物的含氢量，不同温度下吸收和放出氢的平衡压，吸收和放出氢的压力差，即滞后的大小。因此，$p-C-T$ 曲线是衡量贮氢合金热力学性能的重要特性曲线。

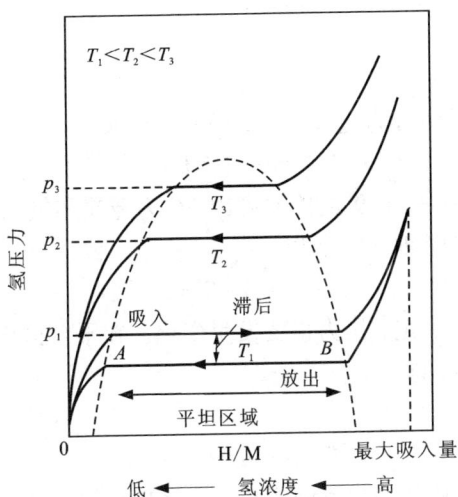

图 6－12　金属氢化物的 $p-C-T$ 曲线图[56]

$p-C-T$ 曲线的测定有高压热天平法、电化学法、Sieveles 装置等方法，其中 Sieveles 装置是普遍使用的方法[42]。

图 6－12 表明，当温度不变时，如提高氢压，则氢溶于金属的组成变为 A，达到 A 点时，α 相（固溶氢的金属称作 α 相）与氢

反应，生成氢化物相（即 β 相）。所有 α 相都变成 β 相后，组成达到 B 点，在组成 A 与 B 共存区间，压力保持一定，称作平台区，该区域称作（$\alpha+\beta$）区。

当全部都变成 B 组成后，如再提高氢压，β 相组成会逐渐接近化学计量组成。如果把该氢化物加热到 T_2，会使压力为 p_2 的氢放出，至组成 A，即低温下吸收氢，高温下释放氢，就可贮存和利用组成 B 与 A 间的氢。

对 AB 间的平台区，根据吉布斯相律：

$$F = C - \phi + 2$$

式中：F——体系的自由度；

　　　C——组分数；

　　　ϕ——相数。

令体系的组分为金属和氢，即 $C=2$，则

$$F = 4 - \phi$$

图 6-13 中，在氢的固溶区内，C 为金属和氢，$C=2$，ϕ 为 α 相和气体氢，即 $\phi=2$，所以

$$F = 4 - 2 = 2$$

即使温度保持一定，压力也要发生变化。在平台区内，ϕ 包括 α、β 相和气体氢，即

$$\phi = 3$$
$$F = 4 - \phi = 4 - 3 = 1$$

如温度不变，则压力也不随组成变化。B 点的 H/M 值，表示 β 相在 T_1，p_1 时的非化学计量组成。在氢压进一步升高的非定比氢化物相区域，ϕ 包括 β 相和气体氢，$\phi=2$，$F=4-\phi=4-2=2$，所以压力随温度和组成变化。

平台区压力为式（6-19）反应的平衡氢压，即金属氢化物的分解压。当温度升高时，分解压呈指数函数增大，在达到临界温度前，平台区幅度逐渐减小。

金属氢化物的生成多为放热反应，Q 为负值，对式(6-19)
根据

$$\Delta G^{\ominus} = \Delta H^{\ominus} - T\Delta S^{\ominus}$$

$$\Delta G^{\ominus} = -RT\ln k_p = RT\ln p_{H_2}$$

得

$$\ln p_{H_2} = \frac{\Delta H^{\ominus}}{RT} - \frac{\Delta S^{\ominus}}{R} \qquad (6-20)$$

即 $\ln p_{H_2}$ 与 $1/T$ 成直线关系。各种氢化物的分解压与温度的关系
如图 6-13 所示。可根据图 6-13 的各直线截距求出 $\Delta S^{\ominus}$，并求
出氢化物生成反应的 $\Delta H^{\ominus}$，$\Delta G^{\ominus}$。

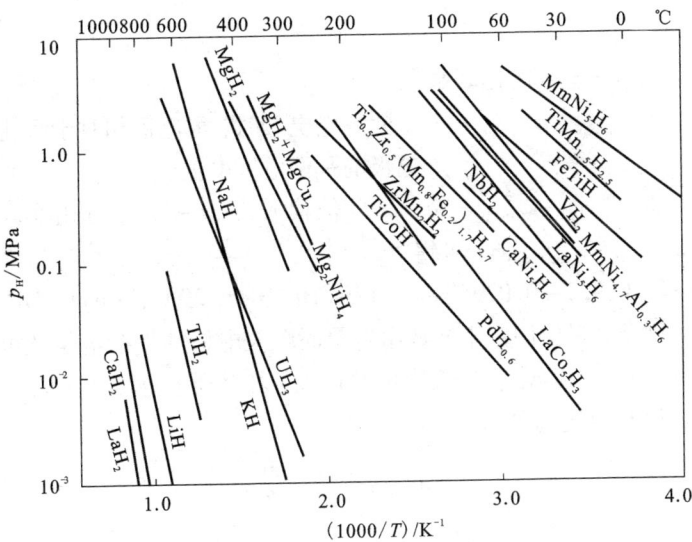

图 6-13 各种金属氢化物的分解压与温度的关系[57]

贮氢合金氢化反应的热力学函数 ΔH，ΔS 和平衡氢压 $p_{eq(H_2)}$
可以通过气-固反应测定，也可以通过电化学方法测定。

根据金属氢化物电极反应和氧化汞电极反应,

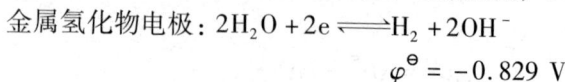

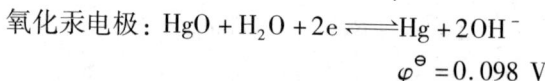

金属氢化物电极: $2H_2O + 2e \Longrightarrow H_2 + 2OH^-$

$$\varphi^{\ominus} = -0.829 \ \text{V}$$

氧化汞电极: $HgO + H_2O + 2e \Longrightarrow Hg + 2OH^-$

$$\varphi^{\ominus} = 0.098 \ \text{V}$$

电池反应: $HgO + H_2 \Longrightarrow Hg + H_2O$

以氧化汞电极作参比电极,贮氢电极平衡电位与氢压的关系为

$$\varphi_{H_2/H_2O} - \varphi_{Hg/HgO} = \varphi_{H_2/H_2O}^{\ominus} - \varphi_{Hg/HgO}^{\ominus} + \frac{RT}{2F}\ln\frac{a_{H_2O}}{a_{H_2}}$$

$$= \varphi_{H_2/H_2O}^{\ominus} - \varphi_{Hg/HgO}^{\ominus} + \frac{RT}{2F}\ln\frac{a_{H_2O}}{f_{H_2} \cdot p_{H_2}} \qquad (6-21)$$

式中: f_{H_2} ——氢的逸度系数;

　　　φ_{H_2/H_2O}, $\varphi_{Hg/HgO}$ ——不同放电电量时,氢电极相对于氧化汞
　　　　　　　　　　　　电极的平衡电极电位。

将 $\varphi_{H_2/H_2O}^{\ominus} - \varphi_{Hg/HgO}^{\ominus}$, a_{H_2O}, f_{H_2} 值代入式(6-21),并由实验测出 $\varphi_{H_2/H_2O} - \varphi_{Hg/HgO}$ 值,可得

$E = -0.922 - 0.0295\lg p_{H_2}$ 　(Vs. Hg/HgO, 20℃, 6 mol KOH)

因此,只要测定不同放电容量时贮氢电极的平衡电位就可求出氢压 p_{H_2}。以 p_{H_2} 对电极容量 C 作图,可得到平台压力 $p_{eq(H_2)}$ (图6-14)与温度的关系。

$$\ln p_{eq(H_2)} = A + \frac{B}{T} \qquad (6-22)$$

式中, $A = -\frac{\Delta S}{R}$, $B = \frac{\Delta H}{R}$; 只要测出不同温度下的平衡氢压,就可以求出氢化反应的 ΔH 和 ΔS。

$\Delta S^{\ominus}$ 表示形成氢化物反应进行的趋势,其数值越大,平衡分解压越低,生成的氢化物越稳定。$\Delta H^{\ominus}$ 是形成氢化物的生成热,

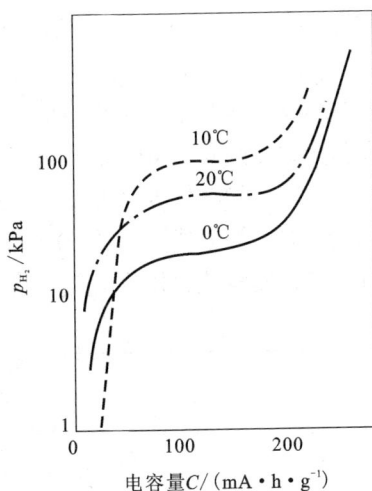

图 6 – 14　LaNi$_{4.5}$Co$_{0.5}$在不同温度下的解吸等温线

负值越大，氢化物越稳定。$\Delta H^{\ominus}$为负值，这是因为氢化物的生成多为放热反应。$\Delta S^{\ominus}$值取决于气体氢的存在，设 $\Delta S^{\ominus} = -\Delta S^{\ominus}_{H_2}$，且在 298 K 时，$\Delta S^{\ominus}_{H_2} = 125\ \text{J} \cdot \text{mol}^{-1} \cdot \text{k}^{-1}$。标准大气压下的温度用 T_0 表示，$p_{H_2} = 0.1\ \text{MPa}$ 时，式(6 – 20)为

$$\ln p_{H_2} = \frac{\Delta H^{\ominus}}{RT} - \frac{\Delta S^{\ominus}}{R} \qquad (6-23)$$

$$\frac{\Delta H^{\ominus}}{RT} = \ln p_{H_2} + \frac{\Delta S^{\ominus}}{R}$$

则　　　　　$\Delta H^{\ominus} = T_0 \Delta S^{\ominus} = T_0(-\Delta S^{\ominus}_{H_2})$

设　　　　　$\Delta S^{\ominus} = -\Delta S^{\ominus}_{H_2},\ \Delta H^{\ominus} = -\Delta H^{\ominus}_d$

得

$$\Delta H^{\ominus}_d = T_0 S^{\ominus}_{H_2} \qquad (6-24)$$

式中：$\Delta H_d^{\ominus}$——分解反应的标准焓变。

　　将各种金属氢化物的 $\Delta H_d^{\ominus}$ 对 T_0 作图，如图 6-15，图 6-15 中直线的斜率接近 $S_{H_2}^{\ominus}$。从图 6-15 中看出，$\Delta H_d^{\ominus}$ 值越大，越是在高温下释放氢。从式（6-24）中可以看出，如 p_{H_2} 一定，则 $\Delta H_d^{\ominus}$ 越大，T_0 也越大，说明分解压为 0.1 MPa 的分解温度越高。若要使氢化物用作贮氢材料，应尽量降低 H_D/H_c 比值，其中，H_D 为金属氢化物释放氢所需的热量，即生成热。H_c 为氢燃烧热，$H_c = 285.95$ kJ·mol^{-1}（H_2）。若金属氢化物用作贮氢材料，$\Delta H^{\ominus}$ 值应该小。

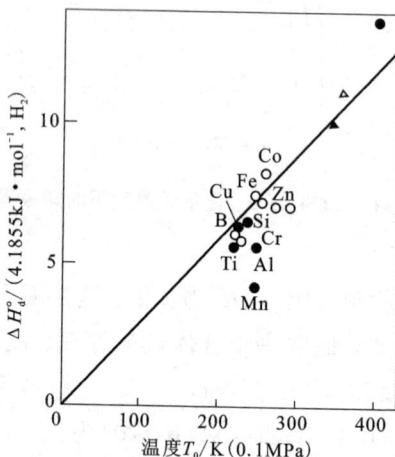

图 6-15　各种金属氢化物的 $\Delta H_d^{\ominus}$ 与 T_0 的关系图

　（2）氢化物生成热

　　各种金属氢化物的生成热（溶解热）如图 6-16 所示。当氢溶于 IA～VB 族金属时，为放热反应（$\Delta H < 0$），当氢溶于 VIB～VIIIB 族（Pd 除外）时为吸热反应（$\Delta H > 0$），把氢的溶解度随温度升高而减小的金属称作放热型金属，反之称作吸热型金属。因此，IA～VB 族元素属放热溶解型金属。这些金属有利于氢的溶解；ⅥB ~ ⅧB 族元素属于吸热型金属，氢在这些元素中溶解度小，一般不生成氢化物。

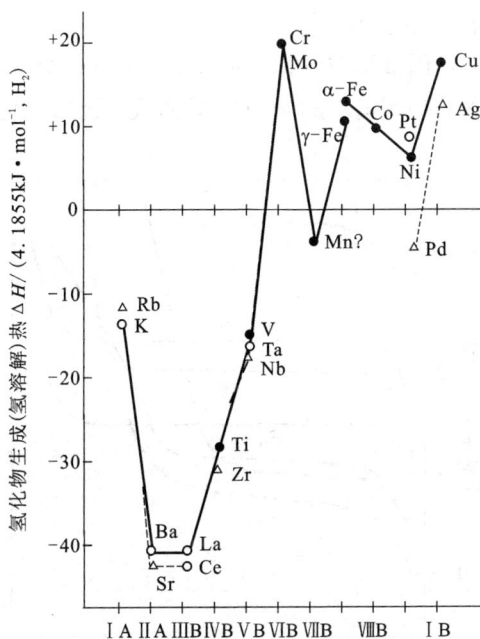

图 6 – 16　各种金属氢化物的生成热 (氢溶解热) [57]

　　目前开发的贮氢合金，一般都是将放热型金属与吸热型金属组合，合金中必有一种成分为 Ⅰ A ~ Ⅴ B 族的放热型金属，而且能生成稳定的氢化物。

　　式 (6 – 23) 中，金属的 $\Delta S^{\ominus}$ 通常都为 – 125 kJ · mol^{-1} · k^{-1}，因此，式 (6 – 19) 反应的平衡压力，基本取决于 $\Delta H^{\ominus}$，如果希望贮氢合金的分解压为 0.01 ~ 1 MPa，根据式 (6 – 23)，$\Delta H^{\ominus}$ 的范围应为 (– 29 ~ 46) kJ · mol^{-1} H$_2$。但是氢化物生成热为

$(-29\sim46)\,\mathrm{kJ\cdot mol^{-1}H_2}$ 的金属元素并不存在。如果 I A～V B 族的放热型金属和 VI B～VIII B 族的吸热型金属合理配成合金，便可得到上述 $\Delta H^{\ominus}$ 范围内的金属互化物。合金互化物中的放热型金属，能增强与氢的结合力。

图 6-17 是用金属 M(Pd，Ag，Cu，Ca，Fe，Cr 等)取代 LaNi 吸热型金属 Ni 的 LaNi$_4$M 的 $p-C-T$ 曲线，金属互化物 LaM$_5$ 的

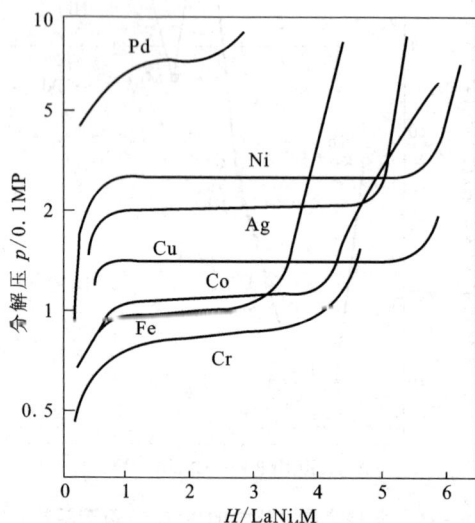

图 6-17　LaNi$_4$M-H 系 $p-C-T$ 曲线[57]

生成热，随取代金属 M 由 Cr 到 Pd 顺序增大，图 6-17 中，氢化物的分解压也按这一顺序增大，并变得不稳定，这是因为氢进到 LaNi$_5$ 里，产生 La-H 键，增加稳定性，但由于 La-Ni 键减少而使稳定性降低。根据

$$\Delta H(\mathrm{LaNi_5H_6}) = \Delta H(\mathrm{LaH_3}) + \Delta H(\mathrm{NiH_3}) - \Delta H(\mathrm{LaNi_5})$$

$$(6-25)$$

LaNi$_5$ 越稳定，其氢化物的稳定性越差，对 AB$_5$ 型化合物，即对 AB$_n$ 化合物($-\Delta H$ 大)越稳定，其 AB$_n$H$_{2m}$ 就越不稳定(ΔH 小)，由式(6-25)计算的氢化物生成热如表6-7。

表 6-7　金属氢化物生成热的计算值

化合物 AB$_n$	ΔH(AH$_m$)	ΔH(B$_n$H$_m$)	ΔH(AB$_n$)	ΔH /(kJ·mol^{-1}H$_2$)
LaNi$_5$H$_6$	-251.13	+4.2	-167.4	-27.2
LaNi5H$_4$	-207.6	+2.9	-167.4	-18.8
LaCO$_5$H$_6$	-251.1	+29.3	-73.2	-49.4
LaCo$_5$H$_4$	-207.6	+20.9	-73.2	56.5
LaPb$_5$H$_6$	-251.1	-16.7	-460.4	+33.5
LaFe$_5$H$_6$	-251.1	+33.5	+16.7	-79.5
LaCr$_5$H$_6$	-251.1	-8.4	+50.2	-104.6
CaNi$_5$H$_4$	-167.4	+2.9	-138.1	-12.6
ZrNi$_5$H$_4$	-163.2	+2.9	-238.6	+39.8
ThNi$_5$H$_4$	-146.5	+2.9	-167.4	+12.6
ThCo$_5$H$_4$	-146.5	+20.9	-83.7	-20.9
ThFe$_5$H$_4$	-146.5	+29.3	-16.7	-50.2
ZrCr$_2$H$_4$	-163.2	-5.4	-41.8	-62.8
ZrMo$_2$H$_4$	-163.2	+6.7	-14.6	-71.1
ZrFe$_2$H$_4$	-163.2	+20.9	-83.7	-29.3
ZrCO$_2$H$_4$	-163.2	+15.9	-142.3	-2.1

La-Ni 系合金氢化物的生成热与组成的关系如图6-18所示。

表明其生成热取决于氢原子与合金成分原子间化合键的数量。

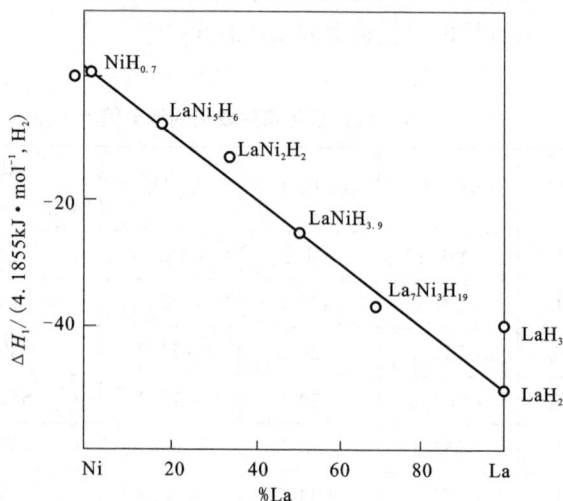

图 6-18　La-Ni 系合金氢化物生成热与组成的关系

6.3.2.7　金属氢化物的结构与性质

（1）氢在金属晶格间的位置

金属的氢化反应为

$$M + H_2 \rightleftharpoons MH_2$$

放热型反应能生成稳定的氢化物，形成的固溶体组成范围大，如 Pd，Nb 和 V 等金属。

图 6-19 是 $LaNi_5H_4$ 的晶体结构，这种晶格间隙多，可以固溶很多氢，如果氢全部占满图上的黑点位置，其组成就变为 $LaNi_5H_4$。由于金属或金属间化合物的晶格间有很多位置，可以大量吸收氢，一般地，贮氢材料中的氢原子数为金属原子的 1~2 倍。

氢在金属中的存在状态与金属的晶格有关，常见的金属晶格

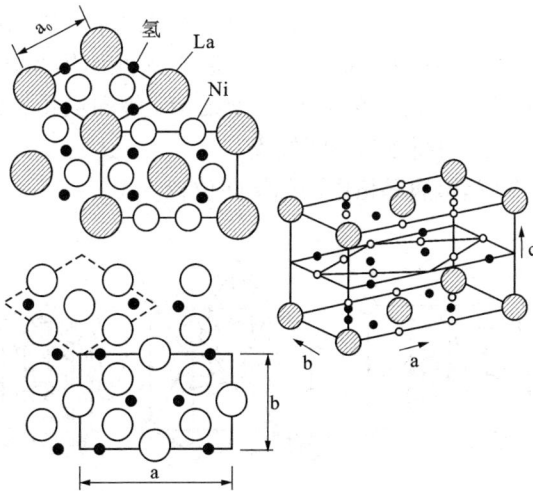

图 6-19 $LaNi_5H_4$ 的晶体结构

有面心立方晶格（fcc）、体心立方晶格（bcc）、六方密堆积晶格
（hcp）。钯为面心立方晶格，VB 族金属形成体心立方晶格，在
fcc 晶格和 bcc 晶格中，六配位的八面体晶格间位置和四配位体
的四面体晶格间位置是氢稳定存在的两个位置。金属晶格的晶格
间位置及其数量如表 6-8。

表 6-8　金属晶格的晶格间位置与每个金属原子的位置数

晶格	fcc	bcc	hcp
八面体位置	1	3	1
四面体位置	2	6	2

　　氢进到金属晶格的位置，与金属原子半径的大小有关，原子
半径小的金属如 Ni，Cr，Mn，Pd，Ti 等，氢进到八面体晶格间位

置;原子半径大的金属如 Zr, Sc 和稀土金属等,氢进到四面体晶格间位置。Pd 具有面心立方晶格,氢进到八面体晶格间位置。在组成约 H/Pd = 1 时,变为 NaCl 型结构;铌和钒具有体心立方结构,氢则进到四面体晶格间位置。

图 6 - 20 是金属晶格中的晶格间位置。

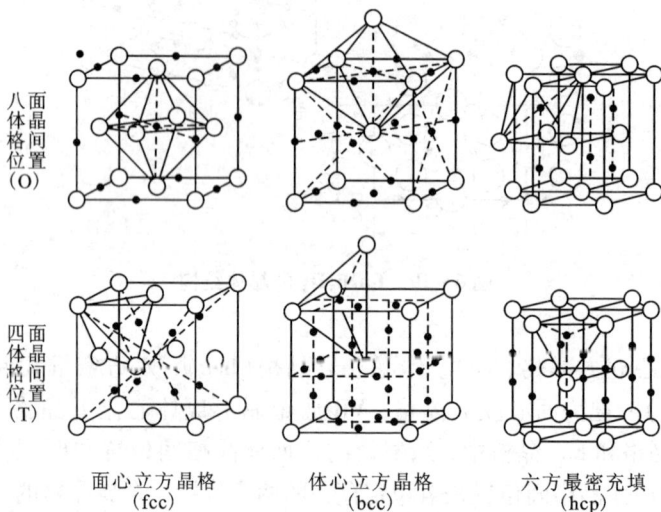

图 6 - 20 金属晶格中的晶格间位置

氢原子把电子带到金属晶体中,会使母体金属的电子状态改变,即可能以中性原子(或分子状态)存在,或放出一个电子变成 H^+,也可能获得电子后变为 H^-,氢在金属晶格中的扩散速度很快,例如,钒中的氢原子,在室温下以 2×10^{12} 次·s^{-1} 的频率跳跃于相邻晶格间。

(2)晶体结构与相的关系

碱金属氢化物具有 NaCl 型结构,两个面心立方晶格相错重叠，一个晶胞内有 4 个阳离子和 4 个阴离子，如图 6 – 21 所示，碱土金属 Ca，Sr，Ba 的氢化物具有 $PdCl_2$ 型结构，都为正交晶系，晶胞内有 4 个金属离子和 8 个氢离子。表 6 – 9 列出碱金属和碱土金属氢化物的晶胞参数。

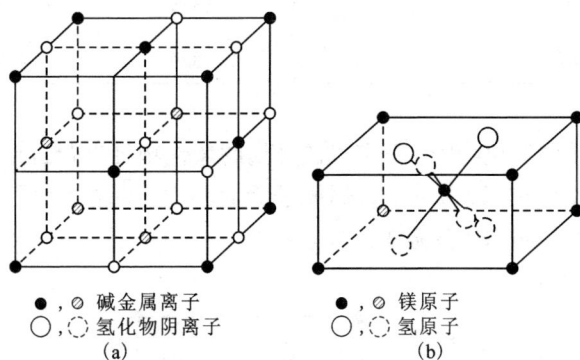

●，◐ 碱金属离子　　　　　●，◐ 镁原子
○，⌒ 氢化物阴离子　　　　○，⌒ 氢原子
　　　(a)　　　　　　　　　　　　(b)

图 6 – 21　金属氢化物的结构

(a) 碱金属；(b) 镁金属

表 6 – 9　碱金属和碱土金属的晶胞常数

氢化物	晶胞常数/nm		
	a_0	b_0	c_0
LiH	0.4083		
NaH	0.4879		
KH	0.5708		
RbH	0.6049		
CsH	0.6389		
MgH_2	0.45168		0.30205

续表

氢化物	晶胞常数/nm		
	a_0	b_0	c_0
CaH_2	0.5936	0.6838	0.3600
CrH_2	0.6364	0.7343	0.3875
BaH_2	0.6788	0.7829	0.4167

  金属型氢化物中，很多过渡金属的氢化物具有萤石型的立方晶格。如图 6 – 22 所示，金属原子为面心立方晶格，氢原子位于金属晶格的四面体间隙中。

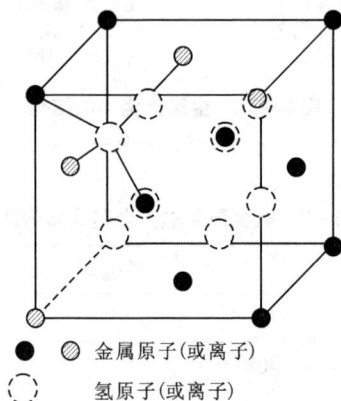

  ● ◎ 金属原子(或离子)

  ⊙ 氢原子(或离子)

图 6 – 22   萤石型金属氢化物结构

  稀土金属、钪、钇都形成二氢化物，具有萤石结构。氢化物中的氢以 H^- 形式存在。

  稀土金属氢化物的晶胞常数列于表 6 – 10。

表 6-10 稀土金属氢化物的晶胞常数[57]

氢化物	构造	晶胞常数/nm		
		a_0	b_0	c_0
LaH_2	立方晶	0.5667		
CeH_2	立方晶	0.5581		
PrH_2	立方晶	0.5518		
NdH_2	立方晶	0.5467		
SmH_2	立方晶	0.5375		
SmH_3	六方晶	0.3782		0.6779
EuH_2	正方晶	0.626	0.378	0.720
GdH_2	立方晶	0.5303		
GdH_3	六方晶	0.373		0.671
TbH_2	立方晶	0.5246		
TbH_3	立方晶	0.3700		0.6658
DyH_2	立方晶	0.5201		
DyH_3	六方晶	0.3671		0.6615
HoH_2	立方晶	0.5165		
HoH_3	六方晶	0.3642		0.5560
ErH_2	立方晶	0.5123		
ErH_3	立方晶	0.3621		0.6526
TmH_2	立方晶	0.5090		
TmH_3	六方晶	0.3599		0.6489
YbH_2	正方晶	0.592	0.357	0.680
YbH_3	立方晶	0.519		

续表

氢化物	构造	晶胞常数/nm		
		a_0	b_0	c_0
LuH$_2$	立方晶	0.5033		
LuH$_3$	六方晶	0.3558		0.6443
ScH$_2$	立方晶	0.478		
YH$_2$	立方晶	0.5205		
YD$_2$	立方晶	0.5197		
YH$_3$	六方晶	0.3672		0.6659
YD$_3$	六方晶	0.3659		0.5586

6.3.2.8　金属氢化物的应用

氢与金属反应生成氢化物和释放氢的过程中，伴随有放热或吸热反应，可以转换为热能；金属氢化物在吸放氢过程中伴随电化学反应可转化为电能；金属氢化物释放氢产生压力可作机械功，而且氢本身就是一种化学能。因此，开发利用氢化物产生的氢能、电能、热能、机械能具有重要的经济效益和社会效益。贮氢合金已在 MH – Ni 电池中得到成功应用。

图 6 – 23 是金属氢化物的能量转换示意图。

目前应用的贮氢合金电极材料有 AB$_5$ 型（LaNi$_5$ 系、MmNi$_5$ 系，MlNi$_5$ 系）。AB/A$_2$B 型（TiNi 系）、AB$_2$ 型（ZrNi 系），其中 AB$_5$ 型已得到广泛应用。以 LaNi$_5$ 为负极的 MH – Ni 电池的电化学反应如下：

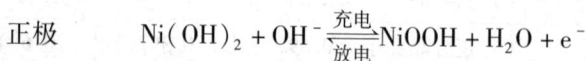

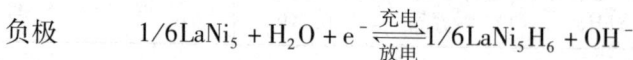

正极　　　$Ni(OH)_2 + OH^- \underset{\text{放电}}{\overset{\text{充电}}{\rightleftharpoons}} NiOOH + H_2O + e^-$

负极　　　$1/6LaNi_5 + H_2O + e^- \underset{\text{放电}}{\overset{\text{充电}}{\rightleftharpoons}} 1/6LaNi_5H_6 + OH^-$

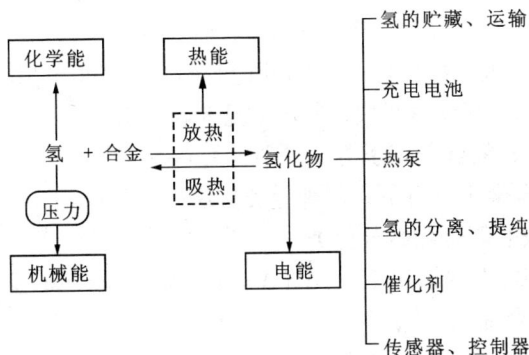

图 6 – 23 金属氢化物的能量转换[58]

$$电池反应 \quad Ni(OH)_2 + 1/6LaNi_5 \underset{放电}{\overset{充电}{\rightleftharpoons}} NiOOH + 1/6LaNi_5H_6$$

$$E = 1.32 \text{ V}$$

由于内阻的影响,实际放电电压为 1.2 V。电池的充放电过程可看作是将氢原子(或质子)从一个电极转移到另一个电极的往复过程。

6.3.3 贮氢合金负极材料[56, 59]

金属氢化物中,目前已得到成功应用的是用作氢 – 镍电池(MH – Ni)负极材料的贮氢合金,正在研究开发的贮氢合金体系有 AB_5 型混合稀土合金,AB_2 型 Laves 相合金,AB 型钛镍系合金、A_2B 型 Mg – Ni 合金、钒基固溶体合金等。其中,AB_5 型混合稀土合金由于具有良好的性能价格比,是目前国内外应用最广的氢 – 镍电池负极材料。但由于 AB_5 型混合稀土的本征贮氢量较低($348 \text{ mAh} \cdot \text{g}^{-1}$),难以满足 MH – Ni 电池提高能量密度的要求。AB_2 型合金的放电容量比 AB_5 型合金高 $30\% \sim 40\%$,已在美国 Ovonic 公司应用。但目前 AB_2 型合金活化困难、高倍率放电性能不如 AB_5 合金；$Mg-Ni$ 系合金的理论容量达 1000 $mAh \cdot g^{-1}$，钒基固溶体合金的理论容量也达 500 $mAh \cdot g^{-1}$，但循环寿命短，容量衰减快，尚未实现工业应用。

6.3.3.1　贮氢合金的分类

贮氢合金主要有下列两种分类方法。

（1）按贮氢合金组分分类

稀土类：$LaNi_5$，$LaNi_{5-x}A_x$（A = Al，Mn，Co，Cu 等），$MmNi_5$（Mm 为混合稀土）等；

钛系类：如 TiNi，Ti_2Ni 等；

镁系类：如 Mg_2Ni，Mg_2Cu 等；

锆系类：$ZrMn_2$。

稀土类晶体结构为 $CaCu_5$ 型六方晶体。钛、镁、锆系分别为正方晶系、四方晶系及 Laves 相晶体结构。

（2）按贮氢合金中各组分的配比分类

AB_5 型：如 $LaNi_5$，$LaNi_{5-x}A_x$，$MmNi_5$；

AB_2 型：如 $ZrMn_2$；

A_2B 型：如 Mg_2Ni，Ti_2Ni 等；

AB 型：如 TiNi 等。

目前已开发的贮氢合金有稀土系、钛系、锆系、镁系四大系列。但实际用于 MH-Ni 电池的主要有稀土系、钛系两大类。

表 6-11 给出典型的形成贮氢合金的金属间化合物。表 6-11 中的 A 金属代表能够形成稳定氢化物的金属，如稀土金属、钛、锆、镁等。B 金属是形成不稳定氢化物的金属，但对金属氢化物的形成有很好的促进作用。

典型的贮氢合金 $LaNi_5$ 具有 $CaCu_5$ 型晶体结构，是一种立方晶格的点阵结构，在 20℃下，能与 6 个氢原子结合，生成具有立方晶格的 $LaNi_5H_6$。

表6-11　贮氢合金分类[56]

合金类型	合金晶体结构	典型氢化物	合金组成	吸氢质量/%	电化学容量/(mAh·g^{-1})	
					理论值	实测值
AB$_5$型	CaCu$_5$	LaNi$_5$H$_6$	MmNi$_a$(Mn,Al)$_b$Co$_c$(a=3.5~4.0,b=0.3~0.8,a+b+c=5)	1.3	348	330
AB$_2$型	C$_{14}$ C$_{14}$	Ti$_{1.2}$Mn$_{1.6}$H$_3$,ZrMn$_2$H$_3$	Zr$_{1-x}$Ti$_x$Ni$_a$(Mn,V)$_b$(Co,Fe,Cr)$_c$(a=1.0~1.3,b=0.5~0.8,c=0.1~0.2,a+b+c=2)	1.8	482	420
AB型	CsCl	TiFeH$_2$,TiCoH$_2$	ZrNi$_{1.4}$,TiNi,Ti$_{1-x}$Zr$_x$Ni$_a$(a=0.5~1.0)	2.0	536	350
A$_2$B型	Mg$_2$Ni	Mg$_2$NiH$_4$	(MgNi)	3.6	965	500
固溶体型		V$_{0.8}$Ti$_{0.2}$H$_{0.8}$	V$_{4-x}$(Nb,Ta,Ti,Co)$_x$Ni$_{0.5}$	3.8	1018	500

由于LaNi$_5$中的La吸氢后发生位置偏移，使晶格的a轴产生不同的变化，因此，LaNi$_5$H$_6$为变形的立方晶体结构。

AB$_5$型合金制成的电极活化快，大电流放电性能好，是目前应用最多的MH-Ni电池用贮氢合金，AB$_2$型合金理论比容量高，但电极活化困难，大电流放电能力较差，自放电较大。

现在已发现具有可逆贮氢性能的氢化物有1000余种，但并不是所有的贮氢合金都可以作MH-Ni电池的负极材料。用作电池的贮氢合金必须满足以下条件：

（1）电化学容量高，一般应大于250 mAh·g^{-1}，循环寿命长。

（2）电催化活性高，反应阻力（氢过电位）小，氢扩散速率大，电极反应可逆性好。

（3）对碱性电解液的耐腐蚀性强，过充电时对正极产生的氧有良好的耐氧化性。

(4)在电池的工作温度范围内($-20 \sim +60$℃)有效吸氢量大,有合适的平衡分解压(一般为 $10^{-4} \sim 10^{-1}$ MPa)。

(5)反复充电过程中合金不易粉化,制成的电极不变形。

能够满足上述条件的贮氢合金有 $LaNi_5$ 和 $MmNi_5$ 为主的稀土系和 $TiNi$, Ti_2Ni, $Ti_{1-x}Zr_xNi$ 等钛系。锆系 Laves 相贮氢合金电极和非晶态的 $Mg-Ni$ 贮氢合金电极正在研究之中。

贮氢合金吸氢后,晶胞体积膨胀,在反复吸放氢过程中,会导致合金粉化和氧化,降低吸氢能力。1984 年,J. G. Willems 发现用 Co 取代 $LaNi_5$ 中的一部分 Ni,用 Nd 取代一部分 La,即组成为 $La_{0.7}Nd_{0.3}Ni_{2.5}Co_{2.4}Al_{0.1}$。其晶体结构仍与 $LaNi_5$ 相似,仍属 $CaCu_5$ 型,但吸氢后晶胞体积的膨胀却由 24.3% 下降至 14.3%。但是该合金中由于含钴,价格偏高。因此,日本学者提出降低钴含量,并用混合稀土 Mm(La, Ce, Pr, Nd)代替单一稀土 La 和 Nd,其组成为

$$MmNi_{5-x-y}Mn_xAl_yCo_z$$

添加元素 Co, Mn, Al 都有降低吸、放氢平台作用,Co 还能减少吸氢晶格膨胀,防止微粉化,延长循环寿命。Al 能在表面形成保护膜,防止内部合金氧化,增加循环寿命。La 含量增加,比容量增大,但循环寿命会下降,合适的 La 含量为 $m(La):m(\sum Mm)=60\% \sim 65\%$。Nd 能减少吸氢晶格膨胀,增加循环寿命,合适的含量为 $m(Nd):m(\sum Mm) \geq 15\%$。

图 6-24 表示用混合稀土 Mm 代替 La 和用 Mn, Al, Co 取代 $LaNi_5$ 中的部分镍对 $p-C-T$ 曲线的影响。从图中曲线可以看出,用 Mm 代替 La 后的 $MmNi_5$ 的平台压力高达 3920 kPa,循环充放氢的寿命也短,再用 Co, Al, Mn 取代 $MmNi_5$ 中的部分镍,平台压力下降,但平台变窄,综合考虑贮氢合金的价格、性能,x, y, z 摩尔系数为:$0 \leq x \leq 0.4$, $0.1 \leq y \leq 0.3$, $0 \leq z \leq 0.75$。目前 MH-Ni 电池用贮氢合金成分为 $MmNi_{3.8}Mn_{0.4}Al_{0.3}Co_{0.5}$。

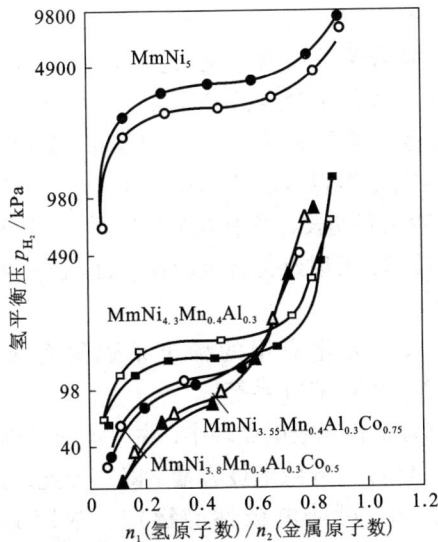

图 6 – 24 Mn, Al, Co 置换 Ni 对 p – C – T 曲线的影响

最近，T. Sakai 认为，$LaNi_5$ 中，只要加大 Mm 中 Ce, Nd 对 La 的比值，即使用少量钴取代镍，也能延长充放电寿命。

南开大学张永什等发明的贮氢合金专利，其合金组成为：$MmNi_{5-x-y-z-u}A_xB_yC_zD_u$，其中 A = Mn, Sn, V；B = Co, Cr, Ti, Nb, Zr, Si；C = Al, Mg, Ca；D = Li, Na, K。这种贮氢合金易活化，贮氢量高，对氢的阳极氧化和阴极还原都有较好的电催化活性。

1995 年，M. Nogami 报道用非整比稀土系贮氢合金 $Mm(Ni, Co, Mn, Al)_x (4.5 \leqslant x \leqslant 4.8)$ 制成的 AA 型 MH – Ni 电池，容量达 1250 mAh，1C 充放电（100% DOD）寿命达 600 周期。

目前正在研究的有 AB_2 型 Laves 相贮氢合金。Laves 相合金属拓扑密集结构相，是 Laves 等提出的，因此，常称作 Laves 相，其晶体结构有 $MgCu_2$ 型（C_{15}），面心立方结构；$MgZn_2$ 型（C_{14}），立方结构；$MgNi_2$ 型（C_{36}），六方结构。

Laves 相贮氢合金主要有锆基合金（ZrV_2，$ZrCr_2$ 和 $ZrMn_2$）\ 钛基合金（$TiMn_{1.5}$ 和稀土合金（$LaNi_2$）。

Laves 相贮氢合金贮氢量高，美国 Ovonic 公司等研制的锆系 Laves 相合金的电化学容量已达 360 mAh·g^{-1}，且循环寿命长。但该合金初期活化周期长，采用添加微量稀土、阳极氧化处理和热碱浸泡处理技术，可以改善合金微粒表面状态，提高电极反应性能和加速活化。

目前已进入工为化应用的稀土系贮氢合金有 $LaNi_5$ 系、$MLNi_5$ 系、$MmNi_5$ 系和 TiNi 系等。

$LaNi_5$ 二元合金在充放电循环中，由于电极表面的 La 氧化生成不吸氢的 $La(OH)_3$，导致电极容量下降。因此，加入 Co，Al 或 Si 等取代部分 Ni，可使电极性能稳定。常用的电极材料是 $La_{0.8}Nd_{0.2}Ni_{2.5}Co_{2.4}Si_{0.1}$。$MLNi_5$ 是指富镧混合稀土 ML（ML 组成：按质量百分数 $La_{44\sim45}$，$Ce_{3\sim5}$，$Pr_{9\sim11}Nd_{27\sim41}$，$Sm_{<0.5}$，$Y_{<0.5}$）替代 $LaNi_5$ 中的 La 而得到的一种金属间化合物。$MLNi_5$ 较好的电极材料是 ML（Ni，Co，Mn，Ti），它的起始容量为 303 mAh·g^{-1}，经 1000 次循环，容量下降 23%。

$MmNi_5$ 系（日本松下电池公司），Mm 指富铈混合稀土。Mm 组成为：按质量百分数 $La_{30.4}$，$Ce_{49.9}$，$Pr_{4.7}$，$Nd_{14.9}$，$Sm_{0.1}$。用 Mm 替代 $LaNi_5$ 中的 La 的 $MmNi_5$ 合金的较好电极材料是：$MmNi_{3.55}Mn_{0.4}Al_{0.3}Co_{0.75}$ 及 $MmNi_{3.8}Mn_{0.4}Al_{0.3}Co_{0.5}$，其理论容量分别为 220 mAh·$g^{-1}$ 和 250 mAh·g^{-1}。

6.3.3.2 贮氢合金的晶体结构[56]

AB_5 型合金具有 $CaCu_5$ 型结构，吸氢量约 H/M = 1，如 $LaNi_5$ 在室温下能与 6 个氢原子结合，生成六方晶结构的 $LaNi_5H_6$。空间群（S·G）为 $P\dfrac{6}{m}$ mm，$a = 0.5017$ nm，$c = 0.3977$ nm，$V =$

8.680×10^{-2} nm^3。$LaNi_5H_6$ 的晶格体积膨胀约 24%，$a = 0.5388$ nm，$c = 0.4250$ nm，$V = 0.10683$ nm^3。$LaNi_5$ 晶格中的 La 吸氢后，使 $LaNi_5$ 的 a 轴产生变化，变为畸形的六方晶结构。

AB_2 型合金（Ti、Zr 拉夫斯相合金）有 C_{14}（$MgZn_2$ 型，六方晶），C_{15}（$MgCu_2$ 型，立方晶）及 C_{36}（$MgNi_2$ 型，六方晶），如图 6-25。$MgZn_2$ 的空间群（S·G）为 P63/mmc。

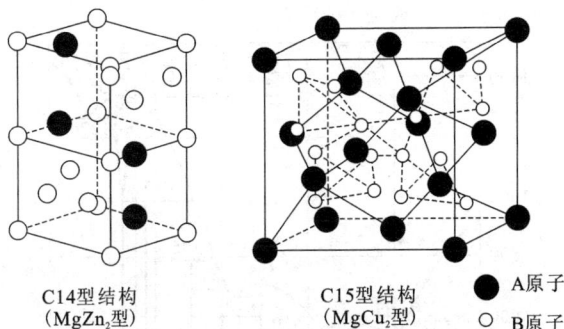

C14型结构　　　　　　　　　　　C15型结构　　　　● A原子
（MgZn₂型）　　　　　　　　　　（MgCu₂型）　　　○ B原子

图 6-25　AB_2 型合金的晶体结构

氢进入拉夫斯相合金晶格的位置，全部是四配位位置，AB 型合金（钛系合金）中，FeTi 是立方晶的 CsCl 结构，S·G 为 Pm 3 m，$a = 0.2976$ nm，氢化物有 4 个相，α 相是固溶相，金属晶格保持 CsCl 结构；β_1、β_2 是一氢化物相，结构基本相同；γ 相是二氢化物相。

A_2B 合金（镁系合金）中，Mg_2Ni 为六方晶，S·G 为 $P6_2^{22}$，$a = 0.519$ nm，$c = 1.322$ nm。

（1）AB_5 型贮氢合金。

AB_5 型贮氢合金主要有稀土类和钙合金，其典型代表为 $LaNi_5$ 系，由于具有吸氢量大、易活化、平衡压力适中、吸放氢快、滞后小，不易中毒等优点，已在 MH - Ni 电池中用作负极。缺点是在吸放氢循环过程中晶胞体积膨胀达 23.5%，图 6 - 26 是La - Ni系相图，当体系中 La 的成分增加时，生成 La_2Ni_7，$LaNi_3$，$LaNi_2$，LaNi 等富 La 的金属间化合物。随着 Ni 含量下降，吸氢量增加，氢化物稳定，可逆氢量下降。在 $LaNi_5$ 合金中，形成均质金属间化合物的组成范围窄，如果在母晶界面上析出富 La 相，由于氢化，晶格的体积变化大，容易产生粉化。

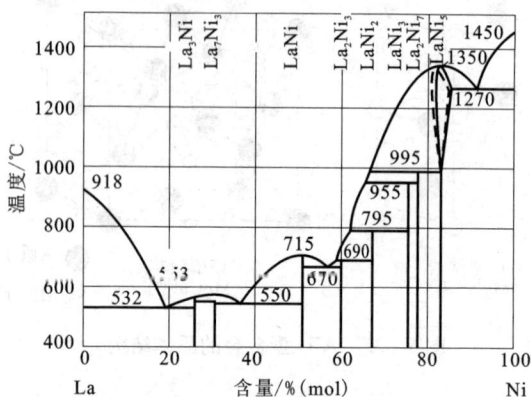

图 6 - 26　La - Ni 系相图

为了优化贮氢合金的性能，对 AB_5 型合金，通过 A 组元和 B 组元的替代，开发出了三元、四元至多元系合金，图 6 - 27 为稀土系 AB_5 合金的开发现状。

①$LaNi_5$ 系合金

$LaNi_5$ 具有 $CaCu_5$ 型晶格结构，属金属间化合物，室温下在几个大气压下可与氢反应，生成六方晶格的 $LaNi_5H_6$

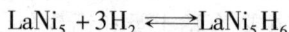

$$LaNi_5 + 3H_2 \Longleftrightarrow LaNi_5H_6$$

贮氢量约 1.4%，25℃时的分解压（放氢平衡压力）约 0.2 MPa，

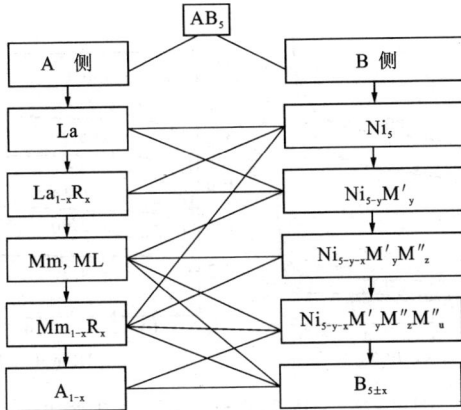

图6-27　AB$_5$型稀土系贮氢合金[56]

R-Ce, Pr, Nd, Zr, Ti, Ca, Y; Mm 富铈混合稀土金属；

ML—富 La 混合稀土金属；M', M″, M‴—Co, Mn, Al, Fe,

Cu, Si, Ta, Nb, W, Mo, B, Zn, Cr, Sn 等

分解热 -30 kJ·mol^{-1} H$_2$。LaNi$_5$ 的理论电化学容量为 372 mAh·g^{-1}。为了改善 LaNi$_5$ 的贮氢及电化学性能，可以采用以下方法对 LaNi$_5$ 合金进行改性，如用其他元素部分代替 La 和 Ni，采用混合稀土（富铈或富镧）代替 La，用非化学计量的 AB$_{5±x}$。

LaNi$_5$ 的 $p-C-T$ 曲线的图 6-28 所示。图 6-28 表明，温度升高，平衡压力升高，滞后增大，平台变窄，对 LaNi$_x$ 合金，随着 Ni 在化合物中浓度的增加，氢化物的稳定性降低。

当用其他稀土元素（Ce, Pr, Nd, Sm, Gd, V, Er）代替 LaNi$_5$ 中的 La 时，生成 CeNi$_5$、PrNi$_5$、SmNi$_5$、VNi$_5$ 等合金，仍属六方晶系的 CaCu$_5$ 型结构，如果用混合稀土金属替代，不论是用富 La（ML）还是富 Ce（Mm），生成的 MLNi$_5$、MmNi$_5$ 也仍属 CaCu$_5$ 型结构，但对氢化物的分解压力有影响，用 Ce, Pr, Nd 代替 La 时，体

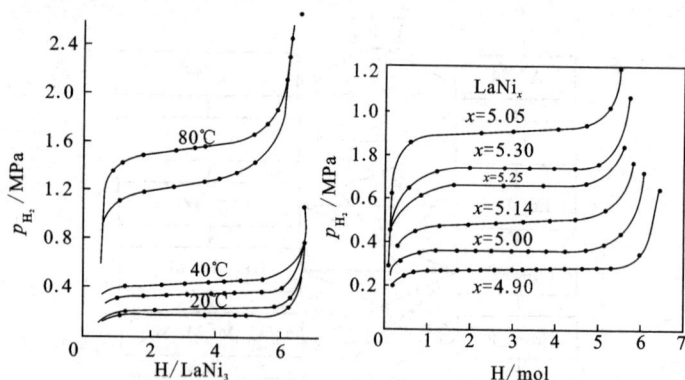

图 6 - 28 AB_5 型合金的 $p - C - T$ 曲线

(a)$LaNi_5$;(b)$LaNi_x$(40℃,$x = 4.9 \sim 5.5$)

系吸氢平台压力,一般都比 $LaNi_5$ 的平台压力高一些。

当用其他元素代替 $LaNi_5$ 中的 Ni 时,形成 $LaNi_{5-x}Mx$ 型合金,M 可为 Al·Mm,Cu,Cr,Fe,Co,Ag,Pd 等,其生成的氢化物的分解压力按 Cr,Fe,Co,Cu,Ag,Ni,Pd 的顺序增加,如图 6 - 17 所示,La - Ni 系合金的氢化物特性列如表 6 - 12。

表 6 - 12   La - Ni 系合金的氢化物特性[56]

合金	温度 /℃	平台压 /MPa	氢浓度 /(H/AB₅)	$\Delta G^{\ominus}$ /(kJ·mol⁻¹H₂)	$\Delta H^{\ominus}$ /(kJ·mol⁻¹H₂)
$LaNi_5$	25	0.19	6	1.59	-30.1
$La_{0.8}Nd_{0.2}Ni_5$	25	0.31	6	2.8	-30.1
$La_{0.8}Nd_{0.2}Ni_5$	25	0.48	4.5	3.9	-30.1
$La_{0.8}Y_{0.2}Ni_5$	25	0.31	6	2.8	-30.1
$LaNi_{4.9}$	40	0.27	6	2.6	—

续表

合金	温度 /℃	平台压 /MPa	氢浓度 /H/AB$_5$	$\Delta G^{\ominus}$ /(kJ·mol^{-1}H$_2$)	$\Delta H^{\ominus}$ /(kJ·mol^{-1}H$_2$)
LaNi$_{5.14}$	40	0.49	4.5~5	4.1	—
LaNi$_{5.25}$	40	0.65	5	5.9	—
LaNi$_{5.5}$	40	0.21	3~4	1.9	—
LaNi$_{4.5}$Co$_{0.5}$	40	0.215	3~4	1.9	—
LaNi$_3$Co$_2$	40	0.052	3~4	-1.7	—
LaNi$_{2.5}$Co$_{2.5}$	40	0.04	3~4	-2.4	—
LaNiCo$_4$	40	0.017	3~4	-4.6	—
La$_{0.9}$Ce$_{0.1}$Ni$_5$	25	0.3	—	2.7	—
La$_{0.8}$Ce$_{0.2}$Ni$_5$	25	0.4	—	3.4	—
La$_{0.7}$Ce$_{0.3}$Ni$_5$	25	0.65	—	4.6	—
La$_{0.6}$Ce$_{0.4}$Ni$_5$	25	0.95	—	5.6	—
La$_{0.5}$Ce$_{0.5}$Ni$_5$	25	1.24	—	6.2	—
La$_{0.4}$Ce$_{0.6}$Ni$_5$	25	1.72	—	7.1	—
LaNi$_4$Ag	40	0.24	5	2.3	—
LaNi$_4$Cu	40	0.16	5~6	1.2	—
LaNi$_4$Fe	40	0.11	3~4	1.4	—
LaNi$_4$Cr	40	0.09	4	-247.0	—
LaNi$_4$Pd	40	~0.7	2~3	5.1	—
LaNi$_4$Cu	50	0.22	5	2.1	—
LaNi$_{2.5}$Cu$_{2.5}$	50	0.23	4.5~5	2.2	—
LaNi$_2$Cu$_3$	50	0.21	~3.5	2.0	—
LaNiCu$_4$	50	0.21	3	2.0	—
LaNi$_{4.6}$Al$_{0.4}$	20	0.016	5~6	-4.4	-36.4
LaNi$_{4.6}$Mn$_{0.4}$	20	—	5~6	-5.0	-36.0

续表

合金	温度/℃	平台压/MPa	氢浓度/H/AB$_5$	$\Delta G^{\ominus}$/(kJ·mol^{-1}H$_2$)	$\Delta H^{\ominus}$/(kJ·mol^{-1}H$_2$)
LaNi$_{4.6}$In$_{0.4}$	20	0.0054	5~6	-7.1	-39.8
LaNi$_{4.6}$Sn$_{0.4}$	20	0.0076	5~6	-6.3	-38.5F
LaNi$_{4.6}$Ga$_{0.4}$	20	0.03	5~6	-2.9	-35.2
LaNi$_{4.6}$Si$_{0.4}$	20	0.07	3.5]-2.1	-35.6	
LaNi$_{4.6}$Ge$_{0.4}$	20	0.03	4	-1.7	-34.3

从表6-12中看出，当用 Nd，Gd，Ge，Y 代替 La 时，平台压力增加，吸氢量减少。LaNi$_x$ 中的 x 增加，平台压力增加，吸氢量减少，LaNi$_{5-x}$Co$_x$ 中，随 Co 量增加，平台压力降低；LaNi$_{5-x}$Ce$_x$ 中，随着 Ce 量增加，平台压力增加；在 LaNi$_4$M 中，平台台力按 Pd，Ag，Cu，Fe，Cr 的顺序下降，In，Sn 能使平台压力显著下降。

②MmNi$_5$ 系合金

MmNi$_5$ 系合金是指以 Mm 或 ML，或 Ln 代替 La 的系列合金。Mm 为富 Ce 混合稀土，含 La，Ce，Pr，Nd；ML 为富 La 混合稀土；Ln 为高 La 混合稀土，一般 La 含量达80%。

MmNi$_5$ 合金在室温和 6 MPa 氢压下能与氢快速反应生成 MmNi$_5$H$_6$ 氢化物，其贮氢量与 LaNi$_5$ 氢化物接近。但 MmNi$_5$ 的活化性能不如 LaNi$_5$，室温下吸氢平衡压力大高(1.3 MPa)。

为了改善 MmNi$_5$ 的贮氢性能，用其他金属代替部分稀土混合物或镍，开发出系列合金。如 Mm$_{1-x}$A$_x$Ni$_5$，MmNi$_{5-y}$M'$_y$，Mm$_{1-x}$A$_x$Ni$_{5-y}$M'$_y$，MmNi$_{5-y-z-u-v}$M'$_y$，M''$_z$M'''$_u$等，其中，A 为 Ti，Zr，Ca 等，$x=0.01~0.1$，M 为 Al，Mn，Co，Cu，Fe，Zr，Ti，Zn，V，Si 等，$y=0.1~1.0$。

用金属元素取代部分稀土混合物，可使 MmNi 氢化物的分解压力增高。用金属元素取代部分 Ni，会使 MmNi$_5$ 的分解压力降低, 只要选择恰当的元素和取代量 x 或 y, 可以得到需要的分解压力。图 6－29 是 $MmNi_{5-y}M_y$－H 系的分解压力与金属取代量 y 的关系。

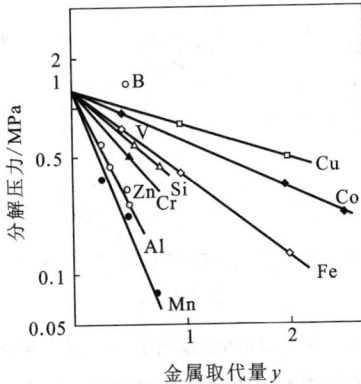

图 6－29　$MmNi_{5-y}M_y$－H 系的分解压与金属取代量 y 间的关系(20℃)

　　如果用原子半径大的金属取代 $MmNi_5$ 中的部分 Ni, 会使合金单位晶格体积增大, 使氢化物的分解压降低。如图 6－30 所示, 其中, 添加 Mn, Al, Co 代替 $MmNi_5$ 中的部分 Ni 有利于降低氢化物的分解压。图 6－29 表明, $LaNi_5$ 系合金的分解压都比 $MmNi_5$ 系低, 因为 Ce、Nd 的原子半径比 La 小, 金属原子填塞紧密, 使分解压增高。

　　对单一 AB_5 型稀土镍合金而言, 其相应合金氢化物的分解压按 $LaNi_5 < PrNi_5 < NdNi_5 < SmNi_5 < CeNi_5$ 的顺序变化, 如表 6－13 所示。

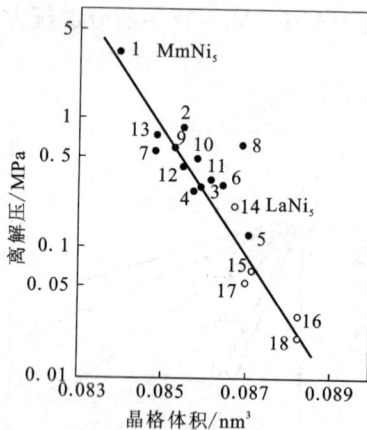

图 6 – 30 MmNi$_5$ 系与 LaNi$_5$ 系合金的

单位晶格体积与氢化物的离解压的关系

1—MmNi$_5$；2—MmNi$_{4.7}$Al$_{0.3}$；3—MmNi$_{4.5}$Al$_{0.5}$；4—MmNi$_{4.5}$Mn$_{0.5}$；

5 MmNi$_{4.0}$Mn$_{1.0}$；6—MmNi$_{2.5}$Co$_{2.5}$；7—MmNi$_{4.5}$Cr$_{0.5}$；8—MmNi$_{4.0}$Fe$_{1.0}$；

9—MmNi$_{4.5}$Ni$_{0.4}$Co$_{0.1}$；10—MmNi$_{4.5}$Al$_{0.25}$Cr$_{0.25}$；11—MmNi$_{4.5}$Al$_{0.4}$Ti$_{0.05}$；

12—MmNi$_{4.5}$Al$_{0.4}$V$_{0.1}$；13MmNi$_{4.5}$Al$_{0.4}$Zr$_{0.1}$；14—LaNi$_5$；15—LaNi$_{4.8}$Al$_{0.2}$；

16—LaNi$_{4.86}$Al$_{0.4}$；17—LaNi$_{3.0}$Co$_{2.0}$；18—LaNi$_{2.0}$Co$_{3.0}$

表 6 – 13 AB$_5$ 型合金氢化物的分解压(25℃)

AB$_5$ 型合金	LaNi$_5$	PrNi$_5$	NdNi$_5$	SmNi$_5$	CeNi$_5$
分解压/MPa	0.25	0.8	1.2	3.0	4.8

通常，AB$_5$ 型稀土混合物合金的稳定性按 LaNi$_5$ > MLNi$_5$ > CeNi$_5$ 顺序变化。一般，采用富 La 混合稀土金属的贮氢性能和活化性能比富 Ce 混合稀土好一些。

MmNi$_{5-y}$M$_y$(M = Al，Co，Cr，Mn，Si；y = 0.5，或 M = 0，

$y = 2.5$)系合金的氢化物特性如表 6 – 14，从表 6 – 14 中可以看出，$MmNi_{5-y}M_y$ 的吸氢量比 $LaNi_5$ 和 $MmNi_5$ 低，分解压低于 $MmNi_5$，高于 $LaNi_5$，说明这些材料适合于贮氢。

表 6 – 14　$MmNi_{5-y}M_y$ 系合金氢化物的特性[72]

氢化物	含氢量 /% (质量)	分解压 (20℃) MPa	$\Delta H^{\ominus}/$ $(kJ \cdot mol^{-1}H_2)$	$\Delta S^{\ominus}/$ $(J \cdot K \cdot mol^{-1}H_2)$	$\Delta G^{\ominus}(303K)/$ $(kJ \cdot mol^{-1}H_2)$
$MmNi_{4.5}Al_{0.5}H_{4.9}$	1.2	0.25	-23.0	-85.4	2.8
$MmNi_{4.5}Cr_{0.5}H_{6.3}$	1.4	0.48	-25.5	-99.6	4.8
$MmNi_{4.5}Mn_{0.5}H_{6.6}$	1.5	0.20	-17.6	-66.5	2.4
$MmNi_{4.5}Co_{2.5}H_{5.2}$	1.2	0.20	-35.2	-123.9	2.5
$MmNi_{4.5}Si_{0.5}H_{3.8}$	0.9	0.75	-27.6	-109.7	5.6
$MmNi_5H_{6.3}$	1.4	1.30	-26.4	-113.3	7.3
$MmNi_5H_{6.0}$	1.4	0.13	-30.1	-108.8	2.8

目前，工业上应用较多的是 $ML(Mm、Ln)(NiCoMnAl)_{4.8 \sim 5.2}$ 合金，如：

$MmNi_{3.5}Co_{0.7}Al_{0.8}$，$Mm_{3.55}Co_{0.75}Mn_{0.4}Al_{0.3}$，$MLNi_{3.65}Co_{0.85}Mn_{0.3}$ $Al_{0.3}$，$MLNi_{4.1}Co_{0.4}Mn_{0.4}Al_{0.3}$，$MmNi_{3.5}Mn_{0.6}Co_{0.3}Al_{0.3}Cu_{0.3}$，$MmNi_{3.5}Co_{0.7}Mn_{0.4}Al_{0.2}$，$MmNi_{3.95}Co_{0.46}Mn_{0.3}Al_{0.26}Zr_{0.01}$ 等。

（2）AB_2 型贮氢合金（AB_2 型 Laves 合金）

AB_2 型贮氢合金有锆基和钛基两类，这类合金贮氢量大，易活化，合金放电容量高（$380 \sim 420$ mAh·g^{-1}）但在碱性溶液中电化学性能差，目前只有美国 Ovonic 公司用作 MH – Ni 电池的负极材料。

（3）AB 型贮氢合金（钛系合金）

AB 型贮氢合金以 TiFe 合金为代表，活化后可在室温下大量可逆的吸放氢，室温下的平衡氢压为 0.3 MPa，但活化困难。为改善 TiFe 合金性能，采用其他元素代替 Fe，已开发出易活化、在 $-30℃$ ~200℃ 范围内贮氢特性好的合金，如 $TiFe_{0.8}Mn_{0.18}Al_{0.02}Zr_{0.05}$，$Ti_{1.2}FeMm_{0.04}$ 等。AB 系贮氢合金开发现状如图 6-31，TiFe 系相图如图 6-32。钛铁生成 TiFe 和 $TiFe_2$ 稳定的金属间化合物，其中 TiFe 活化后在室温下能可逆地吸放氢，与氢反应生成 $TiFeH_{1.04}$（β 相），和 $TiFeH_{1.95}$（γ 相），但反应的生成物很脆，在空气中易分解而失去活性。$TiFe_2$ 在温度 78~573 K，氢压 6.5 MPa 下仍不与氢发生反应。

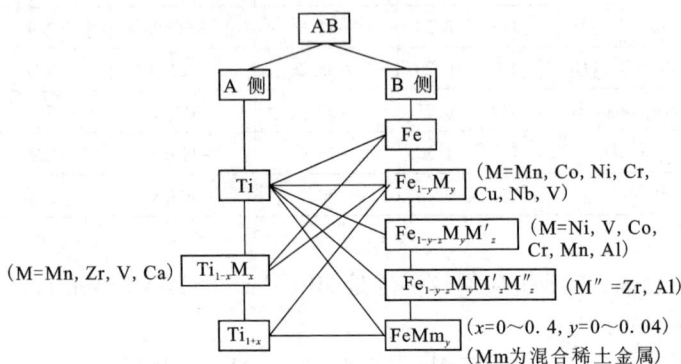

图 6-31　AB 系贮氢合金[56]

Ti-Ni 系合金有 Ti_2Ni、TiNi、$TiNi_3$ 三种化合物，在 270℃ 以下，TiNi 与氢生成稳定的氢化物 $TiNiH_{1.4}$，容量为 245 mAh·g^{-1}，Ti_2Ni 与氢生成 Ti_2NiH_2，吸氢量达 1.6%（质量），理论容量达 420 mAh·g^{-1}，离解压低，只能放出其中的 40%，$TiNi_3$ 在常温下可吸收氢，因此，如用作电池材料，Ti-Ni 合金尚存在可逆容量小，循环寿命短的缺点。

美国 Ovonic 公司开发成功的多元 Ti-Ni 基合金已用作

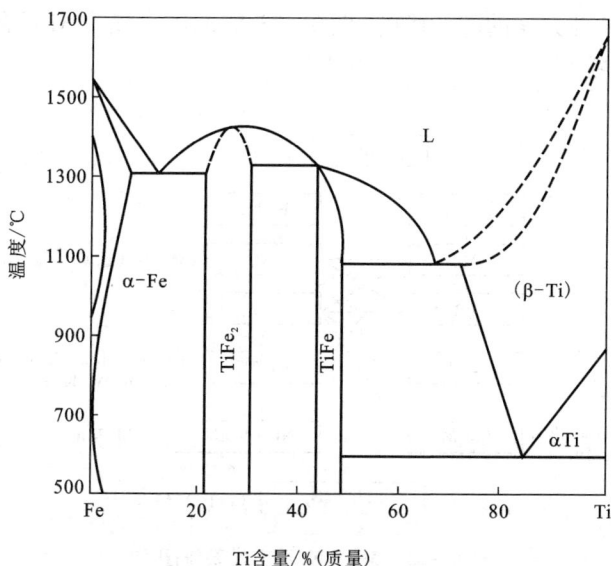

图 6-32 TiFe 系相图

MH-Ni电池的负极材料,它是 Ti 系 Laves 相 AB_2 型合金,其典型的合金成分为: $Zr_{16}Ti_{17}Ni_{35}V_{29}Cr_5$,$Zr_{16}Ti_{16}Ni_{39}V_{22}Cr_7$,1992 年,在上述合金中加入第 6 种元素 M(M = Co,Mn,Al,Fe,Cu,W),形成六元合金,典型的合金成分有:

$(Zr_{16}Ti_{16}V_{22}Ni_{39}Cr_7)_{95}W_5$,$(V_{22}Ti_{16}Zr_{16}Ni_{39}Cr_7)_{95}Co_5$,据 Ovonic公司称,合金容量可达 $350 \sim 400 \ mAh \cdot g^{-1}$。

(4)A_2B 型贮氢合金(镁系贮氢合金)

金属镁密度小,贮氢容量高,MgH_2 含氢量达 7.6%(质量),Mg_2NiH_4 含氢量为 3.6%。但 Mg 与 H_2 反应需高温(300℃ ~ 400℃),高压(2.4~40 MPa),0.2 MPa 时的离解温度为287℃,且反应速度慢,这是因为表面氧化膜妨碍 H_2 与 Mg 反应。

为了改善镁系合金性能，在 A_2B 型 Mg – Ni 合金的基础上进行 A，B 侧元素的部分替代，图 6 – 33 是 A_2B 型 Mg – Ni 系合金的开发系统图。

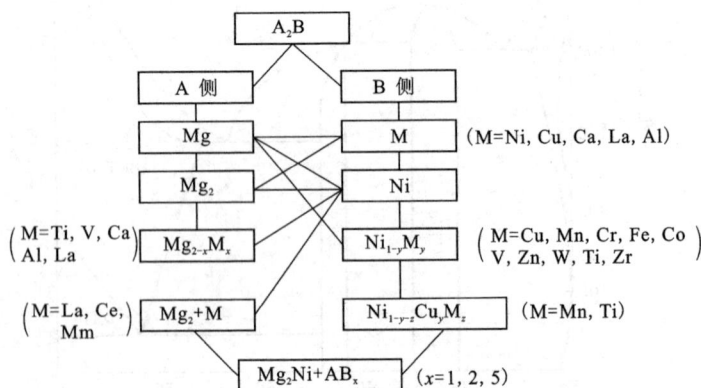

图 6 – 33　Mg – Ni 系开发系统图[86]

Mg – Ni 系相图如图 6 – 34 所示，从图 6 – 34 可知，Mg – Ni 系中存在 Mg_2Ni、$MgNi_2$ 两种金属间化合物，其中，$MgNi_2$ 不与 H_2 发生反应，Mg_2Ni 在 200℃，1.4 MPa 条件下与 H_2 反应生成 Mg_2NiH_4，其稳定性化 MgH_2 低，使吸氢温度降低，反应速度加快，但贮氢量降低，Mg，Mg_2Ni 的氢化反应为

$$Mg + H_2 \longrightarrow MgH_2$$
$$Mg_2Ni + H_2 \longrightarrow Mg_2NiH_4$$

Mg – Mg_2Ni – H 系 p – C – T 曲线如图 6 – 35。

当 Mg 含量增加时，产生 Mg 和 Mg_2Ni 两相，等温线上出现二个平台，低平台对应 $Mg + H_2 \longrightarrow MgH_2$，高平台对应 $Mg_2Ni + 2H_2 \longrightarrow Mg_2NiH_4$。Mg 中 Ni 含量在 3% ~ 5% 时，可获得最大吸氢量（6.94%）。添加 Ni 后，Mg_2 相使 Mg 相活化，表 6 – 15 为 Mg，

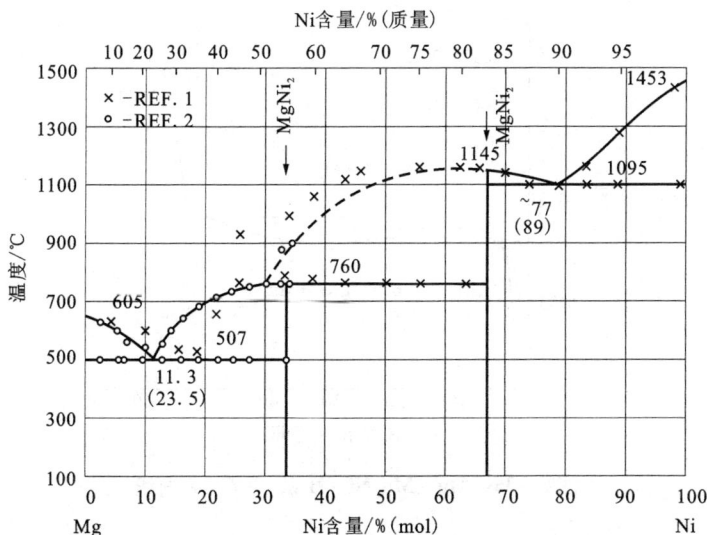

图 6 – 34　Mg – Ni 系相图

Mg$_2$Ni 系合金的氢化物特性。

表 6 – 15　Mg、Mg$_2$Ni 系合金的氢化物特性

氢化物	氢含量/%（质量）	离解压/MPa	$\Delta H^\ominus$/kJ · mol^{-1}H$_2$	$\Delta S^\ominus$/J · K^{-1}H$_2$
MgH$_2$	7.6	1（287℃）	-74.5	-133.9
Mg$_2$NiH$_4$	3.6	1（253℃）	-64.5	-122.2

　　Mg$_2$Ni 合金的理论电化学容量为 999 mAh · g^{-1}，比 LaNi$_5$（370 mAh · g^{-1}）高。但由于 Mg$_2$Ni 形成的氢化物在室温下稳定，不易脱氢，放氢过电位高，放氢量低，且在碱性溶液中易形成惰性氧化膜，阻碍电解液与合金表面的氢交换，因此，Mg 系贮氢合

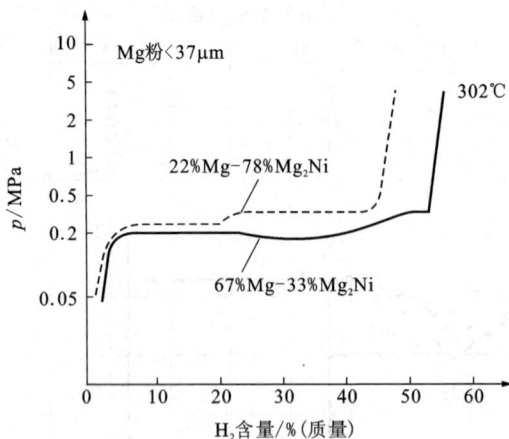

图 6 – 35　　Mg – Mg$_2$Ni – H 系 p – C – T 曲线

金尚未应用于 MH – Ni 电池。

6.3.3.2　影响贮氢合金性能的因素。

　　合金的种类、成分和晶相结构与贮氢合金的容量、p – C – T 曲线特性密切相关；氢在合金中的扩散以及吸放氢过程的相变与合金的体积膨胀有关，而合金的表面特性主要影响合金的活化性能，抗腐蚀性能及抗毒化性能。

　　贮氢含金最少由两种元素组成，依原子比不同形成 AB$_5$，AB$_2$，AB，A$_2$B 等几类合金，各类合金中的 A，B 代表不同的金属元素，不同的元素都具有不同的作用。

　　(1) AB$_x$ 合金中 A 元素的影响

　　AB$_5$ 合金中，A 一般为混合稀土金属，以 La，Ce，Pr，Nd 为主。混合稀土中，如 La 含量高，则合金容量高，平台压低，耐腐蚀性能差；Ce 含量高，则容量低、平台压高、耐蚀性能好；Pr，Nd 对合金的性能介于 La 和 Ce 之间。

以 LaNi$_5$ 合金为例,如用 Ce,Pr,Nd 部分替代 La,将使合金的平台压和氢化物的稳定性发生变化,如图 6 – 36 和图 6 – 37 所示。

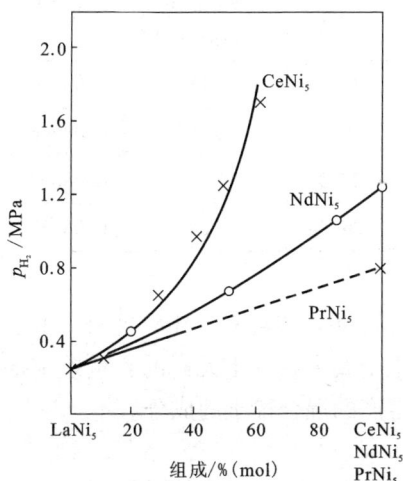

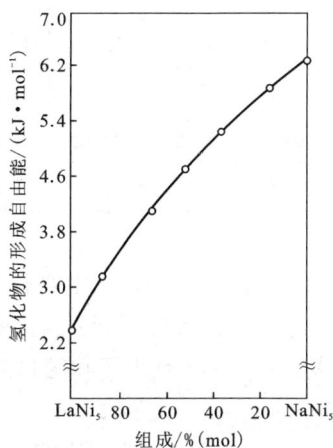

图 6 – 36 LaNi$_5$ – RNi$_5$(R = Ce,Pr,Nd) 体系吸氢平台压力随成分的变化[44]

图 6 – 37 LaNi$_5$ – NdNi$_5$ 体系中氢化物的稳定性与组成的关系[44]

其中 MLNi$_5$ 氢化物的稳定性比 LaNi$_5$ 低,但比 CeNi$_5$ 高,且 MLNi$_5$ 和 MmNi$_5$ 都比 CeNi$_5$ 容易活化,且 MlNi$_5$ 可显著地提高贮氢电池的循环寿命。

例如,AB$_5$ 型合金 ML$_x$Mm$_{1-x}$(NiCoMnTi)$_5$(x = 1,0.85,0.7,0.55,0.4,0.25),通过改变合金中的 x 值,将对合金的放电容量、活化性能、循环寿命等产生影响。合金中 Ml 为富 La 稀土金属(La 44%,Ce 2.8%,Nd 40.4%,Pr 11.9%),Mm 为富 Ce 稀土金属(La 20.3%,Ce 55.8%,Nd 18.6%,Pr 5.8%),x 值对合

金性能的影响如表6-16。

表6-16　$ML_xMm_{1-x}(NiCoMnTi)_5$合金中x值的影响

x值	La	Ce	Pr	Nd	放电容量/(mAh·h^{-1})	单胞体积/nm^3
0.85	41.05	10.84	10.99	37.18	280	0.08730
0.55	33.71	26.74	9.16	30.73	234	0.08646
0.40	30.05	34.65	8.24	27.51	255	0.08657
0.25	26.39	42.57	7.34	24.24	215	0.08632

　　我国的混合稀土主要有富La(ML)和富Ce(Mm)两种,由于产地和提炼方法不同,混合稀土金属中各稀土元素的含量差别很大,表6-17列出了我国目前生产的混合稀土的成分。

表6-17　我国自产的混合稀土成分/%(质量)[56]

混合稀土类型	化学成分/%				产地
	La	Ce	Pr	Nd	
富镧(Ml)	42.19	3.64	12.68	38.54	包头
	43.41	4.33	14.55	41.97	江西
	79.33	5.82	14.11	1.54	四川
	73.95	5.40	17.21	3.87	甘肃
富铈(Mm)	23.95	51.63	5.86	16.5	包头
	34.46	45.47	5.61	18.39	江西
	30.40	52.50	4.50	11.40	四川
	27.80	53.14	5.20	14.9	甘肃

在 RE(NiCoMnTi)$_5$ 合金中,当 RE 为单一稀土 La,Ce,Pr,Nd 时,合金的晶胞体积按 RE = Ce < Nd < Pr < La 的顺序增大,稀土元素的离子半径也是按 Ce^{4+} < Nd^{3+} < Pr^{3+} < La^{3+} 的顺序增大,而合金的平衡氢压,随合金晶胞体积增大而下降,如图 6 - 38 所示。单一稀土的电化学性能如表 6 - 18。

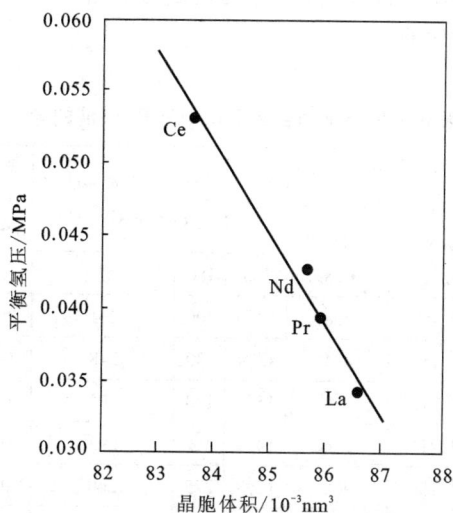

图 6 - 38 RE(NiCoMnTi)$_5$ 合金的平衡氢压与晶胞体积的关系(25℃)(RE = La,Ce,Pr,Nd)

表 6 - 18 RE(NiCoMnTi)$_5$ 的电化学性能

RE(NiCoMnTi)$_5$	放电容量/(mAh·g^{-1})	活性性能	循环稳定性
La(NiCoMnTi)$_5$	289	较好	较好
Ce(NiCoMnTi)$_5$	59	最差	良好
Pr(NiCoMnTi)$_5$	299	较好	较好
Nd(NiCoMnTi)$_5$	307	最好	较差

La 是混合稀土中最为重要的吸氢元素，含有 La 的二元混合稀土 La - Ce 中，La 含量高时，晶胞体积大，嵌入氢原子后，晶格张力小，形成的氢化物晶胞体积膨胀率小，因此，放电容量大，循环寿命长。用 Ce 代替 La 会使合金 $La_{1-x}Ce_xB_5$（$B = Ni_{3.55}Co_{0.75}Mn_{0.4}Al_{0.3}$）产生晶格收缩，平台压增加，贮氢容量降低，但如用 Ce 部分取代 La，可以改善合金的抗腐蚀性能，Ce 对 $La_{1-x}Ce_xB_5$ 合金的影响如表 6 - 19。

表 6 - 19　Ce 对合金 $La_{1-x}Ce_xB_5$ 性能的影响

x 值	$V_H \times 10^{-3}$ /(nm^3/原子)	每单位晶胞的 H 原子 /n	$V_H \times n$	循环次数	最大容量 /($mAh \cdot g^{-1}$)	衰减率 ($d\theta$/d 循环)	合金腐蚀 /($mol\%$/循环)
1.0	1.60	0.8	1.3	180	51	0.0	0.0
0.75	3.15	3.8	12.0	300	241	0.015	0.003
0.50	3.15	4.4	13.9	230	278	0.11	0.04
0.20	3.21	4.8	15.4	130	305	0.13	0.042
0.20	3.21	4.6	14.7	92	293	0.14	0.047
0.50	3.15	4.0	12.8	275	260	0.14	0.054
0.20	3.21	4.6	14.8	190	293	0.15	0.051
0.20	3.21	5.0	16.1	80	318	0.18	0.057
0.35	3.24	5.0	16.2	303	318	0.18	0.057
0.20	3.21	5.0	16.1	150	318	0.21	0.066
0.0	2.99	5.2	15.5	150	331	0.46	0.139
0.0	2.99	5.1	15.2	125	325	0.47	0.145
$LaNi_{4.7}Al_{0.3}$	3.47	4.6	15.6	125	285	0.83	2.91
$LaNi_5$	3.5	6.0	21.0	—	372	①	—

① 100 循环损失 45%。

从表6-16可以看出，少量 Ce 的存在可以大大降低腐蚀，这是因为 Ce 在合金表面形成保护氧化膜，当合金中 Ce 的含量为20% 左右时，比较适合于用作 MH – Ni 电池的负极材料，既不降低贮氢容量，也不减小合金的抗腐蚀性能。

当用 Pr、Nd 部分代替 LaNi$_5$ 中的 La 时，合金的放电容量增加，活化性能改善。循环寿命延长，以 La$_{1-x}$Nd$_x$(NiCoMnAl)$_5$ 合金为例($x=0,0.1,0.2,0.3,0.4,0.8,1.0$)，当 x 增加时，晶胞体积缩小，平衡氢压增加。当 $x=0.2$ 时，合金的容量最高达266 mAh·g^{-1}。

研究发现，混合稀土元素中，La，Ce 对电极性能影响大，对合金 MmNi$_{4.0}$Mn$_{0.2}$Al$_{0.2}$Co$_{0.6}$，在一定的温度下，合金的平衡氢压随 Mm 中 La 含量增多而降低。因为合金电极的充电效率，放电容量和荷电保持能力都随合金的平衡氢压升高而降低，因此，为使合金具有良好的电极性能，应调整 Mm 中 La 的含量，使合金的平衡氢压低于0.1 MPa，一般控制 Mm 中 La 的含量高于30%（原子）。

由于混合稀土中，La，Ce，Pr，Nd 四种元素存在复杂的交互作用，目前只能通过试验来优化合金元素的组成，对 RE(NiCoMnTi)$_5$ 合金，当 RE = La$_{0.4}$Ce$_{0.1}$Pr$_{0.3}$Nd$_{0.2}$ 时，合金的综合性能较好，放电容量最高。

（2）AB$_x$ 合金中 B 元素的影响

AB$_x$ 合金中，LaNi$_5$ 合金的 B 元素为 Ni。Ni 是贮氢合金中必不可少的元素，这是因为 Ni 在合金中有其特有的作用。

Ni 在碱性溶液中耐腐蚀，减轻合金氧化，因此，金属镍在电极反应中起电子传导作用。另外有 Ni 成分的合金容量高，电催化活性高，合金使用寿命长。

对 AB$_5$ 型合金 LaNi$_5$ 的六方晶结构由 La 与 Ni 构成一层交替积层结构，氢原子进入四面体和八面体晶格间位置，两个位置上的能量相等，可得到平坦的氢平衡压。如果部分 Ni 被原子半径大的元素(Co，Mn，Al，Cu，Si 等)置换，氢的离解压会降低。因此，Co，Mn，Al，Cu，Si 是 $LaNi_5$ 系合金中常用的合金成分。

从 La - Ni 相图(图 6 - 26)中可知，当 La 成分增加时，生成 La_2Ni_7，$LaNi_3$，$LaNi_2$，$LaNi$ 等富 La 的金属间化合物。Ni 含量降低，吸氢量增大，氢化物稳定，可逆氢量下降。如果 La - Ni 合金偏向富 Ni 侧，Ni 固溶体相以共晶形式在母相晶界上析出，吸氢能力下降，且富有韧性，有抑制合金粉化作用。

构成贮氢合金的元素，在碱性电解液中几乎都会被腐蚀。吸氢时能以金属存在的只有 Ni，Co，Cu 等。当反复充放电时，La 以难溶性 $La(OH)_3$ 形成表面层，Ti，Zr 生成致密的钝化膜(TiO_2，ZrO_2)而抑制腐蚀，而 Mn，Al，Si，V 等被氧化溶解。合金表面变成氢氧化物与金属 Ni 的混合层。此混合层是防止合金氧化的保护膜，又是电极反应催化层，还是供给电子的集电层。但是，在过放电情况下，Ni 会氧化而完全钝化生成 $Ni(OH)_2$，使合金表面绝缘，阻止电极反应，只有通过表面处理才能消除绝缘层。

在 AB_2 型合金中(Ti，Zr 系合金)，当 A 侧 Zr 增大时，以 C_{15} 相为主相，吸氢量增大。B 侧 Ni 含量增大时，离解压增大，吸氢量降低，AB_2 型合金通过表面处理，如碱或氟化处理，可以除去 Ti，Zr 的氧化膜，并促进 Mn，V 溶解，在合金表面形成富 Ni 相，提高合金的活化性能。

AB 型 TiNi 合金韧性高，难粉碎，如将其组成稍偏向富 Ti 侧，由于 TiNi 相表面以包晶形式析出脆性的 Ti_2Ni 相，便变得容易粉碎。

A_2B 型合金 Mg_2Ni 与 Ni 采用机械合金化形成纳米晶时，如果 Ni 量增大，MgNi 均质量比例增加，使放氢温度降低。MgNi 合金中加入过量 Ni，可提高放电容量，改善循环性能。

①钴的作用

钴在 AB_5 合金中是必不可少的 B 侧元素，其作用是：合金吸放氢时体积变化小，抑制合金微粉化；充放电循环时，在合金表面生成保护膜，抑制合金腐蚀，延长合金寿命；起催化作用。

钴属弱键合氢化物元素，不利于吸氢，但 Co 与 Ni 原子半径相近，可降低合金吸氢后体积膨胀，如 $LaNi_{2.5}Co_{2.5}$ 晶胞体积膨胀只有 14.6%，$LaNi_5$ 合金用 Co 部分取代 Ni 时，随着 Co 含量增加，氢平台压下降，合金和吸氢量和电化学容量下降，但充放电循环寿命延长，表 6 – 20 列出了 Co 对 $LaNi_{5-x}Co_x$ 和 $MmNi_{4.3-x}Mn_{0.4}Al_{0.3}Co_x$ 合金性能的影响。图 6 – 39 是该合金的电极性能与 Co 含量的关系。当合金中 Co 含量增加时，合金的容量衰减逐渐减缓，说明 Co 含量增加有利于延长合金的循环寿命。

表 6 – 20　钴对 $LaNi_5$ 型合金性能的影响[58]

贮氢合金	钴量 /x	平衡分解压 /(313K)MPa	饱和吸氢量 /(H/M)	循环寿命 $S_{400}^{①}$
$LaNi_{5-x}Co_x$	0.5	0.21	1.0	0.19
	1.25	0.11	1.0	0.25
	2.0	0.052	0.92	0.30
	2.5	0.048	0.87	0.45
	3.0	0.032	0.078	0.61
	3.5	0.025	0.70	0.61
	4.0	0.017		
		(318K)	电化学容量 /mAh·g^{-1}	次(20℃)^{②}
$MmNi_{4.3-x}Mn_{0.4}Al_{0.3}Co_x$	0	0.15	290	40

续表

贮氢合金	钴量 /x	平衡分解压 /(313K)MPa	饱和吸氢量 /H/M	循环寿命 $S_{400}^{①}$
	0.25	0.22	255	80
	0.50	0.105	260	520
	0.75	0.082	220	>600
	1.0	0.015	170	

① S_{400} 为充电循环 400 次后的容量与初始容量的比值;

② 1/3C mA 充电,0.5C mA 放电,放电容量下降 10% 的次数。

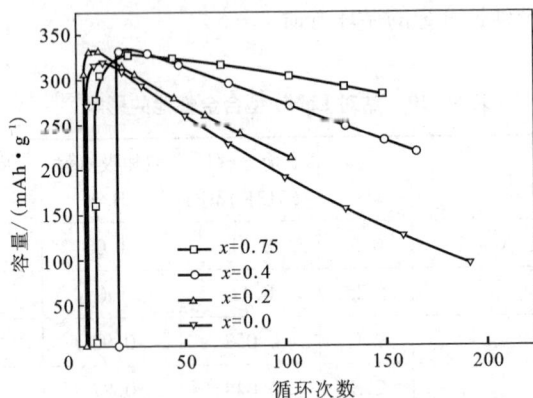

图 6-39　$LaNi_{4.3-x}Co_xMn_{0.4}Al_{0.3}$ 电极的性能与 Co 含量的关系

②锰的作用

Mn 属弱键合氢化物元素,原子半径比 Ni 大,部分取代 Ni,使合金晶胞体积增大,有利于合金活化,降低氢平衡压。

$MmNi_{4.5-x}Al_{0.5}Mn_xCu_{0.4}Co_{0.1}$ 合金中 Mn 含量对合金电化学性

能的影响如表 6－21，从表 6－21 中看出，当 Mn 含量增加时，平衡压力下降，初始容量增加，循环寿命延长，Mn 还能提高合金的耐蚀性，减少自放电，提高合金活性。但 Mn 含量过高，在碱性溶液中由于 Mn^{2+} 析出，会加速合金粉化，因此，合金中 Mn 量不宜过多。

表 6－21 Mn 含量对 $MmNi_{4.5-x}Al_{0.5}Mn_xCu_{0.4}Co_{0.1}$ 合金的电化学性能的影响

x 值	平衡压力 /MPa	初始容量 /(mAh·g^{-1})	循环寿命 /次	高倍率放电 特性/%
0	0.105	280	500	94
0.2	0.079	280	600	95
0.8	0.014	310	600	93
1.0	0.008	300	400	94

注：①平衡压力是在 45℃ 下测得的；②循环次数为初始容量下降至 90% 的次数；③高倍率放电特性为（2C/0.2C）×100%。

③铝的作用

铝也是弱键合氢化物元素，原子半径比 Ni 大，Al 部分取代 Ni 也会使合金的晶胞体积增大，氢化物稳定性提高，平台压降低，吸氢能力也随之降低。但可改善合金的活化性能。

图 6－40 是 $MlNi_{3.85-x}Mn_{0.4}Co_{0.75}Al_x$（$x=0.1$，0.3，0.5）的 $p-C-T$ 曲线。图 6－40 表明合金中 Al 含量增加，平台压降低，平台区变短，饱和吸氢量降低。同时，含 Al 的贮氢合金表面形成紧密氧化膜，防止合金内部氧化和腐蚀，而且合金吸氢后体积膨胀小，有利于延长 Ni－MH 电池的循环寿命。Al 还有降低自放电的作用，但在 $LaNi_5$ 合金中，Al 部分取代 Ni 会使合金容量下降，一般控制 Al 含量在 0.4 以下（x 值）。

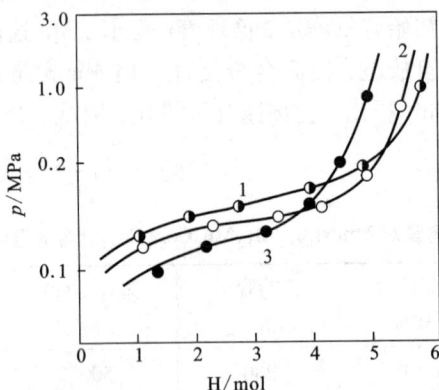

图 6 – 40　铝对贮氢合金性能的影响[58]

1—MlNi$_{3.75}$Mn$_{0.4}$Al$_{0.1}$Co$_{0.75}$；2—MlNi$_{3.55}$Mn$_{0.4}$Al$_{0.3}$Co$_{0.75}$；

3—MlNi$_{3.35}$Mn$_{0.4}$Al$_{0.5}$Co$_{0.75}$

④铜、铁的作用

铜属于弱键合氢化物元素，原子半径比 Ni 大，Cu 部分取代 AB$_5$ 型合金中的 Ni，会使合金的晶胞体积增大，密度减小，平台压和贮氢量下降，提高氢化物的稳定性，表 6 – 22 列出 Cu 对合金 MmNi$_{4.4-x}$Al$_{0.5}$Mn$_{0.5}$Co$_{0.1}$Cu$_x$ 性能的影响。在合金中加入铜还可显著降低合金的显微硬度，提高合金耐碱腐蚀性能，延长合金的电化学循环寿命。

铁的原子半径比 Ni 大，因此，Fe 部分取代 LaNi$_5$ 系合金中的 Ni，也同样使合金的晶胞体积增大，平台氢压下降。但 Fe 含量过高时，会引起合金吸氢量下降。

合金中含 Fe 可减少合金的粉化，提高合金的耐腐蚀性能，容量衰减小。延长合金的电化学循环寿命，有类似 Co 的作用。因此，Fe 是减少合金中 Co 含量的替代元素之一，有利于降低合金的成本。

表 6 – 22　Cu 对合金 $MmNi_{4.4-x}Al_{0.5}Mn_{0.5}Co_{0.1}Cu_x$ 性能的影响[56]

x 值	平衡压力 /MPa	初始容量 /($mAh \cdot g^{-1}$)	循环寿命 /次	高倍率放电 特性/%
0.2	0.05	290	600	92
0.3	0.042	290	600	92
0.5	0.037	280	600	91
0.8	0.036	270	600	90
1.0	0.029	260	600	89

注：①平衡压力是在45℃下测得的；②循环次数为初容量下降至90%的次数；③高倍率放电特性为(2C/0.2C)×100%。

⑤钛、锆的作用[59]

Ti 在 AB_x 型合金中，可用来代替 A 元素或 B 元素，当用 Ti 部分代替 $Mm_{1-x}Ti_xNi_5$（$x=0.1\sim0.25$）的 Mm 时，合金很容易活化，增大生成氢化的速度。

当用 Ti 部分代替 $LaNi_5$ 系合金中的 Ni 时，可以明显降低滞后现象。例如 $MmNi_{4.7}Al_{0.3}Ti_x$ – H 系（$x=0.05$，1）合金与 $MmNi_{4.7}Al_{0.3}$ 合金的放氢压力几乎一样，而吸氢时的压力降低，使滞后现象减少。

锆与钛具有同样的作用。

⑥锡的作用

用 Sn 部分代替 $LaNi_5$ 系合金中的 Ni，会导致合金晶格膨胀，平台压降低，放电容量提高，循环寿命延长。

⑦其他元素的作用

除以上各元素外，在 AB_5 型的 $LaNi_5$ 系合金中，还常加入另一些元素如 B，C，V，Nb，Mo，Ta，W，N，B 等。

通过对合金 $MmNi_{3.2}Co_{1.0}Al_{0.2}Mn_{0.6}M_{0.09}$（M 为添加元素）的研究[60]。发现添加上述元素后的合金除存在 $CaCu_5$ 相外，还形成第二相，第二相的组成列如表 6-23，生成的第二相并不存在于母相中。因此，母相的晶格常数几乎不变。表 6-24 列出了形成第二相合金的电极特性，从表 6-24 可以看出，添加其他元素形成第二相的合金，放电容量稍有下降，但活化性能提高，高倍率放电性能提高。这是因为在合金吸放氢过程中，合金中存在的第二相伴随氢的吸放。由于膨胀率不同，在第二相附近产生应力，促进裂纹形成并产生新生面，增大反应面积，提高电催化活性，从而提高高倍率放电特性。

表 6-23 添加不同元素后，金属 $MmNi_{3.2}Co_{1.0}Al_{0.2}Mn_{0.6}M_{0.09}$ 的第二相组成[60]

添加元素	B	C	Ti	V	Zr	Nd	Mo	Ta	W
第二相组成	$MmCoB_4$	MnNiC	Ti_3Ng_5	VNi_2	$ZrCo_2$	Nb_5Ni	$\mu-MoNi$	$TaNi_3$ Ta_2Co	W

表 6-24 合金 $MmNi_{3.2}Co_{0.1}Al_{0.2}Mn_{0.6}M_{0.09}$ 形成第二相的电极特性[60]

元素 X[①]	$C_1/(mAh \cdot g^{-1})$	$C_2/(mAh \cdot g^{-1})$	(C_1/C_2)[②]/%
B	239	286	83.6
C	167	265	63.2
Ti	170	280	60.7
V	179	288	62.1
Zr	200	292	68.4
Nb	165	294	56.2

续表

元素 X[①]	$C_1/(\text{mAh}\cdot\text{g}^{-1})$	$C_2/(\text{mAh}\cdot\text{g}^{-1})$	$(C_1/C_2)^{②}/\%$
Mo	255	294	86.6
Ta	226	286	79.0
W	223	301	74.2
不加	142	195	48.2

① Mm(NiCoMnAl)$_5$X$_{0.09}$。

② 充电, 50 mA·g^{-1}, 8 h, 放电, 200 mA·g^{-1}(C_1), 50 mA·g^{-1}(C_2)。

　　在稀土镍系合金中加入 N 和 B, 可降低合金的粉化率, 抑制 La 等在吸放氢过程发生表面偏析, 提高耐蚀性, 延长合金使用寿命。

　　(3)非化学计量合金[61]

　　非化学计量合金是指不按化学计量配比的合金, 即 A, B 比例上不足或过量的合金。如 AB$_5$ 是化学计量合金, AB$_{x\pm y}$, A$_{1\pm x}$B$_y$, AB$_{5\pm x}$ 是非化学计量合金。

　　一般地, 非化学计量合金都具有较好的电催化活性, 充放电循环稳定性和低温充放电性能[58]。

　　非化学计量合金一般会对合金的组织结构、相组成, 平衡氢压、放电容量、活化性能、高倍率放电性能和循环寿命等产生影响。表 6-25 列出了不同化学计量比对合金电极性能的影响, 从表 6-25 可以看出, 非化学计量比合金 AB$_{4.8\sim5.7}$ 的平衡氢压比化学计量比合金 AB$_5$ 低, B/A>5.0 时, 初始容量下降, B/A<5.0 时, 循环寿命下降, B/A 增加, 循环寿命增加。从综合性能考虑, 以 5.2≤B/A≤5.5 为宜。

表 6 - 25　AB_5 与 $AB_{5\pm x}$ 合金的电极性能

	x	(B/A)	平衡氢压 /MPa	初容量 /(mAh·g^{-1})	循环寿命 /次	高倍率放电特性 /%
$MmNi_x Al_{0.5} Mn_{0.5} Cu_{0.4} Co_{0.1}$	3.3	4.8	0.012	300	200	93
（非化学计量合金）	3.48	4.98	0.018	300	200	90
	3.7	5.2	0.019	300	500	92
	3.8	5.3	0.028	290	500	94
	3.9	5.4	0.033	290	600	94
	4.2	5.7	0.048	260	700	95
$MmNi_{3.5} Al_{0.5} Mn_{0.5} Cu_{0.4} Co_{0.1}$ （化学计量合金）	3.5	5.0	0.082	300	550	77

注：①平衡压力是在45℃下测得的；②循环次数为初容量下降至90%的次数；③高倍率放电特性为(2C/0.2C)×100%。

非化学计量的合金熔体经快冷、退火处理后，晶格变形松弛并析出 Ni，形成双相贮氢材料，其中一相成分接近 $LaNi_5$。Ni 对吸氢反应起催化作用，增加表面活性，保护 $LaNi_5$ 不再腐蚀，提高合金使用寿命。

非化学计量合金 $MlNi_{3.55+x}(Co, Mn, Al)_{1.45}(x = 0 \sim 0.8)$ 中，当 $x = 0.4$ 时，合金的活化性能最好。当 Ni 增加时，合金的饱和吸氢量增加，平台区增大，晶胞体积增大，氢化物稳定性下降，充放电循环寿命增加。但 Ni 过量反而会使合金的吸氢速度减慢，显微硬度提高，腐蚀速度增加，充放电循环寿命下降。因此，非化学计量合金的 Ni 含量应选择一个适当的比例。

如果是过量稀土的非化学计量合金，如 $Mm(Ni, Co, Mn, Al)_{5-x}(x = 0 \sim 0.4)$，过量稀土作为第二相分布在合金基体相 $Mm(Ni, Co, Mn, Al)_5$ 上。过量稀土能提高合金的吸氢活性和电活性,但会降低合金的吸氢量和电化学容量,降低平台压,提高氢化物的稳定性。

6.3.4 贮氢合金的制造技术

国内外目前 MH – Ni 电池用贮氢合金成分如表 6 – 26 所示。

表 6 – 26　MH – Ni 电池用贮氢合金组成

系列	组　成	比容量/ $mAh \cdot g^{-1}$	应用厂家
$LaNi_5$ （AB_5 型）	$La_{0.8}Nd_{0.2}Ni_{2.5}Co_{2.4}Al_{0.1}$ $La_{0.8}Nd_{0.2}Ni_{2.5}Co_{2.4}Si_{0.1}$	290	荷兰菲力浦公司
$MmNi_5$ （AB_5 型）	$MmNi_{5-(x+y+z)}Mn_xAl_yCo_z$ （$x=0.2\sim0.4, y=0.1\sim0.3$, $z=0\sim0.75$, Mm 是指富铈混合稀土,其组成为: $La_{30.4}Ce_{49.9}Pr_{4.7}Nd_{14.9}Sm0.1$） $Mm(Ni,Co,Mn,Al)_x$ （$x=4.5\sim4.8$） $MmNi_{3.55}Mn_{0.4}Al_{0.3}Co_{0.75}$ $MmNi_{3.8}Mn_{0.4}Al_{0.2}Co_{0.5}$ $MmNi_{5-x-y-z-u}A_xB_yC_zD_u$ （$A=Mn,Sn,V; B=Co,Cr,Ti,Nb$, $Zr,Si; C=Al,Mg,Ca; D=Li.Na,K$）	220 260	日本松下、东芝、汤浅公司 日本松下 南开大学
$MLNi_5$ （AB_5 型）	$ML(Ni,Co,Mn,Ti)$ ML 是富镧稀土,组成为: $La_{44\sim51}Ce_{3\sim5}Pr_{9\sim11}Nd_{27\sim41}Sm_{0.5}Y_{0.5}$	303	浙江大学
$TiNi$ （AB 型）	$Ti_{16}Ni_{39}V_{22}Zr_{16}Cr_7$ $Zr_{0.5}Ti_{0.5}(V_{0.375}NI_{0.625})_2$	360	美国 Ovonic 公司 德国

* 单位为 $mAh \cdot g^{-1}$。

贮氢合金制造工艺流程如图 6 – 41 所示。

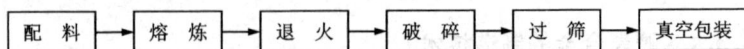

配料 → 熔炼 → 退火 → 破碎 → 过筛 → 真空包装

图 6 – 41　贮氢合金制造工艺流程

贮氢合金的制取方法随所制取的合金种类而定，常用的主要方法有高频感应熔炼、电弧熔炼、熔体急冷、气体雾化、机械合金化（MA、MG 法）、还原扩散、粉末烧结、燃烧法等。

6.3.4.1　感应熔炼法

高频电磁感应熔炼法成本低，规模可大可小，可以成批生产，是目前工业上常用的一种方法，缺点是电耗大，合金组织难控制。

图 6 – 42 是感应炉的基本电路。

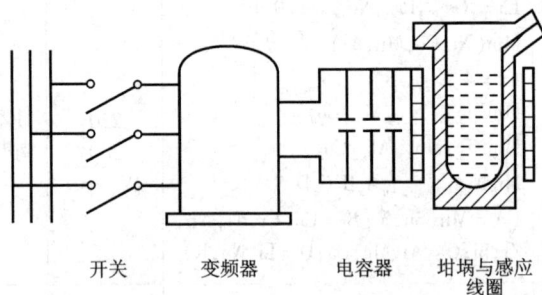

开关　　　　变频器　　　电容器　　坩埚与感应
　　　　　　　　　　　　　　　　　　　线圈

图 6 – 42　感应炉的基本电路[56]

坩埚是感应熔炼的主要组成部分。贮氢合金一般用 MgO 坩埚，坩埚的耐火度要求在 1500℃ ~ 1700℃，熔炼 Ni 基合金的坩埚耐火度应大于 1600℃，Al_2O_3 坩埚也适于熔炼贮氢合金。

感应熔炼合金的工艺流程如图 6 – 43，常用熔炼设备有：电

原材料（Mm，Ni，Co，Mn，Al等
或Zr，Ti，Fe，Ni，Mn，Cr等）

```
┌──────────┐
│  表面清理  │
└──────────┘
```

感应熔炼 (或等离子体电弧熔炼)(Ar气氛或真空)

```
┌──────────┐  ┌──────────┐  ┌──────────┐
│  气体雾化  │  │  铸　　锭  │  │  熔体淬冷  │
└──────────┘  └──────────┘  └──────────┘
```

热处理 (Ar气氛或真空)

初　　碎 (20～40mm)（Ar气氛）

中　　碎 (40mm→1～3mm)（Ar气氛）

磨　　粉 (<75μm)（Ar气氛、磨筛）

表面处理　　性能检测 (p-C-T曲线、电性能等)

吸氢合金粉

包　　装

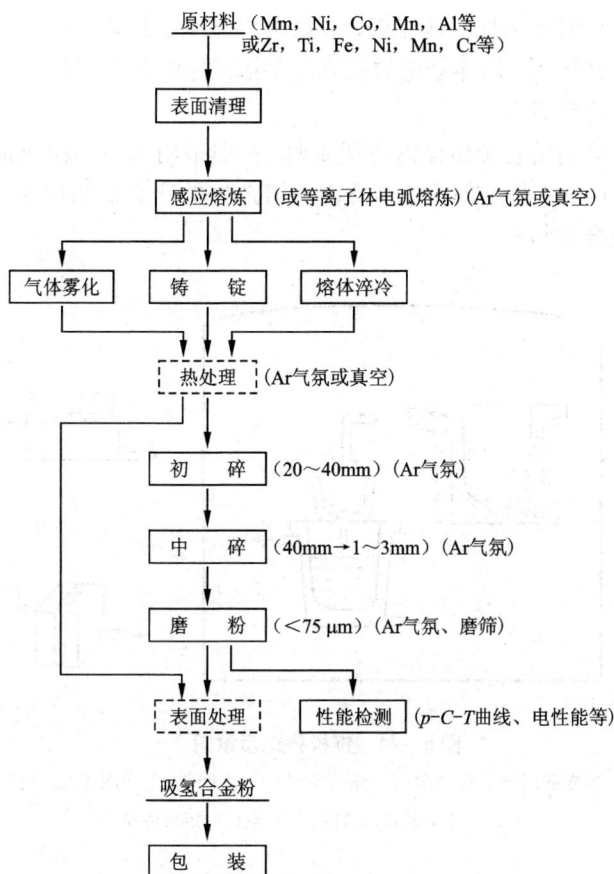

图 6 – 43　感应熔炼法制取贮氢合金工艺流程[56]

弧炉、等离子体电弧炉，真空感应炉。热处理装置有：硅钼棒炉，
W，Mo，Ta 丝炉，碳管炉。粉碎设备有鄂式破碎机，对滚机，筛
分机等。

感应熔炼的基本工序是真空熔炼合金、合金铸造、粉碎。

熔炼时通惰性气体保护，多数采用真空感应炉，由于电磁感应的搅拌作用，熔体顺磁力线方向翻滚，易使合金成分均匀熔化而得到均质合金。

熔炼后的合金熔体需冷却成型，一般采用水冷铜模或钢模铸造，图 6-44 是冷却铸造示意图。铸造好的合金锭采用破碎、研磨制成合金粉。

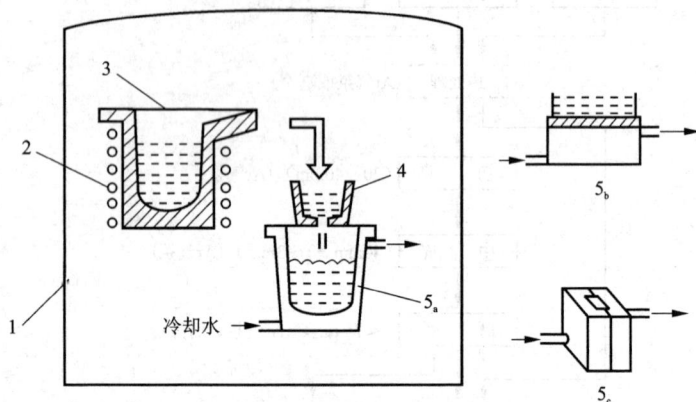

图 6-44　锭模铸造示意图[56]

1—熔炼室；2—感应线圈；3—熔炼坩埚；4—中间包；5_a—炮弹形铸锭模；

5_b—单面圆盘形铸模；5_c—双面冷矩形铸模

熔炼后的合金熔体可采用气体雾化法直接制成合金粉。即将真空熔炼的熔体合金注入中间包，流入喷嘴，通入高压惰性气体（Ar）喷出成细小液滴并冷却成球形合金粉、喷雾制粉的示意图如图 6-45。

真空电磁感应熔炼后的熔体也可以采用熔体淬冷（急冷）法冷却成薄带，如图 6-46 所示。

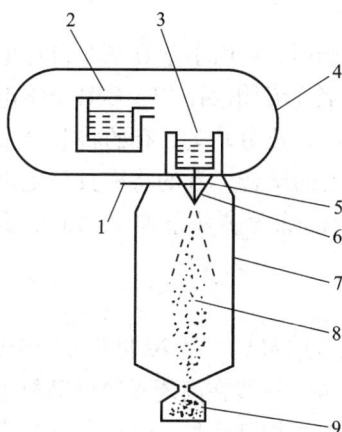

图 6 – 45 气体雾化制粉示意图[56]

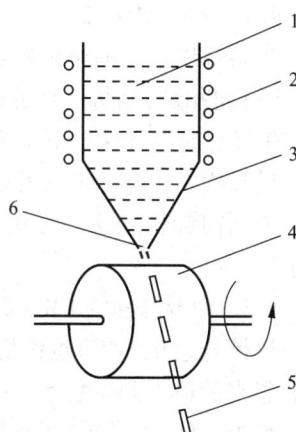

1—高压 Ar 气；2—熔炼炉；3—中间包；

4—熔炼室；5—喷嘴；6—熔体；

7—雾化桶；8—粉末；9—粉末收集桶

图 6 – 46 熔体淬冷示意图[56]

1—合金熔体；2—高频感应圈；3—中间包；

4—冷却辊；5—急冷合金片；6—喷嘴

经真空电磁感应熔炼后的合金熔体，有多种不同的铸造制粉技术，目前工业上应用较广的还是锭模铸造法，各种铸造方法制取贮氢合金的特征列如表 6 – 27。

表 6 – 27 不同铸造方法制取贮氢合金的特征

铸造方法	锭模铸造	气体雾化	熔体淬冷	
冷却速度 /$(K \cdot s^{-1})$	$T (\times 10)$	$T (\times 10^2 \sim 10^4)$	$T (\times 10^2 \sim 10^4)$	$T (\times 10^4 \sim 10^6)$
合金形状	与锭模有关	球状	簿片状	带状
结晶组织	–	等轴晶	柱状晶	粒状晶
结晶变形程度	大	大	小	小
结晶粒径/μm	10 ~ 100	< 20	< 20	< 10

6.3.4.2 电弧炉熔炼法

当熔炼以克计的小试样贮氢合金时，常用小型真空非自耗电弧(也称纽扣炉)熔炼。试验采用水冷紫铜坩埚，W–Cel1.5%电极，在真空或氩气保护下熔炼。为保证成分均匀，有的将装合金料的模具固定，而将钨电极正向或反向旋转。有的将模具与电极反向或同向旋转。这一方法适合于熔炼含多种添加元素的贮氢合金。

6.3.4.3 机械合金化(MG.MA)法

机械合金化(MG)也称机械磨碎法(MA)，是20世纪60年代发展起来的粉末制备技术。机械合金化一般在高能水冷球磨机中通入保护气体(Ar, N_2)进行，并加入添加剂庚烷、防止磨球与容器壁粘连。

机械合金化的特点是不用加热，可在远低于材料熔点的温度下由固相反应制取合金，很适合于制备熔点差别大或密度差别大的合金，如 $Mg–Ni$, $Mg–Ti$, $Mg–Co$, $Mg–Nb$ 等系列合金。同时，机械合金化能使合金形成亚稳相和非晶相，生成微晶、纳米晶，产生大量晶格缺陷，从而增强合金的吸放氢能力，降低活化能。

6.3.4.4 化学合成法

化学合成法主要有共沉淀还原法，将沉淀剂(如 Na_2CO_3 等)加入金属盐溶液中进行共沉淀反应，生成合金化合物，通过灼烧转化为氧化物，再用还原剂(Ca 或 CaH_2 等)还原贮氢合金。

例如，用共沉淀还原法制取 $LaNi_5$ 型稀土系合金。是将 $LaCl_3$ 和 $NiCl_2$ 按金属原子比 $La/Ni = 1/5$ 溶于水中，加入碳酸铵或草酸铵，生成沉淀，将沉淀物烘干、煅烧成混合氧化物。最后在氢气气管中用金属钙还原成 $LaNi_5$ 合金。其化学反应为：

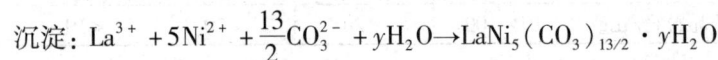

沉淀：$La^{3+} + 5Ni^{2+} + \frac{13}{2}CO_3^{2-} + yH_2O \rightarrow LaNi_5(CO_3)_{13/2} \cdot yH_2O$

煅烧：$LaNi_5(CO_3)_{13/2} \cdot yH_2O \xrightarrow{\triangle} LaNi_5O_{13/2} + \dfrac{13}{2}CO_2 \uparrow + yH_2O$

还原：$LaNi_5O_{13/2} + \dfrac{13}{2}Ca \xrightarrow{H_2} LaNi_5 + \dfrac{13}{2}CaO$

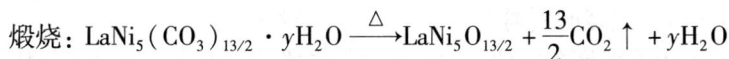

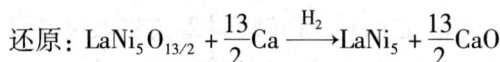

沉淀剂也可用草酸盐、柠檬酸等。

$LaNi_4M(M = Al,Mn,Fe,Co$ 等)也可用此法制取。

6.3.4.5　合金热处理技术

热处理是将铸锭合金放入真空炉内，在真空或氩气氛下加热至一定温度并保温一定时间，使合金均质化的过程，其作用是消除合金结构应力，改善贮氢合金的吸放氢性能。例如，Hu Wei - kang 等[62]对 $MmNi_{3.4}Co_{1.0}Mn_{0.5}Al_{0.1}$ 合金进行退火处理(退火条件：1050℃，0.1Pa，3h 或 28h)，由于退火处理能减小晶格应力和合金缺陷，使 p - C - T 曲线的平台区变平坦，氢平衡压下降，吸氢量增加，放电容量比铸造合金增大。铸造合金和退火后合金的性能如表 6 - 28。

表 6 - 28　热处理合金 $MmNi_{3.4}Mn_{0.5}Al_{0.1}$ 的性能

热处理条件	放电容量/($mAh \cdot g^{-1}$)	容量衰减/%
铸造合金	322	19.5
热处理合金 1050℃,0.1Pa,3h	334	8.3
1050℃,0.1Pa,28h	340	6.8

6.3.4.6　贮氢合金的制粉技术

由于贮氢合金的制取方法不同，除气体雾化直接得到粉末外，其他方法制取的合金有锭状厚板状、薄片状等，必须根据产品用途粉碎成粉末。电池用贮氢合金粉要求粉碎至小于 75 μm。工业上常用的粉碎方式有干式球磨、湿式球磨和氢化等方法。

（1）干式球磨制粉

干式球磨是在保护气氛中将球（或棒）与料以一定的球料比放入不锈钢制圆形桶中，以一定的转速回转，球磨前将大块料用颚式破碎机粗碎至 3~6 mm 左右，后再用对滚机中碎至 1 mm 左右，再进入球磨机。控制球料比、转速和球磨时间，当磨至一定的粒度，进行筛分，筛上物返回继续球磨，筛下物送真空包装。

（2）湿式球磨制粉

湿式球磨一般采用搅拌球磨机，由搅拌浆带动球在搅拌桶内转动，控制球料比、球径大小的比、球磨时间和搅拌速度，一般在球磨机内加入液体介质如水、汽油或酒精等。磨好的料浆澄清或过滤，可直接用作调浆制成贮氢合金电极或真空烘干待用。

（3）氢化制粉

利用合金吸氢时体积膨胀，放氢时体积收缩，使合金锭产生裂纹和新生面，直至吸氢饱和，而使合金粉碎。氢化时将合金装入铝盒再放入高压釜内，密封抽真空至 1~5 Pa，通入 0.1 MPa 高纯氢，如此反复进行 2~3 次后，通入 1~2 MPa 高纯氢，让合金很快吸氢，直到氢压为 0 再通入 1~2 MPa 氢气，如此反复直至吸氢饱和为止。然后升温至 150℃，同时抽气 15 min，排除合金中的氢气，如此反复 1~2 次后充入氩气，冷却至室温出炉。

氢化制粉操作简单，氢化制造的合金粉容量高，活化快，但需要耐高压设备，如操作不当，会引起合金粉自燃，造成事故。

6.3.4.7　贮氢合金的表面改性

贮氢合金的性能主要取决于合金的组成和晶体结构，但合金的表面特性也明显影响合金的性能。

合金性能降低的因素一般是合金粉化和表面氧化，合金表面形成钝化膜，失去活性。

表面处理技术的作用是改变合金的表面状态，提高合金的循环寿命。常用的有化学处理法、微包覆法和热处理法。

(1)化学处理

化学处理法的酸、碱及氧化物处理法。对稀土系含钴合金（如 $MmNi_{4.55}Al_{0.3}Co_{0.15}$ 合金粉），可将合金粉先浸入 $1mol \cdot L^{-1}$ 的 HNO_3 中数分钟，然后转入 $7mol \cdot L^{-1}$ 的 KOH 溶液中加热到 $80℃$，浸泡 $0.5h$，使合金表面出现多孔富镍层，提高循环寿命。也可将合金粉浸入高温浓碱中数小时，然后洗涤，烘干制成电极。

押谷政彦用醋酸－醋酸钠缓冲液处理合金粉，可使合金粉的表面积增大，并使电极的早期活化变得容易，容量提高。

须田情二郎发现，AB_5 或 AB_2 型 Laves 相合金，经氟化物处理后，容量增大，循环寿命延长，温度性能提高。

(2)微包覆处理法

用化学镀的方法可以在合金镍粉表面包覆一层厚度为微米级的金属膜，一般可包覆一层铜、镍－钴、铬或钯金属膜。包覆前对合金粉进行活化与敏化处理，以增加包覆膜与粉末间的结合力和提高活化点。包铜主要用甲醛水溶液作还原剂。包镍用次亚磷酸钠作还原剂。

微包覆技术的优点是增加合金电极的导电、导热性；提高合金表面的抗氧化能力；改善快速充、放电性能；减少充放电过程合金粉末从电极表面脱落，抑制氢原子结合成 H_2，并阻止氢从合金表面逸出。

(3)热处理法

稀土多元合金中的较轻元素如镍、钴、锰、铝等会沉积在晶界表面，容易被腐蚀，从面降低合金性能。用热处理方法可以防止合金性能下降。如将稀土多元合金在 $1000℃$ 下处理，可使沉积在晶界上的元素合金化，提高抗氧化能力和耐碱腐蚀能力。如在 $400℃$ 下经热处理，可清除合金材料的晶体缺陷，提高合金的延展性，抑制合金粉化。

6.3.4.8　贮氢合金粉的性能

根据国家标准 GB/T15100 - 94，评价贮氢合金粉的质量指标包括比容量、视密度、粒度、循环寿命、$p - C - T$ 曲线平台压力和化学成分等。国产 AB$_5$ 富铈型（SPC）、富镧型（SPL）贮氢合金粉的化学成分和物理性能分别如表 6 - 29 和表 6 - 30 所示。

表 6 - 29　贮氢合金粉化学成分

型　　号		SPL - 1	SPC - 1
化学成分及含量	La	15.2 ~ 16.5	9.0 ~ 10.5
	Ce	9.2 ~ 10.5	16.0 ~ 17.5
	Pr	1.0 ~ 2.0	1.0 ~ 2.1
	Nd	4.8 ~ 5.8	4.5 ~ 6.0
	Ni	49.0 ~ 50.5	49.0 ~ 50.5
	Co	9.4 ~ 10.1	9.4 ~ 10.1
	Mn	4.8 ~ 5.5	3.5 ~ 4.4
	Al	1.6 ~ 2.2	2.2 ~ 3.0
杂质含量	C	< 0.02	
	Fe	< 0.10	
	Si	< 0.02	
	Cl	< 0.01	
	Mg	< 0.01	
	O	< 0.12	
	N	< 0.05	

注：＊表中含量为质量百分比。

表 6 – 30　贮氢合金粉物理性能

型号	表面包覆		比容量		PCT 平台压中值 /MPa	视密度 /(g·cm^{-3})	粒度 /μm	循环寿命 /次
	材料、包覆量/%		50 mAh·g^{-1} 充放	200 mAh·g^{-1} 充放				
MH$_4$	Cu	4 ~ 8	≥280	≥220	0.01 ~ 0.04	2.8 ~ 4.0	− 100 或 − 75	500
MH$_7$	Ni	4 ~ 8	≥280	≥220	0.01 ~ 0.04	2.8 ~ 4.0	− 100 或 − 75	500
MH$_{10}$			≥280	≥220	0.01 ~ 0.04	2.8 ~ 4.0	− 100 或 − 75	500
SPC – 1			310 ± 10 (0.2C)			3.1 ± 0.3		

注：* MH 型，清华银纳公司产品，SPC – 1，天津津川环保电子电源公司产品。

6.3.5　贮氢合金的发展[63, 64]

AB$_5$ 型的稀土基贮氢合金由于性能优越，价格适中，生产工艺成熟，目前已广泛用作 MH – Ni 电池的负极材料。但由于该贮氢合金中钴含量达 10%（质量）以上，几乎占材料成本的 40%，致使合金的制造成本太高。因此，寻求降低 AB$_5$ 型稀土基贮氢合金中钴含量，开发低钴或无钴稀土基合金是降低合金成本的重要措施。

目前，国内外生产的稀土基 AB$_5$ 型合金。典型的合金成分是 MmNi$_{3.55}$Co$_{0.75}$Mn$_{0.4}$Al$_{0.3}$。各元素的质量组成为 Mm（富铈混合稀土含 La，Ce，Pr，Na 等）33.4%，Ni 49.1%，Co 10.4%，Mn 5.2%，Al 1.9%。

为了降低合金中的钴含量，日本重化学公司已推出低钴合金 LmNi$_{4.1}$Co$_{0.4}$Al$_{0.3}$（容量 285 mAh·g^{-1}）和 LmNi$_{3.85}$Co$_{0.2}$Mn$_{0.37}$Al$_{0.28}$

$Fe_{0.4}$(容量 280 mAh·g^{-1})。

A. Zuttel 等[65] 用 Fe 部分取代 Co，制得 $LmNi_{3.8}Al_{0.4}Mn_{0.3}Co_{0.3}Fe_{0.2}$ 合金，容量为 320mAh·g^{-1}，而且对体积膨胀影响小。

N. Higashiyama 等[66] 以非化学计量合金 $Mm(Ni_{3.8}Al_{0.2}Mn_{0.6})_{(x-0.4)/4.6}Co_{0.4}(5.0 \leqslant x \leqslant 5.8)$。采用感应熔炼，淬冷，能使合金的显微结构均化。当 $x = 5.2$ 时，合金容量为 310mAh·g^{-1}。

K. K. Kadama 等[67] 用廉价元素 Cu，Fe，Si，Zr 等部分替代 Co 开发的合金 $MmNi_xM_y$(M = Al，Mn，Co，Cu，Fe，Cr，Zr，Ti，V)，$5.0 \leqslant x + y \leqslant 5.5$，Co 含量为 0~3，各元素的范围为：Al 0.2~0.8，Mn 0.2~0.8，(Al + Mn) 0.8~1.4，Cu $\leqslant$ 0.8，Fe < 0.3，Cr < 0.1，稀土中 La 40%~70%。合金容量可达 300~310 mAh·g^{-1}，循环寿命 600 次以上，2C/0.2C 为 90%~92%。

从以上的试验结果可以预见，降低稀土基 AB_5 型合金中的钴含量的途径有以下几项措施：优化构成元素的组成；采用非化学取计量比；用廉价元素部分替代 Co；改进合金的制造工艺并对合金进行表面改性。目前，钴含量在 4% 左右的低钴合金已开始用作 MH - Ni 电池的负极材料。

目前，AB_5 型混合稀土系合金的放电容量可达 300~330 mAh·g^{-1}，已接近理论容量 348 mAh·g^{-1}，因此，开发新型高容量贮氢合金是继续提高 MH - Ni 电池性能的重要途径。其中，A_2B 型的 Mg - Ni 系非晶合金和钒系固溶体型合金具有开发应用的前景。

Mg_2Ni 合金贮氢量大，理论电化学容量达 1000 mAh·g^{-1}。但生成的氢化物过于稳定，需在 250℃ 左右才能放氢，且反应的动力学性能较差。采用机械合金化制备的非晶态 Mg - Ni 合金比表面大，电化学活性高。日本东芝公式对非晶态合金 Mg_2Ni 和 $Mg_{1.9}M_{0.1}$(M = Al，Mn)的研究发现，当用 Al，Mn 部分取代 Mg 时，可降低合金氢化物的稳定性，提高合金的可逆吸放氢能力，合金的放电容量可提高到 690 mAh·g^{-1}，循环稳定性也明显改善。目前尚存在容量衰减快的缺点。一旦 Mg-Ni 合金的循环稳定性取得突破，将有可能实现高容量 MH-Ni 电池的产业化。

钒及钒基固溶体合金（V-Ti、V-Ti-Cr 等）吸氢时生成 VH，VH$_2$ 氢化物。其中 VH$_2$ 的贮氢量为 3.8%（质量），理论容量 1018 mAh·g^{-1}，为 LaNi$_5$H$_6$ 的 3 倍。但由于在室温下 VH 合金的平衡氢压大低（$p_{H_2} = 10^{-9}$ MPa），目前，尚不能在电化学体系中应用。

V 基贮氢合金的吸氢相是 V 基固溶体，称作 V 基固溶体型合金。此类合金可逆贮氢量大，氢在氢化物中扩散速度快。研究发现，在 V$_3$Ti 合金中添加 Ni 并优化控制合金的相结构，使其在合金中形成一种三维网状分布的第二相的导电和催化作用，可使固溶体合金具有良好的充放电能力。例如，对 V$_3$TiNi$_x$（$x = 0 \sim 0.75$）合金，当 $x = 0.56$ 时，V$_3$TiNi$_{0.56}$ 合金的放电容量可达 420 mAh·g^{-1}，进一步对该合金进引热处理，可显著提高合金的循环稳定性和高倍率放电性能，已显示出 V 基固溶体型合金具有应用开发前景。

6.3.6 贮氢合金电极的制造

贮氢合金电极制造涉及到负极活性物质、导电集流体、添加剂、粘结剂等组分的最佳组合。目前，已在生产中应用的贮氢合金电极制造方法有粘结法、泡沫电极法和烧结法等几种。

6.3.6.1 粘结法

粘结法的工艺流程如图 6-47 所示。

制造贮氢合金电极可用一种合金或几种合金。如可按质量比 $m(\text{LaNi}_5) : m(\text{La}_{0.8}\text{Nd}_{0.2}\text{Ni}_{2.5}\text{Co}_{2.4}\text{Si}_{0.1}) = 30:70$ 混合后用 PVA 粘结成合金电极。

为了提高导电性，一般在合金粉中加入镍粉或石墨粉，其添

贮氢合金 → 添加剂 → 粘结剂 → 调浆 → 涂填 → 干燥 → 压模 → 冲切 → 负切片

集流网

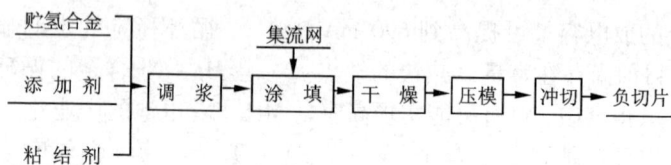

图6-47 粘结式贮氢电极制造工艺流程

加量为10%~30%。集流体可用发泡镍或发泡铜，也可以用金属编织网或冲孔金属带，如拉伸镍网、冲孔镀镍钢带等。粘结剂常用PTFE，CMC，PVA等。粘结剂可以单独使用，也可以混合使用。粘结剂选用得当，可以提高贮氢合金电极的抗氧化性能。

6.3.6.2 烧结法

烧结法制造贮氢合金电极的工艺流程如图6-48。烧结法分粉末烧结法和低温烧结法。

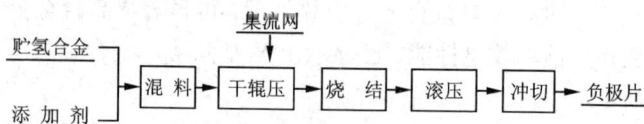

贮氢合金 → 添加剂 → 混料 → 干辊压 → 烧结 → 滚压 → 冲切 → 负极片

集流网

图6-48 烧结法制造贮氢合金电极工艺流程

（1）粉末烧结法

粉末烧结法用于钛系合金电极制造。将贮氢合金粉加压成型，在真空中于800℃~900℃下烧结1h，冷却过程通入氢气，制成氢化物电极。也可将合金粉加到泡沫镍网中加压后，在真空中于800℃~900℃下烧结1h，制得孔率为10%~30%的贮氢电极。

制备钛镍合金时，把氢化钛（TiH_2）与羰基镍粉混匀，加到泡沫镍中加压后，在真空中于910℃下烧结1~2h，制成多孔钛镍贮氢电极。

（2）低温烧结法

在贮氢合金粉中加入粘结剂,压制成所需尺寸的电极,然后在 300℃ ~ 500℃下烧结成电极,这种电极内阻小,可大电流放电。

6.3.7　MH - Ni 电池的结构和制造工艺

6.3.7.1　MH - Ni 电池结构

MH - Ni 电池结构与 Cd - Ni 电池基本相同。正极为氧化镍电极,负极为贮氢合金电极,隔膜一般为无纺布。常用聚丙烯和聚酰胺两种。

MH - Ni 电池产品主要有圆柱形、方形、扣式、9 V 矩形等,如图 6 - 49。

圆柱形单体电池将电极卷成圆柱形,插入圆柱形的镀镍钢壳中,电解质吸附在电极和隔膜中。单体电池通过卷边使顶端结构件与壳体密封,顶端结构件包括安全阀的上盖,正极端子和塑料垫圈。金属外壳为负极,上盖为正极,通过塑料垫圈相互绝缘。

矩形结构的电池组空间利用率高,电池组的比能量比圆柱形电池组高 20%。

6.3.7.2　MH - Ni 电池制造工艺

MH - Ni 电池制造工艺如图 6 - 50 所示。

电池正极一般采用粘结式电极,负极的制备已于 6.3.7 叙述。电池装配与镉 - 镍电池完全相同,只是采用封口化成技术进行电池活化。化成好的电池必须经过容量分选,以选出不同容量等级的电池。

MH - Ni 电池除采用贮氢合金(MH)作负极外,正极活性物质 $Ni(OH)_2$,其他辅助材料如集流体(基体)、电解液、隔膜、导电剂、胶黏剂等,都与 Cd - Ni 电池基本相同。

由于正极活性物质 $Ni(OH)_2$ 是一种 p 型氧化物半导体,导电能力差,为了增加活性物质和集流体之间,活性物质颗粒之间

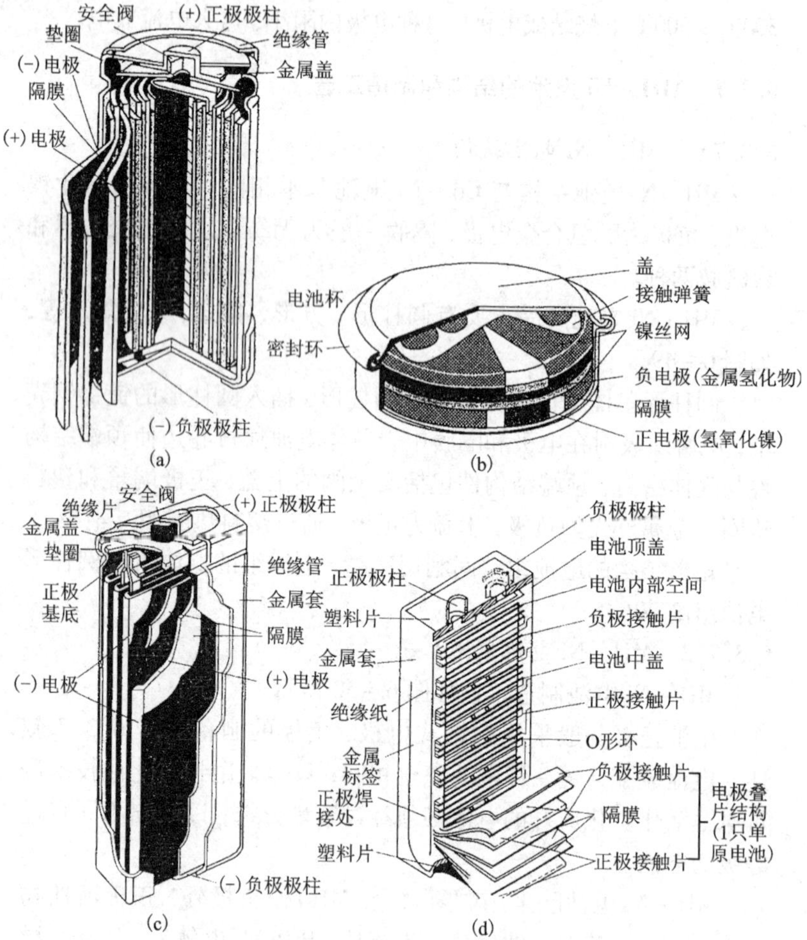

图 6-49　**MH-Ni 电池结构**[68]

(a)圆柱形；(b)扣式；(c)矩形；(d)9V 矩形

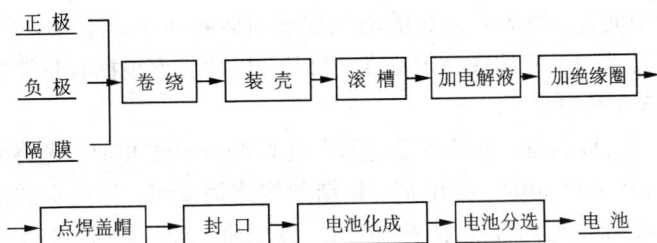

图6-50　MH-Ni电池制造工艺流程

的导电性,常用的方法是加入导电剂或在 $Ni(OH)_2$ 表面包覆一层 Ni,Co 金属膜。常用的导电剂有石墨、乙炔黑、燃烧炭、金属镍粉等。正极 $Ni(OH)_2$ 的导电剂一般都选择镍粉、镍粉和石墨的混合物,或石墨和乙炔以一定比例混合作为导电剂。

负极活性物质贮氢合金粉(MH)中加入导电剂可以改善合金粉与集流体、合金粉之间的电接触,减少电化学极化,提高活性物质利用率。MH 电极的导电剂一般选用镍粉和石墨的混合物导电剂。

粘结剂的作用是将粉状的活性物质与电极基体粘合在一起,保证电极成形和正常充放电。

对粘结剂的要求是,在碱液中稳定,欧姆电阻小,有一定的强度和柔韧性,形成的粘合剂膜有一定的透气性。

MH-Ni 电池常用的粘合剂主要有 CMC(羧甲基纤维素)、PT-FE(聚四氟乙烯,非极性)、FEP(全氟共聚物,亲水性)、PVB(聚乙烯醇缩甲醛)、PEO(聚环氧乙烷)、HPMC(羟丙基甲基纤维素)等。

目前还没有一种能很好地满足 MH-Ni 电池要求的粘结剂,常常是将亲水性与憎水性粘合剂联合使用。如将 PTFE 与 CMC 按一定比例混合后使用。

例　AA 型密封 MH-Ni 电池制造工艺

①正极制备。将球形 $Ni(OH)_2$ 导电剂、粘结剂调成浆,以泡沫镍为基体,用对辊机制造时,将泡沫镍从浆料中拉出经对辊机

中缝中通过,使沾有浆料的泡沫镍被对辊机压平,经真空烘干。按照要求的尺寸切成一定宽度的极片,极片长度根据容量要求调整,焊上极耳。

②负极制备。负极制备过程与正极制备过程相似,先将贮氢合金粉(<75 μm)、导电剂、粘结剂按比例调浆,将钢带或泡沫镍经过料斗通过刮浆槽涂覆上一层料浆,经压制后进行真空干燥。

AA 型电池的正极片宽以 40.71 mm 为主,长以 75 mm 为主,也有 90 mm。负极宽 40.71 mm,极片长 95～110 mm。

③卷绕。将正极片、负极片、隔膜在气动卷绕机上进行卷绕。

④滚槽。在装好极组的电池壳开口端滚出一个 1 mm 深的槽。滚槽的目的是为了让盖和密封圈不下陷,卷绕筒不易倒出。

⑤注液。电解液为 6 mol·L^{-1} KOH 添加 15～20g·L^{-1} LiOH,密度为 1.30 g·cm^{-3}。用计量泵(海霸泵)或计量器向电池壳内加入电解液。注液量以隔膜、正负极润湿即可。

⑥加密封圈、盖板。

⑦点焊。用交流脉冲电焊机将极耳点焊在正极盖的内侧。

⑧封口。将焊接好的电池用电池盖盖好,并量于封口机上封口。

6.3.7.3 电池化成和分选

将封好口的电池先经常温陈化,使电解液均匀分布在电池内部,然后对电池进行充放电。充电时,先用小电流,再用大电流,控制充电电流小于放电电流,经充放电后使电压达到标称电压。经充放电后的电池进行高温陈化,加快电池的活化速度,一般在恒温箱中,55℃恒温 24h,取出经常温搁置 6 h 以上。

容量分选。由单体电池组装成电池组时,要求每只电池的容量、内阻一致,充放电曲线也基本一致,必须通过分选工序分选,一般采用电池化成专用装置完成分选。

6.3.8　MH-Ni 电池的性能

MH-Ni 电池的特点是能量密度高，无记忆效应，耐过充过放能力强，无污染，被称为绿色电池。表 6-31 列出了几种 MH-Ni 电池的性能并与 Cd-Ni 电池性能进行比较。

MH-Ni 电池性能通常指物理性能和电性能，电性能包括充放电性能、温度特性、循环寿命、自放电特性等。

6.3.8.1　MH-Ni 电池的型号规格[69]

常见各种型号的 MH-Ni 电池的外形尺寸、质量、充电制度、额定容量等特征如表 6-31~6-35 所示。

电池型号：圆柱形密封 MH-Ni 可充单体电池的型号以字母"HR"开头，后接斜线分开的两组数字，斜线左边为直径，右边为高度。如 HR15/51。

小方形密封 MH-Ni 可充单体电池的型号以字母"HF"开头，后接斜线分于的三组数字：第一斜线左边为宽度；中间的数字表示厚度；第二斜线右边表示高度。如 HF18/07/49。

6.3.8.2　MH-Ni 电池充、放电特性

（1）充电特性

MH-Ni 电池充电曲线与 Cd-Ni 电池相似，但充电后期 MH-Ni 电池充电电压比 Cd-Ni 电池低[图 6-51(a)]。温度与充电速率对充电电压有明显的影响，温度高，充电电压低[见图 6-51(b)]；充电速率快，充电电压高[见图 6-51(c)]。

（2）放电特性

MH-Ni 电池的放电电压与 Cd-Ni 电池相似，但放电容量几乎是 Cd-Ni 电池的二倍。电池放电过程中的容量和电压与使用条件有关，如放电倍率，环境温度等。一般放电倍率越大，放电容量与放电电压越低，如图 6-52 所示。

表 6-31 MH-Ni 圆柱型电池规格[69]

型号		正常电压/V	正常容量/(mA·h)	尺寸		标准充电		快充		质量/g
				直径/mm	高度/mm	电流/mA	时间/h	电流/mA	时间/h	
AAAA	650 7/5AAAA	1.2	650	$8.5_{-0.5}$	$67.0_{-1.0}$	15	650	1.2	13	
	300AAAA	1.2	300	$8.5_{-0.5}$	$42.5_{-1.0}$	15	300	1.2	7.0	
AAA	800AAAC	1.2	800	$10.5_{-0.5}$	$44.5_{-1.0}$	80	15	800	1.2	12.5
	1000 7/5AAA	1.2	1000	$10.5_{-0.5}$	$68.0_{-1.0}$	100	15	1000	1.2	19.0
AA	1300AA	1.2	1300	$14.5_{-0.5}$	$50.5_{-1.0}$	130	15	1300	1.2	25.5
	2350AAC	1.2	2350	$14.5_{-0.5}$	$50.5_{-1.0}$	235	15	2350	1.2	30.5
	2100 7/5AA	1.2	2100	$14.5_{-0.5}$	$65.5_{-1.0}$	210	15	2100	1.2	30.5
A	2500 7/5A	1.2	2500	$17.0_{-0.5}$	$67.5_{-1.0}$	250	15	2500	1.2	40.0
	3800 7/5A	1.2	3800	$17.0_{-0.5}$	$67.5_{-1.0}$	380	15	3800	1.2	48.0
SC	1800 4/5	1.2	1800	$23.0_{-0.5}$	$34.0_{-1.0}$	180	15	1800	1.2	43.0

续表

型号	正常电压/V	正常容量/(mA·h)	尺寸		标准充电		快充		质量/g
			直径/mm	高度/mm	电流/mA	时间/h	电流/mA	时间/h	
2200 4/5	1.2	2200	$23.0_{-0.5}$	$34.0_{-1.0}$	220	15	2200	1.2	46.0
2300	1.2	2300	$23.0_{-0.5}$	$43.0_{-1.0}$	230	15	2300	1.2	56.0
3300	1.2	3300	$23.0_{-0.5}$	$43.0_{-1.0}$	330	15	3300	1.2	62.0
C 3800	1.2	3800	$25.8_{-0.5}$	$50.0_{-1.0}$	380	15	3800	1.2	730
4000	1.2	4000	$25.8_{-0.5}$	$50.0_{-1.0}$	400	15	4000	1.2	75
4500	1.2	4500	$25.8_{-0.5}$	$50.0_{-1.0}$	450	15	4500	1.2	77
D 6500	.2	6500	$33.0_{-0.5}$	$61.8_{-1.0}$	650	15	6500	1.2	160
7000	1.2	7000	$33.0_{-0.5}$	$60.5_{-1.0}$	700	15	7000	1.2	165
8000	1.2	8000	$33.0_{-0.5}$	$60.5_{-1.0}$	800	15	8000	1.2	170
9000	1.2	9000	$33.0_{-0.5}$	$61.8_{-1.0}$	900	15	9000	1.2	175

表6-32　MH-Ni方型电池规格

型号		正常电压/V	容量/(mA·h)	尺　寸 $W(mm) \times T(mm) \times H(mm)$	标准充电		快速充电		质量/g
					电流/mA	时间/h	电流/mA	时间/h	
7/5F6	1400 7/5F6V	1.2	1400	$17.0_{-0.5} \times 6.0_{-0.5} \times 67.0_{-1.0}$	140	15	1400	1.2	25.5
	900 7/5F6	1.2	900	$17.0_{-0.5} \times 6.0_{-0.5} \times 67.0_{-1.0}$	90	15	900	1.2	24.8
F6	850F6	1.2	850	$17.0_{-0.5} \times 6.0_{-0.5} \times 67.0_{-1.0}$	85	15	850	1.2	17.5
	600F6	1.2	600	$17.0_{-0.5} \times 6.0_{-0.5} \times 67.0_{-1.0}$	60	15	600	1.2	16.5
4/5F6	600 4/5F6C	1.2	600	$117.0_{-0.5} \times 6.0_{-0.5} \times 67.0_{-1.0}$	60	15	600	1.2	13.0
	500 4/5F6	1.2	500	$17.0_{-0.5} \times 6.0_{-0.5} \times 67.0_{-1.0}$	50	15	500	1.2	12.5
3/5F6S	550 3/5F6S	1.2	550	$16.0_{-0.5} \times 6.0_{-0.5} \times 67.0_{-1.0}$	55	15	550	1.2	13.0
2/3F6	400 2/3F6	1.2	400	$17.0_{-0.5} \times 6.0_{-0.5} \times 67.0_{-1.0}$	40	15	400	1.2	11.0
F8	1200F8C	1.2	1200	$17.0_{-0.5} \times 6.0_{-0.5} \times 67.0_{-1.0}$	120	15	1200	1.2	24.0
	750 4/5F8	1.2	750	$17.0_{-0.5} \times 6.0_{-0.5} \times 67.0_{-1.0}$	75	15	750	1.2	17.0

表6-33 MH-Ni 扣式充电电池规格

型号		电压/V	容量/(mA·h)	尺寸 直径/mm	尺寸 高度/mm	标准充电 电流/mA	标准充电 时间/h	快充 电流/mA	快充 时间/h	质量/g
1131	20BC	1.2	20	$11.6_{-0.5}$	$3.1_{-0.6}$	2	15	10	3	1.5
1575	130BC	1.2	130	$15.6_{-0.5}$	$7.95_{-0.6}$	13	15	65	3	5.0
2565	200BC	1.2	200	$25.2_{-0.5}$	$6.6_{-0.6}$	20	15	100	3	11.0
	280BC	1.2	280	$25.2_{-0.5}$	$6.6_{-0.6}$	28	15	140	3	11.5
2575	300BC	1.2	300	$25.2_{-0.5}$	$7.7_{-0.6}$	30	15	150	3	12.0
2585	320BC	1.2	320	$25.2_{-0.5}$	$8.5_{-0.6}$	32	15	160	3	13.0
	400BC	1.2	400	$25.2_{-0.5}$	$8.5_{-0.6}$	40	15	200	3	14.0

表 6-34　MH-Ni 9V 充电电池规格

型号		正常电压 /V	容量 /(mA·h)	尺寸 $W(mm) \times T(mm) \times H(mm)$	标准充电 电流/mA	时间/h	快速充电 电流/mA	时间/h	质量/g
6F22	150 9V	8.4	150	$25.6_{-0.5} \times 16.5_{-0.5} \times 48.5_{-1.0}$	15	15	75	3.0	39.0
	160 9V	8.4	160	$25.6_{-0.5} \times 16.5_{-0.5} \times 48.5_{-1.0}$	16	15	160	1.2	40.0
	260 9V	8.4	260	$25.6_{-0.5} \times 16.5_{-0.5} \times 48.5_{-1.0}$	26	15	260	1.2	58.0
	300 9V	8.4	260	$25.6_{-0.5} \times 16.5_{-0.5} \times 48.5_{-1.0}$	30	15	300	1.2	59.0
9V单电	150BC	8.4	150	$25.0_{-0.5} \times 14.5_{-0.5} \times 6.5_{-1.0}$	15	15	75	3.0	4.5

表 6 – 35　MH – Ni 12V 蓄电池（组）规格

型　号	标称电压 /V	额定容量 C_3 /(A·h)	外形尺寸/mm			质量 /kg
			长	宽	高	
10QNY5	12	4.5	140	82	65	≤0.9
10QNY7	12	7	165	100	75	≤1.7
10QNY10	12	10	197	125	75	≤2.7
10QNY18	12	18	197	125	106	≤4.1
10QNY10	12	12	165	60	90	≤2.7
10QNY20	12	25	320	60	90	≤6.8
10QNY30	12	30	320	80	100	≤8
10QNY60	12	60	248	116	175	≤15
10QNY80	12	80	318	116	175	≤19
10QNY100	12	100	388	116	175	≤23

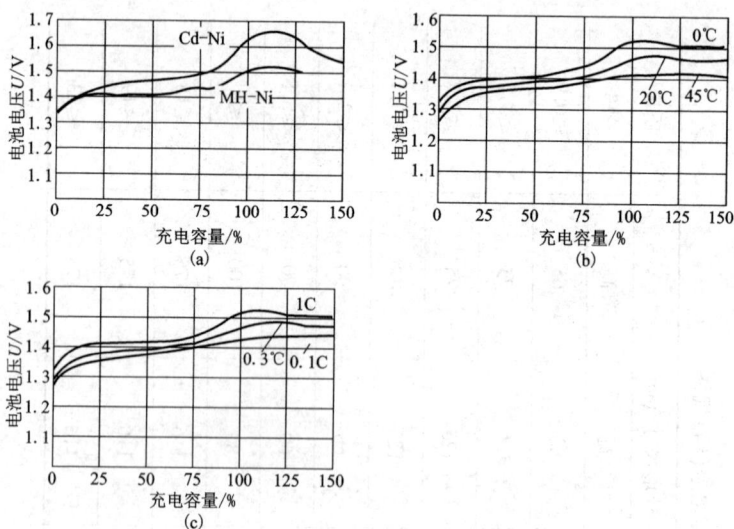

图 6 – 51　MH – Ni 电池充电曲线

（a）MH – Ni 电池与 Cd – Ni 电池充电过程比较，充电电流：1C，20℃；

（b）不同温度下的充电曲线，充电电流：0.3C；

（c）不同充电电流下的充电曲线，20℃。

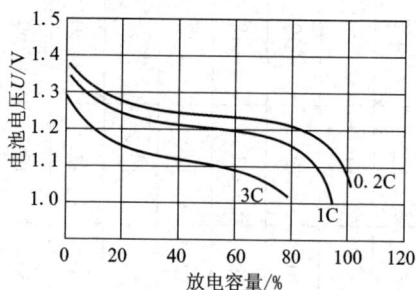

图 6 – 52　不同倍率下的放电曲线

充电条件：0.3C，5h，20℃

　　MH－Ni 电池设计时，容量设计由正极限制，负极容量过剩，以保证充电时，正极产生的 O_2 到负极的复合反应，消除氧气压力，实现电池密封，并保证电池的安全。为了达到电池的质量指标，标称容量指标，并合理有效利用电池的内空间，必须使正、负极具有一定的比容量即质量比容量和体积比容量。对 AA 型电池，一般要求负极容量大于 1500 mAh，正极容量大于 1050 mAh。要达到这样的指标，要求负极贮氢材料组成合理，比能量高，同时有良好的组装工艺。

6.3.8.3　温度特性

　　图 6－51(b) 是不同环境温度下，电池电压与充电容量的曲线。可见，在各种环境温度下，当充电容量接近标称容量的 75% 时，由于阳极板产生的氧气使得电池电压升高，充电容量达标称容量的百分之百时，电池电压达最大值。随后，由于电池的自热，导致电池电压的降低。引起这种现象的原因是因为电池电压有一个负的温度系数。由于充电效率依赖于温度，因此，在较高的温度下充电时，电池的放电容量会降低。

　　环境温度不同，虽放电倍率相同，但放电电压不同 [见图 6－53(a)]。随着放电倍率提高，温度对放电容量的影响越来越显著，特别是在低温条件下放电时，放电容量下降更明显 [见图 6－53(b)]。

6.3.8.4　自放电特性

　　MH－Ni 电池的自放电比 Cd－Ni 电池大。图 6－54 表示 MH－Ni 电池的自放电特性，引起电池自放电的因素很多，其中贮氢合金的组成、使用温度、电池的组装工艺是主要因素。温度越高，自放电越大。

　　贮氢合金的析氢平台压力偏高，则吸收的氢气易从合金中逸出，从而引起电池的自放电。为此，要求贮氢合金的析氢平台压力在 $10^{-4} \sim 0.1 \mathrm{MPa}$ 之间。

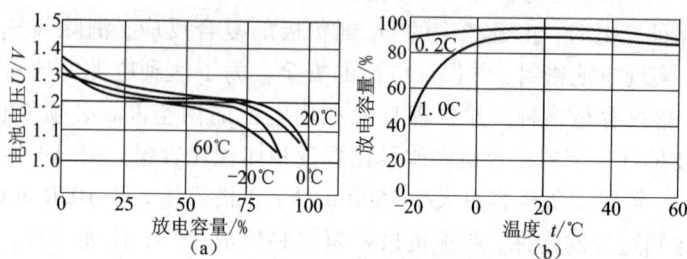

图 6 - 53　MH - Ni 电池的温度特性

（a）不同温度下的放电曲线　　（b）不同温度下的放电容量

充电条件: 0.3C, 5h, 20℃　　充电条件: 0.3C, 5h, 20℃

放电电流: 0.2C　　　　　　放电电流: 0.2C, 1.0C

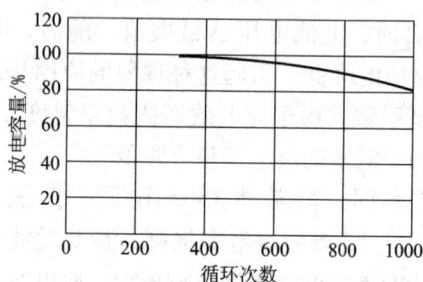

图 6 - 54　MH - Ni 电池不同温度下的自放电特性

　　隔膜选择不当，组装不合理，循环中合金粉的脱落，微枝晶的形成均可引起自放电，甚至电池短路。

　　MH - Ni 电池自放电引起的容量损失是可逆的，长期贮存的 MH - Ni 电池，经过三次小电流充放电后可使电池容量恢复。

6.3.8.5　循环寿命

　　图 6 - 55 是 MH - Ni 电池的电池容量与循环次数的关系。

　　在密封的 MH - Ni 电池中，在充电 - 放电循环过程中，容量

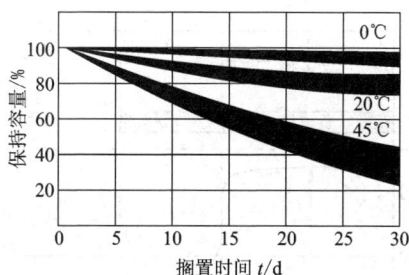

图 6-55　MH-Ni 电池的循环寿命

循环条件：充电：0.25℃，3.2h

放电：1.0℃，放电至电压1.0V，温度20℃

降低的历程包括下列几个步骤：

①在过度充电过程中，阳极析出的氧气大部分与吸收在阴极合金中的氢气发生了反应，但是一部分氧气在合金粉末表面与碱性溶液接触将稀土金属氧化成了 $RE(OH)_3$（RE 为稀土金属）。

②在充电-放电循环中，在合金粉末的表面形成的 $RE(OH)_3$ 的增加，会引起合金吸收氢气减少。所以，电池内氢气的分压会在内部气体总压力中逐渐上升。

③当电池的内压高于密封的通气孔的固定压力时，就会发生气体的泄漏，随着电解质数量的减少，内部阻抗增大，容量降低。所以要提高电池的循环寿命，除了改善电极的性能之外，还要改善电池的组装工艺。

6.3.8.6　过放电过程中的反极现象

当电池以串联的方式组成电池组时，容量最低的电池率先放完电。如果继续放电，会导致低容量的电池过放电至零后发生反极，如图 6-56。图 6-56 中，阶段 1 为正常放电阶段，正、负极上的活性物质都发生放电反应。阶段 2，正极活性物质放完电，开始析出氢气。部分气体被负极的贮氢合金吸收，其余气体在电

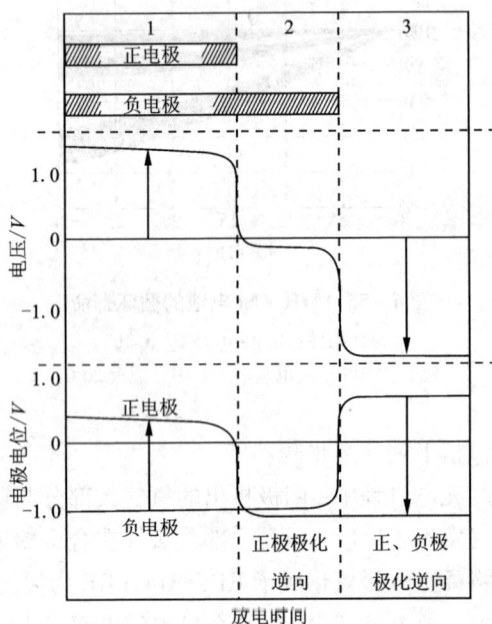

图 6 - 56   MH - Ni 电池组放电过程的反极[68]

池中累积，但负极上还有剩余活性物质继续放电，单体电池的电压保持在 -0.2~0.4 V。阶段 3，正、负极上的活性物质都已放完电，负极产生氧气。长时间的过放电导致析气反应，电池内压升高，安全阀打开，电池损坏或引起电池炸裂。

为防止电池组发生反极，在串联电池组中，单体电池的容量差应控制在 ±50% 以内。当高达 1C 率放电时，单体电池的放电终止电压应控制在 1.0V 或更高，以防止任何一个单体电池发生反极。

6.3.8.7   记忆效应(电压下降)

当 MH - Ni 电池重复进行不完全的充放电循环时，出现可恢复的电压下降和容量减小，称作电池的记忆应（电压下降），图 6 – 57 表示 MH – Ni 电池的记忆效应，图 5 – 57 中，循环 1 为一次完全放电和充电，循环 2 ~ 18 为部分放电至 1.15 V 与充电循环，循环过程中，放电电压和容量逐渐下降，接着进行一次完全放电（循环 19），但此时的电压低于电池初始全放电（循环 1）时的电压，即电池放电至初始终止电压时，并没有释放全部容量。这种现象称作电压下降，似乎是电池记住了较低的容量，有时也称为"记忆效应"，但 MH – Ni 电池经过几次完全充放电循环后，可以恢复全部容量（循环 20, 21）。

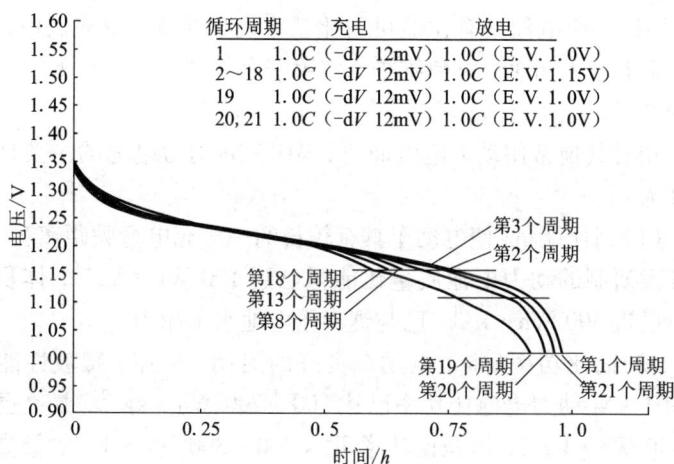

图 6 – 57　MH – Ni 电池的记忆效应[68]

　　电压下降是因为在浅充电或部分放电过程中，仅仅一部分活性物质进行了放电和充电反应。未参与循环的活性物质的物理性能发生变化，电阻增大。但随后进行的完全充放电循环又可将活性物质恢复到初始状态。

6.3.9 MH – Ni 动力电池及其应用[70, 71, 72]

6.3.9.1 MH – Ni 动力电池的特性

　　MH – Ni 电池，除常用于电子产品、计算机产业、通信产业等的小功率电池外，由于其比功率高、比能量高、循环寿命长、绿色环保等特点，可用作要求高功率的无绳电动工具、电动玩具、电动助力车、电动自行车、电动汽车的动力电池。随着电动汽车的发展，动力电池越来越受到人们的重视。

　　电动汽车作为绿色交通工具，将在 21 世纪给人类社会带来巨大的变化，发展电动车，电池是关键。

　　MH – Ni 电池具有比能量与比功率高、可高倍率充放电、循环寿命长、无污染、可免维护、使用安全等特点，显示了广阔的应用前景。

　　相对其他常用动力电池而言，MH – Ni 动力电池的主要优异特性为：

　　(1)高比能量(使电动车具有较长的一次充电行驶距离)。目前开发研制的动力电池质量比能量已近 100 Wh · kg^{-1}，体积比能量已近 300 Wh · L^{-1}，已与锂离子电池水平相当。

　　(2)高比功率(赋予电动车良好的启动、加速、爬坡性能)。现 MH – Ni 动力电池比功率已达 100 ~ 200 Wh · kg^{-1}，最高已达到 630 Wh · kg^{-1}，体积比功率可达 200 ~ 300 Wh · L^{-1}，最高已达到 170 Wh · L^{-1}，其性能已高于锂离子电池水平，使其在混合动力型电动车应用上体现出更加明显的优势。

　　(3)长寿命特性(赋予电池良好的经济性)。目前 MH – Ni 动力电池的寿命一般可到 300 ~ 600 次，据报道目前最高寿命已可达 1500 次。

　　(4)安全性高，高压(320V)操作安全，充放电安全，能承受严重的过充电和过放电。

　　1991 年美国三大汽车巨头 Daimler - Chrysler，Ford Motor Company 和 General Motors(GM)为了集中各自的财力和技术优势发展电动汽车，成立了美国先进电池联合会 United States Advancend Battery Consortium(USABC)，确定了电动车发展的近期、中期和远期目标(见表 6 - 36)，同时，世界著名的 Ovonic 电公司和 SAFT 美国公司(SAFT American)也正在与三大汽车巨头合作开展动力电池的研发。1995 年 10 月 OVONIC - GM 公司的 MH - Ni 电池驱动的电动汽车通过了美国电动汽车协会的测试，1996 年 9 月日本本田公司宣称，使用 MH - Ni 电池驱动的电动汽车已可作为商品试销。2000 年，日本本田公司的"Insight"和丰田公司的"Prius"的销量已超过 30 万辆，预测到 2010 年，全世界将生产 150 万辆以上电动汽车，其中 95% 以上为混合电动汽车(HEV)。从世界各大公司投入 MH - Ni 电池开发和样车试验的趋势看，MH - Ni 电池是目前呼之欲出的轿车用电池。

表 6 - 36　美国 USABC 和欧洲 JOULE 计划的电池性能指标

性能	USABC 中期计划	USABC 远期计划	欧洲焦耳计划	目前 MH - Ni 电池性能	
				商品电池	样品电池
质量比能量 /(Wh·kg^{-1})	80	200	150	63 ~ 75	85 ~ 90
体积比能量 /(Wh·L^{-1})	135	300	230	220	250
质量比功率 /(W·kg^{-1})	150 - 200	400	300	220	240
体积比功率 /(W·L^{-1})	250	600		850	1000
循环寿命/次	600	1000	600	600 ~ 1200	600 ~ 1200
充电时间/h	<6	3 - 6			

续表

性能	USABC 中期计划	USABC 远期计划	欧洲焦耳计划	目前 MH – Ni 电池性能	
				商品电池	样品电池
工作温度	– 35℃ ~ 65℃	– 35℃ ~ 65℃		– 30℃ ~ 65℃	– 30℃ ~ 65℃
自放电/%	< 15(48h)			< 10(48h)	
成本 $/(kW·h)	< 150	100	190	220 ~ 400	150

6.3.9.2　MH – Ni 动力电池结构及制造技术

由于目前电动车的发展呈现纯电动和混合动力两种类型,为适应其应用,MH – Ni 动力电池的发展也呈现两种类型:其一为高能型,适合于纯电动方式运行的电动车,从外形上看,以方形电池为主,也有一部分为圆柱形电池;另一种为高功率型动力电池,适合于混合动力型电动车的使用,主要为圆柱型电池,但也有的制做成方形电池。电池的外壳大多采用不锈钢,但也有采用聚丙烯树脂材料,如日本松下公司在 RAV4 电动汽车上所用的100Ah MH – Ni 动力电池。

MH – Ni 动力电池与常规电池相比,存在电池组性能一致性差的问题,经过分选、组合成组的各电池在使用过程中又会形成新的差异;在电池构造技术上,考虑的主因素是电池气相反应等过程的内压管理和热效应的影响。因此对 MH – Ni 动力电池而言,开发应用当中主要考虑的问题有:

①电池安全阀的设计;

②各单体电池性能的一致性;

③电池组充、放电过程中的导热管理。

MH – Ni 动力电池和小型 MH – Ni 电池一样有圆柱形和方形。

目前密封 MH－Ni 动力电池规格有 100 Ah, 80 Ah, 40 Ah, 15 Ah, 可用于电动力汽车、电动摩托车、电动自行车。密封单体电池比能量均可达 50～70 Wh·kg^{-1}, 应用于电动三轮车、电动汽车, 其一次充电行驶距离均大于 120 km。

（1）常见 MH－Ni 动力电池的技术参数

常见 MH－Ni 动力电池模块和动力电池的技术参数见表 6－37～表 6－40。

表 6－37　典型的 MH－Ni 动力电池模块的技术参数

名称	参数
模块公称电压	12 V
模块尺寸($L \times W \times H$)	390 mm × 120 mm × 195 mm
模块 C/3 额定容量	106 Ah
模块 C/3 容量	111 Ah
模块的质量（包括致冷剂等的质量）	19.8 kg
模块的比能量	70 Wh·kg^{-1}或 152 Wh·L^{-1}
循环寿命（80% DOD）	1000～1400 次

表 6－38　常见氢－镍动力电池组的技术参数

名称	30 个模块的电池组	34 个模块的电池组
电池组 C/3 额定能量	40 kW·h	45 kW·h
电池组额定电压	360 V	408 V
电池组总质量	670 kg(模块 603 kg)	75 kg(模块 683 kg)
电池组总尺寸	925 mm × 2005 mm × 229 mm	925 mm × 2249 mm × 229 mm
最大电流	350A, 30S	220A 持续
电池组最大功率	90 kW(3 kW/模块)	102 kW(3 kW/模块)

表6-39　日本本田 Insight 和丰田 Prius 电动汽车用动力电池技术参数

参数名称	Insight	Prius
电池类型	MH - Ni	MH - Ni
电池公称电压/V	1.2	1.2
额定容量/Ah	6.5	6.5
每个模块电池数	6	6
电池组模块数	20	38
电池组总电压/V	144	273.6
公称能量/Wh	936	1178
模块质量/kg	1.09	1.04
电池组及附件质量/kg	35.2	53.3

表6-40　圆柱形 MH - Ni 动力电池

性能	D	4/5SF
放电时的功率/W		
5s/23℃	120	240
5s/0℃	60	120
充电时的功率/W(23℃)	60	120
额定能量/Wh	8.5(0.7Ah)	17(14Ah)

(2)MH - Ni 动力电池的生产工艺和电池组结构

电池正负极都采用发泡镍涂膏方式制备,为了提高电池的循环寿命,正极也可以用烧结式镍正极。如果正极选用发泡镍涂膏方式制备,则正极宜选择导电性能更好的覆钴加锌球型氢氧化镍,加入少量 CoO 做添加剂,INCO255 镍粉做导电剂。此外,动力电池在充电时发热量大大高于通常的 MH – Ni 电池，使正极氧析出电位明显下降，从而引起电池内压增高，电池漏碱，并且影响电池寿命和性能。为了使电池有更好的充电性能，在正极活性物质中通常加入少量添加剂，如 Y_2O_3 等。

添加 Ca，Co，Zn 及某些稀土元素对电极的性能改善较明显，添加剂的加入，一般采用在原材料 $Ni(OH)_2$ 制备期间加入和镍电极制备过程中加入相结合，这样效果较好；有直接将 $Ni(OH)_2$ 颗粒表面包覆钴或氧化亚钴等，以使正极配方简单化，稳定正极性能。导电剂大多为镍粉、乙炔黑、石墨等，从动力电池需要大电流放电性能考虑，以羰基镍粉为好。粘合剂一般选择 CMC，PVA，PTFE 等，采用本征型导电高分子如 PAn 或复合型导电高分子如丙烯酸类粘合剂、高弹性共聚物如 SBS 等，或干脆不采用粘合剂直接轧制成型，这是近年来泡沫镍电极制备工艺。

负极通常采用储氢合金粉，加入 PTFE 和乙炔黑形成的导电粘接剂，加入 CMC 配浆。对动力电池用贮氢合金，除美国 Ovonic 公司采用 AB_2 系贮氢合金。一般而言，动力电池要求贮氢合金必须具备较高比容量、长寿命、高的电压平台、良好的催化活性（包括构成电极后所形成的气、固、液三相催化层）及低成本，但与 AA 型电池有所不同，其贮氢合及其负极的设计主要围绕电动车这一特定的应用环境而进行，特别是其宽温度范围内的大电流充放电性能。

在贮氢合金及其负极的制备工艺当中所采用的主要措施有：①特定的动力电池专用贮氢合金研制设计，如采用 AB_{5+x} 非化学计量组成，添加 B、Mo、微量元素，构成晶界第二相等措施；②贮氢合金的表面处理，如热碱腐蚀处理、有机弱酸或弱碱还原剂处理、镀镍处理等；③贮氢合金的热处理；④电极制备中加入稀土防腐剂；⑤无粘合剂的嵌渗法制备电极工艺等。

实践表明，上述方法对电极材料及电极本身的性能都起到了极好的改善作用。一个典型的动力电池负极用贮氢合金性能如表 6 – 41 所示。

表 6 – 41　MH – Ni 动力电池负极贮氢合金粉性能

组成	$MmNi_{5-x-y-z}Mn_xAl_yCo_z$ $0.2 \leqslant x \leqslant 0.4,\ 0.1 \leqslant y \leqslant 0.3,\ 0.5 \leqslant z \leqslant 0.75$
平台压力	$0.03 \sim 0.05$ MPa(H/M = 0.5, 45℃)
容量(由 PCT 曲线计算)	$320 \sim 340$ mAh · g^{-1}($p_{H_2} = 0.5$ MPa)
放电容量	$290 \sim 310$ mAh · g^{-1}
循环寿命	$\geqslant 1000$ 次

SC 2500 型电池正极极板尺寸是 208 mm ×32 mm ×0.68 mm，负极极板尺寸是 255 mm ×33 mm ×0.38 mm。正极质量 11.8 g，负极质量是 16.1 g，正极采用 3 个极耳，负极采用 1 个极耳。采用改进性能的聚丙烯隔膜，电解液为 7.0 mol · L^{-1} 的 KOH 溶液，添加 LiOH 及加入氧气抑制剂。注液量为 5.6 g。

电池封口后，进行的第 1 次充电称为预充电。电池预充电采用 0.1C 充电 30 min，0.2C 充电 2 h，预充电比例为 45%。电池进行预充电后，在 80℃ 高温下进行热处理。然后取出电池，进行分容和性能测试。

MH – Ni 动力电池极板涂浆生产线与其他小型 MH – Ni 电池极板的涂浆工艺的自动化生产相同，涂浆速度 0.4 ~ 1.2 m·min^{-1}，生产线主要包括：粘接剂搅拌机、筛粉机、干粉搅拌机、和浆机、胶体磨、放卷机、基板搭接装置、储料装置、光边成形、预压浆料填充、干燥装置、主驱动、张力控制、成品取样检测、收卷机、辗压机。

6.3.9.3　MH－Ni 动力电池应用

（1）电动工具

由于电动工具市场的庞大，大约需电池 5 亿只/年，因此世界各国都在致力于开发电动工具用镉镍电池的替代品。绿色环保型 MH－Ni 电池与镉镍电池具有互换性，且容量密度是其 1.5 倍以上。随着 MH－Ni 电池制备技术的日益成熟，其高功率特性也得到很大提高。所以，电动工具电池市场将会被 MH－Ni 电池占领。表 6－42 是国产 SC 型动力电池的技术参数。

表 6－42　国产 SC 型动力电池技术参数

型号	电压/V	容量/Ah	直径/mm	高度/mm	质量/g
SC1800	1.2	1800～1900	22.5	33	40
SC2700	1.2	2700～2800	22.5	43	60
C3200	1.2	3200～3300	25.0	40	70
C4000	1.2	4000～4000	25.0	50	85
D8000	1.2	7500～8000	32.5	61	160

目前，日本松下推出 HHRSC 300P 3500 mAh MH－Ni 电池将是镉镍电池电动工具市场的取代品。美国发展了 SC 型电池，容量可达到 2.2～2.4 Ah，且能以 10～20C 放电，已进入电动工具市场，逐步取代高功率镉镍电池。永备公司的 2.2 Ah MH－Ni 电池已实用化，它比镉镍电池在电动工具中的性能有显著提高。德国 Varta 公司也开发了用于电动工具的超高功率型（UHP）MH－Ni 电池。我国开发的电动工具用高倍率放电的 MH－Ni 电池并已开始投放市场。

中国电动工具生产量占世界总产量的 30%，而且每年对欧美均有大量的出口。2003 年欧洲不再允许使用镉镍电池，这给 MH－Ni 电池提供了一个良好机会。

（2）电动助力车

电动助力自行车的五大部件是电机、控制器、电池、充电器和车架。电机、控制器和车架已基本能够满足车的需要，电池和充电器便成了能否使电动助力自行车取得商业成功的关键。电动自行车对电池的要求主要是体积小、质量轻、容量大、功率大、使用时间长、价格便宜。能够用于电动助力自行车的电池主要有铅酸电池、镉镍电池、MH–Ni电池、锂离子电池。

从性能价格比可知，MH–Ni电池是较理想的电源。MH–Ni电池除具有较高的比能量外，它还是"绿色"电池，没有铅、镉、汞的污染，这一点对以后报废电池的处理是有积极意义的。MH–Ni电池是电动助力车适合的动力电源。表6–43是几种MH–Ni电池电动自行车的技术参数。

表6–43 MH–Ni电池电动自行车的技术参数

外型尺寸（mm）	$1640 \times 590 \times 1100$	$1660 \times 590 \times 1100$	$1700 \times 600 \times 1060$
前后轮中心距/mm	1060	1080	1100
车轮轮径/mm	610	610	610
整车净重（含电池）/kg	26	28	35
标准载重/kg	75	75	75
电动时速/$(km \cdot h^{-1})$	20	20	20
续行里程/km	30/60	60	100
爬坡能力/（°）	$\leq 6°$	$\leq 6°$	$\leq 6°$
消耗能量	<1.1/100	<1.1/100	<1.1/100
电池容量 V/Ah	36	36	36
电池类型	4/3	4/3	DF型
充电时间/h	4~6	4~6	4~8
电池重量/kg	3.5	3.5	9

（3）电动汽车[73]

目前的电动汽车有电动汽车（EV）、混合电动汽车（HEV）。以车载电池提供动力的汽车，称作纯电池电动车（PEV），这是一种完全不消耗石油、不污染环境的绿色汽车，但仅以电池作动力，由于电池储能有限，此类汽车的续行里程和行驶速度难以满足要求，且造价太高，目前很难推广。

混合电动汽车（HEV）的动力系统中同时含有电池组和内燃机，兼有电池电动车和内燃机汽车两者的优点是目前经济适用且易于推广的车型。

HEV 与纯电动车 EV 相比，有其特有的优势，电池充电无需从车上取下，而是直接由内燃机充电。

根据内燃机（ICE）与电动驱动装置在系统内的结合方式，HEV 有两种：一是串联设计，将 ICE 与发电机相连，为电池和电机供电；另一种是并联设计，ICE 和电机共同驱动车辆。在这两种设计中，电机还可以给电池充电。在 HEV 中，ICE 提供的功率与电动机和电池提供的功率之比，一般为 70:30 或 90:10。

还有一种设计是荷电保持式。因为车辆在高速公路上恒速行驶时，ICE 的工作效率高，但在城市行驶时，车辆要频繁的停车、起步，此时的 ICE 效率很低。因此，汽车遇红灯停车时，引擎关闭；当 ICE 重新起动时，由电池提供车辆起步加速的能量。

与 EV 相比，HEV 对电池的要求是高功率，对能量的要求可以低一些。一般希望电池的功率（P）与能量（E）之比为 $P/E=40$。

HEV 对电池的比能量要求低，因为 HEV 电池的主要作用是接收和利用制动能，辅助加速，在充电和放电期间，电池均经受非常高的脉冲电流，但放电深度低。

HEV 用 MH-Ni 电池的关键指标是比功率，要求其质量比功率 >500 W·kg^{-1}，最好在 1000 W·kg^{-1} 以上，质量比能量 >500 W·kg^{-1}，再生制动能充电 >500 W·kg^{-1}，HEV 循环效率 $>85\%$。

根据美国 USABC 和日本公司对各种电动车用电池的性能以及发展潜力比较论证，综合考虑电池的可靠性、安全性、电池材料的资源与环境问题，确定 MH - Ni 电池是近期和中期电动车用首选动力电池。

美国 Ovonic 公司开发了从 20Ah 至 150Ah 系列高能方形密封 MH - Ni 电池（贮氢合金为 AB_2 系），电池能量密度可达 70～92 $Wh \cdot kg^{-1}$，已在电动助力车、摩托车、工具车和 4 人座轿车上试用。另外，美国 Ovonic 公司与通用公司合作开发的 HEV - 20（20Ah）、HEV - 30（30 Ah）、HEV - 60（60Ah），均为方形密封高功率型电池。

日本松下公司开发了 HEV - 6.5 电池（6.5 Ah），其功率密度高达 500 $W \cdot kg^{-1}$。1996 年松下与丰田合作推出 EV - 95（容量 100 Ah）电池用于 RAV 电动车，一次充电可行驶 215 km，最高时速 125 km；松下、汤浅、东北电力/古河公司分别推出电动汽车用 95～100 Ah 方型 MH - Ni 电池；1999 年日本研制的高能型 MH - Ni 动力电池驱动一辆四轮车 5 座电动轿车，一次充电行驶距离达 500 km，平均时速 100 $km \cdot h^{-1}$，将进行 2 万 km 的环球旅行。1998 年"京都新闻"报道日本蓄电池公司首次推出电动汽车用 100 Ah MH - Ni 圆柱型电池，输出功率达 200 $W \cdot kg^{-1}$，电池直径 57 mm，高 230 mm，耐压能力是方型电池的 5 倍。该电池可能成为 EV 的候选电池之一。松下、汤浅、古河公司分别推出电动汽车用 95～100Ah 方形 Ni - MH 电池。1999 年 3 月，三洋公司将 D 型 7Ah MH - Ni 电池用于电动助力自行车，投放市场 5000 辆。

德国 Varta 公司开发的 HEV - 10（10Ah）电池，其比能量为 50～70 $Wh \cdot kg^{-1}$，功率为 500 $Wh \cdot kg^{-1}$。法国 Saft 公司开发研制的电池，容量为 100 Ah，电池比能量在 50～70 $Wh \cdot kg^{-1}$ 之间。我国的北京有色金属研究总院 1993 年成功运行由 0.84 Wh（35 Ah，24V）动力电池组带动的电动三轮车，1996 年又运用

14.4 Wh(120Ah,120V)电池组,成功驱动电动汽车。

大容量(高比能型)MH－Ni 动力电池仍占据重要地位,它主要用于纯电动汽车(EVs)。虽然纯电动汽车目前离商品化还有一段距离,但各国都投入大量的财力、物力进行研究开发。其中美国的 Ovonic,法国的 Saft,德国的 Varta,日本的古河、汤浅、松下等公司在此方面开展工作较多,表6－44 为国外几家公司开发的电动车用大容量 MH－Ni 动力电池的性能情况。

表 6－44　电动车用 MH－Ni 电池性能水平和 USABC 中期目标

	GM－Ovonic 美国 GM02	日本 松下 EV－95	日本 JSB HER－100	法国 SAFT NH－12.4	德国 VARTA	USABC 中期目标 Midterm target
容量/Ah	95	95	100	109	60	－
质量/kg	17.4	18.7	19.4	18.7	1.4	－
体积/L	6.93	7.88	8.32	13.8	0.52	－
质量比能量/(Wh·kg^{-1})	70	65	62	70	54	80
体积比能量/(Wh·L^{-1})	171	145	145	160	138	135
质量比功率/(W·kg^{-1})	240	200	190	162	－	150
体积比功率/(W·L^{-1})	605	450	445	370	－	250
循环寿命/周次	600	1000	1000	1250	2000	600
工作温度/℃	－20~+60	－20~+45	－15~60	－	+	－30~+65

续表

	GM -Ovonic 美国 GM02	日本		法国 SAFT NH - 12.4	德国 VARTA	USABC 中期目标 Midterm target
		松下 EV - 95	JSB HER - 100			
自放电/%	8/48h (21℃)	–	10/月 (25℃)	15/月 (23℃)	–	–
额定电压/V	12	12	12	12	1.2	–
单元电池数/个	10	10	10	10	1	–

　　目前,美国 Ovonic 公司已与通用公司、日本松下已与丰田公司合作计划实现电动车用 MH – Ni 动力电池的产业化。

　　混合型电动车(HEV)的发展促进了高功率 MH – Ni 动力电池的发展。混合型电动车被认为是目前最实用、最具有前景的清洁车型。日本松下与丰田合资生产的混合型电动汽车采用 1.4 L 高效发动机,6.5 Ah 电池 20 只串联,电池组总重 40 kg,耗油下降 1 倍,行程 700 多 km,排污为汽油机的 1/20。该混合型电动汽车于 1997年上市,售价每辆 215 万日元。据估计到 2010 年,将生产 150 万辆电动汽车,其中 95% 将为混合型电动汽车。美国能源部调查结果也表明,HEV 将成为市场的主流产品。估计 2020 年 HEV 将占世界汽车总数的 50%。据日本野村综合研究所分析,MH – Ni 电池由于技术成熟,HEV 所用电池将以 MH – Ni 电池为主(占 95%)。预计从 2006 年至 2020 年,锂离子电池的应用比例将上升至 40%,镍氢电池仍将占 60%,高功率 MH – Ni 电池成为今后发展的趋势。表 6 – 45 为近年来高功率型 MH – Ni 动力电池的开发情况。

　　德国 Varta 公司也开发了 HEV – 10 混合型电动车用高倍率(HP)及超高倍率(UHP)MH – Ni 动力电池,研制的电池最高比功率可达 800 W · kg^{-1}(UHP)。

表 6 - 45　混合电动车用 MH - Ni 电池性能水平

项目	要求 2000 年达到		美国 GM Ovonic		日本松下 Panasonic			德国 VARTA	
	双功能型	辅助型	HEV - 60	HEV - 28	HEV - 20	EV - 28	EV - 6.5		
单元电池数/个	1	1	13	7	12	10	6	1	1
单元电池电压/V	1.2	1.2	13.2	7.2	12	12	7.2	1.2	1.2
容量/Ah	–	–	60	28	20	28	6.5	4	10
质量/kg	–	–	12.2	4.3	5.2	6.5	1.1	0.09	0.19
体积/L	–	–	5.1	2.0	2.3	3.2	–	0.033	–
质量比能量/(Wh·kg^{-1})	60	12	68	50	48	53	44	55	60
体积比能量/(Wh·L^{-1})	135	27	160	102	110	105		150	
输出功率/kW	–	–	7.0	2.4	2.9	1.95	0.55	0.027	0.16
质量比功率/(W·kg^{-1})	–	–	600	550	550	300	500	300	850
体积比功率/(W·L^{-1})	–	–	1400	1200	1300	610	–	800	
功率比能量/(W·Wh^{-1})	25	100	9	11	11.5	6	11	5.5	14
循环寿命/(×1000)	150	250	>20	>20	>20	–	–	–	–

表6-46　各种用MH-Ni电池的电动车和混合电动车主要性能

车名	公司	车性能				电机			电池	
		空重/kg	载人数/人	最高速度/(km·h⁻¹)	续驶里程/km	种类	最大功率,转速/kW,rpm	最大力矩,转速/Nm,(r·min⁻¹)	电压/V	容量/Ah(h)
PLUS	本田	1620	4	130	220	PMSM	49, 8750	28.0kgm, 1700	24×12	95
City Pal	本田	995	2	110	130	PMSM	30	159	24×12	50
RAV 4	丰田	1540	5	125	215	PMSM	50, 3100~4600	190, 0~1500	24×12	95
E-COM	丰田	770	2	100	100	PMSM	18.5, 2300~4500	76, 0~2300	24×12	28
DEMIO	MAZDA	1350	4	100	100	PMSM	40, 6000	147, 2600	16×12	95
LIBERO	三菱	1550	5	140	220	ACIM	55, 3500~15000	150, 0~3500	24×12	100
p-2000 (HEV)	FORD	-	-	-	-	ACIM	56	190	220	4
									280	11
Prius (HEV)	丰田	-	-	-	-	PMAC	-	-40×6	6.5	-
Accent EV	现代	-	-	64	211	-	-	-	NM-90	90

从表6-44和表6-45看，EV的MH-Ni动力电池的性能已接近或达到USABC的中期目标，但离USABC的商业化目标的差距还较大。HEV用MH-Ni动力电池离美国能源部目标也还有差距。

采用MH-Ni动力电池的试用电动汽车的性能列如表6-46，从表6-46可知，试验电动汽车的最高时速达100～140 km·h^{-1}，一次充电续行里程220 km，最高可达600 km。但要实现MH-Ni动力电池的电动汽车的产业化，目前还存在电池价格偏高和电池均匀性的问题。因为在高速度和深放电的条件下，电池之间的容量和电压差较大。

为使MH-Ni动力电池尽快进入商业化应用，在考虑动力电池大容量时，又必须兼顾电池高功率，同时希望将现有成本下降1/3以上。如此综合因素促使人们不仅在原材料及电池结构上开展研究，同时也在不断探求能否以更加新型的方式研制出新型的MH-Ni动力电池。目前美国能源公司开发了一种用于电动车的双极型MH-Ni动力电池。这种电池成本为158美元/(kW·h)，批量生产后还可以进一步降低，而且该电池具有优良的高倍率放电特性，同时寿命长、不漏液。

6.3.10　MH-Ni电池的使用和维护

MH-Ni电池只要正确使用、不滥用，是安全可靠的。MH-Ni电池在贮存或搁置一段时间后，在重新启用前要进行充电，但应避免过充电或过热。如果过充电或滥用，则可能会引起泄气。由于MH-Ni电池泄气时是放出氢气，在空气中可形成潜在的爆炸混合物，所以，正确地掌握MH-Ni电池的充电技术是确保电池安全使用的关键。

MH-Ni电池一般采用恒电流充电，关键是要控制充电电流，以免造成电池温度过高，或造成气体生成速率超过氧气复合速率。

图 6-58 表示 MH-Ni 电池和 Cd-Ni 电池的充电特性比较。电池电压随充电过程而升高。在充电的第 1 阶段，Cd-Ni 电池的温度保持相对稳定，这是因为 Cd-Ni 电池的充电是吸热反应。相反，NH-Ni 电池在充电过程中，温度逐渐升高，因为 MH-Ni 电池的充电是放热反应。当充电容量达到 75%～80% 时，由于正极析出氧气，电压迅速升高，加上氧气的复合反应放热，电池温度升高。当电池充满电进入过充电状态时，电池温度升高，导致电压下降。充电曲线的峰值后的电压下降($-\Delta V$)和温升可作为终止充电的依据。

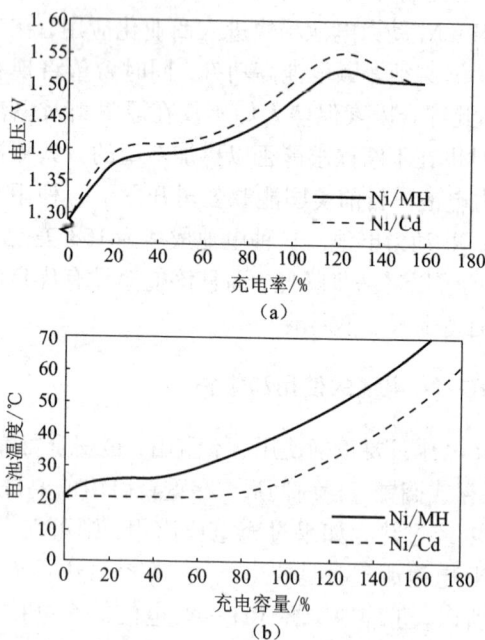

图 6-58　MH-Ni 电池和 Cd-Ni 电池充电特性[68]

(a)电压特性；(b)温度特性

　　MH - Ni 电池的充电电压与充电电流和温度有关。充电电流增大，电极反应的 IR 和过电位升高，引起电压升高。当充电温度升高时，电极反应的内阻和过电位下降，因而电压下降。在高充电率下，电池的温度和内压都会升高。因此，如果选择快速充电，必须严格规范充电制度和充电终点判断，以避免电池泄气和损害电池。

　　充电效率也与温度有关，温度越高，充电效率越低，因为高温促进正极析氧，低温减少氧气析出，充电效率较高，但低温下氧气的复合速率减慢，使电池内压升高。因此，充电方式必须避免出现电池温度过高，防止过充电，能使电池在充电后在放电过程能释放出最大容量。

　　充电控制的目的是防止过充电和温度过高，防止电池损坏，延长电池寿命。常用的 MH - Ni 电池控制方法有以下几种：

　　①限时充电。根据电池性能，设定电池充电时间，该方法只适合低速充电，避免过充电。

　　②电压平台($\Delta V = 0$)控制。当充电时峰值电压出现且电压变化为零时终止充电，该法可防止过充电。

　　③温升速率控制。当温升速度($\Delta T / \Delta t$)达到定值时终止充电。

　　图 6 - 59 是几种充电终止方法的曲线。

　　控制电池的充电量对电池性能有明显的影响，当充电量为 150% 时，电池的放电容量最大，但循环寿命缩短。当充电量为 120% 时，循环寿命最长，但由于是池充电不完全，放电容量减小。图 6 - 60 是控制充电量对电池循环寿命的影响。为防止电池损坏，MH - Ni 电池的充电可选用从低速充电到快速充电的几种方法。

　　①慢充电　该方法是以 0.1C 进行恒流充电，通过限制时间终止充电。一般在充电量达 150% 后终止充电(约 15 h)。在慢充电的条件下，气体生成速率不会超过氧气复合速率。慢充电的温

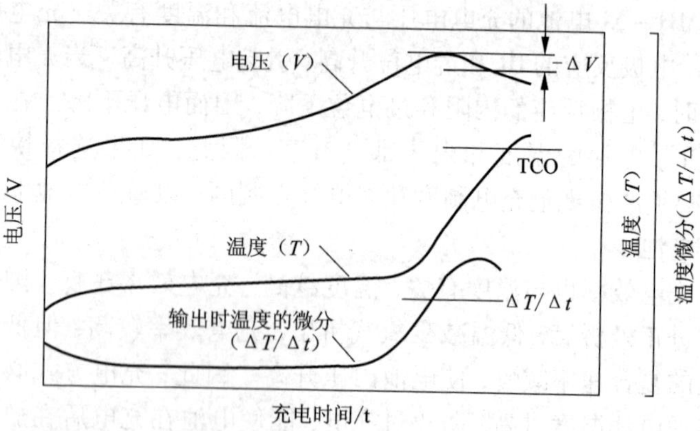

图6-59 充电终止方法的比较(TCO、ΔT/Δt、-ΔV)[52]

-ΔV(电压下降法);TOC(40℃终止充电);ΔT/Δt(温升速率控制法)

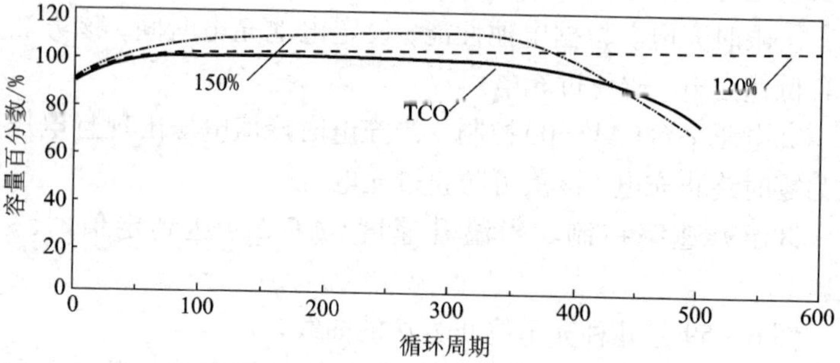

图6-60 控制充电量对电池循环寿命的影响[68]

(1℃率充电,1℃率放电,终止电压1.0V;TCO-40℃时终止充电;
120%-充电量为120%时终止充电;150%-充电量为150%时终止充电)

度控制在5~45℃,在15~30℃时充电,电池性能最好。

②快充电(4~5 h)。放电状态的电池以0.3C充电,充电时间应保证电流充入150%的电量(4.5~5 h)。另外配备温度终止充电措施,当温度达到55~60℃时即终止充电。为保证100%充

电,在充电终止后以 0.1C 补充充电一段时间。

③急充电(1 h)。以 0.5~1 率恒流充电。在高充电率下充电时,应在过充电初期终止充电,常用温升速率($\Delta T/\Delta t$)法控制终止充电。同时将温度终止充电法(TCO)作为辅助方法同时使用。$\Delta T/\Delta t$ 法终止充电的温升速率控制为 1℃/min,TCO 法终止充电的温度控制为 60℃

④涓流充电。为了保证电池保持在荷电状态,可在以上任何一种充电方法完成后进行涓流充电,涓流充电采用 0.03C~0.05C 率充电,温度控制为 10℃~35℃。

⑤三段充电法。三段充电法可快速将电池充满电,且不会造成过充电或高温。

第一阶段:以 1C 率充电,采用 $\Delta T/\Delta t$ 法或 $-\Delta V$ 法终止充电。

第二阶段:以 0.1C 率继续充电 0.5~1 h。

第三阶段:以 0.02~0.05C 充充电,并采用温度终止(T)法控制终止充电,使温度不超过 60℃。

6.3.11 MH-Ni 电池的发展前景

随着电子、通讯事业的迅速发展,MH-Ni 电池的市场迅速扩大。

电动车大容量方型 MH-Ni 电池的开发,将是一更为巨大的市场。一辆电动车(按 100 Ah,150 V)所需电池约 12500 Ah。美国 Ovonic 公司已开发出电动车用 MH-Ni 电池。日本松下电池公司、丰田公司、东北电力公司都相继研制成 MH-Ni 电池的电动汽车。我国也开始研究以 MH-Ni 电池为动力的电动车。

可以预料,高容量、污染小、寿命长的绿色 MH-Ni 电池将是 21 世纪应用最广的高能电池之一。

第 7 章　锂电池

7.1　概　述[74]

　　锂电池是用金属锂作负极活性物质的电池的总称。由于锂的标准电极电位最负(-3.045 V),因此,以锂为负极组成的电池具有比能量大,电池电压高的电性能,并且放电电压平稳,工作温度范围宽(-40℃ ~50℃),低温性能好,贮存寿命长等优点。

　　1962 年以来,美国、日本、法国、德国和我国都在进行锂电池的研制和生产,现已有 6 个品种商品化：$Li - I_2$, $Li - Ag_2CrO_4$, $Li - (CF_x)_n$, $Li - MnO_2$, $Li - SO_2$, $Li - SOCl_2$。这些锂电池已应用于心脏起搏器、电子手表、计算器、录音机、无线电通讯设备、导弹点火系统、大炮发射设备、潜艇、鱼雷、飞机及一些特殊的军事用途。目前生产的多是一次锂电池,锂二次电池尚处于研究阶段。

　　日本在锂电池的研制和应用方面,目前处于世界领先地位。1970 年以后,日本松下电器公司研制成功 $Li - (CF_x)_2$ 电池并得到应用,1976 年该公司研制的 $Li - MnO_2$ 电池,首先在计算器等领域应用。1988 年,日本锂电池产量已超过 2.3 亿只。

7.1.1　锂电池的特性

　　表 7 - 1 列出锂电池与其他电池性能比较,各种电池系列的比功率和比能量如图 7 - 1 所示。

表 7-1　D 型锂电池与其他电池的性能

电池	比能量 Wh·kg^{-1}	比功率 W·kg^{-1}	开路电压 V	工作温度 C	贮存寿命(20℃) 年
Zn-MnO$_2$	66	55	1.5	-10~55	1
Zn-MnO$_2$(碱性)	77	66	1.5	-30~70	2
Zn-HgO	99	11	1.35	-30~70	>2
Li-SO$_2$	330	110	2.9	-40~70	5~10
Li-SOCl$_2$	550	550	3.7	-60~75	5~10

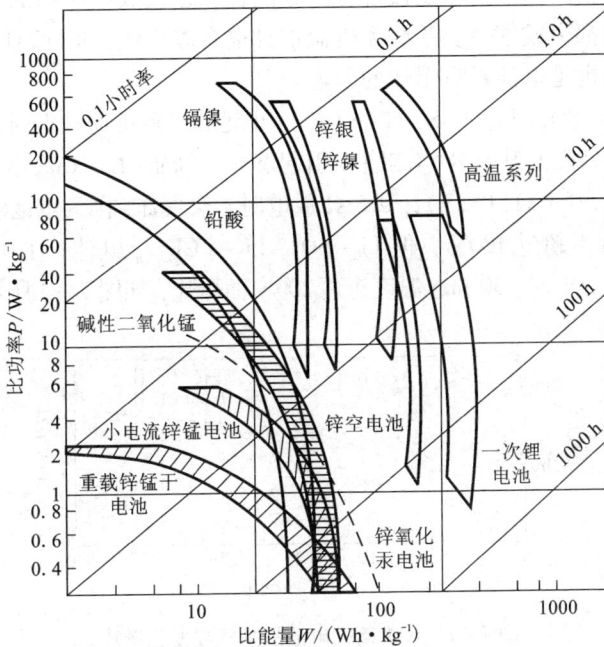

图 7-1　各种电池系列的比功率与比能量

从图 7-1 看，一次锂电池的比能量高于锌-银、锌-镍、镉-镍、铅酸、锌-锰、碱性锌-锰电池。比功率比锌-锰电池好，但重负荷特性不及镉－镍和锌－银电池。

锂电池的湿贮存寿命长。因为锂电池在湿贮存期间在锂表面形成一层钝化膜而阻止金属锂进一步腐蚀。

锂电池的安全性是值得特别重视的一个问题。在短路或某些重负荷条件下，某些有机电解质锂电池及非水无机电解质锂电池都有可能发生爆炸。通常认为爆炸是由于反应发生的热使电池温度升高，而温度升高又促使电池反应加速。温度在某些点超过锂的熔点（180℃），溶剂易挥发，因此，溶剂蒸气以及反应生成的气体形成很高的压力。正极含有的碳微粒和正极放电产物的硫，在高温下都生成气体。某些无机盐本身也有爆炸性（如 $LiClO_4$），隔膜分解也是电池具有爆炸的因素。

$Li-SO_2$，$Li-CuS$，$Li-(CF_x)_n$ 电池，当重负荷放电时，往往使电池外壳温升至180℃以上，引起爆炸。例如：$Li-CuS$ 电池，在 $0.01\ \Omega$，$0.1\ \Omega$，$0.25\ \Omega$，$0.5\ \Omega$ 放电时不会爆炸，因为电池温度在 $5\ min$ 内不超过 $100℃$。但 $Li-SO_2$，$Li-(CF_x)_n$ 电池，在 $0.1\ \Omega$，$0.25\ \Omega$ 放电时，$30\ min$ 温度超过 $200℃$ 而爆炸，如图 $7-2$ 所示。

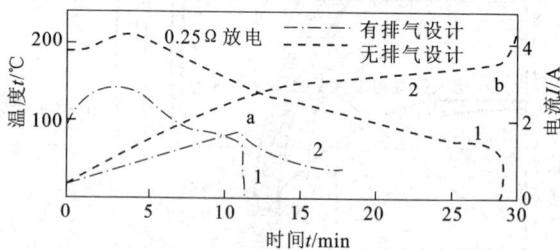

图 7 - 2　R11 筒式电池的排气或发生爆炸

1—放电电流；2—电池温度；a—排气；b—发生爆炸

防止锂电池爆炸的措施是在电池内安装透气片，当达到一定温度（如100℃）或一定压力（如3.5 MPa）时，透气片破裂，气体逸出，电池不致爆炸。但这种结构，会使有毒气体或有腐蚀性气体外溢，造成污染。因此，有的在单体电池内装一根保险丝。也有的在隔膜上镀上一层石蜡状材料，当温度超过一定值时，石蜡状物质熔融而将多孔隔膜的孔洞堵塞，造成放电中止防止电池爆炸。

有些锂电池引起爆炸的原因至今仍不十分清楚。短路、强迫过放电、充电等都可能引起爆炸，必须慎重对待。

7.1.2　锂电池命名方法（CB10077 标准）

7.1.2.1 单体锂电池型号命名

单体锂电池型号由四部分组成。

第一部分为体系字母代号，如表 7 - 2 所示。

表 7 - 2　锂电池体系字母代号

代号	B	C	D	E	I	W	K
体系	$Li-(CF_x)_n$	$Li-MnO_2$	$Li-Bi_2O_3$	$Li-SOCl_2$	$Li-I_2$	$Li-SO_2$	$Li-CuS$

第二部分为形状字母代号，R 表示细长圆柱形；S 表示方形；F 表示扁方形。

第三部分用阿拉伯数字表示电池尺寸。

第四部分电池工作特性代号，如表 7 - 3 所示。

表 7 - 3　电池工作特性代号

代号	蓄电池	放电倍率			高温环境（100~150℃）
		低	中	高	
特性	A	不表示	M	H	S

【例1】　CF241406 表示 $Li-1MnO_2$ 扁方形电池。电池尺寸为 24 mm × 14 mm × 6 mm。

对于 D 型电池,数字表示电池容量,用两位整数表示,只取小数点后面的一位,但小数点不表示。容量小于 1.0 Ah 时,十位上为"0"。

【例2】 ID09 表示容量为 0.9 Ah 的 D 型 $Li-I_2$ 电池。

【例3】 VR14505A 表示直径为 14.5 mm,高度为 50.5 mm,容量为 0.5 Ah 的圆柱形 $Li-V_6O_{13}$ 蓄电池。

【例4】 ER26500MS 表示直径为 26.2 mm,高度为 50 mm,容量为 4.5 Ah,以中等速率放电,具有卷式电极结构,能在高温环境下工作的圆柱形 $Li-SOCl_2$ 电池。

7.1.2.2 锂电池组型号命名

锂电池组型号由三部分组成。

第一部分为串联代号,用阿拉伯数字表示单位电池的串联数目,第二部分为单体锂电池型号,第三部分为并联代号,由"-"和阿拉伯数字组成,当没有串联时,数字表示单体电池的并联个数,当有串联时,(构成一路),数字表示并联的路数,此时电池组内单体电池的总数为串、并两个数字的乘积。

【例5】 5ER13205 表示直径 13.5 mm,高度 20.5 mm,容量 0.3 Ah 的圆柱形 $Li-SOCl_2$ 电池,5 只串联构成电池组。

ER13205 -7 表示 7 只 ER13205 电池构成电池组。

【例6】 9WR26505 -9 表示直径为 26.5 mm,高为 50.5 mm 的圆柱形单体 $Li-SO_2$ 电池,先 9 只串联,再 9 路并联,共 81 只电池构成电池组。

S,F 型电池第三部分表示尺寸,F 形电池最后两位数字表示厚度。

【例7】 WS341818 表示尺寸为 18 mm×18 mm×34 mm,容量为 1.1 Ah 的 $Li-SO_2$ 方形电池。

ES2609550 表示 50 mm×95 mm×260 mm,容量为 500 Ah 的方形 $Li-SOCl_2$ 电池。

7.1.3　锂电池分类

锂电池分类有不同的方法。按可否充电，分一次锂电池和二次锂电池。如按电解质的种类，分为有机电解质锂电池和无机电解质锂电池。锂电池通常按电解质性质分类。

7.1.3.1　锂有机电解质电池

锂有机电解质电池以常温下为液态的有机溶液作电解质，如 $LiClO_4$ 的 PC（碳酸丙烯酯）溶液。

电池的电化学表达式为

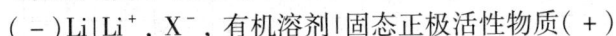
$$(-)Li\,|\,Li^+,\ X^-,\ 有机溶剂\,|\,固态正极活性物质\,(+)$$

工业上已应用的这类电池有 $Li-SO_2$ 电池，$Li-MnO_2$ 电池等。

7.1.3.2　锂无机电解质电池

电解质常温下为液态的无机非水溶液。常用的无机电解质有 $LiAlCl_4$ 的 $SOCl_2$（亚硫酰氯）溶液。电池的电化学表达式为

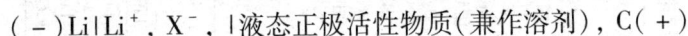
$$(-)Li\,|\,Li^+,\ X^-,\ |\,液态正极活性物质（兼作溶剂），C\,(+)$$

如锂 – 亚硫酰氯电池。

7.1.3.3　固体电解质电池

电解质为 Li^+ 传导的固态物质，电池表达式为

$$(-)Li\,|\,Li^+,\ X^-,\ 固体电解质\,|\,固态正极活性物质\,(+)$$

如锂 – 碘电池。

7.1.3.4　锂熔盐电池

电解质在常温下为固态，高温下为液态的无机盐如 $LiCl$ 和 KCl 的低共熔体。电池的表达式为

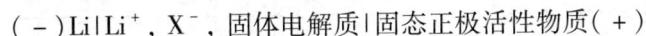
$$(-)Li(Al)\,|\,2Li^+,\ X_1^-,\ X_2^-（高温）\,|\,固态正极活性物质（金$$

属或碳集流体）$(+)$

如锂 – 二硫化铁电池。

表 7 – 4 列出了锂电池的类型和性能，表 7 – 5 是国产锂电池的性能。

表 7-4　锂电池类型及性能

电池分类	电池名称	正极	电解质	负极	开路电压/V	工作电压/V	比能量/(Wh·kg⁻¹) 理论	实际
一次电池（有机电解质电池）	锂-聚氟化碳电池	$(CF_x)_n$	$LiClO_4-PC$	Li	3.14	2.6	3280	320
	锂-聚氟化四碳电池	$(C_4F)_n$	$LiAsF6-PC-THF$	Li	3.14	2.9	2019	154
	锂-氯化银电池	$AgCl$	$LiAlCl_4-PC$	Li	2.84	2.5	600	66
	锂-二氧化锰电池	MnO_2	$LiClO_4-PC+DME$	Li	3.5	2.8	768	300
	锂-五氧化二钒电池	V_2O_5	$LiAsF_6+LiBF_4-MF$	Li	3.5	3.2	477	57
	锂-三氧化钼电池	MoO_3	$LiAs_5F_6-MF$	Li	3.3	2.6	656	200
	锂-氧化铜电池	CuO	$LiClO_4-PC+DME$	Li	2.4	1.5	913	300
	锂-二氧化硫电池	SO_2	$LiBr-SO_2+AN+PC$	Li	2.95	2.7	1114	280
	锂-硫化铜电池	CuS	$LiClO_4-THF+DME$	Li	3.5	1.8	1100	250
	锂-二硫化铁电池	FeS_2	$LiClO_4-PC+THF$	Li	1.8	1.8	720	150
	锂-铬酸银电池	Ag_2CrO_4	$LiClO_4-PC$	Li	3.35	3.0	520	178
	锂-铋酸铅电池	$Pb_2Bi_2O_5$	$LiClO_4-DIO$	Li	1.8	1.5	195	90
无机电解质电池	锂-亚硫酰氯电池	$SOCl_2$	$LiAlCl_4-SOCl_2$	Li	3.65	3.3	1460	4.5
固体电解质电池	锂-碘电池	$P_2V_p\cdot nI_2$	LiI	Li	2.8	2.78	1900 Wh·L⁻¹	650 Wh·L⁻¹
高温电池	锂-二硫化铁电池	FeS_2	$LiCl-KCl(450℃)$	LiAl	2.53	1.7	650	100
二次电池（有机电解质电池）	锂-二硫化钛电池	TiS_2	$LiAsF_6-2MeTHF$	Li	2.5	2.1	564	120
	锂-硫化铜电池	CuS	$LiAsFe-THF$	Li	3.5	1.8	1100	90
	锂-十三氧化六钒电池	V_6O_{13}	$LiAsF_6-2MeTHF$	Li	3.0	2.2	636	159
	锂-二氧化硫电池	SO_2	$LiGaCl_4-AN+SO_2$	Li	2.95	2.7	1114	165
固体电解质电池	锂-二硫化钛电池	TiS_2	$LiI-Al_2O_3$	LiSi	2.4	/	564	/

表 7-5　国产锂电池性能

柱式锂电池(组)

型号 国际GB	型号 IEC	最大外形尺寸/mm 直径	最大外形尺寸/mm 高	考质量/g	公称电压/V	终止电压/V	典型工作电流/mA	容量/mAh	最大连续放电电流/mA	其他对应型号
一、锂-亚硫酰氯系列										
ER12130		12.0	13.0	5.0	3.6	2.5	1.0	70	5.0	
ER13459		13.3	45.9	15.0	3.6	2.5	1.0	1100		L31
ER14250	1/2R6	14.5	25.0	13.0	3.6	2.5	6.0	800		1/2AA
ER14335	2/3R6	14.5	33.5	14.0	3.6	2.5	4.0	1200		2/3AA
ER14505	R6	14.5	50.5	19.0	3.6	2.5	13	1200		AA
ER25187		25.0	18.7	22.0	3.6	2.5	150	1000		
ER26500	R14	26.2	50.0	52.0	3.6	2.5	35	5000		C
ER34615	R20	34.2	61.5	100	3.6	2.5	75	10000		D
二、锂-二氧化锰系列										
CR14250	1/2R6	14.5	25.0	9.0	3.0	2.0	1.0	600		1/2AA
CR14335	2/3R6	14.5	33.5	13.5	3.0	2.0	10	800		2/3AA
CR14505	R6	14.5	50.5	18.0	3.0	2.0	10	1000	200	AA
CR17335		17.0	33.5	17.0	3.0	2.0	30	1300	1000	2/3A
CR25187	25.0	18.7	22.0	3.0	2.0	200	850			
三、锂-二氧化硫系列										
WR14505	R6	14.5	50.5	17.0	2.8	2.0	45	1100	200	AA
WR20590	20.2	59.0	40.0	2.8	2.0	280	2000	1000	B	
WR26500	R14	26.2	50.0	50.0	2.8	2.0	125	3400	1000	C

续表

型号		最大外形尺寸/mm		参考质量/g	主要电性能参数					其他对应型号
国际GB	IEC	直径	高		公称电压/V	终止电压/V	典型工作电流/mA	容量/mAh	最大连续放电电流/mA	
WR34615	R20	34.2	61.5	90.0	2.8	2.0	1750	8300	4000	D
四、典型电池(组)系列										
2ER34320		34.2	66.0	120	7.2	5.0	35	3000		
4ER25187		26.2	76.0	100	14.4	10.0	150	1000		
CR－P2					6.0	4.0	10	1300	1000	
2CR5　34.0(L)×17(W)×45(H)					6.0	4.0	10	1300	1000	
4CR25187		26.2	76.0	96	12.0	8.0	200	850		
扣式锂－二氧化锰系列										
CR1130		11.6	3.0	1.1	3.0	2.0	0.10	50	1.5	
CR1120		12.5	2.0	0.8	3.0	2.0	0.10	35	1.5	
CR1620		16.0	2.0	1.5	3.0	2.0	0.10	60	1.8	
CR2016		20.0	1.6	1.9	3.0	2.0	0.20	60	1.8	
CR2025		20.0	2.5	2.5	3.0	2.0	0.20	170	1.8	
CR2032		20.0	3.2	3.0	3.0	2.0	0.20	170	1.8	
CR2030		24.5	3.0	4.0	3.0	2.0	0.20	200	1.8	
CR2450		24.5	5.0	5.3	3.0	2.0	0.20	500	1.8	

注：柱式电池储存期为10年,扣式电池储存期为3年。

7.2　锂电池的工作原理

锂电池的负极反应是：

$$Li \rightleftharpoons Li^+ + e$$

锂电池正极反应有两种情况：一种是放电时，作为正极活性物质的卤化物、硫化物、氧化物、含氧酸盐及单质元素等还原成低价金属离子或元素，形成新的物相。如

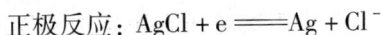

正极反应：$AgCl + e \rightleftharpoons Ag + Cl^-$

CuS 正极分步还原反应：

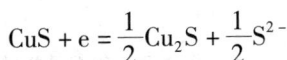

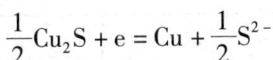

$$CuS + e = \frac{1}{2}Cu_2S + \frac{1}{2}S^{2-}$$

$$\frac{1}{2}Cu_2S + e = Cu + \frac{1}{2}S^{2-}$$

另一种正极反应是还原后不出现新相。这类活性物质具有层状或隧道式晶体结构。来自负极的电子进入晶格内，使晶体中的某一金属离子还原，但晶体结构不发生变化。晶体中多余的负电荷由电解质进入晶格而得到补偿。如 MnO_2 和 TiS_2 的还原。

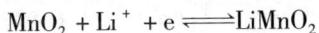

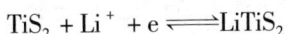

$$MnO_2 + Li^+ + e \rightleftharpoons LiMnO_2$$

$$TiS_2 + Li^+ + e \rightleftharpoons LiTiS_2$$

7.3　锂电池的组成

锂电池由负极、正极和电解液三大部分组成。

7.3.1　锂负极

表 7-6 列出了常用负极材料的性能。从表中可知，锂仅仅在体积比能量不及铝、镁等金属。但铝的电化学性能差，未能成

为良好的负极物质,镁的实际工作电压比较低。而锂具有良好的电化学性质和机械延展性。锂的密度最小,仅为水的密度的一半。锂能与水发生剧烈反应,生成 LiOH 和 H_2。所以,锂电池生产过程必须保持十分干燥,通常在 1% ~2% 相对湿度环境中才能可靠地工作。锂是良导体,电池中锂的利用率高达 100%。制造电池的锂要求纯度在 99.9% 以上。杂质允许含量是: $Na_2O \leqslant$ 0.015%,$w(K) \leqslant 0.01\%$,$w(Ca) \leqslant 0.06\%$。

锂电极制备主要有三种方式:

①片式。将二片锂片用滚轮压在银网或镍网的两面,加压粘合。

表7-6　常用负极材料的性能

负极材料	原子量	φ^o /V	ρ /(g·cm^{-3})	熔点 /℃	化合价	电化当量		
						/(Ah·g^{-1})	/(g·Ah^{-1})	/(Ah·cm^{-3})
Li	6.94	-3.05	0.54	180	1	3.86	0.259	2.08
Na	23.0	-2.7	0.97	97.8	1	1.16	0.858	1.12
Mg	24.3	-2.4	1.74	650	2	2.20	0.454	3.8
Al	26.9	-1.7	2.7	659	3	2.93	0.335	8.1
Fe	55.8	-0.44	7.85	1528	2	0.96	1.04	7.5
Mn	65.4	-0.76	7.1	419	2	0.82	1.22	5.8
Cd	112	-0.40	8.65	321	2	0.48	2.10	4.1

②涂膏式。将锂粉(< 20 μm)、镍粉(< 10 μm)、羧甲基纤维素(2% 二甲亚砜溶液)混合物的矿物油悬浮液涂在镍网上,加压成型。

③电镀式。在 $LiAlCl_4$ 电解液中电镀,加些染料(如若明丹染料等),可以使镀层牢固而不脱落。

7.3.2 正极物质

锂电池的正极物质种类繁多,对正极物质的要求是能与锂匹配,可以提供较高压电压的电极,正极物质应有较高的比能量和对电解液有相容性,即与电解液不起反应或不溶解。正极物质最好能导电。对导电性不够的正极物质可添加一定量的导电添加剂,如石墨等。常用的正极材料有 SO_2,$SOCl_2$,$(CF_x)_n$,CuO,MnO_2 等。表 7-7 列出了常用锂一次电池的正极材料。

7.3.3 电解液

锂与水作用会引起爆炸。所以,锂电池的电解液采用非水电解液,分为有机电解液和非水无机电解液。无机非水电解液有 $LiAlCl_4$ 的亚硫酰氯($SOCl_2$)溶液,$LiAlCl_4$ 的硫酰氯(SO_2Cl_2)溶液。这种电解液中的无机溶剂既是溶剂,又充当正极活性物质。

锂电池对溶剂的要求是:不与锂和正极发生反应,具有高的离子传导,在电池使用温度范围内呈液态,物理性能好等。锂电池中常用的有机溶剂有腈(AN),γ-丁内酯(BL)、1,2-二甲氧基乙烷(1,2-DME)、碳酸丙烯酯(PC)和四氢呋喃(THF)。

有机溶剂的导电性差,一般加入适量的锂盐,以达到足够的离子传导。常用的锂盐有 $LiCl$,$LiClO_4$,$LiBr$,$LiAlCl_4$,$LiBF_4$,$LiAsF_6$等。对溶质的要求是能溶于有机溶剂并离解形成导电电解液,但形成的电解液对活性物质是惰性的。

7.4 锂有机电解质电池

锂有机电解质电池的电解质是有机溶剂加无机盐溶质。目前,已得到应用的锂有机电解质电池有 $Li-MnO_2$,$Li-SO_2$,$Li-(CF_x)_n$。

表7-7　锂一次电池的正极材料

正极材料	分子量	化合价的变化	密度 g·cm⁻³	理论电化当量(正极)			电池反应	单体电池的理论值	
				g·cm⁻³	Ah·cm⁻³	g·Ah⁻¹		电压/V	比能量/(Wh·kg⁻¹)
SO_2	64	1	1.37	0.419		3.39	$Li + 2SO_2 \rightarrow LiS_2O_4$	3.1	1170
$SOCl_2$	1.9	2	1.63	0.450		2.22	$4Li + 2SOCl_2 \rightarrow 4LiCl + S + SO_2$	3.65	1470
SO_2Cl_2	135	2	1.66	0.397		2.52	$2Li + SO_2Cl_2 \rightarrow 2LiCl + SO_2$	3.91	1405
Bi_2O_3	466	6	8.5	0.35	2.97	2.86	$6Li + Bi_2O_3 \rightarrow 3Li_2O + 2Bi$	2.0	640
$Bi_2Pb_2O_5$	912	10	9.0	0.29	2.64	3.41	$10Li + Bi_2Pb_2O_5 \rightarrow 5Li_2O + 2Bi + 2Pb$	2.0	544
$(CF_x)n$	$(31)n$	1	2.7	0.86	2.32	1.16	$nLi + (CF)_n \rightarrow nLiF + nC$	3.1	2180
CuO	79.6	2	6.4	0.67	4.26	1.49	$2Li + CuO \rightarrow Li_2O + Cu$	2.24	1280
FeS_2	119.9	4	4.9	0.89	4.35	1.12	$4Li + FeS_2 \rightarrow 2Li_2S + Fe$ (Ⅵ)　(Ⅲ)	1.75	920
MnO_2	86.9	1	5.0	0.31	1.54	3.22	$Li + MnO_2 \rightarrow MnO_2(Li)$	3.5	1005
Ag_2CrO_4	331.8	2	5.6	0.16	0.90	6.25	$2Li + Ag_2CrO_4 \rightarrow Li_2CrO_4 + 2Ag$	3.35	515
V_2O_5	181.9	1	3.6	0.15	0.53	6.66	$Li + V_2O_5 \rightarrow LiV_2O_5$	3.4	490

7.4.1 Li – MnO₂ 电池

Li – MnO$_2$ 电池的比能量可达 200Wh $\cdot$ kg^{-1} 和 400Wh $\cdot$ L^{-3}，电压 3V，是锂电池中拥有最大市场的商品电池，一般做成扣式或圆柱形，目前正在发展矩形大容量电池。日本汤浅公司的矩形 Li – MnO$_2$ 电池的容量为 1000 Ah。

7.4.1.1 电池反应

Li – MnO$_2$ 电池以 Li 为负极。正极活性物质是经专门热处理过的电解 MnO$_2$ 粉末。电解质为 LiClO$_4$ 溶解于 PC 和 1,2 – DME 混合有机溶剂中。Li – MnO$_2$ 的电化学表达式为

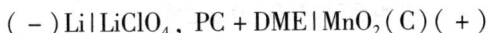

$$(-)\text{Li}|\text{LiClO}_4, \text{PC} + \text{DME}|\text{MnO}_2(\text{C})(+)$$

负极反应：$\text{Li} \Longleftrightarrow \text{Li}^+ + e$

正极反应：$\text{MnO}_2 + \text{Li}^+ + e \Longleftrightarrow \text{MnOOLi}$

总反应：$\text{Li} + \text{MnO}_2 \rightarrow \text{MnOOLi}$

反应结果，Li$^+$ 进入 MnO$_2$ 晶格中，在 MnOOLi 中的 Mn 是 +3 价。

7.4.1.2 Li – MnO₂ 电池的组成和结构

Li – MnO$_2$ 电池正极制作有粉末式和涂膏式。粉末式是把 MnO$_2$ 粉、炭粉、合成树脂粘合剂的混合物，加压成型；涂膏式是把 MnO$_2$ 粉、碳粉、粘合剂调成膏状，涂在集电体上，进行热处理形成薄式电极。电解液采用碳酸丙烯酯（PC）和乙二醇二甲醚（即二甲氧基乙烷），以 1∶1 混合，溶质为 1 mol $\cdot$ L^{-1} 的 LiClO$_4$。

正极制作时，MnO$_2$ 粉的热处理是关键。在 Li – MnO$_2$ 电池中，α – MnO$_2$ 性能最差，γ – MnO$_2$ 较差，β – MnO$_2$ 较好，γ – β – MnO$_2$ 性能最好。图 7 – 3 为各种晶形 MnO$_2$ 的放电特性。图 7 – 4 表示各种温度热处理的 MnO$_2$ 的放电特性，图中表明 MnO$_2$ 的热处理温度采用 300℃ ~ 350℃，可以获得 γ – β 型的 MnO$_2$。

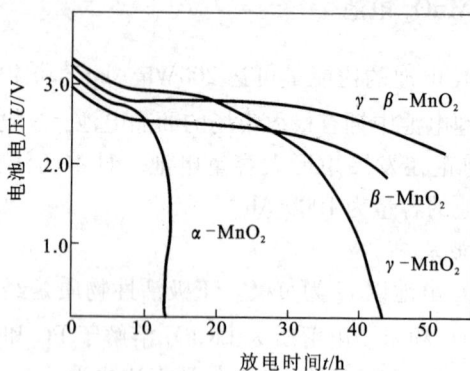

图 7-3   各种晶形 MnO_2 的放电特性

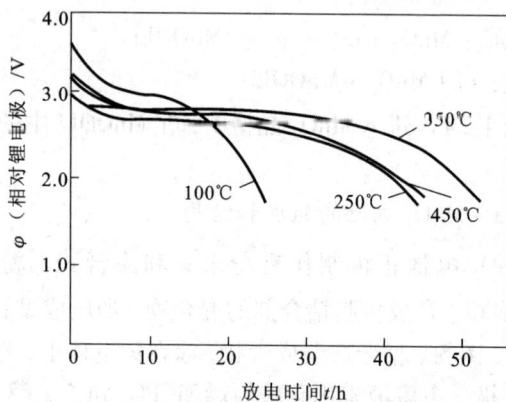

图 7-4   各种温度热处理的 MnO_2 的放电特性

Li – MnO_2 电池有扣式、圆筒式和方形三种，外形结构如图 7-5所示。扣式电池是小容量电池，圆筒和方形可制成大容量电池。

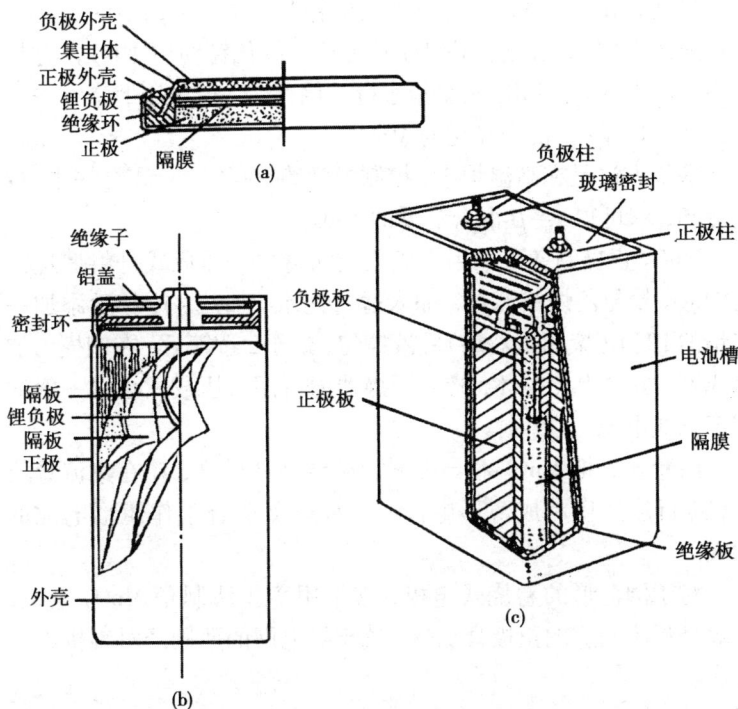

负极外壳
集电体
正极外壳
锂负极
绝缘环
正极
隔膜
(a)

绝缘子
铝盖
密封环
隔板
锂负极
隔板
正极
外壳
(b)

负极柱
玻璃密封
正极柱
负极板
正极板
电池槽
隔膜
绝缘板
(c)

图 7 – 5　Li – MnO$_2$ 电池结构

(a)扣式；(b)圆筒形；(c)方形

7.4.1.3　扣式 Li – MnO$_2$ 电池制造工艺

Li – MnO$_2$ 电池制造主要包括锂负极制备，MnO$_2$ 正极制备、电解液配制和电池装配等工序。

(1)锂负极制备

扣式 Li – MnO$_2$ 电池用锂负极，是在相对湿度小于 2% 的手套箱中，将锂带冲压成规定的圆片，放在玻璃磨口瓶中备用。

（2）MnO_2 正极制备

最适合作 $Li-MnO_2$ 电池正极的锰粉应是 $\gamma-\beta$ 型的 MnO_2。而一般的电解二氧化锰（EMD）或化学二氧化锰粉（CMD）含有相当多的 α 和 γ 相 MnO_2 及少量水分。因此，一般采用煅烧方法脱水并转化成 $\gamma-\beta$ 混合晶型的 MnO_2。

煅烧方法是在高温炉中，控制温度约360℃，恒温数小时，自然冷却，即可得 $\gamma-\beta$ 混合晶型的 MnO_2。

MnO_2 正极制备可采用压成式或涂膏式。压成式是将煅烧过的 MnO_2 粉与乙炔黑混合，加入适量纯水，加热，冷却后添加一定量的 PTFE（聚四氟乙烯）乳液搅匀，烘干，过筛后，在钢模内加压成型，并套上支撑环，置于干燥器内备用。压成式正极一般适用于扣式电池。

涂膏式是把 MnO_2 和导电剂加粘结剂调成膏，涂在集流骨架上，进行热处理制成薄形电极。这种电极适合于作矩形电池的正极。

对于圆筒形的卷烧式电极，常采用滚压法制备 MnO_2 电极，一般是将配制好的正极膏加热，置于导电网的两侧经对辊机滚压而成。

（3）电解液配制

$Li-MnO_2$ 电池用电解液是将 $LiClO_4$ 溶于 PC（碳酸丙烯酯）与 DME（乙二醇二甲醚）的混合有机溶剂中，为保证电解液的性能，必须对 $LiClO_4$，PC，DME 进行提纯处理。

$LiClO_4$ 脱水。将含有结晶水的 $LiClO_4$，首先放在干燥箱中烘干，直至变成白色粉末，然后转到真空干燥箱中，控制温度180℃，直至完全脱水为止。

PC，DME 提纯采用蒸馏法。PC 沸点高（241℃），常用减压蒸馏。当压力降至 666Pa 时，PC 沸点降至100℃左右，蒸馏 PC 的操作是将锂带放入磨口三颈瓶中，注入 PC，接入减压蒸馏系统，抽真空，用油浴加热到 120℃，直至蒸馏结束，弃去初、末馏分。将蒸出的中间馏分收集在磨口瓶中，再放入锂带除去微量水备用。

DME 沸点低 (85.2℃)，可用常压蒸馏法提纯，一般控制油浴温度 100℃。

电解液配制在干燥空气环境中进行，以配制 $1\ mol\cdot L^{-1}$ $LiClO_4$ - PC + DME 电解液为例。称取 106.5gLiClO$_4$ 粉末加入 PC 与 DME 质量比为 1:1 的混合液剂中，直至满 1000 mL 为止，放入少许光亮锂带以除去微量水分。一般水的含量应小于 0.005%。

(4)电池装配

锂电池装配都在手套干燥箱或干燥室内进行。扣式电池装配是将锂负极放在负极盖内，用冲头使锂片与集流网密合，在上面放上一张隔膜片。将正极片放在电解液内浸泡少许时间，取出放在隔膜之上，扣上电池壳，封口。

7.4.1.4　Li - MnO$_2$ 电池特性

Li - MnO$_2$ 电池的开路电压约为 3.5 V，工作电压 2.9 V，终止电压 2.0 V，约为锌 - 二氧化锰干电池的两倍，比能量可达 250 Wh·kg^{-1} 及 500 Wh·L^{-1} 以上，约为铅蓄电池的 5~7 倍。

图 7 - 6 为 Li - MnO$_2$ 在 PC - DME 有机溶液中分别以 0.6 mA·cm^{-2}，1 mA·cm^{-2}，3 mA·cm^{-2}，5 mA·cm^{-2} 电流密度的恒电流放电曲线。MnO$_2$ 在上述放电条件下的利用率分别为 52%，87%，60%，20%。

Li - MnO$_2$ 电池工作温度范围宽 (-20℃ ~50℃)，贮存性能好，自放电小。贮存和放电过程无气体析出，安全性好。因此，中、小容量的 Li - MnO$_2$ 电池适合于作袖珍电子计算机、电子打火机、照相机、助听器、小型通讯机的电源。大容量的 Li - MnO$_2$ 电池是军事方面应用的理想电源。

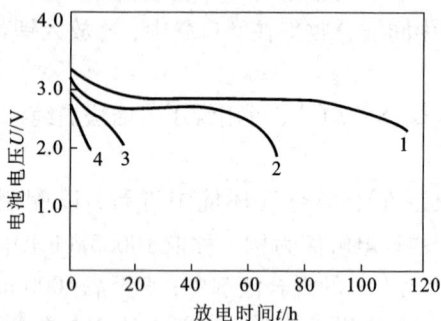

图 7 – 6　Li – MnO$_2$ 电池恒电流放电曲线

放电电流：1—0.6 mA · cm^{-2}；2—1 mA · cm^{-2}；
3—3 mA · cm^{-2}；4—5 mA · cm^{-2}

7.4.2　Li – SO$_2$ 电池

Li – SO$_2$ 电池是 1971 年发表的专利，其特点是高功率输出，低温性能较好，适合于军用。

7.4.2.1　Li – SO$_2$ 电池组成

Li – SO$_2$ 电池都是圆筒卷式结构。正极是将聚四氟乙烯（PTFE）和炭黑的混合物，压在铝网骨架上，正极活性物质 SO$_2$ 以液体形式加入电解液中。负极是 0.38 mm 锂片，滚压在铜网上。

电解质溶液采用碳酸丙烯酯（PC）和乙腈（AN）的混合溶剂，电解质为 1.8 mol · L^{-1} 的 LiBr，隔膜是多孔聚丙烯。

电池的电化学表达式为

　　（ – ）Li | LiBr – AN, PC, SO$_2$ | C（ + ）

电池反应：$2Li + 2SO_2 \longrightarrow LiS_2O_4$（连二亚硫酸锂）

锂电池的生产环境要求温度 21℃，湿度 < 2%，室内空气用氧化铝、硅胶、LiCl 或分子筛干燥。

7.4.2.2　Li - SO₂ 电池制造工艺

卷式圆筒形 Li - SO₂ 电池结构如图 7 - 7 所示。

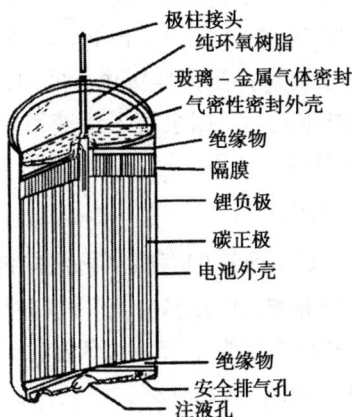

图 7 - 7　Li - SO₂ 电池结构

电池制造的主要工序是：锂负极成型，多孔碳电极制作，电解液配制等。

电池制造的主要工序是：锂负极成型，多孔碳电极制作，电解液配制等。

（1）多孔碳电极制作

多孔碳电极是用于吸收正极活性物质 SO_2 的载体。电极的制法是按质量比 $m(乙炔黑)：m(PTFE 乳液) = 90：10$，再加适量乙醇混合调成膏状，均匀涂布在铝网上，碾压成厚度约 0.9 mm，孔率为 80% 的正极，经干燥除去乙醇。

（2）电极芯烧制

将多孔碳电极、锂负极片、多孔聚丙烯隔膜（0.025 mm 厚）或聚丙烯毡卷烧成电芯，插入镀镍的钢电池壳。

（3）电解液配制和注液

电解液用 PC 经减压蒸馏净化，AN 用常压蒸馏净化，LiBr 经真空干燥脱水。

在干燥空气手套箱中，配成浓度为 1.8 mol · L^{-1} LiBr 溶液。配制方法是按体积比液态 $V(SO_2) : V(PC) : V(AN) = 23 : 3 : 10$，先将 PC，AN 混合加入到特制搅拌罐内，再加入无水 LiBr，注入液态 SO_2，完全搅拌混均后，用泵打入注液系统向电池注入电解液，用弧焊将电池焊封。

7.4.2.3　Li – SO_2 电池的特性

Li – SO_2 电池是目前研制的有机电解液电池中，综合性能最好的一种电池，比能量高，电压精度高，贮存性能好。

Li – SO_2 电池开路电压为 2.95 V，终止电压 2.0 V，放电电压高且放电曲线平坦，如图 7 – 8 所示。

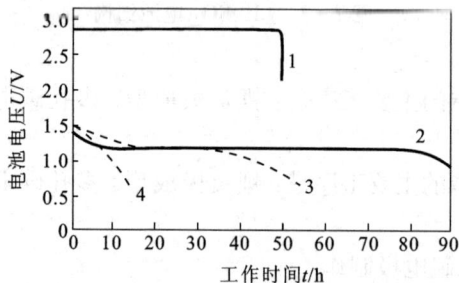

图 7 – 8　几种电池的放电曲线比较

放电条件：21℃，200 mA

1. D 型 Li – SO_2 电池；2. 锌 – 汞电池；3. 碱性锌 – 锰电池；4. 锌 – 锰电池

Li – SO_2 电池比能量为 330 Wh · kg^{-1} 和 520 Wh · L^{-1}，比普通锌和镁电池高 2 ~ 4 倍。低温性能好。

Li – SO_2 电池的另一特点是电压滞后现象。电池反应及 SO_2

与 Li 之间发生的自放电反应,均使锂电极表面生成 $Li_2S_2O_4$ 保护膜,防止自放电继续发生,但带来电压滞后现象。

安全性差是 Li - SO_2 电池的主要缺点。Li - SO_2 电池如果使用不当会发生爆炸或 SO_2 气体泄漏。爆炸原因是由于短路或较高负荷放电,外部加热使电池反应加速,使电池温度达到锂的熔点(180℃);高温下溶剂挥发,反应产生的气体形成较高压力;电池内存在不挥发的有机溶剂;正极放电产物有硫,正极活性物质中的碳粉在高温下会燃烧。当缺乏 SO_2 时,锂和乙腈,锂和硫都会发生反应放出大量的热;隔膜中的无机和有机材料会分解,这些因素都可能引起爆炸。

防止 Li - SO_2 电池爆炸的措施,有的采用透气片,当电池达到一定温度(如100℃)或一定压力(如3430 kPa)时透气片破裂,使气体逸出,电池不至爆炸。选用稳定的溶剂也是防止爆炸的一种措施,已发现乙腈/碳酸丙烯酯(AN/PC = 90/10)或乙腈/醋酸酐(体积比为90/10)有较好的防止电池爆炸效果。

7.4.3　Li - $(CF_x)_n$ 电池

电池的电化学表达式为

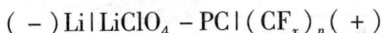

$$(-)Li \mid LiClO_4 - PC \mid (CF_x)_n (+)$$

Li - $(CF_x)_n$ 电池以 Li 为负极,固体聚氟化碳为正极($0 \leqslant x \leqslant 1.5$)。$(CF_x)_n$ 是炭粉和氟在400℃ ~600℃反应生成的夹层化合物。

$$2nC + nxF_2 \Longleftrightarrow 2(CF_x)_n$$

$(CF_x)_n$ 是灰色或白色固体,在400℃空气中不分解,在有机电解液中稳定,是一种"插入式"化合物。电解液通常可采用 Li-AsF_5 - DM - SI(亚硫二甲酯),或 $LiBF_4$ - γ - BL + THF,或 $LiBF_4$ - PC + 1.2DME。

电极反应为

负极反应:$nLi \longrightarrow nLi^+ + ne$

正极反应：$(CF_x)_n + ne \longrightarrow nC + nF^-$ （$x = 1$）

总反应：$nLi + (CF)_n \longrightarrow nLiF + nC$

LiF 沉积在正极，碳起导电作用。

Li – $(CF_x)_n$ 电池有扣式、圆柱形和针形。圆柱形电池负极是将 $0.13 \sim 0.64$ mm 厚的锂片，压在展延的镍网上。正极是将活性物质 $(CF_x)_n$ 与 5% 左右的炭黑或石墨及粘合剂制成膏状后涂在栅网上，加压成型。也可将混合物直接压在栅网上成型，干燥。

以 R14 卷式圆柱形电池为例。正极组成按质量比 $m((CF_x)_n)$: $m(石墨) : m(乙炔黑) : m(粘合剂) = 30 : 50 : 5 : 15$ 混合，粘合剂为苯乙烯 – 丁二烯橡胶的甲苯溶液。隔膜为非编织的聚丙烯膜。电解质溶液为 $1 \ mol \cdot L^{-1} LiBF_4 - \gamma -$ 丁内酯。

将负极片、隔膜、正极卷在一起，插入到外壳圆筒中，注入电解液，加盖，卷边，封口。

Li – $(CF_x)_n$ 电池性能：Li – $(CF_x)_n$ 电池的开路电压 $2.8 \sim 3.3$ V，工作电压 2.6 V。放电电压平稳，如图 7 – 9 所示。电池理论比能量 2260 Wh·kg^{-1}，圆筒形电池实际比能量为 285 Wh·kg^{-1} 和 500 Wh·L^{-1}，为锌锰干电池的 $5 \sim 10$ 倍。Li – $(CF_x)_n$ 电池在贮存过程中无气体析出，自放电极微，安全性能好。

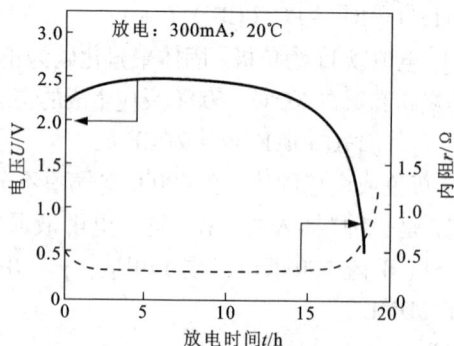

图 7 – 9   Li – $(CF_x)_n$ 电池放电曲线及内阻变化曲线

目前，扣式 $Li-(CF_x)_n$ 电池已用作电子手表、袖珍计算器的电源。针状 $Li-(CF_x)_n$ 电池与发光二极管匹配，在钓鱼时作为发光浮标。功率较大的电池，如日本松下生产的 $BR-P_2$，由两节 $BR-2/3A$ 串联而成，容量 1200 mAh，电压 6 V，用于照相机，作为自动卷片、测光等电源。表 7-8 列出 $Li-(CF_x)_n$ 电池的主要性能。

表 7-8　$Li-(CF_x)_n$ 电池性能

国际电工委员会 IEC 型号	电池型号	尺寸/mm d	h	V cm³	m g	C mAh	W' Wh·kg⁻¹	Wh·L⁻¹
BR-435	针杆式	4.19	35.8	0.49	0.9	40	110	205
BR-2025	扣式	20	2.0	0.63	2.3	90	98	355
BR-2325	扣式	23	2.5	1.04	3.1	150	120	360
	扣式	29	5.1	3.37	8.3	500	150	370
BR2/3A	圆柱式	16.7	33.3	7.29	13.5	1200	220	410
BR-C	圆柱式	26	50	26.5	47	5000	265	470

注：＊以每只电池 2.5V 电压为基准的比能量。

7.5　锂无机电解质电池

以非水无机溶剂如 $SOCl_2$（亚硫酰氯）、SO_2Cl_2（硫酰氯）、$POCl_3$（磷酰氯）、$POFCl_2$（磷酰氟二氯）和某些无机盐组成的无机电解质电池，是近年发展起来的新型高能化学电源。

在非水无机电解质电池中，$Li-SOCl_2$ 电池性能超过有机电解质电池中性能最好的 $Li-SO_2$ 电池。$Li-SO_2Cl_2$ 电池与 $Li-SOCl_2$ 性能接近。

1971 年美国 GTE 公司开始研制 $Li-SOCl_2$ 电池。目前，美国、法国、以色列等国家已有 Li-SOCl$_2$ 电池商品。D 型高倍率电池，放电电流高达 3 A，电压 3.2 V，容量 12 Ah，比能量 396 Wh·kg^{-1}。Li-SOCl$_2$ 电池是目前世界上实际应用的电池中比能量最高的一种电池。电池容量由几百 mAh 到 20000 mAh。

7.5.1　Li-SOCl$_2$ 电池的组成和结构

Li-SOCl$_2$ 电池负极是在充氩气的手套箱中将锂箔压制在拉伸的镍网上制成。正极活性物质 SOCl$_2$ 溶液加入锂后在氩气中回流，然后蒸馏提纯除去杂质和水。其正极是将碳、石墨粉和 PVC 乳状液混合，然后滚压到镍网上，在真空中恒温干燥。

电解液是 LiAlCl$_4$ 的 SOCl$_2$ 溶液。SOCl$_2$ 又是正极活性物质。LiAlCl$_4$ 是将 LiCl 加入到化学计量的 AlCl$_3$ 中，或直接从其熔盐中制成。对于激活式 Li-SOCl$_2$ 电池常用无水 AlCl$_3$ 作为电解质。

隔膜采用非编织的玻璃纤维膜，电池反应为

$$4Li + 2SOCl_2 \longrightarrow 4LiCl + S + SO_2$$

放电产物 SO$_2$ 部分溶于 SOCl$_2$ 中，S 大量析出，沉积在正极炭黑中。LiCl 是不溶物。同时，这种电池的负极锂与 SOCl$_2$ 接触，也会发生如下反应：

$$8Li + 4SOCl_2 \longrightarrow 6LiCl + Li_2S_2O_4 + S_2Cl_2$$

或　　　　　　$$8Li + 3SOCl_2 \longrightarrow 6LiCl + Li_2SO_3 + 2S$$

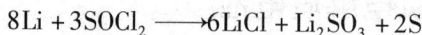

Li-SOCl$_2$ 电池一般采用金属/玻璃或金属/陶瓷绝缘的全密封结构。碳包式圆柱形电池结构如图 7-10 所示。电池上盖如图 7-11 所示。

7.5.2　Li-SOCl$_2$ 电池的性能

Li-SOCl$_2$ 电池开路电压为 3.65 V。图 7-12 在 D 型 Li-SOCl$_2$ 电池在 25℃下的低速率放电曲线。曲线表明电池放电电压高且放电曲线平稳。

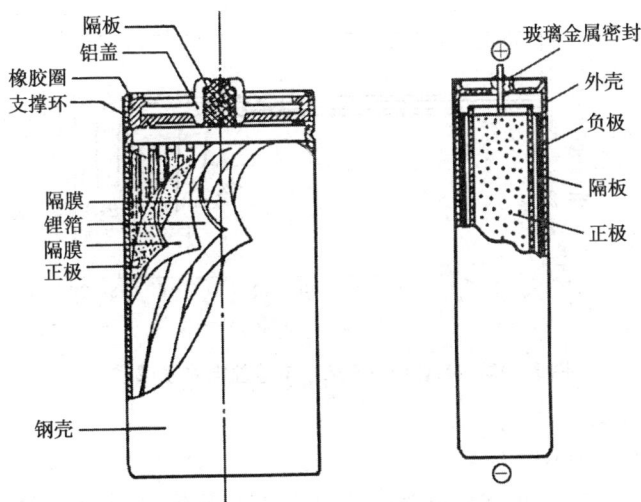

图 7 – 10　圆柱形 Li – SOCl₂ 电池结构

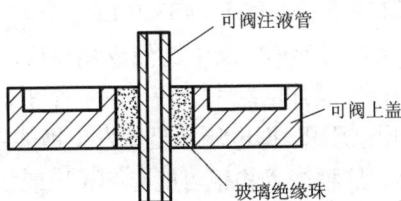

图 7 – 11　电池上盖示意图

　　Li – SOCl₂ 电池比能量高，工作温度范围宽，成本低。但存在两个突出问题，即"电压滞后"和"安全"。电压滞后是由于在锂电极表面形成了保护膜 LiCl，虽然能防止电池自放电，但导致电压滞后。为了防止电压滞后现象发生，可以降低电解质 LiAlCl₄ 浓度（1.0 mol·L⁻¹ 和 0.5 mol·L⁻¹）或改用新的电解质，如

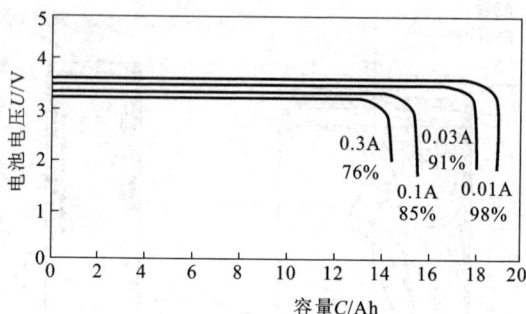

图 7 – 12 D 型 Li – SOCl₂ 电池放电曲线(25℃)

$Li_2B_{10}Cl_{10}$，$Li_2B_{12}Cl_{12}$。

Li – SOCl₂ 电池放电产物是 LiCl，SO₂ 和 S，其中 SO₂，S 主要溶解在电解液中。SO₂ 也可由 SOCl₂ 缓慢分解产生。当电池短路时，电池温度升高，引发 Li 与 S 的放热反应：

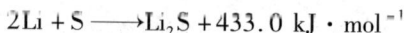

$$2Li + S \longrightarrow Li_2S + 433.0 \ kJ \cdot mol^{-1}$$

Li₂S 在 145℃ 下又可与 SOCl₂ 发生剧烈放热反应。这两个反应很可能是在短路条件下爆炸的触发反应。另一个引起爆炸的原因可能是 Li 的欠电压电沉积，即电压不足就发生锂的还原电沉积，形成 Li – C 嵌入物。这种嵌入物很可能与 SOCl₂ 或放电产物 S 发生剧烈的放热反应。导致热失控引起爆炸。过放电也是引发电池爆炸的又一个因素。在负极限容电池中，当 Li 用完后，正极发生如下反应：

$$2SOCl_2 + 4e \longrightarrow SO_2 + S + 4Cl^-$$

如果 LiCl 堵塞严重，也可能发生 Li⁺ 还原，

$$Li^+ + e \longrightarrow Li$$

在正极上沉积的锂形成枝晶，造成短路。Li 与 S 反应，发生爆炸性反应。负极也发生如下反应：

$$SOCl_2 \longrightarrow SOCl^+ + 1/2Cl_2 + e$$

放电产物 SO_2 也可在负极发生电化学氧化反应：

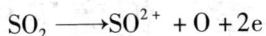

$$SO_2 \longrightarrow SO^{2+} + O + 2e$$

或化学反应：$SO_2 + Cl_2 \longrightarrow SO^{2+} + 2Cl^- + O$

$$Cl_2 + O \longrightarrow Cl_2O$$

Cl_2O 是一种十分不稳定的爆炸性物质。

Li – $SOCl_2$ 电池爆炸机理至今尚没有肯定的说法。防止电池爆炸，只能针对不同情况采取相应措施。

第8章　锂离子电池

8.1　概　述[75, 76]

锂离子电池是指 Li^+ 嵌入化合物为正、负极的二次电池。正极采用锂化合物 Li_xCoO_2，Li_xNiO_2 或 $LiMn_2O_4$，负极采用锂－碳层间化合物 Li_xC_6。电解质为溶解有锂盐 $LiPF_6$，$LiAsF_6$ 等的有机溶液。在充、放电过程中，Li^+ 在两个电极之间往返嵌入和脱嵌，被形象地称为"摇椅电池"（Rocking Chair Batteries，缩写为 RCB）。

锂离子电池由于工作电压高（3.6V），是镉－镍、氢－镍电池的3倍；体积小，比氢－镍电池小30%；质量轻，比氢－镍电池轻50%；比能量高（140 $Wh \cdot kg^{-1}$，是镉－镍电池的 2~3 倍，氢－镍电池的 1~2 倍；无记忆效应，无污染，自放电小，循环寿命长，是21世纪发展的理想能源。

表8-1列出锂离子电池与其他电池性能比较。

表8-1　锂离子电池与其他电池性能比较

电　　池	工作电压/V	使用电压范围/V	体积比能量 Wh·L^{-1}		能量比能量 Wh·kg^{-1}		循环寿命次	使用温度范围℃	
			现在	将来	现在	将来		充电	放电
锂离子电池	3.6	4.2~2.5	246	400	100	150	500~1000	0~45	-20~60
镉－镍电池	1.2	1.4~1.0	155	240	60	70	500	0~45	-20~65
金属氢化物－镍电池	1.2	1.4~1.0	190	280	70	80	500	0~45	-20~65

自 1991 年日本索尼公司开发成功以碳材料为负极的锂离子电池(Li_xC_6/LiX inPC - EC(1:1)/$Li_{1-x}CoO_2$)以来(LiX 为锂盐),锂离子电池已迅速向产业化发展,并在移动电话、摄像机、笔记本电脑、便携式电器上大量应用。其中,日本的锂离子电池产量占全世界的 90% 以上。日本索尼公司和法国 SAFT 公司还开发了电动汽车用锂离子电池。

锂离子电池有圆筒形和方形。圆筒形的型号用 5 位数表示,前两位数表示直径,后三位数表示高度,例如:18650 型,表示直径 18 mm,高度 65 mm,用 $\phi18 \times 65$ 表示。方形的型号用 6 位数表示,前两位表示电池厚度,中间两位数表示宽度,最后两位表示长度,例如 083448 型,表示厚度为 8 mm,宽度为 34 mm,长度为 48 mm,用 $08 \times 34 \times 48$ 表示。

自 20 世纪 90 年代以来,北京有色金属研究总院、天津电源研究所、北京科技大学等单位先后开展锂离子电池材料及锂离子电池的研究,并已生产出锂离子电池产品。国内外锂离子电池性能如表 8 - 2 所示。

表 8 - 2　国内外锂离子电池性能

厂　家	型　号	C/mAh 0.2C	1C	内　阻 mΩ	循环寿命 次	储存特性 (1 个月自放电)
天津电源研究所	18650	1250	≥1200		340 (1A 充放电)	10%
日本索尼	US18650	1500	1397	50~80	500 (0.5C 放电)	
日本索尼	US093447	1050	1016	30~60	500 (0.5C 放电)	

8.2 锂离子电池的化学原理

8.2.1 锂离子电池的工作原理

锂离子二次电池作用原理如图 8-1 所示。

(a)原理图　　(b)示意图

图 8-1　锂离子电池原理示意图

锂离子电池的电化学表达式为

$$(-)C_n|LiClO_4 - EC + DEC|LiMO_2(+)$$

正极反应：$LiMO_2 \xrightleftharpoons[\text{放电}]{\text{充电}} Li_{1-x}MO_2 + xLi^+ + xe$

或　　　　$Li_{1+y}Mn_2O_4 \xrightleftharpoons[\text{放电}]{\text{充电}} Li_{1+y-x}Mn_2O_4 + xLi^+ + xe$

负极反应：$nC + xLi^+ + xe \xrightleftharpoons[\text{放电}]{\text{充电}} Li_xC_n$

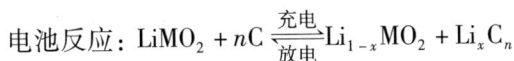

电池反应：$LiMO_2 + nC \underset{放电}{\overset{充电}{\rightleftharpoons}} Li_{1-x}MO_2 + Li_xC_n$

或　　　$Li_{1+y}Mn_2O_4 + nC \underset{放电}{\overset{充电}{\rightleftharpoons}} Li_{1+y-x}Mn_2O_4 + Li_xC_n$

式中：M = Co，Ni，Fe，W 等，正极化合物有 $LiCoO_2$，$LiNiO_2$，$LiMn_2O_4$，$LiFeO_2$，$LiWO_2$ 等，负极化合物有 Li_xC_6，TiS_2，WO_3，NbS_2，V_2O_5 等。

　　锂离子电池实际上是一个锂离子浓差电池，正负电极由两种不同的锂离子嵌入化合物组成。充电时，Li^+ 从正极脱嵌经过电解质嵌入负极，负极处于富锂态，正极处于贫锂态。放电时则相反，Li^+ 从负极脱嵌，经过电解质嵌入正极，正极处于富锂态。锂离子电池的工作电压与构成电极的锂离子嵌入化合物和锂离子浓度有关。目前，用作锂离子电池的正极材料是过渡金属和锰的锂离子嵌入化合物，负极材料是锂离子嵌入碳化合物，常用的碳材料有石油焦和石墨等。国内外已商品化的锂离子电池正极是 $LiCoO_2$，负极是层状石墨，电池的电化学表达式为

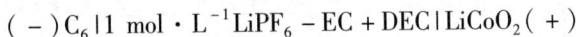

　　$(-)C_6 | 1\ mol \cdot L^{-1} LiPF_6 - EC + DEC | LiCoO_2 (+)$

锂离子电池的充放电反应：

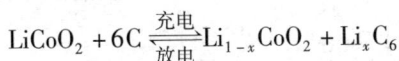

$$LiCoO_2 + 6C \underset{放电}{\overset{充电}{\rightleftharpoons}} Li_{1-x}CoO_2 + Li_xC_6$$

　　锂离子电池充、放电反应如图 8 - 2 所示。表 8 - 3 列出以石墨为负极的锂离子电池的电池反应、平均电压和质量比能量，及正极材料 $LiCoO_2$，$LiNiO_2$，$LiMn_2O_4$ 和负极材料碳的理论容量。

8.2.2　锂离子电池电压

　　锂离子电池负极常用相对于锂 0~1 V 的碳负极，因此，要获得 3 V 以上电压，必须使用 4 V 级(vs. Li^+/Li)正极材料。

表 8-3　锂离子电池电压和比能量

电池体系	电池反应	U/V	W_0 /(Wh·kg^{-1})	电极反应	C'_0 /(mAh·g^{-1})
$C_6[g] - LiCoO_2$	$0.5LiC_6 + Li_{0.5}CoO_2$ $= 0.5C_6 + LiCoO_2$	3.6	360	$Li_{0.5}CoO_2 + 0.5Li^+ + 0.5e$ $= LiCoO_2$	137
				$LiCoO_2 = Li^+ + CoO_2 + e$	273.9
$C_6[g] - LiNiO_2$	$0.7LiC_6 + Li_{0.3}NiO_2$ $= 0.7C_6 + LiNiO_2$	3.5	444	$Li_{0.3}NiO_2 + 0.7Li^+ + 0.7e$ $= LiNiO_2$	193
				$LiNiO_2 = Li^+ NiO_2 + e$	274.5
$C_6[g] - LiMn_2O_4$	$LiC_6 + Mn_2O_4$ $= C_6 + LiMn_2O_4$	3.8	403	$2\lambda - MnO_2 + Li^+ + e$ $= LiMn_2O_4$	148
				$C_6 + Li^+ + e = LiC_6$ （焦炭） （石墨）	186 372

注：＊金属锂的理论容量为 3860 mAh·g^{-1}。

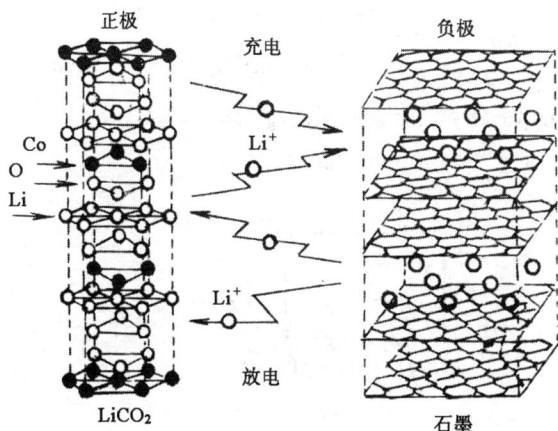

正极　　　充电　　　负极

Co
O
Li

Li⁺

Li⁺

放电

LiCO₂　　　　　　　　　石墨

图 8－2　锂离子电池充、放电反应示意图

　　以 LiNiO₂ 为例，设锂离子电池正极单位 φ_c。在 NiO₂ 中插入 Li^+ 和电子 e 时，电池正极反应吉布斯自由能变化为

$$\Delta G_c = -F\varphi_c$$

　　图 8－3（a）是正极吉布斯自由能变化的博恩循环图，图 8－3（b）是负极电位 $\varphi_a(\Delta G_a = -F\varphi_a)$ 的循环图。g 代表气体，s 代表固体，solv 代表液体或溶剂。

　　因此，以锂负极为基准，锂离子电池正极的电位为

$$E = \varphi_c - \varphi_a$$

$$\Delta G_T = \Delta G_{Tc} - \Delta G_{Ta} = -F(\varphi_c - \varphi_a) = -FE$$

$$= \Delta U_{LiNiO_2} - \Delta U_{NiO_2} - I_{Ni^{4+}} + I_{Li^+} + \Delta H_{sub} \qquad (8-1)$$

式中：ΔH_{sub}——锂离子溶剂化能；

　　　I——离子化能；

　　　ΔU_{LiNiO_2}——LiNiO₂ 的晶格能；

　　　ΔU_{NiO_2}——NiO₂ 晶格能。

$$Li^+ (solv) + NiO_2 (s) + e \xrightarrow{\Delta G_c} LiNiO_2(s)$$

$$\Delta U (NiO_2) \quad \varphi_c = -\Delta G_c/F$$

$$Ni^{4+} (g) + 2O^{2-} (g) + e \qquad \Delta U(LiNiO_2)$$

$$\Delta H_s \qquad I_{Ni^{4+}}$$

$$Li^+ (g) + Ni^{3+} (g) + 2O^{2-} (g)$$

(a)

$$Li^+ (solv) + e \xrightarrow{\Delta G_a} Li (s)$$

$$\varphi_a = -\Delta G_a/F \qquad \Delta H_{sub} (Li)$$

$$\Delta H_s$$

$$I_{Li^+}$$

$$Li^+ (g) + e \xleftarrow{} Li (g)$$

(b)

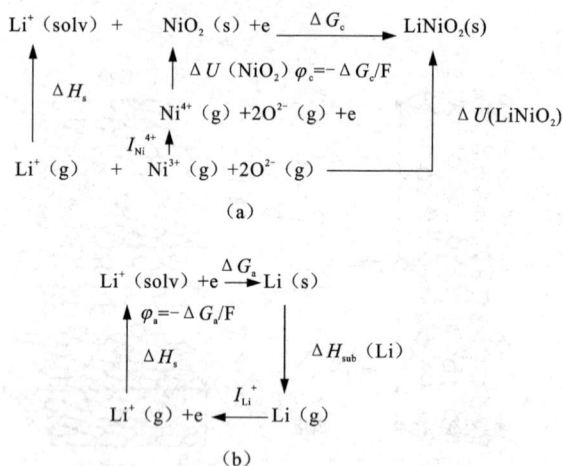

图 8 - 3　用博恩循环表示的锂离子电池正极(a)、负极(b)和电位

式(8-1)表示正极电位与晶格能、离子化能、锂离子的溶剂化能有关，其中晶格能 $[\Delta U_{LiNiO_2}]$ 影响较大。因此，电池电压主要是由正极结晶结构决定。尖晶石结构和层状结构的"马德伦"常数 M(M 是一种原子间最短距离的常数)分别为 31.4 ~ 34.5 和 13。这类化合物的电位一般较高。式(8-1)中，$I_{Ni^{4+}} = 5297$ kJ·mol^{-1}，$I_{Li^+} = 520$ kJ·mol^{-1}，ΔH_{sub} (Li) = 157 kJ·mol^{-1}，ΔU_{LiNiO_2} 按如下 BornLande 式计算：

$$\Delta U_{LiNiO_2} = \frac{-NAe^2}{4\pi\varepsilon_0 r}\left(1 - \frac{1}{8}\right) \qquad (8-2)$$

式中：N——阿伏加德罗常数；

A——M 常数(对 LiNiO$_2$ M = 12.27)；

e——电荷；

ε_0——真空介电常数(8.854×10^{-12})；

r——最相邻的正、负离子(Ni - O)间距离。

式(8-2)中，$r = 1.974 \times 10^{-10}$ m 时，$\Delta U_{LiNiO_2} = -7555$ kJ·mol^{-1}。

对 NiO_2，$M = 18.0$，$r = 1.86 \times 10^{-10}$ m，根据式 8-2，$\Delta U_{NiO_2} = -11762$ kJ·mol^{-1}。

将以上所得 ΔU_{LiNiO_2}，ΔU_{NiO_2}，$I_{Ni^{4+}}$，I_{Li^+}，ΔH_{sub} 值代入式 (8-1)中，得

$\Delta G_T = -7555 + 11762 - 5297 + 520 + 157 = -413$ kJ·mol^{-1}。

$$E = -\frac{\Delta G}{F} = \frac{413 \times 10^3}{96500} = 4.25 \text{ V} \qquad 8-3$$

这个电压值与 NiO_2 生成充电末期的 $LiNiO_2$ 电极($x < 0.25$)的电压 4.3V 接近。

8.3　锂离子电池材料[77, 78, 79]

8.3.1　正极材料

8.3.1.1　正极材料特性

锂离子电池的正极材料必须有能接纳锂离子的位置和扩散的路径。具有高插入电位层状结构的过渡金属氧化物 $LiCoO_2$，$LiNiO_2$ 和尖晶石结构的 $LiMn_2O_4$ 是目前已应用的性能较好的正极材料。作为正极的插锂电位都可达 4 V 以上(vs. Li$^+$/Li)。

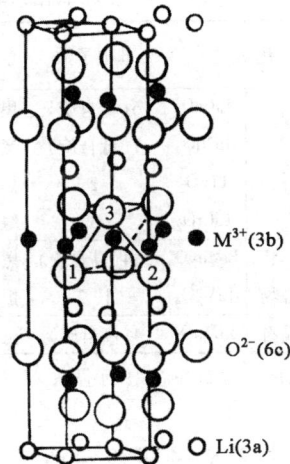

图 8-4　$LiCoO_2$(α-NaFeO$_2$ 型)结构

$LiCoO_2$ 为正极的锂离子电池具有开路电压高、比能量高(理论比能量 1068 Wh·kg^{-1}，理论容量 274 mAh·g^{-1})、循环寿命

长、能快速放电的特点，但价格贵。$LiNiO_2$ 与 $LiCoO_2$ 性能接近，但制备困难。$LiMn_2O_4$ 价格低，制备比 $LiNiO_2$ 容易，但嵌锂容量比 $LiCoO_2$ 和 $LiNiO_2$ 低，只有 $90 \sim 100$ mAh·g^{-1}（理论容量 148 mAh·g^{-1}），并且在充放电循环过程中 $LiMn_2O_4$ 结构不稳定。

层状结构的 $LiCoO_2$ 的结构如图 8-4 所示。$LiCoO_2$ 属 α-$NaFeO_2$ 型结构。将 Li_2CO_3 和 $CoCO_3$ 按原子数比 Li/Co = 1 的比例，在 700℃下灼烧即可得 Li-CoO_2。

$LiNiO_2$，$LiVO_2$，$LiCrO_2$ 等与 $LiCoO_2$ 结构相同，是替代 $LiCO_2$ 的有希望的价廉正极材料。

锂离子正极材料通常是半导体，其电导率在 $10^{-1} \sim 10^{-6}$ S·cm^{-1} 之间，表 8-4 列出了金属氧化物的电导率、晶格常数、d 电子数等。

表 8-4　金属氧化物的电导率、晶格常数和原子体积

化学式		d 电子数	色	$\dfrac{\gamma}{\text{S·cm}^{-1}}$	$\dfrac{a_0}{\text{nm}}$	$\dfrac{b_0}{\text{nm}}$	$\dfrac{c_0}{\text{nm}}$	$\dfrac{V}{\times 10^{-3}\,\text{nm}^3}$
层状化合物	$LiCoO_2$	6(低自旋)	黑	10^{-7}	0.2805		1.406	31.9
	$LiNiO_2$	7(低自旋)	黑	10^{-1}	0.2885		1.420	34.1
	$LiVO_2$	2	黑	10^{-2}	0.2841		1.475	34.4
	$LiCrO_2$	3	绿	10^{-4}	0.2896		1.434	34.7
拟层状化合物	$LiMn_2O_4$	3,4(高自旋)	黑	10^{-6}	0.8239			35.0
	LiV_2O_4	1,2	黑	10^{-3}	0.824			35.0
尖晶石	$LiMnO_2$	4(高自旋)	黑	10^{-5}	0.2799	0.5730	0.4568	36.6

注：* 每一金属原子体积。

从表 8-4 可知，$LiNiO_2$，$LiCoO_2$ 电导率高，$LiMn_2O_4$ 电导率最低，$LiNiO_2$ 电容量大。

当离子和电子嵌入、脱嵌时，正极材料 $LiMO_2$ 结晶结构不发生变化的反应，称作均一固相反应（M-Co 或 Ni 等）其化学反应为

$$\mathrm{MO_2 + Li^+ + e \Longrightarrow LiMO_2}$$

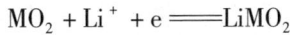

$$\varphi = \varphi^{\ominus} + by - \frac{RT}{F}\ln\left(\frac{y}{1-y}\right) \tag{8-4}$$

式中：y——氧化物中锂离子占有率（$0 < y < 1$）；by——表示氧化物中嵌入的锂离子间的相互作用。根据式（8-4），随着锂离子嵌入，电池电压将减小，出现 S 形电压曲线，如图 8-5 曲线 B 所示。

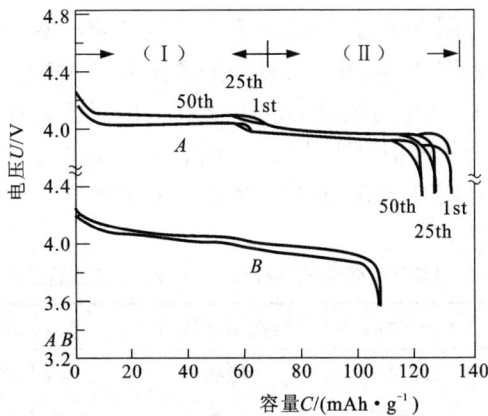

图 8-5　尖晶石的充放电周期曲线

A——化学计量型；B——非化学计量型

如果伴随离子的嵌入和脱嵌，氧化物的结构形态发生变化，则电池的能斯特表示式为

$$\varphi = \varphi^{\ominus} - \frac{RT}{F}\ln \frac{a_{\mathrm{LiMO_2}}}{a_{\mathrm{Li^+}} \cdot a_{\mathrm{MO_2}}} \tag{8-5}$$

电池电压随活性物质的消耗而急剧减少，出现 L 形电压曲线（图 8-5 曲线 A）。

锂离子电池正、负极都是均一固相反应，因此，具有良好的循环特性。过渡金属氧化物 $\mathrm{LiCoO_2}$，$\mathrm{LiNiO_2}$ 中低自旋配合物多，晶格体积小，在锂离子嵌入、脱嵌时，品格膨胀收缩性小，结晶结构稳定，因此，循环特性好。

8.3.1.2　含锂过渡金属氧化物的晶体结构

正极材料 $LiCoO_2$，$LiNiO_2$ 为层状岩盐结构（α – $NaFeO_2$ 结构），$LiMn_2O_4$ 为尖晶石结构。如图 8 – 6 所示，它们都具有氧离子按 ABC 叠层立方密堆积排列的基本骨架，其 $LiCoO_2$，$LiNiO_2$ 的阴离子和阳离子相等，氧八面体间隙被阳离子占据。

具有二种阳离子的三元系金属氧化物 AMO_2 型岩盐如表 8 – 5 所示。表中根据 A^+ 和 M^{3+} 阳离子半径比可将 AMO_2 型岩盐大致分类。从图 8 – 4 中可知以 $LiCoO_2$ 为代表的层状岩盐结构中，锂和中心过渡金属分别形成与（111）面氧原子层平行的单独层，通过它们的相互层叠堆积，形成六方晶系的超格子。

表 8 – 5　$LiMO_2$ 阳离子半径比 $r_{Li}+/r_{M^{3+}}$ 与结晶结构关系

化学式	$r_{Li}+/r_{M^{3+}}$	岩盐结晶构造	结晶对称性
$LiCoO_2$	1.314[*]	层状	六方晶（R2 $\overline{m}$）
$LiNiO_2$	1.286[*]	层状	六方晶（R2 $\overline{m}$）
$LiCrO_2$	1.192	层状	六方晶（R2 $\overline{m}$）
$LiVO_2$	1.154	层状	六方晶（R2 $\overline{m}$）
$LiMnO_2$	1.146[+]	曲折层状岩构造	斜方晶（Rmmn）
α – $LiFeO_2$	1.146[+]	不规则岩盐层	立方晶（Fm3 $\overline{m}$）
$LiTiO_2$	1.111	不规则岩盐层	立方晶（Fm3 $\overline{m}$）
$LiScO_2$	1.017	规则岩盐层	正方晶（l4$_1$/amd）
$LiYO_2$	0.865	规则岩盐层	正方晶（l4$_1$/amd）

注：*为低自旋状态；+为高自旋状态。

$LiFeO_2$ 和 $LiMnO_2$ 属于层状岩盐结构和不规则排列岩盐结

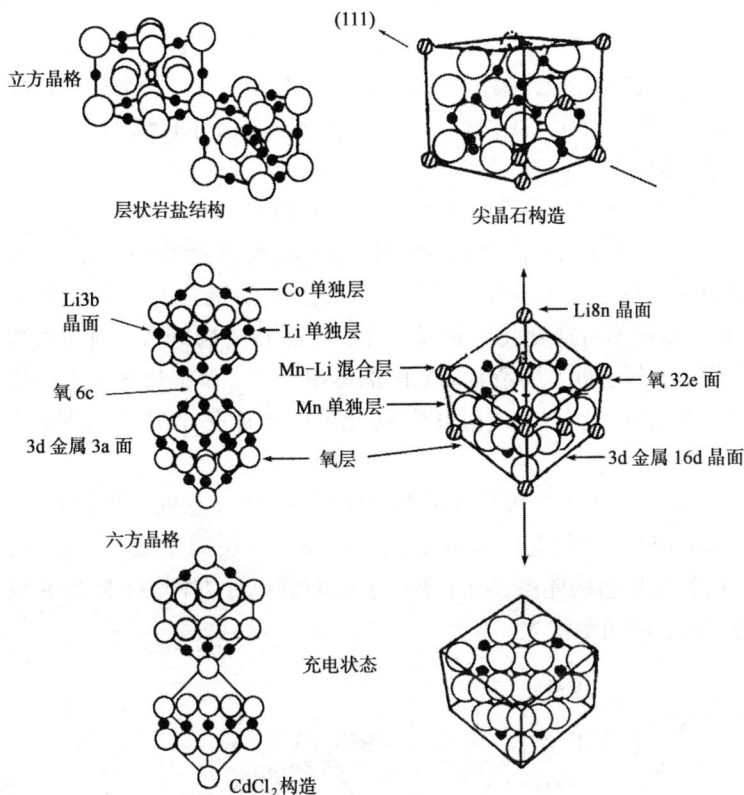

立方晶格

层状岩盐结构

尖晶石构造

(111)

Li3b
晶面

Co 单独层

Li 单独层

Mn-Li 混合层

Mn 单独层

Li8n 晶面

氧 32e 面

氧 6c

3d 金属 3a 面

氧层

3d 金属 16d 晶面

六方晶格

充电状态

CdCl₂ 构造

图 8-6　层状岩盐结构和尖晶石结构比较

⧄—Li　●—过渡金属　○—氧

构，很难用通常的焙烧法得到准稳定相的层状岩盐结构。而对于比锂大的钠阳离子，因为 $r_{Na^+}/r_{M^{3+}}$ 变大，可以得到六方晶系的层状岩盐的稳定相 $NaCoO_2$ 和 $NaYO_2$。水岛等用离子交换法从 $NaFeO_2$ 中制得了层状岩盐结构的 $LiFeO_2$，Rossouw 等通过对 Li_2MnO_2 进行酸处理，除去 Li_2O 后，再与 LiI 反应，合成了具有

层状结构的 $LiMnO_2$。

尖晶石结构中的过渡金属位置与岩盐结构相同，即位于八面体的六配位点，但锂离子占据位置是四面体空隙，而不是八面体空隙，所以，尖晶石结构体系中，有位于八面体孔隙的锰单层，不存在锂单层。

若通过充电，将这两种宿主晶体中的锂离子引出系统之外，则对层状岩结构体系，由于负电性较大的氧层彼此直接相邻，而电子密度高的氧层间的静电斥力大于化学键力，因此结构向 $CdCl_2$ 结构不可逆变化。相反，对于尖晶石结构体系，因为锰离子存在于氧层间，屏蔽着氧层间的静电斥力，而维持其立方晶体的基本晶格。所以，通过化学处理可以合成基本完整的 Mn_2O_2（$\lambda - MnO_2$）。

图 8 - 7 表示几种正极活性物质充电过程中层间距离的变化。如 $LiMn_2O_4$，随着充电进入层间的锂减少，层间距减小。相反，对层状岩盐结构体系，由于氧原子层间静电斥力作用，随着充电的进行，层间距增大。

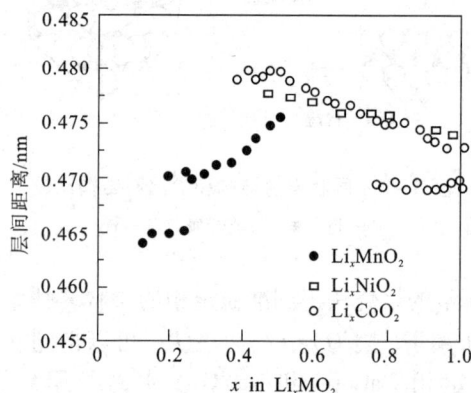

图 8 - 7　正极活性物质充电过程层间距离变化

　　这种充电过程结晶体结构不稳定性，加上充电过程中生成 Co^{4+} 及 Ni^{4+} 的化学不稳定性，必然影响氧从晶格脱出的起始温度。比较几种正极活性物质充满电时的氧脱出起始温度，发现层状岩盐结构体系正极的氧脱出起始温度比尖晶石结构的正极低，特别是 $Li_{0.3}NiO_2$ 更低，如表 8 – 6 所示。因此，充满电时的热稳定性是值得考虑的一个因素。

表 8 – 6　正极充满电时氧脱出起始温度

升温速率/(℃·min^{-1})	0.5	2.0
$Li_{0.3}NiO_2$	180℃	205℃
$Li_{0.4}CoO_2$	225℃	240℃
$\lambda - MnO_2$	355℃	380℃

　　关于锂的扩散特性，一般认为在氧层之间具有锂二维扩散层的层状岩盐，对锂的扩散有利，即层状岩盐体系正极的扩散系数比尖晶石体系大，如表 8 – 7 所示。

表 8 – 7　4V 系正极活性物质扩散系数

组成式	$Li_{0.9}NiO_2$	$Li_{0.9}CoO_2$	$Li_{0.65}CoO_2$	$Li_{0.5-1.0}CoO_2$
化学扩散系数 /(cm^2·s^{-1})	2×10^{-7}	4×10^{-8}	5×10^{-8}	5×10^{-9}
测定方法	阻抗法	电流脉冲法	阻抗法	电流脉冲法
组成式	$Li_{0.2-0.8}CoO_2$	$LiMn_2O_4$	$Li_{0.65}Mn_2O_4$	$Li_{0.5-1.0}Mn_2O_4$
化学扩散系数 /(cm^2·s^{-1})	5×10^{-9}	6×10^{-10}	1.2×10^{-11}	10^{-9}
测定方法	GITT	GITT	阻抗法	PITT

LiNiO$_2$ 与 LiCoO$_2$ 具有同样的晶体结构，但性能比 LiCoO$_2$ 差，主要是 LiNiO$_2$ 过电压高，放电不充分。因为 Ni^{3+} 与 Co^{3+} 相比，Ni^{3+} 易还原成 Ni^{2+}，在高温烧结时，由于原料锂盐挥发，容易产生锂缺陷。Li$^+$ (0.90Å) 和离子半径相近的 Ni^{2+} (0.83Å) 混合进入其空位时，倾向于形成非化学计量组成的 $[Li_{1-x}Ni_x]_{3b}[Ni]_{3a}$ $\{O_2\}_{6c}$。如果在 Li 的 $3b$ 位置混入 Ni，则可以看成微小的立方岩盐相 (Fm$\overline{3}$m)，这一区域被称作"岩盐磁畴"。"岩盐磁畴"本身电化学上是不活泼的，而且混入锂位置的镍会阻碍锂单层的二维固相扩散，阻碍原来具有活性的层状岩盐相的电池反应。

制备 LiNiO$_2$ 用的锂盐一般用碳酸锂，但为了防止产生锂缺陷，宜选用在更低温度下反应性高的过氧化锂、氢氧化锂、硝酸锂或有机锂盐如醋酸锂、柠檬酸锂等。在工艺上采取降低烧结温度、缩短烧结时间等措施。也可用 Co, Mn, Fe 元素部分置换 Ni，以防止形成"岩盐磁畴"。

8.3.1.3 正极材料的非化学计量性

要使锂离子电池容量增大，Li$_x$MO$_2$ 中的 x 应发生大的变化。x 值一般为非化学计量数。Li$_x$CoO$_2$ 中的 $x = 0.5 \sim 0.6$，Li$_x$NiO$_2$ 中的 x 为 $0.5 \sim 0.8$。

尖晶石型 LiMn$_2$O$_4$ 的理论容量为 148 mAh·g^{-1}，其放电曲线如图 8–5A 线。曲线 A 分为高电压部分（Ⅰ）（约 4.15 V），较低电压部分（Ⅱ）（约 4.057 V），高电压段的峰值是伴随锂离子向 λ–MnO$_2$ ($x = 0$) 中的 4 配位位置的电压；$x = 0.5 \sim 1.0$ 低电压段的峰值是伴随锂–锂离子的排斥的电压，高电压段（Ⅰ）曲线比较平坦，呈 L 形，低电压段（Ⅱ）曲线呈 S 形，充放电循环过程高电压段容量减小，但到 100 次循环后再不下降，而低电压段（Ⅱ）在充放电循环中，容量不发生变化，即化学计量的尖晶石充放电循环到一定次数后，放电容量开始稳定在约 120 mAh·g^{-1}。

对结晶结构随充放电变化的研究发现，在高电压段，有两个晶格常数不同的立方晶体尖晶石共存，而在低电压段，只存在一种立方晶格的尖晶石。随着锂离子的嵌入和脱嵌，晶格发生膨胀和收缩，即容量不稳定的区域是不均一的两相区域，呈现 L 形曲线，稳定区域是均一固相区域，呈 S 形曲线。

人工合成的非化学计量组成的尖晶石 $Li_{1+x}Mn_2O_4$，不论经过多少次充放电循环，容量都不会减少。因为这类尖晶石的结构是均一固相，图 8-8 是 Li-Mn-O 组成的化合物相图，图中 A 点表示化学计量的尖晶石 $LiMn_2O_4$，B 点是富锂尖晶石 $Li_4Mn_5O_{12}$，C 点表示高氧尖晶石 $Li_2Mn_2O_9$。从 A 向 C 变化，氧浓度增加，从 A 向 B 变化锂离子浓度增加。

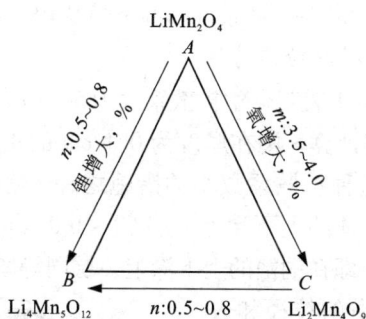

图 8-8　Li-Mn-O 组成的化合物相图
m—平均氧化数；n—Li/Mn 摩尔比

AB: $Li_{8a}[Mn_{\frac{3}{1+n}}Li_{\frac{2n-1}{1+n}}]_{16d}O_4$　$0.5 \leqslant n \leqslant 0.8$（$n=\frac{3m-8}{5}$）

AC: $[Li_{\frac{4}{0.5+m}}\square_{\frac{m-3.5}{0.5+m}}]_{8a}[Mn_{\frac{8}{0.5+m}}\square_{\frac{2m-7}{0.5+m}}]_{16d}O_4$　（$3.5 \leqslant n \leqslant 4.0$）

BC: $Li_{8a}[Mn_{\frac{2}{n+4}}Li_{\frac{7n-4}{n+4}}\square_{\frac{4-5n}{n+4}}]_{16d}O_4$　（$\frac{4}{7} \leqslant n \leqslant 0.8$）

$[Li_{\frac{8n}{n+4}}\square_{\frac{4-7n}{n+4}}]_{8a}[Mn_{\frac{8}{n+4}}\square_{\frac{2n}{n+4}}]_{16d}O_4$　（$0.5 \leqslant n \leqslant 4.7$）

$$\text{Li}_{8a}\left[\text{Mn}_{\frac{8}{n+m}}\text{Li}_{\frac{7n-m}{n+m}}\square_{\frac{3-m-5n-8}{n+m}}\right]_{16d}\text{O}_4\left(\frac{m}{7}\leqslant n\leqslant\frac{3m-8}{5},\ 3.5\leqslant m\leqslant 4.0\right)$$

$$\left[\text{Li}_{\frac{8n}{n+m}}\square_{\frac{m-7n}{n+m}}\right]_{8a}\left[\text{Mn}_{\frac{8}{n+m}}\square_{\frac{2n+2m-8}{n+m}}\right]_{16d}\text{O}_4\left(0.5\leqslant n\leqslant\frac{m}{7},\ 3.5\leqslant m\leqslant 4.0\right)$$

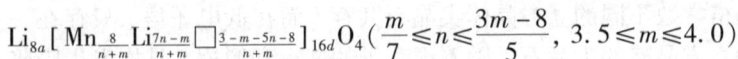

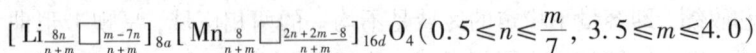

设尖晶石中锰的平均氧化数为 m，Li/Mn 的摩尔比为 n，锂离子(四面体)位置为 $8a$，锰离子(八面体)位置为 $16d$，B 点的化合物可表示为：$\left[\text{Li}\right]_{8a}\left[\text{Mn}_{1.67}\text{Li}_{0.33}\right]_{16d}\text{O}_4$。$C$ 点的化合物可表示为：$\left[\text{Li}_{0.89}\square_{0.11}\right]_{8a}\left[\text{Mn}_{1.78}\square_{0.22}\right]_{16d}\text{O}_4$。其中的□为空晶格点。$AC$ 线和 BC 线上的化合物和状态图中的任意化合物组成都可用这种图表表示。因此，合成尖晶石的化合物的放电容量，可以根据这种非化学计量组成式所求出的数据进行计算。

化学计量的尖晶石，可通过高温下焙烧得到。

8.3.1.4　正极材料的粉体特性

锂离子在正极中表观化学扩散系数为 $5\times10^{-9}\ \text{cm}^2\cdot\text{s}^{-1}$，扩散层厚度按 $(\pi Dt)^{0.5}$ 计算。则在厚度为 0.1 cm 的正极中的扩散需要几天时间，弥补这种扩散系数小的措施之一，就是降低正极的厚度，在普通铝集电体的上下涂上一层 $60\sim100\ \mu\text{m}$ 的正极材料，负极也做同样处理，即在铜箔的上下涂上一层同等厚度的碳或石墨。

正极活性物质的粒径和表面积对锂离子电池有很大的影响，颗粒模型如图 8 - 9 所示。当大电流放电时，存在细孔中的锂离子，从孔壁进入正极活性物质中，使细孔中的 Li^+ 浓度减小，极化增加，放电困难。如果细孔的孔径大，孔的长度小，Li^+ 扩散快，锂离子电池就可继续放电。因此，如果能控

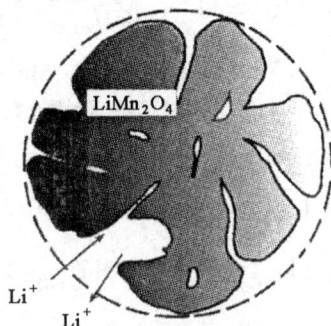

图 8 - 9　正极活性物质的颗粒模型

制细孔大小和表面积，就可采用较粗粒径的粒子，但如果不能控制粒径细孔大小和表面积，可将活性物质粉碎至 3 ~ 10 μm，锂离子放电时，随着 Li^+ 嵌入活性物质，也必然注入电子。电子在粒子内的移动速率比较快，但在粒子间的移动速率慢。因此，必须加入导电性物质石墨或乙炔黑，提高电子移动速率。

8.3.2　多元复合正极材料 $LiNi_{1/3}Co_{1/3}Mn_{1/3}O_2$

目前，锂离子电池大多采用 $LiCoO_2$ 为正极材料。$LiCoO_2$ 的理论比容量为 274 $mAh \cdot g^{-1}$，实际可逆容量只有 140 $m/Ah \cdot g^{-1}$，且在较高温度下的热稳定性和安全性能差。$LiNiO_2$ 的实际比容量可达 190 ~ 210 $mAh \cdot g^{-1}$，但制备条件苛刻，材料的热稳定性能差，可逆容量下降快，安全性能差，很难实现工业应用。层状 $LiMnO_2$ 在循环过程中会发生晶型转变。尖晶石型的 $LiMnO_2$ 成本低，安全性能好，但比容量和循环性能差。研究发现，$LiCoO_2$，$LiNiO_2$，$LiMnO_2$ 组合，可以形成固态溶液。因此，可以组成含有 Ni，Co，Mn 三元素协同的多元复合材料。在该复合材料中，Co 能使 Li^+ 脱/嵌更容易，提高材料的导电性和改善充放电循环性能、但如果 Co 含量比例过高，会使材料的可逆嵌锂容量下降。Ni 有利于提高材料的可逆嵌锂容量，但 Ni 过多，又会使材料的循环性能恶化。Mn 的含量过高容易出现尖晶石相而破坏材料的层状结构。综合考虑 $LiCoO_2$ 良好的循环性能，$LiNiO_2$ 的高比容量，$LiMn_2O_4$ 的低成本和高安全性等特点，2001 年，Ohzuku 等[80]首次合成具有层状 $\alpha - NaFeO_2$ 结构的正极材料 $LiNi_{1/3}Co_{1/3}Mn_{1/3}O_2$。

层状 $LiNi_{1/3}Co_{1/3}Mn_{1/3}O_2$ 的理论比容量为 278 $mAh \cdot g^{-1}$，集中了 $LiCoO_2$，$LiNiO_2$，$LiMnO_2$ 三种材料的各自优点，且成本稍比 $LiCoO_2$ 低，电性能比 $LiNiO_2$，$LiMnO_2$ 好，将成为锂离子电池主要的正极材料。

8.3.2.1 层状 $LiNi_{1/3}Co_{1/3}Mn_{1/3}O_2$ 的结构[81]

层状 $LiNi_{1/3}Co_{1/3}Mn_{1/3}O_2$ 的结构如图 8-10 所示。

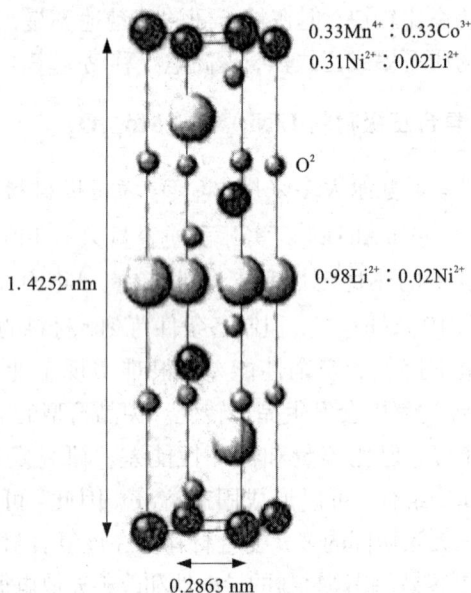

图 8-10 层状 $LiNi_{1/3}Co_{1/3}Mn_{1/3}O_2$ 结构[82]

层状 $LiNi_{1/3}Co_{1/3}Mn_{1/3}O_2$ 具有和 $LiCoO_2$ 十分相似的 α-$NaFeO_2$ 型层状结构，其中过渡元素以 Co^{3+}，Ni^{2+}，Mn^{4+} 存在，空间点群为 $R\bar{3}m$。$a=0.4904$ mm，$c=1.3884$ nm[83]。Li^+ 占据 $3a$ 位置，过渡金属离子占据 $3b$ 位置，氧离子占据 $6c$ 位置。在 $LiNi_{1/3}Co_{1/3}Mn_{1/3}O_2$ 中，Co 的电子结构与 $LiCoO_2$ 中的 Co 一致。但 Ni，Mn 的电子结构与 $LiNiO_2$ 和 $LiMnO_2$ 中的 Ni 和 Mn 的电子结构不同，是 $LiCoO_2$ 的异结构。在 $Li_{1-x}Ni_{1/3}Co_{1/3}Mn_{1/3}O_2$ 中，当

$0 \leqslant x \leqslant \dfrac{1}{3}$ 时，主要是 Ni^{3+}/Ni^{2+} 的氧化还原反应，在 $\dfrac{1}{3} \leqslant x \leqslant \dfrac{2}{3}$ 时，是 Ni^{4+}/Ni^{3+} 的氧化还原反应，在 $\dfrac{2}{3} \leqslant x \leqslant 1$ 时，是 Co^{4+}/Co^{3+} 的氧化还原反应。锰在整个过程中不参与氧化还原反应。电荷平衡通过氧的电子得失来实现[84]。Mn^{4+} 提供稳定的母体，充放电过程没有杨 - 泰勒效应，不会出现层状结构向尖晶石结构的转变。因此，循环性能和贮存性能稳定，使 $LiNi_{1/3}Co_{1/3}Mn_{1/3}O_2$ 具有层状结构的高容量特性，又能保持层状结构的稳定性。

在 $LiNi_{1/3}Co_{1/3}Mn_{1/3}O_2$ 中，Co^{3+}/Co^{4+} 的外层轨道的电子排列为 $t_{2g}^6 t_g^0 / t_{2g}^5 t_g^0$，$Ni^{2+}/Ni^{4+}$（或 Ni^{3+}/Ni^{4+}）为 $t_{2g}^6 e_g^2$（或 $t_{2g}^6 t_g^1 / t_{2g}^6 e_g^0$）。因此，在氧化过程中，$Co^{3+}/Co^{4+}$ 电对由于是在 t_{2g}^6 发生电子的排列变化，能量变化小，离子半径变化也小。（$r_{Co^{3+}} = 0.0545$ nm，$r_{Co^{4+}} = 0.050$ nm）。而 Ni^{2+}/Ni^{4+}（或 Ni^{3+}/Ni^{4+}）电对则在能量低的 t_{2g} 电轨道和能量高的 e_g 轨道发生电子得失，导致离子半径变化大（$r_{Ni^{2+}} = 0.069$ nm，$r_{Ni^{3+}} = 0.0560$ nm，$r_{Ni^{4+}} = 0.048$ nm）。[85]

人工合成的 $LiNi_{1/3}Co_{1/3}Mn_{1/3}O_2$，其 Ni、Co、Mn 在 $3a$ 位置是阳离子无序排列[86]，锂可以存在于 $[Ni_{1/3}Co_{1/3}Mn_{1/3}]$ 的层状结构中，Ni 可以进入到 $3b$ 位置的锂层中，Co 和 Mn 不会进入 $3b$ 位置的锂层中。Ni 的嵌入使 Li^+ 扩散路径受阻。完全充电时，除了锂层的锂外，Ni^{2+}/Mn^{4+} 层中的锂也含发生脱嵌。

8.3.2.2　$LiNi_{1/3}Co_{1/3}Mn_{1/3}O_2$ 的电化学性能[81]

$LiNi_{1/3}Co_{1/3}Mn_{1/3}O_2$ 在充电过程中，在 3.75 ~ 4.54 V 之间有 2 个平台，且容量可充到理论容量的 91%，即 250 mAh·g^{-1}。经 XANES 和 EXAFS 分析可知，在 3.9 V 时为 Ni^{2+}/Ni^{3+}，在 3.9 ~ 4.1 V 之间为 Ni^{3+}/Ni^{4+}。当高于 4.1 V 时，Ni^{4+} 没有变化。因此，Mn^{4+} 不参加反应。在电压高于 4.2 V 时，正极活性物质中的氧损失，导致循环性能下降，不可逆容量增加。从循环伏安图可以

看出，$LiNi_{1/3}Co_{1/3}Mn_{1/3}O_2$ 在 4.289 V 有一个不可逆阳极氧化峰，相应的 3.675 V 有一个阴极还原峰。这一对氧化还原峰在反复扫描时，峰电位和峰强度保持不变，说明材料的稳定性好。$LiNiO_2$ 在 4.3～3.0 V 有三对可逆的氧化还原峰，而 $LiNi_{1/3}Co_{1/3}Mn_{1/3}O_2$ 仅有一对，说明 $LiNiO_2$ 充放电过程的多次相变受到抑制。

XRD 研究发现充电过程中活性物质都呈现 α-$NaFeO_2$ 衍射峰，随着 Li^+ 脱出(003)和(006)峰向低角度方向移动，(101)和(110)峰向高角度方向偏移，晶体沿着 a 轴和 b 轴方向收缩，同时沿着 c 轴方向晶体拉长。当充电到 211 $mAh \cdot g^{-1}$ 时，(107)和(108)峰值升高，而(110)峰值降低。在 $Li_{1-x}Ni_{1/3}Co_{1/3}Mn_{1/3}O_2$ 充电过程中，当 $x < 0.6$ 时，a 值呈单调递减趋势；当 $0.60 \leqslant x \leqslant 0.78$ 时，a 值保持 0.282 nm，同时 c 随 x 增加而增加，直到 x 大约为 0.60 时为止。$x = 0$ 时，晶胞体积为 0.101 nm^3，$x = 0.78$ 时，晶胞体积为 0.099 nm^3。由于 a 值变小，体积减小2%。因为体积变化小，表明材料的电化学性能稳定。

8.3.2.3　$LiNi_{1/3}Co_{1/3}Mn_{1/3}O_2$ 的制备

$LiNi_{1/3}Co_{1/3}Mn_{1/3}O_2$ 的制备方法主要有高温固相法，共沉淀法、溶胶-凝胶法等。

（1）高温固相法

高温固相法是按化学计量将锂盐、镍和钴及锰的氧化物或盐混合，进行高温烧结。

郭瑞等[87]将 Li_2O_3、碱式碳酸镍、碱式碳酸钴和碳酸锰按计量比 $n(Li):n(Ni_{1/3}Co_{1/3}Mn_{1/3}) = 1.0721$ 混合球磨，干燥后，在空气气氛下预焙烧 5 h，再于 900℃ 焙烧 12 h，缓慢冷至室温，研磨过筛，得粉状 $LiNi_{1/3}Co_{1/3}Mn_{1/3}O_2$。

电池正极是按质量比 $LiNi_{1/3}Co_{1/3}Mn_{1/3}O_2$:乙炔黑:PVDF = 8:1:1 混合，加入适量 NMP 调整粘度，充分混匀后，涂布在铝箔上，于 120℃真空干燥 10 h，剪成 φ14 mm 图片，并以一定压力压制成正极片。

将正极片、微孔聚丙烯隔膜、负极锂片，1 mol·L^{-1}电解液 LiPF$_6$/(EC + DEC + EMC)组装成 CR2025 扣式电池。并进行电化学性能测试。

图 8 - 11 是合成的 LiNi$_{1/3}$Co$_{1/3}$Mn$_{1/3}$O$_2$ 的前二次循环伏安曲线。从图 8 - 11 中可以看到，在 3.4 ~ 4.0 V 之间，有一对氧化还原峰，是对应 Ni^{2+}/Ni^{3+} 的氧化还原反应，其中，首次循环脱锂氧化峰电位为 3.92 V，对应的嵌锂还原峰电位为 3.67 V。

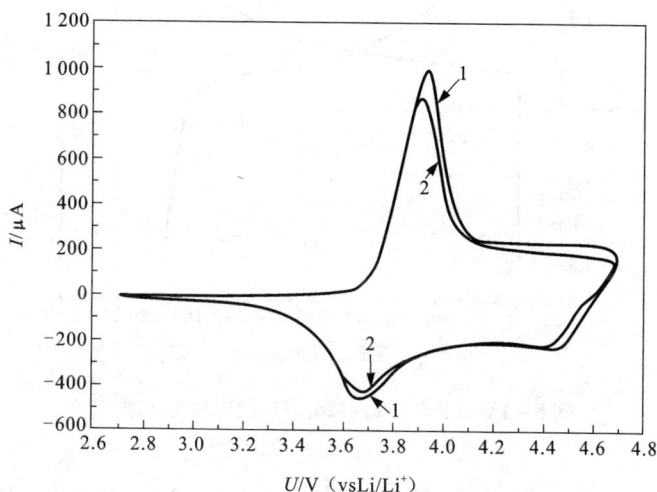

图 8 - 11　LiNi$_{1/3}$Co$_{1/3}$Mn$_{1/3}$O$_2$ 的循环伏安曲线[87]

第二次循环的氧化峰平移至 3.90 V，还原峰仍为 3.67 V，说明电极的可逆性能好。另外，在高电位处存在一对不明显的氧化还原峰，是对应于 Co^{3+}/Co^{4+} 的氧化还原反应，首次循环位于 4.65 V 和 4.45 V，第二次循环位于 4.56 V 和 4.41 V。

　　电池的放电曲线如图 8 - 12 所示,图 8 - 12 在 3.7 V 出现充电电压平台,对应于 $Ni^{2+} \rightarrow Ni^{4+}$ 的氧化反应。放电时,电压线性下降到 3.8 V,达到放电平台,对应于 $Ni^{4+} \rightarrow Ni^{2+}$ 的还原反应。充放电试验表明,以 20 $mA \cdot g^{-1}$ 电流,在 2.8 ~ 4.4 V 之间,$LiNi_{1/3}Co_{1/3}Mn_{1/3}O_2$ 的首次充放电容量分别为 195 $mAh \cdot g^{-1}$ 和 170 $mAh \cdot g^{-1}$,经 40 次循环,容量保持率为 85.3%。

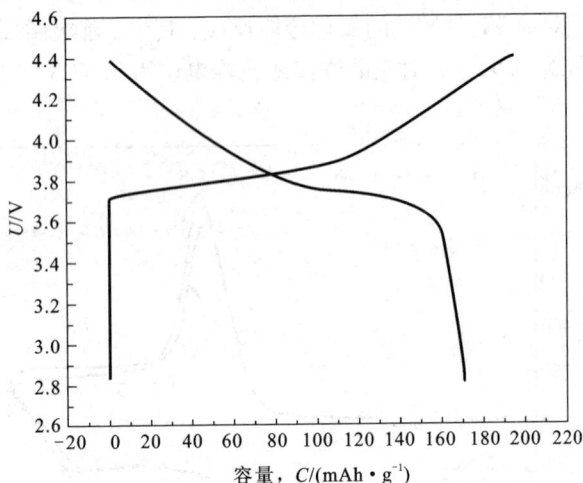

图 8 - 12　$LiNi_{1/3}Co_{1/3}Mn_{1/3}O_2$ 的充放电曲线[87]

　　Cheng 等[88] 将乙酸盐 $LiAC \cdot 2H_2O$,$Ni(AC)_2 \cdot 4H_2O$、$Mn(AC)_2 \cdot 4H_2O$ 和 $LiAC \cdot 2H_2O$,按 $LiNi_{1/3}Co_{1/3}Mn_{1/3}O_2$ 的化学计量混合,加热到 400℃,得前驱体,球磨 1 h,然后在空气中加热到 900℃,保温 20 h,合成的 $LiNi_{1/3}Co_{1/3}Mn_{1/3}O_2$ 的充电容量为 176 $mAh \cdot g^{-1}$。

　　Naoaki 等[89] 按配比 Co : Ni : Mn = 0.98 : 1.02 : 0.98 将

$Ni(OH)_2$，$Co(OH)_2$，$Mn(OH)_2$ 混合球磨，在 150℃预热 1 h，然后在空气中于 1000℃烧结 14 h，得 $LiNi_{1/3}Co_{1/3}Mn_{1/3}O_2$，当充电电流密度为 0.17 $mA \cdot cm^{-2}$时，充电容量为 200 $mAh \cdot g^{-1}$。

（2）共沉淀法

按质量比 $NiSO_4 : CoSO_4 : MnSO_4 = 1 : 1 : 1$ 制成混合溶液，控制温度 50℃，在搅拌条件下将混合溶液滴入一定浓度的 NaOH 溶液中，所得沉淀经压滤、洗涤、干燥、粉碎，得非球形 $Ni_{1/3}Co_{1/3}Mn_{1/3}OOH$ 前驱体。

将前驱体与 $LiNO_3$ 按质量比 $Li/(Ni + Co + Mn) = 1.1 : 1$ 混合，经两段烧结（300℃，3 h，900℃，20 h）得非球形$LiNi_{1/3}Co_{1/3}Mn_{1/3}O_2$。

图 8 – 13 是 $LiNi_{1/3}Co_{1/3}Mn_{1/3}O_2$ 的 TG/DSC 曲线。

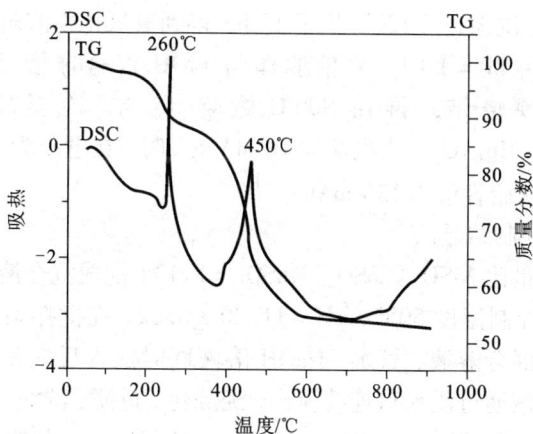

图 8 – 13　$LiNi_{1/3}Co_{1/3}Mn_{1/3}O_2$ 的 TG/DSC 曲线[90]

从曲线看到，在 260℃附近有一明显的吸热峰，这与 $LiNO_3$ 的熔点相对应，说明锂盐在此温度下熔化，Li^+ 开始向前驱体里面渗透，在 $350 \sim 600℃$ 之间，TG 曲线上有明显失重发生，DTA 曲线在 $450℃$ 有一个明显的吸热峰，表明 $LiNO_3$ 已提前分解（$LiNO_3$ 分解温度为 $600℃$），并和前躯反应生成 $LiNi_{1/3}Co_{1/3}Mn_{1/3}O_2$。

从 TG/DSC 曲线可知，合成 $LiNi_{1/3}Co_{1/3}Mn_{1/3}O_2$ 宜采用两段烧结，即首先在低温（$300℃$）保温，后在高温下生成 $LiNi_{1/3}Co_{1/3}Mn_{1/3}O_2$。

经 XPS 对合成的前躯体 $LiNi_{1/3}Co_{1/3}Mn_{1/3}OOH$ 分析证实，合成样品过渡金属的价态为 Ni^{2+}，Co^{3+}，Mn^{4+}。

充放电试验表明，用 $0.2C$ 充放电（$1C = 180 \ mAh$）时，首次充电比容量为 $180 \ mAh·g^{-1}$，放电比容量为 $167 \ mAh·g^{-1}$。

合成 $LiNi_{1/3}Co_{1/3}Mn_{1/3}O_2$ 的振实密度高达 $2.95 \ g·cm^{-3}$。

郭晓健等[91]将等摩尔的 $Ni(AC)_2$，$Co(AC)_2$，$Mn(AC)_2$ 配成混合溶液，缓慢滴入 LiOH 溶液中，于 $20℃$ 下搅拌 6 h，经陈化、过滤、洗涤，于 $120℃$ 烘干 12 h，得到氢氧化物前躯体，按摩尔质量 Li：M = 1∶1，将前躯体与 LiOH 混合球磨后，压片，于 $480℃$ 预烧结，再在 $900℃$ 煅烧 15 h，冷至室温，得 $LiNi_{1/3}Co_{1/3}Mn_{1/3}O_2$。当电流为 $18 \ mA·g^{-1}$ 时，在电压为 $2.5 \sim 4.2$ 范围内，初始容量为 $136 \ mAh·g^{-1}$。

（3）控制结晶法[90]

按质量比 $NiSO_4$∶$CoSO_4$∶$MnSO_4$ = 1∶1∶1 配成混合溶液，在氩气氛下，控制温度 $50℃$，pH = 11.20 ± 0.02，在搅拌条件下以一定速度将混合溶液、氨水、NaOH 溶液同时加入反应釜，反应产物连同母液通过溢流口连续流出，经陈化、过滤、洗涤，干燥，得球形 $(Ni_{1/3}Co_{1/3}Mn_{1/3})(OH)_2$ 前躯体。将 $LiNO_3$ 与前躯体按质量比 Li/(Ni + Co + Mn) = 1.1 混合，经二段烧结（$300℃$，3h；$900℃$，20h）得球形 $LiNi_{1/3}Co_{1/3}Mn_{1/3}O_2$。

充放电试验表明，用 $0.2C$ 充放电时，首次充电比容量为 $170 \ mAh·g^{-1}$，放电比容量为 $156 \ mAh·g^{-1}$。

合成球形 $LiNi_{1/3}Co_{1/3}Mn_{1/3}O_2$ 的振实密度为 2.35 $g \cdot cm^{-3}$。

禹筱元等[92]以碳酸盐为沉淀剂，制备 $(Ni_{1/3}Co_{1/3}Mn_{1/3})CO_3$ 前躯体，然后将前躯体与 Li_2CO_3 混合，通过高温固相法合成 $LiNi_{1/3}Co_{1/3}Mn_{1/3}O_2$。其合成工艺是：按摩尔比 $n(Ni):n(Co):n(Mn)=1:1:1$。将 $Ni(NO_3)_2$，$Co(NO_3)_2$，$Mn(NO_3)_2$ 配成混合溶液，用 NH_4HCO_3 和 $NaHCO_3$ 作沉淀剂，控制温度、pH，所得反应产物经过滤、洗涤、干燥后得前躯体$(Ni_{1/3}Co_{1/3}Mn_{1/3})CO_3$。

按摩尔比 $n(Li):n(Ni_{1/3}Co_{1/3}Mn_{1/3})=1.05:1$，将前躯体与 Li_2CO_3 混匀，在空气气氛下于 480℃ 保温几小时，再升温至 950℃ 保温一段时间，得到 $LiNi_{1/3}Co_{1/3}Mn_{1/3}O_2$。

充放电试验表明，0.1c 放电，在 2.5~4.6 V 范围内，首次放电比容量为 182.97 $mAh \cdot g^{-1}$。

(4)电解法

电解 NiCoMn 合金的方法直接制备 $LiNi_{1/3}Co_{1/3}Mn_{1/3}O_2$，避免了使用昂贵的金属盐，成本降低。

按原子计量比 $Ni:Co:Mn=1:1:1$ 称取高纯镍、钴、锰金属（纯度 >99.9%），在高温电弧炉中在氩气保护下熔炼成合金 $Ni_{1/3}Co_{1/3}Mn_{1/3}$。将镍、钴、锰合金放在钛篮中作阳极，金属镍板为阴极，NaCl 溶液（浓度为 100 $g \cdot L^{-1}$）为电解液，控制极距为 5 cm，槽电压 <2 V。电解产物用水洗去 Na^+，Cl^-，抽滤、烘干、得前躯体 $Ni_{1/3}Co_{1/3}Mn_{1/3}(OH)_2$。

将烘干的前躯体与 $LiOH \cdot H_2O$（比理论值过量10%）混合研磨，于 600℃ 下保温 6 h，取出再研磨，再于 800℃ 下保温 12 h，冷至室温，研磨得正极材料 $LiNi_{1/3}Co_{1/3}Mn_{1/3}O_2$。在 0.1C，电压在 2.5~4.7 V 范围内，首次充放电比容量为 237.8 $mAh \cdot g^{-1}$ 和 196.0 $mAh \cdot g^{-1}$。[93]

(5)$LiNi_{1/3}Co_{1/3}Mn_{1/3}O_2$ 材料的掺杂改性[81,94]

掺杂改性是进一步提高 $LiNi_{1/3}Co_{1/3}Mn_{1/3}O_2$ 性能的途径之一，

Li，Al，Si，Fe，Mg，Zr 是常用的掺杂元素。

掺杂 Zr，Al，Mg 能抑制正极材料中 Ni^{2+} 占据 Li^+ 而造成的阳离子混排，有利于稳定层状结构，提高循环稳定性能。

将用控制结晶法制备的前驱体 $Ni_{1/3}Co_{1/3}Mn_{1/3}(OH)_2$ 与 $Li_2CO_3 \cdot ZrO_2$ 按配比 $n[(Ni_{1/3}Co_{1/3}Mn_{1/3})_{0.98}Zr_{0.02}] : n(Li) = 1 : 1.1$ 球磨混合，于 100℃ 干燥 12 h，再在 950℃ 下热处理 12 h，合成 $Li(Ni_{1/3}Co_{1/3}Mn_{1/3})_{0.98}Zr_{0.02}O_2$。将正极 Celgard 2400 隔膜、碳负极、电解液（$1\ mol \cdot L^{-1}\ LiPF_6/(EC+DMC)$）组装成 053048 型电池。

经 XRD 分析和电化学性能测试表明，Zr 的掺入使晶胞参数 a，c 增大，这是因为 Zr^{4+} 的半径（0.079 nm）比 Ni^{2+}（0.069 nm），Co^{3+}（0.054 nm），Mn^{4+}（0.053 nm）的半径大。因此，使材料的晶体结构的层间距增大，扩大了 Li^+ 在材料中的迁移隧道直径，有利于 Li^+ 在充放电过程嵌脱，Zr 的掺入还能减少阳离子混排程度。因此，电池的高温循环性能改善，在 60℃ 下，循环 100 次，容量保持率为 92.1%。

掺杂 Li 的正极材料 $Li_{1+x}[Ni_{1/3}Co_{1/3}Mn_{1/3}]_{1-x}O_2$ 中，当 Li 含量升高时，晶胞参数 a，c 减小，抑制晶格变化产生的应变，可逆容量提高，循环性能改善，Li/M（金属离子）最佳比例为 Li/M = 1.10。

掺杂 Li 也可以得到层状 $Li[Co_xLi_{(1/3-x/3)}Mn_{(2/3-2x/3)}]O_2$（$x$ = 0.1，0.17，0，20，0.25，0.33，0.5）。其中，金属离子价态为 Co^{3+}，Mn^{4+}。

当钴含量增加时，晶胞参数 a，c 减小，但 c/a 比增加。当 x 从 0.1 到 0.5 时，放电容量从 150 $mAh \cdot g^{-1}$ 增加到 265 $mAh \cdot g^{-1}$。

采用溶胶－凝胶法制备掺杂 Li，Mn 或 Li，Co 的层状 $Li[Li_{1/5}Ni_{1/10}Co_{1/5}Mn_{1/2}]O_2$ 和 $Li[Ni_{1/4}Co_{1/2}Mn_{1/4}]O_2$，其中锰均为 Mn^{4+}。放电过程不产生相变，首次放电容量分别为 190 $mAh \cdot g^{-1}$

和 184 mAh·g^{-1}。

掺杂 Si 得到的 Li[Ni$_{1/3}$Co$_{1/3}$Mn$_{1/3}$]$_{0.96}$Si$_{0.04}$O$_2$，晶胞参数 a, c 增加，阻抗减小，可逆容量增加。

掺杂 Fe 的 LiNi$_{1/3}$Co$_{1/3}$Mn$_{1/3}$O$_2$，由于充电末期电压低，电解质不会发生氧化，Co 也只在充电末期发生氧化。可逆容量为 150 mAh·g^{-1}，循环性能得到改善。

8.3.2.4　以 LiNi$_{1/3}$Co$_{1/3}$Mn$_{1/3}$O$_2$ 为正极材料的电池性能

(1)413450 型电池[95]

电池的正极制备。先将 PVDF 溶解在 NMP 溶剂中，再加入乙炔黑、鳞片石墨和活性物质 LiNi$_{1/3}$Co$_{1/3}$Mn$_{1/3}$O$_2$，混合制浆，涂布在铝箔上，烘干，碾压成正极片。

负极是将中间相碳微球(MCMB)涂布在铜箔上。

电解液为 1 mol·L^{-1} LiPF$_6$/(EC + DMC)(质量比为 1∶1)。

将正极，Celgard 2300 隔膜、负极卷绕成型，注入电解液，组装成 413450 型电池。

该电池在 1C 放电条件下，在 3.0 ~ 4.2 V 电压范围内，首次放电比容量为 143 mAh·g^{-1}。

(2)动力型锂离子电池[96]

将 LiNi$_{1/3}$Co$_{1/3}$Mn$_{1/3}$O$_2$ 与 LiCoO$_2$ 以一定比例混合，制备锂离子电池正极，并组装成 50Ah 的锂离子电池。

图 8 – 14 是 50 Ah 电池在常温下的倍率放电曲线。

当以 1C 放电时，放电容量为 54.8 Ah，如以 1/3C 放电，放电容量为 58.33 Ah。

电池的温度特性良好，当控制放电截止电压为 3.0 V 时，如以 1/3C 放电，在低温(– 20℃)的放电容量为 50.4 Ah，高温(55℃)的放电容量为 57.3 Ah。

通过对电池进行短路、过充电、过放电、挤压、针刺等安全

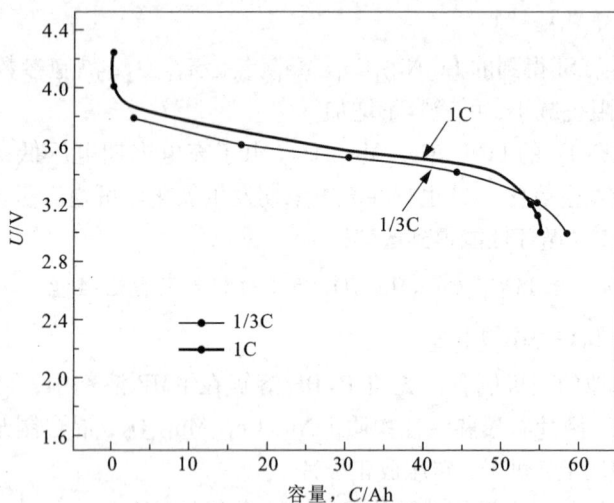

图 8 – 14　50 Ah 电池不同倍率的放电曲线[96]

性能测试，均能满足动力电池的技术要求。

8.3.3　新型正极材料 LiFePO$_4$（磷酸亚铁锂）

　　锂离子电池常用正极材料主要有 LiCoO$_2$，LiNiO$_2$，LiMn$_2$O$_4$ 和 LiNi$_{1/3}$Co$_{1/3}$Mn$_{1/3}$O$_2$，其中 LiCoO$_2$ 已广泛应用于小型锂离子电池的正极材料。但由于 LiCoO$_2$ 作为正极材料组装的电池耐过充和耐高温的安全性能差，满足不了动力电池的要求；LiNiO$_2$ 的制备条件要求高，LiMn$_2$O$_4$ 虽然价格低，安全性能好，由于其本身的结构缺陷，循环性能和高温性能差，在使用成本上甚至比铅酸电池还要高，应用范围受到限制。

　　目前研究开发的锂离子电池的正极材料中，1997 年美国 A. k. padhi 等[97] 开发的橄榄型结构的 LiFePO$_4$，资源丰富，原材料成本低（约为 LiCoO$_2$ 的 1/5），理论比容量高（170 mAh·g^{-1}），工作电压适中(3.4 V)，循环寿命为铅酸电池的8倍，MH-Ni电池的3倍，$LiCoO_2$电池的4倍，$LiMn_2O_4$电池的4~5倍。在室温下充放电循环1500次，容量保持率在95%以上。

$LiFePO_4$在高温下(200℃)仍然使用安全，不会因过充、温度过高、短路、撞击而产生爆炸或燃烧，解决了$LiCoO_2$和$LiMn_2O_4$的安全隐患问题，而且$LiFePO_4$不含任何有毒元素，是真正的绿色环保电池，表8-8列出锂离子电池正极材料性能比较，由于$LiFePO_4$具有成本低、循环寿命长，高温安全性能好，环境友好等突出优点，有望成为下一代锂离子动力电池的正极材料。表8-9列出常用电池的性能比较。

表8-8　锂离子电池正极材料性能比较[98]

材　料	钴酸锂	镍钴锰	锰酸锂	磷酸亚铁锂
振实密度/($g\cdot cm^{-3}$)	2.8~3.0	2.0~2.3	2.2~2.4	1.0~1.4
比表面积/($m^2\cdot g^{-1}$)	0.4~0.6	0.2~0.4	0.4~0.8	12~20
比容量/($mAh\cdot g^{-1}$)	135~140	155~165	100~115	130~140
电压平台/V	3.6	3.5	3.7	3.2
循环性能	≥300次	≥800次	≥500次	≥2000次
过渡金属	贫乏	贫乏	丰富	非常丰富
原料成本	很高	高	低廉	低廉
环保	含钴	含镍、钴	无毒	无毒
安全性能	差	较好	良好	优秀
适用领域	小电池	小电池/小型动力电池	动力电池	动力电池/超大容量电源

表 8-9　磷酸亚铁锂电池与传统电池性能比较[98]

技术参数	镍镉电池	氢镍电池	铅酸电池	磷酸铁锂电池
工作电压/V	1.2	1.2	2.1	3.2
质量比能量/($Wh \cdot kg^{-1}$)	30~50	50~80	40	120
体积比能量/($Wh \cdot L^{-1}$)	150	200	70	210
寿命/次	500	500	400	2000
单位价格/($元 \cdot Wh^{-1}$)	3	6	1.0~1.5	3~6
环保	有毒	略有污染	有毒	无毒
安全性	优秀	好	良好	优秀

目前，$LiFePO_4$ 应用的困难是 $LiFePO_4$ 的导电率低（10^{-10} s·cm^{-1}），尤其是大电流放电时，实际容量降低；另一方面，制备 $LiFePO_4$ 时，铁的氧化态控制困难，通常应在还原气氛或惰性气氛中进行。

基于 $LiFePO_4$ 的优良性能和市场需求，已引起国内外研究机构和电池厂商的关注。目前，国际上生产 $LiFePO_4$ 的电池厂商有加拿大 Phostech，美国 Valence，美国 A123，日本 Sony。其中 Phostech 与台湾必翔合作生产以 $LiFePO_4$ 为正极材料的电池，美国 Valence 公司已于 2003 年实现以 $LiFePO_4$ 为正极材料的电池产业化，美国 A123 是目前规模最大的 $LiFePO_4$ 生产商。

国内 $LiFePO_4$ 的研究开发与国际基本同步，在性能方面差别不大，现已超过 10 家企业正在组织生产或试生产 $LiFePO_4$。其中天津斯特兰、北大先行、苏州恒正已进入工业化生产阶段。国内外生产的 $LiFePO_4$ 性能比较如表 8-10 所示。

表 8 – 10　国内外生产的 LiFePO$_4$ 性能比较[98]

技术参数	国内	国外
电容量/(mAh·g^{-1})	>120	>150
充放电次数	>1000	>1000
平均粒径/μm	3 ~ 8	2 ~ 5
振实密度/(g·cm^{-3})	>1.0	>1.1
比表面积/(m^2·g^{-1})	<10	<10

8.3.3.1　LiFePO$_4$ 的结构和性能

(1) LiFePO$_4$ 结构

LiFePO$_4$(M = Fe, Mn, Co, Ni)属于橄榄石型结构,空间群为 Pmnb,其晶胞参数如表 8 – 11 所示。LiFePO$_4$ 和 LiMnPO$_4$ 同属 Pmnb 空间群。在自然界,LiFePO$_4$ 以磷铁锂矿存在,LiMnPO$_4$ 以磷锰锂矿存在,实际上,这两种矿是伴生在一起。

表 8 – 11　橄榄石型 LiMPO$_4$ 的晶胞参数[99]

LiMPO$_4$	a/nm	b/nm	c/nm	V/nm^3
LiFePO$_4$	1.0227	0.60048	0.46918	0.28812
LiMnPO$_4$	1.0431	0.60947	0.47366	0.30112
LiCoPO$_4$	1.02001	0.59199	0.4690	0.2832
LiNiPO$_4$	1.00275	0.58537	0.46763	0.27449
FePO$_4$	0.98142	0.57893	0.47820	0.2717

LiFePO$_4$ 属正交晶系,每个晶胞有 4 个 LiFePO$_4$ 单元,图 8 – 15 是 LiFePO$_4$ 的橄榄石型结构图。在晶体结构中,氧原子以稍微扭曲的六方紧密堆积方式排列。Fe 与 Li 分别位于氧原子的八面体中心,形成变形的八面体。P 原子位于氧原子的四面体中心位置。LiO$_6$ 八面体共边形成平行于 [100]$_{Pmnb}$ 的 LiO$_6$ 链。锂

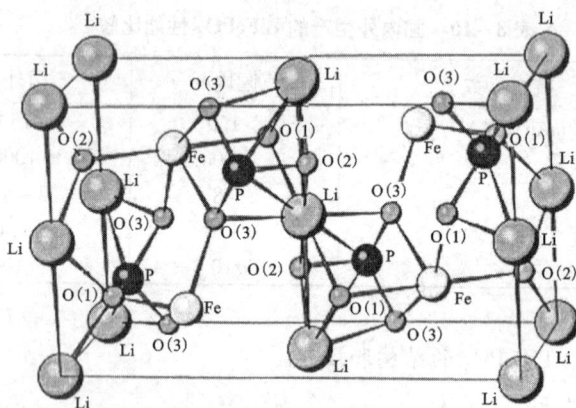

图 8 – 15　LiFePO$_4$ 的橄榄石型结构[99]

离子在 $[100]_{Pmnb}$ 与 $[010]_{Pmnb}$ 方向上性质相异，这使得 (001) 面上产生显著的内应力，$[010]$（锂离子通道之间）方向的内应力远大于 $[100]$（锂离子通道）方向的内应力。所以，$[100]_{Pmnb}$ 方向是最易于 Li$^+$ 离子扩散的通道。同时，这种内应力对锂离子电池电化学性能产生直接影响，多次充放电循环后，颗粒表面可能会出现许多裂缝。充放电时，单相 LiFePO$_4$ 转变为双相 LiFePO$_4$/FePO$_4$，两相之间会出现尖锐的界面，界面平行于 $a - c$ 面。沿着 b 轴的高强度内应力导致裂缝的出现。裂缝使得电极极化，也使得活性材料或导电添加剂与集流体的接触变弱，从而造成电池容量损失。

　　通过 LiFePO$_4$ 晶体结构可以看出，因为 FeO$_6$ 八面体被 PO$_4^{3-}$ 分离，降低了 LiFePO$_4$ 材料的导电性；氧原子三维方向的六方最紧密堆积限制了 Li$^+$ 的自由扩散。

　　图 8 – 16 是 LiFePO$_4$ 在充电过程中的结构变化示意图。LiFePO$_4$ 与脱锂的 FePO$_4$ 都属正交晶系，从 LiFePO$_4$ 氧化为 FePO$_4$

时，根据晶格常数计算的体积减少 6.81%，密度增加 2.59%。因此，$LiFePO_4$ 与碳负极组成电池时，由于放电过程碳负极体积增大，$LiFePO_4$ 体积减小，结果，电池正、负极的总体积变化很小，从而减少应力，有利于稳定结构。

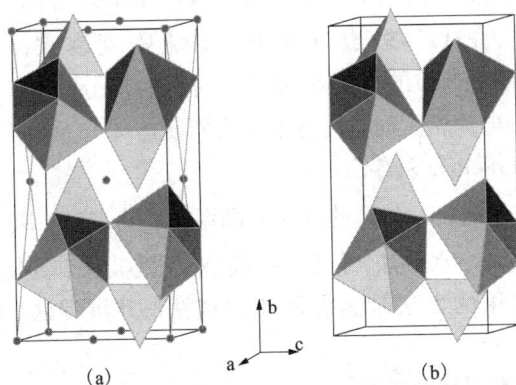

图 8 – 16　$LiFePO_4$ (a) 和 $FePO_4$ (b) 的结构示意图[100]

　　$LiFePO_4$ 在常压下，在 200℃ 以下稳定，但由于 $LiFePO_4$ 结构中，四面体和八面体共边，在高压下会转变为尖晶石相结构。

　　(2) $LiFePO_4$ 性能

　　$LiFePO_4$ 的充放电反应为：

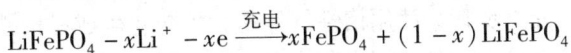

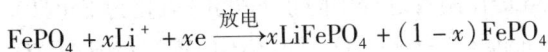

$$LiFePO_4 - xLi^+ - xe \xrightarrow{\text{充电}} xFePO_4 + (1-x)LiFePO_4$$

$$FePO_4 + xLi^+ + xe \xrightarrow{\text{放电}} xLiFePO_4 + (1-x)FePO_4$$

　　$LiFePO_4$ 中 Li^+ 的脱嵌机理可用 Padhi 等[97] 提出的"辐射状锂离子迁移模型"(Radial Mode) 描述。[100] Li^+ 的脱嵌过程从 $LiFePO_4$ 颗粒表面经过两相界面 $FePO_4/LiFePO_4$ 进行。充电时，Li^+ 脱出形成的 $FePO_4$ 层向内核推进，形成的 $FePO_4/LiFePO_4$ 界面不断减

小，此过程 Li^+ 和电子必须经过新形成的 $FePO_4$ 层。但 Li^+ 的扩散速率在一定条件下为常数，当 $FePO_4/LiFePO_4$ 界面继续减小到某一临界值时，通过该界面的 Li^+ 的扩散通量将不足以维持恒电流，此时，位于颗粒核心部分的 $LiFePO_4$ 就得不到利用，导致容量损失。放电时，随着 Li^+ 嵌入，$FePO_4/LiFePO_4$ 界面远离内核并不断扩大。在 Li^+ 脱/嵌过程中，电流密度越大，未反应的 $LiFePO_4$ 占整个颗粒的体积越大，可利用的部分减少，比容量下降。当减小电流密度时，比容量又会恢复。

8.3.3.2　$LiFePO_4$ 制备

目前，制备 $LiFePO_4$ 的方法有高温固相合成法、碳热还原法、液相共沉淀法、水热法、溶胶－凝胶法、微波法、氧化－还原法等，其中常用的方法是高温固相合成法、共沉淀法、溶胶－凝胶法。

（1）高温固相合成法

高温固相合成法是目前制备 $LiFePO_4$ 最常用、最成熟的方法。合成 $LiFePO_4$ 的原料是含锂的碳酸盐、乙酸盐、磷酸盐或碱，亚铁的乙酸盐或草酸盐，$NH_4H_2PO_4$ 或（NH_4）$_2HPO_4$。一般采用两步加热法合成。首先将原料放入有机溶剂中研磨混匀，压块，在惰性气氛中预热处理，然后再研磨，于惰性气氛中煅烧为最终产品。煅烧后有机物分解，氨及 CO_2 等挥发性气体易于除去，可免去杂质分离步骤。使用惰性气体是为了防止生成三价铁。该方法的关键就是在制备过程中防止 $Fe(II)$ 氧化为 $Fe(III)$。

Goodenough[97] 按 Li_2CO_3 : $Fe(CH_3COO)_2$: $NH_4H_2PO_4 = 1:2:2$ 混合，在惰性气氛下于 300~350℃ 预热使混合物初步分解，然后在 800℃ 烧结，保温 12h 以上，得到 $LiFePO_4$。合成反应为：

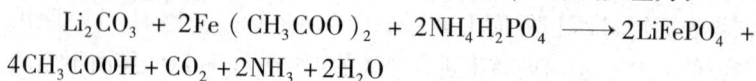

$$Li_2CO_3 + 2Fe(CH_3COO)_2 + 2NH_4H_2PO_4 \longrightarrow 2LiFePO_4 + 4CH_3COOH + CO_2 + 2NH_3 + 2H_2O$$

烧结温度对 $LiFePO_4$ 充放电性能的影响如图 8 – 17，烧结温度低于 500℃时，所得样品粒径小，存在较多 Fe^{3+}，烧结温度大于 600℃，所得结晶颗粒大，电化学性能差，适宜的烧结温度为 550℃。

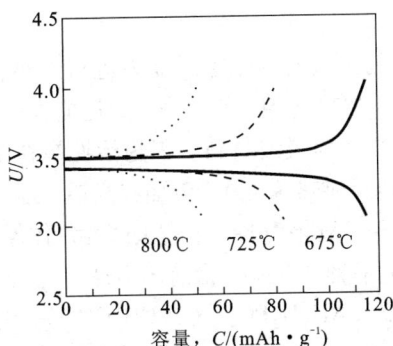

图 8 – 17　烧结温度对 $LiFePO_4$ 充放电性能的影响[100]

（2）真空煅烧法[101]

制备过程是以乙醇为分散剂，按摩尔比 Li_2CO_3 : NH_4HPO_4 : $FeC_2O_4 \cdot 2H_2O$ = 0.5 : 1 : 1 混合研磨，自然干燥后移入真空炉中，在氮气氛保护下，于 350℃热分解 7 h，冷却至室温得前躯体，再在真空条件下进行两段煅烧，第 1 次煅烧 7 h，第 2 次煅烧 20 h，所得 $LiFePO_4$ 样品以 1.0C 放电，首次放电容量达 107.8 $mAh \cdot g^{-1}$。

（3）水热法

将可溶性亚铁盐、锂盐和磷酸按所需浓度配成混合溶液，加入高压釜中，控制温度和压力合成 $LiFePO_4$。由于氧在水中的溶解度小，水热过程不需惰性气体保护，产物的晶型和粒度易于控制。

Franger S 等[102] 将 $Fe_3(PO_4)_2$、Li_3PO_4 溶于水，加入高压釜中，通入 N_2，在 220℃，2.4 MPa 的条件下加热 1 h，迅速冷至室

温，过滤，真空干燥，然后加入适量炭黑，在惰性气氛下烧结，制成 $LiFePO_4/C$ 复合材料。

采用水热法合成 $LiFePO_4$ 时，温度低于 120℃ 时，得到的是 $Fe_3(PO_4)_2 \cdot 8H_2O$ 和 $LiFePO_4$ 的混合物，只有达到 300℃ 时才能得到纯 $LiFePO_4$。

（4）微波法

微波加热是利用微波的强穿透能力进行加热。微波合成的优点是反应时间短、加热均匀、效率高、能耗低。$LiFePO_4$ 的微波合成一般是用活性炭作为吸波材料。因为活性炭在微波场中升温速率快，一方面可以提供热源，另一方面在高温下能氧化成 CO，产生还原气氛，阻止 Fe^{2+} 氧化为 Fe^{3+}，省去惰性气体保护，但微波合成的设备投资大，过程难于控制，目前还不易实现工业化生产。

例如，Li_2CO_3，$NH_4H_2PO_4$，$Fe(CH_3COO)_2$ 或乳酸铁按化学计量比并加入酒精研磨混匀，在 60℃ 下干燥，在 98 MPa 压力下压制成片，每片用玻璃棉包裹，置于氧化铝坩埚中，盖上盖子，调节微波炉以 2.5 GHz 最大功率 500 W 向坩埚辐射 10 min，可得 $LiFePO_4$。

（5）溶胶-凝胶法（sol-gel 法）

Deff 等[103] 将 $Fe(NO_3)_2 \cdot 9H_2O$ 和 $LiCH_3COO \cdot 2H_2O$ 与 Li_3PO_4 配成溶液后，加入到 $HOCH_2COOH$ 中，用氨水调节 pH 到 8.5 ~ 9.5，加热溶液到 70℃ ~80℃ 后，得到凝胶。然后在 500℃ 下加热凝胶 10 h，再在 600℃ ~700℃ 下保温 5 ~15 h，得 $LiFePO_4$ 粉末。

（6）氧化-还原法

氧化-还原法是将 Fe(Ⅱ)盐氧化为 Fe(Ⅲ)盐，再将生成的 $FePO_4$ 还原成 $LiFePO_4$。

Prosini P 等[104] 将 $Fe(NH_4)_2(SO_4)_2 \cdot 6H_2O$、$NH_4H_2PO_4$ 和 H_2O_2 反应生成 $FePO_4$ 沉淀，过滤后在 400℃ 干燥 24 h，然后将其浸泡于 1 $mol \cdot L^{-1}$ 的 LiI 溶液中（乙腈作溶剂），持续搅拌 24 h，再在 550℃，

于还原气氛中 $[V(Vr):V(H_2)=95:5]$ 加热 1 h, 得 $LiFePO_4$。

8.3.3.3　$LiFePO_4$ 改性

纯 $LiFePO_4$ 直接用作锂离子电池的正极材料存在两大缺点: 一是由于 $LiFePO_4$ 本身的结构特点, 其离子传导率和电子传导率都低, 决定了它的大电流放电性能较差; 另一个缺点是纯 $LiFePO_4$ 的真实密度低(3.6 g·cm^{-3}), 导致材料的振实密度低。因此, 要将 $LiFePO_4$ 用作锂离子电池的正极材料, 必须通过改性提高 $LiFePO_4$ 的电子导电率和扩散速率, 提高振实密度。

常用的改性方法有物理掺杂和体相掺杂。

(1)物理掺杂

物理掺杂是在 $LiFePO_4$ 中掺入导电性物质, 如碳包覆。碳包覆的作用是在高温惰性气氛条件下, 含碳物质分解成多孔结构的碳, 能阻止 $LiFePO_4$ 颗粒在加热过程中长大, 增加导电性; 产生纳米级碳粒, 可以细化产物晶核, 避免凝聚现象, 将 Fe^{3+} 还原为 Fe^{3+}, 避免生成 Fe^{3+}。

包覆碳原料有无机碳、有机碳、聚合物、含锂有机物和碳混合物等。无机碳如石墨、炭黑、炭素材料。无机碳源可抑制生成 Fe^{3+}, 加入的碳不影响 $LiFePO_4$ 结构。有机碳如蔗糖、葡萄糖、碳凝胶、柠檬酸、聚丙烯酰胺、聚丙烯、含锂有机物等。有机碳源同样起还原剂作用, 在加热过程中发生热分解, 包覆在 $LiFePO_4$ 表面, 阻止颗粒凝聚, 减小产物粒径。

在 $LiFePO_4$ 中加入少量导电金属颗粒如 Ag, Cu 等, 由于加入的金属均匀的混合在材料的颗粒之间, 起着内部导体的作用, 可提高 $LiFePO_4$ 的导电性。

表面包覆的方法主要有两种: 一是将含碳物质以一定比例与原料混合后焙烧, 另一种是在 $LiFePO_4$ 的前驱体中添加含碳物质, 再进行高温反应。

图 8-18 是 LiFePO$_4$ 与 LiFePO$_4$/C 的容量和循环性能比较。

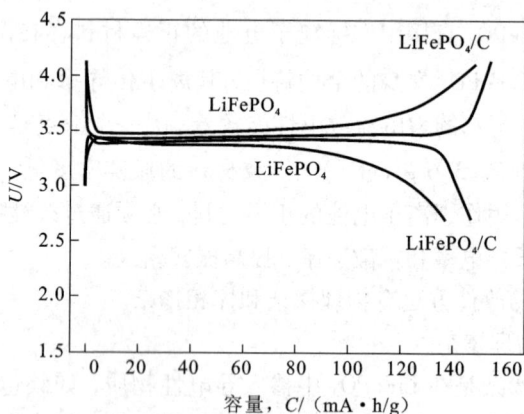

（a）首次充放电曲线

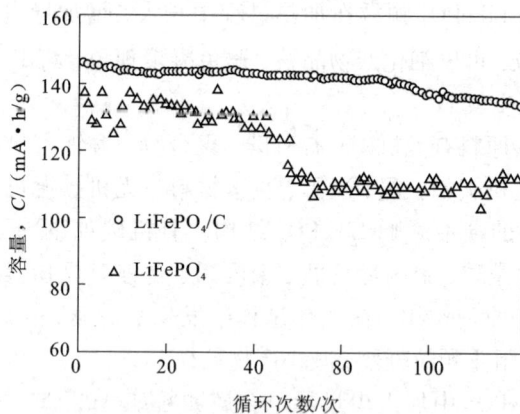

（b）循环性能

图 8-18　LiFePO$_4$ 和 LiFePO$_4$/C 性能比较[81]

（a）首次充放电曲线；（b）循环性能 0.1 C，电压范围：2.7~4.19 V

Ravet 等[105]最早在 LiFePO$_4$ 中加入炭导电剂，Prosini 等在合成 LiFePO$_4$ 时加入炭黑（10%，wt），Huang 等[106]采用 CH$_3$COOLi、Fe(CH$_3$COO)$_2$ 和 NH$_4$H$_2$PO$_4$ 与由间苯二酚甲醛形成的碳凝胶混合热处理，得到 LiFePO$_4$/C(含碳 15%，质量)复合材料，在室温下以 0.5C 首次充放电，比容量达 162 mAh·g^{-1}，高倍率(5C)充放电，比容量达 120 mA·g^{-1}，800 次循环后的容量衰减仅为 8%。

郭静等[107]以葡萄糖为碳源包覆 LiFePO$_4$。将 LiOH·7H$_2$O，FeC$_2$O$_4$·2H$_2$O，(NH$_4$)H$_2$PO$_4$ 按化学计量比混合，加入 10% 葡萄糖，以无水乙醇为分散剂，球磨 3 h，于真空干燥箱中使乙醇挥发，得前躯体，然后将前躯体置于有氮保护的气氛中于 750℃下烧结 18 h，所得 LiFePO$_4$/C 用 0.1 C 充放电的首次放电容量达 157.5 mAh·g^{-1}，经 10 次循环后仍保持在 161.7 mAh·g^{-1}。

采用改善碳包覆制备 LiFePO$_4$ 工艺，可以提高 LiFePO$_4$ 的振实密度。因为粉体材料的形貌、粒径及其分布直接影响材料的振实密度，一般由规则球形颗粒组成的粉体材料中，其振实密度较高，Lei M 等[108]用碳高温还原法合成碳包覆的球形 LiFePO$_4$，含碳量为 6%(质量)，振实密度达 1.6 g·cm^{-3}。

米长焕等[109]将锂盐，含 Fe^{3+} 的化合物和碳酸盐混合，在惰性气氛中热解，热解前加入高分子聚合物，得到 LiFePO$_4$/C 正极复合材料。

锂盐可选用 Li$_2$CO$_3$、LiOH、草酸锂、醋酸锂或磷酸锂。Fe^{3+} 化合物可选用 Fe$_2$O$_3$、Fe$_3$O$_4$ 或 FePO$_4$。磷酸盐可选用 (NH$_4$)$_3$PO$_4$，(NH$_4$)$_2$HPO$_4$，NH$_4$H$_2$PO$_4$ 或 FePO$_4$。聚合物可选用碳氢聚合物或聚丙烯，惰性气体可用氮气或氩气。

LiFePO$_4$/C 复合材料的制备工艺是：按摩尔比：n(LiOH):n(FePO$_4$)=0.5:0.5 混合，加入 80 mL 乙醇，球磨 2 h 后，掺入 14 g 聚丙烯，在氮气气氛中于 700℃中热解 10 h，冷至室温得

LiFePO$_4$/C 样品，复合材料中含 C 约 2.5%，将复合材料 LiFe-PO$_4$/C 制成电池正极，以锂片为负极组装成锂离子电池，该电池用0.1~0.5 C放电，在 4.2~2.5 V 电压范围内，正极活性物质的比容量在 145~164 mAh·g^{-1}。

（2）体相掺杂

碳包覆主要是改变粒子间的导电性，对 LiFePO$_4$ 的内部导电性影响很小，并且降低 LiFePO$_4$ 的振实密度。体相掺杂有利于提高 LiFePO$_4$ 颗粒内部的导电性，即提高 LiFePO$_4$ 晶体的导电性，而且掺杂1%金属时几乎不影响 LiFePO$_4$ 的振实密度。

LiFePO$_4$ 属半导体，导带与禁带之间的能级宽度为 0.3 eV。据此，有人提出两相模型观点，认为在电池的充放电过程中，Fe^{3+}/Fe^{2+} 的比例发生变化，从而 LiFePO$_4$ 晶体也在 p 型与 n 型之间变化。充电时，Li$^+$ 缺陷的存在会使 Fe^{2+} 的含量增加；放电时恰好相反，p 型转变为 n 型。其结构为：

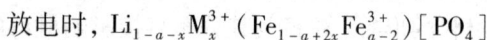

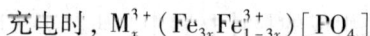

放电时，Li$_{1-a-x}$M$_x^{3+}$(Fe$_{1-a+2x}$Fe$_{a-2}^{3+}$)[PO$_4$]

充电时，M$_x^{3+}$(Fe$_{3x}$Fe$_{1-3x}^{3+}$)[PO$_4$]

其中，x——掺杂 M 的量；$(a+x)$——Li 的缺陷。

单独的 Fe^{2+} 和 Fe^{3+} 的导电性都比较差，掺杂后形成 Fe^{3+}/Fe^{2+} 混合阶态，可以增加 LiFePO$_4$ 导电性。

掺杂后的 LiFePO$_4$ 具有优良的充放电性能，特别是大电流放电性能，可以满足电动汽车动力电池的要求，为 LiFePO$_4$ 材料的工业应用打下了基础。

体相掺杂 Cu 和 Ag 的循环性能如图 8-19。

体相掺杂 Cu 制备 LiFePO$_4$/Cu 的方法是：将高温固相法制备的 LiFePO$_4$ 高度分散在含有 KNaC$_4$H$_4$O$_6$ 的 CuSO$_4$ 水溶液中，用甲醛还原 Cu^{2+} 为 Cu：其制备过程是先将 CuSO$_4$·5H$_2$O(1.56 g)，KNaC$_4$H$_4$O$_6$·4H$_2$O(5.6 g)，NaOH(1 g) 分别配成水溶液。再将 CuSO$_4$ 溶液和 KNaC$_4$H$_4$O$_6$ 溶液混合，用 NaOH 溶液调节 pH 至

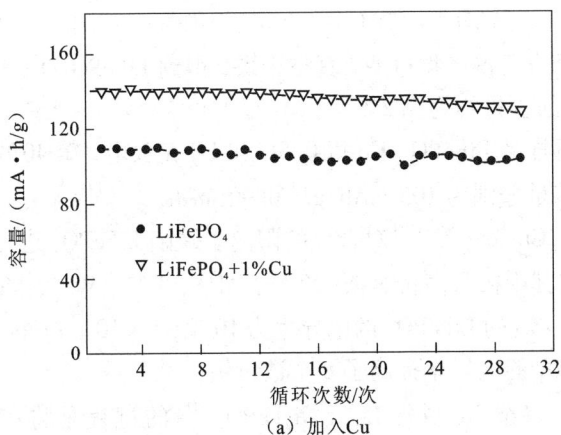

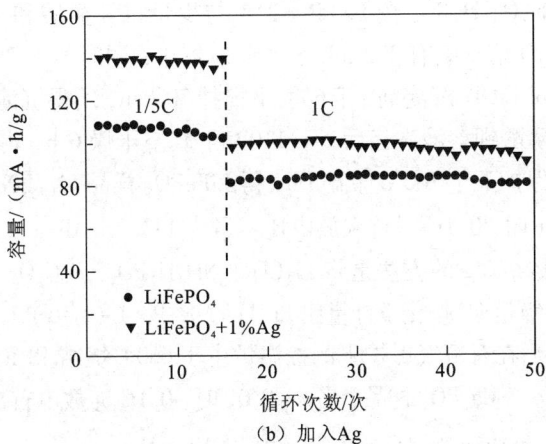

图 8 - 19　LiFePO₄/Cu 和 LiFePO₄/Ag 的循环性能[81]

（a）LiFePO₄ + 1% Cu；（b）LiFePO₄/Ag

11.5 ~ 12.5，过滤所得滤液中加入 LiFePO₄（2 g），在搅拌过程中控制温度为 30℃，加入甲醛（HCHO）1.56 mL，Cu^{2+} 被还原为 Cu。

$$Cu^{2+} + 2HCHO + 4OH^- \longrightarrow Cu + 2HCOO^- + 2H_2O + H_2 \uparrow$$

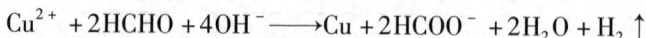

将反应所得产物过滤,真空干燥,得到 $LiFePO_4/Cu$ 样品,样品中 Cu 的含量约为 3.2%。

所得样品 $LiFePO_4/Cu$ 以 0.5C 和 1C 充放电,第 40 次循环的放电比容量分别为 105 mAh·g^{-1} 和 99 mAh·g^{-1}。[113]

S. Y. Chuang 等[110]对合成的阳离子缺陷 $LiFePO_4$ 进行固溶体掺杂,在其中掺入高价金属(Nb^{5+},Al^{3+},Ti^{4+},W^{6+},Mn^{2+} 等),其中掺杂 Nb 的 $LiFePO_4$ 的电导率为 $10^{-3} \sim 5 \times 10^{-2}$ s·cm^{-1},从而把 $LiFePO_4$ 的电导率提高了 8 个数量级。

体相掺杂 Ni 制备 $Li_{1-2x}Ni_xFePO_4$[111]的过程是将 $(NH_4)_2Fe(SO_4)_2 \cdot 6H_2O$,$H_3PO_4$ 按 Fe:P = 1:1 与少量抗坏血酸和一定量的 $NiSO_4 \cdot 6H_2O$ 溶于装有 200 mL 水的反应器中,同时加入 200 mL 溶有 0.12 mol LiOH 沉淀剂,于 60℃ 下搅拌 30 min,所得沉淀经抽滤,并用饱和磷酸锂溶液洗涤后,于 110℃ 下真空干燥 6 h,得前躯体,再在氩气保护下于 700℃ 保温 5 h,得 $LiFePO_4$ 样品 $Li_{1-2x}Ni_xFePO_4$。当 $x = 0.01$ 时,0.1C 时首次放电比容量为 143.2 mAh·g^{-1}。

体相掺杂 Mg 的方法是将 Li_2CO_3,$NH_4H_2PO_4$,$FeC_2O_4 \cdot 2H_2O$ 和 MgO(纳米级粉末)按化学计量比 Li:Fe:Mg:P = 1:$(1-x)$:1 混合,球磨 5 h,然后在有氩气保护下的控温炉中于 650℃ 烧结 18 h,冷致室温,得 $LiFe_{1-x}Mg_xPO_4$ 样品,当 $x = 0.01$ 时,0.1C 充放电首次放电容量为 150.8 mAh·g^{-1},1C 放电容量为 129.9 mAh·g^{-1}。[112]

掺杂稀土 Y_2O_3,CeO_2 制备 $LiFe_{1-x}M_xPO_4$ 正极材料[118],其制备工艺是:按摩尔比 $n(FeC_2H_4 \cdot H_2O):n(Li_2CO_3):NH_4HPO_4:Y_2O_3$(或 CeO_2) = 1:0.5:0.05~1 混合球磨,烘干,过筛,分别在 350℃ 和 600℃ ~750℃ 氮气气氛中煅烧、保温。

例如,按配比 $FeC_2H_4 \cdot H_2O$(53% 质量):Li_2CO_3(11% 质量%):$NH_4H_2PO_4$(35 质量%):Y_2O_3(1% 质量)混合球磨 10h,然后在

400℃，N_2 保护下煅烧 20 h，煅烧好的料加入 10 质量% 环氧树脂，球磨 8 h，在 100℃下烘干，然后在 1000 kg·cm^{-2}压力下压成块，在 N_2 保护下于 600℃煅烧 20 h，粉碎，即得 $LiFe_{1-x}M_xPO_4/C$ 复合材料，经测试，该复合材料的比容量 >150 mAh·g^{-1}，循环寿命 >2000 次。

8.3.4　碳负极材料[114]

锂离子嵌入碳化合物组成通常用 $Li_xC(0<x<1)$ 表示。对完整晶态石墨 $x=1$，理论容量为 372 mAh·g^{-1}，但多数碳材料，可逆锂离子嵌入量仅为 0~0.5 之间。x 的大小与碳材料种类和结构、电解质组成、电极结构以及锂离子嵌入速率等因素有关。

选择低插电位的 Li－C 层间化合物，充电时，锂嵌入炭层间，形成良好的插、脱性能的石墨层间化合物（GIC）。炭的种类有金刚石、石墨、乙炔黑、活性炭、碳纤维等。用作锂离子电池负极的碳材料，都与形成锂－石墨层间化合物（Li－GIC）有关。

1955 年，法国 Herold 发现锂－石墨层间化合物（Li－GIC），1965 年 Juza 提出一阶、二阶、三阶的 Li－GIC 的化合组成是 LiC_6，LiC_{12} 和 LiC_8。以后人们发现二阶的 Li－GIC 是 LiC_{12} ~ LiC_{18} 之间的层间化合物。1975 年 D. Guerald 和 Herold 采用加压热处理方法，将锂粉和天然石墨粉在不锈钢管中加热到 400℃制得了一阶、二阶和三阶 Li－GIC。

Li－GIC 相对于石墨结晶取超格子构造，锂位于石墨层内碳六角环的中央取石墨格子的（$\sqrt{3}\times\sqrt{3}$）超格子构造，晶格指数 $a=b=0.426$ nm，石墨层间间隔为 0.3354 nm，锂插入石墨层间后，层间增大到 0.3706 nm（LiC_6），如图 8－20、图 8－21 所示。一阶 GIC 取 $A_\alpha A_\alpha$ 构造，二阶 GIC 取 $AA_\alpha A_1$ 构造，依此类推，表 8－12 为各 GIC 在 c 轴方向的重复周期 L_c 及其颜色。

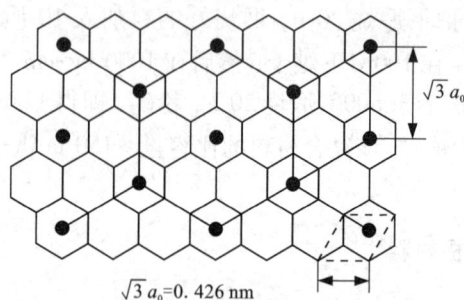

$\sqrt{3}\,a_0 = 0.426\ \text{nm}$

图 8-20　一阶 Li-GIC 的面向内结构

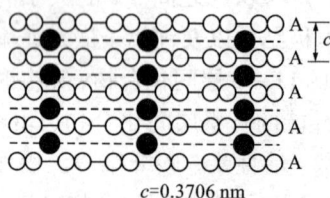

$c = 0.3706\ \text{nm}$

图 8-21　一阶 Li-GIC 的堆积结构

○—碳原子；●—锂原子

表 8-12　各阶 Li-GIC 在 c 轴方向的重复周期及颜色

阶	L_c/nm		颜色
	计算值	测量值	
1	—	0.7706	铜黄色
2	0.7054	0.7065	钢青色
3	1.0402	1.040	深蓝色
4	1.375	1.376	墨色

　　为了使锂离子电池发挥比能量、比功率高的优点，负极材料应满足以下要求：①锂离子插脱量大；②具有良好的充、放电循

环特性；③放电电压平稳；④不可逆性小；⑤在电解质溶液中稳定。

目前，已研究开发的锂离子电池碳负极材料主要有：石墨、石油焦、碳纤维、热解炭、中间相沥青基炭微球、炭黑、玻璃炭等，其中石墨和石油焦最有应用价值。

石墨类碳材料的插锂特性是：①插锂电位低且平坦，可为锂离子电池提供高的、平衡的工作电压。大部分插锂容量分布在 $-0.20 \sim 0.00$ V 之间（vs. Li/Li$^+$）；②插锂容量高，LiC$_6$ 的理论容量为 372 mAh·g^{-1}；③与有机溶剂相容能力差，易发生溶剂共插入，降低插锂性能。

石油焦类碳材料的插、脱锂特性是：①起始插锂电位高，电位曲线陡斜。一般在 1.1 V 以下开始插锂，整个插锂过程没有明显的电位平台出现；②插层化合物 Li$_x$C$_6$ 的组成中，$x = 0.5$ 左右，插锂容量与热处理温度和表面状态有关；③与溶剂相溶性、循环性能好。

天然鳞状石墨和石油焦已成功地用作锂离子电池的碳负极材料。

石墨晶体结构如图 8 – 22，它具有六角碳网的层状结构，同一碳层的碳原子呈等边六角形排列，层与层之间靠范德华力结合，碳层规程向三维方向无限延伸，其层间距（d_{002}）为 0.3345 nm，一般在石墨中含有六面体石墨（占 80% 以上）和菱面体石墨。

石油焦结构如图 8 – 23。它是一种乱层石墨结构堆积型材料，其结构特点是：①层平面上存在空穴、位错、杂原子等缺陷；②层平面的堆积有序性差，其法线与 c 轴有一定角度，择优取向性差；③层间距大，在 0.336 ~ 0.344 nm 之间，但是，如将石油焦加热，其结构会向石墨结构转化。

碳纤维与石油焦一样属于乱层石墨结构。

A面 ——   B面 - - -

六面体石墨

菱面体石墨

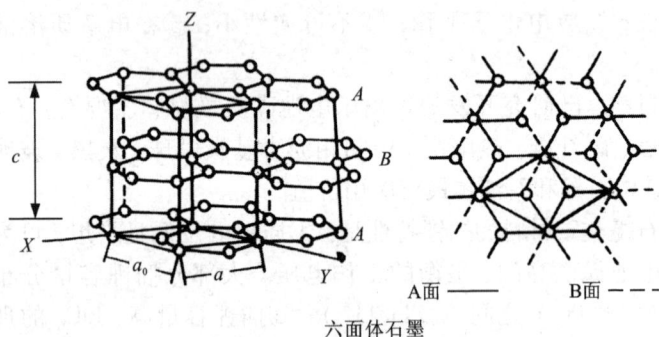

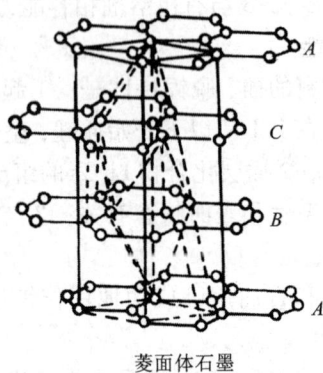

图 8 – 22   石墨晶体结构

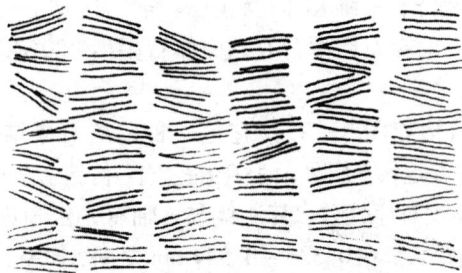

图 8 – 23   石油焦结构(乱层石墨结构)

无定形碳也称有机物热解碳,它没有宏观的晶体学性质,但在微细区域内,存在不同程序的有序结构,称"微晶体"。从内部整体结构看,它是尺寸不同的二维乱层微晶堆积的镶嵌体结构,如图 8 – 24 所示。

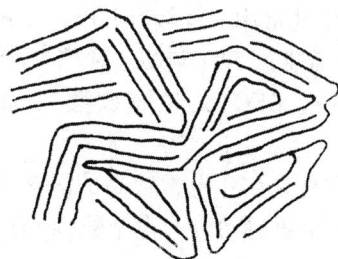

图 8 – 24　二维乱层堆积的镶嵌体结构

目前,已在工业上得到应用的锂离子电池碳负极材料如表 8 – 13所示。

表 8 – 13　锂离子电池碳负极材料

厂家	德国 Varta	日本 Sony	日本 Sonyo	日本 Nippon Steel	日本 Matsushita	美国 Bellcore
碳负极	针状焦	PFA 热解石墨	天然石墨	沥青基碳纤维	中间相沥青基碳微球	焦炭
C/mAh·g^{-1}	250	320	370	240	200	180

8.3.5　锂离子电池电解液

锂离子电池的电压高达 3 ~ 4 V,电解质只能用有机溶剂,而不能用水溶液电解质。因为水的理论分解电压是 1.23 V,铅酸蓄电池的电压也只有 2 V。因此对高电压下不分解的有机溶剂和电解质的研究，是锂离子电池开发的关键。

锂离子电池用的电解液的电导率一般只有 $0.01s \cdot cm^{-1}$，是铅酸蓄电池电解液（5% H_2SO_4）或碱性电池电解液（6 mol·L^{-1} KOH）的电导率的几百分之一。因此，锂离子电池在大电流放电时，来不及从电解液中补充 Li^+，会发生电压下降（IR 降）。

目前，锂离子电池常用的锂盐有 $LiPF_6$，$LIBF_4$，$LiCLO_4$，有机溶剂有 PC（碳酸丙烯酯）、EC（碳酸乙烯酯）、BC（碳酸丁烯酯）、DMC（二甲基碳酸）、DEC（二乙基碳酸）、MEC（甲基乙烯碳酸）等。

PC 的介电常数高。在介电常数高的溶剂中的电解质容易离解，Fuoss 得出稳定常数（K_a）与介电常数（ε）有如下关系：

$$pK_a = -2.598 - 3\lg a - 2.303e^2/a\varepsilon kT \qquad (8-6)$$

式中：a——离子间的距离；

ε——介电常数；

e——电子电荷；

k——玻尔兹曼常数。

若 a 取7Å，1-1 型电解质在介电常数大于56的溶液中是完全离解的，PC 和 EC（碳酸乙烯酯）的介电常数分别为65和90，因此，PC、EC 是优良的溶剂。但是 EC 比 PC 的熔点高，常温下是固体，必须加入其他粘度低和熔点低的溶剂，组成混合溶剂使用。

PC、EC 等碳酸酯系溶剂时，导电率升高。一般添加量为50%时表现出最大的导电性，这可能是添加溶剂与锂离子形成溶剂化离子的结果。

锂离子电池用的有机电解质是在有机溶剂中溶有电解质锂盐的离子型导体。用作锂离子电池的有机电解质必须满足以下性能要求，即：电导率高，化学及化学稳定性高，可使用温度范围宽，安全性好，价廉等。表8-14是几种主要非质子溶剂的物理化学性质。

表 8 – 14 非质子溶剂的物理化学性质

溶 剂	ε_r	η/cp	DN	t_{mp} /℃	t_{bp} /℃	φ_{red} /V($V_s \cdot$ SCE)	φ_{ox}
Ethylene carbonate (EC)碳酸乙烯酯	90	1.9 (40℃)	16.4	37	238	−3.0	+3.2
Propylene carbonate (PC)碳酸丙烯酯	65	2.5	15.1	−49	242	−0.3	+3.6
Butylene carbonate (BC)碳酸丁烯酯	53	3.2		−53	240	−0.3	+4.2
γ – Butyrolactone (GBL)γ – 丁内酯	42	17	18	−44	204	−0.3	+5.2
1.2 – Dimethoxyethane (DME)1,2 – 二甲氧基乙烷	7.2	0.46	20	−58	84	−3.0	+2.1
Tetrahydrofuran (THF)四氢呋喃	7.4	0.46	20.0	−109	66	−3.0	+2.2
2 – Methyltrahydrofuran (2MeTHF)2 – 甲基四氧呋喃	6.2	0.47	18	−137	80		
1.3 Dioxolane (DOL)1,3 – 二氧戊环	7.1	0.59		−95	78	−3.0	+2.2
4 – Methyl – 1.3 – dioxo (4 MeDOL)4 – 甲基 – 1,3 – 二氧戊环	6.8	0.60		−125	85		
Methyl formate (MF)甲酸甲酯	8.5	0.33		−99	32		
Methyl acetate (MA)甲酸甲酯	6.7	0.37	16.5	−98	58	−2.9	+3.4
Methyl propionat (MA)丙酸甲酯	6.2	0.43		−88	79		
Dimethyl carbonate (DMC)dmdo 碳酸二甲酯	3.1	0.59		3	90		
Ethyl methyl carbonate (EMC)碳酸甲乙酯	2.9	0.65		−55	108	−3.0	+3.7
Diethyl carbonate (DEC)碳酸二乙酯	2.8	0.75	15.1	−43	127		

部分有机溶剂的分解电压如表 8 – 15 所示。

表 8－15　部分有机溶剂的分解电压(55℃)

溶剂	EC/DEC(1:1)	EC/DMC(1:1)	PC/DEC(1:1)
分解电压/V	4.25	4.1	4.35

用于锂离子电池的有机溶剂必须对锂负极具有很高的化学稳定性。然而，热力学上对锂稳定的溶剂是不存在的。如锂电池中应用的有机溶剂 PC 与锂的反应为

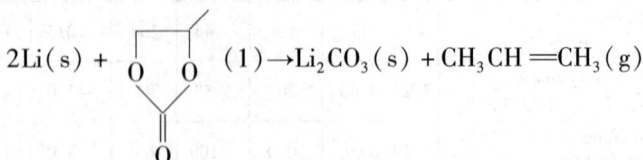

$$2Li(s) + \quad (1) \rightarrow Li_2CO_3(s) + CH_3CH\!=\!\!=\!CH_3(g)$$

$$\Delta G^{\ominus} = -464 \text{ kJ} \cdot \text{mol}^{-1}$$

由于反应生成物 Li_2CO_3 能保护锂表面，阻止反应继续进行，因而在锂电池中得到应用。

电导率是衡量有机电解质性能的一个重要参数，常用摩尔电导率 Λ 表示。

$$\Lambda = \frac{1000\gamma}{c} \qquad (8-7)$$

式中：Λ——摩尔电导率 $S \cdot cm^2 \cdot mol^{-1}$；

　　　γ——电导率测定值 $S \cdot cm^{-1}$；

　　　c——电解质的量浓度，$mol \cdot L^{-1}$。

$$\gamma_r = N_A e \sum |Z_i| c_i u_i \qquad (8-8)$$

式中：N_A——阿伏加德罗常数；

　　　e——电子电荷；

　　　Z_i——传递电荷的 i 离子的电荷；

　　　c_i——i 电解质的量浓度；

　　　u_i——i 离子迁移率。

从式(8-8)中可知,电解质离解的自由离子数越多,离子迁移速度越快,则电导率 γ 越大。

(1)溶剂

溶剂中阳离子 $Z_i e$ 与阴离子 $Z_j e$ 相距 d 时,两电荷间的相互作用力按库仑法则为

$$f = \frac{Z_i Z_j e^2}{\varepsilon_r d^2}$$

式中: f——电荷间作用力;

ε_r——介电常数;

d——阴、阳离子间距离;

$Z_i e$——阳离子电荷;

$Z_j e$——阴离子电荷。

式(8-9)表明,介电常数 ε_r 越高,Li^+ 与阴离子间的静电作用力越弱,锂盐的离解越容易,自由锂离子数越多。以 $\varepsilon_r = 20$ 为界,一般认为,$\varepsilon_r < 20$,则离子解离变得困难。

迁移率按 Stokes 法则表示为

$$u_{0,i} = \frac{\lambda_{0,i}}{|Z_i| N_A e} = \frac{|Z_i| e}{6\pi \eta_0 r_i} \qquad (8-10)$$

式中: $\lambda_{0,i}$——i 离子的极限摩尔电导率;

r_i——i 离子半径;

η_0——粘度。

图 8-25 表示锂盐溶解的 Born - Harber 循环。图 8-25 中,过程 II 的溶剂化能 $-\Delta G_{II}$ 与溶剂的种类有关,可用下式表示:

$$\Delta G_{II,i}^{\ominus} = -\frac{N_A Z_i^2 e^2}{2(\gamma_i + R_s)}\left(1 - \frac{1}{\varepsilon_r}\right) \qquad (8-11)$$

式中: R_s——对静电相互作用以外的修正项,对溶剂而言为一固定值,对 $\varepsilon_r > 20$ 的溶剂来说,ε_r 变化对溶剂化能影响很小。

$$\Delta G_{\mathrm{III}}^{\ominus}=\Delta G_{\mathrm{I}}^{\ominus}+\Delta G_{\mathrm{II}}^{\ominus}$$

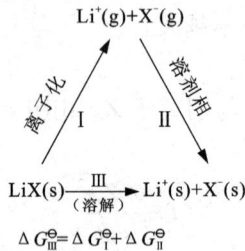

图 8 - 25　锂盐溶解的 Born – Harber 循环

（2）溶质

图 8 – 25 中，过程Ⅲ可认为是离子解离完全。

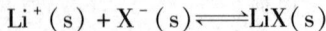

$$\mathrm{Li^+(s)+X^-(s)}\Longleftrightarrow\mathrm{LiX(s)}$$

当有对电导率无贡献的离子对（离子缔合）存在时，缔合常数 K_B 用 Bjerrum 式表示：

$$K_B=4\pi N_A\int_a^q r^2\exp(2q/r)\,\mathrm{d}r \qquad (8-12)$$

式中：$q=\dfrac{|Z_iZ_j|e^2}{2\varepsilon_r kT}$；

　　a——阴、阳离子靠近时两半径之和；

　　q——Bjerrum 临界距离。

从式(8 – 12)看，K_B 值随 a 值增大而变小。因此，阴离子半径越大的锂盐，离子缔合越少。

电解质粘度随溶质浓度增大而增加，阴离子半径越大的锂盐有粘度增加的倾向。

根据 X 射线获得的数据得到的离子模型如图 8 – 26 所示。一般而言，阴离子半径增大，离子化能负得小些，但晶格能变小，有更易溶解的倾向。阴离子半径见表 8 – 16。

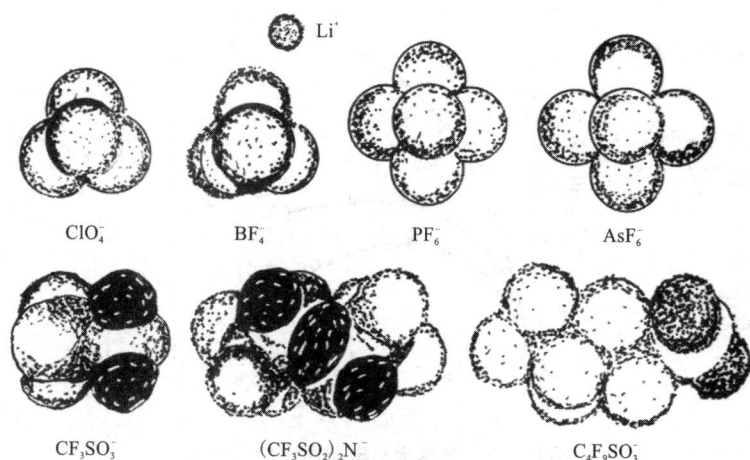

图 8 − 26　离子模型

表 8 − 16　离子半径与极限摩尔电导率

ion	r/nm	$A_0/(\mathrm{S} \cdot \mathrm{cm}^2 \cdot \mathrm{mol}^{-1})$			
		PC	GBL	PC/DME	PC/EMC
Li^+	0.076	8.73	13.99	27.96	18.71
$\mathrm{BF_4^-}$	0.229	20.43	30.77	38.15	28.49
$\mathrm{ClO_4^-}$	0.237	18.93	28.45	37.06	27.26
$\mathrm{PF_4^-}$	0.254	17.86	26.70	36.77	26.92
$\mathrm{AsF_6^-}$	0.260	17.58	25.92	−	−
$\mathrm{CF_3SO_3^-}$	0.270	16.89	24.93	35.61	26.68
$\mathrm{(CF_3SO_2)_2N^-}$	0.325	14.40	20.55	32.58	23.07
$\mathrm{C_4F_9SO_3^-}$	0.339	13.03	18.66	−	−

　　电解质电导率与浓度的关系如图 8 − 27 所示，也可用下式
表示：

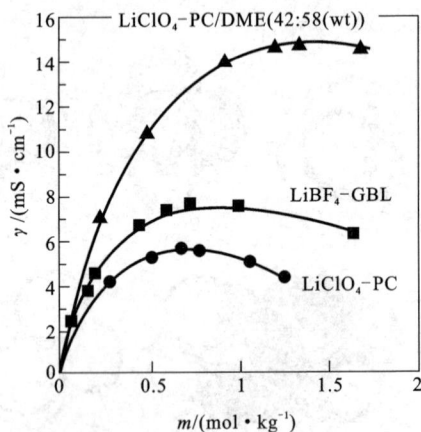

图 8 – 27　电导率与电解质浓度的关系

$$\frac{\gamma}{\gamma_{\max}} = \left(\frac{m}{\mu}\right)^{a} \exp\left[b(m-\mu)^2 - \left(\frac{a}{\mu}\right)(m-\mu)\right] \quad （8-13）$$

式中：$\gamma_{\max}$——最大电导率；

　　　m——溶质的质量摩尔浓度；

　　　μ——电导率最大时的质量摩尔浓度；

　　　a, b——无物理意义的参数。

表 8 – 17 中列出电解质的最大电导率 $\gamma_{\max}$ 和对应的电解质浓度。

表 8 – 17　电解质的最大电导率和对应的浓度

电解质	$\gamma_{\max}/(\mathrm{mS \cdot cm^{-1}})$	$m/(\mathrm{mol \cdot kg^{-1}})$
LiClO$_4$ – PC	5.4	0.66
LiClO$_4$ – GBL	114	1.2
LiClO$_4$ – PC/DME(42∶58，质量)	14.6	1.39
LiClO$_4$ – DOL	11.1	2.9
LiClO$_4$ – MF	30	3.0

　　从图 8-27 可知，电解质的电导率随浓度上升而增加，经过极大点后电导率下降。在高浓度时，电导率降低是由于溶剂-离子及离子-离子间的相互作用增大，使自由离子数减少，粘度增加引起的。

　　图 8-28 为低粘度溶剂的混合效应对电导率的影响。图中：x 为低粘度溶剂的容积混合比(体积百分比)，将高粘度溶剂与低粘度溶剂按适当的比例混合，可以得到高电导率的电解质。随着低粘度溶剂的组成增加，γ 有增大的趋势。

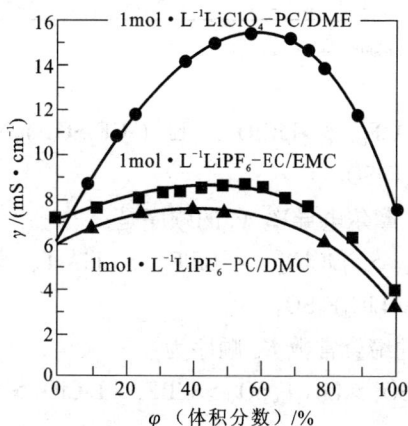

图 8-28　低粘度溶剂的混合效应对电导率的影响

　　表 8-18 列出锂盐在不同溶剂体系中 1 mol 的电导率，表明不论哪种溶剂体系，其电导率的顺序都如表 8-18 所示：

表 8－18　锂盐在溶剂体系中的电导率

盐	PC	GBL	PC/DME (1:1 mol)	GBL/DME (1:1 mol)	PC/EMC (1:1 mol)
$LiBF_4$	3.4	7.5	9.7	9.4	3.3
$LiClO_4$	5.6	10.9	13.9	15.0	5.7
$LiPF_6$	5.8	10.9	15.9	18.3	8.8
$LiAsF_6$	5.7	11.5	15.6	18.1	9.2
$LiCF_3SO_3$	1.7	4.3	6.5	6.8	1.7
$Li(CF_3SO_2)_2N$	5.1	9.4	13.4	15.6	7.1
$LiC_4F_9SO_3$	1.1	3.3	5.1	5.3	1.3

注：$1 \ mol \cdot L^{-1}$ Li salt, in ms cm^{-1}。

$LiPF_6$，$LiAsF_6 > LiClO_4$，$Li(CF_3SO_2)_2N > LiBF_4 > LiCF_3SO_3 > LiC_4F_9SO_3$。

电解质中，摩尔电导率 Λ_0 的顺序是：

Λ_0：$LiBF_4 > LiClO_4 > LiPF_6 > LiAsF_6 > LiCF_3SO_3 > Li(CF_3SO_2)_2N > LiC_4F_9SO_3$

稀溶液中的缔合常数 K_B 顺序为：

K_B：$LiCF_3SO_3 > LiC_4F_9SO_3 > LiBF_4 > LiClO_4 > LiPF_6$，$LiAsF_6$，$Li(CF_3SO_2)_2N$

8.3.6　隔膜

隔膜的作用是将电池正、负极隔开，防止两极直接短路。隔膜本身是不导电的，但电解质离子可以通过。因此，要求隔膜必须具备以下性能：

（1）电绝缘性好；

（2）对电解质离子有很好的透过性，电阻低；

（3）对电解质具有化学稳定性和电化学稳定性；

（4）对电解质润湿性好；

（5）具有一定的机械强度，厚度尽可能小。

电池中常用的隔膜材料是纤维素纸或非织物、合成树脂制的多微孔膜。锂离子电池一般采用聚烯烃系树脂。常用的隔膜有 PP 和 PE 微孔隔膜、聚丙烯微孔膜（Celgard 24）等。

隔膜的制造分干法和湿法两种。

①湿法

将高密度的聚烯烃用液态石蜡作溶剂，加热熔融，用 T 型模具铸成膜片，然后用挥发溶剂将石蜡提取出来，再将膜片加温至接近结晶熔点，保温一定时间，再用易挥发溶剂洗除残留的溶剂，加入无机增塑剂粉末使之成形为薄膜，再进一步用溶剂提取出无机粉体和增塑剂。

②干法

将聚烯烃树脂熔融，压出结晶性高分子，然后将熔体吹制成薄膜，经结晶化热处理后，在低温下成形为微孔的原始坯料，继而在高温下拉伸成多微孔体。

隔膜的物理特性主要指结构、厚度、气孔率、通气度、扎刺强度等。如表 8 - 19 所示。

表 8 - 19　隔膜的基本特性

隔膜型号	聚丙烯微孔膜	
	Celgard　2400	Celgard　2300
结构	PP，1 层	PP/PE/PP，3 层
厚主	25 μm	25 μm
气孔率	38%	38%
通气度（加里值）	35sec	35sec
扎刺强度	380 g	480 g

　　隔膜通气度是指在一定压力下，膜通过定量空气的时间。此时间称为加里值(Gurley)。

8.4　锂离子电池的结构和制造工艺

　　锂离子电池结构如图 8-29 所示，电池由正极、负极、聚烯烃隔膜构成。电解液是将锂盐 $LiPF_6$ 或 $LiAsF_6$ 溶解在 PC-DEC，EC-DEC 等混合有机溶剂中。

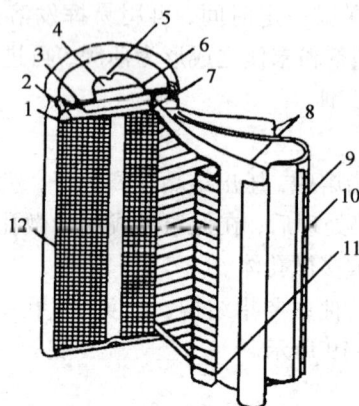

图 8-29　锂离子电池结构

1—绝缘体；2—垫圈；3—PTC 元件；4—正极端子；5—排气孔；6—防爆阀；
7—正极；8—隔膜；9—负极；10—负极引线；11—正极；12—外壳

　　锂离子电池制造工艺流程如图 8-30 所示。

　　锂电池制造主要分四个工序：①正、负极制造；②卷绕成电芯；③组装；④封口。

正极活性物质 LiCoO₂　　导电剂 炭粉、石墨等　　粘结剂PVDF N-二甲基吡咯烷　　负极活性物质炭或石墨　　粘结剂PVDF N-二甲基吡咯烷

集电体（铝箔）

混合 → 涂敷 → 干燥 → 压型

集电体（铝箔）

混合 → 涂敷 ← 集电体（铜箔）
涂敷 → 干燥 → 压型

切条 → 裁剪 → 卷绕（隔膜）→ 底部点焊 ← 外壳 → 插入（上部绝缘板 PTC元件）→ 涂封口胶 → 顶盖点焊 → 注入（电解液）→ 封口 → 洗净 → 外包装 → 轧边 → 出厂检查

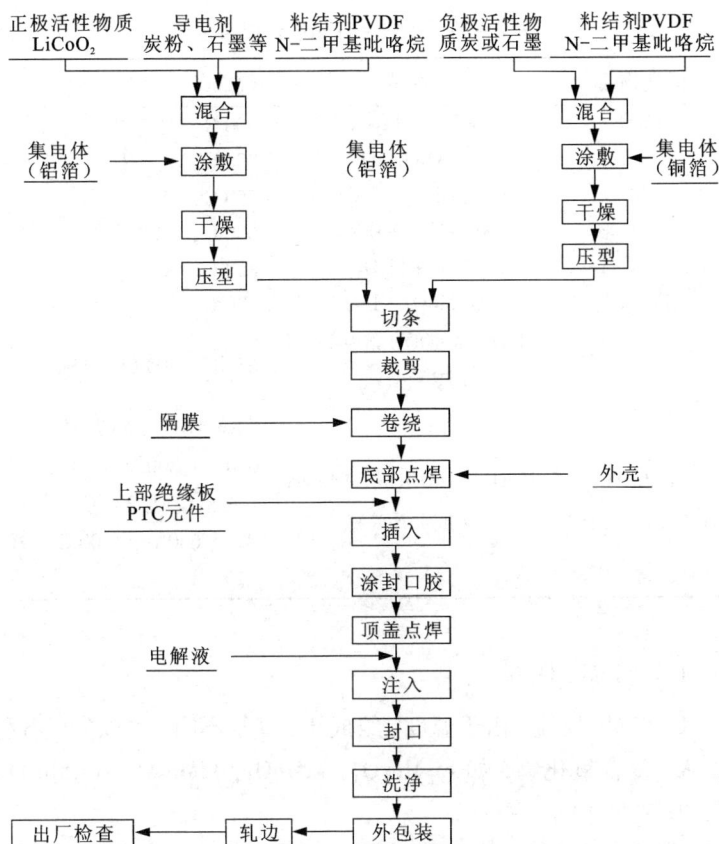

图 8 - 30　锂离子电池制造工艺流程

8.4.1　正极活性物质制造

目前，已在工业上成功使用的正极活性物质是 $Li - CoO_2$，正在开发的正极活性物质有 $LiNiO_2$，$LiMn_2O_4$ 等。这三种正极活性物质的合成条件如表 8 - 20 所示。

表 8 - 20　正极活性物质合成条件

活性物质	原料	烧成条件
$LiCoO_2$	$CoCO_3 + Li_2CO_3$	900℃，大气中
	$Co_2O_3 + LiOH$	700℃，大气中
$LiNiO_2$	$Ni(OH)_2 + LiOH$	750℃，氧
	$Ni(OH)_2 + LiNO_3$	600℃，750℃氧
	$NiO + Li_2O_3$	850℃，氧
$LiMn_2O_3$	电解 $MnO_2 + Li_2CO_3$	800℃
	MnO_2，$MnOOH$ 等 $+ LiOH$（或 $LiNO_3$）	650℃ ~ 700℃，氮气
$Li_xMn_2O_4$ $(1.0 < x < 1.16)$	MnO_2，$MnOOH$ 等 $+ LiOH$（或 $LiNO_3$）	预烧 470℃，再升温至 650℃ ~ 800℃（或预烧成 260℃，再升温至 650℃ ~ 700℃，氮气）

8.4.1.1　$LiMn_2O_4$

Li 与 Mn 反应，由于温度、组成比、气氛不同，可以生成各种 Li - Mn 复合氧化物，如 $Li_2Mn_2O_3$，$LiMnO_2$，$LiMn_2O_4$，$Li_4Mn_5O_{12}$ 等，平均数为 $Li_{0.33}MnO_2$。

采用熔融浸渍法可以得到 $LiMn_2O_4$ 和非化学计量的 $Li_xMn_2O_4$。该方法是在低温下熔融 LiOH 或 $LiNO_3$，并与具有多孔的锰或具有微细结晶锰共融。

$LiMn_2O_4$ 的缺点是经多次充、放电循环后容量下降。$LiMn_2O_4$ 在 4.15 V 和 4 V 附近放电，放电容量减小只发生在不均一固相反应中，但经过 50 ~ 100 个周期充放电后，放电容量可以回升到 120 mAh·g^{-1}左右，这是因为变成另一种稳定结构。另一方面，非化学计量组成的 $Li_{1+x}Mn_2O_4$，在全充放电范围内都是均一固相反应，即使反复充、放电也能保持 110 ~ 120 mAh·g^{-1} 的放电容量。所以，LiMn$_2$O$_4$ 是很有希望代替 LiCoO$_2$ 的价廉的正极活性物质。

8.4.1.2　LiNiO$_2$

合成 LiNiO$_2$ 时，锂离子的来源选用 LiOH 比选用 LiNO$_3$ 更易合成，镍可用 Ni(OH)$_2$，NiCO$_3$，NiO 等，最好用 NiO。

NiO 是具有 p 型半导体特性的化合物。严格地说，应该用 NiO$_{1+x}$ 表示为氧过剩的非化学计量的化合物。过剩的氧进入到岩盐型的 NiO 结晶中反应，对应于一个空的晶格点生成，从镍中夺走一个电子，因此生成 NiO$_{1+x}$。

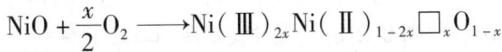

$$NiO + \frac{x}{2}O_2 \longrightarrow Ni(Ⅲ)_{2x}Ni(Ⅱ)_{1-2x}\Box_xO_{1-x}$$

式中：□——镍基点的空晶格点。

在镍晶格点加进一个锂，易生成无规则的 LiNiO$_2$。这样，在 Ni 层中有 Li，Li 层中有 Ni。Li 层中的 Ni 不仅能抑制 Li 的扩散，充电后 Ni 仍留在 Li 层内，也可抑制 Li 层内锂原子损失，又抑制 NiO$_2$ 相的生成。

Li 层内的 Ni 为 4% ~ 5%，放电容量在 150 mAh·g^{-1} 以上。将 Ni 的一部分用 Mn 代替，可合成 LiMn$_x$Ni$_{1-x}$O$_2$，其中 Li 与 (Ni + Mn) 之比在 $0.98 \leqslant \dfrac{Li}{(Ni + Mn)} \leqslant 1.12$ 时，当 Mn 的量为 (Ni + Mn) 的 20% 时，生成的 LiMn$_{0.2}$Ni$_{0.8}$O$_2$ 是在均一的固相反应中进行充放电，放电，容量可达 180 mAh·g^{-1}。LiNiO$_2$ 和 LiMn$_{0.2}$Ni$_{0.8}$O$_2$ 可在空气中烧结合成。在 700℃ 以上烧结时，锂以 Li$_2$O 形式部分挥发。为保证生成物的化学计量组成，需在 LiOH 过剩条件下烧结，但过剩的 LiOH 会使正极集电体铝箔受腐蚀，所以，应除去过剩的 LiOH。另外，为防止 LiNiO$_2$ 在常温下与湿水汽反应，应将 LiNiO$_2$ 在干燥的空气中处理和保存。

$LiNiO_2$ 电子导电性好，伴随着充电，电位增加很小，容易发生过充电。过充电会导致 75% 以上的 Li^+ 脱离，生成晶格体小的 NiO_2，缩短电池寿命，还会伴随有电解液分解。

8.4.2　碳负极材料的制造

以石油焦为原料制备碳负极的基本方法是将石油焦置于真空中频感应电炉中加热到指定的温度后→保温→冷却到室温→加热到另一指定温度→冷却到室温。

按上述步骤，指定温度逐步提高，一般指定温度为 2000℃，2250℃，2500℃，2750℃，3000℃。将经过高温热处理后的石油焦研磨成 $-74\ \mu m$ 的炭粉。按质量比 $m(炭粉):m(PTFE)=90:10$ 混匀后，碾压成厚度为 $0.2\ \mu m$ 的炭膜，在 160℃ 下真空干燥 24 h。

8.4.3　正、负极制造

将正极活性物质（一般用 $LiCoO_2$）、导电剂炭粉、粘结剂 PVDF 溶解在有机溶剂（甲基吡咯盐等）中，混合均匀，制成糊状胶合剂，均匀地涂敷在铝箔的两侧，厚度为 $15\sim20\ \mu m$，在氮气流下干燥以除去有机物分散剂。然后将电极通过滚压机压制成型，再按尺寸要求剪切成极片。

将负极活性物质碳或石墨、粘合剂 PVDF，有的加入聚亚胺添加剂等，混合均匀，制成糊状胶合剂，均匀涂敷在铜箔两侧，接着干燥，滚压裁剪成负极片。

8.4.4　组装

在正、负极之间，插入隔膜，用卷绕机卷成电池芯。将卷好的电芯焊接好引线装入镍制的电池壳中，在减压下注入定量电解液。常用有机溶剂有：碳酸丙烯酯（PC）、碳酸二甲烷及碳酸甲基乙烷、碳酸乙烯酯、二甲乙烷、碳酸二乙酯、碳酰二甲烷及丙酸乙烷。在有机溶剂中溶解锂盐 $LiPF_6$ 即成为电解液。有的在碳酸丙烯酯、碳酸乙烯酯及 γ – 丁基内脂的混合溶剂中溶解 $LiBF_4$。

8.5　锂离子聚合物电池[115]

8.5.1　锂离子聚合物电池特性

锂离子聚合物电池属第二代可充锂离子电池。这类电池的正、负极活性物质与液态锂离子电池相同，负极为碳材料，正极为 $LiCoO_2$，$LiMn_2O_4$，$LiNiO_2$ 等。电池的工作原理也与液态锂离子电池相同。不同的是锂离子聚合物电池的电解质是将液态有机电解质吸附在一种聚合物基质上，被称作胶体电解质。这种电解质既不是游离电解质也不是固体电解质。因此，锂离子聚合物电池不仅具有液态锂离子电池的优良性能，而且可制成任意形状和尺寸的电池，并可制成厚度仅为 1 mm 的极薄电池。一只 12 V 的电池组可以只有 3 mm 厚。由于电池中不存在游离电解质，电池可以在低压下工作，消除了漏液问题。因为电池结构大大简化，不需要金属外壳和高压排气装置，可以简化甚至取消充电保护装置。

目前，研究开发锂离子聚合物电池的公司和研究所有美国俄亥俄州 Gould Electronic 公司的 Powerdex 分部，Bellcore 研究所，Valence 公司和 Ultralite 公司，日本的 Sony 公司。

我国的中国科学院物理研究所，上海交通大学等单位也正在开展锂离子 – 聚合物电解质体系的研究。

表 8 – 21 为锂二次电池与 MH – Ni 电池性能。

表8－21 锂二次电池与 MH－Ni 电池性能

	$\dfrac{U}{V}$	$\dfrac{W}{Wh \cdot kg^{-1}}$	$Wh \cdot L^{-1}$	价 格 $\$ \cdot Wh^{-1}$	自放电 $\% \cdot 月^{-1}$	温度范围 /℃	循环寿命 /次
锂离子电池	3.6	135	300	2～3	8	－10～+50	>500
锂离子聚合特电池	3.6	100	200		8	－10～+50	>500
金属锂二次电池	3.0	140	300	1.4～3	1～2	－20～+50	200
MH－Ni 电池	1.2	80	300	1～2	25	－10～+50	>500

8.5.2 聚合物电解质

锂离子聚合物电池的电解质由质子惰性溶剂和溶于其中的锂盐组成。Gould Electronic 公司 Powerdex 分部于 1996 年开始试生产的锂离子聚合物电池，正极用 $LiMn_2O_4$，负极为人造石墨，电解质为 $LiPF_6$/有机碳酸酯混合物。并把电解质吸附在一种聚合物基质上。电池总反应为

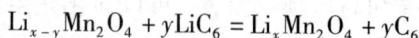

$$Li_{x-y}Mn_2O_4 + yLiC_6 = Li_xMn_2O_4 + yC_6$$

用作锂离子聚合物电池的电解质，锂离子电导率应高于 10^{-3} $S \cdot cm^{-1}$。目前是用三种不同性能的单体进行共聚合：一种是立体架桥结构的 Tri(ethleneglycol) dimethacrylate；另一种是具有高锂离子电导率的 Ethyleneglycol Carbonate Mathecrylate，还有一种是与溶剂具有强亲和力的 2－Ethoxyethylacrylate。可塑剂为 EC/PC = 1/1，电解质盐用 1.2 mol $LiPF_6$，将三种单体和可塑剂混合后，采用加热和紫外线照射等方法，聚合成凝胶体。得到的固态聚合物电解质(SPE)的电导率为 $2.6 \times 100^{-3} S \cdot cm^{-1}$，符合锂离子－聚合物电解质的性能条件。

8.5.3　锂离子聚合物电池制造工艺

锂离子聚合物电池制造工艺示意图如图 8 - 31 所示。

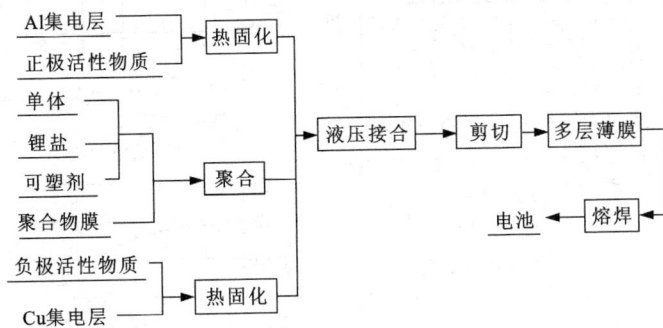

图 8 - 31　锂离子聚合物制造工艺示意图

锂离子聚合物电池制造工艺非常简单，一般预先制备好正极、负极材料及 SPE(固态聚合物电解质)，然后进行液压接合成多层薄膜，再热熔焊成电池。电池容器可用铝箔和塑料膜的叠层材料。

锂离子聚合物电池能量密度高，电性能优良，不漏液，抗过充电，结构简单，可以制成任意形状和超薄形电池，适用范围广，发展前景好。

8.6　锂离子电池的性能

锂离子电池的性能包括电池充放电特性、温度特性、循环寿命、自放电特性、安全性等。

锂离子电池的性能如图 8 - 32 所示。

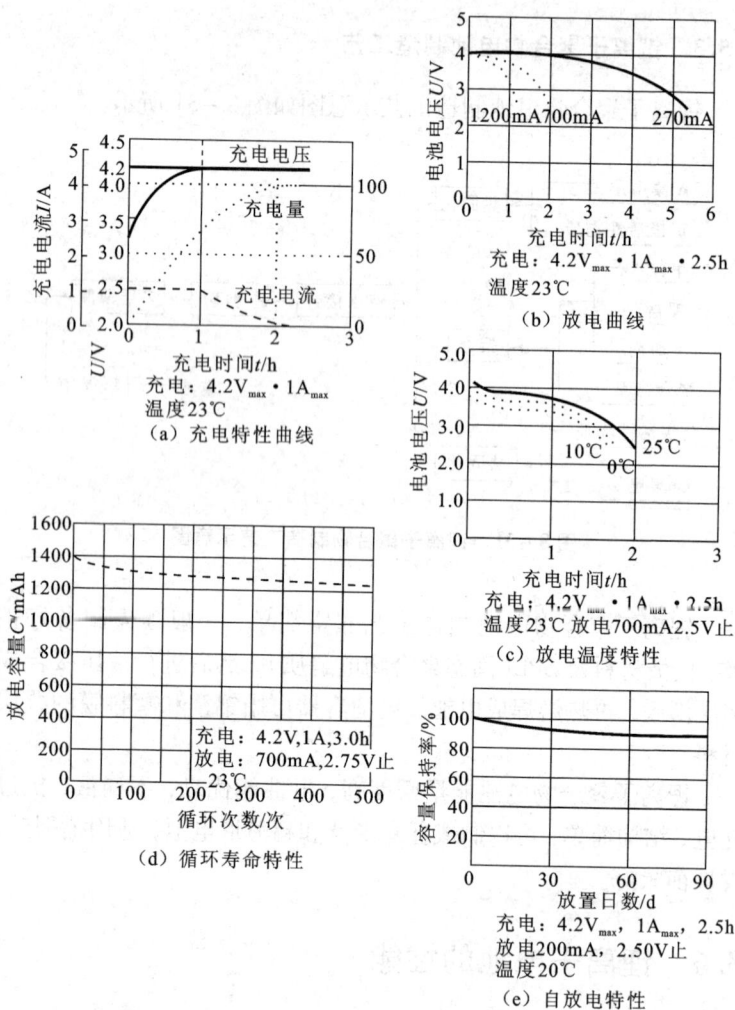

（a）充电特性曲线

（b）放电曲线

（c）放电温度特性

（d）循环寿命特性

（e）自放电特性

图 8-32　US18650 型电池性能

US18650 型锂离子电池标准充电电压为 4.20 ± 0.05 V，充电电流为 1000 mA，在 23℃ 下充 2.5 h。放电制度为恒电流 700 mA，放电到终止电压 2.5 V。

为保证电池的安全性能，对电池的安全检测非常严格，一般在电池出厂前必须进行过充电、钻孔、外部短路、沸水浸渍、高温油浸渍等试验，以上试验要求破裂不着火。

对过充电设置安全阀，低熔点分离片，PTC 元件。因 PTC 元件当过大电流通过时，由于温度升高，电阻增大，可控制电流通过。在正极中添加 Li_2CO_3 也可提高电池的安全性，因 Li_2CO_3 在电压 5 V 左右分解，放出气体可使电池内压上升，打开安全阀，切断充电电流，阻止温度上升。

锂离子电池电压为 3.3~3.8 V，Cd-Ni，MH-Ni 电池的电压为 1.2 V，一般便携式电器的操作电压为 3~12 V，如把操作电压降到 3 V，一只锂离子电池就行。因此，用锂离子电池取代 Cd-Ni，MH-Ni 电池可省去两只电池空间，并消除容量匹配的麻烦，降低成本，增加比能量密度。

锂离子电池循环寿命一般在 500~1000 次。

一般便携式电器要求循环寿命 300~500 次，电动汽车要求 500~1000 次，锂离子电池适于用作电动汽车电源。

锂离子电池可在 -20℃~+55℃ 温度范围内使用，但大于 45℃ 时自放电增大，容量下降。同时也不宜快速充电。

锂离子电池用有机电解液电导率低（10^{-1}~10^{-2} S·cm^{-1}），比水溶液电解质低两个数量级，因而锂离子电池放电倍率低，只适合于作便携式电器的电源。就是采用薄电极，室温下也只能用 2C 连续放电，因而限制了锂离子电池的应用范围。

锂离子电池设有安全装置，可以避免锂枝晶生成而造成的内部短路，只要控制充电时充电电压，锂离子电池是非常安全的，也不会对环境造成污染，被称为绿色电池。

8.7 锂离子电池的应用前景

8.7.1 电池成本

表 8-22 列出 Cd-Ni 电池和锂离子电池正极中金属的成本。

表 8-22 Cd-Ni 电池和锂离子电池正极中金属成本

电池	正极材料	金属单耗 kg · kWh^{-1}	金属单价 \$ · kg^{-1}	金属成本 \$ · kWh^{-1}
Cd-Ni	NiOOH	1.83	6.10	11.20
锂离子电池	LiCoO$_2$	1.22	48.50	59.20
	LiNiO$_2$	1.22	6.10	7.40
	LiMn$_2$O$_4$	1.08	3.00	3.24

从表 8-22 中看出，LiC$_6$-LiCoO$_2$ 成本最高；LiC$_6$-LiNiO$_2$ 成本稍低，且比能量最高；LiC$_6$-LiMn$_2$O$_4$ 成本最低，应是未来电动汽车的能源之一。德国 Varta 公司已制成电动汽车用 LiC$_6$-LiMn$_2$O$_4$ 电池，该电池 103 Wh，以 10 h(0.1 C)放电，比能量达 86 Wh · kg^{-1}。电动汽车用铅酸电池的比能量为 30 Wh · kg^{-1}，MH-Ni 电池比能量为 65 Wh · kg^{-1}。

目前，正极材料 LiCoO$_2$ 由于具有制造方便、开路电压高、比能量高、寿命长、能快速放电等优点，已在锂离子电池中得到广泛应用。但因钴资源少，价格昂贵，应用受到限制。LiMn$_2$O$_4$ 由于容量受温度影响较大，LiNiO$_2$ 制造困难，目前尚未大量使用。但随着技术水平提高，LiNiO$_2$ 和 LiMn$_2$O$_4$ 必将成为锂离子电池实用的正极材料。锂离子电池必将成为 21 世纪性能优越、应用广泛的理想能源。

8.7.2　电动汽车用锂离子电池

锂离子电池是未来电动汽车的能源之一。因为锂离子电池的比能量为铅酸电池的三倍以上。图 8－33 列出各种电池的比能量和比功率的关系。

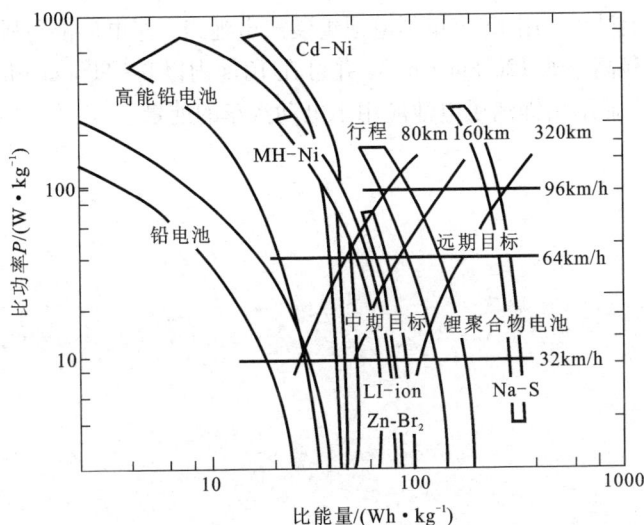

图 8－33　各种电池的比能量和比功率

(图中标出重达 1000 kg 汽车的车速和可能行驶的距离)

电动汽车起动时，需要短时间(几秒)的大电流放电。图 8－33 中铅酸电池可大电流放电(大功率放电)，但比能量相当小，MH－Ni 电池的比能量也比锂离子电池小。

目前，小轿车必须用 25～30 kW·h 的电池，索尼 18650 型锂离子电池每 1 kW·h 的价格为 7 万日元，比能量为 100 Wh·kg^{-1}。

25 kW·h 电池的价格为: 7 万日元 ×25 = 175 万日元

如能用 $LiMn_2O_4$ 代替 $LiCoO_2$, 25 kW·h 电池的价格可降到 100 万日元。

电动汽车的行程与电池能量的关系, 从图 8 – 33 可知, 如果 1 t 重的汽车的车速为 32 km·h^{-1}时, 铅酸电池可使汽车行驶 80 km, 镉—镍电池可使汽车行驶 150 km, 锂离子电池则可使汽车行驶 320 km。日本已制成电动汽车用锂离子电池, 装在 1700 kg 的汽车上试用, 用 12 个单体电池组装成电池组, 充电后能行驶 200 km, 最高车速 120 km·h^{-1}。并可在 12 s 内以 0 ~ 80 km·h^{-1}加速, 已显示出锂离子电池应用于电动汽车的前景。

第 9 章　激活电池

激活电池又称"贮备电池"，电池正负极活性物质和电解质在贮存期间不直接接触(热电池除外)，使用时借助动力源作用于电解质，使电池"激活"。"激活"方式有气体激活、液体激活和热激活。激活电池在使用前处于惰性状态，因此，能贮存几年甚至十几年。常见的热激活电池有 $Ca - PbSO_4$，$Mg - V_2O_5$，$Ca - CaCrO_4$，$Li(Al) - FeS_2$，$Li(Si) - FeS_2$，$Li(B) - FeS_2$ 等。水激活电池有 $Mg - Ag - Cl$，$Mg - NiOOH$ 等。

9.1　热激活电池

9.1.1　热激活电池的特性和用途

热激活电池(简称热电池)由两种或两种以上的无机盐组成低共熔体，常温时，电解质是不导电固体，电池自放电极少。使用时，用电流引燃点火头或用撞击机构撞击火帽，点燃电池内部烟火热源，使电池内部温度迅速上升，电解质熔融形成高导电率的离子导体。

热电池的优点是贮存时间长达 10 ~ 25 年，激活时间短 $(0.2 ~ 2 \text{ s})$，输出电流密度可达 $6.2 \text{ A} \cdot \text{cm}^{-2}$，比能量高；贮存期内无需维护和保养。

热电池的工作时间在几秒钟到 60 min，主要用作炮弹的引爆电源及导弹、核武器的工作主电源。

9.1.2　热电池的工作原理

热电池电化学体系很多，性能较好的电化学体系有：

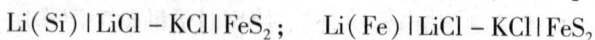

$Mg \mid LiCl - KCl \mid V_2O_5$

$Ca \mid LiCl - KCl \mid PbSO_4$；　　$Ca \mid LiCl - KCl \mid CaCrO_4$

$Ca \mid LiBr - KBr \mid K_2CrO_4$；　　$Li(Al) \mid LiCl - KCl \mid FeS_2$

$Li(Si) \mid LiCl - KCl \mid FeS_2$；　　$Li(Fe) \mid LiCl - KCl \mid FeS_2$

$Li(Al) \mid NaAlCl_4 \mid CuCl_2$

热电池的反应原理都相似，现以 $Ca - PbSO_4$ 热电池为例。电池的电化学表达式为

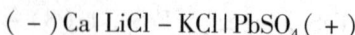

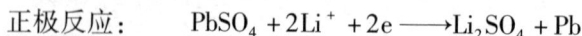

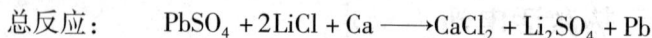

$$(-)Ca \mid LiCl - KCl \mid PbSO_4(+)$$

负极反应：　　　　$Ca \longrightarrow Ca^{2+} + 2e$

正极反应：　　$PbSO_4 + 2Li^+ + 2e \longrightarrow Li_2SO_4 + Pb$

总反应：　　$PbSO_4 + 2LiCl + Ca \longrightarrow CaCl_2 + Li_2SO_4 + Pb$

电池副反应有：

$$Ca + 2LiCl \longrightarrow 2Li + CaCl_2$$

$$Ca + 2Li \longrightarrow Li_2Ca$$

副反应产物 Li_2Ca 合金在热电池工作温度下为液体状态，造成电池内部瞬间短路(称电噪声)，另外的副反应是：

$$CaCl_2 + KCl \longrightarrow CaCl_2 \cdot KCl$$

复盐 $CaCl_2 \cdot KCl$ 熔点为 575℃。由于复盐的产生而使电解质熔点升高到 485℃，缩短电池的工作寿命。

9.1.3　热电池的结构和激活方法

9.1.3.1　电池结构

单体热电池结构有杯型和片型两种。杯型结构由正极片、负极片、电解质片及镍杯组成(如图 9 - 1)。

片型结构有三种形式。

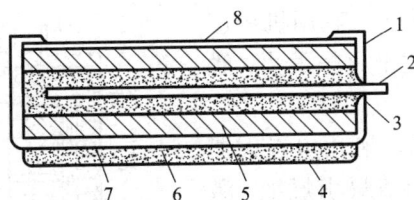

图9-1 单体电池(杯形结构)

1—正极片；2—负极片；3—云母环；4—正极片；
5—电解质片；6—加热片；7—镍杯；8—云母片

(1)三元片结构 首先在 $Mg|LiCl-KCl|V_2O_5$ 热电池上获得成功。其制法是在模框中倒入镁粉,加入 $LiCl-KCl$ 和高岭土的混合物,最后加入 V_2O_5 与电解质的混合物,再压片成型。

(2)DEB 片结构 DEB 片是去极剂(D)、电解质(E)和粘合剂(B)的复合片。单体电池由一个 DEB 片和一个负极片组成。

(3)三片结构 单体电池由正极片、负极片和隔离片组成。隔离片由电解质与氧化镁混合压成片,其结构如图9-2所示。

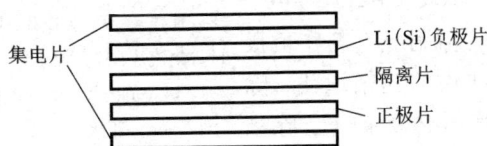

集电片 —— Li(Si)负极片

隔离片

正极片

图9-2 三片单体电池结构

电池组由单体电池组合而成,一般热电池由正极、负极、隔离片、集电片、加热片、激活系统、绝缘、保温材料、壳体、电池盖等零部件组成。图9-3是组合热电池结构及组成示意图。

9.1.3.2　激活方式

（1）机械激活　利用机械产生力，使撞针撞击火帽发火，激活电池。

（2）电激活　利用电点火器点燃烟火药，再点燃引燃纸，激活电池。

9.1.4　热电池的制造工艺

9.1.4.1　$Ca-PbSO_4$ 杯型电池

（1）负极材料制造

在熔融电解质中，钙与电解质 LiCl/KCl 反应：

$$Ca + 2Li^+ \longrightarrow Ca^{2+} + 2Li$$

$$Ca + 2Li \longrightarrow CaLi_2$$

电池工作中，实际负极材料是 $CaLi_2$ 合金，而不是金属钙。

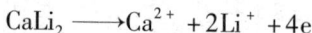

$$CaLi_2 \longrightarrow Ca^{2+} + 2Li^+ + 4e$$

负极由钙箔制成。制作负极时，将浸在油中的钙箔取出，除去油，在干燥气体保护下，除去钙箔表面的氧化膜，冲制成圆片，备用。

（2）电解质材料制备

热电池的电解质应具有如下功能。在室温下是不导电的固体，熔融时导电，还应具有隔开正、负极的隔膜作用，常用的电解质是 LiCl-KCl 的低共熔盐。

电解质材料的制备是在 $740 \pm 10℃$ 温度下，把一定组成的 LiCl-KCl 在石英或陶瓷坩埚内熔化。然后，用经过脱蜡处理并

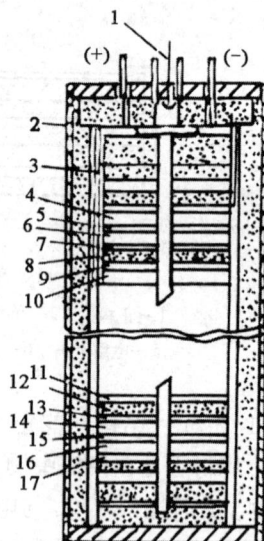

图 9-3　热电池组的结构及组成

1—电点火头；2—Zr/BaCrO₄ 片；3—Zr/BaCrO₄ 引燃条；4—负极片；5—电解质片；6—正极片；7—集流片；8—加热片；9—集流片；10—负极片；11—集流片；12—加热片；13—集流片；14—负极片；15—电解质片；16—正极片；17—集流片

灼烧过的无碱玻璃布($Na_2O < 2\%$)通过熔化的电解质,拉制成粘有电解质的玻璃带。在干燥气体中冷却,冲制成片,在真空干燥箱中保存。

(3)正极材料制备

正极活性物质 $PbSO_4$,熔点是1170℃。因电池工作温度在480℃~600℃之间。因此,在 $PbSO_4$ 中加 LiCl 和 KCl 形成三元低共熔体系,以降低熔点,增加导电率。$PbSO_4$ – KCl – LiCl 三元体系组成质量比为

$$m(PbSO_4) : m(KCl) : m(LiCl) = 28 : 32 : 40$$

熔点为312℃。

把按配比干燥过的 KCl,LiCl 和 $PbSO_4$ 放入熔化槽中熔化。以镍网为载体通过熔盐吸附足量的正极活性物质拉制成正极带。在干燥气体保护下冷却,冲制成正极片,在真空干燥箱中保存。

9.1.4.2　Mg – V_2O_5 电池

Mg – V_2O_5 热电池是战术武器常用的热电池之一,电池的电化学式为

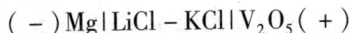
$$(-) Mg \mid LiCl – KCl \mid V_2O_5 (+)$$

电池反应为

$$Mg + V_2O_5 + 2LiCl \longrightarrow V_2O_4 \cdot Li_2O + MgCl_2$$

Mg – V_2O_5 单体热电池峰电压,在50~200 mA·cm^{-2} 范围内约2.7 V,工作寿命25 s左右。

(1)负极材料　一般在负极材料镁粉中加入20%左右电解质,改善镁电极的电性能。

(2)电解质材料　在电解质 LiCl – KCl 中加入粘合剂 SiO_2(加10%左右)。按质量比 $m(LiCl) : m(KCl) = 45 : 55$ 配比混合,在石英坩埚中熔融。在干燥气体保护下,把熔融电解质倒在镍盆中冷却,破碎,球磨至规定粒度,再经真空干燥处理16 h。

SiO_2 粘合剂在 600℃下，煅烧 4 h，除去水分和挥发物。

按一定配比把电解质与 SiO_2 混匀，经真空干燥处理 16 h 以上，密封保存。

（3）正极材料　在 600℃下，V_2O_5 在 LiCl – KCl 熔盐中的溶解度为 17%，V_2O_5 能与 LiCl – KCl 熔盐反应，生成氯和不溶性低价钒化合物，可能的反应是：

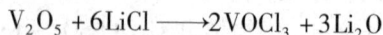

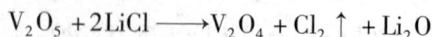

$$V_2O_5 + 6LiCl \longrightarrow 2VOCl_3 + 3Li_2O$$
$$V_2O_5 + 10LiCl \longrightarrow 2VCl \downarrow + 4Cl_2 \uparrow + 5Li_2O$$
$$V_2O_5 + 2LiCl \longrightarrow V_2O_4 + Cl_2 \uparrow + Li_2O$$
$$xLi_2O + yV_2O_4 \cdot zV_2O_5 \longrightarrow xLi_2 \cdot yV_2O_4 \cdot zV_2O_5$$

V_2O_5 的熔点为 658℃，加入少量电解质或粘合剂可降低熔点。把 V_2O_5 电解质和粘合剂按配比混匀，经真空干燥处理后密封保存。

为改善 V_2O_5 与集电片之间的导电性能，预先在正极集流片上涂上一层 $V_2O_5 \cdot B_2O_3$ 的玻璃态物质。其制备方法有：①按配比将 V_2O_5 和 B_2O_3 加入到无水乙醇或丙酮中，配成悬浮液，涂在正极片上，晾干后在 500℃ ~600℃下灼烧几分钟；②将一定比例的 V_2O_5 和 B_2O_3 混合物放入镍罐中，加热熔融，浸入集流片，让集流片表面沾上一层 V_2O_5，B_2O_3 混合物，冷却即可；③把 V_2O_5 溶于磷酸铝溶液中，将溶液喷涂在正极集流片上，烧结后，形成 V_2O_5 和磷酸铝的混合物。

（4）电池组装配

单体 Mg – V_2O_5 热电池是片形结构。其制作方法是先将镁粉倒入模具中，铺平，再倒入电解质和 SiO_2 混合物，摊平；最后加入 V_2O_5 电解质与粘合剂的混合物，刮平，压制成型。

9.1.4.3　缓冲片、加热片、保温材料性能及制造

影响电池温度的主要因素是缓冲片、加热片及保温材料。

（1）缓冲片　选择一些具有特殊热性能的物质，在电池激活

时吸收部分热量,减轻电池的热冲击,但当电池内部温度下降时,它又能放出热量,使电池温度下降缓慢。它在电池工作温度上限时处于熔融状态,在 490℃ 左右凝固时放出热量,经使用证明,缓冲片选择 $NaCl - Li_2SO_4$ 低共熔盐比较恰当。该熔盐的熔点 499℃,熔解热为 393 $J \cdot g^{-1}$。

$NaCl - Li_2SO_4$ 缓冲片需加入粘合剂 SiO_2 抑制其流动,制造方法同 DEB 片一样。

(2)加热片　1963 年美国 SANDIA 试验室与 Unidynamics 公司开始研制,用铁粉和 $KClO_4$ 的混合物压制成片形加热片。其输出热量为 753.1 $J \cdot g^{-1}$,气体发生量为 0.2 $cm^3 \cdot g^{-1}$。

热电池常用的加热片是由锆粉、$BaCrO_4$ 和无机纤维组成的纸形混合物(热纸)。按质量比 $m(Zr) : m(BaCrO_4) : m(无机纤维) = 21 : 74 : 5$ 混合。发热量为 1882.8 $J \cdot g^{-1}$。

(3)保温材料　常用的保温材料为天然云母、无机纤维、石棉纸等。

9.1.5　锂系热电池

20 世纪 70 年代初期开始研究新的热电池体系。天然锂在 $Li - Cl - KCl$ 电解质中极化很小,但由于金属锂熔点低(182℃),在热电池工作温度下,锂熔化造成电池内部短路。因此,采用锂合金或用镍毡吸附锂的方法作为负极材料。常用作负极的锂合金有 LiAl(含 Li20%)、LiB、LiSi 等。正极材料为 FeS_2。

9.1.5.1　$Li(Al) - FeS_2$ 热电池

$Li(Al) - FeS_2$ 热电池的电化学体系为

$$(-)Li(Al) | LiCl - KCl | FeS_2(+)$$

1977 年,Steunenferg 提出 $Li(Al) - FeS_2$ 热电池的反应机理。

负极反应:　　　　　　　$Li \longrightarrow Li^+ + e$

正极反应： $4Li + 3FeS_2 \longrightarrow FeS + Li_4Fe_2S_5$

$\qquad\quad 2Li + FeS + Li_4Fe_2S_5 \longrightarrow 3Li_2FeS_2$

$\qquad\quad 6Li + 3Li_2FeS_2 \longrightarrow 6Li_2S + 3Fe$

电池反应： $\quad 4Li + FeS_2 \longrightarrow 2Li_2S + Fe$

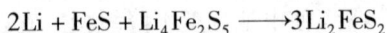

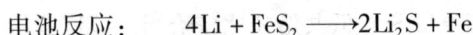

不同的正极材料与 $Li(Al)$ 合金组成的热电池的放电曲线如图 9 - 4 所示。图中表明 FeS_2 作正极材料组成的热电池的放电曲线平坦，放电时间长。

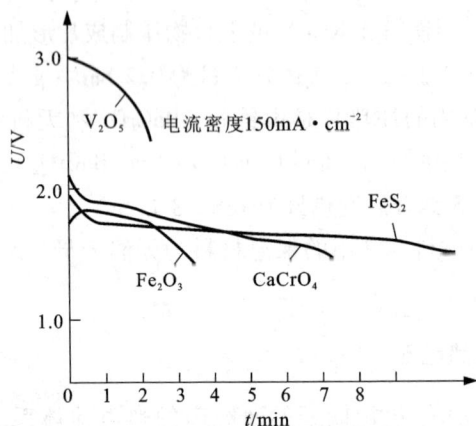

图 9 - 4　不同的正极材料与 Li(Al) 合金组成热电池的放电曲线

作为正极材料的黄铁矿(FeS_2)必须提纯后才能使用。也可以用人工合成的 FeS_2 。天然 FeS_2 和人工合成的 FeS_2 的组成如表 9 - 1 所示。

表 9 - 1　FeS_2 组成

种　类	Fe	SiO_2	CuO	Al_2O_3	TiO_2	MgO	ZnO
人工合成的 FeS_2	46.46	0.17	0.26	0.05	0.02	0.09	0
天然 FeS_2	46.19	0.28	0.16	0.25	0.01	0.02	0.64

FeS_2 在 550℃分解，因此，以 FeS_2 为正极的热电池的工作温度应低于550℃。20 世纪 70 年代中期，美国 SANDIA 实验室研制成功片型 Li(Al) – FeS_2 热电池。

Li(Al) – FeS_2 电池理论比能量为 638 Wh·kg^{-1}。该热电池的优点是：负极是固体，不会造成电池内部短路；在电池工作温度范围内(420℃ ~550℃)，性能稳定，FeS_2 在 LiCl – KCl 电解质中溶解度小，自放电小，不会形成热失控；电池内阻小，能以 2 A·cm^{-2}电流密度脉冲放电使用，成本低。

法国 SAFT/SCORE 公司研制的导弹上使用的 Li(Al) – FeS_2 热电池的工作时间达 90 s，而同类型的锌 – 银电池工作时间才 76 s。

9.2　水激活电池

9.2.1　概述

水激活电池是用淡水或海水激活的电池，最早出现的是镁 – 氯化银(Mg – AgCl)电池。第二次世界大战中，已用作电动鱼雷的电源。以后扩大到作为浮标、探空气球、航标灯和应急灯的电源。1949 年又研制成镁 – 氯化亚铜(Mg – Cu_2Cl_2) 水激活电池，现已形成结构不同、性能各异的多种系列。水激活电池是一种以海水为电解液，或以水为溶剂，或水既作为正极活性物质又起溶剂作用的电池。海水或水仅在电池使用时才注入电池。水激活电池分作三类：

①以海水为电解液的电池，如 Mg – AgCl，Mg – Cu_2Cl_2，Mg – $PbCl_2$，Mg – PbO_2，Mg – CuI，Mg – CuSCN，Mg – Ag_2O 和中性电解液的铝 – 空气电池。

②以海水或水为溶剂的电池，如 Al – Ag_2O 电池。

③正极活性物质和溶剂是海水或水的电池，如 $Li-H_2O$，$Na-H_2O$电池等。

水激活电池的特点是贮存寿命长，低温性能好，比能量、比功率较高，特别适合于在有水的环境中使用。因此，广泛应用于鱼雷推进、声纳浮标、探空气球、海底电缆增音机和航标灯、应急灯、电动车辆等领域。电池特性如表9-2所示。

表9-2　几种水激活电池的特性

体　系	开路电压/V	工作电压/V	电流密度 $mA \cdot cm^{-2}$	激活时间/s	工作时间/h	W $Wh \cdot kg^{-1}$	$Wh \cdot L^{-1}$	结构类型
$Mg-AgCl$	1.6~1.7	1.1~1.5	10~500	<1	~100	100~150	180~300	浸没型 浸润型 自流型 控流型
$Mg-Cu_2Cl_2$	1.5~1.6	1.1~1.3	5~30	1~10	0.5~10	50~80	20~200	浸润型
$Mg-PbCl_2$	1.1~1.2	0.9~1.05	1.0~30	<1	1.0~20	50~80	50~120	浸没型
$Zn-AgCl$		0.9~1.1			长期			浸润型
$Al-Ag_2O$	2.36	1.4~1.6	700~1200	3~4	180~220	450~500		控流型

9.2.2　水激活电池的工作原理

水激活电池的化学原理比较简单，常用的几种电池的成流反应如下：

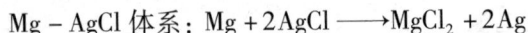

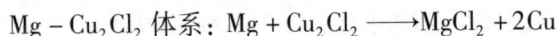

$Mg-AgCl$ 体系：$Mg + 2AgCl \longrightarrow MgCl_2 + 2Ag$

$Mg-Cu_2Cl_2$ 体系：$Mg + Cu_2Cl_2 \longrightarrow MgCl_2 + 2Cu$

Mg – PbCl$_2$ 体系：$Mg + PbCl_2 \longrightarrow MgCl_2 + Pb$

Mg – NiOOH 体系：$Mg + 2NiOOH + 2H_2O \longrightarrow Mg(OH)_2$
$+ 2Ni(OH)_2$

Zn – AgCl 体系：$Zn + 2AgCl \longrightarrow 2Ag + ZnCl_2$

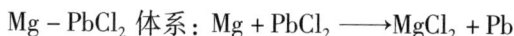

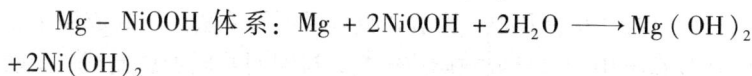

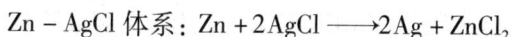

上述各电化学体系中，除 Zn – AgCl 体系外，负极上都有一个重要的副反应：

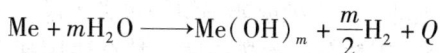

$$Me + mH_2O \longrightarrow Me(OH)_m + \frac{m}{2}H_2 + Q$$

式中，Me 为金属负极。副反应析出氢气和放出热量 Q。氢气析出有利于电极表面反应产物（氢氧化物）及时剥离和促进电解液流动；放出热量使电池具有良好的低温放电性能。但副反应也造成电池的电流效率下降。镁、铝电极成流反应也放出热量。

9.2.3　水激活电池的制造

9.2.3.1　负极

主要负极材料有 Li，Na，Mg，Al，Zn 及其合金。其中 Li，Na，Ca 与水反应激烈，尚未实际应用。镁因研制了多种镁合金，减少了腐蚀反应，提高了工作电压，已得到广泛应用。铝合金和锌也有部分电池用作负极材料。

9.2.3.2　正极

正极活性材料很多，主要有 AgCl，Cu$_2$Cl$_2$ 和 PbCl$_2$ 等。

AgCl 可铸压成型或电解成型。AgCl 铸压成型方法是将 AgCl 粉末加热到 500℃ ~ 600℃ 熔融，然后浇铸滚压成所需厚度。因 AgCl 几乎没有导电性，用作电极可用加水的锌粉在还原性溶液中还原一层多孔性银层，再将银线或银箔热焊在银层上。

AgCl 电解成型方法是把银片或镀有足够厚银层的铜片，浸入 1 mol · L^{-1} HCl 中，以石墨板或不锈钢板为对电极，通以 40 ~ 50 mA · dm^{-2} 的电流，可在银表面制得活性高、结合力好的

AgCl 层。

Cu₂Cl₂ 正极有压制、涂敷和吸着成型等方法。压制成型是在 Cu₂Cl₂ 粉末中加入合成树脂或糊料，与铜网共同加压制成；涂敷成型是把甘油、葡萄糖加入 Cu₂Cl₂ 粉末内，用水调制成胶状涂敷在铜网上；吸着成型是将铜网浸渍在熔融 Cu₂Cl₂ 内制成电极。为了增加活性物质的导电性，电极中可添加石墨或铜粉。由于电池放电过程正极损坏，可用纸或非编织物包裹正极。

PbCl₂ 正极采用粘合法和热压法。粘合法用粘合剂使正极粉末混合物粘合后热压成型。一般由 80% PbCl₂，9.6% ~15% 炭黑，3.7% 可溶性蜡，0.7% ~4.4% PbO₂ 粉末组成正极混合物。用 50% 聚四氟乙烯水乳液（用量为 1.6% ~5%）调匀。再经 100℃ 干燥 15 min 后，送入 100℃ 的炼合滚轮上，压成 1.25 mm 厚的薄片，切成所需形状，压入铜网集流体。PbCl₂ 正极热压法是按质量比例：$m(\text{PbCl}_2 \text{粉末}):m(\text{Pb 粉}):m(\text{石墨粉})=70:30:3$ 混合。每 kg 粉料加 150 mL 水，调成膏涂在栅网上，在 2~11 MPa 压力下压紧，待完全干透后取出，再在 220~250℃，压力 35~45 MPa 下热压 30 min，制得氯化铅正极。

9.2.3.3　电池结构

水激活电池是在激活时加入电解液。根据电解液的进液和液流方式，一般将水激活电池分作浸没型、浸润型、自流型和控流型四种。

(1)浸没型　电池工作时，完全浸没在电解液中，正、负极间夹一层隔离物，电极堆有叠片状和卷绕形两种。叠片状电极堆的电极隔离物采用绝缘条或多孔性波纹塑料片，卷绕形电极堆的隔离物使用脱脂棉线。

这类电池放电电流可达 50 A，放电电压 1 V 至数百伏，放电时间从几秒到几天。

(2)浸润型　在正、负极间夹一层隔膜，起绝缘和吸蓄足够量的电解液的作用。电池贮存在密封袋中,使用时除去包装,在水中浸泡数分钟,即可使用。此类电池放电电流可达 10 A,产生 1.5～130 V 电压,放电时间 0.5～15 h。

(3)自流型　这类电池是作为鱼雷动力电源设计的。利用鱼雷的运动迫使海水在电池中不断流动。此类电池的电极隔离物是细小绝缘柱或玻璃珠,使海水流动快而均匀,正、负极距小,电极堆强度高,保证电池的 pH,温度处在一个稳定的条件下工作。电池组由几百只单体电池组成,功率达 25～400 kW,电流密度 500 mA·cm^{-2},比能量 90 Wh·kg^{-1},放电时间 5～15 min。

(4)控流型　在自流型基础上设计成的控流型结构,增加了海水循环控制系统(如图 9－5),提高电池放电电流和电压的稳定性,也能适当控制电池温度的变化,提高电池比能量。

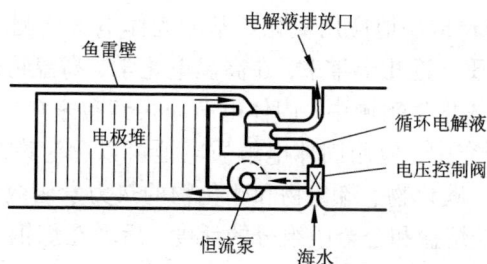

图 9－5　控流型电池结构

第 10 章　　固体电解质电池

10.1　概　述

固体电解质是固体物理和电化学之间的边缘科学,早在 1904 年,哈伯(Haber)等人分别在 145℃ 和 250℃ 条件下,测定了 $Pb \mid PbCl_{2(s)} \mid AgCl_{(s)} \mid Ag$ 和 $Cu \mid CuCl_{(s)} \mid AgCl_{(固)} \mid Ag$ 电池的电动势,与热力学计算结果相符。然而当时所用的固体电解质电池因内阻过高,不能制成有实用价值的化学电源。1957 年开始,瓦格勒(C. Wagner)成功地应用氧化锆基的固体电解质测定了氧化物的热力学性质。近几十年来,在高温电化学、高温物理化学、固体物理和固体化学领域中,固体电解质得到愈来愈广泛的应用。在热力学研究中,应用固体电解质电池可以测定许多复合氧化物、氟化物、碳化物、硫化物和硼化物的热力学函数;也能测定炉渣、熔锍、熔盐和合金中组分的活度,后者在炼钢工业中能快速测定铁(或钢)液中的含氧量,为冶炼钢、铜等金属提供了一种有效的分析手段。通过对 Ag^+ 固体电解质的研究已开发出低能量密度电池,已用于心脏起搏器;通过对 Li^+ 导体的研究,包括复杂氧化物如 $LiNiO_2$,$LiCoO_2$ 等的研究发展了锂电池用的电极材料。此外,固体电解质在动力学研究、化学电源特别是燃料电池和能量转换装置中的应用日益扩展,其前景十分良好。

目前,固体电解质还没有统一的分类方法,一般根据传导离子来分类或命名,即分为 Ag^+ 导体、Cu^+ 导体、H^+ 导体、O^{2-} 导体、F^- 导体,等等。

10.2 固体电解质的导电机理与一般特征

水溶液电解质或熔盐电解质的特点都是离子导体,固体电解质是指固体状态下有显著离子导电性的物质。

氯化钠晶体由离子组成,其水溶液或熔化状态下是电解质,未熔化的晶体导电性很弱,不属于固体电解质。因此,固体电解质是指固体状态下具有较高电导率的的离子导体。具有实用价值的固体电解质的电导率在 $10^{-3}\text{S} \cdot \text{m}^{-1}$ 以上,S 为西门子,即欧姆的倒数(Ω^{-1})。许多固体电解质在常温下电导率不高,升高到一定的温度后才能达到实用的要求。固体物质电导率随温度的变化情况,通常有三类,如图 10–1 所示。第一种是正常的晶体,主要是碱金属卤化物,熔化后电导率急速上升,从约 $10^{-3}\text{S} \cdot \text{m}^{-1}$ 变到 $1\text{S} \cdot \text{m}^{-1}$。第二种是电导率的变化有突变点,如上述正常晶体,但电导率急剧上升点的温度尚未达熔点,(这主要是 Ag^+,Cu^+ 盐类),有时又称为一级相变。第三种是电导率也会显著变化,但它不是在一个特定的温度点,而是在一定的温度范围。在几十度至上百度的温度范围内电导率增加了 2~3 个数量级。这是法拉第首先发现的,因此又称法拉第相变,或二级相变。这类物质有 Na_2S,Li_4SiO_4(均为阳离子导体),以及 CaF_2,SrF_2,$SrCl_2$,PbF_2,LaF_3 等(阴离子导体)。固体电解质的另一个实用要求是其离子导电应占 99% 以上。有许多固体物质升温后电导率增加,往往是既有离子导电,也有电子导电,这就不便于利用其离子导电性。水溶液电解质或熔盐电解质是阴阳两种离子都导电,有时其中一种占优势。固体电解质常是一种为传导离子,或者是阳离子导电,称阳离子导体;或者是阴离子导电,称阴离子导体。又可根据哪一种离子导电而给以具体的名称,如银离子导体、铜离子导体,等等。也有的根据离子导电机理分类的,称为快离子型与缺陷导电型。快离子型是指室温下或温度不高即有显著导电性的固体电解质，下面以表 10-1 及图 10-2 中的数据给予说明。

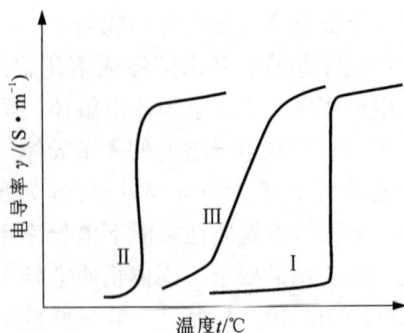

图 10-1 三种固体的电导率与温度关系示意图

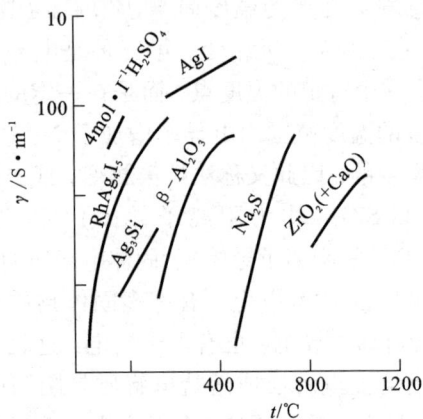

图 10-2 若干固体物质与 4 mol·L^{-1}H$_2$SO$_4$ 的电导率对温度的关系

表 10 - 1　某些固体电解质与固体在 25℃时电导率

固体电解质	电导率/$(S \cdot m^{-1})$	固体物质	电导率/$(S \cdot m^{-1})$
$RbAg_4I_5$	$2.4 \times 10^{+1}$	AgCl	3×10^{-6}
KAg_4I_5	$2.4 \times 10^{+1}$	AgBr	4.0×10^{-7}
Ag_3Si	1×10	玻璃	$10^{-10} \sim 10^{-15}$
AgI	2×10^{-4}	NaCl	10^{-18}
Cu_2HgI_4	7.6×10^{-6}	塑料	10^{-18}

　　表 10 - 1 是在室温下一些固体的电导率。从表中看到，以 AgI 为基础的一些复合银盐如 $MgAg_4I_5$ 的电导率与 4 mol·L^{-1} H_2SO_4 相近。

　　处于固态的离子导体电导率与水溶液电解质相近的现象引起了研究者的极大兴趣。这种电解质的电导率属于图 10 - 1 的第 Ⅱ 类型，如 AgI 晶体的电导在 146℃处发生突变，其电导从 10^{-3} 变至 10^2 S·m^{-1}，改变了五个数量级。电荷载体是 Ag^+ 离子，高温相为 α - AgI，单位晶格中有 2AgI 存在，Ag^+ 离子在 42 个位置上能量相等，因此这些 Ag^+ 离子从这些位置上连续置换转移所需的活化能很小，这种传导途径叫做均等位置机理。

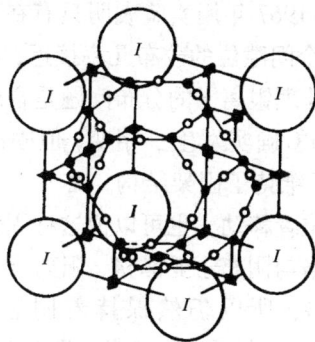

图 10 - 3　AgI 晶胞中间隙位的分布示意图

图 10 - 3 表示 AgI 晶体中 I$^-$ 的位置以及 Ag$^+$ 可能处的位置。I$^-$ 取立方结构，它不移动，保持了晶体的架子，而每个 Ag$^+$ 则可在 42 位置上移动，不过 42 位置并不完全一样，在 150℃时它们的位置如表 10 - 2 所示。

表 10 - 2　AgI 中可供 Ag$^+$ 占据的位置(150℃)

位置	位置对称性	坐标 $(000; \frac{1}{2}\frac{1}{2}\frac{1}{2})$ +	配位数	多面体	Ag - I 距离/nm
6b	4/mmm	$(\frac{1}{2}\frac{1}{2}0)$	6	八面体	0.252
12d	42 m	$\pm(\frac{1}{2}\frac{1}{2}0)$	4	畸变四面体	0.281
24h	mm	$\pm(xx0, x\bar{x}0)$ $X = \frac{3}{8}$	3	三角形	0.267

从表 10 - 2 可知，容纳银离子的最大体积是八面体间隙 12d 位，最小体积是八面体 6b 位。由于这些差异，Ag 离子有占优选择。在 150℃附近离子分布 12d 位置被占据的几率最大，24h 位次之。伯雷(Burley)1967 年用实验表明只有在 250℃以上高温环境中，银离子在 42 个间隙位的分布几率接近，这时用位置均等机理或又称随机模型处理银离子的分布问题是合理的。从电导率判断可以说 AgI 在 146℃确实发生了相变，但固态仍然保持，这是由于巨大的 I$^-$ 离子维持了固架结构，而小 Ag$^+$ 离子好像熔化了一样的可以有许多位置移动。也可以说这种固体电解质有两套晶格——阳离子亚晶格与阴离子亚晶格，阳离子亚晶格熔化了，而阴离子支撑着晶格，所以仍然保持着固态的外形。合成的 RbAg$_4$I$_5$ 可以看作是 AgI 扩展的化合物，即 RbI·4AgI。它在室温下既有高的电导率 2.7 × 10 S·m^{-1}，而且 Ag$^+$ 的迁移率接近 1，

电子迁移数只有 10^{-10}，而且在较宽的温度范围都很稳定，是至今合成得最好的快离子导体，已用于生产低能量密度电池。

　　ZrO_2 掺杂 CaO 或 Y_2O_3 形成的固体电解质可以作为缺位导电型的固体电解质的代表。在 ZrO_2 晶体中，Zr 是正 4 价，如果加入适量的 CaO 与 ZrO_2 形成固溶体，因 Ca 是正 2 价，这样，CaO 带到 ZrO_2 晶体中去的氧离子减少了一半，以加入 15% molCaO 计算，就会产生 7.5% mol 离子的 O^{2-} 离子的空位(或空穴)。在电场作用下，O^{2-} 离子便会发生迁移，这种导电方式叫做空位机理，其图像如图 10-4 所示。

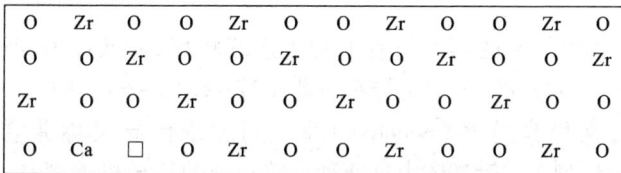

O	Zr	O	O	Zr	O	O	Zr	O	O	Zr	O
O	O	Zr	O	O	Zr	O	O	Zr	O	O	Zr
Zr	O	O	Zr	O	O	Zr	O	O	Zr	O	O
O	Ca	□	O	Zr	O	O	Zr	O	O	Zr	O

图 10-4　在 ZrO_2 晶体中加入 CaO 后造成 O^{2-} 离子空位出现的示意图

　　在 ZrO_2 中加入 CaO 不仅起到增加 O^{2-} 离子空位的作用，且能使氧化锆晶体转变成稳定结构。在低温下，纯的 ZrO_2 是单斜晶型，在1150℃时转变为正方晶型，体积约收缩9%，膨胀曲线如图 10-5 所示(箭头曲线)。

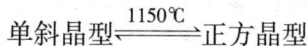

$$单斜晶型 \underset{}{\overset{1150℃}{\rightleftharpoons}} 正方晶型$$

　　纯 ZrO_2 晶体由于膨胀而发生所谓热震裂时不能使用，如果加入结构相似的氧化物如 CaO，MgO，Y_2O_3，Sc_2O_3 等，则可形成稳定的置换式固溶体，膨胀曲线如图 10-5 中的实线所示。

　　除了晶格中出现空位(或空穴)而使离子迁移能够发生外，当可移动的离子处在晶格缝隙中时，它除了通过空穴迁移外，还可

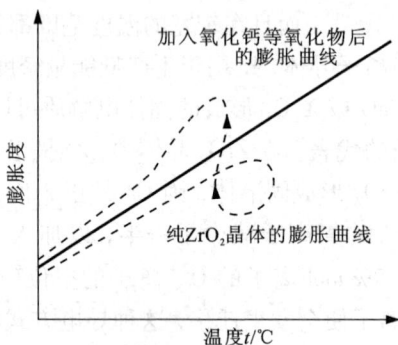

图 10-5　纯氧化锆晶体随温度变化的膨胀度

以在有相等能量的离子位置上发生连续转移。例如，在 AgCl 晶体中空穴型与间隙型的传导都可能出现(图 10-6)。空穴型的传导有时又称肖特基(Schottkg)型。间隙型传导又称弗仑克尔(Frenkel)型，一般晶体中这两种缺陷造成的传导机理都有，但不足以形成显著的电导率，要得到高的电导率常不得不采用像上述对 ZrO_2 掺杂的方法。但这种缺陷型传导也会出现半导体材料中的电子传导。

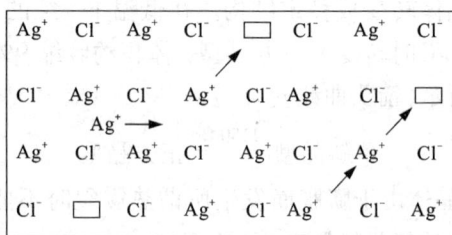

图 10-6　AgCl 晶体中 Ag+ 迁移可能途径示意图

固体电解质中离子的迁移率和电导率受到许多因素的影响，

如组成、杂质、温度、气氛等都会对离子和电子传导的比值发生影响。当化合物组成中出现金属过剩时，可以形成如图 10 - 7 所示的结构。例如图 10 - 7(a)中，由于非金属原子的缺位，和阴离子结合的电子则羁留在空穴中，如下式：

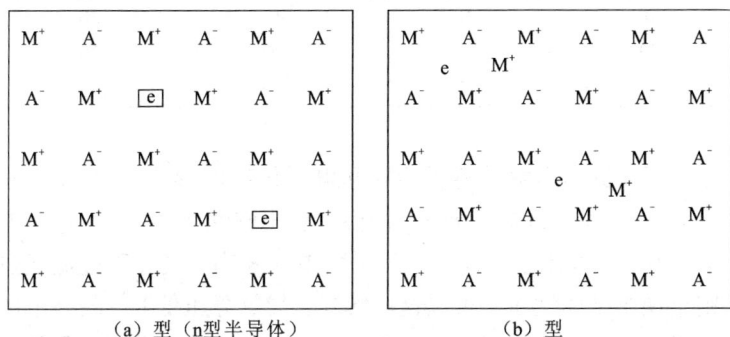

(a) 型（n型半导体）　　　　　　　　　(b) 型

图 10 - 7　金属过剩时化合物缺陷

$$2A^- \longrightarrow A_2 + 2e + \square$$
羁留电子　空穴

MoS_2，FeS_2，都具有这种特征；碱金属及其熔盐（KCl，NaCl，KBr 等）以及氧化物如 $\delta - TiO_2$，ThO_2，CeO_2 也属于这个类型，即带有 n 型半导体的导电性质。

图 10 - 7(b)中的特征可用 ZnO 和 CdO 来说明，过剩的金属离子停留在晶格缝隙中，这些化合物都是光电半导体材料。

而对金属欠缺型化合物，硫化物 FeS，SnS 和氧化物 Cu_2O，FeO，NiO 等又会出现 p 型半导体的导电特征。

上述讨论的是晶体缺陷对固体化合物导电的影响。表 10 - 3 列出了温度对离子传导率影响数据。CuCl，$\gamma - CuBr$ 和 $\gamma - CuI$ 出现离子传导率达 100% 时的温度分别为 370℃，390℃ 和 440℃，而在 180℃ 以下则是纯电子导体。使用固体电解质时必须注意温度范围。

表 10 – 3　温度对离子导电率影响

离子传导/%	CuCl	γ – CuBr	γ – CuI
		$t/℃$	
0	0	40	180
50	297	280	328
100	370	390	440

气氛对固体电解质离子传导和电子传导的影响可以 ZrO_2 和 ThO_2 为基的固体电解质为例，当温度为 1000℃ 时，O^{2-} 的迁移率在大于 0.99 的氧分压范围表示于图 10 – 8 中，氧分压过低或过高则出现半导体性质。可以这样解释：当氧分压低时，晶格上的氧离子 O^{2-}(晶)失去电子变成氧原子，并结合成氧分子，晶格中留下了氧离子空位 $\square_0$，同时便出现过剩电子而产生导电，如下式所示：

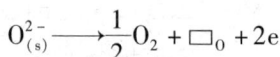

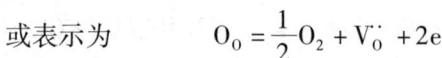

$$O^{2-}_{(s)} \longrightarrow \frac{1}{2}O_2 + \square_0 + 2e$$

或表示为
$$O_0 = \frac{1}{2}O_2 + V_0^{\cdot\cdot} + 2e$$

在氧分压较高时，又将发生下列反应：

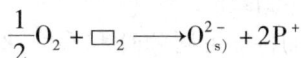

$$\frac{1}{2}O_2 + \square_2 \longrightarrow O^{2-}_{(s)} + 2P^+$$

或表示为

$$\frac{1}{2}O_2 + V_0^{\cdot\cdot} \longrightarrow 2h^+ + O_0$$

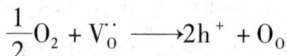

式中：$O^{2-}_{(s)}$(或 O_0)——电解质中氧离子浓度；

　　　$\square_0$(或 $V_0^{\cdot\cdot}$)——氧离子空位；

　　　P^+(或 h^+)——电子空穴或电子正孔。

氧化物固溶体组成 （摩尔分数，%）	Cu,Cu_2O $p_{O_2}=10^{-6.3}$	Ni,NiO $p_{O_2}=10^{-10}$	Fe,FeO $p_{O_2}=10^{-14.9}$	Nb,NbO $P_{O_2}=10^{-24.48}$
$ZrO:CaO(85:15)$ $ZrO:Y_2O_3(80:20)$				
$ZrO:Y_2O_3(99:1)$				
$ThO_2:Y_2O_3(96:4)$				
$ThO_2:Y_2O_3(96:10)$ $ThO_2:Y_2O_3(85:15)$ $ThO_2:La_2O_3(90:10)$ $ThO_2:La_2O_3(85:15)$				
$ThO_2:La_2O_3(75:25)$				
$ThO_2:Ca_2O(95:5)$				

0　5　10　15　20　25

$-\lg p_{O_2}$

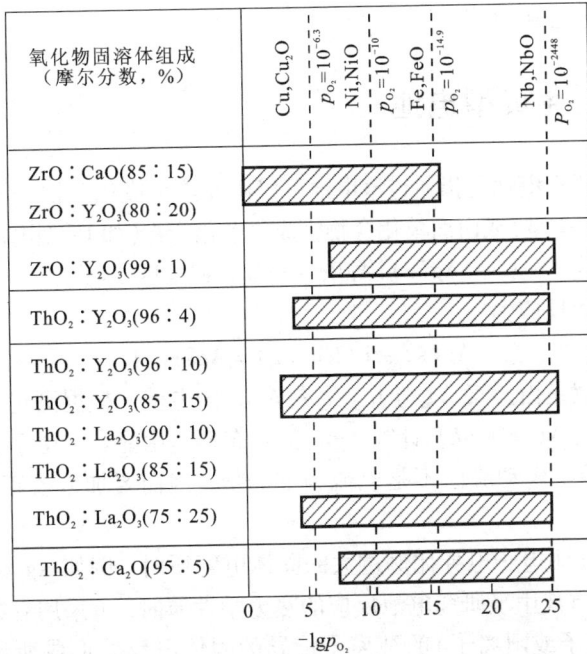

图 10-8　在 1000℃，使氧化锆和氧化钍基的固体电解质保持 O^{2-} 离子迁移率大于 0.99 时的氧分压范围

　　这种正孔所带的电荷与电子所带的电荷相等而符号相反。在外电场作用下，电子正孔顺着电场方面移动。实际上在晶体内真正移动的是电子，通称电子导电。

　　使用固体电解质的另一个重要问题是要注意其分解电压，即与液体电解质一样，达到一定的电压时便会分解从而破坏了它的结构。计算是基于 $\Delta G = -nFE = \Delta H - T\Delta S$。但当热力学数据不全时，计算会有困难。最简单的测量方法是测定电压（V）电流（I）关系。就像水溶液的 $V-I$ 关系一样，电流 I 的突跃点往往对应着分解电压。精确的测量方法是要构成生成型电池并测量其电动势(参见 10.3 节)。

10.3　生成型电池

生成型电池是指通过该电池可以由元素生成化合物,(例如下面 I ~ II的类型)或由简单化合物生成复杂化合物(如 IV 型电池)。

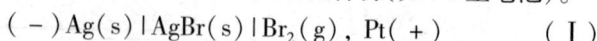

$$(-)Ag(s) | AgBr(s) | Br_2(g), Pt(+) \qquad (I)$$

电池反应为

$$Ag(s) + 1/2Br_2(g) = AgBr(s)$$

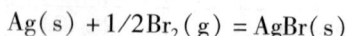

这就是由元素 Ag 与 Br$_2$ 生成 AgBr 的电池。根据测定的电动势可以由 $\Delta G = -nEF$ 计算 AgBr 的吉布斯自由能。但由于有电子导电存在,电动势已不是电流为零的值,因而要加以校正(参见10.4.2)。

当使用电子电导比例过大的固体电解质时,例如 Ag$_2$Se, Pb-Se 等物质被用来研究电池反应的热力学性质时,可采用有共同离子(阴离子或阳离子)的纯离子传导的固体电解质形成所谓的阻塞电极,即阻挡电子导电,它实际上是一种辅助电解质,例如测定 Ag$_2$S 的热力学性质时,不能直接构成(I)型电池,而应组成下列电池:

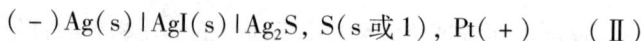

$$(-)Ag(s) | AgI(s) | Ag_2S, S(s 或 1), Pt(+) \qquad (II)$$

电池反应仍是 Ag$_2$S 的生成:

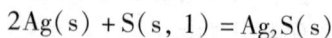

$$2Ag(s) + S(s, 1) = Ag_2S(s)$$

其中, AgI 是很好的离子导体,电子导电性被它阻塞了,因而可以得到较好的测量结果。

当测定比电导较低的化合物的热力学函数时,可以设法加入导电度较高,并与待测物有共同传导离子的固体电解质构成电池,例如 MgO 的导电性很差,加入 MgF$_2$ 后得到改善。

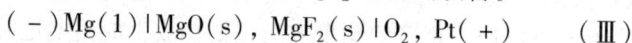

$$(-)Mg(1) | MgO(s), MgF_2(s) | O_2, Pt(+) \qquad (III)$$

该电池在 900 ~ 1000 K 之间应用，可较准确地测定 MgO 的热力学性质。

测定铁水中硅的含量也利用了 CaF_2 作辅助电解质。原理上也是一种生成型电池，反应为

$$[Si](铁液中) + O_2(g) = SiO_2(s)$$

因此，需要传导 Si^{4+} 或 O^{2-} 的固体电解质，而传导 O^{2-} 的固体电解质已实用化，但 $SiO_2(s)$ 的传导性不好，可采用 CaF_2 与 SiO_2 混合涂层，电池设计为

$$(-)\,Mo,\ [Si]_{inFe} | SiO_2 + CaF_2 || ZrO_2(MgO) | Mo + MoO_2 | Mo(+)$$

半电池主要由 $ZrO_2(MgO)$ 固体电解质管，参比电极 Mo + MoO_2 和辅助电极 SiO_2 + CaF_2 三部分组成，参见图 10 - 9。参比电极中 Mo 和 MoO_2 的质量比为 9 : 1，且经活化处理；辅助电极 SiO_2 和 CaF_2 质量比为 4 : 1 的混合粉料，用有机粘结剂聚乙烯醇调成糊状，均匀地涂在 ZrO_2 (MgO) 管表面，经室温晾干 24 h，80℃烘干 48 h，1200℃纯 Ar 气下处理 30 min。制备好的 $ZrO_2(MgO)$ 管表面应呈白色且均匀一致。

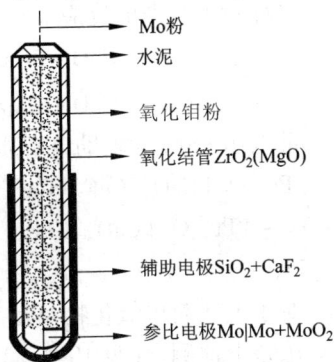

- Mo 粉
- 水泥
- 氧化钼粉
- 氧化锆管ZrO_2(MgO)
- 辅助电极SiO_2+CaF_2
- 参比电极Mo|Mo+MoO_2

图 10 - 9 SiO_2 - CaF_2 辅助电极定硅半电池装配图

选用石墨坩埚，内装 0.5 kg 工业纯铁，在纯 Ar 气保护下进行测量。

CaF_2 是一种纯阴离子固体电解质，其离子迁移率≈1，用它作为辅助电解质，还可研究复合氧化物的热力学性质，例如，简单氧化物 CaO 与 SiO_2 生成复杂氧化物 $CaSiO_3$ 的反应可以加入 CaF_2，构成下列电池：

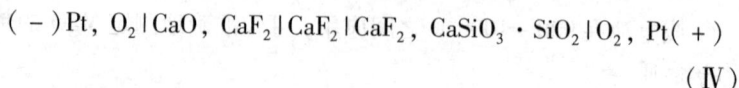

$(-)Pt, O_2 \mid CaO, CaF_2 \mid CaF_2 \mid CaF_2, CaSiO_3 \cdot SiO_2 \mid O_2, Pt(+)$

$$(\text{IV})$$

电极反应:

左侧　　$CaO + 2F^- = 1/2O_2 + CaF_2 + 2e$

右侧　　$CaF_2 + SiO_2 + 1/2O_2 + 2e = CaSiO_3 + 2F^-$

电池反应:　　　　　　　$CaO + SiO_2 = CaSiO_3$

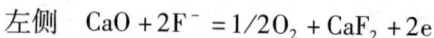

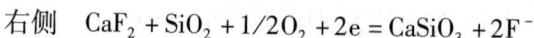

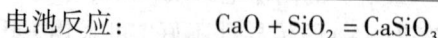

电池(IV)中的电解质 CaO, 如换成 PbO, BaO 或 SrO 等就可研究相应的 $PbSiO_3$, $BaSiO_3$ 或 $SrSiO_3$ 等复合氧化物的热力学函数。

又如对更复杂的反应:

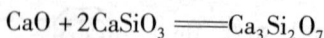

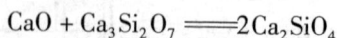

$$CaO + 2CaSiO_3 = Ca_3Si_2O_7$$

$$CaO + Ca_3Si_2O_7 = 2Ca_2SiO_4$$

可以用 CaF_2 为辅助电解质组成电池:

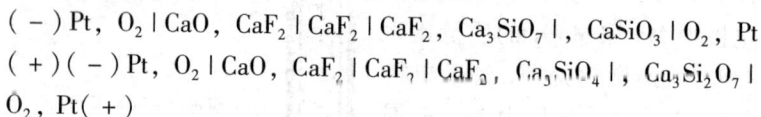

$(-)Pt, O_2 \mid CaO, CaF_2 \mid CaF_2 \mid CaF_2, Ca_3SiO_7 \mid, CaSiO_3 \mid O_2, Pt(+)(-)Pt, O_2 \mid CaO, CaF_2 \mid CaF_2 \mid CaF_2, Ca_3SiO_4 \mid, Ca_3Si_2O_7 \mid O_2, Pt(+)$

对于上述简单氧化物及复杂氧化物的吉布斯生成自由能也可用氧浓差电池测定(见 10.4.2)。

利用 CaF_2 当然更有利于研究氟化物, 例如电池:

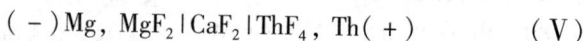

$$(-)Mg, MgF_2 \mid CaF_2 \mid ThF_4, Th(+) \qquad (\text{V})$$

电池反应为

$$\frac{1}{2}Mg + \frac{1}{4}ThF_4 = \frac{1}{2}MgF_2 + \frac{1}{4}Th$$

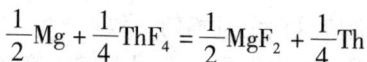

类似电池(V), 可以组成下列电池:

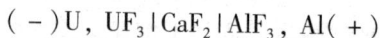

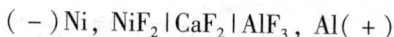

$$(-)U, UF_3 \mid CaF_2 \mid AlF_3, Al(+)$$

$$(-)Ni, NiF_2 \mid CaF_2 \mid AlF_3, Al(+)$$

电池反应可按照电池(V)的反应进行类推。

固体电解质 CaF_2 还能用于测定金属碳化物、硫化物、硼化物和磷化物的反应自由能，分别举例如下：

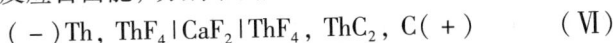

$$(-)Th, ThF_4 | CaF_2 | ThF_4, ThC_2, C(+) \qquad (Ⅵ)$$

两极反应分别为

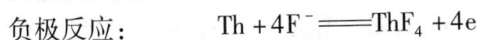

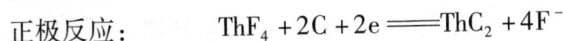

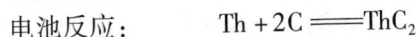

负极反应：　　　　$Th + 4F^- \!=\!=\!= ThF_4 + 4e$

正极反应：　　　　$ThF_4 + 2C + 2e \!=\!=\!= ThC_2 + 4F^-$

电池反应：　　　　$Th + 2C \!=\!=\!= ThC_2$

硫化物生成反应的电池为

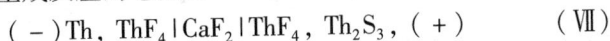

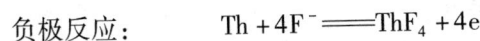

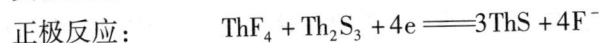

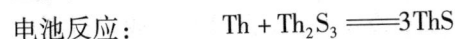

$$(-)Th, ThF_4 | CaF_2 | ThF_4, Th_2S_3, (+) \qquad (Ⅶ)$$

负极反应：　　　　$Th + 4F^- \!=\!=\!= ThF_4 + 4e$

正极反应：　　　　$ThF_4 + Th_2S_3 + 4e \!=\!=\!= 3ThS + 4F^-$

电池反应：　　　　$Th + Th_2S_3 \!=\!=\!= 3ThS$

与碳化物、硫化物电池的构成相似，对于硼化物，不难组成下列电池：

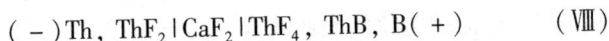

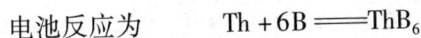

$$(-)Th, ThF_2 | CaF_2 | ThF_4, ThB, B(+) \qquad (Ⅷ)$$

电池反应为　　　　$Th + 6B \!=\!=\!= ThB_6$

10.4　浓差电池

固体电解质的浓差电池原理与前面液体电解质(参见 2.3)的相同，只是使用固体电解质时主要应用的是电极浓差电池，如 ZrO_2 掺杂的氧离子固体电解质氧浓差电池。对于非氧浓差电池则可以举出下面的例子：

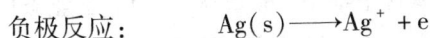

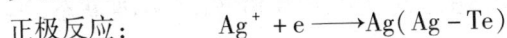

$$(-)Ag | AgI | Ag - Te(+)$$

负极反应：　　　　$Ag(s) \longrightarrow Ag^+ + e$

正极反应：　　　　$Ag^+ + e \longrightarrow Ag(Ag - Te)$

电池反应：　　　　$Ag(s) \longrightarrow Ag(Ag - Te)$

$$E = E^{\ominus} - \frac{RT}{F} \ln a_{Ag \cdot al}$$

在电极浓差电池中，$E^\ominus = 1$，因此，根据所测定的 E 值就可求出合金中银的活度 $a_{Ag \cdot al}$。

关于熔锍组分活度的测定，可举一个例子说明：

$$(-)Pt, S_{\%(g)} | Ag_2S | AgI | Ag_2S - Sb_2S_3 | S_{\%(g)}, Pt(+)$$

在前面已经指出，许多金属硫化物是半导体，不是纯离子导体，因此使用辅助电解质 AgI 才能构成可逆热力学电池，从电动势 E 就可计算出在 $Ag_2S - Sb_2S_3$ 中 Ag_2S 的活度。

10.4.1　测氧浓差电池

在炼钢和炼铜工业中，需要快速测定钢液或铜液中氧的含量，氧浓差电池能满足上述测定要求，并已在工业中得到广泛使用，其原理如下。

由于空气中有固定的氧分压，故可以采用空气为氧浓差电池的一极，电池的电化学表达式为

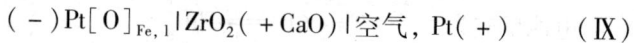

$$(-)Pt[O]_{Fe,1} | ZrO_2(+CaO) | \text{空气}, Pt(+) \qquad (IX)$$

负极反应：　　　　　$O^{2-} = [O]_{Fe,1} + 2e$

正极反应：　　　　　$1/2O_2 + 2e = O^{2-}$

电池反应：　　　　　$1/2O_2 = [O]_{Fe,1}$

电池反应吉布斯自由能可写成：

$$\Delta G = \Delta G^\ominus + RT\ln \frac{f_0[\%O]}{p_{O_2, air}^{\frac{1}{2}}}$$

铁液（Fe, 1）或钢液中氧的活度 $a[O] = f_0[\%O]$，f_0 为氧的活度系数。由于铁液中氧含量很小，f_0 可认为 ≈ 1，工业条件下，取 0.5 mol 的氧溶于液态铁中生成 1% 溶液作为标准状态，其 $\Delta G^\ominus$ 值曾确定为

$$\Delta G^\ominus = -117152 - 2.89T \qquad (10-2)$$

$p_{O_2, air}$ 为空气中氧的分压，一般为大气压力的 21%，并已知关

系式 $\Delta G = -nFE$，将这些已知值代入(10-1)式，电动势 E 用毫伏表示，计算并整理后得

$$\lg[\%O] = \frac{6119 - 10.08E}{T} - 0.19 \qquad (10-3)$$

一般炼钢温度 1600℃ 或 1873K 代入上式得

$$\lg[\%O] = 3.08 - \frac{E}{186} \qquad (10-4)$$

从(10-3)式和(10-4)式可知，只要知道温度和电池电动势 E 就可确定铁(或钢)液中氧的含量。

用空气作氧浓差电池的一极虽然来源丰富，但工厂内空气中氧的浓度并不稳定，而且装置上也不方便，因此常使用耐高温的金属与金属氧化物组成的参比电极。根据相律，这种混合物的氧分压在温度一定时是固定的。常用的固体参比电极有 $Cr + Cr_2O_3$，$Mo + MoO_2$ 以及 $Ni + NiO$。

例如，用 $Cr + Cr_2O_3$ 作参比电极时，电池的电化学表达式为

$$(-)Pt[O]ZrO_2(+CaO)|Cr_2O_3, Cr|Pt(+) \qquad (X)$$

负极反应： $O^{2-} \longrightarrow [O]_{Fe,1} + 2e$

正极首先是 Cr_2O_3 放出氧，然后是氧的还原：

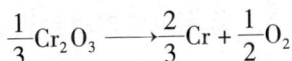 $$\frac{1}{3}Cr_2O_3 \longrightarrow \frac{2}{3}Cr + \frac{1}{2}O_2$$

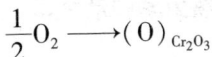 $$\frac{1}{2}O_2 \longrightarrow (O)_{Cr_2O_3}$$

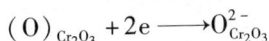 $$(O)_{Cr_2O_3} + 2e \longrightarrow O^{2-}_{Cr_2O_3}$$

总的反应为

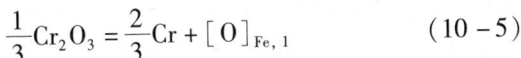 $$\frac{1}{3}Cr_2O_3 = \frac{2}{3}Cr + [O]_{Fe,1} \qquad (10-5)$$

电池反应的吉布斯自由能变化 ΔG 为

$$\Delta G = \Delta G^{\circ} + RT\ln a[O] = \Delta G + RT\ln[\%O]f_0 \qquad (10-6)$$

因为 Cr_2O_3 及 Cr 为纯物质，浓度为 1；而铁液中氧的浓度为

百分浓度$[\%O]$,f_0为活度系数。$\Delta G°$的确定是将两个反应结合起来,即:

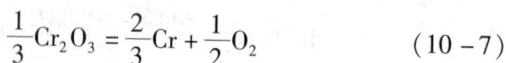

$$\frac{1}{3}Cr_2O_3 = \frac{2}{3}Cr + \frac{1}{2}O_2 \qquad (10-7)$$

$$\frac{1}{2}O_2 = [O]_{Fe,1} \qquad (10-8)$$

式(10-7)与式(10-8)相加得式(10-5),而式(10-7)这一反应的标准吉布斯自由能变化为 $\Delta G°(Cr_2O_3) = 377313 - 85.56T$,(10-8)的反应,即上面电池(1X)的反应式则为

$$\Delta G° = 260161 - 88.45T \qquad (10-9)$$

将式(10-9)代入式(10-6)并考虑到$[O]_{Fe,1}$浓度不变,f_0为1,经整理得

$$\lg[\%O] = 4.62 - \frac{16580 - 10.08}{T} \qquad (10-10)$$

以$T = 1873K$代入得

$$\lg[\%O] = -2.63 - \frac{E}{186} \qquad (10-11)$$

将测氧探头插入钢液中测出电动势E后即可根据(10-10)式测得钢液中的含量氧。炼铜也要控制含氧量,测量原理相同。

10.4.2　测氧浓差电池热力学和动力学

前面已说明CaF_2等固体电解质在测定热力学函数方面的应用,ZrO_2基固体电解质也可用于简单的氧化物及复杂氧化物的生成吉布斯自由能的测定。

10.4.2.1　简单氧化物情况

$$(-)A, A_xO_y|ZrO_2 \cdot CaO|BpOq, B(+) \qquad (I)$$

【例】$(-)Mo, MoO_2|ZrO_2(+CaO)|NiO, Ni(+)$

在1173 K时测得电池电动势为0.2847 V,NiO的标准生成

吉布斯自由能与温度的关系如下：

$$\Delta G_{NIO}^{\ominus} = -234304 + 84.9T \qquad J \cdot mol^{-1}$$

试求 MoO_2 在 1173 K 的标准吉布斯生成自由能 $\Delta G_{MoO_2}^{\ominus}$。

由于 MoO_2 和 NiO 两种氧化物的离解压不同，因而两极氧的平衡分压也不同，构成了氧浓差电池：

$$MoO_2(s) == Mo(s) + O_2$$

$$2NiO(s) == 2Ni(s) + O_2$$

上述电池的电极反应为

负极反应：

$$2O^{2-} == O_2 + 4e$$
$$O_2 + Mo == MoO_2$$

正极反应：

$$2NiO == 2Ni + O_2$$
$$O_2 + 4e == 2O^{2-}$$

电池反应：
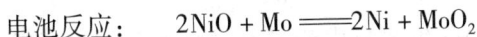
$$2NiO + Mo == 2Ni + MoO_2$$

根据 $\Delta G^{\ominus} = -4FE^{\ominus}$ 可求出此反应的 $\Delta G^{\ominus}$，而已知 $2Ni + O_2 = 2NiO$ 的标准生成自由能 $\Delta G_{NiO}^{\ominus}$，经过移项与简单的计算后求得 $\Delta G_{1173,MoO_2}^{\ominus} = -379326 \ J \cdot mol \cdot L^{-1}$。

10.4.2.2　复杂的氧化物情况

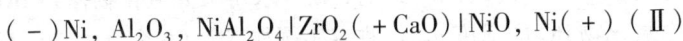
$$(-)Ni, Al_2O_3, NiAl_2O_4 | ZrO_2(+ CaO) | NiO, Ni(+) \ (Ⅱ)$$

电池反应为

$$NiO + Al_2O_3 = NiAl_2O_4$$

通过电池电动势的测定可以求出反应的 $\Delta G^{\ominus}$，然后通过已知 $\Delta G_{NiO}^{\ominus}$ 及 $\Delta G_{Al_2O_3}^{\ominus}$ 即可求得 $\Delta G_{NiAl_2O_4}^{\ominus}$。

10.4.2.3　熔体组分活度的测定

熔体包括合金、炉渣（熔盐）和熔锍。对合金组分的活度测定时，电池的通式为

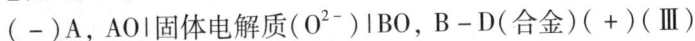
$$(-)A, AO | 固体电解质(O^{2-}) | BO, B - D(合金)(+) \ (Ⅲ)$$

例如：

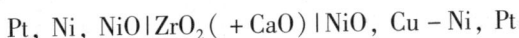
$$Pt, Ni, NiO | ZrO_2(+ CaO) | NiO, Cu - Ni, Pt$$

对于炉渣组分活度的测定, 电池通式为

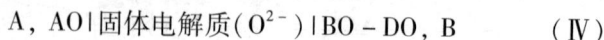

A, AO|固体电解质(O^{2-})|BO – DO, B　　　　（Ⅳ）

例如: Pt, Ni, NiO|ZrO$_2$(+ CaO)|PbO – SiO$_2$, Pb

电池(Ⅲ)和(Ⅳ)左边为参比电极, 其热力学性质已知, 电池右侧的电极反应分别为

$$B_{a_B} + \frac{1}{2}O_{2, P_{O_2}} = BO \qquad [Ⅴ]$$

$$B + \frac{1}{2}O_{2, P_{O_2}} = BO_{a_{BO}} \qquad [Ⅵ]$$

式中 a_B 是合金 B – D 中 B 组分的活度; a_{BO} 是熔融体系中氧化物 BO 的活度, BO 的生成自由能变化为

$$\Delta G_{BO}^{\ominus} = -RT\ln \frac{a_{BO}}{a_B \cdot p_{O_2}^{1/2}} \qquad （Ⅶ）$$

由简单氧化物 AO 生成自由能或通过电池(Ⅰ), 可以计算 p_{O_2}, 而从电池(Ⅲ)和(Ⅳ)的电动势数值中可以求得 $\Delta G_{BO}^{\ominus}$。在电极反应[Ⅴ]中, BO 为纯物质, 因而 $a_{BO} = 1$, 代入(Ⅶ)式, 就可计算合金 B – D 中组分 B 的活度 a_B。在电极反应[Ⅵ]中, B 是纯物质, $a_B = 1$, 代入(Ⅶ)式后, 则可求得二元氧化物体系 BO – DO 中氧化物 BO 的活度 a_{BO}。测定实例如 Ni – Cu 合金中 a_{Ni}, Pb – Sn 合金中的 a_{Sn}; 炉渣体系如 FeO – MgO 中 a_{FeO} 以及 PbO – SiO$_2$ 中的 a_{PbO}, 当二元体系中任一组分活度为已知时, 就可应用吉布斯 – 杜哈姆公式算出另一组分的活度。应用上述电池可研究三元体系中组分的活度。

10.4.2.4　固体电解质电池在冶金反应动力学中的应用

关于应用固体电解质电池或电解池作动力学方面的研究工作, 虽然不及热力学研究得广泛, 但仍是一种新的手段。下面介绍一些研究情况。

(1)氧在金属中扩散机理的研究。向组装的电池施以恒电流

(观察电位随时间变化)或恒电压。

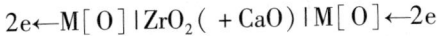

$$2e\leftarrow M[\,O\,]\,|\,ZrO_2(\,+CaO\,)\,|\,M[\,O\,]\leftarrow 2e$$

M[O]表示金属液中的溶解的氧。右极上氧分子获得电子发生离子化

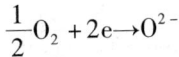

$$\frac{1}{2}O_2 + 2e \rightarrow O^{2-}$$

左极上氧离子氧化成为氧分子脱离电极表面。其动力学过程可分为三步：

①固体电解质 O^{2-} 离子向左极迁移；

②氧离子在电极/电解质界面发生电荷交换：

$$O^{2-} \rightarrow [\,O\,](金属液) + 2e$$

③在金属中溶解的氧扩散离开电极表面。

在液体银和固体铜中进行的研究表明，第三步是控制步骤，上述电池右侧为参比电极，则左极为扩散控制时，可用浓差极化方程表示：

$$\Delta\varphi = \frac{RT}{4F}\ln\frac{c^s}{c^o} = \frac{RT}{4F}\ln\frac{p_{O_2}^s}{p_{O_2}}$$

式中：c^o——氧在金属液中的本体浓度；

c^s——氧在金属液表面附近液层的浓度。

根据电动势随时间的变化，就可以估计加入脱氧剂时，金属液中的脱氧速率。

(2)氧在金属－金属氧化物体系中的扩散与溶解的研究。所用的电池如下：

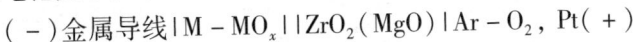

$$(-)金属导线\,|\,M-MO_x\,|\,|\,ZrO_2(MgO)\,|\,Ar-O_2,\,Pt(+)$$
$$p_{O_2}''\qquad\qquad\qquad p_{O_2}'$$

其中 p_{O_2}' 为 Ar 中氧的分压，为一固定值，p_{O_2}'' 为所研究的对象的氧分压。给电池施以某一电压 E_1 时，M－MO$_x$/电解质界面处的氧的稳态分压值为

$$E_1 = \frac{RT}{4F}\ln\frac{p'_{O_2}}{p''_{O_{2(\text{I})}}}$$

当电压由 E_1，突升到 E_2 时(电位阶跃法)，在 $M - MO_x$/电解质界面处时刻 t 的电压 E_2 与氧分压的关系为

$$E_2 - i_{\text{ion}(t)}\Omega_{\text{ion}} = \frac{RT}{4F}\ln\frac{p'_{O_2}}{p''_{O_{2(t)}}}$$

式中 i_{ion} 为离子电流密度，它最后将趋于零，而只剩电子电流。达到稳态时氧分压与 E_2 的关系为

$$E_{2(i_{\text{ion}}=0)} = \frac{RT}{4F}\ln\frac{p'_{O_2}}{p''_{O_{2(\text{II})}}}$$

实验中氧在 $M - MO_x$ 中的扩散等于氧离子在电解质中的传输速率。通过记录电流(i)与时间(t)的变化，通过解 Fick 第二扩散定律由 $\ln i_{\text{ion}}$ 与 t 的直线的斜率和截距可以求出氧的扩散系数 D_o 与饱和溶解度 c_o。表 10 - 4 列出了 4 个体系的结果。

表 10 - 4　氧的扩散系数与溶解度

实验项目	Ni – NiO	Co – CoO	Fe – FeO	Mo – MoO$_2$
T/K	1393	1393	1397	1395
$(E_1 - E_2)/mV$	200~300	200~300	100~200	100~200
$D_o/(10^{-6}\text{cm}^2\cdot\text{s}^{-1})$	3.14	1.06	1.37	1.54
N_o^s	0.940	0.558	1.29×10^{-3}	3.38×10^{-3}

注：N_o^s——原子百分数。

注意 E_2 值不要太高，否则 p_{O_2} 会很低，以至小于出现电子导电的特征分压值 p_c，因而要修正所得结果。

10.4.2.5　气 – 固反应动力学的研究

这方面的研究有不少的报道，以硫化物进行硫化作用和还原

反应为例,装置如下面所示:

$$(-)\, Ag\,|\,AgI\,|\,Ag_2S\,|\,H_2 - H_2S,\, Pt\,(+)$$

电池右侧是所要研究物质硫化
银的硫化作用和还原反应。如
果将电位保持恒定,就意味着
保持 $Ag_{2+x}S$ 中银的活度不变。
在 $300℃$ 和 $a_{Ag} = 0.6$ 时,曾测得
在纯 H_2S 中硫化银的硫化作用
速率为 $2 \times 10^{-9}\, mol\,(cm^2 \cdot s)^{-1}$。
在纯 H_2 中对硫化银还原反应的
研究中,用电动势对时间关系
作图(见图 10 - 10),出现负电
位(最低点),表明在生成金属

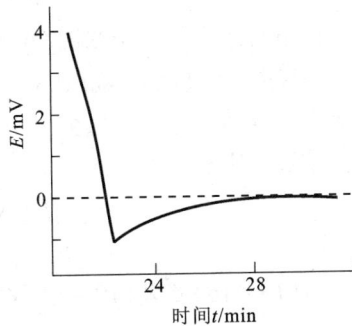

图 10 - 10　在 H_2 中 Ag_2S 还原时,
电动势与时间的关系

银晶核前出现过饱和现象,说明气 - 固和液 - 固中新相生成有相似
的机理。

10.4.3　测氧浓差电池的电子导电与渗氧

10.2 节已经指出在高温低氧条件下,氧化物固体电解质中的
氧有逸出倾向,留下一氧离子空穴 $V_o^{\cdot\cdot}$ 及电子 e,可以表示为

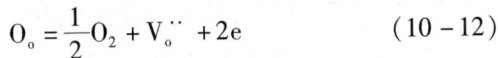

$$O_o = \frac{1}{2}O_2 + V_o^{\cdot\cdot} + 2e \qquad (10 - 12)$$

而在高温高氧条件下,气相中的氧又扩散入晶格占据空位并产生
空穴 $h^{\cdot}$。反应式为

$$\frac{1}{2}O_2 + V_o^{\cdot\cdot} = 2h^{\cdot} + O_o \qquad (10 - 13)$$

按化学反应处理,(10 - 12)与(10 - 13)的平衡常数为

$$K_{12} = \frac{[e]^2[V_o^{\cdot\cdot}]\, p_{O_2}^{\frac{1}{2}}}{[O_o]} \qquad (10 - 14)$$

$$K_{13} = \frac{[O_o] \cdot [h^{\cdot}]^2}{p_{O_2}^{\frac{1}{2}} \cdot [V_o^{\cdot\cdot}]} \qquad (10-15)$$

该电解质中氧离子浓度 $O_{晶}^{2-}$（在晶格中的位置又以 O_o 表示）很高，氧离子空位□$_o$（或以 $[V_o^{\cdot\cdot}]$ 表示）浓度也很高，否则不能成为氧离子导体。它们虽然会由于氧的逸出及进入而变化，但仍可视为常数。则有

$$(e) = K_{12}p_{O_2}^{-1/4} \qquad (10-16)$$

$$(h^{\cdot}) = K_{13}p_{O_2}^{1/4} \qquad (10-17)$$

由（10－16）式及（10－17）式可见，氧浓度越低，则剩余电子浓度高；而电子空穴的浓度随氧压的 $\frac{1}{4}$ 成比例增长。也可以表示为剩余电子产生的电导率和氧压的 1/4 成反比，空穴产生的电导率和氧压的 $\frac{1}{4}$ 成正比。电解质的电导 γ 为离子电导（γ_{ion}）与电子电导（γ_e）之和。由以上所述可知当低压氧端低到某一特征分压 p_e 时将开始出现电子电导；在高压端氧高到某一特征值 $p_{h^{\cdot}}$ 时将出现空穴电导，（10－16）式及（10－17）式又可以表示为

$$\gamma_e = \gamma_{ion}(p_{O_2}^{-1/4}/p_e^{-1/4}) \qquad (10-18)$$

及

$$\gamma_{h^{\cdot}} = \gamma_{ion}(p_{O_2}^{1/4}/p_e^{1/4}) \qquad (10-19)$$

电子导电及空穴导电的存在反过来又促进了氧离子的渗透现象。

在氧压高时 p 型电子导电产生的渗氧量（J）可以表示为

$$J = \frac{\beta}{l}(p'^{\frac{1}{4}}_{O_2} - p''^{\frac{1}{4}}_{O_2}) \qquad (10-20)$$

p'_{O_2} 与 p''_{O_2} 为固体电解质两边氧的压力。l 为固体电解质的厚度，β 为渗透系数。在氧压低时，则 n 型电子导电导至氧的渗透。其渗氧量（$J_{O^{2-}}$）可以表示为

$$J_{O^{2-}} = -\frac{a}{l}\left[p'_{O_2}{}^{-\frac{1}{4}} - p''_{O_2}{}^{-\frac{1}{4}}\right] \qquad (10-21)$$

可见固体电解质厚度 l 的增加可以减少渗透氧离子的量，另外从防止氧分子物理渗透，即从缝隙、微孔的渗透来看，适当的厚度也是必要的。并且测量时被测电极与已知电极的氧压的差别不宜过高，所以不同的测量对象选择不同的参比电极，$[O] > 100$ $\mu g/g$ 时，选用 $Mo-MoO_2$ 为参比电极，$20\ \mu g/g < [O] < 100\ \mu g/g$ 时，宜选用 $Cr-Cr_2O_3$ 作参比电极，氧压更低时宜用 $ZrO_2 \cdot Y_2O_3$ 固体电解质，因其电子传导很小。

10.4.4 电子导电对电动势测定的影响

前已指出电子导电将降低电动势的数值。只有当氧离子的迁移数 $t_{O^{2-}} = 1$ 时，电动势的测量值 E_{meas} 才与理论值 E_o 相等。E_o 是根据浓差电池理论计算所得，例如固体电解质 $ZrO_2 \cdot CaO$ 两侧的氧分压分别为 p'_{O_2} 及 p''_{O_2} 时，电池反应为 $O_2(p'_{O_2}) \rightarrow O_2(p''_{O_2})$，则根据离子浓差电池(参见(2.3.1)电动势 E_{con} 的表达式)

$$E_{con} = -\frac{RT}{4F}\ln\frac{p''_{O_2}}{p'_{O_2}} = \frac{RT}{4F}\ln\frac{p'_{O_2}}{p''_{O_2}} = E_o \qquad (10-22)$$

注意此处的表达式是 1 mol 分子氧的反应，电子得失数为 4，而 10.3.2.1 所述是 0.5 mol 的氧分子的反应，电子得失数为 2。一般情况下，都有少量电子导电现象，则 $t_{O^{2-}} < 1$。因此有

$$E_{meas} < E_0 \quad \text{或} \quad t_{O^{2-}} = \frac{E_{meas}}{E_0} \qquad (10-23)$$

本式的导出没有考虑前节所述氧的渗透现象，因而应在固体电解质密封性较好时才有可靠效果。一般考虑离子传导与电子传导(除了离子传导就是电子传导)，其对电动势影响的关系式是：

$$E = \frac{RT}{4F}\int_{p''_{O_2}}^{p'_{O_2}} t_{O^{2-}} - \mathrm{d}\ln p_{O_2} \qquad (10-24)$$

显然当 $t_{O^{2-}}=1$ 时积分的结果是(10-22)式。

考虑到 $t_{O^{2-}}$ 及 t_e 与 $t_{h^{\cdot}}$ 之和为1，则有

$$t_{ion} = \frac{\gamma_{ion}}{\gamma}$$

又利用(10-18)式及(10-19)式得

$$t_{ion} = \Big[1 + \frac{p_{O_2}^{\prime -1/4}}{p_e^{\prime\prime -1/4}} + \frac{p_{O_2}^{\prime 1/4}}{p_{h^{\cdot}}^{\prime\prime 1/4}} \Big] \qquad (10-25)$$

将(10-25)式代入(10-24)式得出考虑电子导电时的电动势 E 的更一般的表达式：

$$E = \frac{RT}{F\sqrt{1-4\Big(\dfrac{p_e^{\frac{1}{4}}}{p_{h^{\cdot}}^{\prime 1/4}}\Big)}} \Big[\ln \frac{(p_{O_2}^{\prime})^{1/4} + p_e^{1/4}}{(p_{O_2}^{\prime\prime})^{1/4} + p_e^{1/4}} + \ln \frac{(p_{O_2}^{\prime\prime})^{1/4} + p_{h^{\cdot}}^{1/4}}{(p_{O_2}^{\prime})^{1/4} + p_{h^{\cdot}}^{1/4}} \Big]$$

测氧固体电解质的 $p_{h}^{\prime} \gg p_e$，上式可简化为

$$E = \frac{RT}{F} \Big[\ln \frac{(p_{O_2}^{\prime})^{1/4} + p_e^{1/4}}{(p_{O_2}^{\prime\prime})^{1/4} + p_e^{1/4}} + \ln \frac{(p_{O_2}^{\prime\prime})^{1/4} + p_{h^{\cdot}}^{1/4}}{(p_{O_2}^{\prime})^{1/4} + p_{h^{\cdot}}^{1/4}} \Big]$$

$$(10-27)$$

10.4.5 氧化锆固体电解质的特性和电极结构

前面已指出 ZrO_2 中加入 CaO 后增加了氧离子导电性，改善了氧化锆的膨胀性能，使它具有较好的抗热震性，并且发现部分稳定的 ZrO_2 中，立方相、四方相和单斜相具有适当的比例时抗热震性较好。其中 CaO 的含量为 $2\% \sim 3\%$，缺点是氧的空穴位不多，离子电导率较低，而电子电导增高。要消除这些缺点，一方面要提高原材料的纯度，减少 Fe 类杂质，使电子电导少；另外也要适当增加立方相(添加 CaO 或 MgO 形成的)。有人建议两种电解质(即抗热震半稳定的电解质与离子导电性好的全稳定的电解质)混合使用，例如用特殊方法将后者涂在前者上面。

电子导电性也和氧压的差别有关系, 前已说明不同氧压差使用不同的参比电极。除了上述 $Mo-MoO_2$, $Cr-Cr_2O_3$ 外, 还可以根据氧化物的生成自由能来判断(生成自由能越负, 其氧化物越稳定, 氧离解压越低)选择氧压适当的参比电极。参比电极中物质的数量也对电动势的测定有影响, 理论上说, 必须维持两相平衡, 否则电动势不能稳定。实验表明, 50 mg 左右为好。有时为了加速平衡, 减少高温下与 ZrO_2 管的缝隙, 将参比电极物如 $Cr-Cr_2O_3$ 进行烧结可使稳定电位易于建立。另外参比电极物的粒度也有影响, 实验表明 $125\sim250$ μm 之间为好, 响应快, 响应平台较宽。

固体电解质与参比电极物组成的电极有不同形式, 如图10-11所示, 塞式的较厚, 电子导电性及其引起的氧渗透小, 但响应时间长。现在管状的使用较多。管越薄, 响应时间越短, 但由于渗氧的影响, 会使测定值偏低。一般在 $0.6\sim1$ mm 的厚度适宜。

组装电极还需要水泥封固, 还有 Al_2O_3 及树脂砂等, 水泥在高温下产生的水分可能产生电极短路现象。高温水泥为磷酸铝镁水泥, 就有这方面的缺点。实验表明水玻璃基加入 SiO_2, Al_2O_3 及 10% 左右的硅氟酸钠(可以加速硅酸钠的水解以折出 SiO_2 凝胶)可获较好的效果。

为了测量温度, 电极头部还有热电偶。测氧探头中还有电极回路引线等, 它们的布置及紧固的接插件的质量都影响到测量的效果。图 10-12 表示了三种商品的测氧探头结构示意图。

10.4.6　氧化锆固体电解质定氧技术在钢铁工业中的应用[116]

氧化锆基固体电解质基于浓差电池的原理可以测定钢液中的含氧量。电动势测量误差 $<\pm5$ mV, 因而可以据此控制转炉炼钢的终点。并且根据钢中脱氧程度与含碳量、含 Mn 量、含磷量甚至炉渣中含氧化铁的量的统计关系来确定以上诸物质的含量。连铸镇静钢的含 Al 量也必须严格控制。Al 也是用于脱氧的, 所以

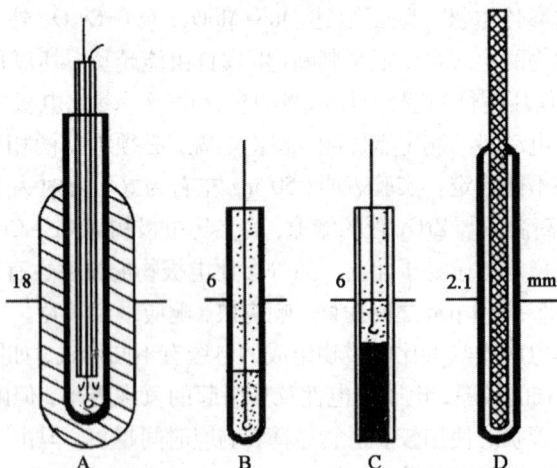

图 10 – 11　几种半电池的构造图
A—管式；B—塞式；C—针式；D—复合式

与钢中含氧量有关，找出含 Al 量与氧电位间的关系也可以看出 Al 量是否适当。

易切削钢的切削性与硫化物(MnS 及 FeS)的形态有关。钢液轻微脱氧后的硫化物在凝固过程中会形成豆状颗粒，切削性能好，也是通过氧含量与硫化物的形态的相关性确定适当的硫化物形态。

此外前面还介绍了根据氧与硅的关系确定钢中含硅量。还有人根据含氧量与铁中石墨形态的关系来确定铸铁中石墨的球化率。

炉气中的含氧量也易于用 ZrO_2 基测氧探头测定。

基于测氧技术与炼钢技术可对炼钢终点进行控制，钢的其他多种元素与物质形态的关系联系紧密，因而可以通过计算机与测氧探头配合实现炼钢的过程的自动控制。

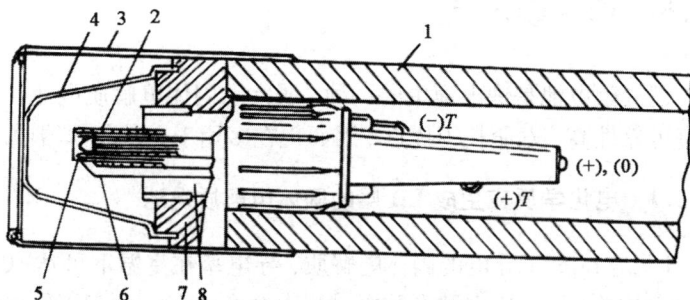

1—纸管；2—防热震铁冒；3—纸管；4—铁冒；
5—氧化锆内装参比电极，Mo引线；6—热电偶；7—树脂砂头；8—耐火水泥

(a)

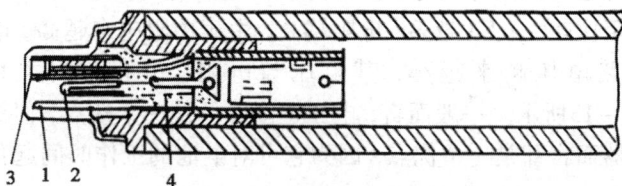

1—Mo棒；2—热电偶；3—测氧固体电解质及参比电极；4—耐火材料或水泥

(b)

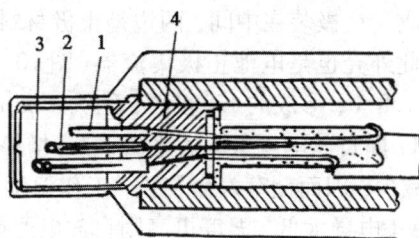

(c)

图 10 – 12　美国、日本、中国的几种测头插接示意图

（a）美国；（b）中国；（c）日本

10.5　锂－碘电池

　　锂－碘电池是锂电池中的一种，属常温固体电解质电池。它具有可靠性高、寿命长等优点，因而现在多用于心脏起搏器中。

10.5.1　电化学反应生成 LiI 层的固体电解质电池

　　LiI 是 Li 离子导电的固体电解质，导电率在室温下可达 10^{-3} $S \cdot m^{-1}$ 左右，Li-I_2 电池在放电过程中会产生 LiI，而起固体电解质兼隔膜的作用，不必预先作成管形或塞子式的固体电解质层，因而电池可以做得很薄。由于随着反应的进行而生成 LiI 层，它的电阻比较大，LiI 越多，电阻越高，由于内阻越来越高，电池的外电路电压越来越小，其电压与电阻、电容量的关系，如图 10-13 所示。一般而言，电压逐渐降低是一个缺点，但对心脏起搏器而言却是一个优点，因为它可对电池的工作时间起预告的作用。

　　这种电池的负极为金属锂，正极由聚二乙烯吡啶（P_2VP）与碘的配合物组成。负极装在中间，两边是正极材料压入金属外壳（如不锈钢），此外壳也是电池正极集流器（图 10-14）。这种电池的开路电压 2.8 V，形成的 LiI 很薄，约为 1 μm，开始有 I_2 与 Li 作用形成 LiI，即自放电现象。后来由于 LiI 增厚而减少了 I_2 的扩散，自放电减少，因而储存寿命较长，工作温度为室温到 40℃ 之间，低温时 LiI 电导太低，温度更高则自放电严重。

10.5.2　改性 β-Al_2O_3 陶瓷隔膜的 Li-I_2 电池

　　β-Al_2O_3 是一种钠离子导体（参见钠－硫电池）如果其中的 Na^+ 部分被 Li^+ 置换可作成 Li-β-Al_2O_3 管或 Li-β-Al_2O_3 片。用它作隔膜，电阻也很大。因而开路电压虽高（3.6 V）但工作电

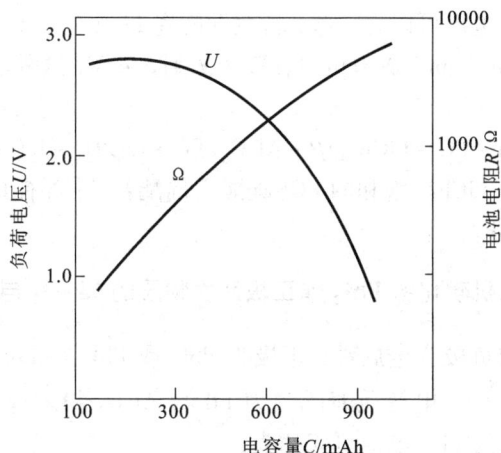

图 10 - 13　Li - I$_2$ 电池 37C 100 μA 放电时电压与电阻、容量的关系

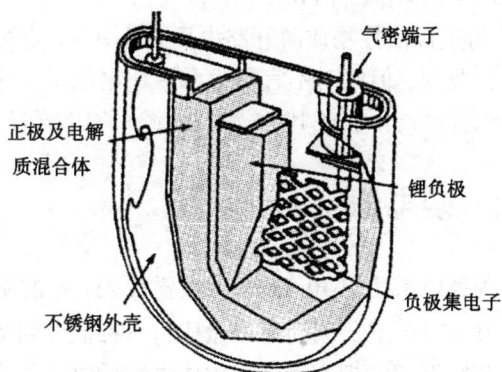

图 10 - 14　心脏起搏器用锂固体
电解质电池(Wilson Greatbatch 公司)

压对层片式电池而言，在电流密度为 $1\mu A \cdot cm^{-2}$ 时只有 2.0 V。管式的工作电压可以高一些，视改性陶瓷 Li 含量的不同，工作电压在 $100\ \mu A \cdot cm^{-2}$ 放电可以在 2.2 V 到 3.4 V，这种电池可以表示为

$$(-)Li - PC + LiClO_4 \mid \beta - Al_2O_3 \mid PC + LiClO_4 - I_2(+)$$

即电解质为 $LiClO_4$ 饱和的 PC(碳酸丙烯酯)，并含有 0.1/100 的 $(C_4H_9)_4NBF_4$。

10.5.3　无机碘化物 PbI_2 作正极活性物质的 $Li - I_2$ 电池

电池的负极为金属锂，正极为 PbI_2 或 PbI_2 与 PbS 的混合物(质量比 1:1)，电解质兼隔膜为 LiI 与 Al_2O_3 粉末成型的薄片。正极集流极为 Pb，电池可表达为

$$(-)Li \mid LiI - Al_2O_3 \mid PbI_2 + PbS - Pb(+)$$

电池反应为　$2Li + PbI_2 = 2LiI + Pb$

和　$2Li + PbS = Li_2S + Pb$

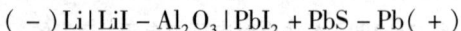

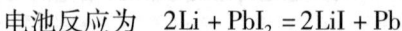

以 PbI_2 为正极活性物质时开路电压为 1.9 V，也可以单独使用 PbS 为正极物质，但此时不宜称为 $Li - I_2$ 电池了。这类电池的特点是高温贮存性能好，在 100℃贮存，经一年半容量无损失。

10.6　银 - 碘电池

银离子固体电解质以 $RbAg_4I_5$ 为主要代表，它的常温电导率较高(如表 10 - 5 所示)，因而可以做成另一种低温固体电解质电池。它与上节所介绍的锂离子低温固体电解质电池的主要不同之处是这种电池的工作电压较低，但内阻也低，因而可以允许比较大的电流放电(可达 mA 级)。此外，它的电子导电率及自放电更小，贮存寿命更长，室温下可达 10 年，因此可作心脏起搏器、精密仪器的基准电源、长寿命计时电池等。

表 10 - 5　银离子固体电解质的离子电导率

材　　料	$\dfrac{\gamma}{10^2 S \cdot m^{-1}}$	$t/℃$
$\alpha - AgI$	1.1	146
$RbAg_4I_5$	0.27	25
KAg_4I_5	0.12	20
$QI \cdot nAgI$ $Q = (CH_3)_4N$ $n = 6$	0.04	20
$Q = (CH_3)(C_2H_5)_2N$ $n = 6$	0.06	22
$Q = (C_2H_5)_4N$ $n = 6$	0.01	22
$Ag_3PO_4 \cdot 4AgI$	1.9×10^{-2}	25
$Ag_4P_2O_7 \cdot 15AgI$	0.09	25
$Ag_2WO_4 \cdot 4AgI$	4.5×10^{-2}	25
Ag_3SI	1.0	235
$RbCN \cdot 4AgI$	0.18	25
$Ag^+ - \beta - Al_2O_3$	6.4×10^{-3}	23

20 世纪 80 年代已商品化的银离子低温电池是：

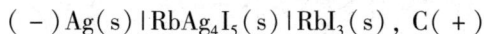

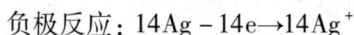

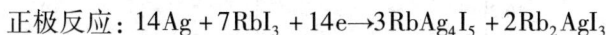

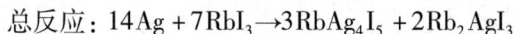

$(-)Ag(s) | RbAg_4I_5(s) | RbI_3(s)，C(+)$

负极反应：$14Ag - 14e \rightarrow 14Ag^+$

正极反应：$14Ag + 7RbI_3 + 14e \rightarrow 3RbAg_4I_5 + 2Rb_2AgI_3$

总反应：$14Ag + 7RbI_3 \rightarrow 3RbAg_4I_5 + 2Rb_2AgI_3$

正极用 RbI_3 而不用 $I_2(C)$，其原因在于 $RbAg_4I_5$ 在 27℃ 以上会分解成 Rb_2AgI_3 的低电导产物而影响性能，换成 R_bI_3 后，27℃ 以上正极反应为

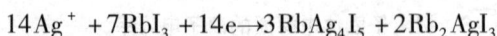

$$14Ag^+ + 7RbI_3 + 14e \rightarrow 3RbAg_4I_5 + 2Rb_2AgI_3$$

27℃以下有

$$4Ag^+ + 2RbI_3 + 4e \rightarrow Rb_2AgI_3 + 3AgI$$

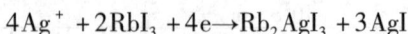

27℃左右电解质自身反应为

$$2RbAg_4I_5 \rightarrow 7AgI + Rb_2AgI_3$$

由于反应中的可逆性,使电解质的自身分解作用可以减到最小。用表 10-5 中所列出的材料作为 Ag 电池的固体电解质,也是各有特色的。长寿命电池的关键在于避免碘通过电解质作迁移,措施之一是在 $RbAg_4I_5$ 中添加有机粘结剂防止 I_2 的扩散。在银碘电池中正极活性物质不用 I_2 的另一个原因是 $2Ag + I_2 = 2AgI$ 的电动势为 0.68 ~ 0.69 V,大于 $RbAg_4I_5$ 的分解电压。除了用 RbI_3 外还可用$(CH_3)_2NI$,$(CH_3)_4NI$,$(CH_3)_4NI_5$ 等。

为了改善活性物质与集流体的电接触,在活性物质中加入一些电子导电性的材料如石墨等。

此外为了使活性物质与电解质界面的接触,在正极、负极中都加入一部分电解质 $RbAg_4I_5$ 可以提高活性物质的利用率。

这种电池的开路电压为 0.66 V,工作电流在 25℃时可达 400 $mA \cdot cm^{-2}$反应效率为 80% 以上,放电曲线如图 10-15 所示。

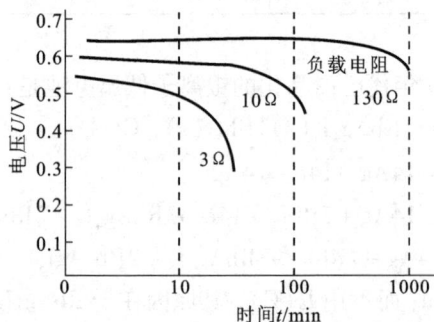

图 10-15　$Ag|RbAg_4I_5|RbI_3$ 电池的放电特性曲线

10.7　钠－硫电池

铝酸钠有一系列不同比例的 $Na_2O \cdot Al_2O_3$ 化合物。$Na_2O \cdot 11Al_2O_3$ 常称为 $\beta - Al_2O_3$，鉴于它是一种钠离子导体，因而有时又写成 $Na - \beta - Al_2O_3$，$Na_2O \cdot 5Al_2O_3$ 也是钠离子导体，又称为 $\beta'' - Al_2O_3$。因为随着 $\beta - Al_2O_3$ 向 $\beta'' - Al_2O_3$ 转变，电导直线上升，所以现在多数制造 $\beta'' - Al_2O_3$。它比较容易吸潮，通常要保存在真空或干燥的条件下。

$\beta'' - Al_2O_3$ 的组分（质量百分比）是 90% 的 Al_2O_3，8% 的 Na_2O 再加 2% 的 MgO 作稳定剂，或 90.4% 的 Al_2O_3，8.9% 的 Na_2O 再以 0.7% 的 Li_2O 作稳定剂。

$\beta - Al_2O_3$ 的单位晶胞是由两个尖晶石基块和两个钠氧层交迭而成，钠氧层中 Na^+ 易被其他离子所替换，形成 Na^+ 的传导。$Na^+ - O^{2-}$ 距离在这一层是 2.87×10^{-10} m，而一般 Na_2O 中 $Na^+ - O^{2-}$ 的距离只有 2.40×10^{-10} m，钠氧层所处的平面内，上下两个密堆氧离子层互为镜象，相距 4.76×10^{-10} m。

$\beta'' - Al_2O_3$ 结构与 $\beta - Al_2O_3$ 类似，但它每个单位晶胞内有三个尖晶石块，所以 c 轴为 $\beta - Al_2O_3$ 的 1.5 倍，单

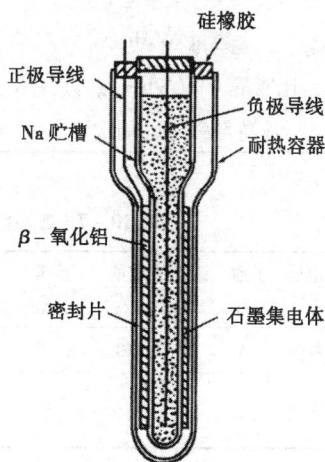

图 10－16　钠－硫电池结构图

位晶胞内它的钠氧层也更多，即 Na^+ 传导层多。

将 $\beta'' - Al_2O_3$ 粉末制成管状是现在普遍采用的电极方式。以前制管的方法是将上述配方的粉末经磨细到约 1 μm 混合成大约含50%的固相的泥浆，经喷雾干燥得到流动性很好的粉末。再放入塑性模具等静压成形，然后于 1620℃ 烧结。现在已可制成理论密度98%的致密度管子。美国 GE 公司还发展了一种电泳法成型的技术，并认为是制备强度可靠的管子的主要技术。

钠－硫电池的结构如图 10－16。我国上海硅酸盐研究所单体钠－硫电池在"八五"期间的水平如表 10－6。表 10－7 列出加拿大研制的 A_{04} 钠－硫电池性能。

表 10－6　单体电池特性

电池外形层尺寸/mm	$\phi 32 \times 235$
$\beta - Al_2O$ 管尺寸/mm	$\phi 15 \times 15$
容量 C/Ah	30
比能量 W'/(Wh·kg^{-1})	130
最高寿命/Ah(周次)	>16000(800)

表 10－7　A_{04} 型钠－硫电池性能

开路电压 U/V	直径 d/mm	长度 l/mm	质量 m/g	容量 C/Ah	内阻 R_i/mΩ	质量比能量 W'/(Wh·kg^{-1})	质量比功率 P/(W·kg^{-1})
1.78(放电)	35	230	410	30±2	6±0.5	176	370
2.08(充电)				(24h 放电)	(350℃放电)	(2h 放电)	(2/3 开路电压)

该电池设计为钠中心管状全密封结构，$\beta'' - Al_2O_3$ 陶瓷管为固体电解质兼隔膜，钠极采用钠芯技术，硫极采用预制冷装方式。钠芯技术即钠装中间，硫层装在外。这样做的好处是比硫在

中心时的能量密度高一些，管子小一些，强度好一些。缺点是硫化钠在外，对金属容器腐蚀极强。现采用内壁渗铬等防腐措施。硫极预冷是指将炭毡放入与实际电极相当的模具内，再灌入液态硫，冷却后即成为实际电极相配合的电极。

由于升温可提高 $\beta'' - Al_2O_3$ 及氧化铝电解质的离子导电性，以及为了防止多硫化钠中的硫黄成分蒸发，工作温度限制在 300℃ ~ 350℃ 的范围内。

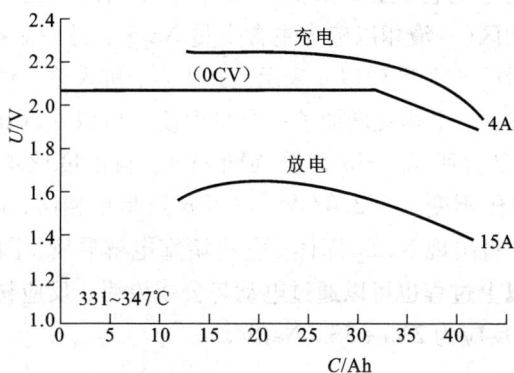

图 10 - 17　典型的电池充放电工作曲线 (第 57 周次)

电池反应一般认为是

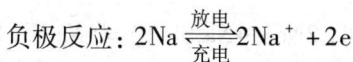

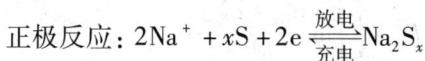

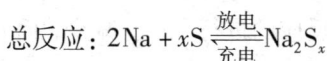

负极反应：$2Na \underset{充电}{\overset{放电}{\rightleftharpoons}} 2Na^+ + 2e$

正极反应：$2Na^+ + xS + 2e \underset{充电}{\overset{放电}{\rightleftharpoons}} Na_2S_x$

总反应：$2Na + xS \underset{充电}{\overset{放电}{\rightleftharpoons}} Na_2S_x$

开路电压因 Na_2S_x 组成而异。通常是 1.6 ~ 2.1 V。能量密度希望能达到 200 ~ 300 Wh · kg^{-1}，用实验电池获得的初期性能接近 200 Wh · kg^{-1}的数值。

我国单体电池能量密度见表 10 - 7,其中内阻一项主要来自硫极与固体电解质本身。减少杂质,特别是 Ca,并改进电极结构,充分利用电解质的接触面,电阻已由 20 世纪 70 年代末的 40 mΩ 降到 80 年代末的 6 mΩ。

开路电压与 Na$_2$S$_x$ 和 S 组成的关系可以通过图 10 - 18 来说明。硫 120℃熔化,在 120℃ ~ 242℃ 之间为固体 Na$_2$S$_5$ 与 S(1)的两相区。钠 - 硫电池工作温度为 300℃,放电初期正极活性物质处于两液相区(一液相以硫为主含少量 Na$_2$S$_5$,另一液相以 Na$_2$S$_5$ 为主含少量的 S),图中以 a 表示。过 b 点,进入单一液相区。根据相律,减少一个相就增加了一个自由度。所以在两相区,如图 10 - 18(a)部分所示,$a'b'$部分为两相区,自由度比单相区少一个,开路电压不变,为 2.08 V,过了 b' 点是单相区,电压下降。放电超过 c 将出现 Na$_2$S$_2$ 固体,它将堵塞电解质管,因而放电到此终止。以上过程也可以通过电动势公式说明。反应初期相当于 a 点附近,反应为 2Na + 5S = Na$_2$S$_5$,

$$E = E^{\ominus} + \frac{RT}{nF}\ln\frac{a_{Na}^2 \cdot a_s^5}{a_{Na_2S_5}}$$

因为是两相区,S 和 Na$_2$S$_5$ 都是纯物质,活度为 1。$E = E^{\ominus} = 2.08$ V。

反应中期,相当于 $b'f'$区间,2Na + 4Na$_2$S$_5$(1) = 5Na$_2$S$_4$(1)

$$E = E^{\ominus} + \frac{RT}{nF}\ln\frac{a_{Na}^2 \cdot a_{Na_2S_5}^4}{a_{Na_2S_4}^5}$$

反应已经进入单相区,随着反应的进行,$a_{Na_2S_5}$ 减少,而 $a_{Na_2S_4}$ 增加,故 E 降低。

反应后期,电池反应为

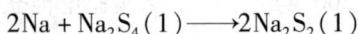

$$2Na + Na_2S_4(1) \longrightarrow 2Na_2S_2(1)$$

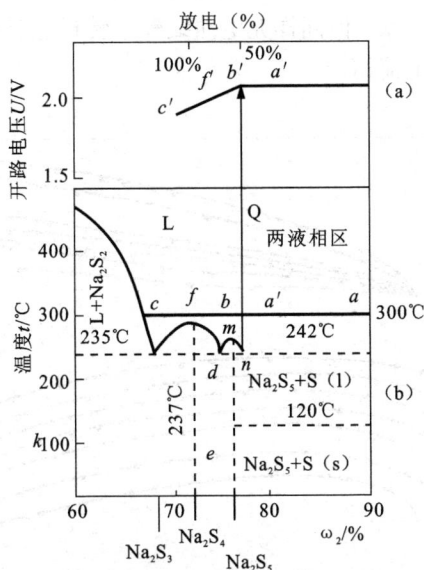

图 10 – 18　相组成与开路电压

$$E = E^{\ominus} + \frac{RT}{nF}\ln \frac{a_{Na}^2 \cdot a_{Na_2S_4}}{a_{Na_2S_2}^2}$$

这里仍然是单相区，Na_2S_4 逐渐减少，活度也下降，而 Na_2S_2 增加，所以 E 值下降，相当于 $f'c'$ 段。以上分析又称为硫极的电位分布。图 10 – 18 所示情况与以上分析一致。

图 10 – 17 是电池恒流充放电工作曲线。从图中可以看出，在两相区电池放电曲线转折比起开路电压曲线出现在较低的放电深度，这是由于放电电流（15 A）较大，钠离子来不及扩散，局部形成比硫极整个部分化学计量更低的硫化钠所致，并且与硫极电位分布模型相一致。在单相区，尽管电池放电曲线又几乎平行于开路电压曲线，但电池电阻是高于两相区范围的，这是放电曲线

转折变化的直接结果,在 4 A 充电时,充电曲线的转折几乎与开路电压曲线相一致,但同样充电曲线较早转折也类似放电曲线发生在较高充电电流情况。

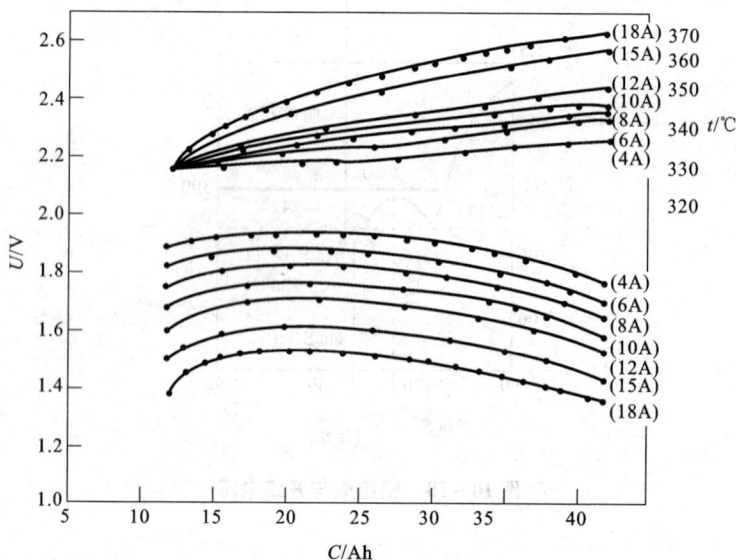

图 10-19　电池在不同工作电流下的放电特性及温度变化曲线

　　电池在不同工作电流下放电特性及温度变化如图 10-19 所示,不同电流的放电曲线(4~18 A)都十分有规律地按一定比例间隔排列,由此可见电池内阻在大部分放电范围内都是欧姆化的,这表明电池放电特性主要是由欧姆内阻决定,换而言之,电池的放电容量实际上与放电率无关,这就是钠-硫电池区别于其他电池的一个非常显著的特点。同时从图中描绘的电池在不同电流下放电时的温度变化曲线可以看出,放电时电池的温度随时间的延长和电流的增加而上升,特别在大电流情况下变化更为显著，十分明显钠－硫电池放电时是放热反应。

电池经长期充放循环后的工作特性。电池在第 459 次（9584 A·h）循环时的充放电曲线，仍与图 10－17 相近。电池虽经长时期的充放电循环，在 15 A 大电流放电条件下，电压仍能达到 1.6 V 以上，在 4 A 电流充电时，电压依然维持在 2.2 V 上下，并且还是保持 80% 的充放深度，表明电池性能良好，尚未退化。电池在第 800 次（16016 A·h）循环时的充放电试验表明电池充放电工作特性都相应有了一定程度的退化，但工作容量仍能保持在 20 A·h（DOD 为 68%）。

钠－硫电池不能工作与两个因素有关：一是突然损坏，二是性能逐步退化。突然损坏往往是电解质管的损坏。陶瓷技术的发展，密封技术的改进将消除这种因素。逐渐退化则与腐蚀引起的损坏、杂质（如钙）引起电解质性能的下降有关。因为提纯原料，改进防腐措施（如渗铬）等有助于延长钠－硫电池的寿命。

由于钠－硫电池的高比能量和比功率，一直想用它作电动车辆电池及贮能用的电源。国内外钠－硫二次电池的开发都取得了可喜的成果。美国等国家已将它应用到空间领域。可以说无论是地面还是太空，钠－硫电池是现在正在开发的高能二次电池中最有希望的电池之一。

第 11 章 燃料电池

11.1 概 述[117]

11.1.1 燃料电池的发展历史

燃料电池(FC),是 1839 年由 W. R. Grove 首先制成的。1959 年,F. T. Bacon(培根)制成第一只实用型燃料电池,1966 年,美国的空间飞行器开始将氢－氧燃料电池作为辅助电源,1973 年中东战争后,由于能源危机的影响,美、日等国都制订了燃料电池的长期发展计划。目前,正朝着地面用燃料电池的研制和空间用燃料电池的改进和提高方向发展。

我国自 20 世纪 60 年代末开始研究燃料电池(FC),20 世纪 70 年代出现过研究 FC 高潮。中国科学院大连化学物理研究所在 20 世纪 70 年代组装了 10kW,20kW 以 NH_3 分解气为燃料的碱性氢－氧燃料电池(AFC)组,20 世纪 80 年代研制成功千瓦级水下用 AFC,20 世纪 90 年代开始研究质子交换膜型电池(PEMFC),熔融碳酸盐型(MCFC)和固体氧化物燃料电池(SOFC),并已组装成单体电池。

11.1.2 燃料电池的特点

燃料电池不同于一般的原电池和蓄电池,所需的化学原料全部由电池外部供给,是一种将化学能转变为电能的特殊装置。

氢－氧电池的电极反应分别为

在酸性溶液中:

负极反应：$H_2 + 2H_2O \longrightarrow 2H_3O^+ + 2e$

正极反应：$1/2O_2 + 2H_3O^+ + 2e \longrightarrow 3H_2O$

在碱性溶液中：

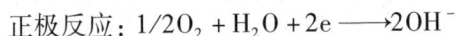

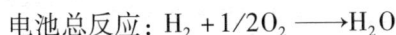

负极反应：$H_2 + 2OH^- \longrightarrow 2H_2O + 2e$

正极反应：$1/2O_2 + H_2O + 2e \longrightarrow 2OH^-$

电池总反应：$H_2 + 1/2O_2 \longrightarrow H_2O$

　　燃料电池的负极称"燃料电极"，正极称"氧化剂电极"。空气中的氧是电池中的氧化剂。燃料电池具有容量大、比能量高、功率范围广、噪音小等优点。尤其是能量转换效率高达 50% ~ 80%（热机能量转换效率小于 50%），并可长时间连续工作。燃料电池的基本组成为电极、电解质、燃料和氧化剂。电极为多孔结构，可由具有电化学催化活性的材料制成，也可以只作为电化学反应的载体和反应电流的传导体。

　　电解质通常为固态或液态，可以是水溶液、非水溶液或熔融态离子导体。固体电解质可以是离子导体（如高温固体氧化物），也可以是含电解质的离子交换膜或石棉膜。

　　燃料可以是气态（H_2，NH_3，CO 或碳氢化合物），液态（CH_3OH，高阶碳氢化合物和液态金属），也可以是固态（碳）。

　　燃料电池的理论比能量相当高，表 11 - 1 列出了主要燃料电池的质量比能量。目前，燃料电池的实际比能量只有理论值的 1/10 左右，但仍比一般电池的实际比能量高得多。

表 11 - 1　电池的理论质量比能量/$(kW \cdot h \cdot kg^{-1})$

燃　料（Z）		H_2	CH_4	CO	CH_3OH	C_2H_5OH
理论质量比 能　量	Z - 空气	32.70	14.15	2.55	6.08	7.96
	Z - 氧气	3.65	2.83	1.62	2.43	2.59
电　池		Zn - 空气	Li - Cl_2	Zn - MnO_2	Cd - NiOOH	铅蓄电池
理论质量比能量		1.58	2.21	0.36	0.21	0.18

20 世纪 70 年代，燃料电池的应用已由空间飞行、军用设施扩大到商业和工业领域。目前，美国已有 400 万座商业用燃料电池电站，其峰值功率达到 175000 MW。日本已建成世界上最大的燃料电池电站，装机容量达 11 MW。另外使用天然气的燃料电池汽车已投入试用。

11.1.3　燃料电池的类型

燃料电池的分类方式很多。按燃料的凝聚态特性可分为气态燃料电池（如氢 - 氧燃料电池）、液态燃料电池（如甲醇直接氧化燃料电池、水合肼 - 氧燃料电池等）。

按电池输出功率分为超小功率（ < 1 kW），小功率（1 ~ 10 kW），中功率（10 ~ 150 kW）和大功率（ > 150 kW）四类电池。低功率电池主要用于医疗、军用小型仪器。中功率电池可用于机械或电气设备的发电机组，作为各种车辆的驱动系统。大功率电池用于电站、机车牵引和军用舰船推进器。

按电解质种类，又可分为磷酸型（PAFC）、熔融碳酸盐型（MCFC）、固体电解质型（SOFC）、碱性氢 - 氧型（AFC）和质子交换膜型（PEMFC）五类。高温燃料电池所用电解质为熔融碳酸盐（工作温度 750℃左右）或固体氧化物（工作温度 1000℃以上）。

燃料电池详细分类如图 11 - 1 所示，燃料电池按电解质分类如表 11 - 2 所示。

表 11 - 2　燃料电池按电解质分类

磷酸型 （PAFC） （第一代）	熔融碳酸盐型 （MCFC） （第二代）	固体电解质型 （SOFC） （第三代）	碱　型 （AFC）	质子交换膜型 （PEMFC）

燃料	天然气甲醇	煤气天然气甲醇	煤气天然气甲醇	氢	氢重整氢
氧化剂	空气	空气	空气	纯氧	空气
电解质	磷酸水溶液（氢离子）	碳酸盐（碳酸离子）	氧化锆等（氧离子）	氢氧化钾水溶液（氢氧离子）	全氟磺酸膜（氢离子）
电极	多孔质石墨Pt催化剂	多孔质镍等（不用Pt催化剂）	氧化镍等（不用催化剂）	多孔质石墨（Pt或Ni催化剂）	
工作温度	~200℃	600℃~750℃	800℃~1000℃	~100℃	~100℃
发电效率	40%以上	45%以上	50%以上	约45%	约50%
实用化年代	1980年后半期	1990年中期	1995年以后	氢能时代	

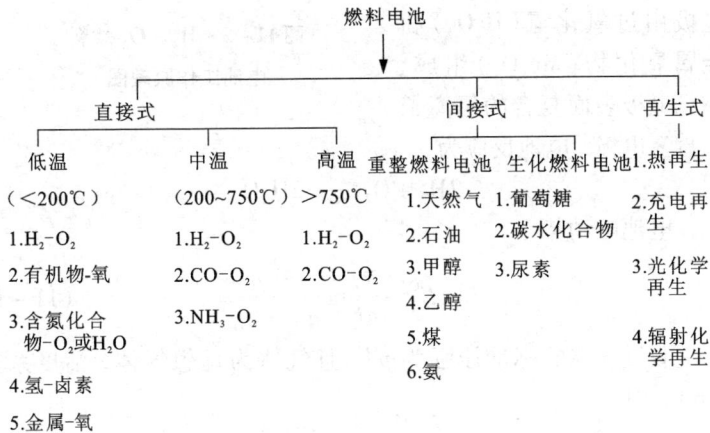

燃料电池

直接式

低温（<200℃）
1.H$_2$-O$_2$
2.有机物-氧
3.含氮化合物-O$_2$或H$_2$O
4.氢-卤素
5.金属-氧

中温（200~750℃）
1.H$_2$-O$_2$
2.CO-O$_2$
3.NH$_3$-O$_2$

高温 >750℃
1.H$_2$-O$_2$
2.CO-O$_2$

间接式

重整燃料电池
1.天然气
2.石油
3.甲醇
4.乙醇
5.煤
6.氨

生化燃料电池
1.葡萄糖
2.碳水化合物
3.尿素

再生式
1.热再生
2.充电再生
3.光化学再生
4.辐射化学再生

图 11-1　燃料电池类型

11.2　燃料电池的工作原理

11.2.1　基本原理

图 11 -2 为氢 -氧燃料电池的工作原理图。两片铂电极浸入导电性良好的酸性或碱性电解液中，将氢气和氧气分别输入各自的电极区，发生电池反应，获得 0.9 ~ 1.2 V 电压。图 11 -3 是氢 -氧燃料电池反应的完整过程。在实际应用时，氧电极由过氧化氢（H_2O_2）和金属氧化物（Me_xO_y）组成。在氧电极表面复合的氢离子来自氢电极，电池反应为

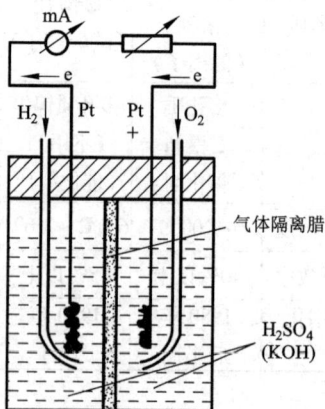

图 11 -2　H_2 -O_2 燃料电池工作原理图

$$2H_2 + O_2 \longrightarrow 2H_2O$$

电池电动势

$$E = E^{\ominus} - \frac{RT}{nF}\ln \frac{a_{H_2O}^2}{a_{H_2}^2 \cdot a_{O_2}} \qquad (11-1)$$

假设气体的标准压强为 $p^{\ominus}$，且气体为理想气体，活度系数 $\gamma = 1$，则

$$E = E^{\ominus} - \frac{RT}{nF}\ln \frac{a_{H_2O}^2}{p_{H_2}^2 \cdot p_{O_2}} \qquad (11-2)$$

显然，氢 -氧燃料电池的电动势取决于供给电极的氢气和氧气的压力。

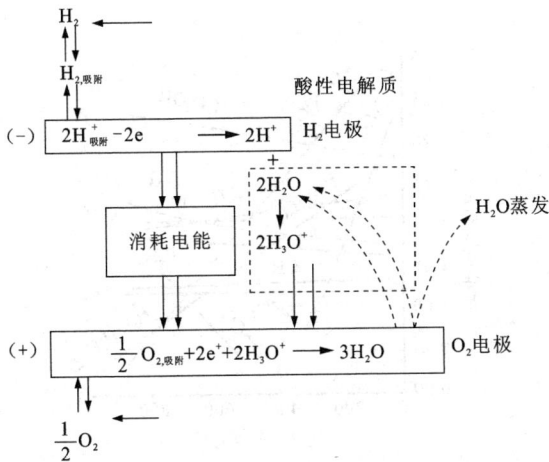

图 11 - 3　$H_2 - O_2$ 燃料电池反应过程

燃料电池的温度系数可表示为

$$\left(\frac{\partial E}{\partial T}\right)_p = \frac{\Delta S}{nF} \tag{11-3}$$

燃料电池的温度系数有三种情况：①电池反应后，气体分子数减少，温度系数为负值，$\Delta S < 0$；②电池反应后，气体分子数不变，温度系数为零，$\Delta S = 0$；③电池反应后，气体分子数增加，温度系数为正值，$\Delta S > 0$。

假如气体反应物和产物服从理想气体定律，则电动势与压力的关系为

$$E_p = E_p^{\ominus} - \frac{\Delta nRT}{nF}\ln\frac{p^{\ominus}}{p} \tag{11-4}$$

式中：Δn 为反应前后气体分子数变化。

电动势随压力的变化关系 $\left(\frac{\partial E}{\partial \lg p}\right)$ 表示燃料电池的压力系数。

图 11 - 4 为燃料电池的标准电动势随温度变化关系。

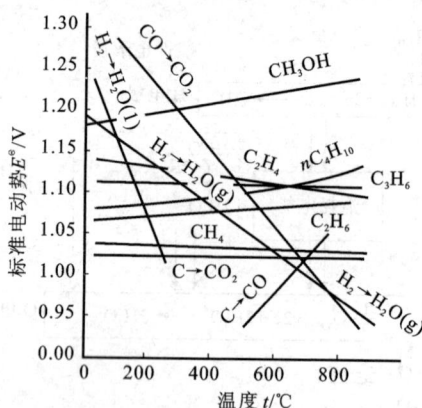

图 11 - 4　燃料电池标准电动势与温度的关系

11.2.2　燃料电池的效率

化学能转换为电能，主要有三种途径：

①燃料→蒸气→蒸气机→发电机→电能；

②燃料→内燃机→发电机→电能；

③燃料→燃料电池→电能。

第①和第②条途径，由热能转变成机械能的环节引起大量的能量损失。按照热力学第二定律，在理想的可逆热机中，高温热源 T_1 至低温热源 T_2 之间的热能对流作最大功 W_{max} 与其热能转换效率有关：

$$W_{max} = \frac{T_1 - T_2}{T_1} q_1 = \eta_c Q_1$$

式中：Q_1——高温热源的热量；η_c——热转换效率。只有当 $T_2 \to 0$ K 时，$\eta_c = 100\%$。一般，较为理想的热机效率是：蒸气机 $\eta_c =$

45%；柴油机 $\eta_c = 30\%$；汽油机 $\eta_c = 20\%$。

理论上，燃料电池的效率可达到 100%。化学反应以作功形式释放出最大能量，可以通过吉布斯自由能测量。

$$\Delta G = \Delta H - T\Delta S = -nFE \qquad (11-6)$$

标准状态下，

$$\Delta G^{\ominus} = \Delta H^{\ominus} - T\Delta S^{\ominus} = -nFE^{\ominus} \qquad (11-7)$$

根据 G. H. F. Broers 推论，可逆 Galvanic 电池的理论效率（即热力学效率）为

$$\eta_{id} = \Delta G/\Delta H = 1 - (T\Delta S/\Delta H) \qquad (11-8)$$

根据式(11-8)计算的电化学反应的 Galvanic 电池的理论效率如表 11-3 所示。电池的标准电动势与温度的关系如图 11-4。

从图 11-4 各曲线的斜率和截距，可以估算燃料电池在各个温度范围的热力学效率 η_{id}，从而确定电池的最佳工作条件。

对于实际的燃料电池体系，决定电池总效率，通常由三部分组成：

表 11-3　电池反应的热力学数据(25℃，101.325 kPa)

反应	$\dfrac{\Delta H^{o}}{kJ \cdot mol^{-1}}$	$\dfrac{\Delta s^{o}}{J \cdot K^{-1}mol^{-1}}$	$\dfrac{\Delta G^{o}}{kJ \cdot mol^{-1}}$	n	$\dfrac{E^{o}}{V}$	$\dfrac{\left(\dfrac{\partial E^{o}}{\partial T}\right)_{p}}{mV \cdot K^{-1}}$	$\dfrac{\eta_{id}}{\%}$
$H_2 + 1/2O_2 \rightarrow H_2O(L)$	-16.29	4	-13.55	2	1.23	-0.85	83
$H_2 + 1/2O_2 \rightarrow H_2O(g)$	-13.82	-2.53	-13.06	2	1.19	-0.23	94
$C + 1/2O_2 \rightarrow CO$	-6.31	5.11	-7.84	2	0.71	0.47	124
$C + O_2 \rightarrow CO_2$	-22.48	0.17	-22.53	4	1.02	0.01	100
$CO + 1/2O_2 \rightarrow CO_2$	-16.16	-4.95	-14.59	2	1.33	-0.45	91

$$\eta = \eta_{id} \cdot \eta_F \cdot \eta_u \qquad (11-9)$$

η_F 是电池反应的法拉第效率：

$$\eta_F = \frac{i}{nF} \qquad (11-10)$$

式中: i——电池产生的电流密度。

η_u 是实际输出电压(U)与理想可逆电势(E)的比值:

$$\eta_u = \frac{U}{E} \qquad\qquad (11-11)$$

以氢－氧燃料电池为例,当电池反应生成物为液态时,电池的理论效率:

$$\eta_{id} = \frac{\Delta G^{\ominus}}{\Delta H^{\ominus}} = \frac{56.890}{68.317} = 83\%$$

当电池反应生成物为气态时,

$$\eta_{id} = \frac{\Delta G^{\ominus}}{\Delta H^{\ominus}} = \frac{54.635}{57.789} = 95\%$$

氢－氧燃料电池实际工作时,工作电压为 0.75 V,以 25℃下电池反应生成物为液态水计算,电池的实际效率为

$$\eta = \eta_{id} \times \eta_u = \eta_{id} \times \frac{U}{E} = 0.83 \times \frac{0.75}{1.23} = 50\%$$

11.2.3 燃料电池的工作电压

燃料电池的工作电压:

$$U = E - \eta_{+,1} - \eta_{-,1} - \eta_{+,2} - \eta_{-,2} - IR_{\Omega} \qquad (11-12)$$

式中: U——工作电压; $\eta_{+,1}$、$\eta_{-,1}$ 是活化过电位; $\eta_{+,2}$,$\eta_{-,2}$ 是浓差过电位; IR_{Ω}——欧姆电压降。

因此,由于电池正、负极上的活化极化、浓差极化以及电极和电池内部的欧姆内阻,当燃料电池通过电流时,它的工作电压 U 小于电动势 E。

设电极为平板电极,电极面积为 S,则活化极化过电位为

$$\eta_1 = -\frac{RT}{anF}\ln i^{\circ} + \frac{RT}{anF}\ln\frac{I}{S} \qquad (11-13)$$

$$\eta_2 = -\frac{RT}{nF}\ln(1 - \frac{I}{S \cdot i_d}) \qquad (11-14)$$

图 11 - 5 是燃料电池工作电压与电流的关系。将式 (11 -13) 和式 (11 -14) 代入式 (11 -12)，将式 (11 -12) 对电流进行微分，得

$$\frac{\mathrm{d}U}{\mathrm{d}I} = -\frac{RT}{\alpha_+ nFI} - \frac{RT}{\alpha_- nFI} - \frac{RT}{nF(S_+ i_{+,\mathrm{d}} - I)} - \frac{RT}{nF(S_- i_{-,\mathrm{d}} - I)} - R_\Omega$$

$$(11 -15)$$

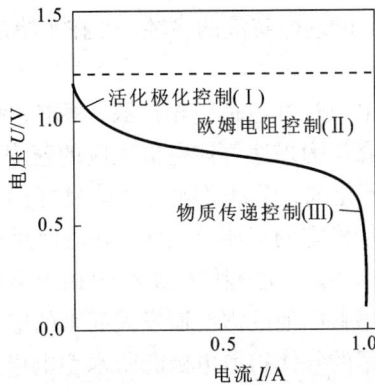

图 11 -5　燃料电池工作电压与电流的关系

式 (11 -15) 是电池微分电阻与电流的关系式。

由式 (11 -15) 可知，在低电流密度时，微分电阻主要由第一、二项决定，即由活化极化决定。这时，电池电压随电流增加而迅速下降，如图 11 -5 曲线 I 段所示。当电流密度增加时，式 (11 -15) 右边第一、二项比重减小，微分电阻主要由欧姆内阻决定，如图 11 -5 曲线 II 段所示，电池电压与电流密度呈线性变化；当电流密度继续增加，电池的某一电极达极限电流密度时，微分电阻受物质传递控制，电池电压迅速下降，如图 11 -5 曲线 III 段所示。

11.3　燃料电池用气体扩散电极

燃料电池的基本反应是氢的氧化和氧的还原，由于氢的氧化反应和氧的还原反应的过电位都比较高。因此，不管是直接的或间接的燃料电池，都必须在电极上添加一定量的电催化剂，才能加速电极反应。燃料电池的电催化剂，除了能加速电极反应外，还必须是导电体，能耐电解液的腐蚀，并在水溶液中不受 OH⁻ 离子的影响。

燃料电池的电极过程包括气相扩散、溶解、液相扩散、吸附、电化学反应等步骤。为加速气体电极反应的速率，不仅要有活性高、寿命长的电催化剂，而且必须有性能良好的多孔电极，使电极内部建立起大量稳定的三相反应区，并能使反应物和生成物在气相或液相中迅速传递，也能使电子在固相中迅速传导。气体扩散电极正是适应燃料电池的需要而发展起来的电极。目前已在燃料电池中实际应用的气体扩散电极有防水型电极、培根型电极和隔膜型电极(参见2.5节)。

11.4　燃料、水及热

燃料电池需要有燃料加工、燃料和氧化剂贮存及控制系统。由于燃料电池工作时会生成水，因此，要有排水系统。同时，还需配有辅助装置，如加热及除热系统等。

11.4.1　燃料的生产和提纯

氢气是燃料电池最理想的气体燃料，制取氢气的方法有如下几种。

甲醇制氢气：

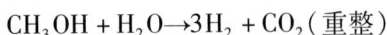

$$CH_3OH + H_2O \rightarrow 3H_2 + CO_2 (重整)$$

$$CH_3OH \rightarrow 2H_2 + CO (热裂)$$

氨裂解制氢：

$$2NH_3 \rightarrow 3H_2 + N_2$$

水煤气反应制氢：

$$C + H_2O \longrightarrow CO + H_2$$

$$CO + H_2O \longrightarrow CO_2 + H_2$$

氢气中常含有一些有害的杂质，如 CO，CO_2 和硫的化合物。CO 可通过适当的催化剂，氧化成 CO_2 除去。

$$CO + H_2O \longrightarrow CO_2 + H_2$$

CO_2 和含硫化合物杂质用 KOH 或 NaOH 溶液或水洗去。

11.4.2　水的生成及排除

氢 - 氧燃料电池采用碱性电解液时，在负极生成水。

负极反应：$2H_2 + 4OH^- - 4e \longrightarrow H_2O$

正极反应：$O_2 + 2H_2O + 4e \longrightarrow 4OH^-$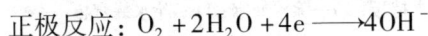

总反应：$2H_2 + O_2 \longrightarrow 2H_2O$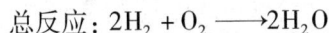

当采用酸性电解液时，在正极生成水。

负极反应：$2H_2 - 4e \longrightarrow 4H^+$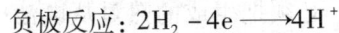

正极反应：$O_2 + 4H^+ + 4e \longrightarrow 2H_2O$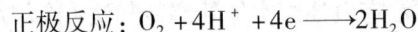

总反应：$2H_2 + O_2 \longrightarrow 2H_2O$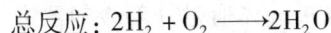

上述反应表明，电池每输出 1 法拉第电量，将生成 9 g 水。电池中生成的水应及时排除。排水有动态和静态排水两种方法。

（1）动态排水　动态排水是用泵循环氢气，将水蒸气带出电池，在冷凝器中冷凝回收，也可使电解液循环除水。

（2）静态排水　对石棉膜碱性氢 - 氧燃料电池，采用气态蒸气压除水法（如图 11 - 6）。由于水在氢电极上生成，将水迁移膜置于氢电极背后。水迁移膜所含的 KOH 浓度比石棉膜的高，因而水蒸气压力比石棉膜的低，电池生成的水便从石棉膜蒸发而转移到水迁移膜。同时，除水蜂窝中保持较低压力，使水从水迁移膜再蒸发到除水蜂窝而被排走。

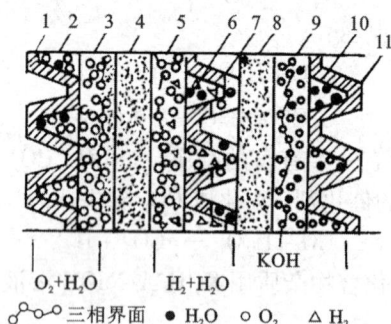

图 11 - 6　静态蒸汽压除水示意图

1—氧电极蜂窝板；2—氧电极蜂窝；3—氧电极；4—石棉膜；
5—氢电极；6—氢电极蜂窝；7—氢电极蜂窝板；
8—水迁移膜；9—支持板；10—除水蜂窝；11—除水蜂窝板

11.4.3　热的生成及排除

要使电池稳定地连续工作，必须把生成的热量从电池中排走。常见的排除热量的方法有电池组本体外部冷却法；冷却剂通过电池组内部管道进行循环，电极气体通过外部冷却器进行循环；电解液通过外部冷却器进行循环。

11.5　燃料电池系统

燃料电池是燃料电池发电系统的核心。发电系统除燃料电池本体外，还包括把天然燃料转化成富氢气体的"燃料处理装置"，把燃料电池产生的直流电变换成交流电的"电力变换调整装置"，还有"余热回收装置和各种控制装置"。图 11 – 7 为燃料电池发电系统示意图。

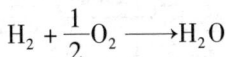

电池燃料有气态、液态、固态燃料。

（1）气态燃料　使用气态燃料的电池，氧化剂可以是气态或液态。如：

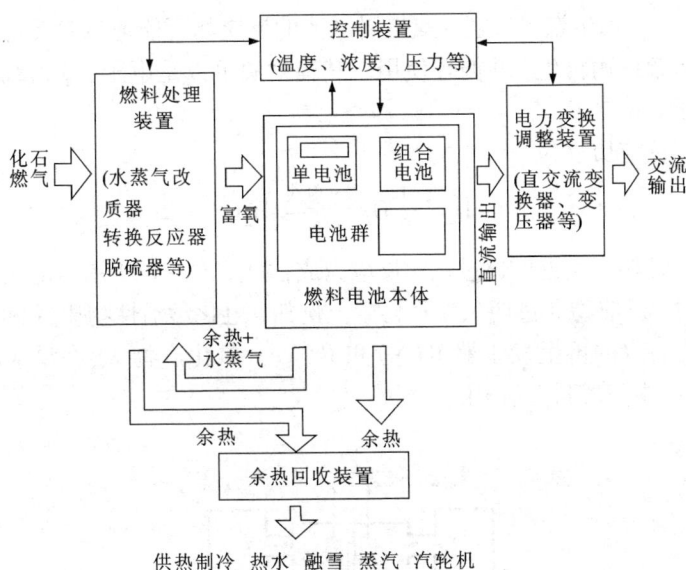

图 11 –7　燃料电池发电系统示意图

$$H_2 + \frac{1}{2}O_2 \longrightarrow H_2O$$

$$H_2 + H_2O_2 \longrightarrow 2H_2O$$

气态燃料有 H_2，CO，CH_4，C_2H_2，C_2H_6，C_3H_3 及其混合物。氧化剂是 O_2，有时 Cl_2 也作为氧化剂。

（2）液态燃料　　液态氧化剂易溶于液态燃料。如电池反应：

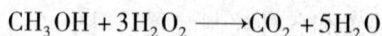

$$CH_3OH + 3H_2O_2 \longrightarrow CO_2 + 5H_2O$$

如果氧电极所用的金属对燃料电池反应有催化作用，必须用隔膜分隔两个电极区域，以免增加电池内耗。使用液态燃料的电池，氧化剂可以是气态（O_2）或液态（H_2O_2）。

（3）固态燃料　　固态燃料有炭和金属。在电池反应中，固态燃料兼作电极。

（4）再生燃料　　氢－氧燃料电池的反应物可能通过对反应产物水辐射而再生，并循环使用。其辐射源可以是电子、γ射线或电子。

反应历程为

$$H_2 + \frac{1}{2}O_2 \overset{\gamma \, 射线}{\rightleftharpoons} H_2O$$

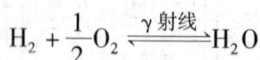

燃料再生也可通过化学反应完成，如图 11−8 所示。电池工作时，反应物通过两条途径再生。例如，电化学活性物质 X 和 Y 都有各自的再生发生器 R(X) 和 R(Y)，氧化产物 X_{ox} 在反应器 R(X) 中与燃料 B 作用。

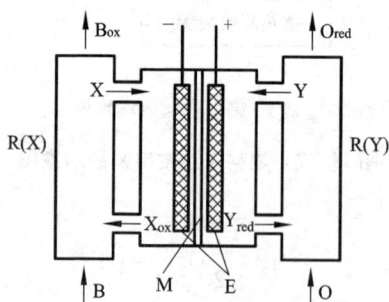

图 11−8　氧化反应电池原理图

B—初始燃料；O—初始氧化剂；X，Y—电化学活性物质；R(X)，R(Y)—再生器

$$B + X_{ox} \longrightarrow B_{ox} + X$$

重新获得电化学活性的反应物 X，又可以在负极催化剂的作用下进行电化学反应。而还原产物 Y_{red} 在再生反应器 R(Y)中同氧化剂(氧或空气)作用：

$$O + Y_{red} \longrightarrow O_{red} + Y$$

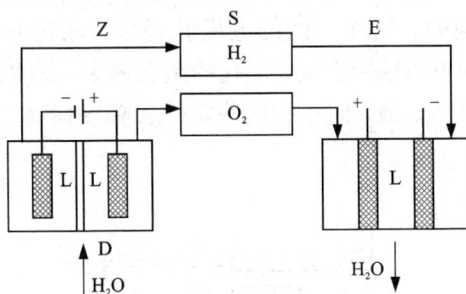

图 11 - 9　再生氢 - 氧燃料电池示意图

Z—电解池；S—H_2 和 O_2 贮罐；E—H_2 - O_2 燃料电池；L—液态电解质；D—隔膜

　　一般地，反应产物再生可以通过电解实现。例如氢 - 氧电池反应的产物水，经过电解又可以向氢 - 氧燃料电池提供原料。如图 11 - 9 所示。将氢 - 氧燃料电池与"逆向"电解池和"电化学贮能装置"串联，电解水产生的气体(H_2 和 O_2)在压力容器中贮存，可以驱动燃料电池。

11.6　燃料电池的类型

11.6.1　碱性氢 - 氧燃料电池(AFC)

　　碱性氢 - 氧燃料电池有培根型(Bacon 型)和石棉膜型等。

11.6.1.1 培根型氢-氧燃料电池

培根型电池是 Bacon 建立的电池体系。该电池以 H_2，O_2 为原料，工作温度 200℃ ~ 240℃，气体压力 2 ~ 5 MPa，电解液为 37% ~ 50% 的 KOH 水溶液。1952 年制成第一台几千瓦的培根型燃料电池。培根电池的特点是采用双孔径电极，如图 11 - 10 所示。双孔径电极的结构分为两层：一层孔径较小，另一层孔径较大。装置电池时，气体一侧的电极孔径大，电解液一侧的孔径小，电解液面可以稳定在大、小孔的结合面上。可以使电化学反应赖以存在的气、液、固三相区稳定性大幅度提高，电极的能量效率上升。

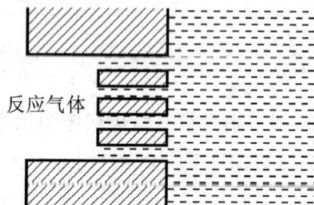

图 11 - 10　双孔径气体扩散电极单孔结构示意图

氢、氧电极的电化学行为如下：

①氢电极的电化学行为

电极反应时，氢的电极反应历程为

$$H_{2(g)} \longrightarrow 2H_{(ad)}$$

$$H_{(ad)} + H_2O \longrightarrow H_3O^+ + e$$

或　　　　　　　$$H_{(ad)} + OH^- \longrightarrow H_2O + e$$

式中：H_{ad}——吸附氢。

氢电极反应的交换电流密度 i_0 与体系 pH 的变化关系如图 11 - 11 所示。表明 pH 变化时，i_0 变化的幅度很大。

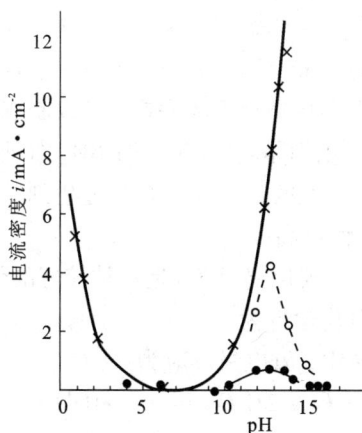

图 11 – 11　氢电极交换电流密度与体系 pH 的关系

●—光亮 Pt，○—电镀 Pt；×—Raney Ni

　　氢、氧电极在不同的表面状态和工作温度下的电流密度 – 电位曲线如图 11 – 12 所示。因此，在制作氢、氧电极时，必须考虑体系 pH 的变化、电极材料、工作温度等因素对电极性能的影响。

　　常用防水型氢电极由防水透气层、催化层和集流体三部分组成。透气层由 60% 聚四氟乙烯乳液和 40% 乙炔黑构成。催化层以催化剂和 20% 聚四氟乙烯为主，辅以导电材料（石墨或乙炔黑）和造孔材料，电极制作程序是：

（聚四氟乙烯乳液 + 乙炔黑）→调膏→碾成透气膜→抽提

$$\downarrow$$

（聚四氟乙烯乳液 + 催化剂）→调膏→ 碾成催化膜 →加压成型→保护气氛烧结

　　　　　　　　　　　　　　　　↑　　　　　　　　↓

　　　　　　　　　　　　　　导电网　　　　成品电极

在碱性溶液中，常用 Raney Ni 和硼化镍作催化剂，Raney Ni 是将一种镍－铝合金在热碱溶液中溶去其中的铝组分，即得分散性和活性都很高的 Raney Ni。另外，将镍－铝合金与羰基镍混合压制，在低于 80℃ 的热碱液中溶去铝，可以制成阳极极化小的催化电极。硼化镍催化剂是将 $NiCl_2$ 与 KBH_4 溶液共沉淀，再干燥处理，可以得到高活性的 $Ni-B$ 混合物催化剂。如在共沉淀时加少量 $CrCl_2$ 能使活性更高。

在酸性溶液中，碳化钨（WC）是一种较好的催化剂材料。

②氧电极的电化学行为

在碱性水溶液中，氧电极反应为

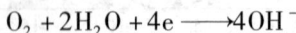

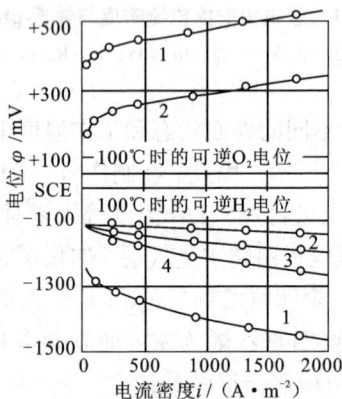

$$O_2 + 2H_2O + 4e \longrightarrow 4OH^-$$

图 11 – 12　电极表面状态和工作温度对氢、氧电极电位－电流曲线的影响

KOH 浓度：5.5 mol·L^{-1}　1—光亮 Ni，100℃；2—Raney Ni，100℃；
3—Raney Ni，60℃；4—Raney Ni，40℃

氢－氧燃料电池中，氢、氧电极电位、氢－氧电池电压与电流密度的关系曲线如图 11 – 13 所示。

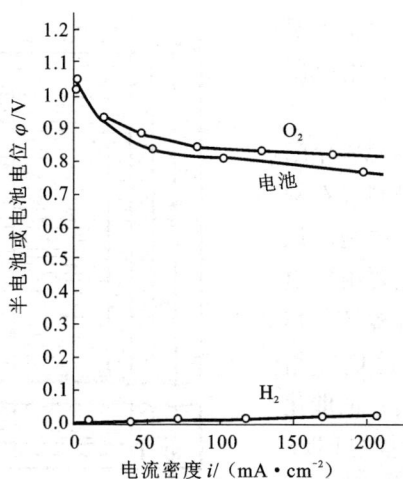

图 11 - 13　氢 - 氧电池的电位 - 电流密度关系曲线

　　培根型燃料电池在长期运行过程中比能量下降幅度小, 常被用于空间电源。

11.6.1.2　石棉膜氢 - 氧燃料电池

　　石棉膜也能大量吸贮电解质, 成为电解质载体。石棉膜的性能优于离子交换膜。工作温度在 80℃ ~ 150℃ 之间, 可以在酸性或碱性介质中稳定工作。

　　石棉膜由直径 20 nm 左右的石棉纤维构成。如果将石棉膜与毛细吸贮能力较小的多孔电极接触, 石棉膜中的电解质将进入电极表面孔隙中, 形成极薄的电解质层。图 11 - 14 为石棉膜氢 - 氧燃料电池的结构简图。石棉膜厚度为 0.77 mm, 面积 15 cm × 15 cm, 内部吸贮 5 mol·L^{-1} KOH 溶液, 所用烧结式镍电极的孔隙率 85%, 内有起增强作用的镍网。根据需要, 可在氢电极的基体上镀铂, 在氧电极基体上镀钯或银。

　　石棉膜燃料电池已在阿波罗 (Apollo) 登月飞行中成功地应

用,但由于使用大量稀贵金属,成本高,应用范围受到限制。

中国科学院大连化学物理研究所已研制成石棉膜型航天用燃料电池。该燃料电池单体主要由氢电极、氧电极、石棉膜、集流支撑板及密封垫等组成。氢电极由铂－钯催化剂、活性炭和适量的 PTFE 粘结剂滚压在镍网上制成;氧电极以纯银为催化剂和适量的 PTFE 为粘结剂经滚压在镍网上制成;

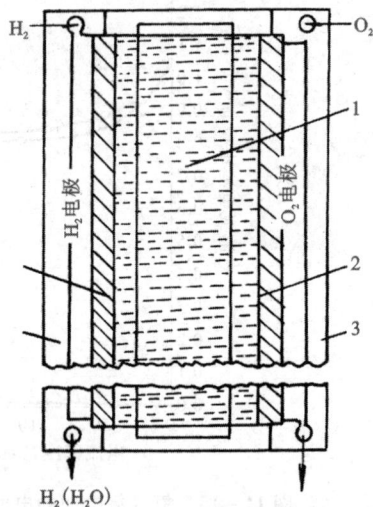

图 11 –14　石棉膜氢－氧燃料电池
1—石棉膜;2—多孔镍电极;3—电极支架

隔膜以国产特一级石棉为原料。研制成的隔膜扎隙率在 80% 左右,平均孔径为 70 ~ 80 mm,置于48%的 KOH 溶液中浸泡,穿透压大于 $9.8 \times 10^5 Pa$,可阻止隔膜两侧氢、氧气体相互穿透,密封垫由耐碱的乙丙橡胶压制而成。

各电池单体按压滤机方式堆叠压紧,组成电池堆。

国内外航天用碱性氢－氧燃料电池性能如表 11 –4 所示。

11.6.2　磷酸型燃料电池(PAFC)

磷酸型燃料电池(PAFC)是一种酸性介质的氢－氧燃料电池,PAFC 以天然气重整气体为燃料,空气作氧化剂,Pt／C 作电催化剂,电解质为 $0.14 \sim 0.50$ mol · $L^{-1} H_3BO_3$ 和 $0.86 \sim 0.50$ mol · $L^{-1} H_3PO_4$ 的混合物。产生的直流电经直交变换以交流形式供给用户。

表 11-4　国内外几种碱性氢-氧燃料电池性能

FC 类型	碱性培根型（Apollo 飞行）	碱性石棉膜型（Shuttle 飞行）	碱性石棉膜型 A 型（大连化物所）	碱性石棉膜型 B 型（大连化物所）	碱性石棉膜型 4001（天津电源研究所）
输出功率/(kW·台$^{-1}$)　正常	0.60	7.0	0.50	0.30	0.4
输出功率　峰值	1.42	12.0	1.0	0.60	
工作电压/V	27~31	27.5~32.5	28±2	28±2	28±2
整机质量/kg	110	91	40	60	50
整机体积/cm^3		101×35×38	22×22×90	39×29×57	50000
寿命/h	1000	2000	>450	>1000	>500
电池工作温度/℃	200	85~105	92±2	91±1	87±1
氢氧气工作压力/MPa	0.35	0.418	0.15±0.02	0.13~0.18（区间）	0.2±0.015
氢气纯度/%			>99.5	≥65①	99.95
电极[2]工作电流密度/(mA·cm^{-2})	66.7~450	30~50	100	75	125
电解质 KOH 浓度/%	45		40	40	
排水方式	动态	静态	静态	静态	静态
启动次数		>10	>10	>10	10

注：①肼分解气；②正常输出功率时的数据。

PAFC 工作时，氢与磷酸作用，

$$H_2 + 2H_3PO_4 \longrightarrow 2H_4PO_4^+ + 2e$$

$H_4PO_4^+$ 在电池内电路中起质子载体作用。磷酸和硼酸作用形成多元酸胶团。

$$H_3BO_3 + H_3PO_4（过量）\longrightarrow BPO_4 + H_2O + HPO_4^{2-}（胶团）+ 2H^+$$

由于胶团（HPO_4^{2-}）流动性差，可以保持电极三相界面稳定。

磷酸燃料电池的基本结构如图 11-15 所示。电池燃料可以是气态燃料，电解质层厚 3 mm，磷酸浓度 85% H_3PO_4，工作温度 120℃～200℃。使用液态燃料（如癸烷）的电池结构如图 11-16 所示。电极的正极（燃料）一侧有一层控制燃料流速的聚四氟乙烯隔膜。

磷酸燃料电池是目前单机发电量最大的一种燃料电池。1991年投入使用的 11 MW 级日本发电厂，是目前世界上最大的燃料电池发电站之一。

11.6.3　熔融碳酸盐燃料电池（MCFC）

熔融碳酸盐燃料电池属高温燃料电池，电池工作温度为 650℃～700℃，可用净化煤气或天然气为燃料，以浸有碱金属（Li，K，Na，Cs）碳酸盐混合物的 $LiAlO_2$ 为隔膜。正极由氧化镍（添加少量锂以增加电子导电能力）制成。负极由氧化镍还原，烧结成多孔镍电极。由于镍在 650℃ 左右具有良好的电催化性，因而不需用贵金属作电催化剂。

MCFC 中的熔融碳酸盐作为惰性载体，其电极反应为

负极反应：$CO + H_2O \longrightarrow CO_2 + H_2$

$$H_2 + CO_3^{2-} \longrightarrow H_2O + CO_2 + 2e$$

正极反应：$\frac{1}{2}O_2 + CO_2 + 2e \longrightarrow CO_3^{2-}$

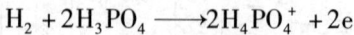

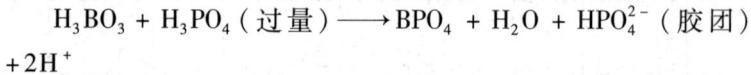

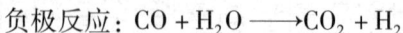

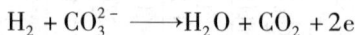

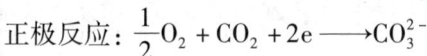

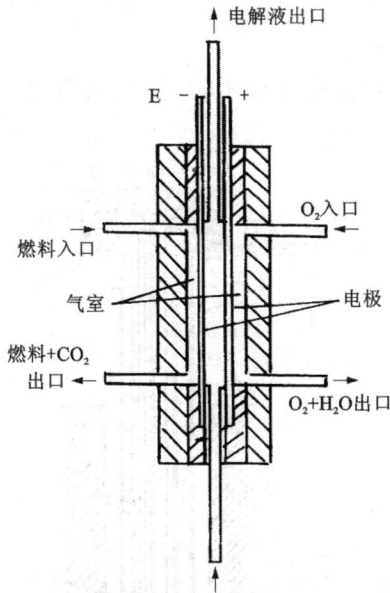

图 11 – 15　气态燃料氢 – 氧磷酸电池剖面图

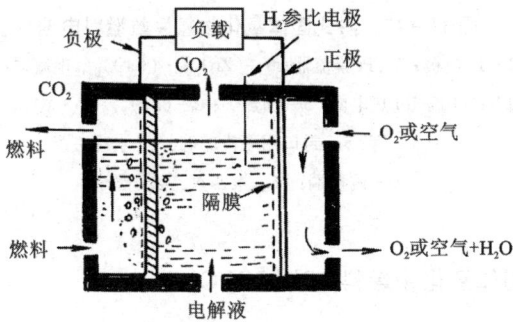

图 11 – 16　液态碳氢化合物 – 空气燃料电池

因为 CO_2 循环参加反应,使体系的 CO_2 分压得以保持恒定,因而电极的极化很小。

熔融碳酸盐电池由于成本较高,目前还处于边试验边投产阶段。

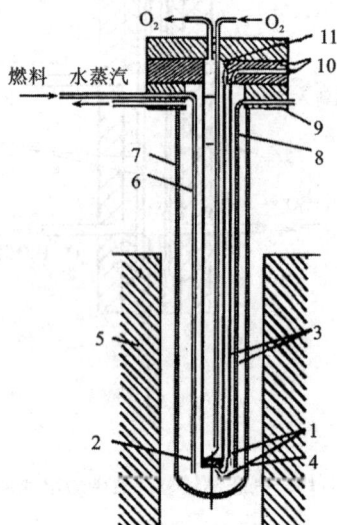

图 11-17 阱式固体氧化物氢-氧燃料电池

1—Pt 电极;2—Pt 集流器;3—$(ZrO_2) \cdot (CaO)_{0.15}$ 电解质;

4—Pt/Pt-10% Rh 热电偶;5—加热炉;6—$(ZrO_2)_{0.85}(CaO)_{0.15}$ 管;

7—Al_2O_3 管;8—封口用可伐玻璃;9—水冷法兰;

10—测量端;11—聚四氟乙烯垫圈

11.6.4 固体氧化物燃料电池(SOFC)

高温固体氧化物燃料电池是在高温区($\sim 1000\,℃$)工作的固体电解质电池。电池燃料是碳氢化合物或一氧化碳。固体氧化物配方一般为:$(ZrO_2)_{0.85} \cdot (YO_3)_{0.15}$,$ZrO_2$,$CaO$,$ZrO_2$,$Y_2O_5$,

$(HfO_2)_{0.9} \cdot (Y_2O_3)_{0.1}$，$CeO_2$，$La_2O_3$ 等，将这些金属氧化物的混合物烧结成陶瓷体，陶瓷体具有良好的离子导电性，阻值近似为零的电子导电性，良好的气体渗透性。高温下的电极反应为

负极反应：

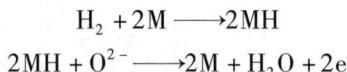

$$H_2 + 2M \longrightarrow 2MH$$

$$2MH + O^{2-} \longrightarrow 2M + H_2O + 2e$$

正极反应：$O_2 + 4e \longrightarrow 2O^{2-}$

反应过程中，O^{2-} 担负离子电荷传输。

图 11 – 17 是阱式（85% ZrO_2 + 15% CaO）氢氧燃料电池的结构图。电池电动势为 0.8 ~ 1.1 V。固体氧化物燃料电池正极为锶掺杂的锰酸镧空气电极，负极为 Ni – YSZ（氧化钇稳定的氧化锆以 YSZ 表示）。

固体氧化物电池由于工作温度高，目前尚处于研究开发阶段。

11.6.5　质子交换膜型燃料电池(PEMFC)

质子交换膜燃料电池也称固体聚合物电解质燃料电池，其工作温度在 20℃ ~70℃。燃料为液氢，氧化剂为液氧，电解质为质子交换膜，贵金属铂作催化剂。

加拿大 BaLLard 研制的 PEMFC 电池组和 PEMFC 电动汽车，性能分别如表 11 – 5 和表 11 – 6 所示。PEMFC 单体电池结构示意图如图 11 –8 所示。

PEMFC 的核心部分是氢电极、氧电极和离子交换膜。另外还应有气体的供给和分配、电流收集、排水和排热等辅助配套装置。

PEMFC 的性能在很大程度上取决于离子交换膜的性质。目前，应用于 PEMFC 的离子交换膜主要是强酸性的磺酸型离子交换膜($R – SO_3H$)。

表 11-5　加拿大 Ballard 公司 PEMFC 电池组性能

电池组型号	单电池数	P/kW	U/V	I/A	燃料	氧化剂	工作温度/℃	冷却剂	膜	P/(W·kg⁻¹)	P/(W·L⁻¹)	电池组质量/kg	效率/%
MK5	100	5	61	82	H_2	空气	7℃	水	Nafion17	40	50	125	50
MK513	43	10	30	330	H_2	空气	7℃	水	Nafion117	100	130	100	58

表 11-6　PEMFC 电动汽车特性

PEMFC	FC动力/kW	净FC动力/kW	机械推进动力/kW	输出电源/V	电动机	车型	车速/(km·h⁻¹)	行程/km	系统质量/kg	系统体系/m³	电池组合	燃料	乘员
MK5 (Ballard 公司)	104	25	~55	160~280	DC-Mofor	Cruise Bus30	70	165	2820	8	3×8	纯 H_2 (200bar)	20 人

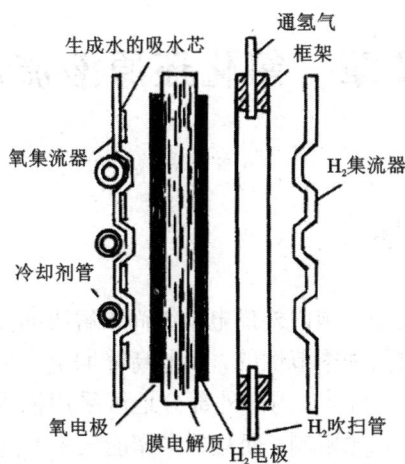

图 11 - 18　双子星座用 PEMFC 单体电池组件示意图

PEMFC 单体的制造是在膜的两侧分别压上有催化剂的氢电极和氧电极。首先在膜的每一侧面覆盖钛网制导电骨架，在每一骨架上涂上铂催化剂，即制成所需要的氢电极和氧电极。

第 12 章　氧化还原液流电池

12.1　概　述

　　电的储存是一个国内外供电系统尚未解决的技术难题。因为电力需求是有时间和季节性的，用电高峰期电力紧张，而用电低谷时，电力过剩。目前，国内外部分地区采用抽水储能方法，但它受地理条件和水源限制，而且抽水储能效率不高。

　　氧化还原液流储能电池（Redox Flow Cell 或 Redox Flow Batter for energy Storage，简称液流储能电池或称液流电池）是一种大容量储能装置，是为电网调峰开发的电池体系，也可与风力发电和太阳能电池配套组成供电系统。

　　液流电池是指电池的正、负极活性物质都为液态形式的氧化还原电对的一类电池，其正、负极活性物质溶液分别储存在两个容器内，电池工作时，分别通过循环泵进入电堆内部发生氧化还原反应，将化学能转化为电能。电池组的输出功率取决于电堆的大小和电极反应的界面特性，电池组的容量取决于活性物质的浓度和数量。

　　液流电池在充、放电过程中，仅电解液的离子价态发生变化，由隔膜分开的两室中离子可以是不同元素的离子（如 Cr^{2+} 和 Fe^{3+}），也可以为相同元素不同价态的离子（如 V^{3+} 和 V^{5+}）。从理论上讲，离子价态变化的离子都可以组成多种氧化还原液流电池。

　　用于液流电池的电对应具有溶解度大，化学性能稳定，电极反应可逆性高，无析氧析氢副反应，电对间的电位差大等特点。

因此, 真正有实用价值的液流体系的电对并不多。目前,研究比较成熟并示范运行的体系有全钒氧化还原液流电池, 多硫化钠 - 溴电池, $Zn - Cl_2$ 电池, $Cr - Cl_2$ 电池, $Zn - Br_2$ 电池, $Fe - Cr$ 电池等。[119] 图 12 - 1 是液流电池示意图。表 12 - 1 列出了液流电池性能比较。

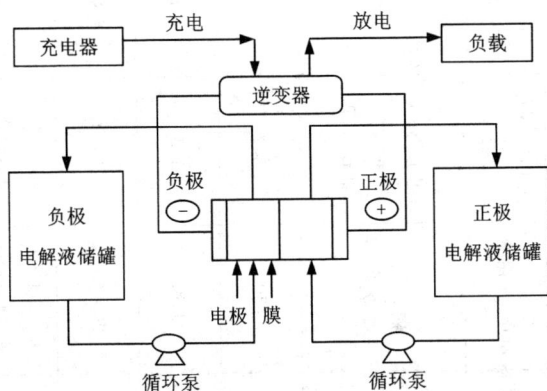

图 12 - 1　氧化还原液流电池示意图[120]

液流电池是 1974 年美国 Thaller L. H[119] 首先提出的一种化学储能装置。1984 年, 美国 Remik R. J[122] 发明多硫化钠 - 溴电池(PSB), 20 世纪 90 年代初英国 lnnogy 公司开发出 5 kW、20 kW、100 kW 等 PSB 系列电池模块, 经串、并联组合成储能系统。2000 年英国南威尔士 Aberthaw 电站 15 MW/120 MW · h 的 PSB 储能系统开始示范运行, 用于电站调峰填谷。2004 年在美国密西西比的哥伦比亚空军基地建成世界上第 2 座 PSB 储能系统, 规模达 12 MW/120 MW · h。但由于多硫钠 - 溴电池体系中, 离子交换膜的选择性较差, 引起电池正、负极电解液离子透过, 国外已终止该储能电池系统的研究开发。

表 12-1　几种液流电池性能比较[121]

电池种类	Fe-Cr	Zn-铁氰化物	Zn-Cl$_2$	Zn-Br$_2$	全钒体系	Cr-Cl$_2$	Fe-Ti
电解质	HCl水溶液	NaOH水溶液	ZnCl$_2$水溶液	ZnBr$_2$水溶液	HCl·H$_2$SO$_4$水溶液	HCl水溶液	HCl水溶液
电池反应	$Fe^{3+} + Cr^{2+}$ $\rightleftharpoons$ $Fe^{2+} + Cr^{3+}$	$Zn + 2OH^-$ $+ 2Fe(CN)_6^{3-}$ $\rightleftharpoons Zn(OH)_2$ $+ 2Fe(CN)_6^{4-}$	$Zn + Cl_2$ $\rightleftharpoons ZnCl_2$	$Zn + Br_2$ $\rightleftharpoons ZnBr_2$	$v(II) + v(V)$ $\rightleftharpoons$ $v(III) + v(IV)$	$Cr^{2+} + 1/2Cl_2$ $\rightleftharpoons$ $Cr^{3+} + Cl^-$	$Ti^{3+} + Fe^{3+} +$ $H_2O \rightleftharpoons TiO^{2+} +$ $2H^+ + Fe^{2+}$
理论比能量/(Wh·kg^{-1})	103	274	465	430	342	542	173
开路电压/V	1.0	1.78	2.12	1.82	1.3	1.77	0.67
工作温度/℃	20~65	40	20~50	20~50	-5~60	常温	常温
存在的问题	能量密度较低	Zn枝晶生成	结构很复杂，Cl$_2$的储存，Zn枝晶	Br$_2$的贮存和处理电池自放电,Zn枝晶	价格较高	Cl$_2$的贮存	Ti易钝化生成TiO$_2$,开路电压低

　　Fe‐Cr 电池因运行后正、负极电解液会透过离子膜而相互污染,1992 年以后,国内外的研究报道很少。

　　现已开发的液流电池中,发展前景较好的是钒氧化还原液流电池。

　　钒氧化还原液流电池(Vanadium Redox Battery,VRB,简称钒电池或全钒液流电池)的研究始于 1984 年,澳大利亚南威尔士大学(UNSW)的 Marria Syallas‐Kazacos 发现 V^{5+} 可稳定存在于 H_2SO_4 介质中,提出可将 V^{4+}/V^{5+} 和 V^{2+}/V^{3+} 电对组成氧化还原液流电池[123],并相继开发出 1～4 kW 的钒电池样品。1985 年起日本住友电工公司(Somitomo Electric Industries,SEI)和关西电力公司合作,开发出 100 kW 的钒液流储能系统。1999 年,SEI 在日本关西建成电站调峰用 450 kW/1 MW·h 的电站调峰钒电池系统。2001 年,250 kW/520 kW·h 钒电池系统在日本第 1 次投入商业营运。2001 年在日本北海道电厂建成风力储能钒电池系统,加拿大的 VRB Power 公司在南极开发了 250 kW/2 kW·h 的 VRB 系统用于电站调峰。目前,日本已有 15 套钒电池储能系统正在示范运行。2003 年 11 月,澳大利亚的 Pinnaete VRB Lta 公司为 Hydro Tasmaina on King Island 公司建成与风能及柴油机配套的钒电池储能系统(VRB‐ESS),容量为 800 kW·h,输出功率 200 kW。

　　德国、奥地利和葡萄牙等国也开展了钒电池的研究开发。表 12‐2 列出了钒电池与其他蓄电池的性能比较。由于钒电池的能量效率高,可深度放电,使用维护方便,成本低,因此,钒电池是具有商业化前景的氧化还原液流电池之一。表 12‐3 列出了钒电池的商用情况。

表 12-2　**钒电池与其他蓄电池性能比较**[124]

特　　性	钒电池	Cd–Ni 电池	铅酸电池	Fe–Cr 电池
开路电压/V	1.5	1.3	2.0	0.9
比能量/(Wh·kg^{-1})	25	10~35	15~30	~15
自放电率/%	<10		90	<10
放电深度/%	90	20~90	65	75
活性物质恢复性/%	100		部分	
工作寿命/a	5~10	10	2~3	
储存期限	无限			

表 12-3　**钒电池的商用情况**[125]

用　　户	配置/kW	用　　途
Kwansei Gakuin 大学	500	调峰
日本住友公司办公大楼	100	平衡负载
Obayashi 公司	30	光伏系统
美国太平洋电力公司	250	电站储能系统
		驱动高尔夫球车
塔斯马尼亚水力发电站	20	混合供电系统
泰国石膏制品公司	4	太阳能储能
澳大利亚国防部	4	潜艇备用电源
应用能源研究所	170	与风力发电配套

　　国内中国工程物理研究院电子工程研究所于 1995 年率先进行钒电池研究,目前已掌握千瓦级单元电堆的制造技术,进入到示范应用阶段。中国科学院大连化学物理研究所从 20 世纪 90 年代末进行了多硫化钠–溴电池、钒电池的研究,2006 年开发出 10 kW 级钒电池试验样品。目前正在进行钒电池研究的有中南大学、东北大学、北京科技大学、重庆大学、攀枝花钢铁研究院等。

表 12 - 4 列出国外液流电池的研究开发状况。

表 12 - 4　国外液流电池的研究开发状况[126]

时间	地点	储能系统规模	应　用	研究单位
1993	泰国	1 kW/12 kW·h	光伏/储能	UNSW 研发
1997	日本	200 kW/800 kW·h		
1999	日本关西电力	450 kW/1×10⁶ kW·h	电站调峰	日本 SEI 研发
2001	日本北海道	170 kW/1×10⁶ kW·h	风/储并用	
2002	南非	250 kW/520 kW·h	应急备用	加拿大 VRB Power Systems Inc 研究
2003	澳洲金岛风场	200 kW	风/储/柴联合	
2004	美国犹他州	250 kW	削峰填谷	
2005	德国	10 kW·h	光/储并用	
2006	加拿大	10 kW·h	偏远地区供电	
2007	肯尼亚电信	5 kW	电信备用电源	

　　钒电池性能好,但要真正实现商品化,目前还受到一些因素的制约,即隔膜、电解液和电极材料等。目前使用的离子交换膜选择性比较差,正、负极之间离子相互渗透,影响电池效率和寿命。另外,高浓度、高稳定性的电解液制备技术尚未过关。

　　鉴于氧化还原液流电池的工作原理和电池结构基本类似,本章将重点介绍钒电池的工作原理、结构和研究进展。

12.2　氧化还原液流电池的特性

　　氧化还原液流电池是一种性能优异的储能装置,与其他蓄电池比较,它具有以下主要特性:

　　(1)电池反应只有液相氧化还原反应,电化学反应速度快,电极不会产生固相变化;

（2）电池的额定功率和额定能量是独立的，功率大小取决于电池堆，能量大小取决于电解液的量；电池的自放电很小；

（3）电解液循环使用，电池寿命长；

（4）可 100% 深放电，不会损坏电池；

（5）更换电解液，可实现瞬时再充电；

（6）结构简单，材料成本低，维护费用低。

由于液流电池自身的优点，很适合于建设大功率的调峰储能电站，可作为 UPS 用于电力供应中断时的医院和剧院用电；也可作为边远地区的储能、发电系统。作为储能电源可与太阳能、风能等可再生式能源结合组成供电系统。用于电动汽车时，更换电解液像汽车加油一样方便。图 12-2 是钒电池用于电动汽车的示意图。

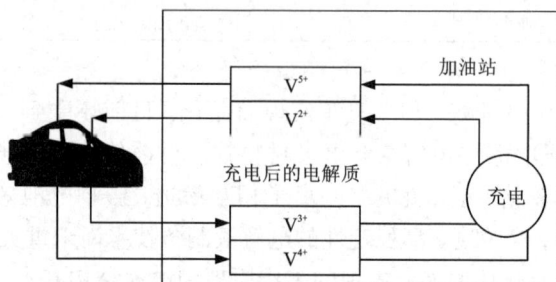

图 12-2　钒电池在电动汽车上的应用[124]

12.3　氧化还原液流电池的工作原理

液流电池的两个电对由不同电极电位的两个液流电对组成，充电时，在离子交换膜的一侧，高电位电对的活性物质于电池的正极从低价态氧化成高价态。而在膜的另一侧，低电位电对的活性物质在电池的负极由高价态还原成低价态。放电时则相反。

　　例如，对多硫化钠 – 溴体系，正极室为 NaBr，负极室为多硫化钠。充、放电时的正、负极的电极反应为

正极　　　　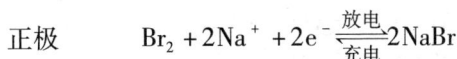

负极　　　　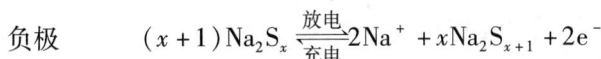

电池反应　　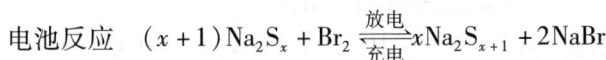

$x = 1 \sim 4$，正极电位 $1.06 \sim 1.09$ V，负极电位 $0.48 \sim 0.52$ V，单电池的开路电压为 $1.54 \sim 1.61$ V。

　　液流电池中，为了避免正、负极活性物质的离子相互渗透，隔膜是电池系统的关键部件之一。如能采用正、负极活性物质相同的元素就可以解决这个问题，钒电池就具备这种功能。

　　钒电池是通过氧化还原反应将化学能转变为电能。钒是一个多种价态变化的元素，主要价态有 V^{5+}，V^{4+}，V^{3+}，V^{2+}，且在一定条件下，均能以水溶液的状态存在、在酸性介质中形成相邻价态的电对，其相邻电对的电极电位如下：

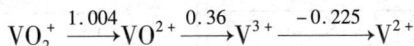

　　钒电池采用的正极电对为 V^{5+}/V^{4+}，负极电对为 V^{3+}/V^{2+}。在酸性溶液中，V^{5+} 和 V^{4+} 离子分别以 VO_2^+ 和 VO^{2+} 形式存在。电池充电时，正极活性物质为 VO_2^+，负极活性物质为 V^{2+}；放电过程 VO_2^+（黄色）被还原为 VO^{2+}（蓝色），V^{2+}（紫色）被氧化为 V^{3+}（绿色）。电池内部通过质子 H^+ 导电。在 H_2SO_4 电解液中，电池反应为

　　充电时：

正极　　　

负极　　　

　　　　　$V^{3+} + e = V^{2+}$

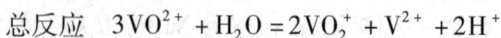

总反应 $3VO^{2+} + H_2O = 2VO_2^+ + V^{2+} + 2H^+$

放电时

正极 $VO_2^+ + 2H^+ + e^- = VO^{2+} + H_2O$

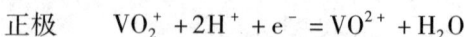

       $E = 0.999 \text{ V}(vs \cdot NHE)$

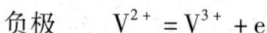

负极 $V^{2+} = V^{3+} + e$

       $E = -0.255 \text{ V}(vs \cdot NHE)$

总反应 $VO_2^+ + V^{2+} + 2H^+ = V^{3+} + VO^{2+} + H_2O$

单体钒电池的标准电位为 1.26 V。在 $2 \text{ mol} \cdot L^{-1}$ VOSO$_4$ + $2.5 \text{ mol} \cdot L^{-1}$ H$_2$SO$_4$ 中，50% 荷电状态下，开路电压约为 1.4 V，100% 荷电状态下，开路电压约为 1.6 V。

钒电池的正、负极电解液分别存放在两个储液罐中，电池工作时通过循环泵将电解液泵入电池。电池正负极之间用离子选择膜隔开，充、放电时电池内部通过电解液中的质子 H$^+$ 的定向迁移而导通。图 12 – 3 是钒电池的工作原理示意图。

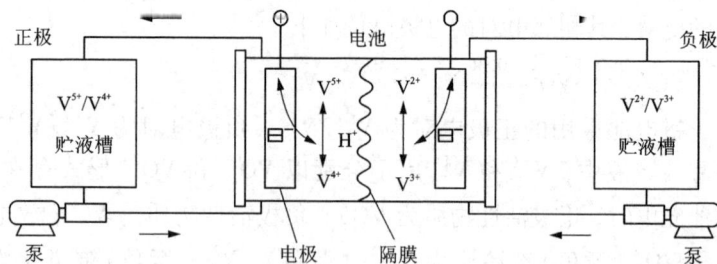

图 12 – 3 钒电池的工作原理示意图[127]

12.4 氧化还原液流电池结构

液流电池的结构示意图如图 12 – 1。液流电池主要由电堆、储液器、循环泵三大相对独立部分组成。

　　循环泵是维持电解液循环的必备装置,要求泵必须耐酸,长期运行可靠性高,自耗电小,与电堆电解液的设计合理匹配。泵的输入电能最好为直流电,输入电压与电堆的输出电压匹配。

　　电堆是液流电池系统的核心,它由数十节至数百节进行氧化还原反应,实现充、放电过程的单电池,按特定要求串、并联而成,其结构与燃料电池的电堆类似。图 12-4 是液流电池的电堆

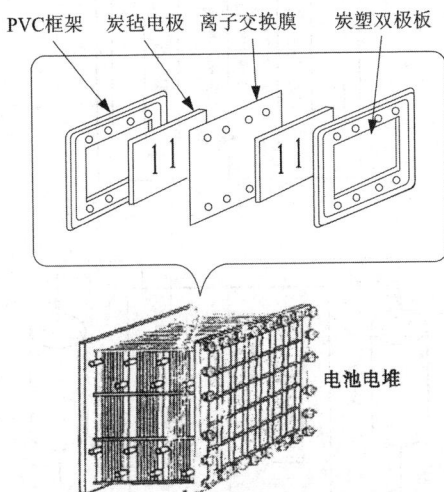

图 12-4　氧化还原液流电池电堆结构[128]

及其组件示意图。电堆由电极和隔膜组成。电极由作为集流体使用的端电极板和双极性电极板,发生电化学反应的载体反应电极组成。集流体的功能是把电堆内部的化学能转化为电能输出去,把外界的电能输入电堆转化为化学能。反应电极只是承担液流活性物质发生电化学反应的载体,并不参与电化学反应。

　　液流电池与普通电池的区别是,液流电池的正、负极是具有不同电极电位的液体,既是活性物质又是电解质溶液,正、负极

溶液分别装在两大储液罐中,各由一循环泵使溶液分别流经电池的正极室和负极室,在离子交换膜的两侧分别发生还原和氧化反应。单电池通过双极板串联成电堆组成电池组。液流电池没有固态反应,不发生电极物质结构形态的改变。

钒电池可分为静止型和流动型两种,如图 12 – 5 所示。

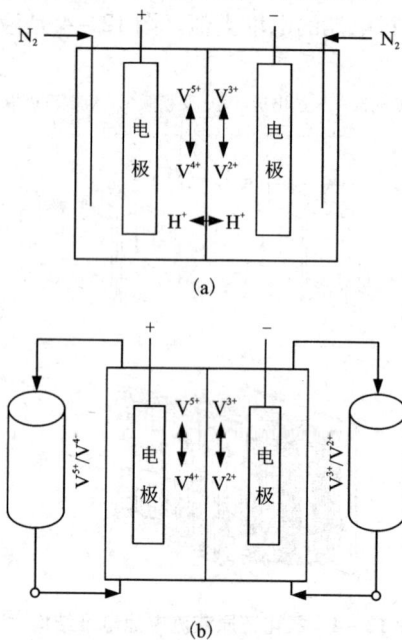

(a)

(b)

图 12 – 5　钒电池结构[124]

(a)静止型;(b)流动型

(1)静止型。电解质不流动,反应区就是电解液储存区。此类钒电池的缺点是易产生浓差极化,电池反应器中的电解液容量有限,电池容量小。

(2)流动型。在电池充、放电过程中,电解质溶液处于流动状态,可以消除浓差极化。因为附加有电解液储罐,增加了电池的储能容量。缺点是需循环泵,增加能耗。

12.4.1　电极

液流电池的电极由集流体和反应电极两部分组成。对集流体材料的要求是导电性能好,耐腐蚀,不透液,机械性能好,不变形,一般以炭素材料及炭素类复合材料为主,如玻炭、石墨等。炭素复合材料可采用导电塑料电极,如在聚乙烯塑料中加入炭粉、石墨粉和石墨纤维,可增加导电性能。

反应电极除要求性能稳定、机械性能好之外,还要求电化学活性高,一般也以炭素类为主,如炭纤维或炭毡。粘胶基石墨毡和聚丙烯腈基石墨毡经热处理后,可提高电化学活性。

钒电池用的电极有金属电极、炭素电极和复合电极。

12.4.1.1　金属类电极

金属类电极中的钛、金昂贵,电化学活性不是很好,不适合工业应用。在钛电极上镀铂黑,能使电对 V^{4+}/V^{5+}, V^{2+}/V^{3+} 具有良好的导电性,钛基氧化铱电极(DSA)虽有较高的可逆性和稳定性,也不适合单独用作电极。

12.4.1.2　炭素类电极

炭素类电极主要有石墨毡、玻炭、炭布等。单独用作电极时容易粉化和刻蚀,电化学可逆性不是很好,但如果采用浸透等方式使电极表面金属化,可增加反应活化区,提高电化学性能。如用 In^{3+}、Ir^{3+}、Pd^{3+}、Te^{4+} 等金属离子修饰石墨毡电极后,电极性能有明显改善,其中以 Ir^{3+} 修饰的效果最好。

12.4.1.3　复合材料电极

将高分子材料(PE、PP、PVC 等)与导电剂(乙炔黑、石墨粉、炭黑、碳纤维、石墨等)以一定比例混合,压制成片,可制成复合导电塑料电极。此类电极的导电性、不透液性和稳定性都比较好，是电极发展的方向。

用导电型塑料板和石墨毡制成复合双极板电极时，导电塑料板起集电流和分隔正、负极电解液的作用，石墨毡则作为电化学反应的载体。

为了提高反应电极的电化学活性，一般都需对石墨毡或炭毡进行改性处理。

（1）石墨毡电极改性

石墨毡电极由无数石墨纤维纺织而成，其真实面积远远大于几何面积，可以提供较大的电化学反应面积，大幅度提高石墨类电极的催化活性，加上石墨材料良好的化学稳定性，用作钒电池的电极具有一定的优势。

石墨毡电极可分为粘胶基石墨毡，聚丙烯腈（PAN）基石墨毡和沥青基石墨毡。

纯 PAN 基石墨毡作为电极，其电化学活性、可逆性仍不大好，需对其进行改性处理。常用的改性方法有热处理和化学改性。

M Skallas-kazacos 等[129] 将石墨毡在 400℃ 条件下热处理 30 h，或在浓 H_2SO_4 中煮沸 5 h，都可提高电池的能量效率。因为热处理和化学处理都能增加石墨毡表面的 C—O 或 C=O 官能团数量，与石墨毡中的 C 构成羰基，羧基和酚基，催化钒离子的氧化还原反应。

（2）炭毡电极改性

炭毡电极按原料不同可分为粘胶基炭毡、沥青基炭毡和聚丙烯腈基（PAN）炭毡三类。

聚丙烯腈基炭毡纤维的石墨微晶小，处于碳纤维表面边缘和棱角的不饱和碳原子数目比较多，表面活性较高，在极宽的电位范围内表现为电化学惰性，被广泛用作电极材料。

未处理的炭毡电极是憎水的，必须经过活化处理，增加炭毡

的亲水性和电化学活性。活化处理炭毡的方法有热处理和酸
处理。

王文红等[130]将聚丙烯腈基炭毡在 400℃下热处理 30 h，采
用三电极体系测定热处理前后电极的电化学性能。其中工作电极
为聚丙烯腈炭毡($0.5\ cm^2$)，参比电极为甘汞电极(SCE)，电解液
为 $0.2\ mol \cdot L^{-1}\ VOSO_4 + 3\ mol \cdot L^{-1}\ H_2SO_4$ 溶液，隔膜为杜邦公司
的 Nafion 膜。图 12-6 为热处理前后炭毡电极的循环伏安曲线。
从图 12-6 可知，热处理后 V^{4+}/V^{5+} 电对的氧化和还原峰电流增
加，峰电位差从 330 mV 减小到 290 mV，V^{2+}/V^{3+} 电对的氧化还
原峰电流也有所增加，峰电位差从 283 mV 减小到 148 mV。表明
热处理对降低电极的过电位有明显效果，但氢析出过电位也降
低，析氢副反应会造成能量损失，说明热处理炭毡不宜作钒电池
的负极。

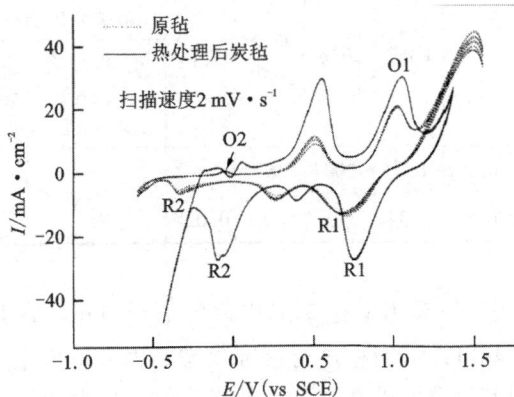

图 12-6　炭毡电极热处理前后的循环伏安曲线[130]

电解液：$0.2\ mol \cdot L^{-1}\ VOSO_4$ 溶液

将热处理过的炭毡作正极，未经处理的炭毡作负极，正、负

极尺寸均为 25 mm×40 mm×5 mm，隔膜为 Nafion 膜，电解液为 2 mol·L^{-1}钒离子 +3 mol·L^{-1} H$_2$SO$_4$ 溶液，组成流动型钒单电池，电解液流速为 2～10 mL·min^{-1}，充电电压上限为 1.70～1.75 V，放电电压下限为 0.8 V，由充、放电结果计算电池内阻。

电池内阻是指隔膜电阻、电极材料的欧姆电阻、电极极化电阻、极板电阻及各部件接触电阻的总和。实验测得电池的内阻如表 12−5。从表 12−5 可知，电池内阻主要是电化学极化电阻，但通过热处理的炭毡正极，由于降低了正极的极化过电位，电池内阻降低了 69.5 Ω·cm^2。说明钒电池的正极采用热处理的炭毡，负极采用未热处理炭毡组成的电池性能较好。当电流密度为 20 mA·cm^{-2}时，电池的电流效率为 80.6%，电压效率为 80.6%。

表 12−5　电池内阻[130]

	隔膜	溶液	复合电极	炭毡	电化学极化 （电流密度 20 mA·cm^{-2}）	
					正、负极均 未经热处 理炭毡	正极为热处 理过的炭毡 负极为原炭毡
电导率/(ms·cm^{-1})	6.7	200	6			
电阻/(Ω·cm^2)	0.34	3.3	0.12	0.025	85	15.5

刘素琴等[131]采用电化学沉积普鲁士兰（Prussion blue，PB）对聚丙烯腈基（PAN）炭毡进行修饰处理。因为普鲁士兰（PB）膜具有优良的电化学可逆性和高度的稳定性。用普鲁士兰（PB）对炭毡电极改性可以改善电极性能。其方法是先将炭毡电极用浓 H$_2$SO$_4$ 浸泡后用水洗涤进行预处理。电沉积溶液为 5 mmol·L^{-1} 的铁氰化钾与氯化铁等体积混合溶液（用 HCl 调节 pH=2.0），用铂电极为对电极，饱和甘汞电极为参比电极，在 0.5～0 V 电位范

围内进行循环扫描，即制得普鲁士兰修饰的炭毡电极。图 12 - 7
是 PB 修饰前后用作正极的炭毡电极的循环伏安曲线。表 12 - 6
列出 PB 修饰前后炭毡电极的循环伏安曲线的特征。从表 12 - 6
可知，修饰前后峰电位差由 0.54 V 减小到 0.096 V，峰电流密度
明显增加，可逆性增加，且循环性能稳定，说明修饰后的炭毡电
极可作为钒电池的正极使用。

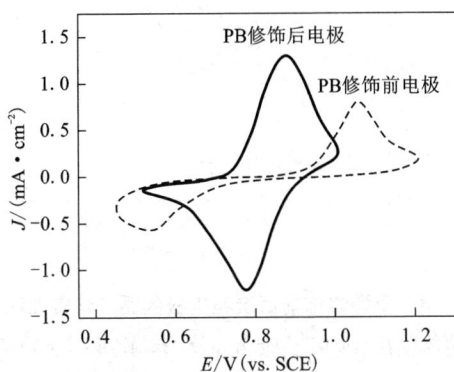

图 12 - 7　PB 修饰前后炭毡电极的循环伏安曲线[131]

电解液 0.01 mol·L^{-1} VOSO$_4$ 溶液，扫描速度：2 mV·s^{-1}

表 12 - 6　PB 修饰前后炭毡电极循环伏安曲线特征[131]

电　极	峰电位/V		峰电位差 /V	电流密度/mA·cm^{-2}	
	氧化峰	还原峰		氧化峰	还原峰
未修饰炭毡电极	1.048	0.508	0.540	0.815	0.545
PB 修饰后炭毡电极	0.859	0.762	0.096	1.333	1.225

　　用作负极的炭毡电极的预处理方法与正极的相同，然后置于
95℃的饱和草酸溶液中的浸泡一定时间。图 12 - 8 为草酸修饰前

后的炭毡电极在 0.01 mol·L^{-1} VOSO$_4$ 溶液中的循环伏安曲线。由图 12 - 8 可知，电极上 $V^{2+} \leftrightarrow V^{3+}$ 的氧化还原峰电位差由 0.29 V 减小到 0.119 V，峰电流密度增加，电极性能得到改善。

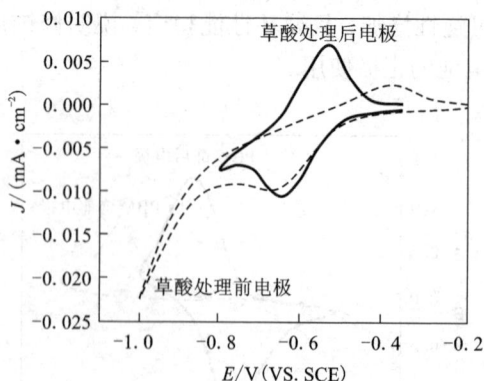

图 12 - 8 草酸修饰前后炭毡电极的循环伏安曲线[131]
电解液 0.01 mol·L^{-1} VOSO$_4$ 溶液，扫描速度：2 mV·s^{-1}

12.4.2 隔膜

隔膜的作用是隔离正、负极电解质溶液，阻止不同价态的离子相互渗透，为正、负极电解液提供质子传导通道，对隔膜的要求是：

(1)离子透过率低，交叉污染小，降低电池自放电，提高能量效率；

(2)H$^+$透过率高，膜电阻小，电压效率高；

(3)具有一定的机械强度，耐化学腐蚀、耐氧化，循环寿命长；

(4)电池充、放电时水透过量小，保持阳极、阴极电解液的水平衡。

实际上符合上述条件的电池隔膜非常少，表 12 - 7 列出不同电化学体系中的离子选择膜。

常见的离子交换膜有两类，即 Nafion 膜和聚烯烃类膜，但 Nafion 膜正、负极离子相互渗透，聚烯烃类膜稳定性差，目前尚不能工业应用。

钒电池用的是质子交换膜，要求具有高的离子选择性，高离子传导率和化学稳定性，使用寿命长。目前钒电池所用的商品隔膜 Nafion 膜和 Selemion AMV 膜的化学稳定性较好，其余的隔膜均存在被 V^{5+} 氧化的问题。

钒电池尚未实现商品化和产业化，隔膜是其中的因素之一。目前用于钒电池的离子交换膜的亲水性、选择透过性和使用寿命未能达到储能电池的要求。

12.4.3　电解液

液流电池的电解液就是电池的正、负极活性物质，是电池的核心部分之一。电解液的浓度和稳定性是电解液性能的关键，电解液的浓度不同，其离子存在的形式可能有很大不同。正、负极活性物质溶解在支持电解液中形成一定浓度的复合电解液，正、负极电解液的起始状态可能相同，充电后正极被氧化，负极被还原；放电时则相反。电解液的浓度越高，电池的比能量越高，但当电解液的浓度高至一定程度后，会引起电解质溶液水解、缔合或析出沉淀。因此，研究开发出性能稳定、多价态、高浓度的电解质溶液是液流电池实现商品化的关键因素之一。

表 12 - 7　不同电化学体系的离子选择膜[132]

电化学体系	正极反应	负极反应	离子选择膜
溴 - 多硫化物	$2NaBr - 2e^- \underset{\text{放电}}{\overset{\text{充电}}{\rightleftharpoons}} Br_2 + 2Na^+$	$2Na^+ + (x-1)Na_2S_x + 2e^- \underset{\text{放电}}{\overset{\text{充电}}{\rightleftharpoons}} xNa_2S_{x-1}$	阳离子交换膜
全钒	$VO^{2+} + H_2O - e^- \underset{\text{放电}}{\overset{\text{充电}}{\rightleftharpoons}} VO_2^+ + 2H^+$	$V^{3+} + e^- \underset{\text{放电}}{\overset{\text{充电}}{\rightleftharpoons}} V^{2+}$	Nafion 117 PVDF - g - PSSA
钒 - 溴	$2Br^- + Cl^- - 2e^- \underset{\text{放电}}{\overset{\text{充电}}{\rightleftharpoons}} ClBr_2^-$	$VBr_3 + e^- \underset{\text{放电}}{\overset{\text{充电}}{\rightleftharpoons}} VBr_2 + Br^-$	Nafion 112
锌 - 溴	$3Br^- - 2e^- \underset{\text{放电}}{\overset{\text{充电}}{\rightleftharpoons}} Br_3^-$	$Zn^{2+} + 2e^- \underset{\text{放电}}{\overset{\text{充电}}{\rightleftharpoons}} Zn$	阳离子交换膜 阴离子交换膜
铁 - 铬	$Fe^{2+} - e^- \underset{\text{放电}}{\overset{\text{充电}}{\rightleftharpoons}} Fe^{3+}$	$Cr^{3+} + e^- \underset{\text{放电}}{\overset{\text{充电}}{\rightleftharpoons}} Cr^{2+}$	Nafion 125

钒电池的电解液是一个多价态溶液体系，正极活性物质为 V^{5+}/V^{4+} 溶液，负极活性物质为 V^{3+}/V^{2+} 溶液，理想状态是正极为 V^{4+} 的 H_2SO_4 溶液，负极溶液为 V^{3+} 的 H_2SO_4 溶液，钒离子浓度相同，H_2SO_4 浓度相同.

12.4.3.1　电解液性能的影响因素

影响电解液性能的主要因素有钒离子浓度、温度、充电状态、添加剂、密封性等。

(1) 钒离子浓度。当钒离子浓度大于 $3 \, mol \cdot L^{-1}$ 时，容易析出沉淀，引起水解、缔合等。

(2) 温度。温度升高 V^{4+}、V^{3+}、V^{2+} 的稳定性增大，但 V^{5+} 在高于 40℃ 时，会产生沉淀效应析出 V_2O_5。而 V^{3+} 和 V^{2+} 在较低温度下会析出沉淀。因此，钒电池的电解液的温度宜控制在 10℃ ~ 40℃。

(3) 充电状态。满充电状态下，V^{5+} 浓度为 $2 \, mol \cdot L^{-1}$ 时，就不能稳定存在，但充电状态如果维持在 60% ~ 80%，V^{5+}/V^{4+} 的混合溶液就能稳定存在。充电程度越深，V^{5+} 越容易析出沉淀。

(4) 添加剂。敞开体系中 V^{2+} 容易氧化，防止氧化的方法可在负极电解液中添加稳定剂和还原剂，如加入有机脲和甘油等。

(5) 密封性。为防止 V^{2+} 氧化成 V^{3+}，采用密封储液罐或在储液罐中通入保护性气体 N_2 或 Ar。但钒电池在充、放电过程中，系统会放出 CO_2，过充电时会使 H_2O 电解析出 H_2 和 O_2。另外，钒电池工作时，由于电解液的更换和监测，储液罐不可能达到完全密封。在负极电解液中加入稳定剂和还原剂，可以降低 V^{2+} 的氧化。

12.4.3.2　正极电解液

钒的价电子结构为 $3d^3 4s^2$，有空余的 d 轨道，易与配位体结合，钒原子之间也极宜缔合，浓度越大，缔合度越大。同时，复杂大粒子参加电化学反应，相应的反应能垒增加，极化增大，反

· 应速度降低，而且电解液的电阻、黏度增大，导致传质过程受阻。另外，V^{5+} 的溶解度不大，高浓度的正极溶液在接近全充电状态时会析出沉淀。因此，应优化支持电解质 H_2SO_4 与正极活性物质的组成。

钒电池的正极电解液是以 H_2SO_4 为支持电解质的 V^{5+}/V^{4+} 混合溶液，在完全充电状态时，钒离子呈 V^{5+}，完全放电时钒离子呈 V^{4+}，在强酸性环境中，五价钒认为是以 VO_2^+（淡黄色）形式存在，四价钒呈 VO^{2+}（亮蓝色）形式存在。N. Kausar 等[133]利用拉曼光谱分析了高浓度的钒电池的正极溶液，表明 H_2SO_4 浓度不同，V^{5+} 的存在形态不同，在高浓度的 H_2SO_4 溶液中，V^{5+} 以 $VO_2SO_4^-$，$VO_2(SO_4)_2^{3-}$，$VO_2(HSO_4)$，VO_3^- 以及 V^{5+} 的二聚物 $V_2O_3^{4+}$，$V_2O_4^{2+}$ 等形式存在。

M. Skyllas-kazacos 等[134]发现，在较高温度或不需要经常进行充放电循环的情况下，适宜的电解液组成是 $1.5\ mol\cdot L^{-1}$ (V^{5+}) + (3~4) $mol\cdot L^{-1}$ H_2SO_4。在没有长期高温，并持续进行充、放电循环的系统中，适宜的电解液组成是 $2\ mol\cdot L^{-1}$ (V^{5+}) + (3~4) $mol\cdot L^{-1}$ H_2SO_4；要使高浓度的电解液在较高温度下也能稳定存在，可使正极电解液保持 60%~80% 的充电状态。文越华等[135]发现，V^{4+} 溶液的组成以 $1.5~2.0\ mol\cdot L^{-1}$ V^{4+} + 3 $mol\cdot L^{-1}$ H_2SO_4 为宜。

12.4.3.3 电解液制备方法

钒电池正、负极的初始电解液相同，均为四价钒离子的 H_2SO_4 溶液 $VOSO_4$，经初次充电活化后，正极电解液被氧化成 V^{5+}，负极电解液被还原成 V^{2+}。一般正极电解液的体积是负极的 2 倍，因为在活化过程中，负极存在两个电子转移，而正极只是一个电子转移。

钒电池电解液的制备过程必须考虑提高电解液的浓度、导电性、电化学活性、稳定性和成本等因素。常用的制备电解液的方法有化学合成法和电解合成法。

（1）化学合成法

以 V_2O_5 为原料制备 VO-SO_4 电解液的工艺流程如图 12-9。

制备过程是将 V_2O_5，H_2SO_4，H_2O 混匀，在室温下缓慢通入还原剂 SO_2 直至 V_2O_5 全部溶解，再通入 CO_2 赶去 SO_2，即可得 $VOSO_4$ 溶液。化学合成的 $VOSO_4$ 浓度不高，一般在 $1\ mol \cdot L^{-1}$ 以下，且加入的还原剂难以除去，目前主要是用于实验室研究。

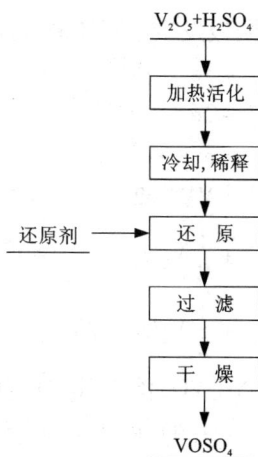

```
        V₂O₅+H₂SO₄
             │
             ▼
        ┌─────────┐
        │ 加热活化 │
        └─────────┘
             │
             ▼
        ┌─────────┐
        │冷却,稀释│
        └─────────┘
             │
  还原剂 ───▶ ▼
        ┌─────────┐
        │  还 原  │
        └─────────┘
             │
             ▼
        ┌─────────┐
        │  过 滤  │
        └─────────┘
             │
             ▼
        ┌─────────┐
        │  干 燥  │
        └─────────┘
             │
             ▼
          VOSO₄
```

图 12-9　$VOSO_4$ 制备工艺流程[136]

V^{3+}，V^{4+} 混合溶液的制备方法是将 V_2O_5 与浓 H_2SO_4 混合加热，加入 S 粉还原 V_2O_5，溶液中 V^{3+} 和 V^{4+} 的比例通过控制还原剂 S 粉的用量、反应时间、反应温度进行调节。[137]也可将 V_2O_5 和 V_2O_3 粉末按一定比例混合溶于 H_2SO_4，加热搅拌，可制取相应比例的 V^{3+} 和 V^{4+} 混合溶液。

（2）电解法[138]

采用隔膜分隔的电解槽，以石墨电极进行恒电流电解。阳极室电解液为 H_2SO_4，阴极室为 $V_2O_5 \cdot H_2SO_4$、草酸钠（添加剂）。电解过程中，阴极室的 V_2O_5 被还原为 V^{2+}，V^{3+}，V^{4+}，同时新产生的 V^{2+}，V^{3+}，V^{4+} 也能将 V_2O_5 还原。

电解法可以制备高浓度的钒电池电解液，一般以 V_2O_5 或

NH_4VO_3 为原料，在有隔膜的电解槽中的阴极室加入 V_2O_5 或偏钒酸盐(NH_4VO_3)的 H_2SO_4 溶液，阳极室加入相同浓度的 H_2SO_4，电解时阴极发生以下还原反应：

$$V^{5+} + 3e^- \rightarrow V^{2+}$$
$$V^{5+} + 2e^- \rightarrow V^{3+}$$
$$V^{5+} + e^- \rightarrow V^{4+}$$
$$V^{2+} + V^{4+} \rightarrow 2V^{3+}$$
$$V^{2+} + \frac{1}{2}V_2O_5 \rightarrow V^{3+} + V^{4+}$$
$$V^{3+} + \frac{1}{2}V_2O_5 \rightarrow 2V^{4+}$$

将 NH_4VO_3 溶于 H_2SO_4 直接电解可以制备 $5\ mol \cdot L^{-1}\ VOSO_4 + 5\ mol \cdot L^{-1}\ H_2SO_4$ 的钒电池电解液。

$$NH_4VO_3 + H_2SO_4 \rightleftharpoons VO_2^+ + NH_4^+ + SO_4^{2-} + H_2O$$

电解时阴极室发生还原反应：

$$VO_2^+ + H_2SO_4 + e^- \rightarrow VO^{2+} + SO_4^{2-} + H_2O$$
$$VO_2^+ + H_2SO_4 + 2e^- \rightarrow V^{3+} + SO_4^{2-} + H_2O$$
$$VO_2^+ + V^{2+} + H_2SO_4 + e^- \rightarrow 2V^{3+} + SO_4^{2-} + H_2O$$

电解后加入 $Ca(OH)_2$ 调节 pH 值，加热除去 NH_3，并将溶液中的 $CaSO_4$ 除去，最后得到 VO^{2+} 和 V^{3+} 的混合溶液，总反应为：

$$2NH_4VO_3 + 5H_2SO_4 + 3e^- \rightarrow VO^{2+} + V^{3+} + 2NH_4^+ + 5SO_4^{2-} + 5H_2O$$

电解法制备 V^{5+} 和 V^{2+} 的硫酸溶液的方法是在电解槽中加入 $VOSO_4$ 硫酸溶液，并在阴极室连续通入 CO_2 防止还原产物被空气氧化。电解时控制槽电压 $3 \sim 3.5\ V$，维持恒电流电解。阳极、阴极的初始电位为 $0.5\ V$ 左右，电解终止电位，阳极室 $+0.95\ V$，阴极室 $-0.55\ V$。电解终止后，分别从电解槽中取出反应后的阳极液和阴极液，将阴极液隔绝空气保存，防止氧化。

如果在含钒的 H_2SO_4 溶液中添加 2% 甘油和 2% Na_2SO_4，或加入碱金属硫酸盐、碱金属草酸盐等添加剂,可提高电解液中钒离子的溶解度和稳定性。

12.4.3.4　钒电解液的电化学性能

　　电解液的电化学性能采用三电极体系测定,工作电极用高纯石墨电极,Pt 作辅助电极,甘汞电极为参比电极,阳(阴)极线性扫描从稳定电位开始。图 12 – 10 为 $VOSO_4$ 溶液的极化曲线,从图 12 –10(a)可知,$VOSO_4$ 阳极氧化时有一明显的氧化峰;阴极还原时有两个明显的还原峰。因为以 $VO^{2+} \rightarrow V^{2+}$ 存在两个电子传递。因此,适当控制阳极电位,电解 $VOSO_4$ 溶液(蓝色)在阳极室得到褐色的 V^{5+} 盐溶液;在 CO_2 气氛保护下,适当控制阴极电位,电解 $VOSO_4$ 溶液,在阴极室得到紫色的以 V^{2+} 盐为主的 V^{2+} 和 V^{3+} 盐的混合溶液。电解反应如下:

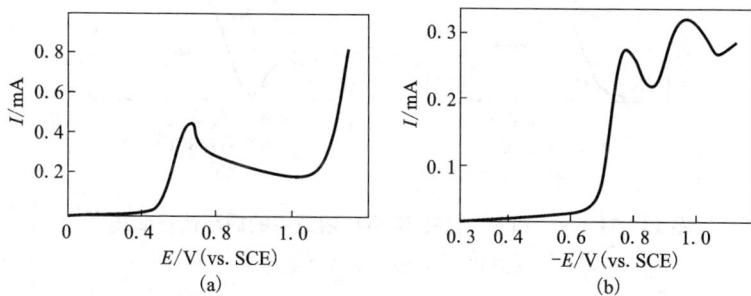

图 12 –10　$VOSO_4$ 的 H_2SO_4 溶液的极化曲线[139]

扫描速度/$V \cdot s^{-1}$: 0.005

(a)阳极;(b)阴极

阳极　$VO^{2+} + H_2O \rightarrow VO_2^+ + 2H^+ + e$

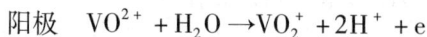

阴极　$VO^{2+} + 2H^+ + 2e^- \rightarrow V^{2+} + H_2O$

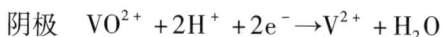

　　　　$VO^{2+} + V^{2+} + 2H^+ \rightarrow 2V^{3+} + H_2O$

$$V^{3+} + e \rightarrow V^{2+}$$

VO^{2+} 还原为 V^{3+} 是动力学慢反应。VO^{2+} 在电极表面直接还原为 V^{2+}，V^{2+} 立即被溶液中的 VO^{2+} 氧化成 V^{3+}。当溶液中的 VO^{2+} 消费尽时，V^{3+} 被还原为 V^{2+}。因此，在阴极室得到的阴极液是以 V^{2+} 为主的 V^{2+} 和 V^{3+} 盐的混合物。V^{5+} 和 V^{2+} 盐溶液的循环伏安曲线如图 12-11。

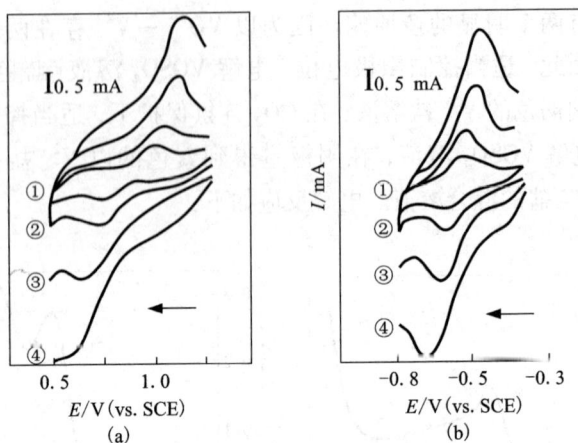

图 12-11　V^{5+} 和 V^{2+} 盐在 H_2SO_4 溶液中的循环伏安曲线[139]

(a) V^{5+} 盐溶液；(b) V^{2+} 盐溶液

扫描速度：①0.1 $V \cdot s^{-1}$；②0.2 $V \cdot s^{-1}$；③0.5 $V \cdot s^{-1}$；④1.0 $V \cdot s^{-1}$

图 12-11(a) 是 $+0.5 \sim +1.2$ V 范围内 V^{5+} 盐溶液的循环伏安曲线。还原峰对应反应为：

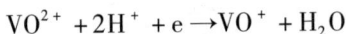

$$VO_2^+ + 2H^+ + e \rightarrow VO^+ + H_2O$$

氧化峰对应反应为：

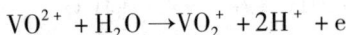

$$VO^{2+} + H_2O \rightarrow VO_2^+ + 2H^+ + e$$

当扫描速度为 0.1 $V \cdot s^{-1}$ 时，波峰间隔 $\Delta E_p = 250$ mV，大于

59 mV，当扫描速度增加时，ΔE_p 值增加。I_p 随 $V^{1/2}$ 的增加而增加，但不成正比，$|I_p^a/I_p^c|$ 值略小于 1，因此可认为 V^{5+}/V^{4+} 电对在石墨电极上的氧化还原反应为一单电子准可逆过程。

图 12−11(b) 是 −0.8 ~ −0.3 V 电位范围内 V^{2+} 盐溶液的循环伏安曲线，曲线上的氧化峰对应反应：

$$V^{2+} \rightarrow V^{3+} + e$$

还原峰对应反应为：

$$V^{3+} + e \rightarrow V^{2+}$$

当扫描速度增加时，波峰间隔 ΔE_p 也增加，$|I_p^a/I_p^c|$ 值小于 1，因此，V^{3+}/V^{2+} 中对在石墨电极上的氧化还原反应也是单电子准可逆过程。

12.5　钒电池的充、放电特性

充、放电试验用电解液为 $VOSO_4$，钒与 H_2SO_4 的摩尔比为2：2。导电塑料板用聚乙烯(PE)、石墨纤维、乙炔黑等混合加工成板材，板材厚 1.5 ~ 2.0 mm，电阻率 0.6 $\Omega \cdot cm$，电极面积 56 cm^2。隔膜为国产阳离子膜。将导电塑料电板、隔膜、电解液组装由两个单体组成的钒电池，钒电池系统及组件示意图如图 12−12。

钒电池的充、放电曲线如图 12−13。从图 12−13 可见，正极活性物质电位在达到 0.5 V 以前，电位随时间呈线性上升，且符合经验公式

$$E_{VO_2^+/VO^{2+}} = \varphi_{充电前} + Kt$$

式中：$\varphi_{充电前}$——充电前电位；K——常数；t——充电时间/h。

根据充电曲线，求得直线斜率 $K = 9$ mV·h^{-1}。从图 12−13 可以看出、负极溶液的充电分两步进行，第一步电位平台在 −0.26 V 左右；第二步平台在 −0.86 V 左右，两个平台间存在电

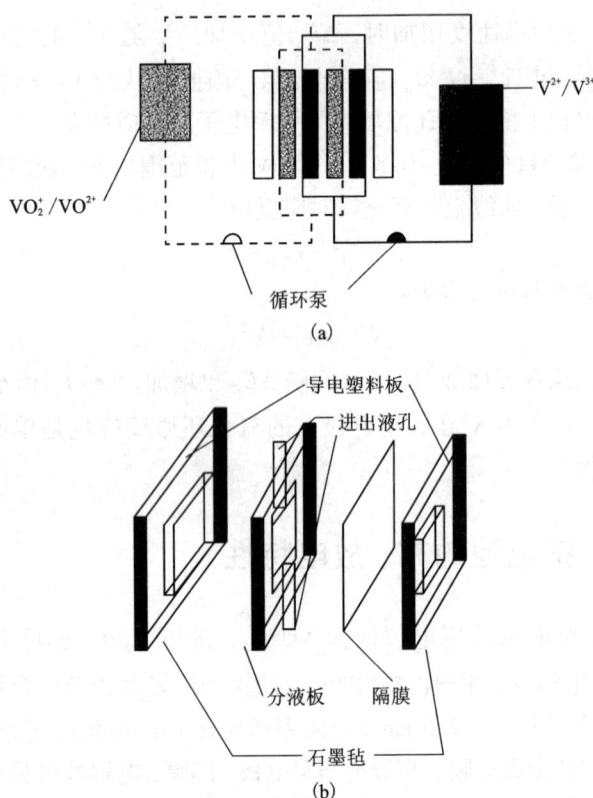

(a)

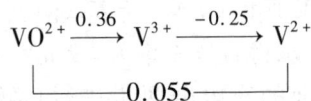

(b)

图 12 – 12　钒电池系统及组件示意图[140]
(a)钒电池系统；(b)钒电池组件

位跳跃，平台电位相对较稳。这是因为负极溶液从 $VO^{2+} \rightarrow V^{2+}$ 存在两个电子传递，由

$$VO^{2+} \xrightarrow{0.36} V^{3+} \xrightarrow{-0.25} V^{2+}$$
$$\mid\underline{\qquad -0.055 \qquad}\mid$$

可知负极的还原反应为：

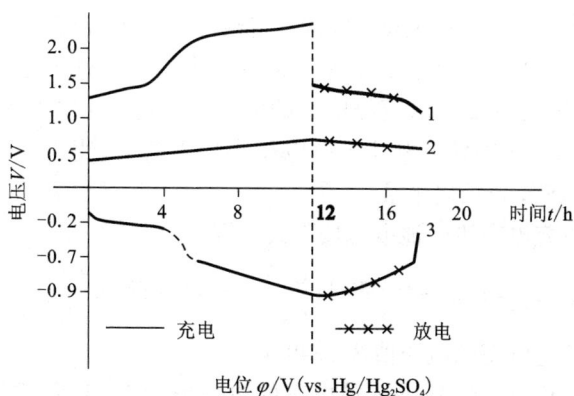

图 12-13　钒电池的充、放电曲线[140]

充、放电电流密度：100 mA·cm^{-2}；

1—电池电压；2—正极活性物质电位；3—负极活性物质电位

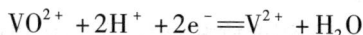

$$VO^{2+} + 2H^+ + 2e^- = V^{2+} + H_2O$$

$$VO^{2+} + V^{2+} + 2H^+ = 2V^{3+} + H_2O$$

VO^{2+} 先还原成 V^{2+}，但被溶液中的 VO^{2+} 氧化成 V^{3+}，直至溶液中 VO^{2+} 消耗完，才发生

$$V^{3+} + e^- \rightarrow V^{2+}$$

由于 $VO^{2+} \rightarrow V^{2+}$ 和 $V^{3+} + e \rightarrow V^{2+}$ 两个不同的电子传递过程，导致负极充电时存在两个平台之间的阶跃。初充电后，把放电深度控制在负极第二个电位平台，调整溶液，使正、负极第 2 次充电可同时到达充电终点，之后开始充放电循环。

陈茂斌[141]等研究了充、放电电流密度对钒电池充、放电效率和电池容量的影响。采用改性石墨板作钒电堆的集流体，电极材料为 6 mm 厚的石墨毡，隔膜采用 Nafion 117 膜（Du Pont 公司产），电解液为 2 mol·L^{-1} VO^{2+} 的 H$_2$SO$_4$ 溶液，将电解液分别装入正、负极储液罐中。先将集流体、石墨毡组装成单、双极性电极，再将单、双极性电极、隔膜、密封体等组装成有 8 只单体的电堆，有效电极的反应面积为 784 cm²、用 BT - 2000 充、放电测试仪（Arbin 公司产）给流经电堆的电解液充电，充电电流密度为 70 mA·cm⁻²，每只单电池充电电压小于 1.7 V，得到 2 mol·L⁻¹ V³⁺ 的 H₂SO₄ 负极电解液。

99% 充电态钒电池电压按下式计算：

$$\varphi_{99\%充电态} = 1.25 - 0.059 \lg \frac{C(V^{4+})}{C(V^{5+})} + 0.059 \lg \frac{C(V^{2+})}{C(V^{3+})}$$

99% 充电态的电压值为 1.49 V。

用同样方法计算 99% 放电态的电压值为 1.01 V。考虑到电化学极化等因素的影响，设置单体钒电池的充电电压不超过 1.75 V，放电电压不低于 0.80 V。

综合考虑钒电池的库仑效率和能量效率，选择充、放电电流密度为 63.8 mA·cm⁻²。

钒电池有很强的深度放电能力，但单体钒电池充电电压超过 1.75 V 时，过充电会使石墨集流体的正极面被腐蚀，从而降低钒电池寿命。

12.6 钒氧化还原液流电池组

1986 年，M. Skyllas Kazacos 等[142]制成静止型钒电池，以石墨板为电极材料，隔膜为磺化聚乙烯阳离子膜，负极电解液为 2 mol·L⁻¹ H₂SO₄ + 0.1 mol·L⁻¹ V³⁺，正极电解液为 2 mol·L⁻¹ H₂SO₄ + 0.1 mol·L⁻¹ V⁴⁺。1996 年开发出 1 kW UNSW 钒电池组，[143]放电电流达 20 A。

赵平等[144]采用聚丙烯腈石墨毡（PAN - based graphite felt）电极，石墨板双电极，Nafion 膜为隔膜，电解液为 2 mol·L⁻¹ VOSO₄ + 3 mol·L⁻¹ H₂SO₄，用 10 节单电池以压滤机方式组装成

钒电池组，电解液从公用主管道并流分配进入各个单电池，表 12
-8 列出了钒电池组性能。

表 12 - 8　钒电池组性能[124, 144]

单电池数	10	10
电极面积/cm^2	1500	451.4
单电池腔平均厚度/mm	6.1	
隔膜	Selmion CMV (Asahi Glass)	Nafion
电解液组成	1.5 mol·L^{-1} VOSO$_4$ +2.6 mol·L^{-1} H$_2$SO$_4$	2 mol·L^{-1} VOSO$_4$ +3 mol·L^{-1} H$_2$SO$_4$
电解液流速/L·min^{-1}	6	3.1
石墨毡厚/mm	6	5
导电塑料厚/mm	0.3	
双极板厚度/mm		1.5
电池堆压降/kPa	80	
充电电流/A	20 ~ 60	20
放电电流/A	20 ~ 120	20
充电电压/V	17	17
放电电压/V	8	8
半电池容积/L	12	5
充电状态/%		80
75 A, 50% 充电状态的额定功率/W	940	
120 A, 100% 充电状态下的峰值功率/kW	1.58	
电池组外形尺寸($L \times d \times h$)/cm		35 × 25 × 15
电池组质量(荷电解液)/kg		18
研究单位	UNSW[124]	中国[144]

图 12-14 为钒电池组的放电电压及输出功率与放电电流的关系。

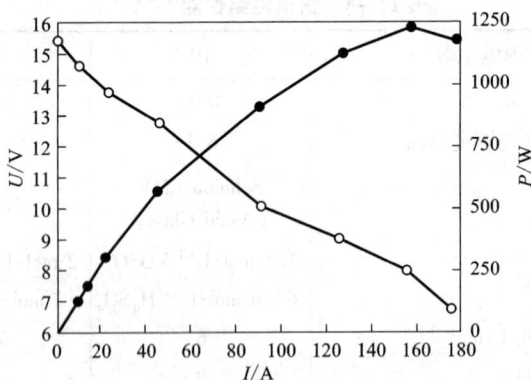

图 12-14 钒电池组的放电电压及输出功率与放电电流的关系[144]

从图 12—14 可以看出,钒电池组的开路电压(放电电流为零)为 15.4 V,放电电流增加,工作电压下降,输出功率上升到最大值后下降,电堆的峰值功率为 1.23 kW。表 12-9 列出了钒电池组的效率与充、放电电流的关系。

表 12-9 钒电池组效率与充、放电电流的关系[144]

充电电流/A	放电电流/A	库仑效率/%	电压效率/%	能量效率/%
44.9	44.9	80	70	56
22.9	22.9	91.2	79.2	72.3
17.9	17.9	90.5	83.0	75.2
13.4	13.4	90.2	83.8	75.6
9	9	89.1	87.8	78.2

从表 12 − 9 看出，充、放电电流增加，库仑效率增加，电压效率下降，这是因为电流大时，电池的极化(电化学、浓度、欧姆极化)增大，使电池的充电平均电压升高，放电平均电压下降，致使电压效率下降。当充、放电电流增加到 44.9 A 时，由于负极析氢副反应严重，致使电池放电到达终点电位的时间提前，电池有部分电量未放出，导致钒电池组的库仑效率降低。

12.7　氧化还原液流电池的发展前景

液流电池因具有独特的优点，适合在电网系统起调峰填谷作用，可用作太阳能光电系统和风力发电系统的储能电源。作为 UPS 可用于医院、剧院及军用设备的应急电源，电动汽车的动力电源。在海岛、偏远山区，液流电池配以太阳能和风能等发电装置，可保障这些地区稳定电力供应。

目前，我国的太阳能、风能发电已初具规模，但其应急电源采用的铅酸电池，存在寿命短和环境污染等问题。我国的电站尚未配置储能系统，浪费大量电力资源。如果能利用液流电池建成电站储能系统，不仅节约资源，保护环境，也将提高电站的经济效益和社会效益。

液流电池中，钒电池以其自身的优势，受到国内外学者的普遍关注和政府支持，但要真正实现钒电池商品化，还需要进一步研究开发低成本、高性能、耐久性的离子交换膜材料，电化学活性高、稳定性好的电极材料，高浓度、多价态、高稳定性的电解液。只有突破上述三大关键技术，钒电池才能得到大规模的工业应用。

第 13 章　电化学电容器(EC)

13.1　概　述

13.1.1　电化学电容器发展历史

电化学电容器(Electro Chemical Capacitor，EC)用来贮存电能是 1957 年美国通用电气公司 Becker[145]提出的。1879 年 Helmhoz 提出双电层概念，1968 年美国标准石油公司(SOHIO)率先研制成功碳基双电层电化学电容器[146]，1978 年日本 Matshita 公司开发成功商用松下金电器[147]，1975—1981 年加拿大的 B. E. Conway 与美国 Contimental Grob Inc 合作开发混合氧化物电化学电容器。20 世纪 80 年代，电化学电容器开始走向市场。

1899 年，B. E. Conway 出版了第一本关于电化学电容器的专著《电化学电容器——科学原理及技术应用》[148]。

目前，美国、日本、俄罗斯在超大容量电容器的产业化方面处于领先地位，1996 年，俄罗斯研制的电化学电容器为电源的电容公交车，充电一次可行驶 12 km，时速 25 km·h^{-1}。

我国从 20 世纪 80 年代开始研究双电层电容器，自 1996 年以来，陆续发表了国内外研究进展的报道。从 1998 年开始，我国上海奥威科技开发有限公司进行电化学电容器的开发研究，2006 年该公司开发的电化学电容器电车已在上海市试运行。

13.1.2　电化学电容器的特性

电化学电容器(Electro Chemical Capacitor, EC)，又称超级电容器(Super Capacitor)，或超大容量电容器(Ultra Capacitor)。是一种介于电池与静电电容器之间的新型贮能装置。

电化学电容器(EC)的主要特性如下。

(1)超大电容量和高比能量

传统的静电电容器是以电荷分离的形式贮存静电能，它经历了空气介质电容器。云母电容器、低介质电容器和电解质电容器的发展阶段。而电化学电容器(EC)是高比表面积的多孔电极/溶液界面充电，将电荷分离并贮存电荷于界面双电层中。现在已商品化的电化学电容器的电容量已达到 10000 F 以上，比能量为传统静电电容器的 10 ~ 100 倍。

(2)高比功率

EC 能在几秒钟内释放所贮存的能量，又能在几分钟内快速高效充电贮存能量，高功率充放电能力强，比功率达 1000 ~ 2000 W · kg^{-1}，比电池的比功率高 10 ~ 20 倍。

(3)充放电效率高，循环寿命长

EC 的充放电效率可达 0.90 ~ 0.95，能量利用率高，由电能转化为热能的损失减小。因此，循环寿命可达 100000 次以上。

(4)工作温度范围宽

EC 能在 – 40℃ ~ 60℃ 的温度范围内稳定工作，维护管理方便。

(5)安全性能好，不污染环境

EC 可与化学电源联用组成电动汽车的混合动力系统，有望成为一种新型、高效、实用的能量贮存装置。表 13 – 1 列出了贮能装置的性能比较。从表 13 – 1 可以看出，EC 的比能量比传统静电电容器高，但比电池低。EC 的比功率低于传统静电电容器，

但比电池高,用 Ragone 图(图 13-1)反映上述三种贮能装置的比功率和比能量的差别。Ragone 是 D. V. Ragone 的姓,1968 年 5 月在他的论文中最早应用了 Ragone 图。Ragone 图表明,作为一种新型贮能装置,EC 将会在电池和传统静电电容器之间的领域得到应用。

表 13-1　几种贮能装置的性能比较[149]

性能	电池	静电电容器	电化学电容器	美国能源部 EC 远期目标
放电时间	$0.3 \sim 3$ h	$10^{-5} \sim 10^{-3}$ s	$1 \sim 30$ s	
充电时间	$1 \sim 5$ h	$1 \sim 30$ s	$1 \sim 30$ s	
比能量/(Wh·kg^{-1})	$20 \sim 100$	<0.1	$1 \sim 10$	15
比功率/(W·kg^{-1})	$50 \sim 200$	>10000	$1000 \sim 2000$	1500
充放电循环效率/%	$75 \sim 85$	≈ 100	$90 \sim 95$	
循环寿命/周	$500 \sim 2000$		>100000	

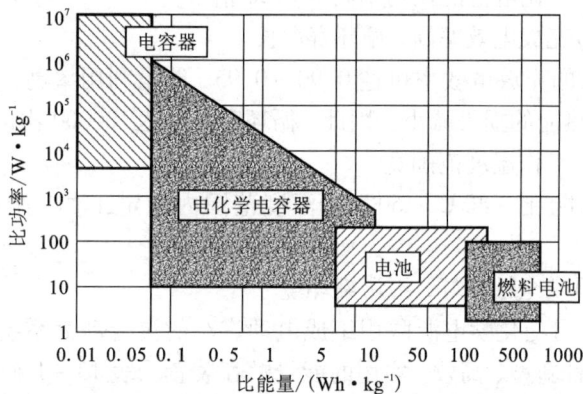

图 13-1　各种能量贮存器件的 Ragone 图[150]

13.2　电化学电容器(EC)的工作原理

13.2.1　贮能机理

EC 的贮能机理有两种,即双电层电容贮能和电化学反应电容贮能。

13.2.1.1　电极/溶液界面双电层电容贮能

图 13 - 2 为双电层结构模型示意图。当金属电极和电解液接触时,电极/溶液界面的金属一侧积蓄一定量的电荷,而溶液一侧积蓄同等数量,符号相反的电荷,形成电极/溶液的双电层结构。伴随双电层的形成,电极界面累计大量相反电荷形成的电容被称为双电层电容。电极表面是电容器的一个极板,溶液离子层为另一极板,双电层的厚度为两极板的极矩(一般为 0.3 ~ 0.6 nm)。根据平板电容器理论,电容为

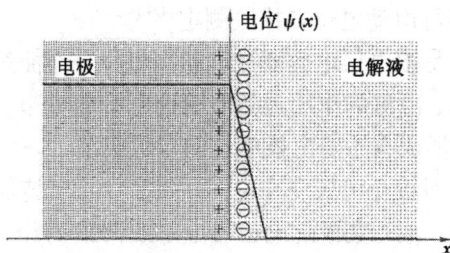

图 13 - 2　Helmholtz 双电层结构模型

$$C = \frac{\varepsilon\varepsilon_0 S}{\delta} = C_{比} S \qquad (13-1)$$

式中:　　S——极板面积;

δ——极板间距离(约为 0.5 nm);

ε_0——真空介电常数;

ε——介质相对的介电常数;

$C_{比}$——比电容, $C_{比} = \dfrac{\varepsilon\varepsilon_0}{\delta}$。

一般 ε 为 10 个数量级范围。因此, $C_{比}$ 可能达 16 ~ 50 $\mu F \cdot cm^{-2}$, 这就是电化学电容器具有超大电容值的本质, 是由电极/溶液界面双电层的自身特性决定的。

实验表明, 界面双电层的电容并不完全像平板电容器那样是恒定值, 而是随着电极电位的变化而变化的。因此, 应该用微分形式来定义界面双电层的电容, 称作微分电容:

$$C_d = \frac{\mathrm{d}q}{\mathrm{d}\varphi} \tag{13-2}$$

微分电容表示引起电极电位微小变化时所引入电极表面的电量, 也表示界面的电极电位发生微小变化时所具备的贮存电荷的能力。

微分电容可由动电位扫描法测定[151]。

图 13-3 是双电层电容器充电状态电位分布曲线。当电流通过一个电极时, 电流的作用是类似于给电容器充电, 参与建立或改变双电层, 形成有一定电极电位的双电层结构。

如果将一对极化电极浸在电解质溶液中, 当施加的电压低于溶液的分解电压时, 在极化电极与电解质溶液的相界面, 电荷会在原子尺度由(0.3 ~ 0.5 nm)分布排列。由于静电作用, 正极会吸引溶液中的负离子或离子团; 相反, 负极会吸引正离子, 且在两个固体电极之间产生电位差, 以电荷或浓缩的电子在电极材料表面存贮能量:

$$E = qv = \frac{1}{2}CV^2 \tag{13-3}$$

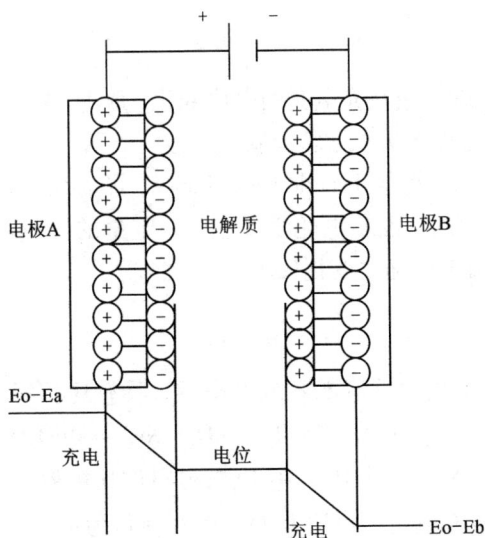

图 13-3 双电层电容器充电状态电位分布曲线[152]

式中： E——存贮能量；

q——电荷；

V——电位差。

根据式(13-1)，双电层电容 $C = C_比 S$。即电极材料的面积越大，电解液中正负离子的距离越小，双电层电容越大，电容器存贮能量越高。

例如，目前已商品化的电化学电容器用的电极材料碳的比表面积已达 $1000 \sim 2000 \ m^2 \cdot g^{-1}$。若 $C_比$ 为 $30 \ \mu F \cdot cm^{-2}$，$S = 1000 \ m^2 \cdot g^{-1}$，双电层的厚度为溶剂化阴离子半径，根据式(13-1)计算，碳电极的双电层电容的理论值为：

$$C_碳 = 30 \times 1000 \times 10^4 \ \mu F \cdot g^{-1}$$

根据式(13-3)，双电层电容器贮存(或释放)能量为：

$$E = \frac{1}{2}CV^2 = \frac{1}{2} \times 300 \times 1^2 = 150 \text{ J} \cdot \text{g}^{-1} = 41.7 \text{ Wh} \cdot \text{kg}^{-1}$$

式中：V——碳电极在充电时的电位变化，取 $V = 1$。

13.2.1.2　电化学反应电容贮能

电化学反应电容(Pseudo Capacitance，译为准电容)。当电极充电(或放电)时，发生电化学反应，一定量的电量(Δq)进入电极，同时电极电位随之变化(ΔV)，电容 C_φ

$$C_\varphi = \frac{\Delta q}{\Delta V} \qquad (13-4)$$

C_φ 称作电化学反应电容或准电容，具有这类特性的材料有金属氧化物 RuO_2、IrO_2、Co_3O_4、CoO_x、NiO_x、MnO_2、MoO_3、WO_3 和氮化物 Mo_xN 等。其中 RuO_2 电极材料的比电容 C_{RuO_2} 可达 720 $F \cdot g^{-1}$，电极充电电压可达 1.2V，贮存能量为：

$$E_{RuO_2} = \frac{1}{2}CV^2 = \frac{1}{2} \times 720 \times 1.2^2 = 518 \text{ J} \cdot \text{g}^{-1} = 144 \text{ Wh} \cdot \text{kg}^{-1}$$

13.2.2　EC 的工作原理

实用的 EC 必须由两个电容器电极组成，才能实现贮能或释放能量的功能。图 13-4 为两个电极组成的 EC 示意图，其等效电路如图 13-5。

从图 13-4 中可知，每个电极都有自己的电极/溶液界面双电层，充电时，负极表面集聚电子负电荷，界面溶液则集聚正离子电荷，双电层的电荷密度不断增加，负极的电极电位依据电容值变化；而正极表面随着电子流出，带有越来越多正电荷，界面溶液侧集聚越来越多的负离子电荷相对应，双电层的电荷密度也不断增加，正极的电位也随电容值变化，直至充电结束，完成贮能。图13-6，表示 EC 的电极电位分布。放电时则相反，负极流出电子，正极流进电子，双电层溶液侧的荷电离子相应减少，双

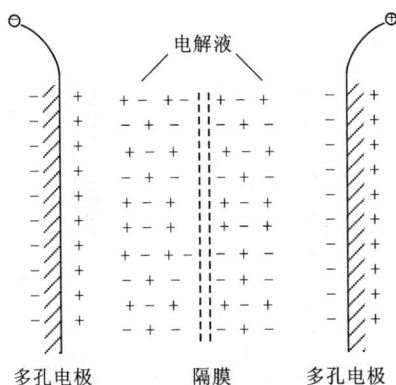

图13-4　由两个电极组成的电化学电容器示意图[153]

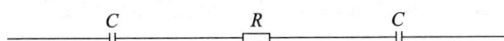

图13-5　由两个电极组成的EC的等效电路图

电层电荷密度减小，电极电位随之变化，直至放电结束。

双电层电容器的充放电过程的反应为[154]：

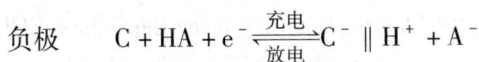

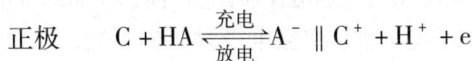

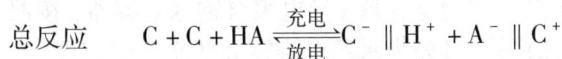

负极　　$C + HA + e^- \underset{放电}{\overset{充电}{\rightleftharpoons}} C^- \parallel H^+ + A^-$

正极　　$C + HA \underset{放电}{\overset{充电}{\rightleftharpoons}} A^- \parallel C^+ + H^+ + e$

总反应　　$C + C + HA \underset{放电}{\overset{充电}{\rightleftharpoons}} C^- \parallel H^+ + A^- \parallel C^+$

式中：C——碳电极；"$\parallel$"——双电层；A^-——负离子。

从上述充放电过程可以看出，双电层电容器充放电时没有发生法拉第反应，没有电荷穿越电极界面，只发生电荷的静电移动，是一个快速的可逆过程。因此，双电层电容器具有高比功率的优良特性。

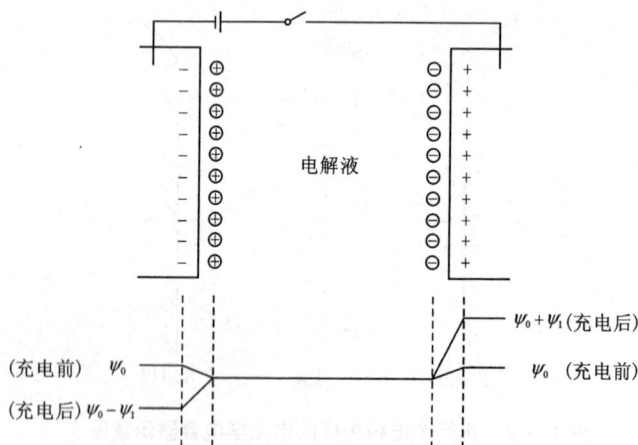

图 13-6　电化学电容器的电极电位分布图[153]

13.3　EC 的分类

EC 的单元由一对电极、隔膜及电解质组成。按照贮能原理，EC 分为双电层电容器(Electric Double - layer Capacitor，EDLC)，准电容器(Pseudo - Capacitor)也称法拉第电容器(Faradicseud Capacitance)，混合电化学电容器。根据电极材料的不同，可分为碳基电容器、金属氧化物电容器、导电聚合物基电容器；按照电解质所用的溶剂不同，可分为水系电容器和非水系电容器(有机电容器)。

通常，电化学电容器按电极类型进行分类，可再根据电解液的类型不同作进一步地细分，如表 13-2 所示。

表 13 – 2 电化学电容器的分类^[153]

类型	电极	电解液
1	碳电极	水系电解液
2		有机电解液
3	金属氧化物电极	水系电解液
4	导电聚合物电极	水系电解液
5	不对称混合型 NiOOH(正极),碳(负极)	水系电解液
6	不对称混合型 LiCoO$_2$(正极),碳(负极)	有机电解液

13.3.1 双电层电容器(EDLC)

双电层电容器是利用多孔材料和电解质之间形成的双电层电容来贮存能量,一般以活性炭为电极产生的是双电层电容。

当电极和电解液接触时,由于库仑力、分子间力或原子间力的作用,固/液界面出现稳定的、符号相反的两层电荷,称作界面双电层。双电层的贮能是通过电解液的电化学极化来实现,并不发生电化学反应,其贮能过程是可逆的。

两个电极相同的电容器称作对称电化学电容器,如图 13 – 7。如果两电极都采用活性炭,其基本原理是炭/溶液界面电荷分离产生的双电层电容器来贮存电能,其等效电路如图 13 – 8。

图中,C_P——正极电容;C_n——负极电容。对称电化学电容器的总电容为:

$$\frac{1}{C_T} = \frac{1}{C_P} + \frac{1}{C_n} \qquad (13-5)$$

双电层电容器电极的等效电路如图 13 – 9。

图中:R_F——法拉第电阻,当 $R_F \to \infty$ 时,该电极称作理想极化电极。理想极化电极是在一定的电极电位范围内,外界通入电

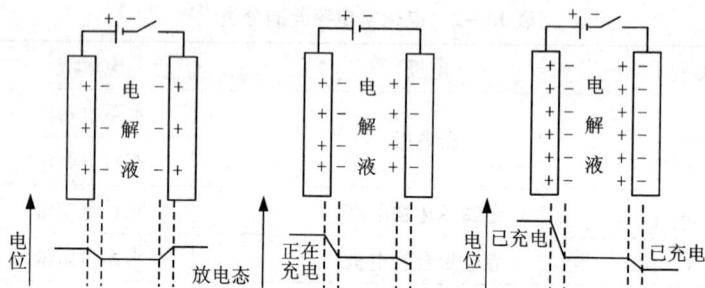

图 13 – 7　对称电化学电容器的充电过程示意图[150]

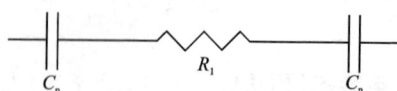

图 13 – 8　对称电化学电容器的等效电路

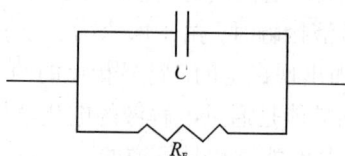

图 13 – 9　双电层电容器电极的等效电路

极的电流全部用于改变界面的电荷密度。

$$dq = Id = C_d \Delta \varphi \qquad (13-6)$$

对双电层电容器，要求 $R_F \to \infty$，即在一定的电极电位范围内，界面上不发生电化学反应。

13.3.2　法拉第准电容器(Faradicpseundo Capacitance)

法拉第准电容器又称吸附准电容器(adsorption Pseudo Capacitor)或准电容器(Pseudo Capacitor)，最早由 B. E. Caway[155]命名

为准电容(Pseudo Capacitance)，以区别双电层电容。准电容器的
工作原理是在极化电极表面或体相附近一定范围(准二维空间)
进行快速，可逆、无相变的电活性物质欠电位沉积(Under Poten-
tail Deposition，UPD)，发生高度可逆的化学吸附/脱附或氧化还
原反应，从而产生与充电电位有关的电容。其贮存电荷过程包括
双电层的存贮，电解液中离子在电极活性物质中由于氧化还原反
应而将电荷贮存在电极中。一般以金属氧化物为电极产生的电容
是法拉第准电容。

双电层电容在充电过程需消耗电解液，而法拉第准电容在整
个充放电过程中电解液的浓度保持相对稳定。因此，法拉第准电
容的比电容是双电层的比电容的 $10 \sim 100$ 倍。[156]

对法拉第准电容器，当电流流入电极时，电极上发生电化学
反应

$$A^+ + e \longrightarrow D$$

该反应生成的吸附中间产物 AI(adsorbed internatiate)

$$A^+ + e \longrightarrow AI, \quad AI \longrightarrow D$$

假定 dq_{AI} 的电量由吸附中间产物引起电极表面覆盖度的变化
为 $d\theta$

$$dq_{AI} = I_{AI}dt = Kd\theta \tag{13-7}$$

式中：K——形成一单层吸附层所需的电量($\theta = 1$)。

$$d\theta = \frac{\partial \theta}{\partial \Delta\phi}d\Delta\phi \tag{13-8}$$

将式(13-8)代入式(13-7)得

$$dq_{AI} = I_{AI}dt = K\frac{\partial \theta}{\partial \Delta\phi}d\Delta\phi \tag{13-9}$$

$$\frac{dq_{AI}}{d\Delta\phi} = K\frac{\partial \theta}{\partial \Delta\phi} \tag{13-10}$$

$\frac{dq_{AI}}{d\Delta\phi}$ 称作微分电容，记为 $C_{AI} = \frac{dq_{AI}}{d\Delta\phi}$。

C_{AI}——吸附准电容。

$$C_{AI} = K\frac{\partial \theta}{\partial \Delta\phi} \qquad (13-11)$$

准电容 C_{AI} 是电极表面电化学活性物质发生可逆的化学吸附/脱附或氧化还原反应，产生和电极电位有关的电容。即通入电极的电流，一部分用于双电层充电，另一部分用

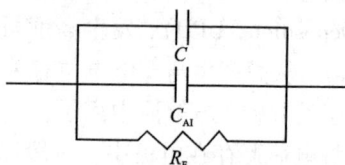

图 13 - 10　形成吸附准电容的电极等效电路

于界面上形成吸附中间产物，其等效电路如图 13 - 10。

电极总电容：

$$C_T = C + C_{AI} \qquad (13-13)$$

由于吸附准电容，界面的贮存能量 (E) 有明显增加。

$$E = \frac{1}{2}C_T V^2 \qquad (13-14)$$

电容器的贮能与工作电压的半方成正比。

13.3.3　混合电化学电容器(Hybrid Capacitor)

混合电化学电容器称作"不对称电化学电容器"，是利用两种不同的电极材料作正、负极产生的电容，其中一个电极产生法拉第准电容(如 NiO_x、RuO_2、PbO_2 电极)，另一电极产生双电层电容(如碳电极)。也可以用两种不同的金属氧化物电极或导电聚合物电极组装。混合电化学电容器其行为与蓄电池相似，但又具有电容器的特点。混合电化学电容器的比能量比双电层电容器有显著提高。

混合电化学电容器的电容值为：

$$\frac{1}{C_T} = \frac{1}{C_P} + \frac{1}{C_n} \qquad (13-15)$$

若 $C_P \approx 10 C_n$，则

$$\frac{1}{C_T} = \frac{1}{10 C_n} + \frac{1}{C_n}, \quad C_T \approx C_n \quad\quad (13-16)$$

图 13-11 是混合型电化学电容器的结构原理图。

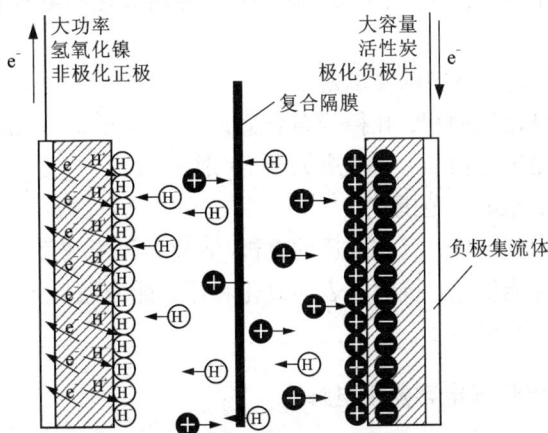

图 13-11　混合型电化学电容器的结构原理图[157]

　　常见的混合电化学电容器，一般都以碳材料为负极、金属氧化物为正极，如 NiO_x/C，PbO_2/C，MnO_2/C 等。

　　用 NiOOH 作正极，碳材料作负极的混合 EC 的比能量达7.95 $Wh \cdot kg^{-1}$，以 PbO_2 为正极，碳材料作负极的混合 EC 的比能量为 18.5 $Wh \cdot kg^{-1}$；以纳米水合 MnO_2 为正极，活性炭作负极的混合 EC，其双电极比容量为 42.5 $F \cdot g^{-1}$。

13.4　电化学电容器的组成和结构

　　和单体电池类似，电化电容器单体由电极、电解质、隔膜和

壳体组成。多个 EC 单体组成电化学电容器组。

13.4.1　电极

电极是 EC 最关键的部件,不同类型的电极构成不同的 EC 体系。目前常用的电极主要有碳电极,金属氧化物电极和导电聚合物电极。

EC 对电极材料的要求是:

(1)高比表面积,孔径分布合适;

(2)循环寿命长,一般应大于 10^5 次;

(3)工作电压范围宽;

(4)润湿性好,具有合适的电极/溶液界面接触角;

(5)性能稳定,抗电极表面氧化和还原能力强;

(6)欧姆电阻小。

13.4.2　电化学电容器用电解质

EC 使用的电解质分为液体电解质和固体电解质。液体电解质有水系电解液和非水系电解液。

EC 对电解质的要求是:

(1)电导率高;

(2)电解质的电阻率和粘度随温度的变化率应满足 EC 的使用要求;

(3)在 EC 的工作电压下,电解质的分解电压稳定,不发生电化学反应,不析出气体;

(4)对电极材料的腐蚀性小;

(5)低毒或无毒,不污染环境。

目前使用的水系电解液有 H_2SO_4、KOH、KCl、$(NH_4)_2SO_4$ 等。水系电解液的电导率比有机电解液高两个数量级,适用于大电流放电的 EC。由于水的理论分解电压为 1.23 V,故水系电解液只适合于工作电压 1.0 V 左右的 EC。

　　金属氧化物电容器的电解液主要是 H_2SO_4(用于 $RuO_2 \cdot nH_2O \cdot IrO_2 \cdot nH_2O$ 体系),KOH(用于 NiO_x、CoO_x、MnO_2 体系),也有的采用 Na_2SO_4 溶液。

　　非水电解质比水系电解质的电导率低,但分解电压较高,有利于获得较高的比能量,而且工作温度范围较宽。目前使用较多的有 Et_4NBF_4/PC 等。有机电解质的离子半径比水系电解质离子的半径大,故电极材料的孔径要大。

　　固体电解质无电解液池漏,稳定可靠,但电导率较低,尚未在 EC 中得到工业应用。

13.4.3　隔膜

　　隔膜的作用是阻止电子通过,使电解质中的正、负离子导通,防止电极短路。EC 对隔膜的要求是:

　　(1)对电极材料的绝缘性能好;

　　(2)化学性能稳定,不易老化;

　　(3)足够的机械强度;

　　(4)良好的离子传输能力,电阻小;

　　(5)对电解液的润湿性能好。

　　目前用于 EC 的隔膜有无纺布、聚丙烯隔膜、聚乙烯微孔膜、玻璃纤维、非编织尼龙等,还有电容器纸。

13.4.4　电化学电容器结构

13.4.4.1　电化学电容器单体

　　图 13-12 为圆柱形电化学电容器的剖面示意图。电容器的两个电极可以是相同的,如两个碳电极或两个 RuO_2 电极;也可以是不同的两个电极,即一个为碳电极,一个为 NiO_x 电极。前一种称作对称性电化学电容器,后一种称作不对称型电化学电容器。

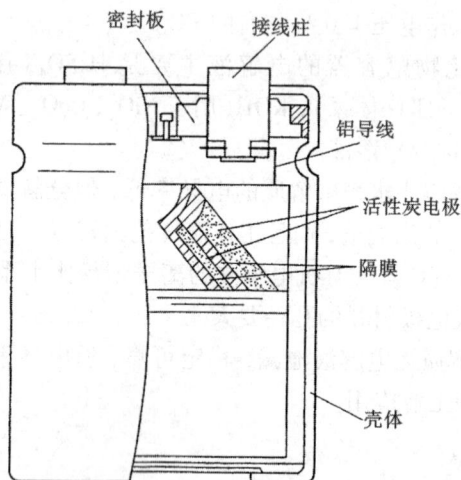

图 13 – 12 圆柱形电化学电容器单体的剖面示意图[153]

电化学电容器最基本单元称作单元电容件，如图 13 – 13 所示。扣式贮能电化学电容器是将一个单元电容件和电解液封装在扣式金属外壳中，如图 13 – 14 所示。扣式 EC 的额定电压取决于电极材料和电解液类型。采用碳电极、水系电解液（KOH 或 H_2SO_4 溶液），额定电压为 0.8 ~ 1.0 V。如果采用碳电极，有机电解液时，额定电压为 2.3 ~ 2.7 V。有机电解液通常为四铵离子烷基盐在乙腈溶剂或碳酸丙烯酯溶剂中的溶液。

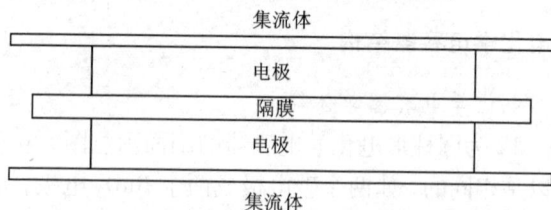

图 13 – 13 单元电容体组成示意图

单元电容器的额定电压不超过 3 V,电容量有限,通过串联或并联方法可将各个单元电容器件组合成实用的单体电容器。

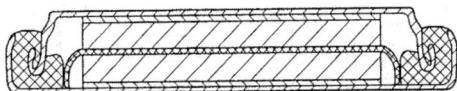

图 13 – 14　扣式电化学电容器的剖面示意图[153]

如果将 n 个单元电容件并联,电容量为:

$$C_{并} = nC_{单元} \qquad (13 - 17)$$

并联后单体的电压不变

$$V_{并} = V_{单元}$$

若将 n 个单元电容器件串联

$$V_{串} = nV_{单元} \qquad C_{串} = \frac{1}{n}C_{单元} \qquad (13 - 18)$$

电化学电容器单体结构如图 13 – 15。

13.4.4.2　电化学电容器组

电化学电容器组由多个电化学电容器单体串联组成,当采用 n 个同一型号单体电容器串联时,

$$V_{组} = nV_{单体} \qquad (13 - 19)$$

$$C_{组} = \frac{1}{n}C_{单体} \qquad (13 - 20)$$

假设单体电容器的贮能为 $E_{单体}$,则电容器组的贮能为:

$$E_{组} = \frac{1}{2}C_{组} V_{组}^2 = nE_{单体} \qquad (13 - 21)$$

组成电化学电容器组的单体电容器的性能参数尽可能一致,特别是电容量和内阻。如果性能参数存在差别,当电容器组充电时,最小电容量的单体电容器首先达到额定电压,此时,最大容量的单体电容器刚达到额定电压的 1/1.5(即 67%),如果此时

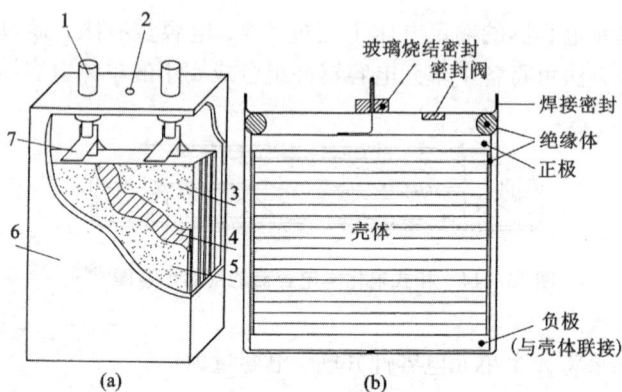

图 13 – 15　电化学电容器单体结构示意图[153]

(a)并联式；　(b)串联式

1—接线柱；2—注液孔；3—负极；4—隔膜；5—正极；6—壳体；7—极耳

停止充电，那么最大容量的单体电容器贮能只有最小电容量单体电容器的 67% 。那最大电容量单体电容器的贮能为：

$$E_{大} = \frac{1}{2}C_{大}\left(\frac{1}{1.5}V\right)^2 = \frac{1}{2} \times 1.5C_{小} \times \left(\frac{1}{1.5}\right)^2 V^2$$

$$= \frac{1}{2} \times \frac{1}{1.5}C_{小} V^2 = 0.67E_{小}$$

　　碳电极双电层电容器的技术比较成熟，金属氧化物电化学电容器由于价格高，应用范围有限，导电聚合物的电导率高，其导电聚合物电化学电容器的比能量比碳电极双电层电容高 2 ~ 3 倍，且材料价格比 RuO_2 低，但目前循环寿命较短，需要继续改进。不对称混合型电化学电容器比能量高，有可能在 UPS 领域替代铅酸电池。表 13 – 3 列出了不对称混合型电化学电容器与铅酸电池性能的比较。

表 13–3　不对称混合型电化学电容器与铅酸电池性能比较[153]

性能	不对称混合型电化学电容器	铅酸电池
比能量/(kJ·kg^{-1})	20 ~ 40	150 ~ 200
比功率/(kW·kg^{-1})	2 ~ 10	0.1 ~ 0.5
充电时间	几秒到几分钟	数小时
充放电效率/%	>90	70 ~ 90
工作温度范围/℃	– 50 ~ 50	室温

13.5　电化学电容器制造工艺

目前已经商品化或正在研究开发的电化学电容器(EC)主要有三类,即碳基 EC、金属氧化物 EC、聚电聚合物 EC。

EC 的制造过程包括电极材料和电极制造,单体 EC 和 EC 组制造。

13.5.1　碳基电化学电容器

用于 EC 的碳电极材料必须具备以下性能:

(1)真实的高比表面积;

(2)良好的导电性和多孔材料特性;

(3)有利于电解液进入内孔表面区域。

炭素材料是基于双电层电容原理来实现能量贮存,是目前应用最成功的电极材料。碳材料的比表面积和微孔结构是影响 EC 比能量和比功率的决定因素。电解质离子在电极表面微孔孔壁上的吸附与脱附决定电容器的充放电性能,微孔的大小应有利于活性物质扩散。研究表明,在水溶液中直径 2 nm 以上的微孔有利于形成双电层电容,对非水电解质,其孔径宜为 5 nm。

碳材料制造的 EC 成本低，但电极的稳定性和结晶性较差，导电性不理想，不利于荷电传输过程中的电子的转移，电容器的比容量较低，常用碳材料改性方法提高双电层电容器的电容量。

电化学电容器的电极制造工艺与电池的电极制造工艺相同。图 13-16 是碳电极的 EC 的制造工艺流程。

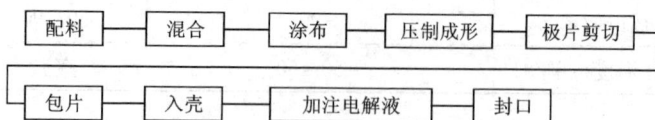

图 13-16 碳电极 EC 的制造工艺流程

用作碳基 EC 的碳材料有粉状活性炭、炭黑、碳纤维、玻璃碳、碳气凝胶、碳干溶胶、碳纳米管。其中活性炭、炭气凝胶、碳纳米管是常用材料。

13.5.1.1 活性炭

制造高比表面积活性炭的原料丰富，如石油、沥青焦、沥青、煤、木质素、果壳及中间相炭微球等。

活性炭的微孔是指孔径 $0.8 \sim 2.0$ nm 的孔，中孔和大孔的孔径超过 2.0 nm。

Anon 等[158]利用比表面积为 2000 $m^2 \cdot g^{-1}$ 的活性炭在水系和非水电解质中能获得 280 $F \cdot g^{-1}$ 和 120 $F \cdot g^{-1}$ 的比容量，是目前活性炭材料所能达到的最大比容量。

（1）活性炭制备。

活性炭的制备采用二次活化工艺。第一次活化用木材炭化后的粉末在 400℃ ~420℃ 范围内浸渍于 KOH 溶液中 3 h，然后缓慢升温至 900℃，在搅动条件下进行刻蚀反应 2 h。第二次活化是在催化剂 $NaHCO_3$ 作用下于 900℃ 高温蒸汽中进行物理刻蚀 3 h 以上。

（2）电化学电容器制造

将活性炭粉、导电石墨加入少量水润湿，随后加入适量的 60% 的 PTFE 和少量异丙醇，充分搅拌 1~2 h，所得浆料在 60℃ 下干燥，待到半干状态时压制成厚 0.3 mm 左右的薄膜，剪成 50cm² 的电极片，在油压机上将电极片压到泡沫镍集流体上。

图 13–17 是双电极体系中碳电极的循环伏安曲线，图 13–17 中的曲线具有良好的对称性，说明碳电极具有良好的可逆性。

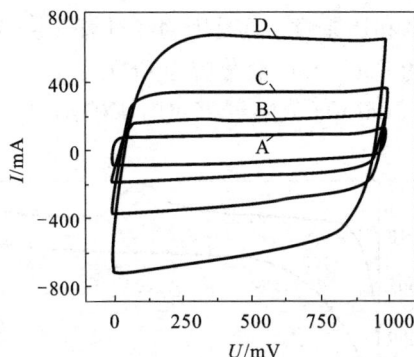

图 13–17　双电层电容器的循环伏安曲线[159]

扫描速率：A—10 mV·s⁻¹；B—20 mV·s⁻¹；C—40 mV·s⁻¹；D—80 mV·s⁻¹

13.5.1.2　碳电极改性

（1）改性活性炭制备

将活性炭粉末（粒径 < 180 μm）加入到用 Co(NO₃)₂·6H₂O 配制的 5% 浓度水溶液中，于室温下浸渍 24 h，过滤后于 120℃ 干燥，干燥后的样品在氮气保护下于 500℃ 恒温 2 h，冷却，得改性活性炭。

（2）电化学电容器制造

　　按配比,改性活性炭粉:石墨:PTFE = 8:1:1 混合,用乙醇润湿,搅拌成半干浆料,在轧辊机上压制成厚 0.2 mm 薄片,于 120℃烘干,用油压机压在泡沫镍集流体上,即成电极片。

　　将电极片,聚丙烯隔膜,用 6 mol · L^{-1} KOH 浸渍 24 h,然后组装成电化学电容器。

　　从改性前后,活性炭电极电容器的循环伏安曲线 (图 13 - 18)看出,改性前的曲线对称性好,无氧化还原峰出现,说明电极的可逆性好,电容量全部由双电层电容提供。而改性后的曲线仍有很好的对称性和接近标准长方形的纯电容特性,并出现明显的氧化峰和还原峰。这是因为经过氮气氛热解处理过的改性活性炭吸附的 $Co(NO_3)_2$ 会分解为 CoO:

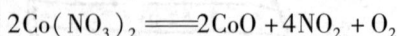

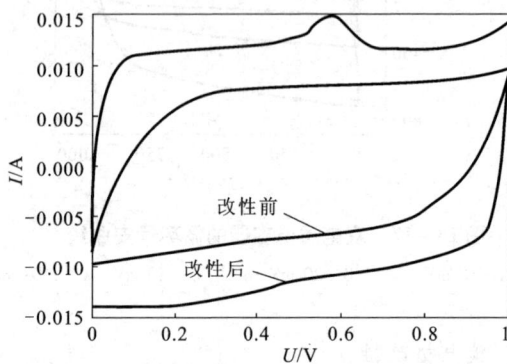

$$2Co(NO_3)_2 \xlongequal{\quad\quad} 2CoO + 4NO_2 + O_2$$

图 13 - 18　用 $Co(NO_3)_2$ 改性前后活性炭

电极电容器循环伏安曲线($v = 5$ mV · s^{-1})[160]

　　循环曲线上的氧化还原峰的反应为:

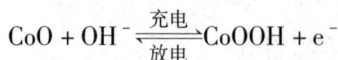

$$CoO + OH^- \underset{放电}{\overset{充电}{\rightleftharpoons}} CoOOH + e^-$$

　　因此，改性后的活性炭电极的 EC 的电容量是由活性炭的双电层电容和 CoO 的法拉第准电容组成的复合容量，其比电容达到 198.8 F·g^{-1}，比改性前的比电容 130.1 F·g^{-1}提高了 52.8%；体积比电容达到 136.9 F·m^{-2}，比改性前的体积比电容 89.3 F·m^{-2}提高了 53.3%。

13.5.1.3　碳气凝胶

　　碳气凝胶是一种具有高比表面积(400~1000 m^2·g^{-1})、高孔隙率、中等孔径(<50 nm)的中孔网状结构的轻质非晶固态材料。R. Saliglr 等[161]，在超临界条件下热解酚醛树脂制得碳气凝胶，在以 H$_2$SO$_4$ 为电解液时，比容量达 160 F·g^{-1}。

13.5.1.4　碳纳米管

　　1991 年，日本电器公司的电镜专家 Lijima 首先发现了由纳米级同轴碳分子构成的管状物，即碳纳米管。这种一维碳材料由类似石墨的六边形网络组成，管子由多层构成，两端封闭，直径几纳米到几十纳米之间，长度可达数微米。它的层片间距为 0.34 nm，比石墨的层片间距(0.335 nm)稍大。

　　碳纳米管由于比表面积巨大和导电性良好，是电化学电容器理想的电极材料。

　　制备碳纳米管的方法有石墨电弧法和催化裂解法等。

　　Chunming Niu 等[162]利用碳纳米管制成单体电容器，比容量达 40 F·g^{-1}。

13.5.2　金属氧化物电化学电容器

　　金属氧化物及其水化物电极材料主要通过氧化还原反应贮存能量，用作法拉第准电容的电极材料主要是一些过渡金属氧化物，如 αRuO$_2$·nH$_2$O，α-MnO$_2$·nH$_2$O，α-V$_2$O$_5$·nH$_2$O，IrO$_2$，NiO$_x$，CoO$_x$，Co$_3$O$_4$，WO$_3$，V$_2$O$_5$，SnO$_2$ 等。

13.5.2.1 RuO$_2$ 电极

在 H$_2$SO$_4$ 电解液中，RuO$_2$ 电极的电化学电容器的电容，主要是法拉第准电容，电化学反应为：

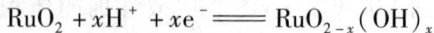

$$RuO_2 + xH^+ + xe^- \Longrightarrow RuO_{2-x}(OH)_x$$

法拉第准电容不仅发生在电极表面，而且可发生在电极内部，因而获得比双电层电容更高的电容量和比能量。

RuO$_2$ 电极材料有纯 RuO$_2$ 和复合 RuO$_2$ 材料。复合 RuO$_2$ 材料有 RuO$_2$/C、RuO$_2$/其他金属氧化物、RuO$_2$/导电聚合物等。

晶态 RuO$_2$ 由于导电性差，不适合于电化学电容器。

无定形 RuO$_2 \cdot n$H$_2$O 具有活性炭那样的多孔结构，使得 RuO$_2 \cdot n$H$_2$O 电极的表面、固/液界面及体相内部都存贮电荷，既在电极表面，也在电极内部进行氧化还原反应。内部的多孔结构有利于 H$^+$ 传输及内部 Ru^{4+} 的利用，从而提高电极的比容量。

复合材料 RuO$_2$/C 中，将 RuO$_2$ 沉积在碳材料上或在碳材料中加入 RuO$_2$，都可提高 RuO$_2$/C 电极的比容量。

(1) RuO$_2$ 电极制备

1971 年，意大利的 S. Trasatti 用热化学分解法将 RuCl$_3$ 转变为 RuO$_2$。1975 年，加拿大的 B. E. Conway 等制成了 RuO$_2$ 和混合物氧化物电极(RuO$_2$/TiO$_2$)。

RuO$_2$ 电极的制备方法有热化学分解法，电化学法和溶胶 – 凝胶法等。

①热化学分解法

将 0.1 mol·L^{-1} 的 RuCl$_3$ 水溶液涂刷到 Ti 箔上，在空气中干燥，如此反复 6 ~ 12 次，然后在空气中于 350℃ ~ 500℃ 热处理 5 min，得 RuO$_2$ 电极。

②电化学法

将钌(或电沉积在钛或金上的钌)置于 H$_2$SO$_4$ 溶液中，按循环伏安法在 0.05 ~ 1.40 V(RHE)电压范围由反复进行阳极和阴极循环数小时,直到在电极上形成几微米的含水氧化钌薄层。

③溶胶-凝胶法

将一定量的 $RuCl_3 \cdot xH_2O$(42% 质量分数的 Ru)溶于水中,然后将 $0.3 \ mol \cdot L^{-1}$ 的 NaOH 溶液缓慢加入到 $RuCl_3$ 溶液中,控制 pH 值在 7 左右,搅拌得黑色沉淀,过滤,洗涤后,烘干,得 $RuO_2 \cdot xH_2O$ 粉末。

将 $RuO_2 \cdot xH_2O$ 与 PTFE(5% 质量分数)混合,滚压成 100 ~ 200 μm 的薄膜。

Zheng 和 Jow 等[163, 164]采用溶胶-凝胶法制备的无定形 $RuO_2 \cdot xH_2O$ 水合物电极材料的比容量高达 768 $F \cdot g^{-1}$。因为当 RuO_2 转变为 $Ru(OH)_2$ 时,H^+ 很容易在体相中传输,如果反应的电位为 0 ~ 1.4 V,1 个 Ru^{4+} 和两个 H^+ 反应,则其体相中的 Ru^{4+} 也能起作用。

如果用热化学分解法制备高比表面积的 RuO_2 薄膜电极,单电极比容量为 380 $F \cdot g^{-1}$。因 RuO_2 不含结晶水,仅有颗粒外层 Ru^{4+} 与 H^+ 作用,比容量小些。表 13-4 为各种 RuO_2 电极材料的性能比较。

表 13-4　各种 RuO_2 电极材料的性能比较[165]

电极材料	电解液	工作电压 /V	比容量 /($F \cdot g^{-1}$)	比能量 /($W \cdot h \cdot kg^{-1}$)
RuO_2 薄膜	H_2SO_4	1.4	380	13.2
RuO_2/碳气凝胶	H_2SO_4	1.0	250	8.9
RuO_2/碳干凝胶	H_2SO_4	1.0	256	8.9
$RuO_2 \cdot xH_2O$/Ti	H_2SO_4	1.13	103.5	3.6
$RuO_2 \cdot xH_2O$	H_2SO_4	1.0	768	26.4

钌属稀贵金属，价格高，资源有限，限制了它的应用。在 RuO_2 中添加其他金属制成复合金属氧化物，如 $Pb_2Ru_2O_{6.5}$，$WO_3 \cdot xH_2O/RuO_2$，$Na_{3.7}WO_3 \cdot xH_2O/RuO_2$，$Ru_{1-y}Cr_yO_2 \cdot xH_2O$。还可以将 RuO_2 与碳材料、聚合物材料组合成复合材料，既减少 RuO_2 用量，还可以增大复合电极材料的比容量。

（2）RuO_2/C 复合电极

将 1 g $RuCl_3 \cdot xH_2O$ 溶于 50 ml 无水乙醇中，并加入一定量的活性炭混匀，在充分搅拌的条件下滴入 0.1 mol $\cdot$ L^{-1} 的 KOH 溶液，反应结束后，过滤，洗涤至中性，然后在空气中加热脱水，得 RuO_2/C 复合材料。

图 13 - 19 为电容器的功率放电特性。从图 13 - 19 中可以看出当 $RuO_2 : C = 2 : 3$ 时，放电电流密度为 20 mA $\cdot$ cm^{-2} 时，复合材料的单电极比容量为 359 F $\cdot$ g^{-1}，远远高于活性炭的比容量 160 F $\cdot$ g^{-1}。虽然 RuO_2/C 复合材料的比容量低于纯 RuO_2，但大电流放电特性明显改善，在 160 mA $\cdot$ cm^{-2} 放电电流下仍然保持比容量在 250 F $\cdot$ g^{-1}。

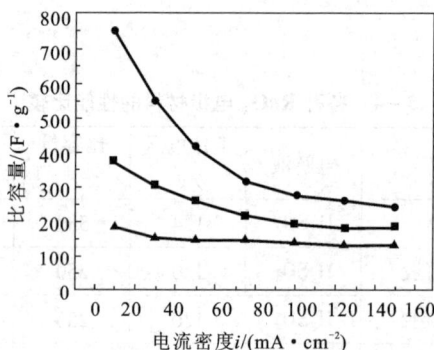

图 13 - 19　RuO_2/C 电容器的功率放电特性[166]

电极材料：-●-，$RuO_2 : C = 5 : 0$；-■-，$RuO_2 : C = 2 : 3$；-▲-，$RuO_2 : C = 0 : 5$

（3）纳米 RuO₂/C 复合电极

将 RuCl₃·xH₂O 溶于水/乙醇（体积比为 1∶1）混合溶剂中，在其中加入一定比例的碳纳米管（管径 20～50 nm），在搅拌条件下滴入一定浓度的 NaHCO₃ 水溶液至反应完全，抽滤、洗涤，然后在空气中加热烧结，研磨成粉。

将纳米 RuO₂/C 复合电极材料加入 5% PTFE 混匀，于 60℃干燥 1 h 后压制成厚度约 0.3 mm 薄片，剪成 1 cm² 的电极片，并碾压到膨胀石墨集流体上。与铂黑辅助电极，饱和甘汞电极置于 1 mol·L⁻¹ 的 H₂SO₄ 溶液中组成三电极体系进行循环伏安曲线测试。图 13 - 20 是纳米 RuO₂/C 复合电极的循环伏安曲线。从图 13 - 20 中可以看出，RuO₂/C 电极的可逆性和比容量都优于纯 RuO₂ 电极。通过对循环伏安曲线积分后计算的 RuO₂/C 复合电极的比容量达 860 F·g⁻¹。

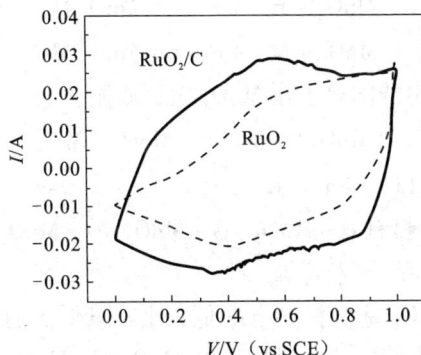

图 13 - 20　RuO₂/C 电极的循环伏安曲线[167]

（含20%碳纳米管）

（4）RuO₂/导电聚合物复合电极

RuO₂/导电聚合物复合材料中常用的聚合物有 PAN（聚苯

胺)、PPY(聚吡咯)、PTH(聚噻吩)、PAS(聚并苯)、PPP(聚对苯)等。使用聚合物作电极的电容器,在聚合物表面形成双电层的同时,导电聚合物在充放电过程中发生的氧化还原反应,会在聚合物膜上快速生成 n 型或 p 型掺杂,从而使聚合物存贮很高密度的电荷,产生法拉第电容。聚合物电容器的比容量比活性炭作电极的双电层电容器大 2 ~ 3 倍。

13.5.2.2　MnO_x 基电化学电容器

MnO_2 资源丰富,价格低,环境友好,电化学窗口宽,电化学活性高。MnO_2 存在形态多样,有 α - MnO_2、β - MnO_2、γ - MnO_2、δ - MnO_2、非晶态 MnO_2 等,其中 α - MnO_2 和 β - MnO_2 的电化学性能较好。

MnO_2 在水系电解液中的电荷存贮机理有两种:

①质子(H^+)嵌入或碱金属阳离子(如 Li^+)还原嵌入:

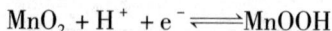

$$MnO_2 + H^+ + e^- \rightleftharpoons MnOOH$$

或　　　　　　　　$$MnO_2 + M^+ + e^- \rightleftharpoons MnOOM$$

②电解质中的阳离子在 MnO_2 表面脱附:

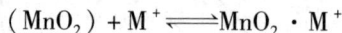

$$(MnO_2) + M^+ \rightleftharpoons MnO_2 \cdot M^+$$

式中:M^+ 代表 Li^+、Na^+、K^+。

MnO_x 基材料有 α - MnO_2、β - MnO_2、γ - MnO_2、纳米 MnO_2、MnO_2 薄膜、MnO_2 纳米管等。

单纯的 MnO_2 基材料导电率低,比容量低。通过对 MnO_x 材料改性,可以改善电化学性能,如 MnO_x/C、$MnO_2/$金属氧化物、MnO_x 导电聚合物等材料。

MnO_2 薄膜上的氧化还原反应,涉及质子(H^+)在正负极之间的嵌入和脱出:

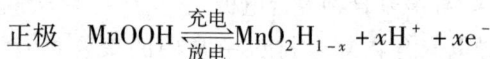

$$正极　MnOOH \underset{放电}{\overset{充电}{\rightleftharpoons}} MnO_2H_{1-x} + xH^+ + xe^-$$

负极　$MnO_2 + xH^+ + xe^- \underset{\text{放电}}{\overset{\text{充电}}{\rightleftharpoons}} MnO_2H_x$

总反应　$MnOOH + MnO_2 \underset{\text{放电}}{\overset{\text{充电}}{\rightleftharpoons}} MnO_2H_{1-x} + MnO_2H_x (0 < x < 0.5)$

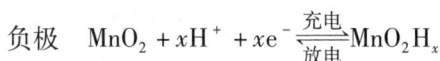

上述的氧化还原过程中，MnO_2 电极类似离子嵌入电极，只要保持循环电压不变，且电极上仅发生氧化还原反应过程，那么，在充放电时，1 mol 质子嵌入 MnO_2 晶格，就会有 1 mol 质子脱出，因为此过程不发生相变。因此具有良好的可逆性和较长的循环寿命。但过充电或过放电都会导致生成电化学不可逆的复杂化合物，如 $Mn(OH)_2$，Mn_2O_3，Mn_3O_4，Mn_4O_8 等。

(1)MnO_2 基电极

化学共沉淀法制备 MnO_2 的反应如下：

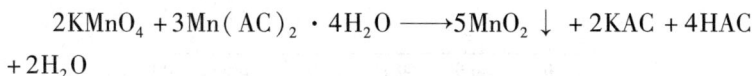

$2KMnO_4 + 3Mn(AC)_2 \cdot 4H_2O \longrightarrow 5MnO_2\downarrow + 2KAC + 4HAC + 2H_2O$

将 $KMnO_4$ 和 $Mn(AC)_2 \cdot 4H_2O$ 分别溶于水中，在碱性条件下将 $Mn(AC)_2$ 溶液缓慢滴入 $KMnO_4$ 溶液中，强烈搅拌 12 h，经过滤、洗涤，于 100℃下真空干燥 12 h，经研磨得 MnO_2 粉末。经检测为含少量 $\alpha-MnO_2$ 结晶的无定形 MnO_2。

按配比 MnO_2:乙炔黑:PTFE = 80:15:5(质量比)混合，加入少量乙醇，水浴加热破乳后涂在泡沫镍上，压制成 MnO_2 电极。在 10 mA 放电电流下的单电极比容量为 307 $F \cdot g^{-1}$。

液相氧化还原法[168]制备 MnO_2 是按摩尔比 $n(KMnO_4)$:$n(MnSO_4) = 2.3:3$，分别配成 0.08 $mol \cdot L^{-1}$ $KMnO_4$ 和 0.04 $mol \cdot L^{-1}$ $MnSO_4$ 溶液。将 $KMnO_4$ 溶液缓慢加入到 $MnSO_4$ 溶液中，在室温下高速搅拌 1 h，经抽滤、洗涤后于 100℃下真空干燥，研磨，然后在 200℃热处理 4 h，得无定形 MnO_2。

图 13-21 为 MnO_2 的循环伏安曲线，其中经 200℃热处理的 MnO_2 电极，当电流为 200 mA 时，经 200 次循环后，MnO_2 的比容

量为242.4 F·g^{-1},500次循环后仍为226.4 F·g^{-1},容量保持率达97.9%。

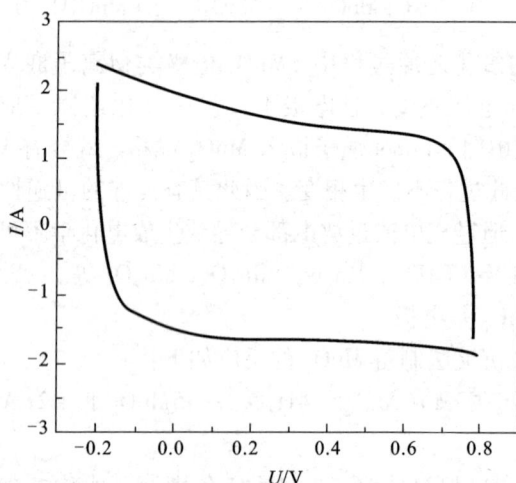

图13-21　无定形 MnO$_2$ 的循环伏安曲线[168]

(200℃热处理4 h)

(2)纳米 MnO$_2$ 电极

低温固相法制备纳米 MnO$_2$ 的方法是:按摩尔比 $n(KMnO_4)$:$n(Mn(AC)_2)=2:3$ 混匀研磨0.5 h,于60℃加热10 h,生成 MnO$_2$,用水洗涤后抽滤,于105℃下干燥,得样品 A$_1$,按相同方法,用 MnCl$_2$ 代替 Mn(AC)$_2$,得样品 A$_2$。

化学沉淀法制备纳米 MnO$_2$ 方法是:取500 ml 0.1 mol·L^{-1} 的 KMnO$_4$ 溶液,用氨水调节 pH 在9~11之间,然后在搅拌条件下缓慢滴入150 mL 的 MnSO$_4$,生成沉淀,经离心分离,无水乙醇洗涤后,于85℃下真空干燥,得样品 B$_1$,按相同方法,也将 Mn(AC)$_2$ 代替 MnSO$_4$,得样品 B$_2$。

上述两种方法制备的纳米 MnO_2 的性能如表 13-5。

表 13-5　纳米 MnO_2 性能[169]

样品	A_1	A_2	B_1	B_2
晶型结构	无定形	$\alpha - MnO_2$	$\alpha - MnO_2$ $\gamma - MnO_2$	无定形
形貌		纤维状	片状	
比表面积/$(m^2 \cdot g^{-1})$	123	90	64	95

不同电流密度放电时的比容量及容量保持率如表 13-6。

表 13-6　不同电流密度下的比容量及容量保持率[169]

电流密度/$(A \cdot g^{-1})$		0.1	0.5	1	2
比容量/$(F \cdot g^{-1})$	A_1	149	132	121	91
	A_2	113	104	101	97
	B_1	78	70	66	62
	B_2	124	121	102	85
容量保持率/%	A_1	100	88.6	81.2	65.1
	A_2	100	92.0	89.4	85.8
	B_1	100	89.7	84.6	79.5
	B_2	100	97.6	82.3	68.5

从表 13-6 可以看出,无定形结构的 MnO_2(A_1,B_2),具有较高的比表面积和较高的质量比容量。晶体结构较完整的 MnO_2(A_2,B_1),其高倍率放电性能较好。

13.5.2.3　CoO_x 基电极

过渡金属氧化物如 Co_3O_4 等与 RuO_2 性质相似，且资源较丰富，价格相对便宜。

（1）Co_3O_4 的水热 – 微乳液法制备[170]

微乳淮法的原理是在水/油/表面活性剂体系中，形成油包水型反向微乳液，油为连续相，纳米级的水滴分散在油中，形成热力学稳定均匀，透明的微乳液，其中的水滴可作为制备纳米材料的反应空间。水热—微乳液法是将水热法与微乳液法结合，在封闭的水热环境下合成前驱化合物，经热处理得 Co_3O_4。

水热—乳液法制备 Co_3O_4 的过程是：称取阳离子表面活性剂 CTAB（十六烷基三甲基溴化铵）1 g，溶于 1.5 mL 正戊醇（$C_5H_{12}O$）和 30 mL 环乙烷组成的混合液中，搅拌 30 min，然后将 10 mL 0.5 $mol \cdot L^{-1}$ 的 $Co(NO_3)_2$ 和 0.02 mol 尿素[$CO(NH_2)_2$]加入到混合液中，搅拌 1 h 后转入高压釜中密封，在 100℃ 恒温 6 h，冷至室温得沉淀，经抽滤，用水、无水乙醇反复淋洗后，于 50℃ 真空干燥 24 h，再在 300℃ 下热处理 2 h，得 Co_3O_4 粉末。

经检测，所得 Co_3O_4 为立方尖晶石结构，比容量达 340 $F \cdot g^{-1}$。

（2）CoO_x 干凝胶/C 电化学电容器

CoO_x 干凝胶用溶胶 – 凝胶法制备。将 3 $mol \cdot L^{-1}$ KOH 溶液在搅拌条件下滴加剂含有柠檬酸钠的 0.1 $mol \cdot L^{-1}$ $CoCl_2$ 溶液中，陈化 3 h 后，经离心分离，水洗涤，于 110℃ 下干燥，粉碎，得纳米 CoO_x 干凝胶，经检测，干凝胶中主要成分为 Co_3O_4 和 CoOOH。

按质量比 CoO_x：Ni 粉：CMC = 89.9：10：0.1 混合，加适量水调浆，取两片泡沫镍，每片的一面涂部分浆料，组装成三明治式电极，干燥，辊压，电极中含 CoO_x 干凝胶 30 mg。

图 13 – 22 是活性炭电极和 CoO_x 电极的循环伏安曲线。

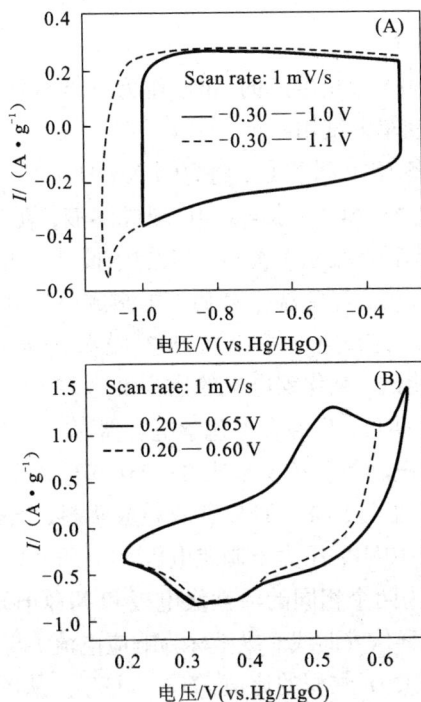

图 13 - 22 活性炭(A)和 CoO$_x$(B)的循环伏安曲线[171]

从图 13 - 22 中可知,活性炭电极在 - 1.0 V 以下出现析氢,CoO$_x$ 电极在 0.6 V 以上出现析氧。因此,CoO$_x$/C 电化学电容器的最高工作电压可达 1.4 ~ 1.6 V。

将 CoO$_x$ 正极、隔膜、活性炭负极、7 mol·L^{-1} KOH 溶液组装成电化学电容器。EC 的比容量以正、负极活性物质质量之和为标准计算。当电极材料的质量比 $m(C)/m(CoO_x)$ 约为 0.9 时,CoO$_x$/C EC 的比能量达 15.4 Wh·kg^{-1}。

13.5.2.4　NiO$_x$ 基电极[172]

(1) NiO$_x$ 电极

俄罗斯 ESMA 公司生产的 NiO$_x$ 作为电极材料的电化学电容器已在公交电动车上试用。

水解法制备 NiO$_x$ 过程是：将 20 g Ni(AC)$_2$ 在 100℃下干燥 6 h 以上，按配比 Ni(AC)$_2$：水 = 1∶10 配成溶液，在 25℃水解 36 h 以上，离心过滤后将胶状沉淀按 1∶1 加水搅拌，然后将多孔泡沫镍在胶状物中浸渍，经常温干燥后，压制成厚度 0.2 mm 的薄片（压力 10 MPa），并在空气气氛于 300℃脱水 10 min，冷却，得氧化镍电极。经测试，氧化镍电极的比容量达 240 F·g^{-1}。

(2) β-Ni(OH)$_2$/C 混合电化学电容器[173]

Ni(OH) 电极制备。按质量比 β—Ni(OH)$_2$：Ni 粉：CoO 粉 = 80∶10∶8 混合，加入 10% PTFE 乳液和成浆料，涂覆在泡沫镍基体上，干燥，于 10MPa 压力下制成电极。

图 13-23 为两个相同的活性炭电极和 Ni(OH)$_2$/C 电极分别组成的 EC 的循环伏安曲线。纵坐标为响应电流 I 与扫描速度 v 和电极上活性物质量 m 乘积的比值：$I(v·m)^{-1}$。从图 13-23(a) 中可以看出活性炭电极在较宽的电位范围内不发生电化学反应，电极上流过的电流是双电层的充放电电流。

$$K^+ \vdots {}^-C - e^- \Longleftrightarrow OH^{-1} \vdots {}^+C + e^-$$

循环过程中，K$^+$ 和 OH$^-$ 在活性炭表面吸附构成电极的成流反应。K$^+$ $\vdots$ $^-$C 和 OH$^-$ $\vdots$ $^+$C 分别表示碳表面吸附 K$^+$ 和 OH$^-$ 构成的双电层。图 13-23 中，正电位端比容量较小，约 110 F·g^{-1}，而负电位端比容量达 300 F·g^{-1}，说明在碱性溶液中，碳电极适宜作负极材料。

图 13-23(b) 中镍电极的循环伏安曲线出现氧化峰和还原峰，对应的氧化还原反应为：

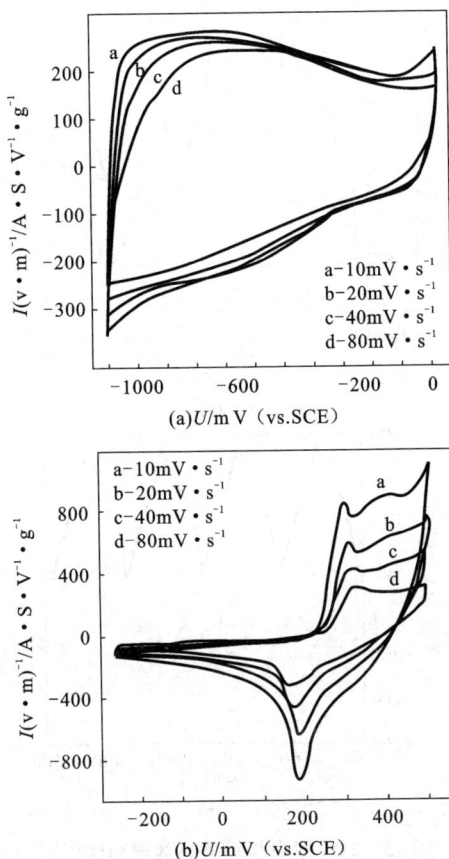

图 13 – 23　碳电极(a)和镍电极(b)的循环伏安曲线[173]

$$Ni(OH)_2 + OH^- \xrightleftharpoons{\quad} NiOOH + H_2O + e$$

图 13 – 24(a)为两相同碳电极的充放电曲线,由于正极电容量小,电位变化范围比负极宽,负极容量还未充分利用时,正极已经达到析氧电位,使充电曲线变弯曲,工作电压仅 1 V 左右。

图 13 – 24(b)为 Ni(OH)$_2$/C 电极对充放电曲线,充放电过

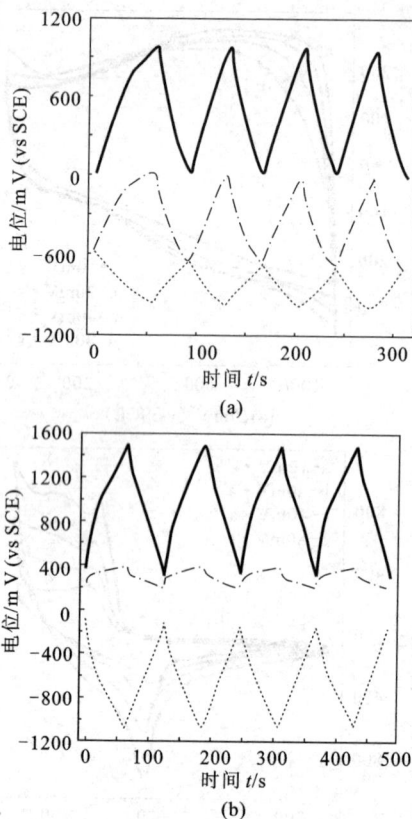

图 13-24　双电极恒流充放电曲线[173]

（a）正负极均为碳电极，活性物质的质量均为 21 mg；

（b）镍电极为正极，碳电极为负极，活性物质均为 14 mg

——总电压曲线；—·—，……分别为正负电位变化曲线

程的总反应为：

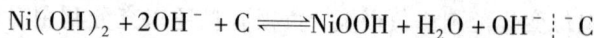

$$Ni(OH)_2 + 2OH^- + C \Longrightarrow NiOOH + H_2O + OH^- \vdots C$$

图 13-24（b）可见，充放电过程镍电极电压变化平稳，而碳电极电位在较宽范围内近似线性变化。由于正极反应在较正的电

位下进行,总电压可达 1.5 V。

Ni(OH)$_2$/C 混合电容器的双电极比容量为 90.7 F·g^{-1},是 C/C 双电极比容量的 2.3 倍。

(3)改性 Ni(OH)$_2$ 电极

改性 Ni(OH)$_2$ 制备。取 Ni(OH)$_2$ 60 g、KOH 11.22 g,加水 200 mL,搅拌 2 h,在搅拌条件下,将 KMnO$_4$ 加入到 Ni(OH)$_2$ 与 KOH 的混合溶液中,反应 3 h,经抽滤、洗涤至中性,于 60℃烘干,得氧化改性的 Ni(OH)$_2$ 粉末。

按配比氧化改性 Ni(OH)$_2$:导电炭黑:PTFE = 85:10:5 混匀搅拌成糊状,并涂覆在泡沫镍集电极上,于 90℃真空干燥,即为正电极。

将改性 Ni(OH)$_2$ 正极、隔膜、活性炭负极,6 mol·L^{-1} KOH 电解液组装成 Ni(OH)$_2$/C 非对称电化学电容器。

改性 Ni(OH)$_2$/C 的正极放电反应为:

$$NiOOH + H_2O + e \xrightarrow{\text{放电}} Ni(OH)_2 + OH^-$$

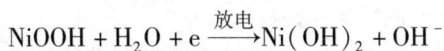

活性炭负极以形成双电层为主。当活性炭与改性 Ni(OH)$_2$ 的质量比为 2.7 时,电极材料的比容量为 93.78 F·g^{-1}。

(4)(NiO + CoO)/C 复合电极

以表面包覆 7% Co(OH)$_2$ 的球形 Ni(OH)$_2$ 为原料,在 450℃热分解得到(NiO + CoO)粉末,与活性炭混匀制备(NiO + CoO)/C 复合电极材料。

(NiO + CoO)/C 复合电极的制作过程是,采用化学沉淀法在球形 Ni(OH)$_2$ 表面沉积 7% Co(OH)$_2$,于 120℃真空干燥后得前躯体,将前躯体在 450℃热分解 3 h,得(NiO + CoO)粉末。

将活性炭加入浓 H$_2$SO$_4$ 中搅拌浸泡 2 h,过滤、水洗,再将其置于浓度为 10% 的 HNO$_3$ 中浸泡 4 h,过滤,水洗至中性,于 130℃真空干燥 8 h。再将干燥后的活性炭与(NiO + CoO)粉末混合球磨 1 h，得到（NiO + CoO）/C 复合电极材料。

按配比：复合电极材料：导电石墨：PVDF = 70∶20∶10 混合球磨后，加入一定量的 NMP（N - 甲基 - 吡咯烷酮）溶液，于超声波中震荡 30 min，搅拌得糊状物，涂覆在泡沫镍集流体上，于 130℃ 干燥 8 h，压制成电极片。

图 13 - 25 是包覆 7% Co（OH）$_2$ 的球形 Ni（OH）$_2$ 的热重曲线，从图 13 - 25 可以看出，从室温到 100℃，试样的物理吸附水的失水反应为：

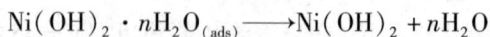

式中：$n_{(ads)}$——Ni（OH）$_2$ 含水量（mol）。当温度上升到 200℃ ~ 450℃ 时，是 Ni（OH）$_2$ 和 Co（OH）$_2$ 晶体的分子间脱水。

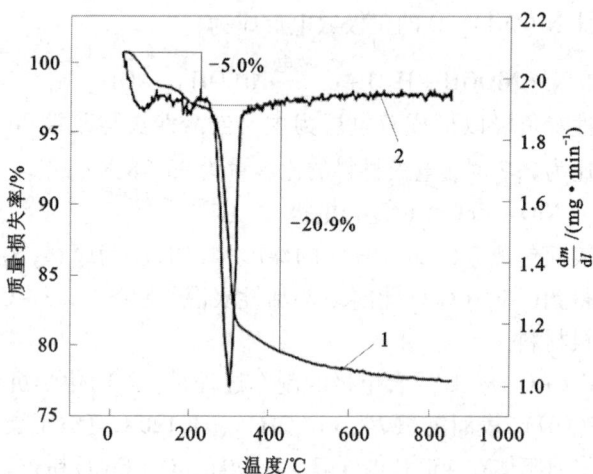

图 13 - 25　表面包覆盖 7% Co（OH）$_2$ 的球形 Ni（OH）$_2$ 的 TG/DTG 曲线[174]

1—热重曲线；2—导数热重曲线

采用三电极体系测试复合电极及电化学电容器的性能。研究电极为活性炭，(NiO + CoO)/C 复合电极，辅助电极为铂片，Hg/HgO 作参比电极，电解液为 6 mol · L^{-1} KOH 溶液。复合电极中，当 (NiO + CoO) 含量为 6% 时，复合电极的比容量为 240 F · g^{-1}。而纯活性炭电极的比容量仅为 160 F · g^{-1}。

将纯活性炭电极和含 6% (NiO + CoO) 的 (NiO + CoO)/C 复合电极组装成电化学电容器，测得复合电极(NiO + CoO)/C 的比容量为 213.2 F · g^{-1}。

13.5.3　导电聚合物电化学电容器

导电聚合物具有良好的电子导电性、内阻小、比容量大，一般为活性炭的 2 ~ 3 倍。导电聚合物电极的电化学电容器的电容，主要来自法拉第准电容。其作用机理是电极上的高分子聚合物膜发生快速可逆的 n 型或 p 型掺杂或去掺杂氧化还原反应，使聚合物达到很高的法拉第准电容来贮存能量。根据掺杂方式的不同，导电聚合物电化学电容器的结构可分作三类：

(1)对称结构。相同电极材料均可掺杂 P 型元素。

(2)不对称结构。电极材料不同。但均可掺 P 型元素。

(3)电极材料既可掺杂 P 型元素，又可掺杂 n 型元素。

当采用有机电解质时，此类电容器的工作电压可达 3 V。

聚苯胺(PAN)混合型电化学电容器的制造过程如下：

聚苯胺/改性活性炭(PAN/C)复合电极制备。将改性活性炭、盐酸、苯胺依次加入到反应器中，室温下超声波震荡 30 min，然后移至低温水浴于 2℃ 保温 15 min，滴加计量的氧化剂过硫酸铵水溶液，反应 4 h，取出于室温下反应 4 h，抽滤，水洗后，用乙醇提取 24 h，取出于 60℃ ~ 70℃ 下真空干燥 12 h，得 PAN/C 复合物。

按质量比 PAN/C 复合物：导电剂：粘结剂 = 75：20：5 混合

后,压制在泡沫镍流体上,制成 ϕ14 mm 的电极片。

以 PAN/C 复合电极为正极,改性活性炭为负极,0.1 mm 的玻璃纤维布为隔膜,6 mol·L^{-1} KOH 为电解液,组装成纽扣式混合型电化学电容器。

图 13 - 26 是 PAN/C 复合物的充放电曲线。

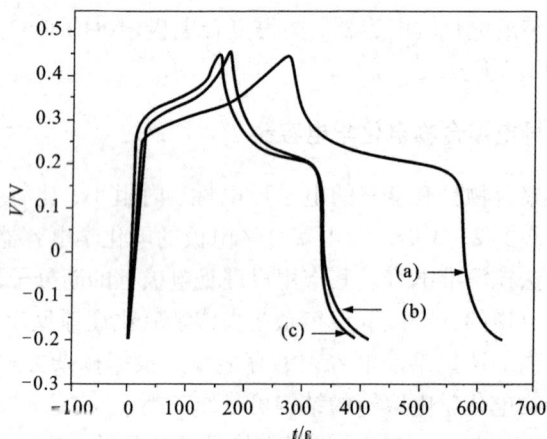

图 13 - 26   PAN/C 复合物的充放电曲线[175]
活性炭含量:a—14.9%;b—8.6%;c—0。
充电电流:10 mA;放电电流:5 mA;电位范围:-0.2~0.45 V

13.6   电化学电容器的性能

电化学电容器(EC)的性能通常是指电性能和物理性能。电性能包括:电容量、功率、能量、电压、电流、内阻、自放电、循环寿命等。物理性能是指外形尺寸、体积、质量、工作温度范围等。

13.6.1　电容量

EC 的电容量定义为:

$$C = \frac{\Delta q}{\Delta V} = \frac{It}{\Delta V} \qquad (13-22)$$

电容量一般采用恒电流放电法测定。式中 $\Delta V = V_{max} - V_{min}$。$\Delta V$——EC 的工作电压变化; V_{max}——恒电流将 EC 充电到规定的最高电压; V_{min}——恒电流将 EC 放电到规定的最低电压; Δq——变化 ΔV 时, EC 的电量变化; I——放电电流; t——恒电流放电时间。

13.6.2　功率

最大输出功率为

$$P_{max} = \frac{V^2}{4R} \qquad (13-23)$$

式中: V——EC 的额定电压; R——EC 的等效串联电阻。

比功率是单位质量或单位体积 EC 的输出功率, 单位为 $W \cdot kg^{-1}$ 或 $w \cdot L^{-1}$。

13.6.3　最大贮能

$$E = \frac{1}{2}CV^2 \qquad (13-24)$$

比能量是单位质量或单位体积 EC 的最大贮能, 单位为 $Wh \cdot kg^{-1}$ 或 $Wh \cdot L^{-1}$。

13.6.4　电压

电压有额定电压和浪涌电压。额定电压是 EC 允许持续保持的最高工作电压, 其电压值与温度、EC 的设计、EC 的寿命有关,不同的 EC 具有不同的额定电压。浪涌电压指允许 EC 短时承受的最大电压值,通常是额定电压的 1.1 倍。

13.6.5　电流

电流有额定电流、最大脉冲电流和漏电流。

额定电流是 EC 连续放电时所能承受的最大放电电流。

最大脉冲电流是指放电时间持续几秒的最大放电电流。

漏电流与 EC 的自放电性能有关,当 EC 充电到额定电压后,如果开路存放,其电压值会逐渐下降,表明有电量从电极上泄漏。如果给 EC 输入电流,就能控制 EC 的电压下降。当输入电流与泄漏电流值相等时,能使 EC 恒定在额定电压值。这时的电流被定义为漏电流。

图 13 - 27 是漏电流测试线路图、测试前,将 EC 短路一个规定的时间,按图 13 - 27 接入线路,用恒电位仪将 EC 充电至额定电压 V_{max},保持该电压值数小时,直至电路中的电流已接近一个稳定值,即为所测的漏电流值。

13.6.6　自放电

EC 充电后开路搁置期间,电压会随时间而逐渐降低,EC 的电量也逐渐降低,贮能减少,称作 EC 的自放电。由自放电造成的贮能损失为:

$$E_{损失} = \frac{1}{2} C (V_{额定}^2 - V^2) \qquad (13 - 25)$$

能量损失率为:

$$\eta = 1 - (\frac{V}{V_{额定}})^2 \qquad (13 - 26)$$

自放电测试程序为:

(1)将 EC 恒流充电至额定电压,恒压 30 min;

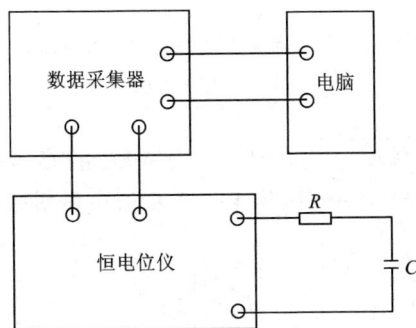

图 13 - 27　漏电流测试线路图[153]

R—取样电阻；C—被测电化学电容器

（2）将 EC 开路并立即测量开路电压，连续测定 72 h(或接规定时间)。在测试阶段的前 3 h，每隔 1 min 读数一次，以后每隔 10 min 或更长时间读数一次。

13.6.7　内阻

EC 的内阻是指等效串联电阻(Equivalent Series Resistance，ESR)。EC 的内阻是各有关部分电阻贡献的总和，包括电极、隔膜、集流体、极柱和电解液等。内阻大小直接影响 EC 的高功率放电性能，也影响能量利用效率。

EC 内阻测试方法如下。

（1）交流法

EC 的等效电路如图 13 - 28。当给 EC 施加交流电时，根据交流阻抗原理，理想电容 C_c 产生的阻抗为：

$$Z_c = \frac{1}{2\pi fC} \tag{13 - 27}$$

式中：f——施加交流电的频率；C——理想电容 C_o 的电容量。

图 13 - 28　电化学电容器的等效电路图

C_o—等效的理想电容；R_s—内阻

当交流电的频率 f 较高时，可认为 EC 的 C_o 为短路状态，同时在内阻 R_s 上产生一电压降 V_c，当交流电的等效电流 I 为一定值时，EC 的内阻 R_s 为：

$$R_s = \frac{V_c}{I} \qquad (13-28)$$

交流法测得的内阻称作交流内阻，单位为 $m\Omega$，内阻测试线路如图 13 - 29。

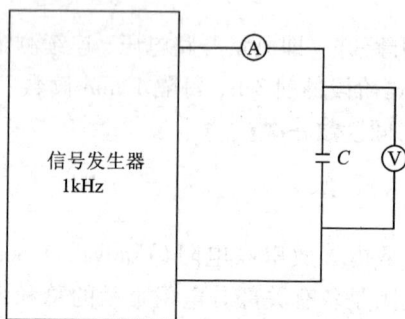

图 13 - 29　内阻测试线路图[153]

C—被测电化学电容器；V—交流电压表；A—交流电流表

（2）直流放电法

EC 进行恒流充放电循环时，当充电到额定电压 V_{max} 后转到放电的瞬间，EC 的电压 V 为

$$V = V_{max} - IR_s$$

$$R_s = \frac{V_{max} - V}{I} \qquad (13-29)$$

式中：V——放电开始瞬间的电压；R_s——直流内阻，对于同一 EC，一般直流内阻稍大于交流内阻。

13.6.8　循环寿命

EC 的循环寿命可达 $10^5 \sim 10^6$ 次，远远高于电池的循环寿命。

13.6.9　EC 的工作温度范围

EC 的工作温度范围为 $-40℃ \sim 60℃$，优于电池的温度特性。

表 13-7 列出商品 EC 的性能。

表 13-7　EC 的性能[153]

厂家	电容量/F	比功率/(W·kg^{-1})	比能量/(Wh·kg^{-1})	贮存能量/J	电压 额定/V	电压 浪涌/V	最大电流 最大放电/A	最大电流 漏电流/mA	内阻/mΩ 直流	内阻/mΩ 交流	质量/g	循环寿命/次
Matsu-ShiXa	2700	841	2.74	7124	2.3	2.7	400	6	1000	600	725	5×10^5
集星公司	2400	3800	4.0	2.4Wh	2.7	3.0	>1800	13	800	600	600	5×10^5

单体 EC 的性能如表 13-8。

表 13-8　单体 EC 的性能[153]

公司	额定电压/V	电容/F	内阻/mΩ	比能量/(Wh·kg^{-1})	比功率/(W·kg^{-1})	质量/kg
Maxwell	2.7	2800	0.50	4.5	863	0.475
Nippon Chemi-Con	2.5	2250	0.75	2.8	450	0.522
Panasonic	2.5	2500	0.43	3.70	1035	0.395
Ness	2.7	3640	0.30	4.2	928	0.65
NEsscap	2.3	10000	0.40	8.65		0.85

电化学电容器组的性能如表 13 - 9。

表 13 - 9   电化学电容器组的性能[153]

	电容/F	电压/V	能量/(Wh)	比能量/(Wh·kg⁻¹)	功率/(kW)	内阻/mΩ	质量/kg
Maxwell	145	48	36	2.7	14.5		13.5
Ness	100	48	22.5	2.5	10.8		9.10
Power Systems		59	20	2.8	4.7		7.2
PSeudocap	1600	13.9	42.32	4.78		3	8.84

13.7   电化学电容器的应用

电化学电容器(EC)是一种新型的贮能器件,作为电源或备用电源具有广泛的应用领域。

13.7.1   EC 和高比能量电池组成混合电源

混合电源既具有高比能量,又能具有高比功率,是使电源系统向小型化、轻型化发展的方向。混合电源在使用时,峰值脉冲电能由 EC 承担,平稳的持续的电能由电池承担,可有效减轻电源系统的质量和减小体积。混合电源的工作原理如图 13 - 30 所示。

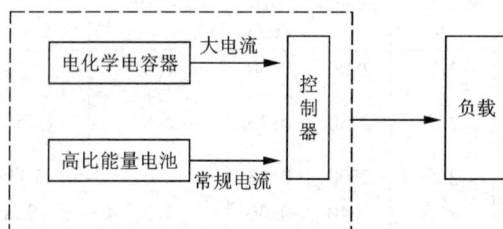

图 13 - 30   混合电源的工作原理图[153]

1991 年,美国能源部制定了电动汽车用 EC 的发展规划,日本本田公司 2002 年发布的"FCX"混合动力型燃料电池车,其峰值功率达到 146 kW,该车采用刹车能源回收机制,刹车时将能量重新恢复贮存到 EC 中,提高了能量利用率。

13.7.2　电容公交车和无轨电车上用作动力电源

EC 的比功率高,能满足电动车在起动、加速、爬坡时对功率的要求,可作为混合型电动车的加速或起动电源。

1996 年,俄罗斯研制的以 EC 为主电源的电容公交车,充电一次可引驶 12 km。时速 25 km·h^{-1}。

我国上海奥威科技开发有限公司,从 1998 年开始 EC 的开发研究,2006 年,该公司开发的 EC 电车已在上海试运行。

表 13-19 列出了 EC 公交车与无轨电车、燃油汽车的性能比较。

表 13-19　EC 公交车与无轨电车、燃油汽车性能比较[157]

	EC 公交车	无轨电车	燃油汽车
车辆成本/万元	90(17 辆)	60	60
电耗/kWh	1.4	2.1	
运行耗能/100 kW	1.4×0.7 ×100=98		40(L/100km) ×4.92=197
运行成本/(元/100km)	100		
线网维护/(万元/年)	0.02	10	
能量回收	40%	0	0
车辆机动性	好	差	好
污染排放	○	○	有
年运行成本	低	高	高

13.7.3 电化学电容器在 UPS 中的应用

UPS 往往是在电网断电或电网电压瞬时跌落的最初几秒到几分钟内起决定作用，目前这项功能是由蓄电池提供电源。但从短时释放能量角度考虑，EC 具有明显优势，其输出电流几乎没有延迟地上升到高达数百安培甚至上千安培，而且可以快速充电，在很短时间内贮存能量。EC 非常适合于在线 UPS 系统，并已经开始应用。2005 年，美国加利福尼亚建造了一台 450 kW EC 贮能装置，用以减小 950 kW 风力发电机组向电网输送功率的波动。

第 14 章　电池设计与电池检测技术

14.1　电池设计

电池设计是从事化学电源研制的技术人员和科学研究工作者必备的知识和技能。

14.1.1　电池设计基础

1. 电池设计的目的和基本原则

电池设计，就是根据仪器设备的要求，为其提供具有最佳使用性能的工作电源或动力电源。因此，电池设计首先必须满足用电器的使用要求，并进行优化，使其具有最佳的综合性能，以此来确定电池的电极、电解液、隔膜、外壳和其他零部件的参数，并将它们合理搭配，制成具有一定规格和指标的电池或电池组。

2. 电池的设计要求

电池设计是为满足对象(用户或仪器设备)的要求而进行的。因此，在进行电池设计前，首先必须详尽地了解对象对电池性能指标及使用条件的要求，一般包括以下几个方面：

(1)电池的工作电压；

(2)电池的工作电流，即正常放电电流和峰值电流；

(3)电池的工作时间，包括连续放电时间，使用期限或循环寿命；

(4)电池的工作环境，包括电池工作时所处状态及环境温度；

(5)电池的最大允许体积。

同时还应综合考虑：①材料来源；②电池性能；③电池特性的决定因素；④电池工艺；⑤经济指标；⑥环境问题等方面的因素。

3. 评价电池性能的主要指标

电池性能一般通过以下几个方面来评价。

(1)容量　电池容量是指在一定放电条件下，可以从电池获得的电量，即电流对时间的积分，一般用 Ah 或 mAh 来表示，它直接影响到电池的最大工作电流和工作时间。

(2)放电特性和内阻　电池的放电特性是指电池在一定的放电制度下，其工作电压的平稳性，电压平台的高低以及大电流放电性能等，它表征电池带负载的能力。电池内阻包括欧姆内阻和电化学极化内阻，大电流放电时，内阻对放电特性的影响尤为明显。

(3)工作温度范围　用电器的工作环境和使用条件要求电池在特定的温度范围内具有良好的性能。

(4)贮存性能　电池贮存一段时间后，会因某些因素的影响使性能发生变化，导致电池自放电；电解液泄漏；电池短路等。

(5)循环寿命(二次电池)　循环寿命是指二次电池按照一定的制度进行充放电，其性能衰减到某一程度(例如，容量初始值的60%)时的循环次数。

(6)内压和耐过充性能(二次电池)　对于 Ni-Cd，MH-Ni 等密封型二次电池，大电流充电过程中电池内部压力能否达到平衡，平衡压力的高低，电池耐大电流过充性能等都是衡量电池性能优劣的重要指标，如果电池内部压力达不到平衡或平衡压力过高，就会使电池限压装置(如防爆球)开启而引起电池泄气或漏液，从而很快导致电池失效。如果限压装置失效，则有可能会引起电池壳体开裂或爆炸。

4. 决定电池特性的主要因素

(1)电极活性物质

　　电极活性物质决定了电极的理论容量和电极平衡电位，从而决定着电池容量和电池电动势。电极的理论容量是指活性物质全部参加电池的成流反应，根据 Faraday 定律计算出的电量。

　　电池活性物质除了要有较高的理论容量和较正（正极）或较负（负极）的平衡电位外，还要求活性物质具有合适的晶型、粒度、表面状态等，从而获得较高的活性。而且电池在开路情况下，活性物质应具有良好的稳定性，与电池内各组分不发生任何作用。

　　（2）电解液

　　电解液是电池的主要组成之一，电解液的性质（冰点、沸点、熔点等）直接决定了电池的工作温度范围。改善电解液的性质可以扩大电池工作温度范围，改善电池的高低温性能。

　　电解液的比电导直接影响电池的内阻，一般应选择比电导较高者。但还应该注意电池的使用条件，如在低温下工作，还要考虑电解液的冰点情况。

　　对于非水有机溶剂电解液，一般是电解液的介电常数越大越好，而粘度则越小越好。

　　电解液需要长期保存于电池中，所以要求它具有良好的稳定性，电池开路时，电解质不发生任何反应。

　　此外，电解液必须具有足够的分解电压，对于电池电压较高或电极物质较活泼的系统，通常选用有机溶液作电解液，如锂电池和锂离子电池，通常选用分解电压大于 4.5 V 以上的溶剂，常见的有以 $LiClO_4$，$LiAsF_6$ 或 $LiPF_6$ 作电解质，EC + DMC/DEC 或 PC + DMC/DEC 作溶剂的电解液体系。

　　（3）隔膜

　　化学电源对隔膜的基本要求是有足够的化学稳定性和电化学稳定性，有一定的耐湿性、耐腐蚀性，具有足够的隔离性和电子绝缘性，能保证正负极的机械隔离和阻止活性物质的迁移，具有足够的吸液保湿能力和离子导电性,保证正负极间良好的离子导电作用。此外,还要有较好的透气性能,足够的机械性能和防震能力。

隔膜的以上性质对于电池的内阻、放电特性、贮存性能及自放电、循环性能、内压和耐过充性能等都有着重要的影响,合理选择使用隔膜的种类和厚度,对电池性能尤为重要。铅酸蓄电池中常用的有微孔橡胶隔板及软质微孔聚氯乙烯(软质PVC)、聚乙烯(PE)等。碱性电池中常用的有聚丙烯毡隔膜、聚酰胺隔膜等。

(4)电极制备工艺

电极的制造方法有粉末压成法、涂膏法、烧结法和沉积法等。不同的制造方法各有其特点,压成法设备简单,操作方便,较为经济,一般电池系列均可采用;涂膏法也较普遍,多用于二次电池;烧结式电极寿命较长,大电流放电性能好,也多用于二次电池;电沉积式电极孔率高,比表面积大,活性高,适用于大功率、快速激活电池。

在电极制备过程中,往往需在活性物质中加入一些导电剂、分散剂、保液剂和添加剂等来提高活性物质的利用率,改善电极导电性,从而提高电极的实际容量和电池的放电性能、循环性能等。电极制备工艺往往是电池制造技术中的关键和核心。

(5)电池结构与装配

合理的电池结构有利于发挥电池的最佳性能。两极物质的配比、电池组装的松紧程度、电池上部气室的大小都对电池的内阻、内压和活性物质的利用率有一定程度的影响。

14.1.2　电池设计的基本步骤

电池设计人员在明确设计任务和做好充分准备后,即可进行设计。

根据电池用户要求,电池设计的思路有两种:一种是为用电设备和仪器提供额定容量的电源；另一种则只是给定电源的外形尺寸，研制开发性能优良的新规格电池或异形电池。

1.额定容量电池设计步骤

(1)确定组合电池中单体电池数目，单体电池工作电压与工作电流密度。

a.根据用户要求确定电池组的工作总电压，工作电流等指标，选定电池系列，参照该系列的"伏安曲线"(经验数据或通过实验所得)确定单体电池的工作电压与工作电流密度。

b.确定电池组中单体电池数。

$$单体电池数目 = \frac{电池工作总电压}{单体电池工作电压}$$

(2)计算电池容量

a.根据要求的工作电流和工作时间计算额定容量。

$$额定容量 = 工作电流 \times 工作时间$$

b.确定设计容量。

$$设计容量 = 额定容量 \times 设计系数$$

其中设计系数是为保证电池的可靠性和使用寿命而设定的，一般取 $1.1 \sim 1.2$。

(3)计算活性物质的用量

a.控制电极的活性物质用量。

$$单体电池中控制电极的活性物质量 = \frac{设计容量 \times 电化当量}{利用率}$$

b.非控制电极的活性物质用量。

$$单体电池中非控制电极的活性物质用量 = \frac{设计容量 \times 过剩系数 \times 电化当量}{利用率}$$

过剩系数一般在 $1 \sim 2$ 之间，如 $MH - Ni$ 电池常取 $1.3 \sim 1.7$。

(4)电极极片设计(确定电极总面积、电极数目、单片电极物质用量、单片电极厚度)。

a. 根据工作电流和选定的工作电流密度，计算电极总面积（以控制电极为准）。

$$电极总面积 = \frac{工作电流}{工作电流密度}$$

b. 根据电池外形最大尺寸，选择合适的电极尺寸，计算电极数目。

$$电极数目 = \frac{电极总面积}{极片面积}$$

c. 根据单体电池正负极活性物质用量和电极数目计算单片电极物用量。

$$单片正(负)极物质用量 = \frac{单体电池中正(负)极物质用量}{单体正(负)极片数目}$$

d. 确定单片电极厚度。

$$\frac{正(负)极片}{平均厚度} = \frac{每片正(负)极物质用量}{物质密度 \times 极片面积 \times (1-孔率)} + 集流网厚度$$

$$其中，集流网厚度 = \frac{网格重量}{物质密度 \times 网格面积}$$

(5) 电池隔膜材料的选择及厚度、层数的确定。

根据电池系列及设计要求选定合适的电池隔膜材料及厚度，依据具体设计确定所需隔膜层数。

(6) 确定电解液的浓度及用量。

根据选定的电池系列的特性，结合具体电池设计的要求和使用条件（如工作电流、工作温度、循环性能等）或根据经验数据来确定电解液的浓度和用量。

(7) 确定电池的松紧度及单体电池尺寸。

松紧度可通过以下公式来计算

$$松紧度 = \frac{极片总厚度 + 隔膜总厚度}{电池内径} \times 100\%$$

对于圆柱形电池，亦通过横截面积来计算

$$松紧度 = \frac{极片总长度 \times 极片厚度 + 隔膜总长度 \times 隔膜厚度}{电池横截面积} \times 100\%$$

$$电池横截面积 = \frac{\pi}{4} \times d^2$$

式中 d 为电池内径。电池的松紧度依据选定系列的电池特性及设计电池的电极厚度来确定，一般经验数据为 $80\% \sim 90\%$。选定松紧度后，依照以上公式可得电池内径，再根据电极高度、电解液量及气室容积等情况可确定电池壳体的高度。

2. 新规格或异形电池的设计步骤

设计工作一般是在设计者对该系列电池有了一定程度的了解基础上进行的，它以已成型的一种规格的电池为参照进行电池参数的设计和调整，因而其设计步骤较第一种要简单，方便得多。

下面以圆柱形密封电池为例介绍这种设计方法。

(1) 选定参照基准

一般选择该系列电池中设计较为合理、尺寸、规格比较接近的电池作为参考对象。

(2) 确定电极极片高度

电极极片高度主要根据壳体高度、气室高度来确定：

极片高度 = 电池壳体高度 − $K_1 \times$ 基准电池剩余高度

基准电池剩余高度 = 基准电池高度 − 基准电池极片高度

其中，电池剩余高度指的除极片以外的电池高度，主要与气室高度有关，K_1 为设计系数，一般为 $0.8 \sim 1.2$，设计电池尺寸较基准电池大或高时取值 $K_1 \geqslant 1$，否则 $K_1 \leqslant 1$。

(3) 计算电池活性物质用量

电池活性物质的用量可根据电池有效容积计算

$$电池有效容积 = \frac{\pi}{4} \times d^2 \times 电池极片高度$$

$$\frac{正(负)极活性}{物质用量} = \frac{电池有效容积}{基准电池有效容积} \times \frac{基准电池正(负)极}{活性物质用量}$$

(4)极片厚度和长度的确定

a. 正极片厚度

极片厚度主要根据电池直径来确定，一般大电池极片较厚。

$$电池正极片厚度 = K_2 \times 基准极片厚度$$

K_2 一般取 $0.6 \sim 1.6$。

b. 正极片的长度

正极片的长度可根据正极活性物用量及正极活性物质在极片中的体积密度来计算。

$$\frac{活性物质}{体积密度} = \frac{活性物质用量}{极片长度 \times 极片宽度 \times 极片厚度}$$

$$正极片的长度 = \frac{正极活性物质用量}{极片密度 \times 极片宽度 \times 极片厚度}$$

c. 负极片的长度和厚度

因为密封型二次电池由正极限制容量，负极过量，一般要求负极能够包裹住正极。其长度可通过以下经验公式计算：

$$负极片长度 = 正极片的长度 + K_3 \times \frac{\pi d}{3}$$

其中：K_3 取值为 $0.95 \sim 1.05$，调整 K_3 使负极末端刚好盖住正极为宜。

负极片的厚度则由其活性物质用量和电极的高度、长度可确定。

(5)电池容量的计算

$$电池容量 = K_4 \times \frac{设计电池正极活性物质用量}{基准电池正极活性物质用量} \times 基准电池容量$$

K_4 是因为电极活性物质在不同规格、尺寸电池中的利用率不同而设定的参数。一般为 $0.9 \sim 1.1$，一般尺寸大或高的电池取 $K_4 \leqslant 1$，否则 $K_4 \geqslant 1$。

(6)隔膜的选择和尺寸的确定

根据设计要求选用合适的隔膜材料和厚度，一般大电池可选

择稍厚的隔膜,隔膜的宽度比负极高度宽 2 ~ 4 mm,隔膜长度可依下式计算:

$$隔膜长度 = (正极片长度 + 负极片长度) \times K_5$$

K_5 取值为 0.95 ~ 1.05 之间。

(7)电解液用量的确定

电解液用量可由以下公式计算:

$$电解液用量 = \frac{设计电池容量}{基准电池容量} \times 基准电池电解液用量$$

以上为一般电池设计的基本步骤。电池设计完毕后,还要经过试制样品,进行各项性能测试,如果电池性能测试结果完全达到设计要求,则该设计达到了设计定型的要求,可投入生产。

【例1】　设计容量为 1100 mAh 的 AA 型 MH – Ni 电池。电池的直径(d)为:13.9 ±0.2 mm,高度(H)为 50 ±0.2 mm,电池额定电压为 1.2 V。

(1)电池容量

$$C = C_r \times K_1$$

C 为设计容量;C_r 为额定容量(1100 mAh);K_1 为设计安全系数,一般取 1.1 ~ 1.2,这里取 1.1,则

$$C = 1100 \times 1.1 = 1210 \text{ mAh}$$

(2)极片高度

在考虑极板高度时应注意:①极板上部要有足够的空气室,一般取 5 ~ 15 mm 高;②隔膜应比极板高出 2 ~ 4 mm,综合考虑此两点,因电池高为 50 mm,极板高度 H 为 41 mm。

(3)极片面积

对于 MH – Ni 电池,工作电流通常为 600 mA,工作电流密度 i 一般为 5 ~ 15 mA · cm^{-2},这里取 $i = 9$ mA · cm^{-2},则

$$S_+ = 600/9 = 66.7 \text{ cm}^2$$

$$S_- = K_s S_+ = 1.3 \times 66.7 = 86.7 \text{ cm}^2$$

K_s 为设计系数，这里取 $K_s = 1.3$。

（4）极片长度的设计

正、负极片均为矩形，极片面积等于长乘高的两倍，因此，极片长度为

$$L_+ = \frac{S_+}{2H} = \frac{66.7 \times 100}{2 \times 41} = 81 \text{ mm}$$

$$L_+ = \frac{S_-}{2H} = \frac{86.7 \times 100}{2 \times 41} = 106 \text{ mm}$$

（5）极片厚度

MH – Ni 电池中，通常控制正极片厚度为 0.58 ± 0.02 mm 范围内，负极板在 0.37 ± 0.02 mm 范围内。

（6）活性物质用量的计算

$$活性物质用量 \ m = C \times q / \eta$$

式中，q 为活性物质电化当量，$g \cdot Ah^{-1}$；η 为封口电池中活性物质利用率，这里取 80%，则

$$m_+ = 1.21 \times 3.459 / 0.8 = 5.23 \text{ g}$$

$$m_- = 1.21 / (0.25 \times 0.6) = 8.06 \text{ g}$$

注意在计算 m_- 时，由于负极是贮氢合金粉，其电化当量不能用 H_2 的电化当量来计算，应根据活性物质粉料的电化学容量、利用率来计算，即

$$m_- = C / v \cdot \eta$$

式中，v 为贮氢材料的比容量 0.25 Ah $\cdot$ g^{-1}；η 为封口电池中负极活性物质利用率。

（7）电解液浓度和用量

电解液用 $1.25 \sim 1.30$ g $\cdot$ L^{-1} KOH，加入 15 g $\cdot$ L^{-1} LiOH，用量一般为电池活性物质量的 18%。

$$m_{alk} = (5.23 + 8.06) \times 18\% = 2.39 \text{ g}$$

(8)隔膜尺寸

隔膜的长度一般为正负极长度之和,这里为187 mm,宽度比极片宽2~4 mm,本例可取44 mm,厚度通常在0.15~0.2 mm之间,这里取0.18 mm。

(9)松紧度检验

$$松紧度 = V_1/V_2 \times 100\%$$

其中　　　　　　　$V_1 = V_+ + V_- + V_{(隔)}$;

V_2——电池壳体内空间体积; h——高度。

$$V_1 = 81 \times 0.58h + 106 \times 0.37h + 187 \times 0.18h$$
$$= 119.86h$$
$$V_2 = \pi r^2 h = 3.14 \times (13.3/2)^2 h = 138.86h$$

　　松紧度 $= 119.86/138.86 \times 100\% = 86.3\%$

计算时电池壳体内径取为13.3 mm。

以上数据是根据前面指定的1100 mAhAA型密封MH – Ni电池设计的。通过计算发现其装配比为86.3%,在通常所说的80%~90%之间,符合设计要求。

【例2】　根据用户要求开发综合性能优越、电池直径为13.9 ± 0.2 mm,高度为63 mm的电池,电池的额定电压1.2 V。

采用第二种设计思路。

(1)选定参照基准。

假定[例1]中所定参数为一已通过检验确认为设计合理、综合性能优良的已成型的设计参数,则选定[例1]中的AA型电池为参照基闪电池。

(2)正负极片高度的确定

基准电池剩余高度 = 基准电池高度 – 基准极片高度
$$= 50.0 – 41.0 = 9.0 \text{ mm}$$

则　　　　极片高度 = 电池高度 – K_1 × 基准电池剩余高度
$$= 63 – 1 \times 9 = 54 \text{ mm}$$

这里 K_1 取为 1。

（3）计算电极活性物质用量

基准电池有效容积 $= \pi/4 \times d^2 \times$ 基准电池极片高度

$$= \pi/4 \times 13.3^2 \times 41 = 5693.2 \ mm^3$$

电池有效容积 $= \pi/4 \times$ 设计电池内径$^2 \times$ 设计电池极片高度

$$= \pi/4 \times 13.3^2 \times 54 = 7498.4 \ mm^3$$

$$\frac{正（负）极活性}{物质用量} = \frac{设计电池有效容积}{基准电池有效容积} \times \frac{基准电池正（负）极}{活性物质用量}$$

$$m_+ = 7498.4/5693.2 \times 5.23 = 6.89 \ g$$

$$m_- = 7498.4/5693.2 \times 8.06 = 10.62 \ g$$

（4）极片厚度和长度的确定

因为本例中所设计的电池与参照基准电池内径相同，均属 AA 系列电池，而且没有特殊的设计要求，故可采用与基准相同的厚度和长度，即

正极片的厚度为 0.58 ± 0.02 mm，长度为 81 mm。

负极片的厚度为 0.37 ± 0.02 mm，长度为 106 mm。

（5）电池容量的计算

$$电池容量 = K_4 \times \frac{设计电池正极活性物质用量}{基准电池正极活性物质用量} \times 基准电池容量$$

$$= 1 \times 6.89/5.23 \times 1100$$

$$= 1450 \ mAh$$

这里 K_4 取 1。

（6）隔膜尺寸的确定

$$隔膜宽度 = 极片高度 + (2 \sim 4)$$

$$= 54 + 4 = 58 \ mm$$

$$隔膜长度 = (正极片长度 + 负极片长度) \times K_5$$

$$= (81 + 106) \times 1 = 187 \ mm$$

隔膜厚度一般为 $0.15 \sim 0.20$ mm 之间，这里取 0.18 mm。

（7）计算电解液用量

$$设计电解液用量 = \frac{设计电池容量}{基准电池容量} \times 基准电池电解液用量$$
$$= 1450/1100 \times 2.39 = 3.15(g)$$

14.2　电池检测技术

电池的性能包括容量、电压特性、内阻、自放电、贮存性能、高低温性能等，二次电池还包括循环性能、充放电特性、内压等。当然，由于电池应用领域不同，对电池的性能要求也不尽相同。一般说来，电池最基本的性能是容量、电压特性（输出工作电压）、内阻等。

对于不同种类的电池，如原电池与二次电池，其检测的手段与检测的指标是有区别的。原电池的检测，如容量的检测是破坏性的，其容量在检测后不可恢复；而二次电池对容量的检测是不具有破坏性的，只有在进行寿命测试时才具有破坏性。同样对于二次电池而言，MH－Ni 电池与锂离子电池本身的特性是不同的，因而对其检测时所采用的设备与方式也存在着一定的区别。

随着现代电子技术的发展，各种专门或通用的电池检测设备不断涌现。国内就有多家公司生产这方面的设备。如哈尔滨子木公司的 DK 系列、广州电器科学研究所的 BS 系列等。这些检测设备各有所长，可以根据实际需要选用。

14.2.1　充放电性能测试

14.2.1.1　电池充电性能测试

电池充电性能测试是对二次电池而言的。充电过程中的主要参数有：充电接受能力（充电效率）、充电最高电压等。

电池充电测试的基本电路一般由电源（恒流源或恒压源）、电流电压检测设备、控制设备及记录设备组成。其示意图如图 14 –1所示。记录工作可以通过人工或通过 XT 函数记录仪、数据采集卡等自动进行。当然也可以采用电池性能测试仪来测试，将充电参数设定好后，即可自动进行检测。

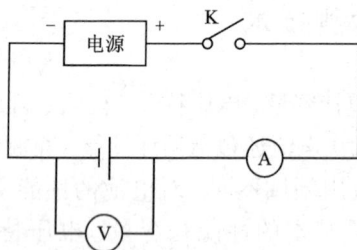

图 14 –1　充电电路示意图

　　电池在不同的测试条件下，其充电性能是不同的。这与电池本身的结构有着密切的关系。同时，充电电流、环境温度等，都会对充电性能产生影响。

　　充电效率是指电池在充电时用于活性物质转化的电能与充电时所消耗的总电能之比，以百分数表示。充电电流的大小、充电方法、充电时的温度直接影响到充电效率。充电效率高表示电池接受充电的能力强，一般说来，充电初期充电效率较高，接近100%，充电后期由于电极极化增加，充电效率较低，伴随在电极上有大量的气体析出。

　　在充电过程中电池所达到的最高电压是电池的另一个重要特性。充电最高电压往往标志了整个充电过程的电压。充电电压越低，说明电池在充电过程中的极化就越小，电池的充电效率就越高，电池的使用寿命就有可能更长。

　　充电过程中，另一重要指标即电池的耐过充能力。一种性能优异的二次电源应具有良好的耐过充性能，即使电池处于极端充电条件的情况下，也能拥有较为优良的使用性能。对于 MH – Ni 电池，往往有下列要求：在 1C 充电率下，电池充电 90 min 应无泄漏，充电 6h 内不发生爆裂。

充电过程的终点控制是一个非常实际的问题，无论从电池的检测，还是充电器的开发都必须考虑这一问题，适当的充电控制对优化电池性能、保护电池安全可靠是十分必要的。以 MH – Ni 电池为例，最常见的充电终点控制方法有：

（1）时间控制

充电过程由事先确定的时间来控制。这种方式一般只用于小电流充电或作为其他控制技术的辅助手段。

（2）– ΔU 控制

使用 – ΔU 控制时，充电电压应始终处于监测之下，直至检测到一个预定的电压降时才终止充电。当然，采用这样一种控制方式需注意的一个问题就是，在小电流情况下（低于 0.3C），尤其是温度较高时，– ΔU 可能并不明显，从而导致终点难以出现。另外，当电池长时间贮存后，– ΔU 可能会提前出现，而导致充电不足。

（3）温度控制

在充电过程中，当电池温度到达指定值时，充电过程即被终止。这种方式通常与其他终点控制方式一起使用。影响电池温度的因素很多，如环境温度、电池结构、充电倍率、气流等。因此事先很难确定终点温度。一般在 1C 率下充电以 60℃ 作为 MH – Ni 电池的充电终点。

充电的终点判断还有很多其他方法，如零 ΔU、温度上升速率（dT/dt）等，比较理想的充电条件是根据具体使用或测试条件选用其中的几种综合使用，以使电池既能充足电，又不会损坏电池。在实验室测试中，通常采用的方式有：时间控制、– ΔU 控制。如 AA 型 MH – Ni 电池 1C 率充电的条件可设定为：

$I = 1200$ mA，$t = 75$ min， $-\Delta U = 10$ mV。图 14 - 2 是该条件下 1200 mAh 型 MH - Ni 电池的充电曲线。

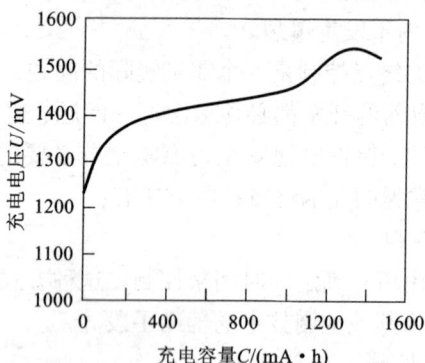

图 14 - 2　l200 mAh AA 型 MH - Ni 电池的充电曲线 (20C)

14.2.1.2　电池放电性能测试

　　电池的放电性能受放电制度的影响，放电制度主要包括放电时间、放电电流、环境温度、终止电压等。

　　电池的放电方法主要分恒流放电和恒阻放电两种。此外，还有恒电压放电法和定电压、定电流放电法，连续放电法和间歇放电法等。其中恒电流放电法是最常见的放电方法，恒电阻放电法常用于 $Zn - MnO_2$ 干电池的检测。

　　根据不同的电池类型及不同的放电条件，规定的电池放电终止电压也不同。一般说来，在低温或大电流放电时，终止电压可定得低些，小电流放电时终止电压可规定得高些。因为低温大电流放电时，电极的极化大，活性物质不能得到充分利用，电池的电压下降快；小电流放电时，电极的极化小，活性物质能得到较充分的利用。

（1）恒电流放电法

恒电流放电系统由恒流源、电流、电压检测记录装置组成。恒流源可以由电子稳流电路组成［图 14 - 3（a）］，也可用一个恒压源与大电阻构成［图 14 - 3（b）］。

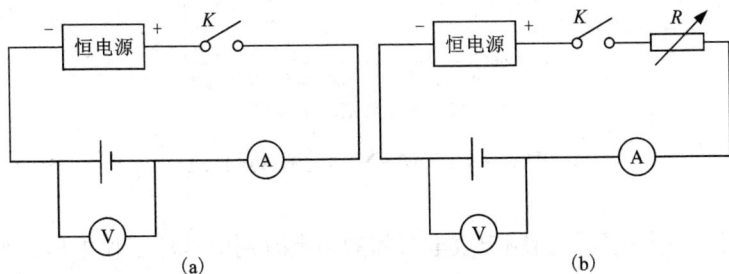

（a）　　　　　　　　　　　　　　（b）

图 14 - 3　恒电流法放电电路

（a）电子稳流电路；（b）恒压源电路

电池电压在恒电流放电过程中随时间的变化可以通过函数记录仪、XT 自动平衡记录仪来记录，或通过数据采集卡用计算机来自动采集数据，当然，也可采用专门的设备进行检测，如 BS - 9300，DK - 2010 等电池性能检测仪。这些检测仪一般都有多路恒流源，彼此之间相互独立，可同时互不干扰的进行多只电池的检测，这些设备一般都由单片机来控制，可以脱离计算机工作。图 14 - 4 是 1200 mAh 标准 AA 型 MH - Ni 电池的放电曲线。

放电电流的大小直接影响到电池的放电性能。因此在标注电池的放电性能时，一定要标明放电电流的大小。

电池的工作电压是衡量电池放电性能的一个重要指标。一般说来，电池的放电特性可以用放电曲线加以表征。放电曲线反映了整个放电过程中工作电压的变化过程。工作电压是一个变化的值，不是十分明了。因此常以中点电压（或中值电压）来直观说

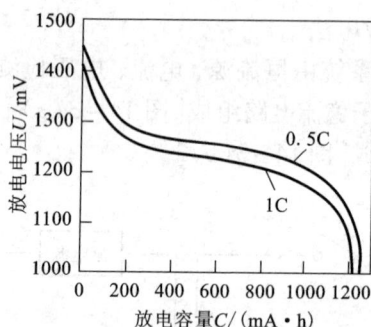

图 14 - 4　MH - Ni 电池的放电曲线

明。中点电压是指额定放电时间的中点时刻电池的工作电压,如
MH - Ni 电池 1C 放电时,其中点电压即指放电至 30 min 时电池
的工作电压,一般为 1.24 ~ 1.25 V。另外一种表征方法则为电池
放电至标称电压时的放电时间占总放电时间的比率。如某 Cd -
Ni 电池 1C 放电至 1.0 V 的放电时间为 60 min,其标称电压为
1.2 V,电池放电至 1.2 V 的时间为 48 min,那么可以计算放电至
1.2 V 的时间与总放电时间($t_{1.2}/t_{1.0}$)的比率为 80%,习惯上称之
为电压特性。

　　一个性能良好的电池应具有良好的电压特性,这样才可以保
证电池输出功率高,并可以使用电器长时间处于正常的工作电压
范围内,也有利于实际应用中电池容量的发挥。

　　(2)恒阻放电法

　　恒电阻放电是指放电过程中保持负荷电阻为一定值,放电至
终止电压同时记录电压随时间的变化。恒阻放电法常用在碱性
Zn - MnO$_2$ 干电池的检测中。恒阻法放电有连续放电、间歇放电、
交替连续放电三种方式,具体装置如图 14 - 5 所示。交替连续放
电法一般较少采用。

　　恒阻放电中所采用的负荷电阻一般为标准电阻,且其阻值应

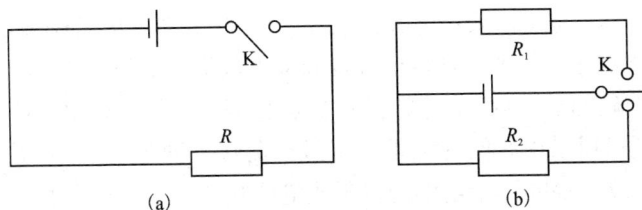

图 14 – 5　恒阻放电电路图

(a)连续或间歇放电；(b)交替连续放电

包括放电时外电路所有部分的电阻。下面分别以 LR6 型和 LR20 型碱性 $Zn – MnO_2$ 干电池为例说明连续放电和间歇放电的测试过程(参照 QBl185 – 91)。

a. 连续放电　将 LR6 型电池以图 12 – 5(a)的方式连接好外电路，负荷电阻为 10 Ω(1 Ω)，每 30 min(2 min)测量电压一次，直至电压第一次低于规定的终止电压 0.90 V(0.75 V)时为止。

b. 间歇放电　将 LR20 型电池以图 14 – 5(a)的方式连接好外电路，负荷电阻为 3.9 Ω，每天放电 1 h，每周放电 6 d，每次放电开始时测量电压一次，放电结束时再测量电压一次，直至电压第一次低于规定的终止电压 1.0 V 时为止。

放电时间以电池开始放电至电压降至终止电压时累计时间计算。若在最后两次所测得的电压值，一次高于终止电压，而另一次又低于终止电压时，则放电时间可用下式求得

$$t = t_1 + \frac{(U_{n-1} - U_n)t_2}{U_{n-1} - U_{n+1}} \tag{14 – 1}$$

式中：U_{n-1} 达到终止电压前所测得的电压值，V；

$\quad U_n$——终止电压，V；

$\quad U_{n+1}$——达到终止电压后测得的电压值，V；

$\quad t_1$——开始放电至 V_{n-1} 时的累计放电时间，min 或 h；

$\quad t_2$——达到 V_{n+1} 的时间减去达到 V_{n-1} 的时间，min 或 h。

当然，也可以采用函数记录仪、XT 自动平衡记录仪来记录，或通过数据采集卡用计算机来自动采集数据。这样，就可以获得非常准确的放电时间，同时还可以自动绘制出放电曲线图。此外，还可以采用专门的恒阻仪来进行测试。图 3 – 17(b) 是 LR6 型碱性 Zn – MnO₂ 干电池的恒阻放电曲线。

14.2.2　电池容量的测定

电池理论容量是指活性物质全部参加电池成流反应时所给出的电量，可由 Faraday 定律计算(见式 1 – 5)。

实际容量是指在一定的放电条件下电池实际放出的电量。由于放电条件的不同，实际容量会有一定的区别。

额定容量是指设计和制造电池时，规定或保证电池在一定放电条件下应该放出的最低限度的电量，常常被称为标称容量，值得注意的是：一个电池容量是由其中某个电极的容量来决定，而不是正、负极容量之和。因此，实际电池的容量决定于容量较小的那个电极，一般在实际生产中使负极容量过剩，那么正极容量则限定了整个电池的容量。

14.2.2.1　电池容量的检测方法

电池容量的测定方法与电池放电性能检测的方法基本一致，有恒电流放电法、恒电阻放电法、恒电压放电法、定电压、定电流放电法、连续放电法和间歇放电法等。根据放电的时间与电流的大小就可以计算电池的容量。

恒电流法电路如图 14 – 3 所示。采用该方法的优点是在放电过程中电流稳定，其容量计算见式 1 – 20。

恒电流法的放电容量与放电电流有很大的关系，并且放电温度、充电制度、搁置时间等都会对容量有影响。在同样的放电制度下，不同的充电制度对电池的充电效率是不一致的，因此电池的放电容量也会有区别。同样，在相同的充电制度下，搁置

10 min 与搁置 1 h 再进行放电容量的测试，其结果也会有 2% ~ 5% 的差别，具体视电池的自放电性能而定。

在恒电阻法测试容量的放电过程中，放电电流不是定值。放电开始电流较大，然后逐渐变小。而且从图 3 - 17(b)可见，放电电阻越大，放电电流越小，产生的电压降越小，工作电压下降缓慢，放电曲线较平坦，放电容量也越大。

恒电阻放电过程中电池容量的计算公式见式(1 - 21)。通常用下式进行近似计算。

$$C = \frac{1}{R}U_{av}t \qquad (14 - 2)$$

式中，U_{av} 为平均放电电压，即电池刚放电时的初始工作电压与终止电压的平均值，严格地讲，U_{av} 应该是电池在整个放电过程中放电电压的平均值。

14.2.2.2　分选检测

不同种类及新旧程度不同的电池不能混用，以免由于电池容量的不匹配而引起过充过放等情况出现。另外，在电池组中，其整体性能一般是受性能最差的那只电池所决定的。对于一次电池来说，容量的检测是破坏性的，因此只有通过严格的生产控制才能保证产品容量一致性。对于二次电池，除了严格的生产过程控制外，还应采用分选检测来保证电池容量的一致。

所谓分选，即将电池以一定的容量区间范围来进行区分。如对 AA 型 MH - Ni 电池，其标称容量为 1200 mAh，那么我们可以按 1200 ~ 1225 mAh，1225 ~ 1250 mAh，1250 ~ 1275 mAh 等的容量区间将电池分类。当然，对于区间及区间间距的选择可根据实际的需要来确定。

分选检测一般可分为两种：容量分选与特性分选。特性分选也称为曲线分选，是在容量分选的基础上引伸出来的。容量分选即如前所述的以容量区间来对电池进行划分，而特性分选是在满足容量分选条件的前提下，对处于同一容量区间内的电池根据不同的电压特性来进行区分。一般来说，可根据 $t_{U=1.2}$ 的值来进行分类，如 $t_{U=1.2} > 40$ min，$t_{U=1.2} < 40$ min（指以 1C 率放电时）。在对电压特性要求严格的情况下，还可根据整条放电曲线的形状来对电池进行特性分选。如图 14 - 6 所示，以图中的实线为基准，确定出曲线的偏离程度，在图中以虚线表示，放电曲线落在两条虚线所夹范围内的电池就可通过分选挑选出来，使之具有严格的一致性。

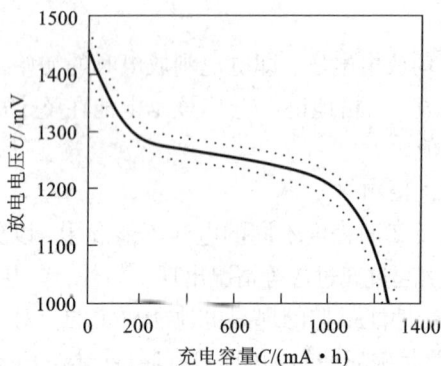

图 14 - 6　二次电池的特性分选

　　以上对二次电池的分选一般都是通过计算机控制来实现的，大多数的自动分选设备都配备有相应的软件，可以方便地实行这些操作，一般说来，手动分选设备仅可以满足容量分选的需要，但基本上不能进行特性分选，即便在容量分选的情况下，也需浪费大量人力才能完成，且操作上较麻烦。现在大多数二次电池的生产厂家都采用自动分选设备来进行分选操作，分选的条件由计算机设定后发送至设备，符合条件的电池就会被指示出来。
　　分选制度可根据实际需要来确定，表 14 - 1 是标准 AAA 型

MH – Ni 电池的 1C 率放电分选制度。

表 14 –1   标准 AAA 型 MH – Ni 电池的分选制度

代码	A	B	C	D	E	F
容量区间	550 ~ 565	565 ~ 580	580 ~ 595	595 ~ 610	610 ~ 625	625 ~ 640

14.2.3   电池寿命及检测技术

电池寿命是衡量二次电池性能的一个重要参数。在一定的充放电制度下，电池容量降至某一规定值之前，电池所能承受的循环次数，称为二次电池的循环寿命。

各种蓄电池的使用寿命是有差异的，通常的 Cd – Ni 电池和 MH – Ni 电池循环寿命可达 500 ~ 1000 次，有的甚至几千次，起动型铅酸电池的循环寿命一般为 300 ~ 500 次。

影响二次电池循环寿命的因素很多，如电极材料、电解液、隔膜及制造工艺都会对寿命有较大影响。这些因素相互影响，共同决定了电池的使用寿命。

在电池寿命的测试中，电池的容量不是唯一衡量电池循环寿命的指标，还应综合考虑其电压特性、内阻的变化等。具有良好的循环性能的电池，在经过若干次循环后，不仅要容量衰减不超过规定值，其电压特性也应相应地无大的衰减。

电池寿命的测试电路与容量的检测电路基本上是一致的，只是在一周期完了后应接着进行另一周期，直至达到检测终点为止。通常是在一定的充放电条件下进行循环，然后检测电池容量的衰减，当放电容量衰减到初始容量的 70% 左右时（不同的电池有不同的规定），计算循环次数，即为电池循环寿命。

因寿命测试的时间较长，常用的循环寿命检测设备都与计算机相连或设备本身带有单片机。在检测时可预先设定检测的参数，通过计算机或检测设备的控制面板发送参数至检测设备。发送参数时，应保证参数的准确无误。国内比较常用的检测设备有 DK – 2010，BS – 9300 等，比较好的循环性能检测设备应具有良好的断电保护功能，在长时间的寿命测试中，断电情况的出现有时是难以避免的，只有具有断电保护功能，才能保证数据不会丢失，并且在通电时应能自动恢复检测，减少人工干预的程度，一般的寿命检测设备都配有数据分析处理软件，可以对获得的数据进行编辑、输出、打印。寿命检测设备也可兼作性能测试用。

　　对于不同类型的电池，循环寿命的测试规定是不同的，具体可参阅相应国家标准或国际电工委员会(IEC)制定的标准。如：

氢 – 镍电池　　　　GB/T　　　　15100 – 94

镉 – 镍电池　　　　GB/T　　　　11013 – 1996

铅酸电池　　　　　GB　　　　　50008.1 – 91

　　采用国标或 IEC 标准的检测一般耗时较长。在实际应用中可采用快速检测的办法，下面以 MH – Ni 电池为例加以说明。

　　对标称容量为 1200 mAh 的 AA 型 MH – Ni 电池进行快速循环寿命测试，其循环条件为：1200 mA 充电 75 min， $-\Delta U = 10$ mV 控制，搁置 10 min，再以 1200 mA 放电至 1.0V，搁置 10 min。反复循环，直至容量衰减至其标称容量的 80% 为止，同时记录其中值电压($U_{t = 30 \, min}$ 的值)。其测试的结果如图 14 – 7 所示。

14.2.4　电池内阻、内压的测定

14.2.4.1　电池内阻的测定

　　电池内阻是指电流通过电池时所受到的阻力，它包括欧姆电阻和电极在电化学反应时所表现的极化电阻。欧姆电阻主要由电极材料、电解液、隔膜电阻及各部分零件的接触电阻构成。内阻的高低直接决定了电池工作电压的高低。在同类型电池中，一般

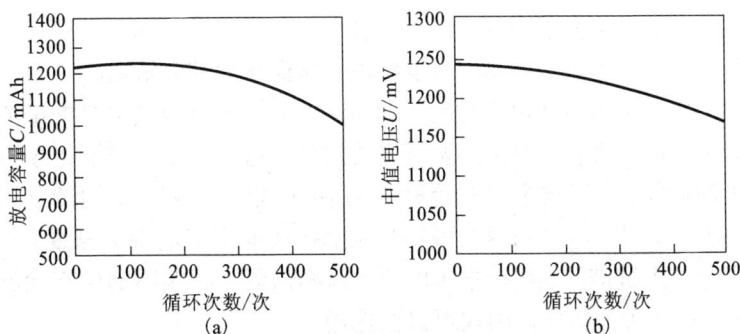

图 14 – 7　MH – Ni 电池的循环性能

(a)电池容量随循环次数的变化；(b)中值电压随循环次数的变化

说来，内阻低的电池其电压特性也较好。

不同种类的电池其内阻是不同的，如铅酸蓄电池内阻只有 10^{-3} Ω，没有放过电的 Zn – MnO$_2$ 干电池内阻一般为 0.2 ~ 0.5 Ω，Cd – Ni 电池为 30 ~ 100 mΩ，MH – Ni 电池为 15 ~ 50 mΩ。同系列不同型号的化学电源其内阻也是不同的，一般容量越高的电池其内阻愈低(对单体电池而言)。如 AA 型 MH – Ni 电池的内阻为 15 ~ 20 mΩ，AAA 型电池内阻为 20 ~ 30 mΩ，而 AAAA 型：MH – Ni 电池的内阻一般在 30 mΩ 以上。

电池内阻与普通电阻元件不同，它是有源元件，不能用普通万用表测量，必须用特殊方法测量，包括方波电流法、交流电桥法、交流阻抗法、直流伏安法、短路电流法、脉冲电流法等。

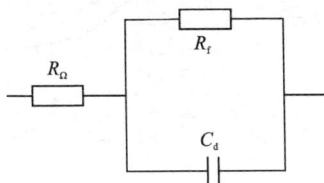

图 14 – 8　电池等效电路

电池内阻测定的等效电路如图 14 – 8 所示。图中 R_Ω 为电池的欧姆内阻，R_f 为电池的极化电阻，C_d 为两极板的双电层电容。

在一些简单的测量方法中，如直流伏安法、短路电流法等，通常忽略双电层电容的影响，将电路进一步简化为纯电阻电路。

用方波电流法测量电阻，即用恒电流仪控制通过电极的电流为一定值，用信号发生器调节方波周期与幅值，用示波器记录电压的响应，一般要求周期较短，测出的内阻值实际为电池的欧姆内阻。另外，电池的内阻可用交流阻抗法或交流电桥法测量，得出电池阻抗谱图，从而求出电池的欧姆内阻。在实际的生产检测中，有各种专门的内阻仪可以供选用。

常见的这些内阻仪表一般都是采用交流法测试电池内阻。它利用电池等效于一个有源电阻的特点，给被测电池通以恒定交流电流(一般为 1000 Hz，50 mA)，然后对其进行电压采样、整流滤波等一系列处理，从而精确测得电池的内阻值。

电池的内阻与电池测试时所处的状态是相关的，充电态与放电态电池的内阻就有着一定的区别。因此，在标注电池内阻时，应注明电池的荷电状态。图 14-9 是电池内阻与电池所处状态的关系图。

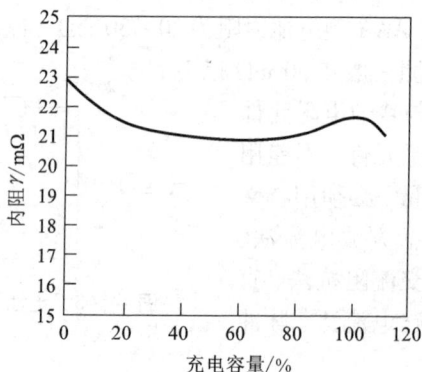

图 14-9　内阻随充电程度的变化

14.2.4.2　电池内压的测定

测量电池内压的方法通常有破坏性测量和非破坏性测量两种。破坏性测量是在电池中插入一个压力传感器,记录充电过程中的压力变化。非破坏性测量是用传感器测量充电过程中电池外壳的微小形变,由此计算电池内压。

非破坏性测量所依据的基本原理是:在一定区间内,电池壳体因内部气体压力产生的应变,与所受内压的高低有关,并存在着确定的关系;通过实验可以确定电池外壳应变与内压之间的关系;采用精密的微小形变测量工具,可以准确地测量电池壳体在内压作用下的微应变,因而基本上可反映出电池测试所关切的一定区间内的内压。

图 14 - 10 是电池内压测定的基本装置图,其方法是:用百分表感应电池底部的形变,通过钢壳底部微小变形反映出电池的内压。而钢壳底部形变与内压的关系预先用同种钢壳测试出来,得到压力 - 形变标准曲线。图 14 - 11(a)是该方式测得的 AA 型电池钢壳的压力形变标准曲线。

测得标准曲线后,就可以用图 14 - 10(b)所示的测试装置对电池外壳的形变进行测量,对照标准曲线,即可查得电池实际内压值。图 14 - 12 为 MH - Ni 电池的两种典型的内压曲线。从图中曲线 1 可以发现,压力随着充电时间的延长而增加,曲线 2 表示的电池在充电时可达到平衡压力而趋于稳定。

14.2.5　高低温性能的测定

国家标准对 MH - Ni, Cd - Ni 电池 -18℃下的低温放电性能和常温(20℃)下的放电性能提出了要求,但对高温性能并没有明确地提出要求。在目前被普遍采用的检测方式中,人们常常对高于20℃以上的温度区间也作了检测,如45℃,60℃。这对于全面衡量电池的温度特性是必不可少的检测步骤。

N₂

充放电器

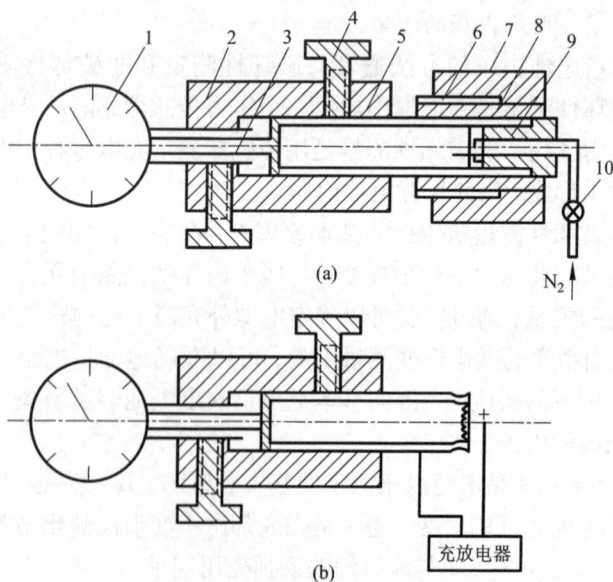

图 14-10　电池内压测试装置

（a）标准曲线测试装置；（b）内压测试装置

1—百分表；2—电池底夹具；3—百分表紧定螺钉；4—电池紧定螺钉；5—电池；
6—电池头内夹具；7—电池头外夹具；8—橡胶垫片；9—顶头螺杆；10—调压阀

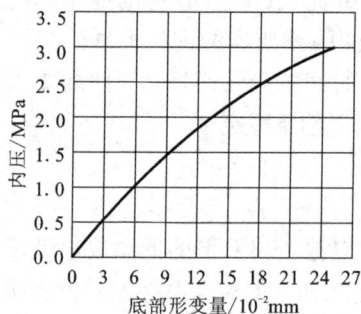

图 14-11　压力-形变标准曲线　图 14-12　电池充电过程中内压的变化

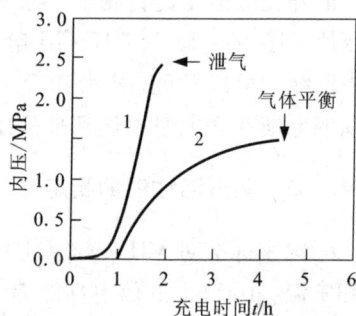

充电电流：1200 mA（1C）；环境温度：20℃

　　进行高低温检测实验所需的电源设备与充放电性能测试基本是一致的,只是在恒温箱中测定不同温度下电池的性能。

　　高温或低温对电池的充电或放电性能都会带来影响,应分别对各温度下的充电性能和放电性能作出测试才算完成了一个完整的高低温性能测试。图 6 - 51(b),图 6 - 53(a)分别为 MH - Ni 电池在不同温度下的充、放电特性曲线。

　　充电效率是随温度而发生改变的,图 14 - 13 是 AA 型 MH - Ni 电池的充电效率与充电温度的关系图。另外,不同温度下,电池的容量、内阻也会发生变化。

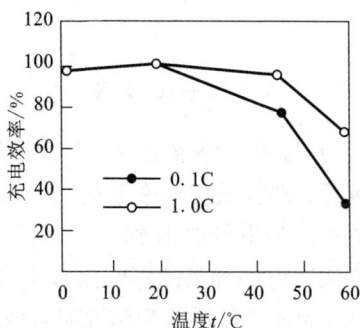

图 14 - 13　MH - Ni 电池充电效率随温度的变化
充电:$0.1C \times 150\%$　　$1.0C(-\Delta U, 10 \text{ mV})$
放电:$1.0C(1.0V_{cut\,off}, 20℃)$

14.2.6　自放电及贮存性能的测试

　　电池的贮存性能是指电池开路时,在一定条件下(如温度、湿度等)贮存时容量下降率的大小。化学电源在贮存过程中容量下降主要是由于两个电极的自放电引起的。不论是二次电池还是原电池,在使用及贮存过程中,都会存在一定程度的自放电。一般说来,MH - Ni 电池自放电较大,而 Cd - Ni, Zn - MnO_2 及锂离子电池相对来说自放电较小。

　　引起自放电的原因是多方面的,如电极的腐蚀、活性物质的溶解、以及电极上歧化反应的发生等。另外,在贮存过程中,由于活性物质的钝化、电池内部材料的分解变质等,都会引起电池性能的衰退。因此,贮存性能与自放电并不是两个等同的概念。

　　自放电速率用单位时间内容量降低的百分数来表示:

$$X\% = \frac{C_1 - C_2}{C_1 t} \times 100\% \qquad (14-3)$$

式中,C_1,C_2为贮存前后电池的容量;t为贮存时间,常用天、月或年计算。在实际的测试中,人们更习惯用指定时间内容量的保持率来表示:

$$X\% = \frac{C_2}{C_1} \times 100\% \qquad (14-4)$$

如充电态的 MH - Ni 电池开路搁置 28 d 后容量保持率应大于60%。自放电率越低,即容量保持率越高,则充电态电池在一定条件下保存后所能放出的电量也越多。

　　自放电测试方法因电池种类的不同而有所区别,但其基本原理是一致的,下面以 MH - Ni 电池为例说明自放电的测试方法。

　　首先将电池充足电,然后在开路状态下搁置一定时间,一般为 28 d,之后将电池以恒定电流放电,计算电池容量。在测试前应先测定好电池的实际容量。电池实际容量的测定所采用的充放电条件应与自放电测试时所用的条件一致。图 14 - 14 为 MH - Ni 电池在不同温度下的容量保持率与时间的关系曲线。从图中可以看出,自放电与温度有着很大的关系,温度越高,自放电越大。

　　另外还有一种简单测量自放电的方法,即测量开路电压与时间的关系。

　　自放电时容量的下降可以通过充电恢复。但长期贮存后,电

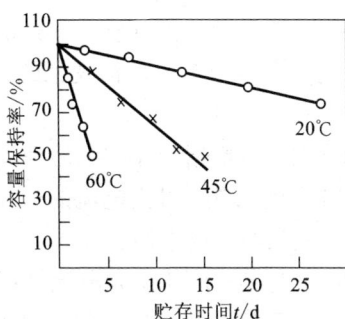

图 14 - 14　MH - Ni 电池不同温度下的自放电

容量测试: $1.0C(1.0V_{\text{cou off}})20℃$

池容量的损失一般是不可逆的。采用常规的充电方式是不能恢复这部分容量的。这与电极内部物质在长期贮存中发生不可逆变化有关。对贮存性能进行测试时,电池一般处于放电态,且保存时间也较长,一般达 1 年以上。

14.2.7　安全性能测试

14.2.7.1　耐过充过放能力的测试

对密闭性二次电池来说,在过充过放的情况下,都会引起气体在密闭容器内的迅速积累,从而导致内压迅速上升,如果安全阀不能及时开启,可能会使电池发生爆裂。在通常情况下,安全阀在一定压力作用下会开启释放掉多余的气体,气体泄出后,会导致电液量减少,严重时使得电液干涸,电池性能恶化,直至失效。并且,在气体泄出过程中带出一定量的电解液,而一般的电解液均是浓酸或浓碱,对用电器有腐蚀作用。因此,一个性能优良的电池应有良好的耐过充能力,绝对不能有爆裂的现象出现,并且在一定的过充放程度下,不能出现电池漏液现象,电池外形也不应发生变化。

电池在设计中，一般采用负极过量的方式来避免气体在电池内部的过度积累。为避免过放电时反极现象的出现，一般是在正极中加入反极物质，实行反极保护。

进行过充电测试时，可根据具体的电池种类及型号选用适当的条件。以 MH－Ni 电池为例，过充电流的选择可根据恒流源的输出功率确定，对一些大容量的电池（D 型、SC 型），一般的恒流源都不能输出 1C 的大电流，并且在大电流情况下，应考虑有足够的安全防护措施。对于容量相对较小的电池，则可选用较大的电流倍率。在不同的放电制度下，判断电池过充电能力的标准也相应地有一定的区别，实际工作中采用以下两种过充制度：

（1）以 0.1C 的电流恒流充电 28d，试验过程中电池不得爆炸、泄漏，并且充电后以 0.2C 放电其容量应不低于标称容量。

（2）以 1C 的电流恒流充电 5 h，试验过程中前 75 min 应无泄漏现象，此后允许有泄漏现象发生，但不得爆炸，并且充电后以 0.2C 放电其容量应不低于其标称容量。

在充电过程中，对泄漏的检测可通过封口处滴加酚酞液来进行检定。溶液变红或有气泡产生均视为发生泄漏。

对电池进行过放电测试时，首先应将电池充足电，然后选择适当的条件进行放电。常用测试条件有：

（1）将电池与一标准电阻（10 Ω 左右，根据电池型号选用）串联，连续放电 24 h，电池在放电过程中应无爆炸、无泄漏，在过放电后电池的容量应不低于标称容量的 90%。

（2）将电池首先以 1C 放电到 0 V，再以 0.2C 放电至 0 V，然后以 1C 的电流强制过放电 6 h，电池应无爆炸，但允许有泄漏或变形，测试后电池不能再被使用。

对于一次电池，一般都采用第一种方式测试其耐漏液的能力。

14.2.7.2　短路测试

电池在短路情况下，会产生很大的电流，瞬间就可以使电池温度升高，甚至可使电解液沸腾或使密封圈熔化。因此，在短路测试中，电池可能会出现喷碱、泄漏等情况。通常应有较好的防护措施，常见的测试条件为：

将电池充足电，在室温下将电池两极短接 1 h，允许有泄漏发生，但电池不得起火或爆炸。

14.2.7.3　耐高温测试

一般电池都禁止投入火中，因为在较高温度下，电池会发生一定变化，并可能出现爆炸等情况，因此，有必要对电池在适当温度下的安全性能进行测试。一般的测试温度区间分为高温区与低温区，高温区即投入火中进行测试，低温区为 100℃ ～200℃。常见的低温区测试条件如下：

（1）满充态的电池投入沸水中（100℃）保持 2 h，电池应无爆炸、泄漏。

（2）满充态的电池置入 150℃ 的恒温箱中 10 min，电池应无爆炸、泄漏。

通过低温区的测试后的电池内阻及开路电压均会发生一定的变化，但电池应仍能继续使用。

电池在高温区的测试是具有破坏性的，测试后的电池将不能继续使用，电池投入火中后，温度可达 800℃，密封圈及电池内的其他塑料都会全部熔化，并且会着火，允许有气体析出，但不得发生爆炸。

14.2.7.4　钻孔实验

电池在受到外界尖锐物体的冲击时，可能会将外壳刺破，如刺入物为导电性的，则正负极片之间会发生短路，带来一定的危险，因此，对在一些特殊场合使用的电池还应进行钻孔实验，电池在进行钻孔测试前应处于满充态。钻孔可采用钻床，钻头应为导电性的。测试条件如下：

钻头直径为 $\phi1.0$ mm，将电池从直径方向钻穿，钻穿后电池应不爆炸。但允许有漏液，发热。

14.2.7.5 机械性能

机械性能包括耐碰撞、耐冲击和耐震试验等，常用的机械性能测试方法有碰撞试验和震动试验等。碰撞试验条件如表 14 - 2。

表 14 - 2 碰撞试验条件

	最大加速度 /(m·s⁻²)	相应脉冲时间 /ms	波形	相应速度变化 /(m·s⁻¹)	碰撞次数 /次	试验量 /g
方法一	98	16		1	10	10
方法二	1470	2	半正弦波脉冲		2	150

先将电池充电，试验后以 0.2C 电流恒电流放电，方法一要求试验后放电容量不低于标称容量；方法二要求试验后电池容量与试验前无明显区别。试验后电池不变形，不泄漏。

用作碰撞试验的样品电池应按半数垂直轴向，半数平行轴向固定在冲击台上进行试验。

机械性能检测也可以做简单碰撞试验，即可将电池随机地以不同方向从 1 m 高处跌落至 2 cm 厚的橡木板上 4 次。试验后从视觉上观察电池外形应无变化及漏液现象，此外电池电压、电池内阻均不应发生变化。

震动试验是将电池充电后按下列条件进行。试验后以 0.2C 电流恒流放电的放电容量与试验前应无明显区别，电池不得变形或池漏。震动试验条件如下：

最小加速度	$2.94 \text{ m} \cdot \text{s}^{-2}(0.3 \text{ g})$
最大加速度	$98 \text{ m} \cdot \text{s}^{-2}(10 \text{ g})$
波形	简单谐波运动(如图 14 – 15)
频率	$10 \sim 500 \text{ Hz}$
时间	15 min
测试次数	3 次

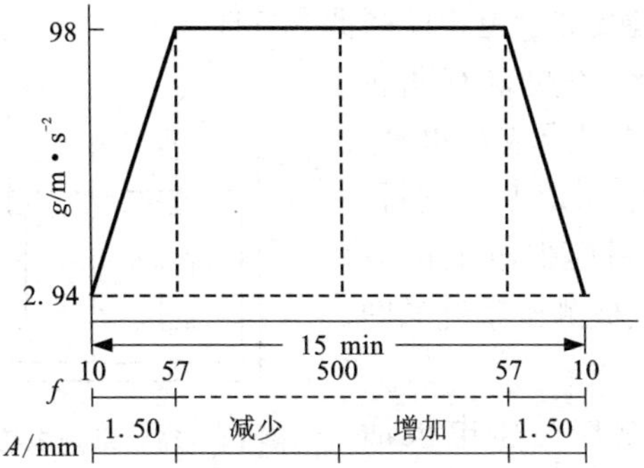

图 14 – 15　震动测试波形

g—重力加速度；f—频率；A—双振幅

其试验样品应半数按垂直轴向，半数按平行轴向进行震动试验，电池应该用专门的夹具固定。

14.2.7.6　抗腐蚀性能测试

常用的腐蚀测试方法有电化学测试方法、盐雾试验法等。

试验在盐雾箱中进行。将电池暴露于测试箱中，喷入经雾化的试验溶液，细雾在自重作用下均匀地沉降在试样表面，试验溶液为 5% NaCl(质量百分数)溶液，其中总固体含量不超过 20 μg/g，pH 6.5 ~ 7.2。试验时盐雾箱内温度恒定保持 35 ± 1℃。电池在盐雾箱内保持的时间为 48 h。

试验后电池的容量应无明显差别，在电池的顶部(封口处)和底部允许有少量锈迹，但应无穿孔或非常明显的点蚀。电池不得泄漏、爆炸。

14.2.8　二次电池电极活性物质性能的测定

14.2.8.1　常规电极测试技术

检测电极性能的一个重要指标是放电容量。通过测定放电曲线，一方面可以得到电极的放电容量，另一方面还可以评价电极放电电位的稳定性，电位的高低等特性。

放电曲线的测定有两种方式：一种是制成成品电池，采用电池容量测定方法进行。另一种是采用模拟电池的方式来进行，电极测试系统如图14-16所示。

电极的制作是将电极活性物质与一定量的导电剂、添加剂、粘结剂充分混合均匀

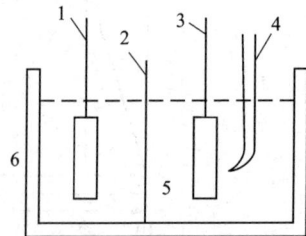

图 14-16　常规电极测试系统
1—辅助电极；2—隔膜；3—研究电极；
4—参比电极；5—电解液；6—电解槽

后，涂抹在集流基体上并烘干，在一定的压力下压制成型备用。在电极的制作过程中，要对电极活性物质的量进行精确计量。

制成后的电极应在电解液中浸泡一定时间，使电解液充分进入电极。电极系统一般采用三电极体系。如对贮氢电极进行测试时，以 KOH 为电解液，以 $Ni(OH)_2$ 电极为对电极，以 Hg/HgO 电极为参比电极。在电极被充分活化后就可进行充放电的测试。

14.2.8.2　微电极测试技术

一般测试电池活性物质寿命的方法是对加入导电剂、粘结剂制成的电极进行充放电测试而获得。这种方法测出的结果除了包括材料自身的性能外，还受到电极添加剂的影响，因此不能完全反映出材料的寿命特性。而且这种测试方法历时长，一般每个循

环需要几个小时，完成一个电极测试进行几百次循环，这样，完整地测试出一个材料需要几十天。事实上，绝对的测量某种电极材料的寿命意义并不大，因为电池中影响寿命的因素太多，所以只需要对材料进行相对寿命的评价就可以了。测试时应该尽量排除非材料因素，只有这样，材料自身特征才能反映出来。传统方法是难于做到这一点的。

　　微电极技术能有效地缩短每次测量的时间。为了缩短每次测量的时间，必须提高充放电电流密度，但传统电极厚度在 0.5～1 mm 之间，提高电流密度可使电化学反应速率增大，但电流密度达到一定程度后，由于电池用电极为多孔电极，电解质从本体溶液中向电极内部扩散将逐渐成为控制步骤，产生极限扩散电流，因此无法继续增大电流，这就是常规电极为什么不能大幅度提高电流密度进行充放电的原因。由于粉末微电极中活性物质反应的均匀性，因此在充放电过程中活性物质应该是以基本一致的速率同时进行充电或放电。这样一方面能够使充放电电流密度提高，而另一方面能较为客观、真实地反映出材料的性能。

　　以上分析说明要提高电流密度必须减小电极厚度，而微电极的特点恰好满足了这一要求，微电极厚度可以控制到几十微米，对于液相传质而言，这样短的途径将大大提高扩散速率，从而可使电流密度大幅度提高。

　　微电极一般是指用直径为微米级的材料，如 Pt，Au 等组成的电极，由于微电极通过的电流通常是微安或纳

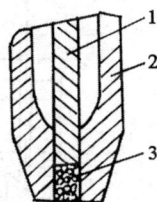

图 14－17　粉末微电极的结构示意图

1—铂丝；2—玻璃管；3—粉末

安级，因此可忽略欧姆电阻的影响，测试结果更真实。粉末微电极考虑了颗粒的直径及填充量，用 50～150 μm Pt 或 Au 丝制成图 14－17 所示的电极。用王水将 Pt 丝或 Au 丝的前端腐蚀，腐蚀

的深度可以用稳态极化测量, 所用电化学反应体系为

$$0.015 \text{ mol} \cdot \text{L}^{-1}\text{K}_3[\text{Fe}(\text{CN})_6] + 1.0 \text{ mol} \cdot \text{L}^{-1}\text{KCl}$$

在电池研究中最常用的测试方法是循环伏安法。该方法是选择某一初始电位, 通常取电流为零(无电极反应发生)的电位, 然后电极电位按指定方向与速率随时间线性变化, 并记录极化电流和电极电位的关系。下面以 $\text{Ni}(\text{OH})_2$ 为例对测试过程作一介绍。

测试仪器为恒电位仪、函数记录仪、恒温器和电解槽。试验采用三电极体系的循环伏安法: 以含有活性物质 $\text{Ni}(\text{OH})_2$ 粉末微电极为工作电极, 以 20 mm × 30 mm 的铂片为辅助电极, Hg/HgO 为参比电极, KOH 溶液为电解液(如图 14 – 18 所示), 扫描范围为 0 ~ 0.6 V, 扫描速度 20 mV · s^{-1}, 通过氧化或还原峰的变化反映出循环寿命的变化规律。图 14 – 19 为 $\text{Ni}(\text{OH})_2$ 粉末微电极的循环伏安曲线。

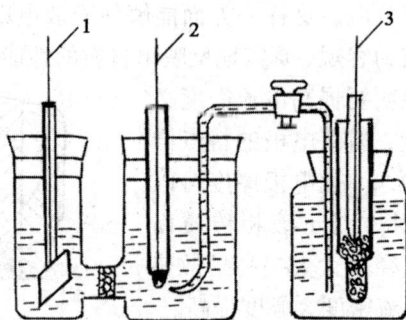

图 14 –18 粉末微电极测量寿命的三电极体系
1—铂电极; 2—粉末微电极; 3—氧化汞电极

从图中可以看出, 在前 25 次循环中, 峰电流是随着循环次数增加而增加的, 这一过程表明粉末微电极处于活化阶段, 与常规

Ni(OH)$_2$ 电极活化规律大致吻合。

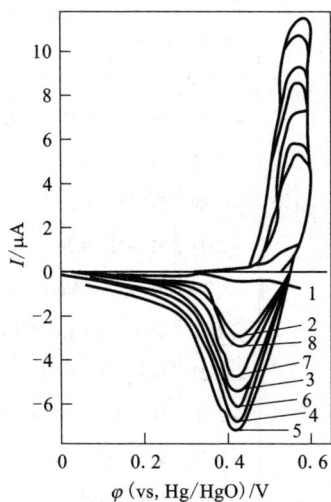

图 14 – 19　Ni(OH)$_2$ 粉末微电极的循环伏安曲线

1—5 次；2—11 次；3—15 次；4—23 次；5—140 次；

6—300 次扫描速度 20 mV · s^{-1}；温度 25℃

附表1　标准氧化－还原电位 $\varphi^{\ominus}(25℃)$

氧化－还原体系	$\varphi^{\ominus}/V$	氧化－还原体系	$\varphi^{\ominus}/V$
	在酸性溶液中		
$Li \rightleftharpoons Li^+ + e$	-3.045	$Cu \rightleftharpoons Cu^{2+} + 2e$	0.337
$K \rightleftharpoons K^+ + e$	-2.925	$Sb_2O_4 + H_2O \rightarrow Sb_2O_5 + 2H^+ + 2e$	0.48
$Ba \rightleftharpoons Ba^{2+} + 2e$	-2.92	$Cu \rightleftharpoons Cu^+ + e$	0.521
$Sr \rightleftharpoons Sr^{2+} + 2e$	-2.89	$2I^- \rightleftharpoons I_2 + 2e$	0.535
$Ca \rightleftharpoons Ca^{2+} + 2e$	-2.84	$3I^- \rightleftharpoons I_3^- + 2e$	0.536
$Na \rightleftharpoons Na^+ + e$	-2.713	$MnO_4^{2-} \rightleftharpoons MnO_4^- + e$	0.564
$Mg \rightleftharpoons Mg^{2+} + 2e$	-2.38	$2SbO^+ + 3H_2O \rightleftharpoons Sb_2O_5 + 6H^+ + 4e$	0.581
$H^- \rightleftharpoons 1/2H_2 + e$	-2.23	$H_2O_2 \rightleftharpoons O_2 + 2H^+ + 2e$	0.682
$H_{(g)} \rightleftharpoons H^+ + e$	-2.10	$OH + H_2O \rightleftharpoons H_2O_2 + H^+ + e$	0.72
$Al \rightleftharpoons Al^{3+} + 3e$	-1.66	$Fe^{2+} \rightleftharpoons Fe^{3+} + e$	0.771
$Mn \rightleftharpoons Mn^{2+} + 2e$	-1.18	$2Hg \rightleftharpoons Hg_2^{2+} + 2e$	0.789
$Zn \rightleftharpoons Zn^{2+} + 2e$	-0.763	$Ag \rightleftharpoons Ag^+ + e$	0.7991
$Cr \rightleftharpoons Cr^{3+} + 3e$	-0.74	$Hg_2^{2+} \rightleftharpoons 2Hg^{2+} + 2e$	0.92
$AsH_3 \rightleftharpoons As + 3H^+ + 3e$	-0.60	$2Cl^- + 1/2I_2 \rightleftharpoons ICl_2^- + e$	1.06
$SbH_3 \rightleftharpoons Sb + 3H^+ + 3e$	-0.51	$2Br^- \rightleftharpoons Br_{2(1)} + 2e$	1.065
$Fe \rightleftharpoons Fe^{2+} + 2e$	-0.440	$1/2I_2 + 3H_2O \rightleftharpoons IO_3^- + 6H^+ + 5e$	1.195
$Cd \rightleftharpoons Cd^{2+} + 2e$	-0.403	$2H_2O \rightleftharpoons O_2 + 4H^+ + 4e$	1.239
$Pb + SO_4^{2-} \rightleftharpoons PbSO_4 + 2e$	-0.356	$Mn^{2+} + 2H_2O \rightleftharpoons MnO_2 + 4H^+ + 2e$	
$Co \rightleftharpoons Co^{2+} + 2e$	-0.277	$2Cl^- \rightleftharpoons Cl_2 + 2e$	1.359
$Pb + 2Cl^- \rightleftharpoons PbCl_2 + 2e$	-0.268	$1/2I_2 + H_2O \rightleftharpoons HIO + H^+ + e$	1.45
$Ni \rightleftharpoons Ni^{2+} + 2e$	-0.230	$Pb^{2+} 2H_2O \rightleftharpoons PbO_2 + 4H^+ + 2e$	1.455
$Sn \rightleftharpoons Sn^{2+} + 2e$	-0.136	$H_2O_2 \rightleftharpoons HO_2 + H^+ + e$	1.5
$HO_2 \rightleftharpoons O_2 + H^+ + e$	-0.13	$Mn^{2+} \rightleftharpoons Mn^{3+} + e$	1.51
$Pb \rightleftharpoons Pb^{2+} + 2e$	-0.126	$Mn^{2+} + 4H_2O \rightleftharpoons MnO_4^- + 8H^+ + 5e$	1.51

氧化 – 还原体系	$\varphi^{\ominus}/V$	氧化 – 还原体系	$\varphi^{\ominus}/V$
在酸性溶液中			
$H_2 \rightleftharpoons 2H^+ + 2e$	0.00	$Ni^{2+} + 2H_2O \rightleftharpoons NiO_2 + 4H^+ + 2e$	1.68
$Sn^{2+} \rightleftharpoons Sn^{4+} + 2e$	0.15	$PbSO_4 + 2H_2O \rightleftharpoons PbO_2$	1.685
$2Sb + 3H_2O \rightleftharpoons Sb_2O_3 + 6H^+ + 6e$	0.152	$+ SO_4^{2-} + 4H^+ + 2e$	
$Cu^+ \rightleftharpoons Cu^{2+} + e$	0.153	$MnO_2 + 2H_2O \rightleftharpoons MnO_4^- + 4H^+ + 3e$	1.695
$Ag + Cl^- \rightleftharpoons AgCl + e$	0.222	$2SO_4^{2-} \rightleftharpoons S_2O_8^{2-} + 2e$	2.01
$As + 2H_2O \rightleftharpoons HAsO_{2(l)} + 3H^+ + 3e$	0.247	$O_2 + H_2O \rightleftharpoons O_3 + 2H^+ + 2e$	2.07
$2H_2O \rightleftharpoons H_2O_2 + 2H^+ + 2e$	1.77	$H_2O \rightleftharpoons O_{(g)} + 2H^+ + 2e$	2.42
$Co^{2+} \rightleftharpoons Co^{3+} + e$	1.82	$2F^- \rightleftharpoons F_2 + 2e$	2.65
$Fe^{3+} + 4H_2O \rightleftharpoons FeO_4^{2-} + 8H^+ + 3e$	1.90	$H_2O \rightleftharpoons OH^- + H^+ + e$	2.85
$Ag^+ \rightleftharpoons Ag^{2+} + e$	1.98		
在碱性溶液中			
$H_{(g)} + HO^- \rightleftharpoons H_2O + e$	-2.93	$2Cu + 2OH^- \rightleftharpoons Cu_2O + H_2O + 2e$	-0.358
$Mg + 2OH^- \rightleftharpoons Mg(OH)_2 + 2e$	-2.69	$OH + 2OH^- \rightleftharpoons HO_2^- + H_2O + e$	-0.24
$Mn + 2OH^- \rightleftharpoons Mn(OH)_2 + 2e$	-1.55	$Cu_2O + 2OH^- + H_2O \rightleftharpoons$	
$Mn + CO_3^{2-} \rightleftharpoons MnCO_3 + 2e$	-1.48	$2Cu(OH)_2 + 2e$	-0.080
$Zn + 2OH^- \rightleftharpoons Zn(OH)_2 + 2e$	-1.245	$HO_2^- + OH^- \rightleftharpoons O_2 + H_2O + 2e$	-0.076
$Zn + 4OH^- \rightleftharpoons ZnO_2^{2-} + 2H_2O + 2e$	-1.216	$Mn(OH)_2 + 2OH^- \rightleftharpoons MnO_2$	
$Te^{2-} \rightleftharpoons Te + 2e$	-1.14	$+ H_2O + 2e$	-0.05
$Pb + S^{2-} \rightleftharpoons PbS + 2e$	-0.95	$Hg + 2OH^- \rightleftharpoons HgO_{(斜方)}$ $+ 2H_2O + 2e$	0.098
$Fe + 2OH^- \rightleftharpoons Fe(OH)_2 + 2e$	-0.877	$Mn(OH)_2 \rightleftharpoons Mn(OH)_3 + e$	0.10
$H_2 + 2OH^- \rightleftharpoons 2H_2O + 2e$	-0.828	$PbO_{(斜方)} + 2OH^- \rightleftharpoons PbO_2$	
$Cd + 2OH^- \rightleftharpoons Cd(OH)_2 + 2e$	-0.809	$+ H_2O + 2e$	0.248
$Fe + CO_3^{2-} \rightleftharpoons FeCO_3 + 2e$	-0.756	$2Ag + 2OH^- \rightleftharpoons Ag_2O + H_2O + 2e$	0.344
$Cd + CO_3^{2-} \rightleftharpoons CdCO_3 + 2e$	-0.74	$OH^- + HO_2^- \rightleftharpoons O_2^- + H_2O + e$	0.4

氧化 – 还原体系	$\varphi^{\ominus}/V$	氧化 – 还原体系	$\varphi^{\ominus}/V$
		在碱性溶液中	
$Ni + 2OH^- \rightleftharpoons Ni(OH)_2 + 2e$	-0.72	$4OH^- \rightleftharpoons O_2 + 2H_2O + 4e$	0.401
$As + 4OH^- \rightleftharpoons AsO_2^- + 2H_2O + 3e$	-0.68	$2Ag + CO_3^{2-} \rightleftharpoons Ag_2CO_3 + 2e$	0.47
$Sb + 4OH^- \rightleftharpoons SbO_2^- + 2H_2 + 3e$	-0.66	$Ni(OH)_2 + 2OH^- \rightleftharpoons NiO_2$ $+ 2H_2O + 2e$	0.49
$Fe(OH)_2 + OH^- \rightleftharpoons Fe(OH)_3 + e$	-0.56	$Ag_2O + 2OH^- \rightleftharpoons AgO + H_2O + 2e$	0.57
$O_2^- \rightleftharpoons O_2 + e$	-0.56	$MnO_2 + 4OH^- \rightleftharpoons MnO_4^{2-} + 2H_2O + 2e$	0.60
$Pb + 3OH^- \rightleftharpoons HPbO_2^- + H_2O + 2e$	-0.54	$2AgO + 2OH^- \rightleftharpoons Ag_2O_3 + H_2O + 2e$	0.74
$Pb + CO_3^{2-} \rightleftharpoons PbCO_3 + 2e$	-0.506	$3OH^- \rightleftharpoons HO_2^- + H_2O + 2e$	0.88
$Ni + CO_3^{2-} \rightleftharpoons NiCO_3 + 2e$	-0.45	$OH^- \rightleftharpoons OH + e$	2.0

附表 2   参比电极

电极名称	电极表达式	电极反应	电极电位计算式	KCl 浓度 /($\mathrm{mol \cdot L^{-1}}$)
氢电极	$\mathrm{Pt(H_2)\mid H_2SO_4}$	$\mathrm{2H^+ + 2e \rightleftharpoons H_2}$	$\varphi = -0.059\mathrm{pH}$	
甘汞电极	$\mathrm{Hg \mid Hg_2Cl_2}$；KCl	$\mathrm{Hg_2Cl_2 + 2e \rightleftharpoons}$ $\mathrm{2Hg + 2Cl^-}$	$\varphi = 0.3388 - 7 \times 10^{-5}(t-25)$ $\varphi = 0.2800 \times 2.4 \times 10^{-4}(t-25)$ $\varphi = 0.2415 - 7.6 \times 10^{-4}(t-25)$	0.1 1.0 饱和
汞－硫酸汞电极	$\mathrm{Hg \mid Hg_2SO_4 \mid}$ $\mathrm{SO_4^{2-}}$	$\mathrm{Hg_2SO_4 + 2e \rightleftharpoons}$ $\mathrm{2Hg + SO_4^{2-}}$	$\varphi = 0.6141 - 8.02 \times 10^{-4}(t-25)$	
汞－氧化汞电极	$\mathrm{Hg \mid Hg_2O \mid}$ NaOH	$\mathrm{2HgO + H_2 + 2e}$ $\rightleftharpoons \mathrm{2Hg + 2OH^-}$	$\varphi = 0.98$	
银－氯化银电极	$\mathrm{Ag \mid AgCl \mid Cl^-}$	$\mathrm{AgCl + e \rightleftharpoons Ag + Cl^-}$	$\varphi = 0.2224 - 6.4 \times 10^{-4}(t-25) - [0.0591 \times 2 \times 10^{-4}(t-25)] \times \lg a_{\mathrm{Cl^-}}$	
铜电极	$\mathrm{Cu \mid CuSO_4}$ （饱和）		φ 约 $0.3\mathrm{V}$	
镉电极	$\mathrm{Cd \mid Cd(OH)_2 \mid}$ $\mathrm{OH^-}$	$\mathrm{Cd(OH)_2 + 2e \rightleftharpoons}$ $\mathrm{Cd + 2OH^-}$	$\varphi^{\ominus} = -0.809\mathrm{V}$	
韦斯顿标准电池	$\mathrm{Cd(Hg) \mid}$ $\mathrm{CdSO_4 \cdot 8/3H_2O}$ $\mathrm{\mid Hg_2SO_4 \mid Hg}$	$\mathrm{Cd + Hg_2SO_4 \rightleftharpoons}$ $\mathrm{CdSO_4 + 2Hg}$	$E = 1.4325 - 1.19 \times 10^{-3}(t-25) - 7 \times 10^{-6}(t-25)^2$	

附表3 一些活性物质的电化当量

活性物质	价数	电化当量 /[g·(Ah)$^{-1}$]	活性物质	价数	电化当量 /[g·(Ah)$^{-1}$]
H	1	0.0376	Sb	5	0.909
Li	1	0.2589	Sb	3	1.514
Na	1	0.838	Sn	2	2.2145
K	1	1.4587	Sn	4	1.1072
Rb	1	3.189	PbO	2	4.1637
Cs	1	4.9591	Pb	2	3.866
Be	2	0.1683	PbO$_2$	2	4.463
Mg	2	0.4537	PbSO$_4$	2	5.6572
Ga	2	0.7477	O	2	0.2985
Sr	2	1.635	OH$^-$	1	0.635
Ba	2	2.562	F	1	0.7089
Al	3	0.3354	Cl	1	1.323
Cr	3	0.654	Br	1	2.982
Mn	2	1.025	I	1	4.735
Fe	2	1.042	S	2	0.5931
Co	2	1.0996	Mn	7	0.293
Co	3	0.7332	Mn	3	0.684
Ni$_3$S$_2$	4	2.12	MnO$_2$	2	1.323
Ni	2	1.0947	MnO$_2$	1	3.24
Ni	3	0.7298	HgO	2	3.891
NiOOH	1	3.42	Ag$_2$O	1	4.3239
Pt	4	1.8212	AgO	2	2.162
Pt	2	3.642	AgCl	1	5.348
CuCl$_2$	2	2.50	Cd	2	2.097
Cu	2	1.1854	SO$_4^{2-}$		1.79
CuCl	1	3.69	SO$_2$		2.38
Ag	1	4.0252	H$_2$SO$_4$	2	1.8296
CuO	2	1.49	H$_2$SO$_4$	1	3.6593

活性物质	价数	电化当量 /[g·(Ah)$^{-1}$]	活性物质	价数	电化当量 /[g·(Ah)$^{-1}$]
Au	3	2.452	$SOCl_2$	2	2.22
CuS	2	1.79	SO_2Cl_2	2	2.52
Fe	3	0.6947	S^{2-}		0.598
FeS	2	1.64	$(CF)_n$	1	1.16
FeS_2	4	1.12	MOO_3	1	5.265
AgCl	1	5.26	Bi_2O_3	6	2.86
Ag_2CrO_4	2	6.25	Bi	2	1.559
V_2O_5	1	6.66	Tl	1	7.626
NO_3^-		2.31	Hg	1	7.485
In	1	1.429	Pd	2	1.99
Hg	2	3.742	Zn	2	1.220

附表4　不同温度下 H_2SO_4 溶液的密度与质量分数对照表

H_2SO_4 w/%	0℃	10℃	15℃	20℃	25℃	30℃	40℃	50℃
1	1.0074	1.0068	1.0060	1.0051	1.0038	1.0022	0.9986	0.9944
2	1.0147	1.0138	1.0129	1.0118	1.0104	1.0087	1.0050	1.0006
3	1.0219	1.0206	1.0197	1.0184	1.0169	1.0152	1.0113	1.0067
4	0291	1.0275	1.0264	1.0250	1.0234	1.0216	1.0176	1.0129
5	1.0364	1.0344	1.0332	1.0317	1.0300	1.0281	1.0240	1.0192
6	1.0437	1.0414	1.0400	1.0335	1.0367	1.0347	1.0305	1.0256
7	1.0511	1.0485	1.0469	1.0453	1.0434	1.0414	1.0371	1.0321
8	1.0585	1.0556	1.0539	1.0522	1.0502	1.0431	1.0437	1.0386
9	1.0660	1.0628	1.0610	1.0591	1.0571	1.0549	1.0503	1.0451
10	1.0735	1.0700	1.0681	1.0661	1.0640	1.0617	1.0570	1.0517
11	1.0810	1.0773	1.0753	1.0731	1.0710	1.0686	1.0637	1.0584
12	1.0886	1.0846	1.0825	1.0802	1.0780	1.9756	1.0705	1.0651
13	1.0962	1.0920	1.0898	1.0874	1.0851	1.0826	1.0774	1.0719
14	1.1039	1.0994	1.0971	1.0947	1.0922	1.0897	1.0844	1.0788
15	1.1116	1.1069	1.1045	1.1020	1.0994	1.0963	1.0914	1.0857
16	1.1191	1.1145	1.1120	1.1094	1.1067	1.1040	1.0985	1.0927
17	1.1272	1.1221	1.1195	1.1168	1.1114	1.1113	1.1057	1.0998
18	1.1351	1.1298	1.1271	1.1243	1.1215	1.1187	1.1129	1.1070
19	1.1430	1.1375	1.1347	1.1318	1.1290	1.1261	1.1202	1.1142
20	1.1510	1.1453	1.1424	1.1394	1.1365	1.1335	1.1275	1.1215
21	1.1590	1.1531	1.1501	1.1471	1.1441	1.1410	1.1349	1.1288
22	1.1670	1.1619	1.1579	1.1548	1.1517	1.1436	1.1424	1.1362
23	1.1751	1.1638	1.1657	1.1626	1.1594	1.1563	1.1500	1.1437
24	1.1832	1.1768	1.1736	1.1704	1.1672	1.1640	1.1576	1.1512
25	1.1914	1.1848	1.1816	1.1783	1.1750	1.1718	1.1653	1.1588
26	1.1996	1.1929	1.1896	1.1862	1.1829	1.1796	1.1730	1.1665
27	1.2078	1.2010	1.1976	1.1942	1.1909	1.1875	1.1808	1.1742

H$_2$SO$_4$ w/%	0℃	10℃	15℃	20℃	25℃	30℃	40℃	50℃
28	1.2160	1.2091	1.2057	1.2023	1.1989	1.1955	1.1887	1.1820
29	1.2243	1.2173	1.2138	1.2104	1.2069	1.2035	1.1966	1.1898
30	1.2326	1.2225	1.2220	1.2185	1.2150	1.2115	1.2046	1.1977
31	1.2409	1.2338	1.2302	1.2267	1.2232	1.2196	1.2126	1.2057
32	1.2493	1.2421	1.2385	1.2349	1.2314	1.2278	1.2207	1.2137
33	1.2577	1.2504	1.2468	1.2432	1.2396	1.2360	1.2289	1.2218
34	1.2661	1.2588	1.2552	1.2515	1.2479	1.2443	1.2371	1.2300
35	1.2746	1.2672	1.2636	1.2599	1.2563	1.2526	1.2454	1.2383
36	1.2831	1.2757	1.2720	1.2684	1.2647	1.2610	1.2538	1.2466
37	1.2917	1.2843	1.2805	1.2769	1.2732	1.2695	1.2622	1.2550
38	1.3004	1.2929	1.2892	1.2855	1.2818	1.2780	1.2707	1.2635
39	1.3091	1.3016	1.2978	1.2941	1.2904	1.2866	1.2793	1.2720
40	1.3137	1.3103	1.3065	1.3028	1.2991	1.2953	1.2880	1.2806
41	1.3268	1.3191	1.3153	1.3116	1.3079	1.3041	1.2967	1.2893
42	1.3357	1.3280	1.3242	1.3205	1.3167	1.3129	1.3055	1.2981
43	1.3447	1.3370	1.3332	1.3294	1.3256	1.3218	1.3144	1.3070
44	1.3538	1.3461	1.3423	1.3384	1.3346	1.3308	1.3234	1.3160
45	1.3630	1.3553	1.3515	1.3476	1.3437	1.3399	1.3325	1.3251
46	1.3724	1.3646	1.3608	1.3569	1.3530	1.3492	1.3417	1.3343
47	1.3819	1.3740	1.3702	1.3663	1.3624	1.3586	1.3510	1.3435
48	1.3915	1.3835	1.3797	1.3758	1.3719	1.3680	1.3604	1.3528
49	1.4012	1.3931	1.3803	1.3854	1.3814	1.3775	1.3699	1.3623
50	1.4110	1.4029	1.3990	1.3951	1.3911	1.3872	1.3795	1.3719

附表 5　氢氧化钾水溶液的密度和浓度 (20℃)

ρ /(g·cm^{-3})	w/%	KOH 质量浓度 /(g·L^{-1})	ρ /(g·cm^{-3})	w/%	KOH 质量浓度 /(g·L^{-1})
1.020	2.38	24.3	1.155	16.8	193.8
1.025	2.93	30.0	1.160	17.3	200.6
1.030	3.47	35.8	1.165	17.8	207.5
1.035	4.03	41.7	1.170	18.3	214.3
1.040	4.58	47.6	1.175	18.8	221.4
1.045	5.12	53.5	1.180	19.4	228.3
1.050	5.66	59.4	1.185	19.9	235.3
1.055	6.20	65.4	1.190	20.4	242.4
1.060	6.74	71.4	1.195	20.9	249.5
1.065	7.28	77.5	1.200	21.4	256.6
1.070	7.82	83.7	1.205	21.9	263.7
1.075	8.36	89.9	1.210	22.4	270.8
1.080	8.89	96.0	1.215	22.9	278.0
1.085	9.43	102.3	1.220	23.4	285.2
1.090	9.96	108.6	1.225	23.9	292.4
1.095	10.5	114.9	1.230	24.4	299.8
1.100	11.0	121.3	1.235	24.9	307.0
1.105	11.6	127.7	1.240	25.4	314.5
1.110	12.1	134.1	1.245	25.9	321.8
1.115	12.6	140.6	1.250	26.3	329.3
1.120	13.1	147.2	1.255	26.8	336.7

ρ /(g·cm^{-3})	w/%	KOH 质量浓度 /(g·L^{-1})	ρ /(g·cm^{-3})	w/%	KOH 质量浓度 /(g·L^{-1})
1.125	13.7	153.7	1.260	27.3	344.2
1.130	14.2	160.4	1.265	27.8	351.7
1.135	14.7	166.9	1.270	28.3	359.3
1.140	15.2	173.5	1.275	28.8	366.8
1.145	15.7	180.2	1.280	29.3	374.4
1.150	16.3	187.0	1.285	29.7	382.0
1.290	30.3	389.7	1.405	40.8	572.5
1.295	30.7	397.3	1.410	41.3	581.8
1.300	31.3	405.0	1.415	41.7	590.2
1.305	31.6	412.6	1.420	42.2	598.6
1.310	32.1	420.4	1.425	42.6	607.1
1.315	32.6	428.2	1.430	43.0	615.4
1.320	33.0	436.0	1.435	43.5	623.9
1.325	33.5	443.9	1.440	43.9	632.5
1.330	34.0	451.8	1.445	44.4	641.0
1.335	34.4	459.6	1.450	44.8	649.5
1.340	34.9	467.7	1.455	45.2	658.1
1.345	35.4	475.6	1.460	45.7	666.6
1.350	35.8	483.6	1.465	46.1	675.3
1.355	36.3	491.6	1.470	46.5	684.0
1.360	36.7	499.6	1.475	47.0	692.0
1.365	37.2	507.6	1.480	47.4	701.4

ρ /(g·cm^{-3})	w/%	KOH 质量浓度 /(g·L^{-1})	ρ /(g·cm^{-3})	w/%	KOH 质量浓度 /(g·L^{-1})
1.370	37.7	515.8	1.485	47.8	710.1
1.375	38.2	524.0	1.490	48.1	718.9
1.380	38.6	532.1	1.495	48.6	727.7
1.385	39.0	540.3	1.500	49.1	736.5
1.390	39.5	548.5	1.505	49.5	745.4
1.395	39.9	558.9	1.510	50.0	751.3
1.400	40.4	565.2	1.515	50.4	763.3

附表6　氢氧化钠水溶液的密度和浓度(20℃)

ρ /(g·cm^{-3})	$\dfrac{C}{\text{mol·L}^{-1}}$	$w/\%$	NaOH 质量浓度 /(g·L^{-1})	ρ /(g·cm^{-3})	$\dfrac{C}{\text{mol·L}^{-1}}$	$w/\%$	NaOH 质量浓度 /(g·L^{-1})
1.010	1.252	1	10.10	1.230	6.460	21	258.4
1.021	0.510	2	20.41	1.241	6.825	22	273.0
1.032	0.772	3	30.95	1.252	7.200	23	288.0
1.043	1.043	4	41.71	1.263	7.577	24	303.1
1.054	1.317	5	52.69	1.274	7.963	25	318.5
1.065	1.597	6	63.89	1.285	8.350	26	334.0
1.076	1.883	7	75.31	1.295	8.745	27	349.8
1.087	2.174	8	86.95	1.306	9.145	28	365.8
1.098	2.470	9	98.81	1.317	9.550	29	382.1
1.109	2.272	10	110.9	1.328	9.960	30	398.4
1.120	3.083	11	123.3	1.339	10.378	31	415.1
1.131	3.392	12	135.7	1.349	10.792	32	431.7
1.142	3.712	13	148.5	1.359	11.217	33	448.7
1.153	4.035	14	161.4	1.370	11.642	34	465.7
1.164	4.368	15	174.7	1.380	12.082	35	483.3
1.175	4.712	16	188.0	1.390	12.510	36	500.4
1.186	5.043	17	201.7	1.400	12.952	37	518.1
1.177	5.388	18	215.5	1.410	13.395	38	535.8
1.208	5.743	19	229.7	1.420	13.848	39	553.9
1.219	6.095	20	243.8	1.430	14.300	40	572.0

附表 7　符号表

符号	物理意义及单位
A	电功 A'/W
C	电容量$/(mAh)$；理论容量 $C_0/(mAh)$；额定容量 $C_r/(mAh)$；质量比容量 $C'_m/(mAh)$；体积比容量 $C'_v/(mAh)$；体积摩尔浓度 $c/(mol \cdot L^{-1})$。
D	扩散系数 $D/(m^2 \cdot s^{-1})$；
E	电动势 E/V
F	法拉第常数 $F = 96500C \cdot mol^{-1}$。
I	电流 I/A；电流密度 $i/(A \cdot cm^{-2})$；交换电流密度 $i_0/(A \cdot cm^{-2})$；
K	平衡常数。
M	质量 m/g；质量摩尔浓度 $m/(mol \cdot kg^{-1})$；摩尔量 M。
n	电子得失数 n；
P	功率 P/W；理论功率 P_0/W；比功率 P'/W；压力 P/kPa。
Q	电化当量 $q/(g \cdot (Ah)^{-1})$；电量 Q/C。
R	电阻 R/Ω；内阻 $R_i/m\Omega$；半径 r/cm。
S	面积 S/cm^2。
T	绝对温度 T/K；温度 $t/℃$；时间 t/min。
U	电压 U/V；开路电压 U_{oc}/V，工作电压 U_{cc}/V；平均电压 V_{av}/V。
V	体积 V/cm^3；速度 V。
W	能量 W/Wh；理论能量 W_0/Wh；理论比能量 $W'_0/Wh \cdot kg^{-1}$；实际质量比能量 $W'_m/(Wh \cdot kg^{-1})$；实际体积比能量 $W'_v/(Wh \cdot L^{-1})$。

希腊字母

γ	电导率 $\gamma/(ms \cdot cm^{-1})$；$\gamma/(\Omega^{-1} \cdot cm^{-1})$；
δ	厚度 δ/cm。
η	效率 $\eta/\%$；粘度 η/cP；$1Pa \cdot s = 10 P = 10^3 cP$；过电位 η/V。
λ	摩尔电导率 $\lambda/(s \cdot cm^2 \cdot mol^{-1})$；极限摩尔电导率 $\lambda_0/(s \cdot cm^2 \cdot mol^{-1})$

ρ　　　密度 $\rho/(\text{g} \cdot \text{cm}^{-3})$；电阻率 $\rho/(\Omega \cdot \text{cm})$。

σ　　　表面张力 $\sigma/(\text{J} \cdot \text{cm}^{-2})$

φ　　　电位 φ/V。

w　　　百分浓度 $w/\%$。

ε　　　介电常数 $\varepsilon/(\text{F} \cdot \text{m}^{-1})$。

参考文献

[1] 电子元器件专业培训教材编写组. 化学电源(上. 下册). 电子工业出版社, 1984

[2] 王居. 化学电源的隔膜. 电子工业部电源专业情报网出版, 1998

[3] 吕鸣祥等. 化学电源. 天津大学出版社, 1992

[4] 徐国宪, 章国权. 新型化学电源. 国防工业出版社, 1984

[5] 张文保, 倪生麟. 化学电源导论. 上海交通大学出版社, 1992

[6] Р. И. Агладзес, Т. А. Вазрамюн, Н. Т. Кудряцев, Прикладная Эцюктрохимия. Москва, 《Химия》, 1984

[7] 李获. 电化学原理. 北京航空航天大学出版社, 1989

[8] 李国欣. 新型化学电源导论. 复旦大学出版社, 1992

[9] 毕道治. 我国化学与物理电源工业现状及展望. 电子材料, 1995(6)：1−4

[10] 郭鹤桐, 刘淑兰. 理论电化学. 宇航出版社, 1984

[11] [苏]L·I·安特罗波夫. 理论电化学. 吴仲达等译. 高等教育出版社, 1982

[12] [日本]竹原善一郎. 电池(电池化学及电池材料). 陈震译. 厦门大学出版社, 1993

[13] 杨德任编译. 无机化学中一些热力学问题. 上海科学技术出版社, 1984

[14] 沈慕昭. 电化学基本原理及其应用. 北京师范大学出版社, 1987

[15] 陆兆锷. 电极过程原理和应用. 高等教育出版社, 1992

[16] 蒋汉瀛主编. 冶金电化学. 冶金工业出版社, 1983

[17] 查全性. 电极过程动力学导论(2 版). 科学出版社, 1987

[18] (苏)H. T. 库特利雅采夫等. 应用电化学. 陈国亮等译. 复旦大学出版社, 1992

[19] 邝生鲁等编著. 应用电化学. 华中理工大学出版社, 1994

[20] [苏]M・A・达索杨. 化学电源. 吴寿松译. 国防工业出版社,1965

[21] 文国光等. 化学电源工艺学. 电子工业出版社,1994

[22] K・V・Kiodesch 主编. 电池组(第一卷,二氧化锰). 夏熙,袁光钰译. 轻工业出版社,1981

[23] 张翠芬,贾铮,钟潮盛. 可充碱锰电池的研究. 电池,1998,28(2):60

[24] 朱文化,张登君,柯家骏. 碱性二次电池中新型电极,电池,1994(3), 127−130

[25] 陈永心,张清顺,余泽民. 无汞碱锰电池的研究. 电池,1997,27 (5):195

[26] 王金良. 碱性锌锰电池的无汞化,电池,1998,28(3):112

[27] C. Frank Walsh,Derek Pletcher,Industrial Electrochemistry,−2nd ed. London New York Chapman and Hall,1989

[28] 宋文顺主编. 化学电源工艺学,中国轻工业出版社,1998

[29] 徐品第,柳原. 铅酸蓄电池(基础理论和工艺原理). 上海科学技术文献出版社,1996

[30] 朱松然,张勃然等编著. 蓄电池技术,机械工业出版社,1988

[31] 朱松然主编. 铅蓄电池手册,天津大学出版社,1998

[32] [美国]Davidlinden 主编,何昂等译.实用电池手册,1987

[33] 范祥清等. 高活性 $Ni(OH)_2$ 电极的制备及电极性能. 电池,1995(2), 55−58

[34] 郭建忠,赵丽华,李光萍等. 氢氧化镍超微粉的制备及微观结构分析 [J]. 陶瓷学报,2003,24(3):160−163

[35] 杨长春,李祥杰,陈鹏磊. 电解法制备球形氢氧化镍工艺研究[J]. 电源技术,2000,24(5):289−292

[36] 雷永泉. 新能源材料. 天津大学出版社,2000

[37] 唐致远,王岩,耿鸣明等. 包覆 $Co(OH)_2$ 和 $CoOOH$ 的球形 $Ni(OH)_2$ 电极性能研究[J]. 电源技术,2003,28(5):273−275

[38] 范晶,杨毅夫,余鹏等. 包覆 $Y(OH)_3$ 的球形 $Ni(OH)_2$ 的电化学性能 [J]. 高等学校化学学报,2007,28(11):2124−2127

[39] 李稳,姜长即,万春荣. 表面包覆 $Yb(OH)_3$ 的球形氢氧化镍的高温性能研究[J]. 无机材料学报,2006,21(1):121−127

[40] 危亚辉, 贺万宁, 沈湘黔等. 球形氢氧化镍表面修饰方法[P]. CN: 1560940A, 2005, 01, 05

[41] 常照荣, 齐霞, 吴锋等. 高密度非球形 $\beta - Ni(OH)_2$ 的制备研究[J]. 稀有金属, 2006, 30(2)

[42] 苏凌浩, 苍少华. $Ni(OH)_2$ 电化学性能改进研究的现状与展望[J]. 河南科技大学学报(自然科学版), 2005, 26(1): 100 – 104

[43] 周勤检, 袁庆文, 覃事彪等. 正极材料 $\alpha - Ni(OH)_2$ 的研究进展[J]. 电池, 2003, 33(2), 93 – 95

[44] Akiko S, Shintaro I, Kenzo H. Preparation and characterization of Ni/Al – layered double hydroxide [J]. J Electrochem Soc, 1999, 146 (4): 1251 – 1255

[45] 马丁·F, 查凯·A. 用于电化学电池的氢氧化镍活性材料[P]. CN: 1287693A, 2001 – 03 – 14

[46] 陈惠. Al 与 Zn 复合取代 $\alpha - Ni(OH)_2$ 的结构和电化学性能. 中国有色金属学报, 2003, 13(1): 85 – 90

[47] 丁海洋, 景晓燕, 张密林. 纳米 $Ni(OH)_2$ 的制备与研究[J]. 应用科技, 2004, 31(3): 60 – 62

[48] 郭建忠, 李光萍, 周建钟等. 高活性高密度 $Ni(OH)_2$ 超微粉的制备工艺[J]. 金属功能材料, 2003, 10(2), 35 – 38

[49] 刘小虹, 余兰. 纳米 $Ni(OH)_2$ 的制备及其放电性能[J]. 电池工业, 2004, 9(3): 145 – 148

[50] 成宏伟, 姜长印, 何向明等. 纳米氢氧化镍的制备及其电化学性能研究[J]. 电源技术, 2003, 28(5): 285 – 287

[51] 徐甲强, 夏同驰, 张海林等. $\beta - Ni(OH)_2$ 纳米材料的水热制备及性能研究[J]. 电池工业, 2007, 11(3): 151 – 153

[52] 段浩, 刘开宇, 张莹等. 水热修饰微乳法合成纳米 $Ni(OH)_2$ 及其性能研究[J]. 电池工业, 2008, 13(6): 397 – 400

[53] 余国华, 张士杰, 陈帮华等. 我国镉镍电池的电极制造技术及发展, 电源技术, 1998, 22(2): 79

[54] 王连亮, 马培华, 李法强等. 锂离子电池正极材料 $LiFePO_4$ 的结构和电化学反应机理[J]. 化学通报, 2008, No1: 17 – 23

[55] 机械电子工业部电源专业情报网编. 电池讲座, 1995

[56] 胡子龙. 贮氢材料[M]. 化学工业出版社, 2002

[57] [日]大角泰章. 金属氢化物的性质与应用[M]. 吴永宽, 苗艳秋译. 化学工业出版社, 1990

[58] 徐光宪主编. 稀土(下)[M]. 冶金工业出版社, 1978

[59] 陈军, 曹学翠. 贮氢材料研究概况[J]. 电池, 1995, (5), 233 - 235

[60] 野上光造, 田所斡朗, 木本衡等. 电气化学[J]. 1993, 61(9): 1094 - 1102

[61] [日]大角泰章, 铃木博等. 日化志, 1981, 1493

[62] Wei - Kang Hu, Dong - Myung, Seok - Won Jeon. J. Alloys Comp, 1998, 270: 255 - 264

[63] 杜森林, 杨振国, 殷素云等. 贮氢合金的进展, 电源技术, 1994, (4): 42 - 45

[64] 雷永泉主编. 新能源材料[M]. 天津大学出版社, 2000

[65] Züttel A, Chartouni D, Kross K, et al. J. Alloys Comp, 1997: 253 - 254, 626 - 628

[66] Higashiyama N, Motsuura Y, Nakamura H, et al. J. Alloys Comp, 1997, 253 - 254, 648 - 651

[67] Kadama K K, Kirakata O Y, et al. (Matsushita Electric Industrial Co., Ltd). U S 5512385. 1996

[68] [美]David Linden, Thomas B. Reddy 著. 电池手册(原著第三版)[M]. 汪继强等译. 化学工业出版社. 2007

[69] 唐有根主编. 镍氢电池[M]. 化学工业出版社, 2007

[70] 吴伯荣. 电动车用 MH - Ni 动力电池. 电源技术, 2000, 24(1): 45

[71] Kolher U, Kumpers J, Ullrich M. High - performance nickel - metal hydride and lithium - ion batteries, J. Powr Sources, 105(2002): 139 - 144

[72] Taniguchi A, Fujioka N, Ikoma M. A. Ohta, Development of nicke/metal - hydride batteries for EVs and HEVs, J. Power Sources, 100(2001): 117 - 124

[73] 任学佑. 电动汽车用贮氢电池进展. 电池, 1995, (3): 136 - 139

[74] 任泽民. 国内外锂二次电池进展. 电源技术, 1992, (3): 10 - 15

［75］［日本］芳尾真幸，小尺昭弥等编. ソチウムイオン电池，日刊工业新闻社出版，1996. 东京

［76］李玉增，钱九江. 锂离子二次电池研究进展. 电池，1995，(6)：286－289

［77］Corson D W. High power battery system for hybrid vehicles, J. Power Sources, 105(2002)：110－113

［78］钟俊辉. 锂离子二次电池材料的开发. 电子材料，1995，(6)：5－8

［79］钟俊辉. 锂离子电池及其材料. 电池，1996，(2)，91－95

［80］Ohzuku T, Makimura Y. Chem. Lett. , 2001, 3：642－643

［81］Shaju K M, Rao G V, Chowdari B. J Electrochem Acta, 2002, 48：145

［82］黄原君，苏光炼，雷钢铁等. 多元复合正极材料 $LiNi_{1/3}Co_{1/3}Mn_{1/3}O_2$ 的研究进展

［83］Koyama Y, Yabuuchi N, Tanaka I, Adachi H, Ohzuku T. J Electrochem Soc, 2004, 151：A1545

［84］Yoon W S, Grey C P, Balasubramanian M, Yang X Q, Fischer D A, Mc-Breen J. Electrochem Solid State Lett, 2004, 7：A53

［85］Kim J M, Chung H T. Electrochem Acta, 2004, 49：3573

［86］Whitfielda P S, Davidsona I J, Cranswickb L, Swainsonb I P, Stephens P W. Solid State Ionics, 2005, 176：463

［87］郭瑞，史鹏飞，程新群等. 高温固相法合成 $LiNi_{1/3}Co_{1/3}Mn_{1/3}O_2$ 及其性能研究［J］. 无机化学学报，2007，23(8)：1387－1392

［88］De－Cheng Li, Takahisa Muta, LianOQi Zhang, et al. Effect of synthesis method on the electrochemical performance of Li [$LiNi_{1/3}Co_{1/3}Mn_{1/3}$] O_2 ［J］. J Power Sources, 2004, 132：150－155

［89］Naoaki Yabuuchi, Tsutomu Ohzuku. Novel lithium insertion material of Li [$LiNi_{1/3}Co_{1/3}Mn_{1/3}$] O_2 for advanced lithium－ion batteries［J］. J Power Sources, 2003, 199－121：171－174

［90］常照荣，陈中军，吴锋等. 高密度非球形和球形 $LiNi_{1/3}Co_{1/3}Mn_{1/3}O_2$ 的合成和性能比较［J］. 化学学报，2008，66(8)：890－896

［91］郭晓健，李劼，李益孝等. 锂离子电池正极材料 $LiNi_{1/3}Co_{1/3}Mn_{1/3}O_2$ 的合成及电化学性能研究［J］. 电化学，2006，12(3)：310－314

[92] 禹筱元, 胡国荣, 彭忠东等. 层状 $LiNi_{1/3}Co_{1/3}Mn_{1/3}O_2$ 正极材料合成及电化学性能[J]. 电源技术, 2005, 29(10): 641-643

[93] 吴青瑞, 叶茂, 李宇展等. 从电解 NiCoMn 合金出发制备锂离子电池正极材料 $LiNi_{1/3}Co_{1/3}Mn_{1/3}O_2$[J]. 南开大学学报(自然科学版), 2005, 38(5): 48-51

[94] 李春霞, 陈白珍, 闵德等. 掺杂 Zr 对 $LiNi_{1/3}Co_{1/3}Mn_{1/3}O_2$ 性能的影响[J]. 电池, 2007, 37(3): 223-225

[95] 胡国荣, 课显艳, 高旭光等. $LiNi_{1/3}Co_{1/3}Mn_{1/3}O_2$ 正极材料的413450型电池的性能[J]. 2006, 36(2): 90-91

[96] 王希文, 路宗利. 掺杂氧化镍锰钴锂材料的动力型锂离子电池[J]. 电源技术, 2008, 32(5): 302-305

[97] Padhi A K, Nanjundaswamy K S, Goodenough J B. Phosphoolivines as positive–electrode materials for rechargeable lithium batteries[J]. J Electrochem. Soc., 1997, (144): 118-1194

[98] 磷酸铁锂渐成锂离子电池材料发展主流[J]. 锂电池专讯, 2008, No11: 1-2

[99] Murphy D W, Chnstion P A, Disalo F J, et al[J]. Electro–chem. Soc., 1979, 126: 497-489

[100] Takahashi M, Tobishima S, Takei K, et al[J]. Power Sources, 2001, 97-98: 508-511

[101] 高立军, 张亚利. 真空煅烧制备锂离子电池正极材料 $LiFePO_4$ 及电化学性能[J]. 南昌大学学报(理科版), 2008, 32(3): 239-242

[102] Franger S, Cras F L, Bourbon C, et al. $LiFePO_4$ Synthesis routes for enhanced electrochemical performance[J]. Electrochem Solid–State Lett, 2002, 5(10): A231-A233

[103] Doeff M M, Hu Y Q et al. Effect of souface carbon structure on the electrochemical performance of $LiFePO_4$[J]. Electrochemcal and Solid State Letters, 2003, 6(10): A207-A209

[104] Prosini P P, Carewska M, Scaccia S, et al. A new synthetic route for preparing $LiFePO_4$ with enhanced eleectrochemical performance[J]. Electrochem Soc, 2002, 149(7): A886-A890

[105] Ravet N, Chouinard Y, Magnan J F, et al. Electroactivity of natural and synthetic triphylite[J]. J Power Sources, 2001, 97 - 98: 503 - 507

[106] Huang H, Yin S C, Nazar L F. Approaching theoretical capacity of LiFePO$_4$ at room temperature at high rates[J]. Electrochem Solid - State Let, 2001, 4(1): A170 - A172

[107] 郭静, 肖汉宁. 锂离子电池正极材料 LiFePO$_4$/C 的合成及性能研究 [J]. 中国陶瓷, 2008, 44(8): 44 - 46

[108] Lei M. Preparation and characterization of LiFePO$_4$ cathode material for lithium ion batteries[D]. Beijing: Institute of Nuclear and New Energy Technology, Tsinghua University, 2005

[109] 米长焕, 曹高劭, 赵新兵. 含磷酸亚铁锂盐 - 碳的锂离子电池正极复合材料的制备方法. 中国, 200410017382.5[P], 2005 - 01 - 12

[110] Chung S Y, Bloking J T, Chiang Y M. Electronically conductive phospho - olivines as lithium storage electrodes[J]. *Nature Materials*, 2002, 1 (2): 123 - 128

[111] 成定波, 习小明, 李运姣等. 共沉淀法合成 Li$_{1-2x}$Ni$_x$FePO$_4$ 正极材料的研究[J]. 矿冶工程, 2008, 28(4): 91 - 93

[112] 李旭, 彭文杰, 李新海等. LiFe$_{1-x}$Mg$_x$PO$_4$ 的制备及其电化学性能 [J]. 中国有色金属学报, 2008, 18(6): 1123 - 1128

[113] 张亚利, 高立军. LeFePO$_4$/Cu 复合正极材料的制备及电化学性能 [J]. 有色金属(冶炼部分), 2008, (3): 48 - 50

[114] 新波, 刘人敏. 锂离子二次电池用阴极材料. 电池, 1995, (6), 269 - 271

[115] 林泳. 聚合物 - 锂离子电池. 电子产品世界, 1998(3)

[116] 黄克勤, 刘庆国编著. 固体电解质直接定氧技术. 冶金工业出版社, 1993

[117] 衣宝廉. 燃料电池现状与未来. 电源技术, 1998, (5): 216 - 221

[118] 曾照强, 梁晓宁, 胡晓清等. 稀土掺杂包碳型纳米正极材料磷酸铁锂及其制备方法. 中国, 200610011712.9[P], 2006 - 09 - 13

[119] Thaller L H. Electrically rechargeable redox flow cell[P]. US Pat: 3 996 064, 1974: 123 - 129

[120] 张华民. 高效大规模化学储能技术研究开发现状及展望[J]. 电源技术, 2007, 31(8): 587-591

[121] 江志韫, 张利春, 林兆勤等. 近年氧化还原液流电池发展概况[J]. 自然杂志, 1988, 11(10): 739

[122] Remick R J, Ang p G P. Electrically rechargable anionically active reduction - oxidation electrical storage - supply system: US, 4485154 [P], 1984

[123] Skyllas - Kazacos M, Rychcik M, Robins R G, et al. New All - Vanadium redox flow Cell[J]. Electrochem. Soc. , 1986, 133: 1057

[124] 顾军, 李光强, 许茜等. 钒氧化还原液流电池的研究进展[J]; 电池原理[I]. 电源技术, 2000, 24(2): 117-119

[125] 费国平, 赵炯心. 钒流电池的应用前景和关键材料[J]. 能源研究与信息, 2008, 24(1): 49-55

[126] 杨根生. 液流电池储能技术的应用与发展[J]. 湖南电力, 2008, 28(3): 59-62

[127] 李国欣主编. 新型化学电源技术概论[M]. 上海科学技术出版社, 2007

[128] 陈亚昕, 郑克文. 氧化还原液流电池的研究进展[J]. 船电技术, 2006, 26(5)

[129] Skallas - Kazacos M. Modification of graphite electrode materials for vanadium redox flow battery application - Part I thermal treatment[J]. Electrochem Acta, 1992, 37(7): 1253-1260

[130] 王文红, 王新东, 郭敏等. 全钒液流电池正极和负极材料的处理方法[J]. 北京科技大学学报, 2007, 29(11): 1141-1144

[131] 刘素琴, 张文昔, 黄可龙. 全钒液流电池用炭毡电极的改性研究[J]. 电源技术, 2006, 30(5): 395-397

[132] 张胜涛, 李文坡, 封雪松等. 液流电池的研究进展[J]. 电源技术, 2008, 32(9): 569-572

[133] Kausar N, Howe R, Shyllas - Kazacos M. Raman spectroscopy studies of concentrated vanadium redox battery positive electrolytes[J]. J Applied Electrochemistry, 2001, 31: 1327-1332

[134] Kazacos M, Cheng M, Skyllas – Kazacos M. Vanadium redox cell electro-lyte optimization studied [J]. J Applied Electrochemistry, 1990, 20: 463 –467

[135] 文越华, 张华民, 钱鹏等. 全钒液流电池高浓度下 V(IV)/V(V) 的电极过程研究[J]. 物理化学学报, 2006, 22(4): 403 –408

[136] 顾军, 李光强, 隋智通. 钒氧化还原液流电池研究进展, (Ⅱ) 电池材料的发展[J]. 电源技术, 2000, 24(3): 181 –183

[137] 褚德成, 姚立为. 全钒氧化还原贮能电池制备方法的研究[J]. 应用能源技术, 2000, (2): 13 –15

[138] 常芳, 孟凡明, 陆瑞生. 钒电池用电解液研究现状及展望[J]. 电源技术, 2006, 130(10): 860 –862

[139] 张环华, 肖楚民, 张平民. 全钒离子氧化还原液流电池电极活性物质的研究[J]. 广东工业大学学报, 2000, 17(4): 78 –84

[140] 孟凡明, 崔艳华, 李茂林等. 全钒离子液流电池初步研究[J]. 电源技术, 1998, 22(1): 24 –26

[141] 陈茂斌, 李晓兵, 张胜涛等. 钒氧化还原液流电池的充放电特性[J]. 电池, 2008, 38(1): 37 –39

[142] Skyllas – Kazacos M, Rychcik M, Robins R G, et al. New all – vanadium redox cell [J]. J Electrochem Soc, 1986, 133: 1057 –1058

[143] Skyllas – Kazacos M, Kasherman D, Hong D R, et al. Characteristics and performance of 1 kW vanadium redox battery [J]. J Power Sources, 1991, 35: 339 –404

[144] 赵平, 张华民, 周汉涛等. 全钒氧化还原液流储能电池组[J]. 电源技术, 2006, 30(2): 141 –143

[145] Becker H L. Low voltage electrolytic capacitor. U. S. patent 2, 800, 616, 1957

[146] Boos D L. Electrolytic capacitor having carbon paste electrode. U. S. patent 3, 536, 093, 1970

[147] Nishino A. Development and current status of electric double layer capacitors. Proceedings Vol. 93 – 23, the Symposium on new sealed rechargeable batteries and supercapacitors. Pennington NJ: The Electrochemical

Society Inc. , 1993: 1 – 14

[148] Conway B E. Electrochemical Supercapacitors – Scientific Fundamentals and Technological Applications, New York: Kluwer Academic/Plenum Publishers, 1999

[149] Burke A F, Murphy T C. Material characteristics and the performance of electrochemical capacitors for electric/hybrid vehicle application. Mat. Res. Soc. Proc. , San Francisco, 1995, 393: 375

[150] Winter M, Brodd R T. What are Batteries, Fuel cells, and Supercapacitors[J] Chemical Reviews, 2004, 104: 4245 – 4270

[151] 刘永辉. 电化学测试技术. 北京航空学院内部发行, 1981

[152] 文建国, 周震涛, 陈军. 电化学电容器电极材料的研究进展[J]. 功能材料, 2004, 35(增刊): 911 – 914

[153] 李国欣主编. 新型化学电源技术概论[M]. 上海科学技术出版社, 2007

[154] Zheng J P, Huang J, Jow T R. The limitations of energy density for electrochemical capacitiors. J. Electrochem. Soc. , 1997, 144 (6): 2026 – 2031

[155] Conway B E. Transition from supercapacitor battery? behavior in Electrochemical energy storage [J]. Electrochem Soc, 1991, 138 (6): 1539 – 1548

[156] Sarangapani S, et al. Materials for electrochemical capacitors[J]. ibid, 1996, 143(11): 3791 – 3799

[157] 华黎. 国内领先的上海超级电容器电车[J]. 新能源汽车《汽车与配件》, 2008, 26(2): 46 – 49

[158] Anon. Electrochemicam Society. Extended abstracts of 188th fall meeting. 1995: 313 – 317

[159] 王晓峰, 王大志, 梁吉等. 实用型双电层电容器制备[J]. 北京科技大学学报, 2002, 24(6): 651 – 655

[160] 刘亚菲, 曾俊, 胡中华. CoO 改性碳电极电化学电容器研究[J]. 硅酸盐通报, 2007, 26(4): 653 – 657

[161] Saliger R, Fischer U, et al. J Non – Crystalline Solids 1998, 225:

81 – 85

[162] Niu C, Sichel E K, Hoch R, et al. High power electrochemical capacitors based on nonotube electrode. Appl Phys Lett, 1997, 70: 1480

[163] Zheng J P, et al. Hydrous ruthenium oxide as an electrode material for electrochemical capacitors[J]. ibid, 1995, 142(8): 2699 – 2703

[164] Jow T R, Zheng J P. Electrochemical capacitor using hydrous ruthenium oxide and hydrogen inserted ruthenium oxide[J]. ibid, 1995, 145(1): 49 – 51

[165] 朱修锋, 景晓燕, 张密林. 金属氧化物超级电容器及其应用研究进展[J]. 功能材料与器件学报, 2002, 8(3): 325 – 330

[166] 王晓峰, 王大志, 梁吉. 氧化钌/活性炭超级电容器电极材料的研究[J]. 稀有金属材料与工程, 2003, 32(6): 424 – 427

[167] 王晓峰, 高琦, 梁吉. 纳米氧化钌的制备及其碳纳米管复合的超电容特性[J]. 稀有金属材料与工程, 2006, 35(2): 295 – 298

[168] 刘丽英, 张海燕, 曹培健等. 超级电容器用无定形 MnO_2 的制备及性能[J]. 广东化工, 2008, 35(6): 23 – 25

[169] 马军, 郑明森, 董全峰. 超级电容器用纳米二氧化锰的合成及其电化学性能[J]. 电化学, 2007, 13(3): 233 – 236

[170] 叶向果, 张校刚, 米红宇. 不同形貌 Co_3O_4 的水热 – 微乳液法制备及其电化学性能[J]. 物理化学学报, 2008, 24(6): 1105 – 1110

[171] 程杰, 曹高萍, 杨裕生. 活性炭/钴氧化物干凝胶电化学电容器性能[J]. 高等学校化学学报, 2007, 28(11): 2138 – 2141

[172] 王晓峰, 孔祥华, 刘庆国, 解晶莹. 氧化镍超电容器的研究[J]. 电子元件与材料, 2000, 19(5): 26 – 28

[173] 刘志祥, 张密林, 丁海洋. $\beta - Ni(OH)_2/C$ 混合超级电容的电极行为[J]. 哈尔滨工程大学学报, 2002, 23(2): 135 – 138

[174] 王先友, 黄庆华, 李俊. (NiO + CoO)/活性炭超级电容器电极材料的制备及性能. 中南大学学报(自然科学版), 2008, 39(1): 122 – 127

[175] 张庆武, 周啸. 聚苯胺混杂型电化学电容器研究[J]. 电子元件与材料, 2005, 24(1): 35 – 37

图书在版编目(CIP)数据

化学电源——电池原理及制造技术／郭炳焜等编著.
—长沙：中南大学出版社，2009.10(2023.7重印)

ISBN 978-7-81105-988-5

Ⅰ.①化… Ⅱ.①郭… Ⅲ.①化学电源－制造

Ⅳ.①TM911

中国版本图书馆 CIP 数据核字(2009)第 190716 号

化学电源
——电池原理及制造技术

郭炳焜 李新海 杨松青 编著

□责任编辑	刘　辉	
□责任印制	唐　曦	
□出版发行	中南大学出版社	
	社址：长沙市麓山南路	邮编：410083
	发行科电话：0731-88876770	传真：0731-88710482
□印　　装	长沙印通印刷有限公司	

□开　　本	880 mm×1230 mm 1/32	□印张 24	□字数 574 千字
□版　　次	2009 年 12 月第 1 版	□印次 2023 年 7 月第 5 次印刷
□书　　号	ISBN 978-7-81105-988-5	
□定　　价	60.00 元